离散数学

（上册）

邹晓红　刘天歌　编著

燕山大学出版社
·秦皇岛·

图书在版编目(CIP)数据

离散数学:全2册/邹晓红,刘天歌编著.—秦皇岛:燕山大学出版社,2021.2
ISBN 978-7-5761-0100-3

Ⅰ.①离… Ⅱ.①邹…②刘… Ⅲ.①离散数学—高等学校—教材 Ⅳ.①O158

中国版本图书馆CIP数据核字(2020)第224567号

离散数学

邹晓红　刘天歌　编著

出 版 人:陈　玉
责任编辑:朱红波
封面设计:刘韦希
出版发行:燕山大学出版社 YANSHAN UNIVERSITY PRESS
地　　址:河北省秦皇岛市河北大街西段438号
邮政编码:066004
电　　话:0335-8387555
印　　刷:中国标准出版社秦皇岛印刷厂
经　　销:全国新华书店

开　　本:787 mm×1092 mm　1/16　**印　　张**:28　**字　　数**:590千字
版　　次:2021年2月第1版　**印　　次**:2021年2月第1次印刷
书　　号:ISBN 978-7-5761-0100-3
定　　价:58.00元(全2册)

前　言

离散数学是现代数学的重要分支，作为计算机科学技术的支撑学科之一，随着人工智能技术的发展，已变得日益重要。它是计算机专业的一门重要基础课，主要包括以下几部分内容：集合论基础；图论；代数结构；数理逻辑。为了满足不同专业学生学习时的需要，本书将以上几部分内容相对独立地编写，以方便使用时取舍。通过离散数学的教学，不仅能为学生的专业课学习及将来从事软、硬件开发和应用研究打下坚实的基础，同时也有助于培养他们的抽象思维、严格的逻辑思维和创新能力。

本书是编者在燕山大学讲授此课程的讲义的基础上整理编写而成的。在编写过程中参考了一些其他作者的同类著作和教材，力争做到由直观到抽象，由简单到复杂，以克服学生对离散数学所产生的难学的心理。为便于理解书中内容，书中列举了大量例题，并在每节内容后安排了一定量的习题，以助于学生学习和消化书中内容。

本书自 1997 年出版以来，受到了有关师生的广泛欢迎。为配合本书的使用，本书编者又编辑出版了《离散数学指导》一书，帮助学生理解和掌握本课程的内容。经过编者及有关院校相关教师多年的使用，对所发现的本书的错误和疏漏之处，本次再版时做了充分的修改与补充，以便更适合读者的需要，更方便读者的使用。

尽管编者尽了很大的努力，但限于水平，书中仍不免有不足之处存在，我们诚恳欢迎广大读者对本书批评和指正。

编　者

2020 年 12 月

目　录

第一篇　集合论

第二篇　图论

第三篇　代数系统

第四篇　数理逻辑

第一篇　集合论

第一章　集　合

第一节　集合的概念及表示

我们知道，在初等几何中，点、线、面等都是不加精确定义的基本概念。在离散数学中，集合也是一个不加精确定义的基本概念。一般地说，把具有某种属性的一些对象汇集成一个整体，就形成了一个集合，包含在该集合中的对象称作该集合中的元素。

一个集合如果由有限个元素构成，则称这个集合为有限集，否则称为无限集。例如，教室内的桌椅、图书馆的藏书、全国的中小学校、平面上的所有点、自然数的全体等，都分别构成一个集合，前三个集合包含有限个对象，是有限集，后两个集合包含无限个对象，是无限集。

通常用大写英文字母 $A,B,\cdots$ 表示集合，用小写英文字母 $a,b,\cdots$ 表示集合的元素。如果 a 是集合 A 中的元素，称作 a 属于 A，记作 $a\in A$。如果 a 不是 A 中的元素，则称作 a 不属于 A，记作 $a\notin A$ 或 $a\overline{\in} A$。二者必取其一，且只取其一，这是本章所讨论集合论的基本特征。

有限集合 A 中元素的个数称为集合 A 的基数，记作 $|A|$。

集合的表示方法有两种，一种是将某一集合的元素一一列举出来，写在大括号内，称作列举法。例如：$A=\{a,b,c,d\}$，$B=\{1,2,3,\cdots\}$，$F=\{$桌子，椅子$\}$，等等。另一种是把集合中元素的公共属性描述出来，写在大括号内，称为描述法。例如：$A_1=\{x\mid x$ 是正偶数$\}$，$A_2=\{x\mid x>0$ 且 x 是实数$\}$，$A_3=\{y\mid y=a$ 或 $y=b\}$，等等。

常见的集合表示符号有下面几种：

N：非负整数或自然数集合$=\{0,1,2,3,\cdots\}$；

Z：整数集合$=\{\cdots,-3,-2,-1,0,1,2,\cdots\}$；

Q：有理数集合$=\{x\mid x$ 为有理数$\}$；

R：实数集合$=\{x\mid x$ 为实数$\}$；

C：复数集合$=\{x\mid x$ 为复数$\}$或$\{x\mid x=a+b\mathrm{i},a,b\in\mathbf{R}$ 且 $\mathrm{i}=\sqrt{-1}\}$。

下面介绍几个与集合相关的概念。

定义 1 设 A,B 是任意两个集合，如果 A 的每一个元素都是 B 中的元素，则称 A 为 B 的子集，也称 A 包含在 B 内（或 B 包含 A）。两个集合的这种关系称作包含关系，记作 $A\subseteq B$（或 $B\supseteq A$）。

例如：$A=\{1,2,3\}$，$B=\{1,2,3,4\}$，对 A 中元素，有 $1\in B$，$2\in B$，$3\in B$，所以 $A\subseteq B$。

注意到对每一个集合 A，都有 $A\subseteq A$，故每个集合都为自身的子集。

从上例可见，$A\subseteq B$ 的充要条件是若 $a\in A$，必有 $a\in B$。

定义 2 设 A,B 是任意两个集合，若 $A\subseteq B$，并且 B 中至少有一个元素不属于 A，则称 A 是 B 的真子集，记作 $A\subset B$。

例如在上例中，$4\in B$ 但 $4\notin A$，故 $A\subset B$。

$A\subset B$ 的充要条件是 $A\subseteq B$，存在 $b\in B$ 但 $b\notin A$。

定义 3 设 A,B 是任意两个集合，若 $A\subseteq B$ 且 $B\subseteq A$，则称集合 A 与集合 B 相等，记作 $A=B$，否则记为 $A\neq B$。

两个集合相等，意味着两个集合中有完全相同的元素。

例 1 设 $A=\{a,b,c,d\}$，$B=\{a,b,m,n\}$，$C=\{a,d\}$，则 $C\subseteq A$，由于 $b\notin C$，故 $C\subset A$，但由于 $d\notin B$，故 C 不是 B 的子集。

要注意区别集合论中的属于关系和包含关系：$a\in A$ 是指元素 a 与集合 A 之间的关系，而 $B\subseteq A$ 是指集合 B 与集合 A 之间的关系。例如 $A=\{a,b\}$，则 $a\in A$，$\{a\}\subseteq A$，但不能 $\{a\}\in A$，$a\subseteq A$。

定义 4 不含有任何元素的集合称为空集，记作 $\varnothing$。

例如，$\{x\mid x^2+2=0,x\text{ 为实数}\}=\varnothing$。

定理 1 对于任意一个集合 A，有 $\varnothing\subseteq A$。

证明 设 $\varnothing\subseteq A$ 是假，则至少存在一个元素 x 使 $x\in\varnothing$，且 $x\notin A$，但 $\varnothing$ 中不包含任何元素，所以这是不可能的。

定义 5 在一定范围内，如果所有集合都为某一集合的子集，则称该集合为全集，记作 E。

全集是一个相对的概念。由于研究的问题不同，所取的全集也不同，并且不是唯一的，一般总是取一个比较方便的集合作为全集。例如，我们在整数范围内讨论问题时可以取整数集 **Z** 为全集，也可取实数集 **R** 或有理数集 **Q** 为全集。但取 **Z** 比取 **Q**、**R** 方便，所以一般取 **Z** 为全集 E。

以后所讨论的每一个集合都看作是全集 E 的子集。

对于集合的相等与包含关系，可以用一种图——文氏图表示。文氏图在表示集合中的关系时较为直观、形象，故目前被广泛应用于集合论中。在文氏图中，用平面中的一个区域来表示一个全集，而对包含于全集内的集合用平面区域内的圆表示之。这样，全集内的集合间的关系就可以用平面区域内的圆之间的关系来表示。对于相等、包含等关系可以很形象地用文氏图表示（图 1）。

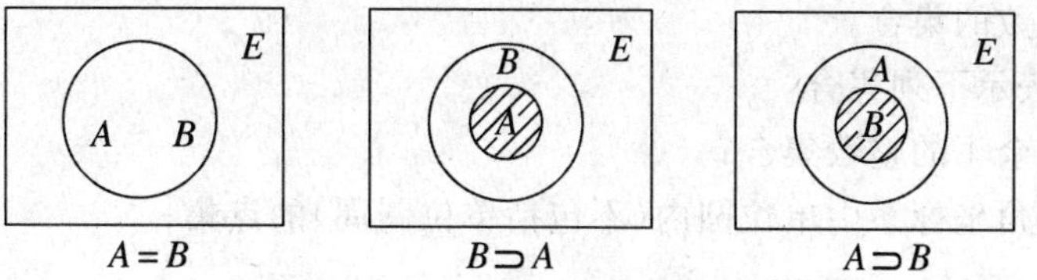

图1　相等与包含关系的文氏图

定义 6　给定集合 A，由集合 A 的所有子集构成的集合称作 A 的幂集，记作 $\rho(A)$。

例 2　设有集合 $A=\{a,b\}$，故 A 的幂集 $\rho(A)=\{\varnothing,\{a\},\{b\},\{a,b\}\}$。

例 3　设 $A=\{x|x(x-1)(x-2)=0$ 且 $x\in\mathbf{R}\}$，求 $\rho(A)$。

解　$A=\{0,1,2\}$，A 的子集为 $\varnothing,\{0\},\{1\},\{2\},\{0,1\},\{0,2\},\{1,2\},\{0,1,2\}$，故 $\rho(A)=\{\varnothing,\{0\},\{1\},\{2\},\{0,1\},\{0,2\},\{1,2\},\{0,1,2\}\}$。

定理 2　如果有限集合 A 的基数为 n，则其幂集 $\rho(A)$ 的基数为 2^n。

证明　A 的所有由 m 个元素组成的子集的个数为从 n 个元素中取 m 个元素的组合数 C_n^m。另外，因为 $\varnothing\subseteq A$，所以 $\rho(A)$ 的基数 N 可以表示为

$$N=1+C_n^1+C_n^2+\cdots+C_n^m+\cdots+C_n^n=\sum_{m=0}^{n}C_n^m$$

由二项式定理可知

$$(x+y)^n=C_n^0x^n+C_n^1x^{n-1}y+C_n^2x^{n-2}y^2+\cdots+C_n^ny^n$$

令 $x=y=1$，便有

$$2^n=C_1^0+C_n^1+C_n^2+\cdots+C_n^n=\sum_{m=0}^{n}C_n^m$$

故 $\rho(A)$ 的基数是 2^n。证毕。

例 4　设 A 和 B 是两个集合，试证明 $A\subseteq B$ 的充分必要条件是 $\rho(A)\subseteq\rho(B)$。

证明　必要性，任取 $x\in\rho(A)$，则 x 是 A 的子集，所以 $x\subseteq A$，因为 $A\subseteq B$，有 $x\subseteq B$，即 x 是 B 的子集，从而 $x\in\rho(B)$，因此，$\rho(A)\subseteq\rho(B)$。

充分性，任取 $x\in A$，则 $\{x\}\in\rho(A)$，由 $\rho(A)\subseteq\rho(B)$ 可得 $\{x\}\in\rho(B)$，因为 $x\in B$ 当且仅当 $\{x\}\in\rho(B)$，从而 $x\in B$，因此 $A\subseteq B$。证毕。

习题一

1. 用列举法表示下列集合：

(1) 1 至 100 的整数中的完全平方数的集合；

(2) 大于 3 而小于等于 7 的整数集合；

(3) 12 的质因数集合；

(4) 全体偶数的集合。

2. 用描述法表示下列集合：

(1) 被 5 除余 1 的整数集合；

(2) 平面直角坐标系中单位圆内(不包括单位圆周)的点集；

(3) 使 $y=\frac{1}{x^2+x-6}$有意义的实数 x 的集合。

3. 判定下列各题的正确与错误：

(1) $\{a\}\in\{a,b,c\}$； (2) $\{a\}\subseteq\{a,b,c\}$；

(3) $\varnothing\in\{a,b,c\}$； (4) $\varnothing\subseteq\{a,b,c\}$；

(5) $\{a,b\}\subseteq\{a,b,c,\{a,b,c\}\}$； (6) $\{a,b\}\in\{a,b,c,\{a,b,c\}\}$；

(7) $\{a,b\}\subseteq\{a,b,\{a,b\}\}$； (8) $\{a,b\}\in\{a,b,\{a,b\}\}$；

(9) $\{a,b,c\}\subseteq\{a,b,c,\{a,b,c\}\}$； (10) $\{a,b,c\}\in\{a,b,c,\{a,b,c\}\}$。

4. 对于任意集合 A,B,C,确定下列各命题是否正确：

(1) 如果 $A\in B$ 及 $B\subseteq C$,则 $A\in C$；

(2) 如果 $A\in B$ 及 $B\subseteq C$,则 $A\subseteq C$；

(3) 如果 $A\subseteq B$ 及 $B\in C$,则 $A\in C$；

(4) 如果 $A\subseteq B$ 及 $B\in C$,则 $A\subseteq C$；

(5) 如果 $A\in B$ 及 $B\not\supseteq C$,则 $A\notin C$；

(6) 如果 $A\subseteq B$ 及 $B\in C$,则 $A\notin C$。

5. 写出$\{a,b,c\}$的全部子集和真子集,并求幂集。

6. 求下列集合的幂集：

(1) $\{a,\{a\}\}$； (2) $\{\varnothing,a,\{a\}\}$。

7. 设某集合有 40 个元素,试问：

(1) 可构成多少个子集?

(2) 其中有多少个子集的基数为奇数?

(3) 是否有含有 41 个元素的子集?

第二节　集合的运算

集合的运算,就是以给定集合为对象,按照确定的规则得到另外一些集合。

定义 1　给定任意集合 A 和 B,由集合 A 和 B 的所有共同元素组成的集合为 S,则称 S 为集合 A 和 B 的交集,记作 $A\cap B$。显然有：

$$S=A\cap B=\{x\mid x\in A \text{ 且 } x\in B\}$$

图 1 是交集的文氏图。

例 1　设集合 $A=\{a,b,c\}$，$B=\{b,c,d,e\}$，则其交集为 $S=A\cap B=\{b,c\}$。

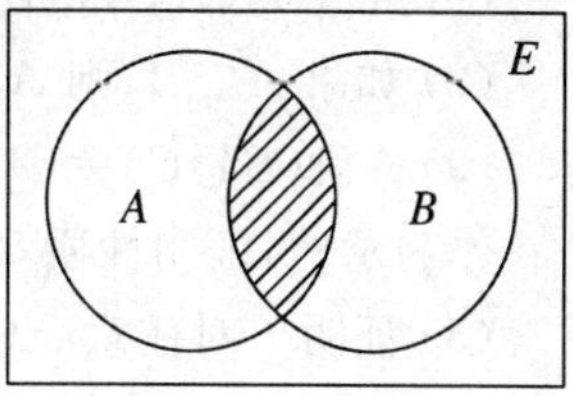

图 1　交集的文氏图

例 2　设集合 $A_1=\{\{1,2\},\{3\}\}$，$A_2=\{\{1\},\{2,3\}\}$，$A_3=\{\{1,2,3\}\}$，则 $A_1\cap A_2=\varnothing$，$A_1\cap A_3=\varnothing$，$A_2\cap A_3=\varnothing$，所以集合 A_1、A_2、A_3 是两两互不相交的。

两不相交集合的文氏图如图 2 所示。

例 3　设 $A\subseteq B$，求证 $A\cap C\subseteq B\cap C$。

证明　对任意 $x\in A\cap C$，则 $x\in A$ 且 $x\in C$。因为 $A\subseteq B$，所以 $x\in B$ 且 $x\in C$，从而 $x\in B\cap C$，由定义 1 知，$A\cap C\subseteq B\cap C$。证毕。

集合的交具有下列性质：

(1) $A\cap A=A$；

(2) $A\cap\varnothing=\varnothing$；

(3) $A\cap E=A$；

(4) $A\cap B=B\cap A$；

(5) $(A\cap B)\cap C=A\cap(B\cap C)$。

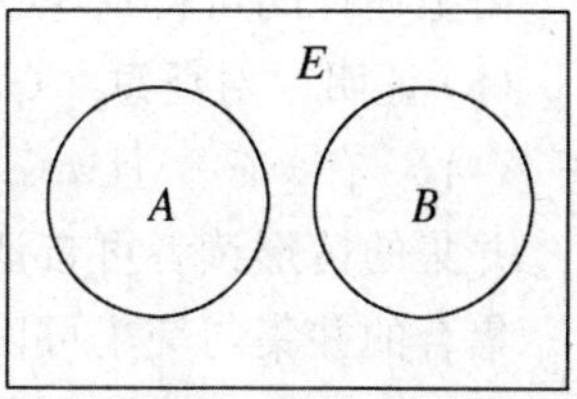

图 2　两集合不相交的文氏图

定义 2　设有任意集合 A 和 B，由集合 A 和 B 中的所有元素组成的集合为 S，则称 S 为集合 A 和 B 的并集，记作 $A\cup B$。显然有

$$S=A\cup B=\{x\mid x\in A\text{ 或 }x\in B\}$$

并集的文氏图如图 3 所示。

例 4　设 $A=\{1,2,3,4\}$，$B=\{3,4,5,6\}$，则 $A\cup B=\{1,2,3,4,5,6\}$。

例 5　设 $A=\{x\mid -2<x<3,x\in\mathbf{R}\}$，$B=\{x\mid 0\leqslant x\leqslant 5,x\in\mathbf{R}\}$，则 $A\cup B=\{x\mid -2<x\leqslant 5,x\in\mathbf{R}\}$。

例 6　设 $A\subseteq B$，$C\subseteq D$，证明 $A\cup C\subseteq B\cup D$。

证明　对任一 $x\in A\cup C$，有 $x\in A$ 或 $x\in C$。若 $x\in A$，因为 $A\subseteq B$，故 $x\in B$，$x\in B\cup D$；若 $x\in C$，因为 $C\subseteq D$，故 $x\in B\cup D$，因此总有 $A\cup C\subseteq B\cup D$。证毕。

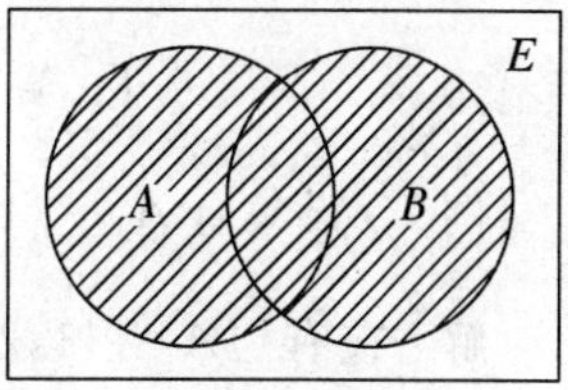

图 3　并集的文氏图

并集有下列性质：

(1) $A\cup A=A$；

(2) $A\cup\varnothing=A$；

(3) $A\cup E=E$；

(4) $A\cup B=B\cup A$；

(5) $(A\cup B)\cup C=A\cup(B\cup C)$；

(6) $A\subseteq A\cup B, B\subseteq A\cup B$；

(7) $A\cap B\subseteq A, A\cap B\subseteq B$；

(8) 如果 $A\subseteq B$，则 $A\cup B=B, A\cap B=A$；

(9) $A\cap(B\cup C)=(A\cap B)\cup(A\cap C), A\cup(B\cap C)=(A\cup B)\cap(A\cup C)$。

作为示例，证明性质 5 和性质 8：

(5) 证明　对任意 $x\in(A\cup B)\cup C$，有 $x\in A\cup B$ 或 $x\in C$。若 $x\in A\cup B$，则 $x\in A$ 或 $x\in B$，当 $x\in A$ 时，有 $x\in A\cup(B\cup C)$；当 $x\in B$ 时，有 $x\in B\cup C$，故 $x\in A\cup(B\cup C)$。若 $x\in C$，则 $x\in B\cup C$，所以 $x\in A\cup(B\cup C)$，$(A\cup B)\cup C\subseteq A\cup(B\cup C)$。

反之，对任意 $x\in A\cup(B\cup C)$，有 $x\in A$ 或 $x\in(B\cup C)$。若 $x\in A$，则 $x\in A\cup B$，进而 $x\in(A\cup B)\cup C$。若 $x\in B\cup C$，则有 $x\in B$ 或 $x\in C$，若 $x\in B$，则 $x\in(A\cup B)$，所以 $x\in(A\cup B)\cup C$；若 $x\in C$，则 $x\in(A\cup B)\cup C$，所以 $A\cup(B\cup C)\subseteq(A\cup B)\cup C$。

由上述证明可得：$(A\cup B)\cup C=A\cup(B\cup C)$。

(8) 证明　对任意 $x\in A$，因 $A\subseteq B$，故 $x\in B$，进而 $x\in A\cap B$，$A\subseteq A\cap B$。反之，对任意 $x\in A\cap B$，有 $x\in A$ 且 $x\in B$，故 $A\cap B\subseteq A$。即 $A\cap B=A$。

并集的情形读者可自证。证毕。

集合的并集与交集可以推广到任意多个集合的情形。

定义 3　由 n 个集合 $A_1,A_2,\cdots,A_n$ 所有元素组成的集合，称为这 n 个集合的并集，记作 $\bigcup\limits_{i=1}^{n}A_i$，即：

$$\bigcup_{i=1}^{n}A_i=\{x\mid x\in A_1,\text{或 }x\in A_2,\text{或 }\cdots,\text{或 }x\in A_n\}$$

定义 4　由同时属于 n 个集合 $A_1,A_2,\cdots,A_n$ 的所有元素组成的集合，称为这 n 个集合的交集，记作 $\bigcap\limits_{i=1}^{n}A_i$，即：

$$\bigcap_{i=1}^{n}A_i=\{x\mid x\in A_1,\text{且 }x\in A_2,\text{且 }\cdots,\text{且 }x\in A_n\}$$

例 7　设集合 $A_1=\{1,2\}, A_2=\{2,3\}, A_3=\{1,2,3,6\}$，试求 $\bigcup\limits_{i=1}^{3}A_i$ 和 $\bigcap\limits_{i=1}^{3}A_i$。

解　应有 $\bigcup\limits_{i=1}^{3}A_i=\{1,2,3,6\}$，$\bigcap\limits_{i=1}^{3}A_i=\{2\}$。

例 8　设 $A_i=\left[-1+\dfrac{1}{i},1-\dfrac{1}{i}\right](i=1,2,\cdots,n)$，求 $\bigcap\limits_{i=1}^{n}A_i$。

解　$\bigcap\limits_{i=1}^{n}A_i=\{0\}\cap\left[-\dfrac{1}{2},\dfrac{1}{2}\right]\cap\left[-\dfrac{2}{3},\dfrac{2}{3}\right]\cap\cdots\cap\left[-\dfrac{n-1}{n},\dfrac{n-1}{n}\right]=\{0\}$。

定义 5　设 A、B 为任意两个集合，所有属于 A 但不属于 B 的元素构成的集合称作集合 B 相对于集合 A 的补集或相对补集，记作 $A-B$。即

$$S=A-B=\{x\mid x\in A\text{ 但 }x\notin B\}$$

补集的文氏图如图 4 所示。

例 9　设 $A=\{a,b,c,d\}$，$B=\{a,c,e,f\}$，求 $A-B$。

解　$A-B=\{b,d\}$。

例 10　设 A 是素数集合，B 是奇数集合，求 $A-B$。

解　$A-B=\{2\}$。

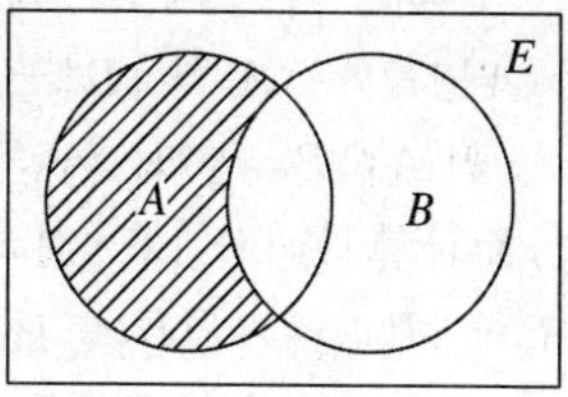

图 4　补集的文氏图

定义 6　设 E 为全集，对任一集合 A 关于 E 的补集 $E-A$ 称为集合 A 的绝对补集，记为 $\overline{A}$。即：

$$\overline{A}=E-A=\{x \mid x\in E \text{ 但 } x\notin A\}$$

绝对补集的文氏图如图 5 所示。

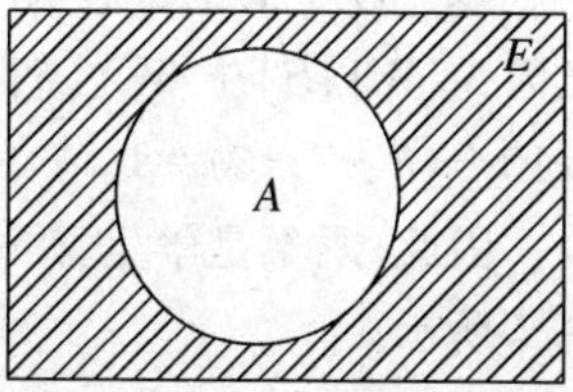

图 5　绝对补集的文氏图

绝对补集有如下性质：

(1) $\overline{\overline{A}}=A$；

(2) $\overline{\varnothing}=E$；

(3) $\overline{E}=\varnothing$；

(4) $A\cup\overline{A}=E$；

(5) $A\cap\overline{A}=\varnothing$。

例 11　设 $A=\{a,b,c\}$，$E=\{a,b,c,d,e\}$，求 $\overline{A}$。

解　$\overline{A}=\{d,e\}$。

例 12　证明 $\overline{(A\cup B)}=\overline{A}\cap\overline{B}$，$\overline{(A\cap B)}=\overline{A}\cup\overline{B}$。

证明　对任意的 $x\in\overline{(A\cup B)}$，则 $x\notin A\cup B$，因而 $x\notin A$ 且 $x\notin B$，于是 $x\in\overline{A}$ 且 $x\in\overline{B}$，从而 $x\in\overline{A}\cap\overline{B}$，故有 $\overline{(A\cup B)}\subseteq\overline{A}\cap\overline{B}$。

反之，若 $x\in\overline{A}\cap\overline{B}$，则 $x\in\overline{A}$ 且 $x\in\overline{B}$，于是 $x\notin A$ 且 $x\notin B$，因此 $x\notin A\cup B$，$x\in\overline{(A\cup B)}$，故 $\overline{A}\cap\overline{B}\subseteq\overline{(A\cup B)}$。

由上述结果知，$\overline{(A\cup B)}=\overline{A}\cap\overline{B}$。证毕。

类似地可证 $\overline{(A\cap B)}=\overline{A}\cup\overline{B}$。

例 13　设 A、B、C 为三个集合，证明 $A\cap(B-C)=(A\cap B)-(A\cap C)$。

证明　$A\cap(B-C)=A\cap(B\cap\overline{C})=A\cap B\cap\overline{C}$。又有 $(A\cap B)-(A\cap C)=(A\cap B)\cap\overline{(A\cap C)}=(A\cap B)\cap(\overline{A}\cup\overline{C})=(A\cap B\cap\overline{A})\cup(A\cap B\cap\overline{C})=\varnothing\cup(A\cap B\cap\overline{C})=A\cap B\cap\overline{C}$。因此，$A\cap(B-C)=(A\cap B)-(A\cap C)$。证毕。

定义 7　设 A、B 是任意两个集合，把所有属于 A 或 B 但不同时属于 A 和 B 的元素构成的集合称为 A 和 B 的直和（也叫绝对差），记作 $A\oplus B$。即

$$S=A\oplus B=(A-B)\cup(B-A)$$

直和的文氏图如图 6 所示。

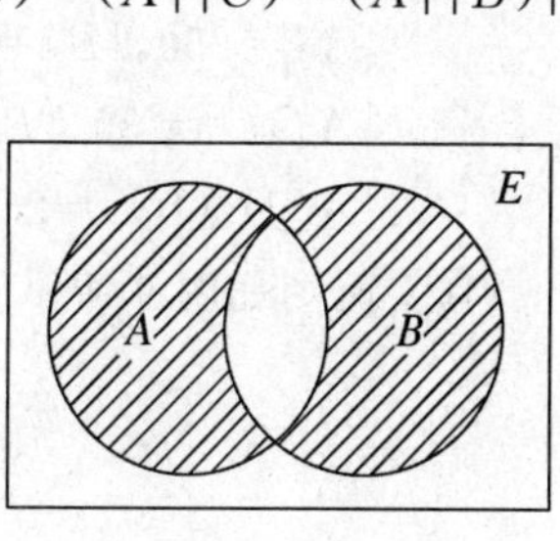

图 6　直和的文氏图

定理 1　设 A 与 B 是两个有限集合，则 $|A\cup B|=|A|+|B|-|A\cap B|$。

证明　当 A 与 B 不相交，即 $A\cap B=\varnothing$ 时，有 $|A\cap B|=0$，$|A\cup B|=|A|+|B|$，从而 $|A\cup B|=|A|+|B|-|A\cap B|$。

当 $A\cap B\neq\varnothing$ 时，A 与 B 公共元素个数是 $|A\cap B|$，计算 $|A\cup B|$ 时，每个元素只计算一次，而计算 $|A|+|B|$ 时，$A\cap B$ 中元素计算两次，其余元素计算一次，因此有 $|A\cup B|=|A|+|B|-|A\cap B|$。证毕。

此定理称为包含排斥定理。

例 14　设在 10 名青年中有 5 名是工人，7 名是学生，其中兼有工人与学生双重身份的青年有 3 名，问既不是工人又不是学生的青年有几名？

解　设工人的集合为 W，学生的集合为 S，则根据题设有 $|W|=5$，$|S|=7$，$|W\cap S|=3$。又因为 $|\overline{W}\cap\overline{S}|+|W\cup S|=10$，则 $|\overline{W}\cap\overline{S}|=10-|W\cup S|=10-(|W|+|S|-|W\cap S|)=10-(5+7-3)=1$。

因此，既不是学生又不是工人的青年 1 名。用文氏图表示如图 7 所示。

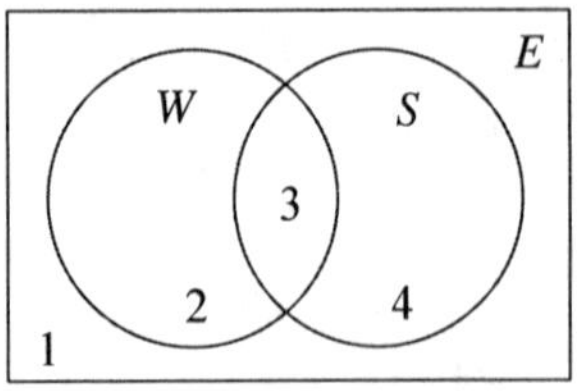

图 7　例14的文氏图

例 15　求从 1 到 300 的整数中能被 5 或 7 整除的数的个数。

解　设 P 表示从 1 到 300 的整数中能被 5 整除的数的集合，S 表示从 1 到 300 的整数中能被 7 整除的数的集合。

$$|P|=60,\ |S|=42,\ |P\cap S|=8$$

$$|P\cup S|=|P|+|S|-|P\cap S|=60+42-8=94$$

即在从 1 到 300 的整数中能被 5 或 7 整除的数的个数为 94 个。

对于任意三个集合 A_1，A_2 和 A_3，我们可以推广定理 1 的结果为：

$$|A_1\cup A_2\cup A_3|=|A_1|+|A_2|+|A_3|-|A_1\cap A_2|-|A_1\cap A_3|-|A_2\cap A_3|+|A_1\cap A_2\cap A_3|$$

这个公式可以通过图 8 予以验证。

例 16　求从 1 到 500 之间能被 2，3，7 任何一个数整除的整数个数。

解　设 A 表示从 1 到 500 能被 2 整除的整数集合，B 表示从 1 到 500 能被 3 整除的整数集合，C 表示从 1 到 500 能被 7 整除的整数集合，则

$|A|=250$，$|B|=166$，$|C|=71$，$|A\cap B|=83$

$|A\cap C|=35$，$|B\cap C|=23$，$|A\cap B\cap C|=11$

$|A\cup B\cup C|=250+166+71-83-35-23+11=357$

其文氏图如图 9 所示。

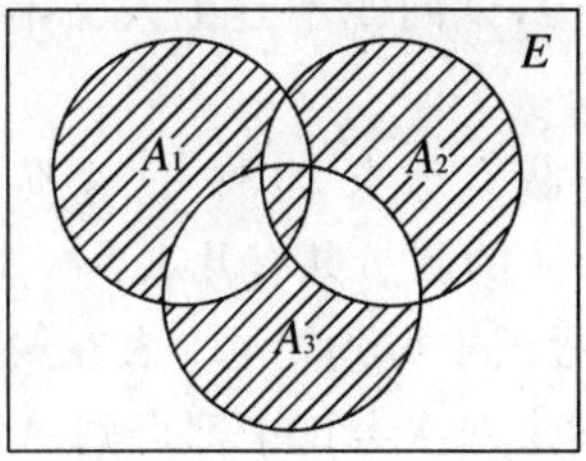

图 8

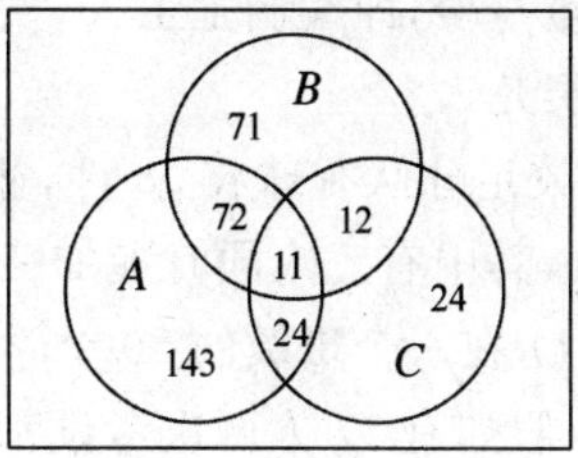

图 9

习题二

1. 设 $E=\{1,2,3,4\}$，$A=\{1,4\}$，$B=\{1,2,5\}$，$C=\{2,4\}$，试求下列集合：

(1) $A\cap B$；　(2) $A\cup B$；　(3) $A\cap B\cap C$；

(4) $A\cap\overline{B}$；　(5) $\overline{A}\cup\overline{B}$；　(6) $(A\cap B)\cup\overline{C}$；

(7) $\overline{(A\cap B)}$；　(8) $A\cup\overline{B}\cup C$；　(9) $\rho(A)\cap\rho(B)$；

(10) $\rho(A)-\rho(B)$。

2. 判定下列命题哪些是恒成立？恒不成立？还是有时成立？可用文氏图来确定。

(1) 若 $a\in A-B$，则 $a\in A-(A\cap B)$；

(2) 若 $A\neq B$，则 $A\cap\overline{B}=B\cap\overline{A}$；

(3) $(A-B)\cup B=A\cup B$；

(4) $(A-B)\cup(A-C)=A$；

(5) $(A-B)\cap(A-C)=\varnothing$。

3. A,B 为任意两个集合，求证：$A-(A\cap B)=A-B$。

4. 设 A,B,C 是三个任意集合，求证：

(1) $(A\cup B)-C=(A-C)\cup(B-C)$；

(2) $A-(B-C)=(A-B)\cup(A\cap C)$。

5. 证明 $(A\cap\overline{B})\cup(\overline{A}\cap(B\cup\overline{C}))$ 的补集是 $(\overline{A}\cup B)\cap(A\cup\overline{B})\cap(A\cup C)$。

6. 证明下列等式：

(1) $(A\cup B)\cap(\overline{A}\cup C)=(A\cap C)\cup(\overline{A}\cap B)\cup(B\cap C)$；

(2) $(A\cup B)\cap(A\cup C)=A\cup(B\cap C)$。

7. 设有集合 A,B：

(1) 若 $A-B=B$，则 A 与 B 有什么关系？

(2) 若 $A-B=B-A$，则 A 与 B 有什么关系？

8. 在城镇居民身份调查中，假设在 15 名居民中，有 12 名是工人，有 5 名是干部，其中有 3 名具有双重身份，即编制是工人，做干部工作（以工代干人员），试问既不是工人又不是干部的非在职人员几人？

9. 某校足球队有球衣 38 件，篮球队有球衣 15 件，棒球队有球衣 20 件，三个队队员的总数为 58 人，其中有三人同时参加三个队，试求同时参加两个队的队员共有几人？

10. (1) 在一个班级的 50 个学生中，有 26 人在第一次考试中得到 A，21 人在第二次考试中得到 A，假如有 17 人两次考试都没有得到 A，问有多少学生两次考试中都得到 A？

(2) 在这些学生中，如果第一次考试中得到 A 的学生人数等于第二次考试中得到 A 的人数，如果仅仅在一次考试中得到 A 的学生总数是 40，并且有 4 个学生两次考试都没有得到 A，问有多少学生仅在第一次考试中取得 A？问有多少学生仅在第二次考试中取得 A？又问有多少学生在两次考试中都得 A？

11. 对 200 名大学一年级的学生进行调查的结果是：其中 67 人学数学，47 人学物理，95 人学生物，26 人既学数学又学生物，28 人既学数学又学物理，27 人既学物理又学生物，50 人这三门课都不学。

(1) 求出对这三门课都学的学生人数；

(2) 在文氏图（图 10）中，将正确的学生人数填入其中 8 个区域。

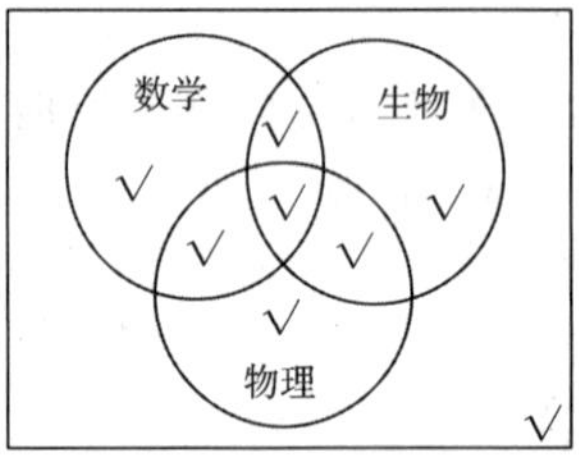

图 10

第三节　序偶与笛卡儿积

在日常生活中，有许多事物是成对出现的，而且这种成对出现的事物具有一定的顺序。例如：上下，左右，$3<4$，张三高于李四等。一般地，两个具有次序的客体组成一个序偶，它常表达两个客体之间的关系，记作 (x,y)。于是，上述各例可分别表示为（上，下），（左，右），$(3,4)$，（张三，李四）。

注意到当 $x\neq y$ 时，$(x,y)\neq(y,x)$。

定义 1　给定两个序偶 (x,y) 和 (a,b)，当且仅当 $x=a$ 和 $y=b$ 时，序偶 (x,y) 和 (a,b) 称作相等，记作 $(x,y)=(a,b)$。

我们可以把序偶的概念推广到有序 n 元组，对于自然数 n，n 个客体 $a_1,a_2,\cdots,a_n$ 按一定次序排列成一个序列，称为有序 n 元组，记作 $(a_1,a_2,\cdots,a_n)$。a_i 称为第 i 个元素。

$(a_1,a_2,\cdots,a_n)=(b_1,b_2,\cdots,b_n)$，当且仅当 $a_i=b_i(i=1,2,\cdots,n)$。例如 $(a,b,c)\neq(b,a,c)\neq(c,b,a)$；又如 $(a,a,a)\neq(a,a)\neq(a)$。

定义 2 令 A 和 B 是任意两个集合，若序偶的第一个成员是 A 的元素，第二个成员是 B 的元素，所有这样的序偶集合，称为集合 A 和 B 的笛卡儿乘积或直积，记作 $A\times B$。即：

$$A\times B=\{(x,y)\mid x\in A \text{ 且 } y\in B\}。$$

例 1 设 $A=\{a,b\}$，$B=\{1,2,3\}$，试求 $A\times B$，$B\times A$，$A\times A$，$B\times B$ 和 $(A\times B)\cap(B\times A)$。

解 $A\times B=\{(a,1),(a,2),(a,3),(b,1),(b,2),(b,3)\}$；

$B\times A=\{(1,a),(1,b),(2,a),(2,b),(3,a),(3,b)\}$；

$A\times A=\{(a,a),(a,b),(b,a),(b,b)\}$；

$B\times B=\{(1,1),(1,2),(1,3),(2,1),(2,2),(2,3),(3,1),(3,2),(3,3)\}$；

$(A\times B)\cap(B\times A)=\varnothing$。

由例 1 可见，$A\times B\neq B\times A$。若约定 $A=\varnothing$，或 $B=\varnothing$，则 $A\times B=\varnothing$。

定义 3 由任意 n 个集合 $A_1,A_2,\cdots,A_n$ 构成的新集合 $\{(a_1,a_2,\cdots,a_n)\mid a_i\in A_i,i=1,2,\cdots,n\}$ 称为 $A_1,A_2,\cdots,A_n$ 的笛卡儿积，记作 $A_1\times A_2\times\cdots\times A_n$。当 $A_1=A_2=\cdots=A_n=A$ 时，$\overbrace{A\times A\times\cdots\times A}^{n个}=A^n$。

例 2 设 $A=\{\alpha,\beta\}$，$B=\{a,b\}$，$C=\{c\}$，试求 $A\times B\times C$。

解 $A\times B\times C=\{(\alpha,a,c),(\alpha,b,c),(\beta,a,c),(\beta,b,c)\}$。

例 3 设 $A=\{x\mid 1\leqslant x\leqslant 2,x\in\mathbf{R}\}$，$B=\{y\mid y\geqslant 0,y\in\mathbf{R}\}$，试求 $A\times B$，$B\times A$，并画出其图像。

解 $A\times B=\{(x,y)\mid 1\leqslant x\leqslant 2,y\geqslant 0,x,y\in\mathbf{R}\}$；

$B\times A=\{(y,x)\mid 1\leqslant x\leqslant 2,y\geqslant 0,x,y\in\mathbf{R}\}$。

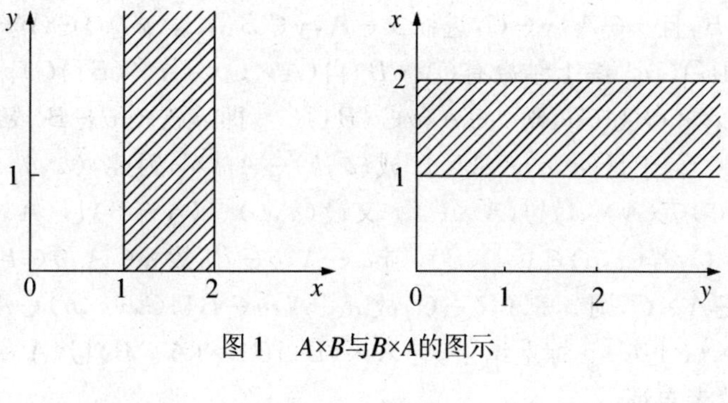

图 1 $A\times B$ 与 $B\times A$ 的图示

$A\times B$ 与 $B\times A$ 的图像如图 1 所示的阴影部分。

例 4 设 $A=\{a,b\}$，$B=\{0,2\}$，$C=\varnothing$，试求：(1) $A\times\{1\}\times B$； (2) $A^2\times B$； (3) $(B\times A)^2$； (4) $A\times B\times C$。

解 (1) $A\times\{1\}\times B=\{(a,1,0),(a,1,2),(b,1,0),(b,1,2)\}$；

(2) $A^2\times B=\{(a,a,0),(a,a,2),(a,b,0),(a,b,2),(b,a,0),(b,a,2),(b,b,0),(b,b,2)\}$；

(3) $(B\times A)^2=\{((0,a),(0,a)),((0,b,),(0,b)),((2,a),(2,a)),((2,b),(2,b)),((0,a),((0,b)),((0,a),(2,a)),((0,a),(2,b)),((0,b),(0,a)),((0,b),(2,a)),((0,b),(2,b)),((2,a),(0,a)),((2,a,),(0,b)),((2,a),(2,b)),((2,b),(0,a)),((2,b),(0,b)),((2,b),(2,a))\}$；

(4) $A\times B\times C=\varnothing$。

本题说明了在笛卡儿积中若有一个集合是空集时，则笛卡儿积一定是空集。

例 5 设 $A=\{a,b\}$，试求 $\rho(A)\times A$。

解 因为 $\rho(A)=\{\varnothing,\{a\},\{b\},\{a,b\}\}$，

所以 $\rho(A)\times A=\{(\varnothing,a),(\varnothing,b),(\{a\},a),(\{a\},b),(\{b\},a),(\{b\},b),(\{a,b\},a),(\{a,b\},b)\}$。

笛卡儿积与集合的其他运算具有以下性质。

定理 1 设 A,B,C 为任意三个集合，则有

(1) $A\times(B\cap C)=(A\times B)\cap(A\times C)$；

(2) $A\times(B\cup C)=(A\times B)\cup(A\times C)$；

(3) $(A\cap B)\times C=(A\times C)\cap(B\times C)$；

(4) $(A\cup B)\times C=(A\times C)\cup(B\times C)$。

证明 (1)若 $(x,y)\in A\times(B\cap C)$，则 $x\in A,y\in B\cap C$，所以 $x\in A,y\in B$，且 $x\in A$，$y\in C$，故 $(x,y)\in A\times B$，$(x,y)\in A\times C$，从而 $(x,y)\in(A\times B)\cap(A\times C)$，$A\times(B\cap C)\subseteq(A\times B)\cap(A\times C)$。反之，设 $(x,y)\in(A\times B)\cap(A\times C)$，则 $(x,y)\in A\times B$ 且 $(x,y)\in A\times C$，所以 $x\in A,y\in B$，且 $x\in A,y\in C$，进而 $x\in A,y\in B\cap C$，$(x,y)\in A\times(B\cap C)$，$(A\times B)\cap(A\times C)\subseteq A\times(B\cap C)$。综上结果有 $(A\times B)\cap(A\times C)=A\times(B\cap C)$。

(2)设 $(a,b)\in A\times(B\cup C)$，则 $a\in A,b\in(B\cup C)$，即 $a\in A,b\in B$ 或 $b\in C$，故 $a\in A$ 且 $b\in B$ 或 $a\in A$ 且 $b\in C$，于是 $(a,b)\in A\times B$ 或 $(a,b)\in A\times C$，因此，$(a,b)\in(A\times B)\cup(A\times C)$，所以 $A\times(B\cup C)\subseteq(A\times B)\cup(A\times C)$。又设 $(a,b)\in(A\times B)\cup(A\times C)$，则 $(a,b)\in A\times B$ 或 $(a,b)\in A\times C$，若 $(a,b)\in(A\times B)$，则 $a\in A,b\in B$，故 $a\in A,b\in B\cup C$，$(a,b)\in A\times(B\cup C)$；若 $(a,b)\in A\times C$，则 $a\in A,b\in C$，故 $a\in A,b\in B\cup C$，$(a,b)\in A\times(B\cup C)$，$(A\times B)\cup(A\times C)\subseteq A\times(B\cup C)$。综上结果，有 $A\times(B\cup C)=(A\times B)\cup(A\times B)$。证毕。

(3)、(4)可由读者自证。

定理 2　若 $C\neq\varnothing$,则 $A\subseteq B$ 的充要条件是 $A\times C\subseteq B\times C$ 或 $C\times A\subseteq C\times B$。

证明　必要性:任取 $(x,y)\in A\times C$,有 $x\in A,y\in C$,因为 $A\subseteq B$,所以 $x\in B,y\in C,(x,y)\in B\times C,A\times C\subseteq B\times C$,类似可证明 $C\times A\subseteq C\times B$。

充分性:对任意 $x\in A$,由于 $C\neq\varnothing$,故存在 $y\in C$,使 $(x,y)\in A\times C$。因为 $A\times C\subseteq B\times C$,所以有 $(x,y)\in B\times C,x\in B,A\subseteq B$。类似可证明 $C\times A\subseteq C\times B$ 成立,则有 $A\subseteq B$。证毕。

定理 3　设 A,B,C,D 是非空集合,则 $A\times B\subseteq C\times D$ 的充要条件为 $A\subseteq C,B\subseteq D$。

证明　对任意 $x\in A,y\in B$,有 $(x,y)\in A\times B$,由于 $A\times B\subseteq C\times D$,故 $(x,y)\in C\times D$,$x\in C,y\in D$,从而 $A\subseteq C,B\subseteq D$。反之,任意 $(x,y)\in A\times B$,有 $x\in A,y\in B$,由于 $A\subseteq C,B\subseteq D$,所以 $(x,y)\in C\times D$,从而 $A\times C\subseteq C\times D$。证毕。

习题三

1. 设 $A=\{0,1\},B=\{1,2\}$,试确定下面的集合:

(1) $A\times\{1\}\times B$;　(2) $A^2\times B$;　(3) $(B\times A)^2$;　(4) $(A\times B)\cap(B\times A)$。

2. 设 $A=\{1,2\}$,构成集合 $\rho(A)\times A$。

3. 设 $A=\{a,b\},B=\{1,2,3\},C=\{\alpha,\beta\}$,试求 $A\times(B\cap C)$ 和 $(A\times B)\cap(A\times C)$,并验证 $A\times(B\cap C)=(A\times B)\cap(A\times C)$ 成立。

4. 证明:若 $A\times A=B\times B$,则 $A=B$。

5. 证明:若 $A\times B=A\times C$,且 $A\neq\varnothing$,则 $B=C$。

6. 设 A,B,C,D 是任意集合,证明 $(A\cap B)\times(C\cap D)=(A\times C)\cap(B\times D)$。

第二章　关　系

第一节　关系的概念

在日常生活中我们都熟悉关系这个词的含义。例如师生关系、同学关系、同事关系、上下级关系、兄弟关系等。在数学里面，关系可以表达集合中元素的联系，例如“5 大于 3”“4 小于 6”“a 在 b 与 c 之间”等。在上一章中，我们学习了序偶这个概念，序偶是用来表达两个、三个或 n 个客体之间的联系，因此，想到用序偶来表达关系这个概念。

定义 1　任一序偶的集合确定了一个二元关系 R，R 中任一序偶 (x,y) 可记作 $(x,y)\in R$ 或 xRy。不在 R 中的任一序偶 (x,y) 可记作 $(x,y)\notin R$ 或 $x\not R y$。

例如，自然数之间的大于关系 $=\{(x,y)\mid x,y\in\mathbf{N}$ 且 $x>y\}$，人群中的父子关系 $=\{(x,y)\mid x,y$ 是人且 x 是 y 的父亲$\}$。

由于关系是序偶的集合，如果序偶的第一元素、第二元素分别属于不同的集合，那么关系就是两个集合笛卡儿积的子集。

定义 2　设 A 和 B 是两个集合，$A\times B$ 的一个子集 R，称为 A 到 B 上的一个二元关系。特殊地，当 $A=B$ 时，称 R 为 A 上的二元关系。

例 1　设 $A=\{1,2,3,4\}$，$B=\{2,3,4,5\}$，求 A 到 B 上的关系 R 满足 $R=\{(x,y)\mid x=y-1\}$。

解　$R=\{(1,2),(2,3),(3,4),(4,5)\}$。

例 2　设 $A=\{2,3,5\}$，$B=\{2,3,4,5,6\}$，定义 A，B 上的二元关系 R：$(a,b)\in R$ 当且仅当 a 整除 b，求 R。

解　$R=\{(2,2),(2,4),(2,6),(3,3),(3,6),(5,5)\}$。

定义 3　设 A 和 B 是任意集合，R 为 A 到 B 上的二元关系，若 $R=\varnothing$，则称 R 为空关系，若 $R=A\times B$，则称 R 为全关系。

定义 4　设 A 为任意集合，I_A 是 A 上的二元关系，并且满足 $I_A=\{(a,a)\mid a\in A\}$，则称 I_A 为 A 上的恒等关系。

例 3　设集合 $A=\{2,3,4,6\}$，求：(1) A 上的全关系、恒等关系；(2) 若集合 A 上的二元关系 R_1，R_2 分别为 $R_1=\{(a,b)\mid(a,b)\in A^2$，且 a 整除 $b\}$，$R_2=\{(a,b)\mid(a,b)\in A^2$，且 $b=2a\}$，求 $R_1\cap R_2$，$R_1\cup R_2$，R_1-R_2，$\overline{R_1}$。

解　(1) 全关系$=A\times A=\{(2,2),(2,3),(2,4),(2,6),(3,2),(3,3),(3,4),(3,6),(4,2),(4,3),(4,4),(4,6),(6,2),(6,3),(6,4),(6,6)\}$，$I_A=\{(2,2),(3,3),(4,4),(6,6)\}$。

(2) $R_1=\{(2,2),(2,4),(2,6),(3,3),(3,6),(4,4),(6,6)\}$，$R_2=\{(2,4),(3,6)\}$。$R_1\cap R_2=R_2$，$R_1\cup R_2=R_1$。

$R_1-R_2=\{(2,2),(2,6),(3,3),(4,4),(6,6)\}$。

$\overline{R_1}=\{(2,3),(3,2),(3,4),(4,2),(4,3),(4,6),(6,2),(6,3),(6,4)\}$。

定理 1　若 R_1 和 R_2 是集合 A 到 B 上的两个二元关系，则 R_1 与 R_2 的交、并、差、补仍是 A 到 B 上的二元关系。

证明　因为 $R_1\subseteq A\times B$，$R_2\subseteq A\times B$，所以 $R_1\cap R_2\subseteq A\times B$，$R_1\cup R_2\subseteq A\times B$。

又因为 $R_1-R_2=R_1\cap\overline{R_2}$，而 $\overline{R_2}\subseteq A\times B$，所以 $R_1-R_2\subseteq A\times B$，$\overline{R_1}=(A\times B-R_1)\subseteq A\times B$，$\overline{R_2}=(A\times B-R_2)\subseteq A\times B$。证毕。

现在我们把二元关系推广到 n 元关系。

定义 5　设 $A_1,A_2,\cdots,A_n$ 为任意 n 个集合，笛卡儿积 $A_1\times A_2\times\cdots\times A_n$ 的任意子集 R 称为 $A_1,A_2,\cdots,A_n$ 上的 n 元关系。当 $A_1=A_2=\cdots=A_n=A$ 时，R 也称为 A 上的 n 元关系。

例如，集合 A 上的三元关系 $R=\{(a,b,c)\mid(a,b,c)\in A^3$，且 $a+b=c\}$，$A=\{1,2,3,4\}$。

应注意，我们今后经常研究的是二元关系，又常常讨论同一集合上的二元关系。

当 A，B 是有限集合时，二元关系 $R\subseteq A\times B$ 除了用序偶的集合表示外，还可以用矩阵和图形来表示，这样表示既直观、形象，更有利于对关系的研究，也便于在计算机中储存。

定义 6　设两个有限集合 $A=\{a_1,a_2,\cdots,a_m\}$，$B=\{b_1,b_2,\cdots,b_n\}$，R 是 A 到 B 上的二元关系，称 $m\times n$ 矩阵 $\boldsymbol{M}_R=[r_{ij}]_{m\times n}$ 为 R 的关系矩阵，其中

$$r_{ij}=\begin{cases}1,\text{当 } a_iRb_j\\0,\text{当 } a_i \text{ 与 } b_j \text{ 没有关系 } R\end{cases}$$

式中 $i=1,2,\cdots,m$，$j=1,2,\cdots,n$。

当 $A=B$ 时，A 上的二元关系 R 的关系矩阵为方阵。

例 4　设 $A=\{a_1,a_2,a_3,a_4\}$，$B=\{b_1,b_2,b_3\}$，$R=\{(a_1,b_1),(a_1,b_3),(a_2,b_2),(a_2,b_3),(a_3,b_1),(a_4,b_1),(a_4,b_2)\}$，写出关系矩阵 $\boldsymbol{M}_R$。

解　$\boldsymbol{M}_R=\begin{bmatrix}1&0&1\\0&1&1\\1&0&0\\1&1&0\end{bmatrix}$。

例 5　$A=\{1,3,5,7\}$，写出集合 A 上大于关系的关系矩阵。

解　$>=\{(3,1),(5,1),(7,1),(5,3),(7,3),(7,5)\}$；

$$\boldsymbol{M}_{>}=\begin{bmatrix}0&0&0&0\\1&0&0&0\\1&1&0&0\\1&1&1&0\end{bmatrix}。$$

例 6 $A=\{1,2,3,4\}$，若 $R=\{(x,y)\mid\frac{x-y}{2}$ 是整数$\}$，$S=\{(x,y)\mid\frac{x-y}{3}$ 是正整数$\}$。求 $\boldsymbol{M}_R,\boldsymbol{M}_S,\boldsymbol{M}_{R\cap S},\boldsymbol{M}_{R\cup S},\boldsymbol{M}_{R-S}$。

解 $R=\{(1,1),(2,2),(2,4),(1,3),(3,1),(4,2),(3,3),(4,4)\}$；

$S=\{(4,1)\}$，$R\cap S=\varnothing$，$R\cup S=\{(1,1),(2,2),(2,4),(1,3),(3,1),(4,2),(3,3),(4,4),(4,1)\}$，$R-S=R$；

$$\boldsymbol{M}_R=\begin{bmatrix}1&0&1&0\\0&1&0&1\\1&0&1&0\\0&1&0&1\end{bmatrix};$$

$$\boldsymbol{M}_S=\begin{bmatrix}0&0&0&0\\0&0&0&0\\0&0&0&0\\1&0&0&0\end{bmatrix};$$

$$\boldsymbol{M}_{R\cap S}=\begin{bmatrix}0&0&0&0\\0&0&0&0\\0&0&0&0\\0&0&0&0\end{bmatrix};$$

$$\boldsymbol{M}_{R\cup S}=\begin{bmatrix}1&0&1&0\\0&1&0&1\\1&0&1&0\\1&1&0&1\end{bmatrix};$$

$\boldsymbol{M}_{R-S}=\boldsymbol{M}_R$。

定义 7 设两个有限集合 $A=\{a_1,a_2,\cdots,a_m\}$，$B=\{b_1,b_2,\cdots,b_n\}$，R 是 A，B 上的一个二元关系。用 m 个空心点表示元素 $a_1,a_2,\cdots,a_m$，用 n 个空心点表示 $b_1,b_2,\cdots,b_n$，这些空心点统称为结点。如果 a_iRb_j，那么由结点 a_i 到结点 b_j 作一条有向弧，箭头指向 b_j；如果$(a_i,b_j)\notin R$，那么结点 a_i 与 b_j 之间没有弧连接，这样的图形称为 R 的关系图。

若在一个集合 A 上的二元关系 R，出现了 $a_iRa_j(i\neq j)$，画法同上面所述，而当 a_iRa_i 时，则画一条从结点 a_i 到结点 a_i 的带箭头的封闭弧，称该弧为自回路。

例 7 画出例 4、例 5 和例 6 中 R 和 S 的关系图。

解　例 4 的关系图如图 1 所示，例 5 的关系图如图 2 所示，例 6 的关系图如图 3 所示。

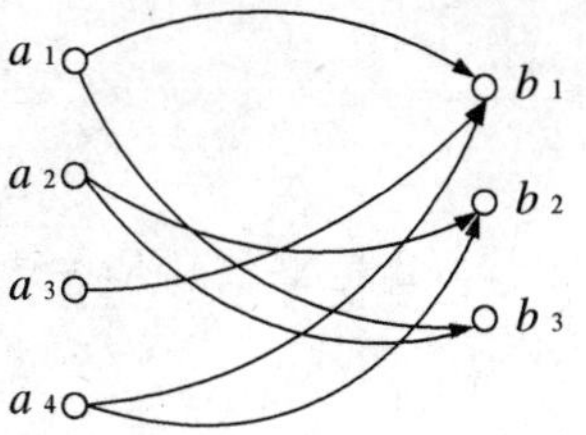

图 1

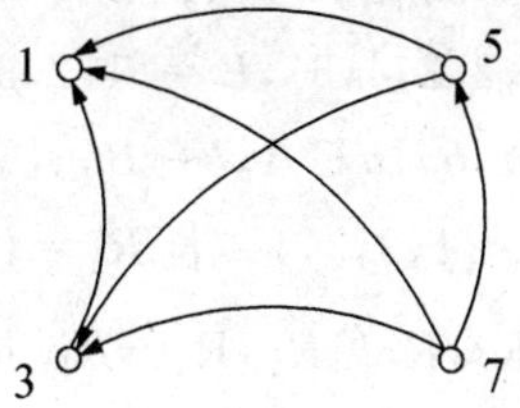

图 2

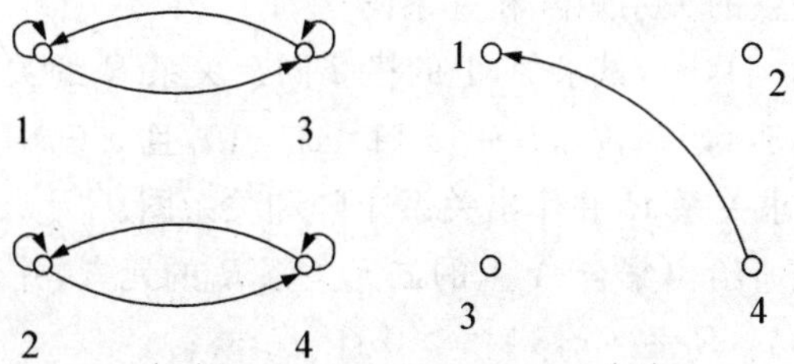

(R)　　　　(S)

图 3

例 8　设 $A=\{1,2,3,4,5\}$，在 A 上的二元关系 R 定义为 $R=\{(1,5),(1,4),(2,3),(3,1),(3,4),(4,4)\}$，作 R 的关系图。

解　关系图如图 4 所示。

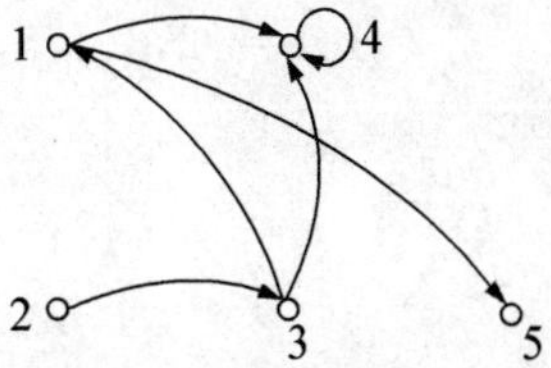

图 4

关系图主要表达结点与结点之间的邻接关系，所以图中结点的位置和线段的长短无关紧要。

习题一

1. 设集合 $A=\{2,3,5,7\}$，试写出集合 A 上的小于或等于关系、大于或等于关系。

2. 设集合 $A=\{1,2,3,4,5,6\}$，下列各式定义的 R 都是 A 上的关系，试分别写出 R 的元素：

(1) $R=\{(x,y)\mid x$ 整除 $y\}$；

(2) $R=\{(x,y)\mid x$ 是 y 的整数倍$\}$；

(3) $R=\{(x,y)\mid (x-y)^2\in A\}$；

(4) $R=\{(x,y)\mid x/y$ 是素数$\}$。

3. 试列出从集合 $A=\{1,2\}$ 到集合 $B=\{a,b\}$ 的所有关系。

4. 对于下列情况，试写出从集合 A 到集合 B 的关系 R 的元素：

(1) $A=\{0,1,2\}$, $B=\{0,2,4\}$,

$R=\{(a,b)\mid a,b\in A\cap B\}$;

(2) $A=\{1,2,3,4,5\}$, $B=\{1,2,3\}$,

$R=\{(a,b)\mid a\in A,b\in B,\text{且 } a=b^2\}$。

5. 设集合 $A=\{1,2,3,4\}$,若 $R_1=\{(x,y)\mid (x-y)/2 \text{ 是整数}\}$, $R_2=\{(x,y)\mid (x-y)/3 \text{ 是整数}\}$,求 $R_1\cup R_2$, $R_1\cap R_2$, R_1-R_2, $\overline{R_1}$。

6. 在 n 个元素组成的集合上,可以有多少种不同的二元关系?若集合 A,B 的元素分别为 $|A|=m$, $|B|=n$,试问从 A 到 B 有多少种不同的二元关系?

7. 求空关系、恒等关系的关系矩阵和关系图。

8. 设集合 $A=\{1,2,3,4,5\}$,试求 A 上的模 2 同余关系 R 的关系矩阵和关系图。

9. 设集合 $A=\{1,2,3,4,5,6,7\}$, $B=\{x\mid 1<x<10,\text{且 } x\in \mathbf{N}\}$, $R=\{(a,b)\mid a\in A,b\in B,\text{且 } b \text{ 是 } a \text{ 的奇数倍}\}$。求关系 R 并作出关系矩阵和关系图。

10. 试写出下列各式所给出集合 A 上的二元关系 R 的元素,并作出关系矩阵和关系图:

(1) $A=\{0,1,2,3,4\}$, $R=\{(x,y)\mid x>0 \text{ 且 } y\geqslant 3\}$;

(2) $A=\{a\mid a\in \mathbf{N},\text{且 } a\leqslant 8\}$, $R=\{(x,y)\mid x\geqslant 2,y\leqslant 5\}$;

(3) $A=\{0,1,2,3,4\}$, $R=\{(x,y)\mid 0\leqslant (x-y)\leqslant 3\}$;

(4) $A=\{2,3,4,5,6\}$, $R=\{(x,y)\mid x \text{ 与 } y \text{ 是互质的}\}$。

第二节　复合关系

二元关系是以序偶为元素的集合,因此它可以进行集合的运算,如并、交、补等,得到新的集合。关系还可以进行一种新的运算:关系的复合。

定义 1　设 R 为 A 到 B 的关系,S 为 B 到 C 的关系,则 A 到 C 的关系 $R\circ S=\{(x,z)\mid x\in A \text{ 且 } z\in C,\text{存在 } y\in B \text{ 使 } (x,y)\in R \text{ 且 } (y,z)\in S\}$ 称为 R 与 S 的复合关系。求 $R\circ S$ 称为关系的合成运算。

例 1　令 $R=\{(1,2),(3,4),(2,2)\}$, $S=\{(4,2),(2,5),(3,1),(1,3)\}$,试求 $R\circ S$, $S\circ R$, $R\circ(S\circ R)$, $(R\circ S)\circ R$, $R\circ R$, $S\circ S$, $R\circ R\circ R$。

解　$R\circ S=\{(1,5),(2,5),(3,2)\}$;

$S\circ R=\{(4,2),(3,2),(1,4)\}$;

$R\circ(S\circ R)=\{(3,2)\}$;

$(R\circ S)\circ R=\{(3,2)\}$;

$R\circ R=\{(1,2),(2,2)\}$;

$S\circ S=\{(4,5),(3,3),(1,1)\}$;

$R\circ R\circ R=\{(1,2),(2,2)\}$。

可见 $R\circ S\neq S\circ R$。

例 2 设集合 $A=\{a,b,c,d\}$,A 上的关系 $R_1=\{(a,a),(a,c),(b,d)\}$,$R_2=\{(a,d),(c,b),(d,c)\}$。求 $R_1\circ R_2$,$R_2\circ R_1$,$R_1\circ R_1$,$R_2\circ R_2$。

解 $R_1\circ R_2=\{(a,d),(a,b),(b,c)\}$;

$R_2\circ R_1=\{(c,d)\}$;

$R_1\circ R_1=\{(a,a),(a,c)\}$;

$R_2\circ R_2=\{(a,c),(d,b)\}$。

由上述结果知,关系的复合运算是不满足交换律的。

定理 1 设 R_1 是集合 A 到 B 上的二元关系,R_2 是集合 B 到 C 上的二元关系,R_3 是集合 C 到 D 上的二元关系,则

$$(R_1\circ R_2)\circ R_3=R_1\circ(R_2\circ R_3)$$

即关系的复合运算满足结合律。

证明 任意 $(a,d)\in(R_1\circ R_2)\circ R_3$,则存在 $c\in C$,使 $(a,c)\in R_1\circ R_2$,$(c,d)\in R_3$。由于 $(a,c)\in R_1\circ R_2$,则存在 $b\in B$ 使 $(a,b)\in R_1$ 且 $(b,c)\in R_2$。又由于 $(b,c)\in R_2$,$(c,d)\in R_3$,所以 $(b,d)\in R_2\circ R_3$。又因为 $(a,b)\in R_1$,$(b,d)\in R_2\circ R_3$,所以 $(a,d)\in R_1\circ(R_2\circ R_3)$,从而 $(R_1\circ R_2)\circ R_3\subseteq R_1\circ(R_2\circ R_3)$。类似地可证 $R_1\circ(R_2\circ R_3)\subseteq(R_1\circ R_2)\circ R_3$,故有 $R_1\circ(R_2\circ R_3)=(R_1\circ R_2)\circ R_3$。证毕。

由关系合成的结合律可以知道,R 是 A 上的二元关系,R 本身所组成的复合关系可以写成:$R\circ R$,$R\circ R\circ R$,…,$\overbrace{R\circ R\circ\cdots\circ R}^{m个}$,分别可记作 $R^{(2)}$,$R^{(3)}$,…,$R^{(m)}$。一般地有 $R^{(m)}\circ R^{(n)}=R^{(m+n)}$,$(R^{(m)})^{(n)}=R^{(m\cdot n)}$。

定理 2 R_1 是 A 到 B 上的二元关系,R_2 和 R_3 是 B 到 C 上的二元关系,R_4 是 C 到 D 上的二元关系,则

(1) $R_1\circ(R_2\cup R_3)=(R_1\circ R_2)\cup(R_1\circ R_3)$;

(2) $R_1\circ(R_2\cap R_3)\subseteq(R_1\circ R_2)\cap(R_1\circ R_3)$;

(3) $(R_2\cup R_3)\circ R_4=(R_2\circ R_4)\cup(R_3\circ R_4)$;

(4) $(R_2\cap R_3)\circ R_4\subseteq(R_2\circ R_4)\cap(R_3\circ R_4)$。

证明 (1) 对任意 $(a,c)\in R_1\circ(R_2\cup R_3)$,存在 $b\in B$,使 $(a,b)\in R_1$,$(b,c)\in R_2\cup R_3$。所以 $(a,b)\in R_1$,$(b,c)\in R_2$ 或 $(b,c)\in R_3$,故有 $(a,b)\in R_1$,$(b,c)\in R_2$,或 $(a,b)\in R_1$,$(b,c)\in R_3$,因此 $(a,c)\in R_1\circ R_2$ 或 $(a,c)\in R_1\circ R_3$,即 $(a,c)\in(R_1\circ R_2)\cup(R_1\circ R_3)$,由此得

$$R_1\circ(R_2\cup R_3)\subseteq(R_1\circ R_2)\cup(R_1\circ R_3)$$

反之,对任意 $(a,c)\in(R_1\circ R_2)\cup(R_1\circ R_3)$,有 $(a,c)\in R_1\circ R_2$,或 $(a,c)\in R_1\circ R_3$。若 $(a,c)\in R_1\circ R_2$,存在 $b\in B$ 使 $(a,b)\in R_1$ 且 $(b,c)\in R_2$,所以 $(a,b)\in R_1$,且 $(b,c)\in R_2\cup R_3$,进

而$(a,c)\in R_1\circ(R_2\cup R_3)$；若$(a,c)\in R_1\circ R_3$，存在$b\in B$，使$(a,b)\in R_1$且$(b,c)\in R_3$，所以$(a,b)\in R_1$且$(b,c)\in R_2\cup R_3$，进而$(a,c)\in R_1\circ(R_2\cup R_3)$。

由此得

$$(R_1\circ R_2)\cup(R_1\circ R_3)\subseteq R_1\circ(R_2\cup R_3)$$

故有

$$R_1\circ(R_2\cup R_3)=(R_1\circ R_2)\cup(R_1\circ R_3)$$

(2) 对任意$(a,c)\in R_1\circ(R_2\cap R_3)$，存在$b\in B$，使得$(a,b)\in R_1$，且$(b,c)\in R_2\cap R_3$，故$(a,b)\in R_1$，$(b,c)\in R_2$，且$(a,c)\in R_1$，$(b,c)\in R_3$，所以$(a,c)\in R_1\circ R_2$且$(a,c)\in R_1\circ R_3$，因此$(a,c)\in(R_1\circ R_2)\cap(R_1\circ R_3)$，从而得到

$$R_1\circ(R_2\cap R_3)\subseteq(R_1\circ R_2)\cap(R_1\circ R_3)$$

(3)、(4)的证明可供读者作为练习完成。证毕。

复合关系也是关系，因而同样可以用关系矩阵来表示。下面介绍如何用关系矩阵的乘积来求复合关系的方法。

首先介绍布尔运算，并用布尔运算定义两个关系矩阵的乘积。布尔运算只涉及数字 0 和 1，这些数字的加法和乘法运算规则如下：

$$0+0=0,0+1=1+0=1+1=1$$
$$1\times1=1,1\times0=0\times1=0\times0=0$$

例如，$(1\times1)+(0\times0\times1)+(1\times1\times1)+1+(1\times0)=1+0+1+1+0=1$。

下面用布尔运算来确定两个关系矩阵的乘积。

定理 3 设集合$A=\{a_1,a_2,\cdots,a_m\}$，$B=\{b_1,b_2,\cdots,b_n\}$，$C=\{c_1,c_2,\cdots,c_r\}$。A 到 B 上的二元关系 R_1 的关系矩阵 $\boldsymbol{M}_{R_1}=(x_{ij})$是 $m\times n$ 矩阵，B 到 C 上的二元关系 R_2 的关系矩阵 $\boldsymbol{M}_{R_2}=(y_{jk})$是 $n\times r$ 矩阵，则 A 到 C 上的复合关系 $R_1\circ R_2$ 的关系矩阵 $\boldsymbol{M}_{R_1\circ R_2}=(Z_{ik})$是 $m\times r$ 矩阵，并且 $\boldsymbol{M}_{R_1\circ R_2}=\boldsymbol{M}_{R_1}\times\boldsymbol{M}_{R_2}$，其中×是按上述布尔运算做出的矩阵乘法。

例 3 求出例 2 中所有复合关系的关系矩阵。

解 $$\because \boldsymbol{M}_{R_1}=\begin{bmatrix}1&0&1&0\\0&0&0&1\\0&0&0&0\\0&0&0&0\end{bmatrix},\quad \boldsymbol{M}_{R_2}=\begin{bmatrix}0&0&0&1\\0&0&0&0\\0&1&0&0\\0&0&1&0\end{bmatrix},$$

$$\therefore \boldsymbol{M}_{R_1\circ R_2}=\boldsymbol{M}_{R_1}\times\boldsymbol{M}_{R_2}=\begin{bmatrix}0&1&0&1\\0&0&1&0\\0&0&0&0\\0&0&0&0\end{bmatrix};$$

$$\boldsymbol{M}_{R_2\circ R_1}=\boldsymbol{M}_{R_2}\times\boldsymbol{M}_{R_1}=\begin{bmatrix}0&0&0&0\\0&0&0&0\\0&0&0&1\\0&0&0&0\end{bmatrix};$$

$$\boldsymbol{M}_{R_1 \circ R_1} = \boldsymbol{M}_{R_1} \times \boldsymbol{M}_{R_1} = \begin{bmatrix} 1 & 0 & 1 & 0 \\ 0 & 0 & 0 & 0 \\ 0 & 0 & 0 & 0 \\ 0 & 0 & 0 & 0 \end{bmatrix};$$

$$\boldsymbol{M}_{R_2 \circ R_2} = \boldsymbol{M}_{R_2} \times \boldsymbol{M}_{R_2} = \begin{bmatrix} 0 & 0 & 1 & 0 \\ 0 & 0 & 0 & 0 \\ 0 & 0 & 0 & 0 \\ 0 & 1 & 0 & 0 \end{bmatrix}。$$

例 4 设集合 $A=\{1,2,3,4,5\}$ 上的二元关系 $R=\{(1,2),(2,3),(3,4),(2,2),(4,5),(5,2)\}$，求 R, R^2, R^3 和 R^4 的关系矩阵。

解 $$\boldsymbol{M}_R = \begin{bmatrix} 0 & 1 & 0 & 0 & 0 \\ 0 & 1 & 1 & 0 & 0 \\ 0 & 0 & 0 & 1 & 0 \\ 0 & 0 & 0 & 0 & 1 \\ 0 & 1 & 0 & 0 & 0 \end{bmatrix};$$

$$\boldsymbol{M}_{R^2} = \begin{bmatrix} 0 & 1 & 1 & 0 & 0 \\ 0 & 1 & 1 & 1 & 0 \\ 0 & 0 & 0 & 0 & 1 \\ 0 & 1 & 0 & 0 & 0 \\ 0 & 1 & 1 & 0 & 0 \end{bmatrix};$$

$$\boldsymbol{M}_{R^3} = \begin{bmatrix} 0 & 1 & 1 & 1 & 0 \\ 0 & 1 & 1 & 1 & 1 \\ 0 & 1 & 0 & 0 & 0 \\ 0 & 1 & 1 & 0 & 0 \\ 0 & 1 & 1 & 1 & 0 \end{bmatrix};$$

$$\boldsymbol{M}_{R^4} = \begin{bmatrix} 0 & 1 & 1 & 1 & 1 \\ 0 & 1 & 1 & 1 & 1 \\ 0 & 1 & 1 & 0 & 0 \\ 0 & 1 & 1 & 1 & 0 \\ 0 & 1 & 1 & 1 & 1 \end{bmatrix}。$$

习题二

1. 设集合 $A=\{1,2,3,4\}$，$B=\{2,3,4\}$，$C=\{1,2,3\}$，R_1 是 A，B 上的二元关系，R_2 是

B,C 上的二元关系,并且 R_1 和 R_2 已经给定:

$$R_1=\{(a,b)\mid a+b=6\}$$

$$R_2=\{(b,c)\mid b-c=1\}$$

试求复合关系 $R_1\circ R_2$,并作出复合关系 $R_1\circ R_2$ 的关系矩阵及关系图。

2. 已知集合 $A=\{1,2,3,4,5\}$ 上的二元关系 $R=\{(1,2),(3,4),(2,2)\}$,$S=\{(4,2),(2,5),(3,1),(1,3)\}$,试求:$R\circ S$,$S\circ R$,$R\circ(S\circ R)$,$(R\circ S)\circ R$,$R^2$,$S^2$,$R^3$。

3. 设 R_1 和 R_2 是集合 $A=\{0,1,2,3\}$上的关系,$R_1=\{(x,y)\mid y=x+1$ 或 $x=2y\}$,$R_2=\{(x,y)\mid x=y+2\}$,试求 $R_1\circ R_2$,$R_2\circ R_1$,$R_1\circ R_2\circ R_1$,R_1^2,R_1^3。

第三节 逆关系

关系是序偶的集合,由于序偶的有序性,如$(x,y)\neq(y,x)$,关系还有一种特殊的运算——逆关系。

定义 1 设 R 为 A 到 B 的二元关系,如果将 R 中每一序偶的元素的顺序互换,所得到的集合称作 R 的逆关系,记作 R^{-1},即

$$R^{-1}=\{(y,x)\mid(x,y)\in R\}$$

例如,在集合 Z 上关系"$<$"的逆关系是"$>$",又如在 $A=\{1,2,3\}$到 $B=\{a,b\}$上的关系 $R=\{(1,a),(2,b),(3,b)\}$,则 $R^{-1}=\{(a,1),(b,2),(b,3)\}$。

例 1 设集合 $A=\{a,b,c,d\}$上的二元关系 $R=\{(a,a),(a,b),(b,c),(c,b),(d,a)\}$,写出 R^{-1},并求出 R 和 R^{-1} 的关系矩阵与关系图。

解 $R^{-1}=\{(a,a),(b,a),(c,b),(b,c),(a,d)\}$,

$$\boldsymbol{M}_R=\begin{bmatrix}1&1&0&0\\0&0&1&0\\0&1&0&0\\1&0&0&0\end{bmatrix},\quad \boldsymbol{M}_{R^{-1}}=\begin{bmatrix}1&0&0&1\\1&0&1&0\\0&1&0&0\\0&0&0&0\end{bmatrix}$$

R 与 R^{-1} 的关系图分别如图 1 和图 2 所示。

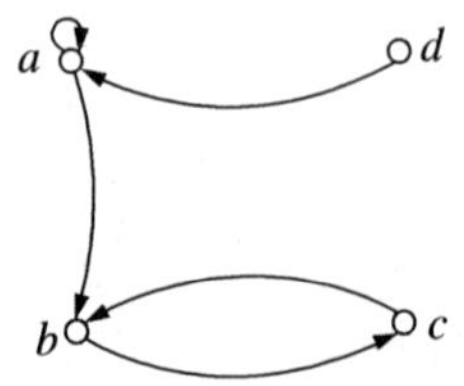

图 1 R 的关系图

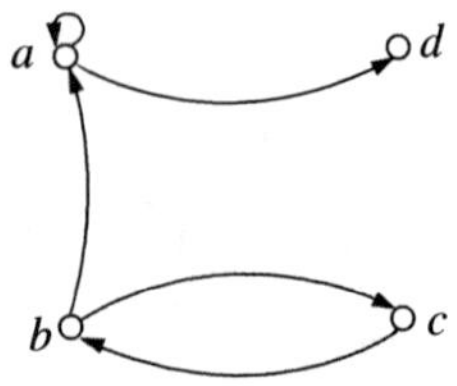

图 2 R^{-1} 的关系图

定理1 设 R,R_1,R_2 是集合 A 到 B 上的二元关系，则

(1) $(R^{-1})^{-1}=R$；

(2) $(R_1\cup R_2)^{-1}=R_1^{-1}\cup R_2^{-1}$；

(3) $(R_1\cap R_2)^{-1}=R_1^{-1}\cap R_2^{-1}$；

(4) $(A\times B)^{-1}=B\times A$；

(5) $\varnothing^{-1}=\varnothing$；

(6) $(\overline{R})^{-1}=\overline{R^{-1}}$；

(7) $(R_1-R_2)^{-1}=R_1^{-1}-R_2^{-1}$；

(8) 若 $R_1\subseteq R_2$，则 $R_1^{-1}\subseteq R_2^{-1}$。

证明 (1) 假设任意 $(a,b)\in R$，则 $(b,a)\in R^{-1}$，故 $(a,b)\in(R^{-1})^{-1}$，所以 $R\subseteq(R^{-1})^{-1}$。同理可证 $(R^{-1})^{-1}\subseteq R$，因此 $(R^{-1})^{-1}=R$。

(2) 对任意 $(a,b)\in(R_1\cup R_2)^{-1}$，有 $(b,a)\in R_1\cup R_2$，则 $(b,a)\in R_1$ 或 $(b,a)\in R_2$，于是 $(a,b)\in R_1^{-1}$ 或 $(a,b)\in R_2^{-1}$，即 $(a,b)\in R_1^{-1}\cup R_2^{-1}$，所以 $(R_1\cup R_2)^{-1}\subseteq(R_1^{-1}\cup R_2^{-1})$。同理可证 $(R_1^{-1}\cup R_2^{-1})\subseteq(R_1\cup R_2)^{-1}$，因此 $(R_1\cup R_2)^{-1}=R_1^{-1}\cup R_2^{-1}$。

其余(3)、(4)、(5)、(6)、(7)、(8)读者可作为练习自证。证毕。

定理2 设 R 是集合 A 到 B 上的二元关系，S 是集合 B 到 C 上的二元关系，则

$$(R\circ S)^{-1}=S^{-1}\circ R^{-1}$$

证明 对任意 $a\in A,c\in C$，若 $(c,a)\in(R\circ S)^{-1}$，则有 $(a,c)\in R\circ S$，一定存在 b，且 $b\in B$，使得 $(a,b)\in R$，$(b,c)\in S$，于是 $(b,a)\in R^{-1}$，$(c,b)\in S^{-1}$，故 $(c,a)\in S^{-1}\circ R^{-1}$，所以 $(R\circ S)^{-1}\subseteq S^{-1}\circ R^{-1}$。同理可证 $S^{-1}\circ R^{-1}\subseteq(R\circ S)^{-1}$，因此 $(R\circ S)^{-1}=S^{-1}\circ R^{-1}$。证毕。

例2 给定集合 $A=\{1,2,3\}$，R 是 A 上的二元关系，R 的关系矩阵为

$$\boldsymbol{M}_R=\begin{bmatrix}1&0&1\\1&1&0\\1&1&0\end{bmatrix}$$

求 R^{-1} 和 $R\circ R^{-1}$ 的关系矩阵。

解

$$\boldsymbol{M}_{R^{-1}}=\begin{bmatrix}1&1&1\\0&1&1\\1&0&0\end{bmatrix}$$

$$\boldsymbol{M}_{R\circ R^{-1}}=\begin{bmatrix}1&0&1\\1&1&0\\1&1&0\end{bmatrix}\cdot\begin{bmatrix}1&1&1\\0&1&1\\1&0&0\end{bmatrix}=\begin{bmatrix}1&1&1\\1&1&1\\1&1&1\end{bmatrix}$$

习题三

1. 设集合 $A=\{0,1,2\}$，R 是 A 上的二元关系，$R=\{(0,1),(0,2),(1,2),(2,2)\}$，求 $\boldsymbol{M}_R$，

$\boldsymbol{M}_{R^{-1}}$，$\boldsymbol{M}_R^2$，$\boldsymbol{M}_{R\circ R^{-1}}$。

2. 设集合 $A=\{a,b,c\}$，R 和 S 是 A 上的二元关系，其关系矩阵分别为：

$$\boldsymbol{M}_R=\begin{bmatrix}1&1&0\\0&1&0\\0&0&1\end{bmatrix},\quad \boldsymbol{M}_S=\begin{bmatrix}1&1&0\\0&1&0\\0&1&1\end{bmatrix}$$

求 $\boldsymbol{M}_{R^{-1}}$，$\boldsymbol{M}_{S^{-1}}$，$\boldsymbol{M}_{(R\circ S)^{-1}}$。

第四节　关系的性质

集合的关系有许多性质，这一节我们讨论在集合 A 上的二元关系的一些特殊性质。

定义 1　集合 A 上的二元关系 R 满足对任意 $x\in A$，都有 $(x,x)\in R$，则称二元关系 R 在 A 上是自反（或 R 是 A 上的自反关系）。

例 1　$A=\{1,2,3\}$，$R_1=\{(1,1),(1,2),(2,2),(3,3)\}$，$R_2=\{(1,1),(1,3),(2,2)\}$，$R_3=\{(2,2),(3,3),(3,2)\}$，$R_4=\{(1,1),(2,2),(3,3),(3,2),(2,3)\}$，试讨论 R_1，R_2，R_3，R_4 的自反性。

解　R_1，R_4 是 A 上的自反关系，因为 A 中含有 3 个元素 1，2，3，且 $(1,1)$，$(2,2)$，$(3,3)$ 都属于 R_1，R_4。

R_2，R_3 不是 A 上的自反关系，因为 $(3,3)\notin R_2$，$(1,1)\notin R_3$。

例 2　实数集合 R 上的"$\leqslant$"关系是自反的，因为对于任意的实数 x，有 $x\leqslant x$ 成立。

定义 2　集合 A 上的二元关系 R 满足对任意 $x,y\in A$，若 $(x,y)\in R$，则 $(y,x)\in R$，称 R 是 A 上的对称关系。

例 3　讨论例 1 中的关系 R_1，R_2，R_3，R_4 的对称性。

解　R_1，R_2，R_3 不是对称关系，因为 $(1,2)\in R_1$ 但 $(2,1)\notin R_1$，$(1,3)\in R_2$ 但 $(3,1)\notin R_2$，$(3,2)\in R_3$ 但 $(2,3)\notin R_3$。R_4 是 A 上的对称关系，因为对任意 $x,y\in A$，若 $(x,y)\in R_4$ 都有 $(y,x)\in R_4$。

例 4　设 $A=\{2,3,5,7\}$，$R=\{(x,y)\mid \frac{x-y}{2}\text{是整数}\}$，验证 R 在 A 上是自反的、对称的。

证明　(1)因为对于任意 $x\in A$，都有 $\frac{x-x}{2}=0$，所以 $(x,x)\in R$，因此，R 在 A 上是自反的。

(2)因为对任意 $x,y\in A$，若 $(x,y)\in R$，则 $\frac{x-y}{2}$ 是整数，所以 $\frac{y-x}{2}=-\frac{x-y}{2}$ 也是整数，因而有 $(y,x)\in R$，所以 R 在 A 上是对称的。

例 5　求出例 1、例 4 的关系矩阵和关系图。

解 $$\boldsymbol{M}_{R_1}=\begin{bmatrix}1&1&0\\0&1&0\\0&0&1\end{bmatrix},\quad \boldsymbol{M}_{R_2}=\begin{bmatrix}1&0&1\\0&1&0\\0&0&0\end{bmatrix},$$

$$\boldsymbol{M}_{R_3}=\begin{bmatrix}0&0&0\\0&1&0\\0&1&1\end{bmatrix},\quad \boldsymbol{M}_{R_4}=\begin{bmatrix}1&0&0\\0&1&1\\0&1&1\end{bmatrix},$$

$$\boldsymbol{M}_{R}=\begin{bmatrix}1&0&0&0\\0&1&1&1\\0&1&1&1\\0&1&1&1\end{bmatrix}。$$

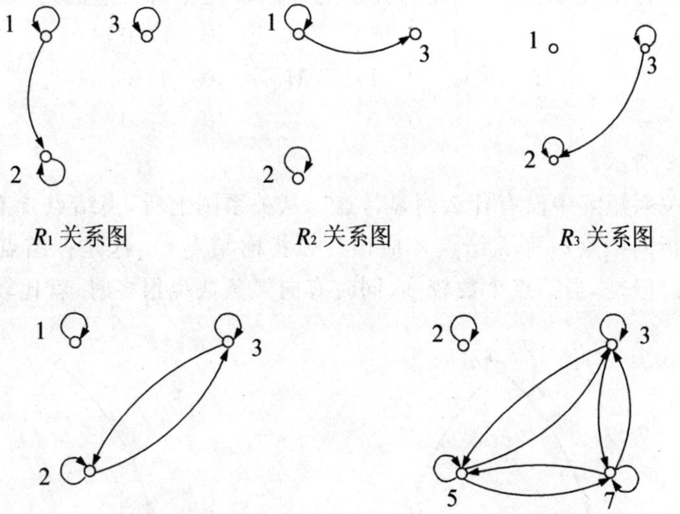

R_1 关系图　R_2 关系图　R_3 关系图

R_4 关系图　R 关系图

图 1　关系图

R_1,R_2,R_3,R_4 和例 4 的关系图如图 1 所示。

R_1,R_4,例 4 是自反的,关系矩阵主对角线元素都是 1,关系图每一个结点都有自回路。

R_4,例 4 是对称的,关系矩阵关于主对角线对称,关系图每一对结点间若有有向弧,则成对出现,否则没有。

定义 3　集合 A 上的二元关系 R,满足对任意的 $x,y,z\in A$,若 $(x,y)\in R$,且 $(y,z)\in R$,则 $(x,z)\in R$,称 R 在 A 上是传递的(R 是 A 上的传递关系)。

例 6　实数集合上的"$\leqslant$"关系是传递关系,因为 $x\leqslant y$ 且 $y\leqslant z$,则 $x\leqslant z$。

例 7　讨论例 1 中 R_1,R_2,R_3,R_4 的传递性。

解　根据定义，R_1,R_2,R_3,R_4 都是传递的。

例 8　设 $A=\{1,2,3\}$，$R_1=\{(1,2),(2,2)\}$，$R_2=\{(1,2)\}$，$R_3=\{(1,2),(2,3),(1,3),(2,1)\}$都是传递的吗？

解　根据定义，R_1,R_2 是传递的，但对于 R_3，因为 $(1,2)(2,1)\in R_3$，但 $(1,1)\notin R_3$，所以 R_3 不传递。

需要注意的是，关系 R 在 A 上的传递性是：如果 $(x,y)\in R$ 且 $(y,z)\in R$，则要 $(x,z)\in R$，若 $(x,y)\in R$，但 $(y,z)\notin R$，不必要求 $(x,z)\in R$。

例 9　设集合 $A=\{a,b,c\}$，A 上的关系 $R_1=\{(a,a),(a,b),(a,c),(b,c)\}$，$R_2=\{(a,b)\}$，$R_3=\{(a,b),(b,c)\}$，试判断 R_1,R_2,R_3 是否有传递关系？如果有，列出关系矩阵并绘出关系图。

解　根据传递性定义，R_1 和 R_2 是可传递的，而 R_3 是不可传递的，关系矩阵为：

$$\boldsymbol{M}_{R_1}=\begin{bmatrix}1&1&1\\0&0&1\\0&0&0\end{bmatrix},\quad \boldsymbol{M}_{R_2}=\begin{bmatrix}0&1&0\\0&0&0\\0&0&0\end{bmatrix}$$

关系图如图 2 所示。

传递关系在关系矩阵中没有什么明显特点。从关系图上看，当结点 a 有弧指向结点 b，同时结点 b 又有弧指向结点 c，那么结点 a 应该有弧指向结点 c。这是在结点个数比较少时，可以用此方法判断。但是，当结点个数较多，同时有向弧条数也很多时，就比较难以判断。

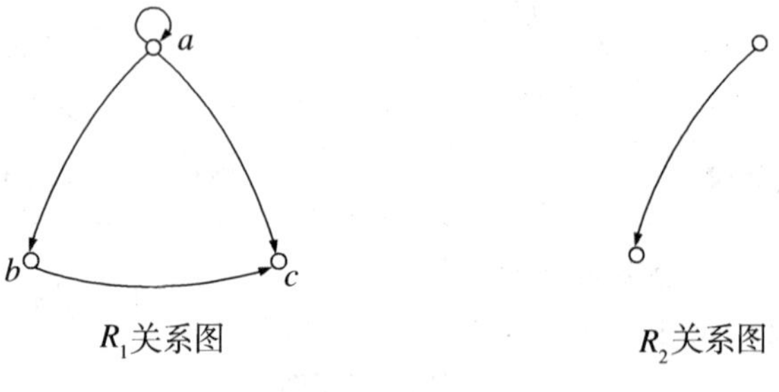

图2　R_1和R_2关系图

定义 4　集合 A 上的二元关系 R，满足对每一个 $x\in A$，有 $(x,x)\notin R$，称 R 在 A 上是反自反的（或称 R 是 A 上的反自反关系）。

由定义 4 可知，R 是 A 上的自反关系，则 R 一定不是反自反关系。如果 R 是反自反关系，则 R 一定不是自反的。但 R 不是自反的是否反自反呢？反之不反自反是否自反呢？

例 10　$A=\{1,2,3,4\}$，$R_1=\{(1,1),(1,2),(3,4)\}$，$R_2=\{(1,2),(2,3),(3,4)\}$，$R_3=\{(1,1),(2,2),(3,3),(4,4)\}$，试讨论 R_1,R_2,R_3 的自反性、反自反性，并求出关系矩阵和关系图。

解　R_1 不是自反的,也不是反自反的;R_2 是反自反的;R_3 是自反的。

$$M_{R_1}=\begin{bmatrix}1&1&0&0\\0&0&0&0\\0&0&0&1\\0&0&0&0\end{bmatrix},\quad M_{R_2}=\begin{bmatrix}0&1&0&0\\0&0&1&0\\0&0&0&1\\0&0&0&0\end{bmatrix},$$

$$M_{R_3}=\begin{bmatrix}1&0&0&0\\0&1&0&0\\0&0&1&0\\0&0&0&1\end{bmatrix}。$$

关系图如图 3 所示:

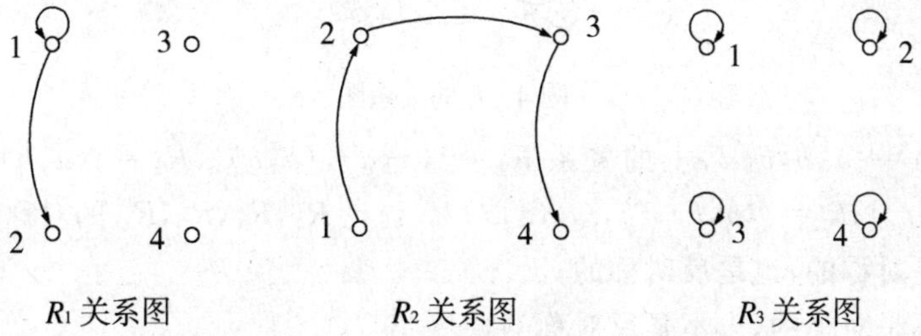

图 3　关系图

在反自反关系 R_2 的关系矩阵中,主对角线元素全为零,关系图中无自回路。

定义 5　集合 A 上的二元关系 R 满足对任意 $x,y\in A$,若 $(x,y)\in R$ 且 $(y,x)\in R$,必有 $x=y$,则称 R 在 A 上是反对称的(或 R 是 A 上的反对称关系)。

换句话说,集合 A 上的二元关系 R 满足对任意 $x,y\in A$,若 $(x,y)\in R$,则当 $x\neq y$ 时,$(y,x)\notin R$,则称 R 在 A 上是反对称的。

例如,实数集合 **R** 上的小于或等于关系"$\leqslant$"是反对称的关系。又如,集合中的包含关系"$\subseteq$"也是反对称的。

例 11　设集合 $A=\{0,1,2,3\}$,R 是 A 上的关系:$R=\{(0,0),(0,1),(0,3),(1,1),(2,1),(2,2),(3,1)\}$,试判断 R 在 A 上具有反对称性。

解　根据反对称关系的定义,在集合 R 中,如果有序偶 $(a,b)\in R$,或者 $a=b$,或者 $(b,a)\notin R$,而题目所给出的关系 R 恰好满足上述情况,所以 R 是 A 上的反对称关系。

其关系矩阵的特点是,若 $a_{ij}=1(i\neq j)$,则有 $a_{ji}=0$,而主对角线上的元素是 1 或者 0。其关系矩阵为

$$
\boldsymbol{M}_R=\begin{bmatrix}1 & 1 & 0 & 1\\ 0 & 1 & 0 & 0\\ 0 & 1 & 1 & 0\\ 0 & 1 & 0 & 0\end{bmatrix}
$$

R 的关系图如图 4 所示，关系图的特点是，如果两个结点间有弧，则只有一条；结点有自回路或者没有自回路。

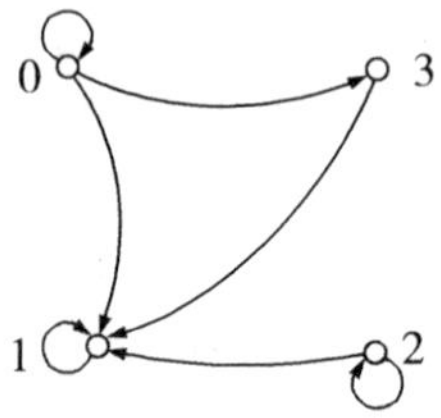

图 4　R 的关系图

例 12　设 $A=\{a,b,c,d\}$ 上的关系 $R_1=\{(a,a),(b,b)\}$，$R_2=\{(a,b),(b,c),(c,b)\}$，$R_3=\{(a,d),(d,c)\}$，$R_4=\{(a,b),(b,c),(c,d)\}$。讨论 R_1,R_2,R_3,R_4 的对称性、反对称性。

解　R_1 既是对称的，也是反对称的；

R_2 既不是对称的，也不是反对称的；

R_3 是反对称的；

R_4 是反对称的。

一般地，用关系矩阵与关系图来判断一种关系 R 是否是自反的、对称的、反对称的和传递的，有如下规律：

(1) 若关系 R 具有自反性，当且仅当在关系矩阵中，主对角线上元素全为 1。或者在关系图中每个结点都有一条自回路。

(2) 若关系 R 具有对称性，当且仅当关系矩阵是对称矩阵。或者在关系图中，若两个结点间存在有向弧，必是成对的。

(3) 若关系 R 具有传递性，关系矩阵没有明显特征。关系图的特点是：任意两个结点 ab 间若通过一条以上的弧能连接起来的话，则必有一条从 a 到 b 的弧。

(4) 若关系 R 具有反自反性，当且仅当关系矩阵主对角线元素为零，或者关系图无自回路。

(5) 若关系 R 具有反对称性，当且仅当关系矩阵中以主对角线对称的元素不能同时为 1 (可以同时为 0)，而主对角线上的元素是 1 或者是 0。或者在关系图上两个结点间的有向弧不可能成对出现，结点可以有自回路。

例 13　设 R_1 和 R_2 是集合 A 上的自反关系，试证明 R_1^{-1}，$R_1\cap R_2$，$R_1\cup R_2$ 也是集合 A 上的自反关系。

证明　对于集合 A 中的任意元素 a，若 R_1 为 A 上的自反关系，有 $(a,a)\in R_1$，则 $(a,a)\in R_1^{-1}$，故 R_1^{-1} 是 A 上的自反关系。

对于任意 $a\in A$，由 R_1 和 R_2 是 A 上的自反关系，有 $(a,a)\in R_1$，且 $(a,a)\in R_2$，则 $(a,a)\in R_1\cap R_2$，故 $R_1\cap R_2$ 是 A 上的自反关系。

同理可证，$R_1\cup R_2$ 也是 A 上的自反关系。证毕。

例 14　设关系 R_1 和 R_2 是集合 A 上的对称关系，试证明 R_1^{-1}，$R_1\cap R_2$，$R_1\cup R_2$ 也是 A 上的对称关系。

证明　对任意 $(a,b)\in R_1^{-1}$，则 $(b,a)\in R_1$，因为 R_1 是对称的，$(a,b)\in R_1$，于是 $(b,a)\in R_1^{-1}$，即证 R_1^{-1} 是 A 上的对称关系。证毕。

同理可证，$R_1\cap R_2$，$R_1\cup R_2$ 也是 A 上的对称关系。

例 15　设关系 R_1 和 R_2 是集合 A 上的传递关系，试证明，R_1^{-1}，$R_1\cap R_2$ 也是 A 上的传递关系。

证明　(1) 对任意 $x,y,z\in A$，若 $(x,y)\in R_1^{-1}$，且 $(y,z)\in R_1^{-1}$，则有 $(y,x)\in R_1$ 且 $(z,y)\in R_1$，由 R_1 的传递性知 $(z,x)\in R_1$，所以有 $(x,z)\in R_1^{-1}$，故 R_1^{-1} 是传递的。

(2) 对任意 $x,y,z\in A$，若 $(x,y)\in R_1\cap R_2$，且 $(y,z)\in R_1\cap R_2$，则 $(x,y)\in R_1$，$(x,y)\in R_2$，$(y,z)\in R_1$，$(y,z)\in R_1$。由于 R_1、R_2 是传递的，所以有 $(x,z)\in R_1$ 且 $(x,z)\in R_2$，因此 $(x,z)\in R_1\cap R_2$，故 $R_1\cap R_2$ 也是 A 上的传递关系。证毕。

习题四

1. 设集合 $A=\{2,3,5,7\}$ 上的关系 $R=\{(2,2),(2,3),(3,3),(5,3),(5,7),(7,5),(7,3),(7,7)\}$，试判断是否具有自反性、对称性、传递性、反自反性、反对称性。

2. 设集合 $A=\{1,2,3,\cdots,20\}$ 上的关系 $R=\{(x,y)\mid x,y\in A$ 且 $x+y=20\}$，试判断 R 具有哪几种性质。

3. 设集合 $A=\{a,b,c,d\}$ 上的关系 $R=\{(a,b),(b,a),(b,b),(c,a),(d,c)\}$。

(1) 试证明 R 不是可传递的；

(2) 找出关系 $R_1\supseteq R$，使得 R_1 是可传递的；

(3) 再找出关系 $R_2\supseteq R$，使得 R_2 也是可传递的。

4. 设集合 $a=\{a,b,c,d\}$，A 上的关系 $R=\{(a,c),(a,d),(b,c),(b,d),(c,d)\}$。

(1) 试写出 R 的关系矩阵；

(2) 试画 R 的关系图；

(3) 试利用关系矩阵和关系图判断 R 具有哪几种性质。

5. 写出下述 12 个关系图的关系矩阵，并讨论它们的性质。

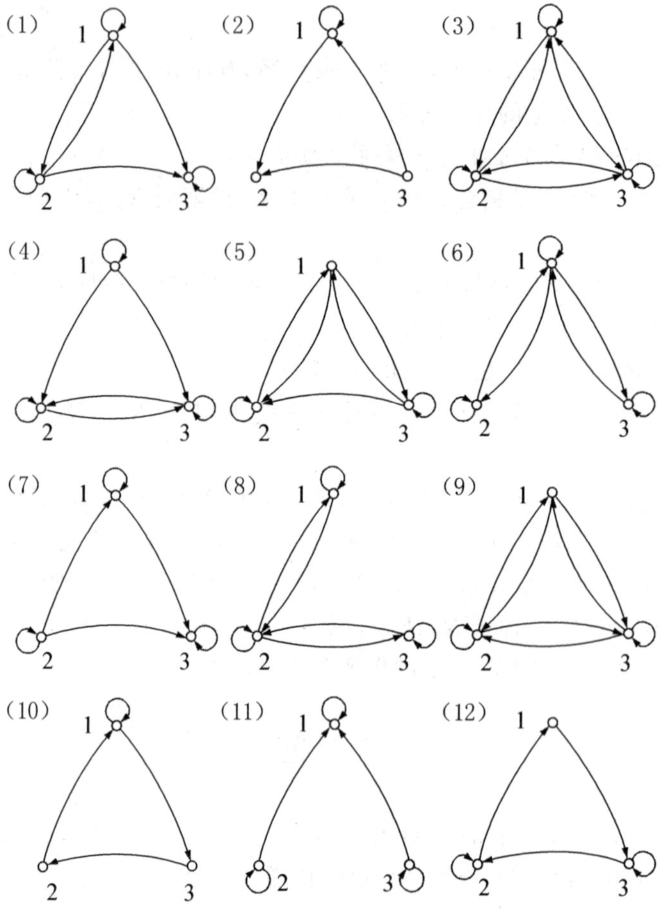

图5　习题5的关系图

6. 设 R_1 和 R_2 是集合 A 上的任意关系，试证明或用反例推翻下列论断：

(1) 若 R_1 和 R_2 都是自反的，则 $R_1 \circ R_2$ 也是自反的；

(2) 若 R_1 和 R_2 都是对称的，则 $R_1 \circ R_2$ 也是对称的；

(3) 若 R_1 和 R_2 都是反对称的，则 $R_1 \circ R_2$ 也是反对称的；

(4) 若 R_1 和 R_2 都是传递的，则 $R_1 \circ R_2$ 也是传递的。

7. 设 R 为集合 A 上的二元关系，试证明：

(1) R 是对称的，当且仅当 $R = R^{-1}$；

(2) R 是反对称的，当且仅当 $R \cap R^{-1} \subseteq I_A$；

(3) R 是传递的，当且仅当 $R \circ R \subseteq R$；

(4) R 是自反的，当且仅当 $I_A \subseteq R$。

8. 如果 R 是反对称的关系，则在 $R \cap R^{-1}$ 的关系矩阵中有多少非零值？

第五节　关系的闭包运算

如上所述，关系的合成和关系的逆都可以构成新的关系。我们还可以对给定的关系用扩充一些序偶的办法得到具有某些特殊性质的新关系，这就是闭包运算。

定义 1　设 R 是 A 上的二元关系，如果另一个关系 R' 满足：

(1) R' 是自反的(对称的、可传递的)；

(2) $R' \supseteq R$；

(3) 对于任何自反的(对称的、可传递的)关系 R''，如果有 $R'' \supseteq R$，就有 $R'' \supseteq R'$。

则称关系 R' 为 R 的自反(对称、传递)闭包，记作 $r(R)(s(R), t(R))$。

例 1　设集合 $A=\{1,3,5,7\}$ 上的关系 $R=\{(1,3),(1,1),(5,7)\}$，试求 $r(R), s(R), t(R)$。

解　$r(R)=\{(1,3),(1,1),(5,7),(3,3),(5,5),(7,7)\}$；

$s(R)=\{(1,3),(3,1),(1,1),(5,7),(7,5)\}$；

$t(R)=\{(1,3),(1,1),(5,7)\}$。

上面我们是根据定义利用添加元素的办法得到 $r(R)$，$s(R)$ 和 $t(R)$，下面介绍由已知关系 R 求 $r(R)$，$s(R)$ 和 $t(R)$ 的方法。

注意到自反(对称、传递)闭包，应是包含的最小自反(对称、传递)关系，所以有：

定理 1　设 R 是集合 A 上的二元关系，则

(1) R 是自反的，当且仅当 $r(R)=R$；

(2) R 是对称的，当且仅当 $s(R)=R$；

(3) R 是传递的，当且仅当 $t(R)=R$。

证明　(1) 若 R 是自反的，又有 $R \supseteq R$，且对于任何包含 R 的自反关系 R''，都有 $R'' \supseteq R$，所以 R 满足 R' 的全部条件，即 $r(R)=R$。反之，若 $r(R)=R$，由自反闭包的定义中的条件(1)，可得 R 是自反的。

(2)、(3)可供读者作为练习自证。证毕。

定理 2　设 R 是集合 A 上的二元关系，I_A 是集合 A 上的恒等关系，则 $r(R)=R \cup I_A$。

证明　设 $R'=R \cup I_A$，则 $R' \supseteq R$ 且 $R' \supseteq I_A$，R' 是自反的，满足了自反闭包定义的前两个条件。

假设 R'' 是 A 上的自反关系，且 $R'' \supseteq R$，必有 $R'' \supseteq I_A$，所以 $R'' \supseteq R \cup I_A$，即 $R'' \supseteq R'$，满足了自反闭包定义的第三个条件，因此 $r(R)=R \cup I_A$。证毕。

由定理 2 可以看出，若已知集合 A 上的二元关系 R 的关系图，只要在图上对没有自回路的结点都添加上自回路，便可以画成 R 的自反闭包 $r(R)$ 的关系图。

定理 3　设 R 是集合 A 上的二元关系，则 $s(R)=R\cup R^{-1}$。

证明　设 $R'=R\cup R^{-1}$，则 $R'\supseteq R$，且 $R'\supseteq R^{-1}$。对于任意 $(a,b)\in R'$，有 $(a,b)\in R$ 或 $(a,b)\in R^{-1}$，于是 $(b,a)\in R^{-1}$ 或 $(b,a)\in(R^{-1})^{-1}=R$，因此 $(b,a)\in R^{-1}\cup R=R'$，故 R' 是对称的。

假设 R'' 是对称关系，且 $R''\supseteq R$。对于任意的 $(a,b)\in R'$，有 $(a,b)\in R\cup R^{-1}$，于是 $(a,b)\in R$ 或者 $(a,b)\in R^{-1}$。若 $(a,b)\in R$，由 $R''\supseteq R$，则 $(a,b)\in R''$；若 $(a,b)\in R^{-1}$，有 $(b,a)\in R$，则 $(b,a)\in R''$，再由 R'' 是对称的，有 $(a,b)\in R''$，所以 $R''\supseteq R'$，故 $s(R)=R=R\cup R^{-1}$。证毕。

由定理 3 可以得到，若已知集合 A 上的二元关系 R 的关系图，只要将图中所有单向弧都画为双向弧，便可以画成 R 的对称闭包 $s(R)$ 的关系图。

例 2　根据图 1 写出关系 R 和关系矩阵 $\boldsymbol{M}_R$，并求出 R 的自反闭包 $r(R)$ 和对称闭包 $s(R)$。

解　$R=\{(a,b),(b,a),(b,b),(b,c),(c,c)\}$；

$$\boldsymbol{M}_R=\begin{bmatrix}0&1&0\\1&1&1\\0&0&1\end{bmatrix};$$

$r(R)=R\cup I_A=\{(a,a),(a,b),(b,a),(b,b),(b,c),(c,c)\}$；

$s(R)=R\cup R^{-1}=\{(a,b),(b,a),(b,b),(b,c),(c,b),(c,c)\}$。

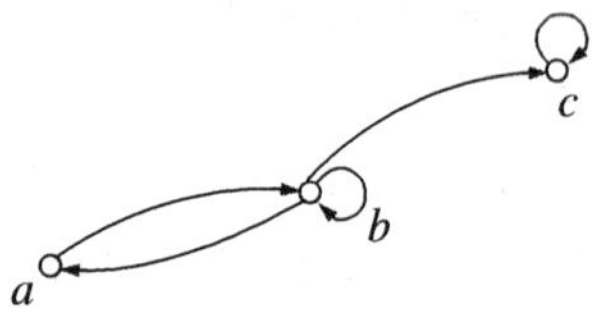

图 1

定理 4　设 R 是集合 A 上的二元关系，则 $t(R)=\bigcup\limits_{i=1}^{\infty}R^i=R\cup R^2\cup R^3\cup\cdots$。

证明　先证 $\bigcup\limits_{i=1}^{\infty}R^i\subseteq t(R)$，用数学归纳法证明。

当 $i=1$ 时，根据传递闭包定义可知 $R\subseteq t(R)$；

设 $i=k$ 时，$R^k\subseteq t(R)$，当 $i=k+1$ 时，设任意 $(a,b)\in R^{k+1}$，因为 $R^{k+1}=R^k\cdot R$，由复合关系定义可知，必有某个元素 $c\in A$，使 $(a,c)\in R^k$，且 $(c,b)\in R$，根据归纳假设 $R^k\subseteq t(R)$ 和归纳基础 $R\subseteq t(R)$，则有 $(a,c)\in t(R)$，且 $(c,b)\in t(R)$，故 $(a,b)\in t(R)$。因此 $R^{k+1}\subseteq t(R)$，所以有 $\bigcup\limits_{i=1}^{\infty}R^i\subseteq t(R)$。

再证 $t(R)\subseteq\bigcup\limits_{i=1}^{\infty}R^i$。

因为 $t(R)$ 是包含 R 且具有传递性的最小关系，已知 $\bigcup\limits_{i=1}^{\infty}R^i$ 包含 R，只需要证明 $\bigcup\limits_{i=1}^{\infty}R^i$ 具有传递性即可。

设 $(a,b)\in\bigcup\limits_{i=1}^{\infty}R^i$，$(b,c)\in\bigcup\limits_{i=1}^{\infty}R^i$，即 (a,b) 和 $(b,c)\in R\cup R^2\cup\cdots$，一定存在正整数 m,n，使 $(a,b)\in R^m$，$(b,c)\in R^n$，由复合关系运算可得，$(a,c)\in R^m\cdot R^n=R^{m+n}\subseteq\bigcup\limits_{i=1}^{\infty}R^i$，即 $\bigcup\limits_{i=1}^{\infty}R^i$ 具有传递性，所以 $t(R)\subseteq\bigcup\limits_{i=1}^{\infty}R^i$，故 $t(R)=\bigcup\limits_{i=1}^{\infty}R^i$。证毕。

由定理 4 可以得出，若已知集合 A 上的二元关系 R 的关系图，如果图中从 a 到 b 有一连串带箭头的头尾相接的弧相连着，则在图上添加一条从 a 到 b 的弧，便可画出 R 的传递闭包 $t(R)$ 关系图。

推论 设 R 是有限集合 A 上的二元关系，A 的基数为 n，则有 $t(R)=\bigcup_{i=1}^{n} R^i = R \cup R^2 \cup R^3 \cup \cdots \cup R^n$。

例 3 设 $A=\{1,2,3\}$上的关系 $R=\{(1,2),(2,3),(3,1)\}$，求 $r(R)$，$s(R)$，$t(R)$，并画出关系图。

解 $r(R)=R\cup I_A=\{(1,2),(2,3),(3,1),(1,1),(2,2),(3,3)\}$；

$s(R)=R\cup R^{-1}=\{(1,2),(2,3),(3,1),(2,1),(3,2),(1,3)\}$；

$t(R)=\bigcup_{i=1}^{3} R^i = R \cup R^2 \cup R^3$，因 $R^2=\{(1,3),(2,1),(3,2)\}$，$R^3=\{(1,1),(2,2),(3,3)\}$，故得：

$$t(R)=\{(1,2),(2,3),(3,1),(1,3),(2,1),(3,2),(1,1),(2,2),(3,3)\}。$$

关系图如图 2 所示。

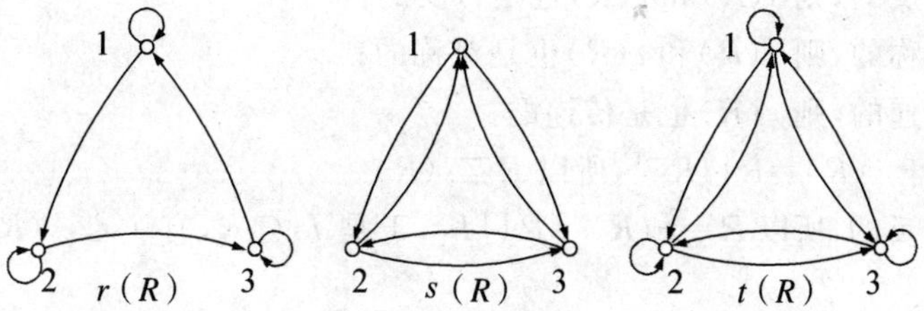

图2

例 4 设 $A=\{a,b,c,d\}$，给定 A 上的关系 $R=\{(a,b),(b,a),(b,c),(c,d)\}$，求 $t(R)$。

解
$$\boldsymbol{M}_R=\begin{bmatrix}0&1&0&0\\1&0&1&0\\0&0&0&1\\0&0&0&0\end{bmatrix},$$

$$\boldsymbol{M}_{R^2}=\begin{bmatrix}0&1&0&0\\1&0&1&0\\0&0&0&1\\0&0&0&0\end{bmatrix}\cdot\begin{bmatrix}0&1&0&0\\1&0&1&0\\0&0&0&1\\0&0&0&0\end{bmatrix}=\begin{bmatrix}1&0&1&0\\0&1&0&1\\0&0&0&0\\0&0&0&0\end{bmatrix},$$

$$M_{R^3}=\begin{bmatrix}1&0&1&0\\0&1&0&1\\0&0&0&0\\0&0&0&0\end{bmatrix}\cdot\begin{bmatrix}0&1&0&0\\1&0&1&0\\0&0&0&1\\0&0&0&0\end{bmatrix}=\begin{bmatrix}0&1&0&1\\1&0&1&0\\0&0&0&0\\0&0&0&0\end{bmatrix},$$

$$M_{R^4}=\begin{bmatrix}0&1&0&1\\1&0&1&0\\0&0&0&0\\0&0&0&0\end{bmatrix}\cdot\begin{bmatrix}0&1&0&0\\1&0&1&0\\0&0&0&1\\0&0&0&0\end{bmatrix}=\begin{bmatrix}1&0&1&0\\0&1&0&1\\0&0&0&0\\0&0&0&0\end{bmatrix},$$

$$M_{t(R)}=\begin{bmatrix}1&1&1&1\\1&1&1&1\\0&0&0&1\\0&0&0&0\end{bmatrix}。$$

所以，$t(R)=\{(a,a),(a,b),(a,c),(a,d),(b,a),(b,b),(b,c),(b,d),(c,d)\}$。

例 5　设 R 是集合 A 上的二元关系，试证：

(1) 若 R 是自反的，则 $s(R)$ 和 $t(R)$ 也是自反的；

(2) 若 R 是对称的，则 $r(R)$ 和 $t(R)$ 也是对称的；

(3) 若 R 是传递的，则 $r(R)$ 也是传递的。

证明　(1) 由于 $s(R)=R\cup R^{-1}$，所以 $R\subseteq s(R)$。

又因为 R 是自反的，所以 $R=r(R)=R\cup I_A$，于是 $I_A\subseteq R$，有 $I_A\subseteq s(R)$，因此 $s(R)$ 是自反的。

由于 $t(R)=R\cup R^2\cup R^3\cup\cdots$，有 $R\subseteq t(R)$。而 R 是自反的，于是 $I_A\subseteq R$，则 $I_A\subseteq t(R)$，因此 $t(R)$ 是自反的。

(2) 由于 $r(R)=R\cup I_A$，而 R 和 I_A 都是对称的，所以 $r(R)$ 是对称的。

由于 $t(R)=R\cup R^2\cup R^3\cup\cdots$，下面用数学归纳法证明 $R^i(i=1,2,3,\cdots)$ 都是对称的。

因为 R 是对称的，所以 $i=1$ 时命题成立。

假设 R^k 是对称的，下面证明 R^{k+1} 也是对称的。

由于 $R^{k+1}=R^k\cdot R$，对于任意 $(a,b)\in R^{k+1}$，有 $(a,b)\in R^k\cdot R$，一定存在元素 c，使 $(a,c)\in R^k$，且 $(c,b)\in R$，于是 $(c,a)\in R^k$，且 $(b,c)\in R$，从而 $(b,a)\in R\cdot R^k$，故 R^{k+1} 是对称的。

下面利用这个结论来证明 $t(R)$ 的对称性。

任取 $(a,b)\in t(R)$，则一定存在 k，使 $(a,b)\in R^k$。因为 R^k 是对称的，有 $(b,a)\in R^k$，从而 $(b,a)\in t(R)$，所以 $t(R)$ 是对称的。

(3) 对任意 $x,y,z\in A$，若 $(x,y)\in r(R)$，且 $(y,z)\in r(R)$，则有 $(x,y)\in R$，或 $(x,y)\in I_A$；$(y,z)\in R$ 或 $(y,z)\in I_A$。若 $(x,y),(y,z)\in R$，则因为 R 传递，所以 $(x,z)\in R$，$(x,z)\in r(R)$；若 $(x,y)\in R$，且 $(y,z)\in I_A$，则 $y=z$，所以 $(x,z)\in R$，$(x,z)\in r(R)$；若 $(x,

$y)\in I_A$，且$(y,z)\in R$，则 $x=y$，所以$(x,z)\in R$，即$(x,z)\in r(R)$。若$(x,y)\in I_A$，且$(y,z)\in I_A$，则 $x=y=z$，故$(x,z)\in I_A$，$(x,z)\in r(R)$。证毕。

例 6 设 R_1 和 R_2 是集合 A 上的二元关系，且 $R_1\supseteq R_2$，求证：

(1) $r(R_1)\supseteq r(R_2)$；

(2) $s(R_1)\supseteq s(R_2)$；

(3) $t(R_1)\supseteq t(R_2)$。

证明 (1) 因为 $R_2\subseteq R_1$，所以 $R_2\subseteq r(R_1)$，又因为 $r(R_1)$是 R_1 的自反闭包，故 $r(R_1)$是自反的，从而 $r(R_2)\subseteq r(R_1)$。

(2) 因为 $R_2\subseteq R_1$，所以 $R_2\subseteq s(R_1)$，又因为 $s(R_1)$是 R_1 的对称闭包，故 $s(R_1)$是对称的，从而 $s(R_1)\supseteq s(R_2)$。

类似地可证明(3)。证毕。

例 7 设 R 是集合 A 上的二元关系，则

(1) $rs(R)=sr(R)$；

(2) $rt(R)=tr(R)$；

(3) $st(R)\subseteq ts(R)$。

证明 (1) 方法 1：$R\subseteq r(R)$，由例 6 知有 $s(R)\subseteq sr(R)$，所以 $rs(R)\subseteq rsr(R)$，由例 5 知有 $sr(R)$自反，由定理 1 知 $rsr(R)=sr(R)$，所以 $rs(R)\subseteq sr(R)$。

反之，$R\subseteq s(R)$，由例 6 知 $r(R)\subseteq rs(R)$，所以 $sr(R)\subseteq sr(s(R))$，由例 5 知 $r(s(R))$是对称的，由定理 1 知 $sr(s(R))=rs(R)$，所以 $sr(R)\subseteq rs(R)$。因此，有：

$$sr(R)=rs(R)。$$

方法 2：$rs(R)=r(R\cup R^{-1})=R\cup R^{-1}\cup I_A=R\cup I_A\cup R^{-1}\cup I_A=R\cup I_A\cup(R\cup I_A)^{-1}=s(R\cup I_A)=sr(R)$。

(2) 因为 $R\subseteq r(R)$，由例 5 知 $tr(R)\subseteq tr(R)$，所以 $rt(R)\subseteq rtr(R)$。由例 5 知 $tr(R)$是自反的，由定理 1 知 $rtr(R)=tr(R)$，所以 $rt(R)\subseteq tr(R)$。

类似地可证 $tr(R)\subseteq rt(R)$，故有

$$rt(R)=tr(R)$$

读者可自证(3)。证毕。

习题五

1. 设集合 $A=\{1,2,3,4\}$，A 上的二元关系 $R=\{(1,2),(2,1),(2,3),(3,4)\}$，试利用 R 的关系图求出 R 的自反闭包、对称闭包和传递闭包。

2. 设集合 $A=\{a,b,c,d\}$，R_1，R_2 和 R_3 都是 A 上的二元关系，$R_1=\{(a,a),(b,b)\}$，$R_2=\{(a,b),(b,c),(c,a)\}$，$R_3=\varnothing$，试求 R_1，R_2 和 R_3 的自反闭包、对称闭包和传递闭包，

并画出相应的关系图。

3. 设 R_1 和 R_2 是集合 A 上的二元关系，试判断下列命题是否正确；如果正确请作出证明，如果不正确请加以改正。

(1) $r(R_1 \cup R_2)=r(R_1)\cup r(R_2)$；

(2) $s(R_1 \cup R_2)=s(R_1)\cup s(R_2)$；

(3) $t(R_1 \cup R_2)=t(R_1)\cup t(R_2)$。

4. 设 R 是集合 A 上的一个任意二元关系，$R^*=tr(R)$，证明下列各式：

(1) $t(t(R))=t(R)$；

(2) $R\circ R^*=t(R)=R^*\circ R$；

(3) $(R^*)^*=R^*$。

第六节　相容关系

相容关系是一种应用非常广泛的关系。

定义 1　给定集合 A 上的二元关系 R，若 R 是自反的、对称的，则称 R 是相容关系。

例 1　设集合 $A=\{1,2,3,4\}$，$R=\{(1,1),(1,4),(4,1),(4,4),(2,2),(2,3),(3,2),(3,3)\}$，验证 R 是 A 上的相容关系。

解　因为 $\boldsymbol{M}_R=\begin{bmatrix}1&0&0&1\\0&1&1&0\\0&1&1&0\\1&0&0&1\end{bmatrix}$，

故知关系矩阵主对角线元素都是 1，从而 R 是自反的。又因 $\boldsymbol{M}_R$ 是对称的，故 R 是对称的，所以 R 是相容关系。

例 2　设集合 $A=\{\text{cat},\text{teacher},\text{cold},\text{desk},\text{knife},\text{by}\}$，其上的关系 $R=\{(x,y)\mid x,y\in A,$ x 和 y 有相同的字母$\}$，求证 R 是相容关系，并讨论 R 的传递性。

解　令 $x_1=\text{cat}$，$x_2=\text{teacher}$，$x_3=\text{cold}$，$x_4=\text{desk}$，$x_5=\text{knife}$，$x_6=\text{by}$，则关系矩阵为：

$$\boldsymbol{M}_R=\begin{bmatrix}1&1&1&0&0&0\\1&1&1&1&1&0\\1&1&1&1&0&0\\0&1&1&1&1&0\\0&1&0&1&1&0\\0&0&0&0&0&1\end{bmatrix}$$

由于 $\boldsymbol{M}_R$ 中主对角线元素均为 1，且 $\boldsymbol{M}_R$ 对称，所以 R 是相容关系。其关系图如图 1 所示。

由关系图亦可见，每一结点都有自回路，故 R 自反。两结点间有向弧成对出现，故 R 对称。因而 R 是相容关系。

由于$(x_1,x_2)\in R,(x_2,x_4)\in R$,但$(x_1,x_4)\notin R$,$x_1$ 与 x_4 没有相同字母,故 R 不传递。

由于相容关系是自反和对称的,因此,其关系矩阵的对角线元素都是 1,且矩阵是对称的,因此可将矩阵用梯形表示,例如上例中的矩阵可表示为:

x_2	1				
x_3	1	1			
x_4	0	1	1		
x_5	0	1	0	1	
x_6	0	0	0	0	0
	x_1	x_2	x_3	x_4	x_5

同理,在相容关系的关系图上,每个结点都有自回路,且每两个相关结点间的弧线都是成对出现的。为了简化图形,我们今后对相容关系图不画自回路,并作单线来代替有向弧线对,如图 1 所示的关系图可简化为图 2 所示的关系图。

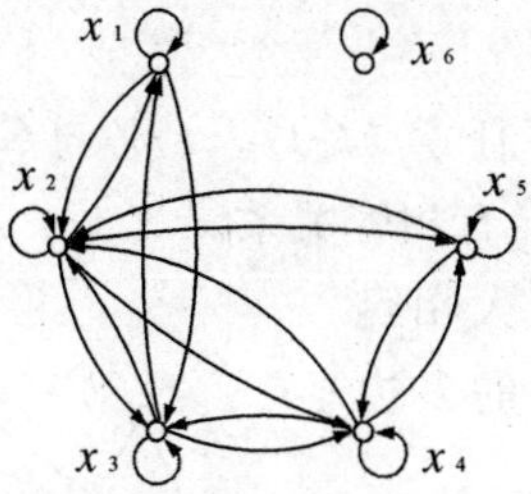

图1 R 的关系图

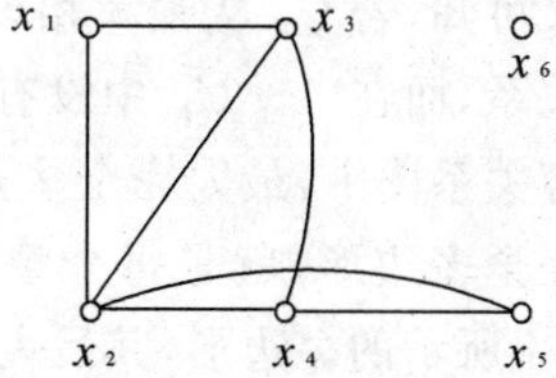

图2 简化关系图

例 3 设集合 $A=\{2,3,6,8\}$上的关系 $R=\{(2,3),(2,2),(3,2),(3,3),(6,6),(8,8)\}$,试验证 R 是 A 上的相容关系,并作出关系图。

解 $\boldsymbol{M}_R=\begin{bmatrix}1&1&0&0\\1&1&0&0\\0&0&1&0\\0&0&0&1\end{bmatrix}$。

因 $\boldsymbol{M}_R$ 中主对角线元素都是 1,且 $\boldsymbol{M}_R$ 对称,故 R 是自反的、对称的,即 R 是相容关系。R 的关系图如图 3 所示:

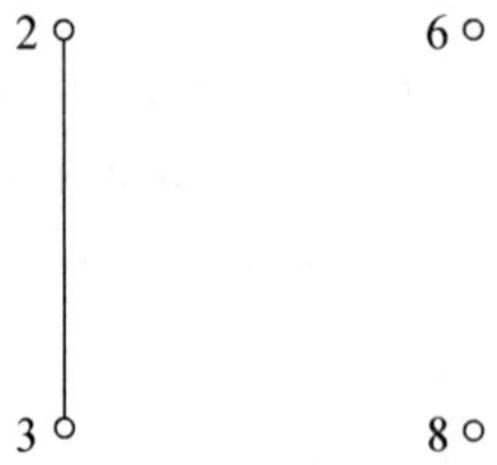

图3　R的关系图

定义 2　设 R 是集合 A 上的相容关系，若 $C\subseteq A$，且对 C 中任意两个元素 a_1,a_2，有 a_1Ra_2，则称 C 是由相容关系 R 产生的相容类。

例如，在例 2 中相容关系 R 可产生相容类$\{x_1,x_2\}$，$\{x_1,x_3\}$，$\{x_2,x_3\}$，$\{x_6\}\{x_2,x_4,x_5\}$；在例 3 中相容关系 R 可产生相容类$\{2,3\}$，$\{6\}$，$\{8\}$；在例 1 中相容关系 R 可产生相容类$\{1,4\}$，$\{2,3\}$。对例 2 中的前三个相容类，都可加进新的元素组成新的相容类，而对于其他的相容类，加入任一新元素，都不能组成新的相容类，我们称之为最大相容类。

定义 3　设 R 是集合 A 上的相容关系，不能真包含在任何其他相容类中的相容类，称作最大相容类，记作 C_R。

由定义可知，若 C_R 为最大相容类，必有 $C_R\subseteq A$，且对于任意 $x\in C_R$，x 必与 C_R 中所有元素有相容关系，而在 $A-C_R$ 中没有任何元素与 C_R 所有元素有相容关系。

在相容关系图中，最大完全多边形的顶点集合，就是最大相容类。所谓完全多边形，就是每个顶点都与其他顶点相连接的多边形，例如图 4 所示的多边形，其最大相容类为：

三角形顶点$\{a_3,a_4,a_6\}$；

四边形顶点$\{a_1,a_2,a_4,a_6\}$，$\{a_4,a_5\}$。

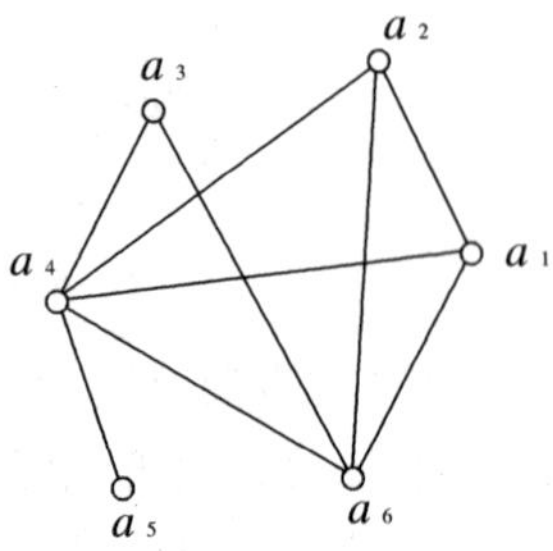

图4　相容关系图

例 4　给定集合 $X=\{x_1,x_2,\cdots,x_6\}$，R 是 X 上的相容关系，且 $\boldsymbol{M}_R$ 简化矩阵为：

x_2	1				
x_3	1	1			
x_4	0	0	1		
x_5	0	0	0	1	
x_6	1	0	1	0	1
	x_1	x_2	x_3	x_4	x_5

画出相容关系图，并求出最大相容类。

解　关系图如图 5 所示；最大相容类为$\{x_1,x_2,x_3\}$，$\{x_1,x_3,x_6\}$，$\{x_3,x_4\}$，$\{x_4,x_5\}$，$\{x_5,x_6\}$。

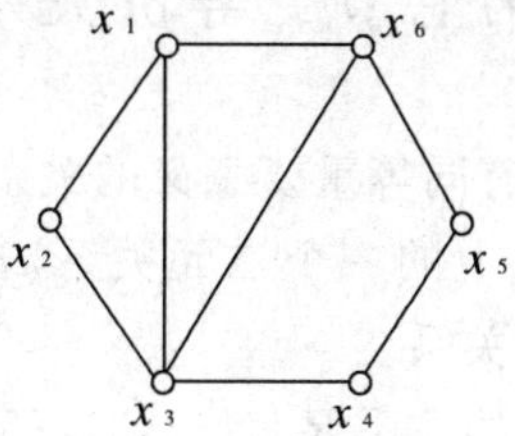

图5　关系图

习题六

1. 设 R 是 A 上的相容关系，试证明 $\alpha=I_A\cup R\cup R^{-1}$ 是 A 上的相容关系。

2. 设 R 和 S 是 A 上的相容关系，试问：

(1) $R\cup S$ 是 A 上的相容关系吗？

(2) $R\cap S$ 是 A 上的相容关系吗？

(3) $R\circ S$ 是 A 上的相容关系吗？

(4) R^{-1} 是 A 上的相容关系吗？

(5) $R-S$ 是 A 上的相容关系吗？

(6) R^2 是 A 上的相容关系吗？

(7) $A\times A-R$ 是 A 上的相容关系吗？

(8) $r(R-S)$是 A 上的相容关系吗？

3. 设 $A=\{1,2,3,4,5,6\}$上的关系 $R=\{(1,1),(1,2),(2,1),(1,3),(3,1),(2,2),(3,3),(4,4),(4,5),(5,4),(5,5),(6,6)\}$。试验证 R 是 A 上的相容关系，并求出关系矩阵、关系图及最大相容类。

4. 给定集合 $A=\{a_1,a_2,a_3,a_4,a_5\}$，$R$ 是 A 上的相容关系且 $\boldsymbol{M}_R$ 的简化矩阵为

a_2	1			
a_3	0	1		
a_4	1	0	0	
a_5	0	1	1	1
	a_1	a_2	a_3	a_4

给出关系图并求出最大相容类。

第七节　等价关系

等价关系是一种与相容关系具有同等重要意义的关系。

定义 1　设 R 是定义在集合 A 上的一个二元关系，若 R 是自反的、对称的和传递的，则称 R 为等价关系。

例 1　设集合 $A=\{3,5,7,9\}$ 上的关系 $R=\{(3,3),(5,5),(3,7),(7,3),(9,5),(5,9),(7,7),(9,9)\}$，验证 R 是 A 上的等价关系。

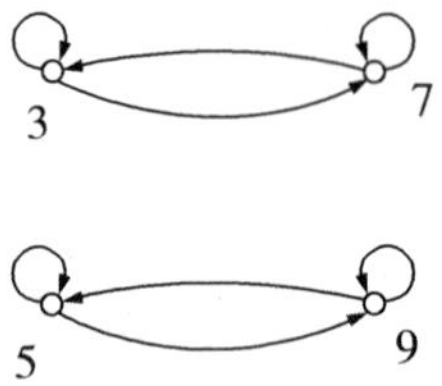

图 1　R 的关系图

解　关系图如图 1 所示。

由关系图可看出，每一结点都有自回路，所以 R 是自反的；任意两个结点间弧线是成对出现的，故 R 是对称的；逐个检查序偶，$(3,3)\in R$，$(3,7)\in R$，有 $(3,7)\in R$；$(5,5)\in R$，$(5,9)\in R$，有 $(5,9)\in R$；$(3,7)\in R$，$(7,3)\in R$，有 $(3,3)\in R$ 且 $(7,7)\in R$，…，故 R 是传递的。所以 R 是 A 上的等价关系。

例 2　$\mathbf{Z}$ 为整数集，$R=\{(x,y)\mid x\equiv y \pmod 3\}$，证明 R 是等价关系。

证明　对任意 $x,y,z\in\mathbf{Z}$，有

(1) 因为 $x-x=0$，所以 $\dfrac{x-x}{3}=0$，即 $(x,x)\in R$；

(2) 若 $(x,y)\in R$，有 $\dfrac{x-y}{3}$ 是整数，所以 $\dfrac{y-x}{3}=-\dfrac{x-y}{3}$ 是整数，故 $(y,x)\in R$，R 是对称的；

(3) 若 $(x,y)\in R$，且 $(y,z)\in R$，有 $\dfrac{x-y}{3}$ 与 $\dfrac{y-z}{3}$ 都是整数，设 $\dfrac{x-y}{3}=t$，$\dfrac{y-z}{3}=s$，则 $\dfrac{x-z}{3}=\dfrac{x-y}{3}+\dfrac{y-z}{3}=t+s$ 仍然是整数，所以 $(x,z)\in R$，R 是传递的。

由以上证明知，R 是 A 上的等价关系。证毕。

例 3　设 R 是集合 A 上的自反关系，证明 R 是等价关系的充要条件是：若 $(a,b)\in R$ 且 $(a,c)\in R$，则 $(b,c)\in R$。

证明　充分性：对任意 $a\in A$，因为 R 是自反的，所以 $(a,a)\in R$。假设 $(a,b)\in R$，又 $(a,a)\in R$，则根据已知条件得 $(b,a)\in R$，所以 R 是对称的。又假设 $(a,b)\in R$，且 $(b,c)\in R$，由 R 的对称性知，$(b,a)\in R$，再根据已知条件，得 $(a,c)\in R$，所以 R 是传递的，因此 R 是等价关系。

必要性：若 $(a,b)\in R$，且 $(a,c)\in R$，由于 R 是 A 上的等价关系，R 应具有对称性，故 $(b,a)\in R$，又由于 R 具有传递性，故 $(b,c)\in R$。证毕。

定义 2　设 R 为集合 A 上的等价关系，对任何 $a\in A$，集合 $[a]_R=\{x\mid x\in A, aRx\}$ 称为元素 a 形成的 R 等价类。

由等价类的定义可知，$[a]_R$ 是非空的。因为 $a\in[a]_R$，因此任给集合 A 上的等价关系 R，必可写出 A 上各元素形成的 R 等价类。例如，在例 1 中，A 的各元素的等价类为 $[3]_R=[7]_R=\{3,7\}$，$[5]_R=[9]_R=\{5,9\}$。

例 4 求出例 2 中各元素产生的等价类。

解
$$[0]_R=\{\cdots,-6,-3,0,3,6,\cdots\};$$
$$[1]_R=\{\cdots,-5,-2,1,4,7,\cdots\};$$
$$[2]_R=\{\cdots,-4,-1,2,5,8,\cdots\}。$$

例 5 整数集 $\mathbf{Z}$ 上的“模 n 同余”关系 R 定义为：对于 $a,b\in\mathbf{Z}$，$R=\{(a,b)\mid\frac{a-b}{n}\in\mathbf{Z}\}$，容易验证 R 是 $\mathbf{Z}$ 上的等价关系，$\mathbf{Z}$ 中元素生成的等价类为：
$$[0]_R=\{\cdots,-2n,-n,0,n,2n,\cdots\};$$
$$[1]_R=\{\cdots,-2n+1,-n+1,1,n+1,2n+1,\cdots\};$$
$$[2]_R=\{\cdots,-2n+2,-n+2,2,n+2,2n+2,\cdots\};$$
$$[n-1]_R=\{\cdots,-n-1,-1,n-1,2n-1,3n-1,\cdots\}。$$

定理 1 设给定集合 A 上的等价关系 R，对于 $a,b\in A$，有 $(a,b)\in R$，当且仅当 $[a]_R=[b]_R$。

证明 假定 $[a]_R=[b]_R$，因为 $a\in[a]_R$，故 $a\in[b]_R$，所以 $(a,b)\in R$。

反之，若 $(a,b)\in R$，设 $c\in[a]_R$，则 $(a,c)\in R$，所以由例 3 知，$(b,c)\in R$，进而 $c\in[b]_R$，即 $[a]_R\subseteq[b]_R$。同理，若 $c\in[b]_R\Rightarrow(b,c)\in R\Rightarrow(a,c)\in R\Rightarrow c\in[a]_R$，故 $[b]_R\subseteq[a]_R$，由此证得 $(a,b)\in R$，则 $[a]_R=[b]_R$。证毕。

定理 2 设 R 是集合 A 上的等价关系，$M_1,M_2,\cdots$ 是 A 中所有等价类，于是
$$A=M_1\cup M_2\cup\cdots$$
并且 $M_i\cap M_j=\varnothing(i\neq j)$。亦即，集合 A 上的等价关系把 A 分成了互不相交的等价类。

证明 任取 $M_i,M_j,i\neq j$。若有 $x\in M_i\cap M_j$，则任取 $a\in M_i,b\in M_j$，都有 aRx,bRx，故 aRb，则 $M_i=M_j$，这与 M_i 与 M_j 是两个不同等价类相矛盾，因此 $M_i\cap M_j=\varnothing$。

任取 $a\in A$，令
$$M=\{x\mid x\in A,\text{且 }xRa\}$$
由定理 1 知，M 是 A 的等价类，一定存在 k，使得 $M=M_k$。

因为 $a\in M$，所以 $a\in M_1\cup M_2\cup\cdots\cup M_k\cup\cdots$，故 $A\subseteq M_1\cup M_2\cup\cdots$。

又因为 $M_1,M_2,\cdots$ 是 A 的所有等价类，显然有 $M_1\cup M_2\cup\cdots\subseteq A$。

$A=M_1\cup M_2\cup\cdots$。证毕。

习题七

1. 设集合 $A=\{1,2,\cdots,8\}$，A 上的关系 $R=\{(a,b)\mid\frac{a-b}{4}\text{为整数},a,b\in A\}$，即“模 4 同

余"关系，试通过关系图来验证 R 是等价关系。

2. 设集合 $A=\{a,b,c\}$，试写出 A 上的所有等价关系。

3. 设集合 $A=\{0,1,2,3,4,5\}$上的关系 $R=\{(0,0),(1,1),(2,2),(3,3),(1,2),(1,3),(2,1),(2,3),(3,1),(3,2),(4,4),(4,5),(5,4),(5,5)\}$。试利用关系图来验证 R 是 A 上的等价关系，并求出在 A 上构成的等价类。

4. 设 $A=\{a,b,c,d,e\}$上的等价类为 $M_1=\{b,c\}$，$M_2=\{d\}$，$M_3=\{a\}$，$M_4=\{e\}$，试求此等价类所对应的等价关系。

5. 试证明集合 A 上的全关系 $R=A\times A$ 是等价关系。

6. 证明若 R 是 A 上的等价关系，则 R^{-1} 也是 A 上的等价关系。

7. 设 R 和 S 是 A 上的等价关系，证明：

(1) $R\cap S$ 也是 A 上的等价关系；

(2) $R\cup S$ 是 A 上的自反关系和对称关系，但不一定是传递关系。

8. 设 R 是集合 A 上的对称和传递关系，证明：如果对于 A 中的每一个元素 a，在 A 中也同时存在一个 b，使 $(a,b)\in R$，则 R 是一个等价关系。

9. 设 R 和 S 是非空集合 A 上的等价关系，确定下列各式哪些是 A 上的等价关系，对不是的提供反例证明。

(1) $(A\times A)-R$；

(2) $R-S$；

(3) R^2；

(4) $r(R-S)$。

第八节　序关系

在一个集合上，我们常常要考虑元素的次序，因此，序关系也是一种很重要的关系。

定义 1　如果集合 A 上的二元关系 R 满足自反性、反对称性和传递性，则称 R 是 A 上的一个半序关系(或偏序关系，或部分序关系)，记作"$\leqslant$"或"$\preccurlyeq$"。序偶$(A,\leqslant)$或$(A,\preccurlyeq)$称作半序集。

例 1　给定集合 $A=\{2,3,6,8\}$，令 $R=\{(x,y)\mid x \text{ 整除 } y\}$，验证 R 是半序关系。

解　$R=\{(2,2),(2,6),(2,8),(3,3),(3,6),(6,6),(8,8)\}$，

$$M_R=\begin{bmatrix}1&0&1&1\\0&1&1&0\\0&0&1&0\\0&0&0&1\end{bmatrix}$$

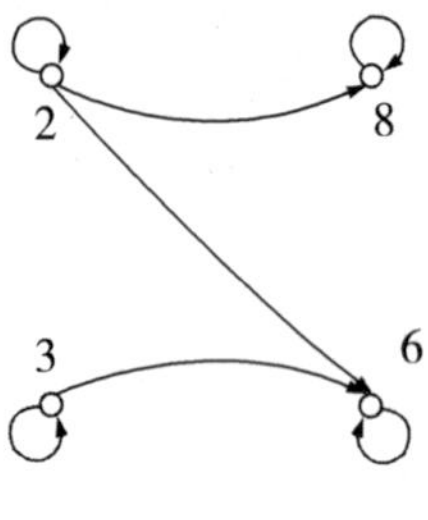

图 1

R 的关系图如图 1 所示。

由关系矩阵和关系图都可看出，R 具有自反性、反对称性，且易证 R 具有传递性，故 R 是半序关系。

例 2　证明在实数集 $\mathbf{R}$ 上，小于等于关系“$\leqslant$”是半序关系。

证明　(1) 对任意 $x\in\mathbf{R}$，有 $x\leqslant x$，故“$\leqslant$”是自反的；

(2) 对任意 $x,y\in\mathbf{R}$，若 $x\leqslant y$ 且 $y\leqslant x$，则 $x=y$，所以“$\leqslant$”是反对称的；

(3) 对任意 $x,y,z\in\mathbf{R}$，若 $x\leqslant y$ 且 $y\leqslant z$，则 $x\leqslant z$，故“$\leqslant$”是传递的。

因此，“$\leqslant$”是半序关系。证毕。

例 3　给定集合 $A=\{a,b,c,d\}$，令 $R=\{(a,b),(a,a),(b,b),(c,c),(d,d),(c,d)\}$，证明 R 是半序关系。

证明　写出 R 的关系矩阵和画出关系图(图 2)：

$$\boldsymbol{M}_R=\begin{bmatrix}1&1&0&0\\0&1&0&0\\0&0&1&1\\0&0&0&1\end{bmatrix}$$

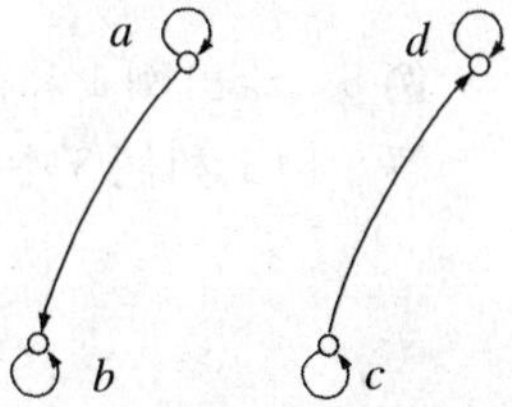

图 2

由关系矩阵可看出主对角线元素均为 1，所以 R 是自反的，由关系图看出任意两结点没有成对出现的有向弧，所以 R 是反对称的，又因 $(a,b)\in R$，且 $(b,b)\in R$ 则 $(a,b)\in R$，…，逐个验证可知 R 是传递的，所以 R 是 A 上的半序关系。证毕。

对于给定的半序集，可以通过简化了的关系图来表示，这种图称为半序集合图或称哈斯(Hasse)图。它的作图规则如下：

(1) 由于关系“$\leqslant$”是自反的，所以在原关系图中每个结点上都有自回路，为了作图方便，省略每个结点上的自回路，只用了一个空心点表示集合中的元素。

(2) 由于关系“$\leqslant$”是反对称的，原关系图中如果结点 a 与结点 $b(a\neq b)$ 之间有弧，一定是单向的，我们规定，如果 $a\leqslant b$，就把 b 画在 a 的上方，也就是把原关系中结点的位置作适当调整，使得所有弧的方向都是向上的，这样可以略去弧上的箭头。

(3) 由于关系“$\leqslant$”是传递的，若 $a\leqslant b,b\leqslant c,a\leqslant c$，即从 a 到 b 有一条弧，从 b 到 c 也有一条弧，我们规定，省略掉从 a 到 c 的一条弧。也就是说，若某两结点之间有一连串带箭头的头尾相接的弧连接，那么就省略掉这两结点间的一条弧。

例 4　设集合 A 上具有整除关系 $|$，试对(1) $A=\{1,2,3,6,10,12,16\}$，(2) $A=\{4,7,14,21,28,32\}$ 分别画出半序集 $(A,|)$ 的哈斯图。

解　先写出整除关系：

(1) $|=\{(2,6),(2,10),(2,12),(2,16),(2,2),(3,3),(3,6),(3,12),(6,6),(6,12),(10,10),(12,12),(16,16),(1,1),(1,2),(1,3),(1,6),(1,10),(1,12),(1,16)\}$；

(2) $|=\{(4,4),(4,28),(4,32),(7,7),(7,14),(7,21),(7,28),(14,14),(14,28),$

(21,21),(28,28),(32,32)}。

哈斯图分别如图 3 和图 4 所示。

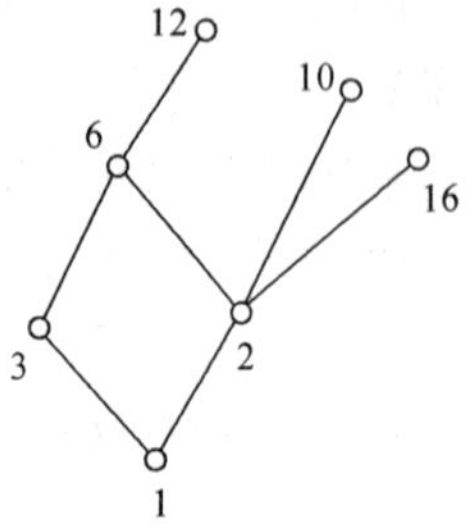

图 3

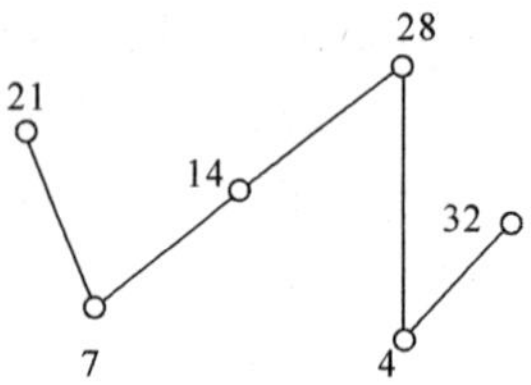

图 4

例 5　绘出例 1 和例 3 中的半序关系 R 的哈斯图。

解　例 1 和例 3 中的半序关系哈斯图分别如图 5 和图 6 所示。

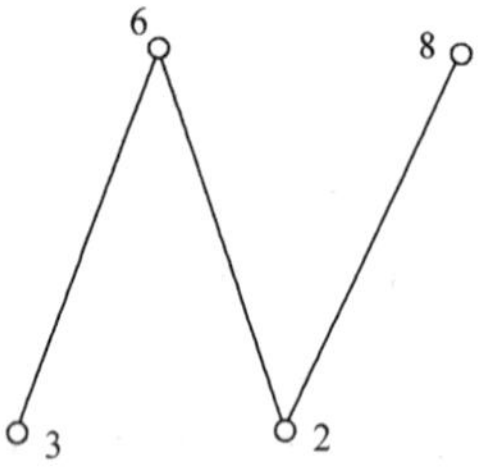

图 5

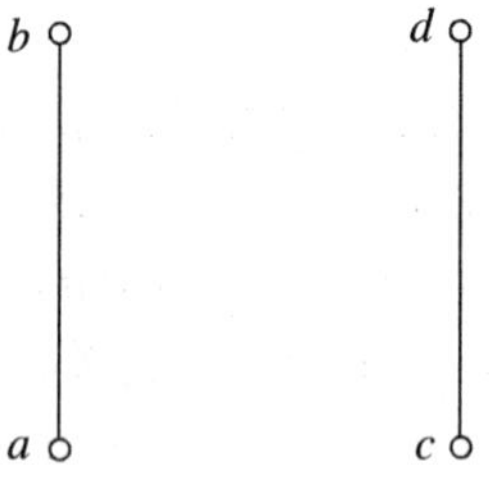

图 6

例 6　设集合 $A=\{a,b,c\}$,$(\rho(A),\subseteq)$是半序集合,试画出它的哈斯图。

解　因为 $A=\{a,b,c\}$,所以 $\rho(A)=\{\varnothing,\{a\},\{b\},\{c\},\{a,b\},\{b,c\},\{a,c\},\{a,b,c\}\}$,由此可画出哈斯图如图 7 所示。从哈斯图中可看到,半序集 A 中各个元素处于不同层次的位置。下面我们讨论半序集中具有一些特殊位置的元素。

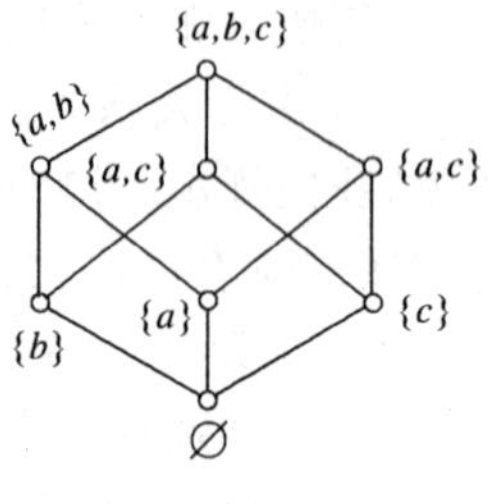

图 7

定义 2　设$(A,\leqslant)$是一个半序集,B 是 A 的任一子集,若 B 中有一元素 b,对所有的 $x\in B$,都有 $x\leqslant b$,则称 b 为集合 B 的最大元;若有某个元素 $b\in B$,对所有的 $x\in B$,都有 $b\leqslant x$,则称 b 为集合 B 的最小元。

在例 4(1)中,数 1 是集合 A 的最小元,集合 A 不存在最大元,因为 10 不能整除 16;但若取 $B=\{1,2,3,6,12\}$,则 B 的最小元是 1,最大元是 12。在例 4(2)中,集合 A 既没有最小元,也没有最大元,因为 28 不能整除 32,4 不能整除 7。若取 $B=\{4,7,14,28\}$,则 B 的最大元是 28,没有最小元。

例 1、例 2 中的集合 A 既无最大元也无最小元。

例 6 中 $\rho(A)$ 的最大元是 $\{a,b,c\}$，最小元是 $\varnothing$，而在 $B=\{\varnothing,\{a\},\{b\},\{c\},\{a,c\}\}$ 中，最大元不存在，最小元仍是 $\varnothing$。

定义 3　设 $(A,\leqslant)$ 是一个半序集，B 是 A 的任一子集，若对于 B 中的某个元素 b，在 B 中没有任何元素 x，能同时满足 $b\neq x$ 与 $b\leqslant x$，则称 b 为 B 的极大元；若 B 中没有任何元素 x，能同时满足 $b\neq x$ 与 $x\leqslant b$，则称 b 为 B 的极小元。

在例 4(1)中，A 的极大元是 10，12，16，极小元是 1，而若取 $B=\{1,3,16\}$，则 B 的极大元是 3，16，极小元仍是 1。在例 4(2)中，A 的极大元是 21，28，32，极小元是 4，7。

例 6 中，幂集 $\rho(A)$ 的极大元也是最大元，是 $\{a,b,c\}$，极小元也是最小元，是 $\varnothing$。

关于最大元、最小元、极大元和极小元，有下面的定理：

定理 1　设 $(A,\leqslant)$ 是半序集，B 是 A 的任一子集，若 B 有最小元(最大元)，则是唯一的。

证明　设 a 和 b 是 B 的最小元，则有 $a\leqslant b$ 和 $b\leqslant a$。因为半序关系 $\leqslant$ 是反对称的，所以有 $a=b$，因此最小元是唯一的。

同理可证最大元的情况。证毕。

定理 2　设 $(A,\leqslant)$ 是半序集。B 是 A 的任意子集，则 B 的最大元必为极大元，B 的最小元必为极小元。

证明　设 b 是集合 B 的最大元，即对于所有的 $x\in B$，都有 $x\leqslant b$，这样在 B 中找不到任何元素 y，能同时满足 $y\neq b$ 且 $b\leqslant y$，因此 b 是 B 的极大元。同理可证，B 的最小元是 B 的极小元。证毕。

由于最大(最小)元是唯一的，而极大(极小)元不一定是唯一的，所以定理 2 的逆定理不成立。

例 7　设 $A=\{2,3,5,7,14,15,21\}$，其半序关系 $R=\{(2,14),(3,15),(3,21),(5,15),(7,14),(7,21),(2,2),(3,3),(5,5),(7,7),(14,14),(15,15),(21,21)\}$。求 $B=\{2,7,3,21,14\}$ 的极大元与极小元。

解　R 的关系图如图 8 所示。

由关系图可知，B 的极小元素集合为 $\{2,3,7\}$，极大元素集合为 $\{21,14\}$。

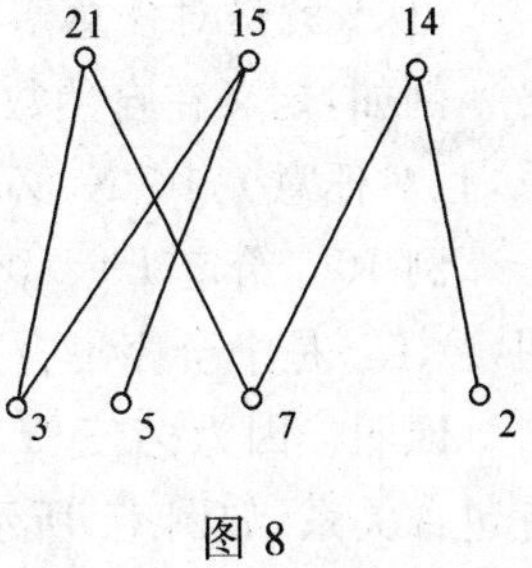

图 8

定义 4　设 $(A,\leqslant)$ 是一个半序集，B 是 A 的任意非空子集，元素 $a\in A$。

(1) 若对于 $x\in B$，都有 $x\leqslant a$，则称 a 为 B 的上界；若对于任意 $x\in B$，都有 $a\leqslant x$，则称 a 为 B 的下界。

(2) 若 a 是 B 的上界，且对于 B 的任意上界 b，都有 $a\leqslant b$，则称 a 是 B 的最小上界；若 a 是 B 的下界，且对于 B 的任意下界 b，都有 $b\leqslant a$，则称 a 是 B 的最大下界。

应当注意，一般地，上界与最大元(或极大元)的区别在于元素 a 所取的集合不同，对于

$B\subseteq A$，B 的上界 $a\in A$，而最大元(或极大元)的 $a\in B$。

例 8　设集合 $A=\{a,b,c,d,e\}$ 上的半序关系如图 9 的哈斯图所示。

(1) 试求出集合 A 的最大元、最小元、极大元和极小元。

(2) 分别求出子集 $B_1=\{a,b,c\}$，$B_2=\{b,c,d\}$，$B_3=\{c,d,e\}$ 的上界、下界、最小上界和最大下界。

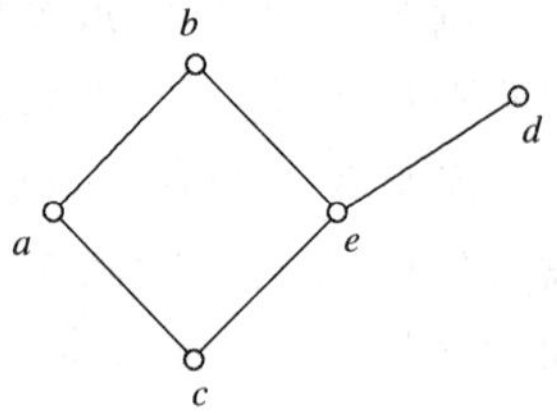

图 9

解　(1) A 无最大元，最小元 c，极大元集合 $\{b,d\}$，极小元集合 $\{c\}$。

(2) B_1 的上界是 b，下界是 c，最大下界是 c，最小上界是 b。

B_2 无上界，下界是 c，最大下界是 c，无最小上界。

B_3 的上界是 d，下界是 c，最大下界是 c，最小上界是 d。

例 9　半序集合 (A,R) 的哈斯图如图 10 所示。

(1) 求 A 的最大元、最小元、极大元、极小元、上界、下界、最大下界和最小上界。

(2) 设 $B_1=\{f,g,h,l\}$，$B_2=\{a,b,c,d,e,f,g,h,\}$，分别求出最大元、最小元、极大元、极小元、上界、下界、最大下界、最小上界。

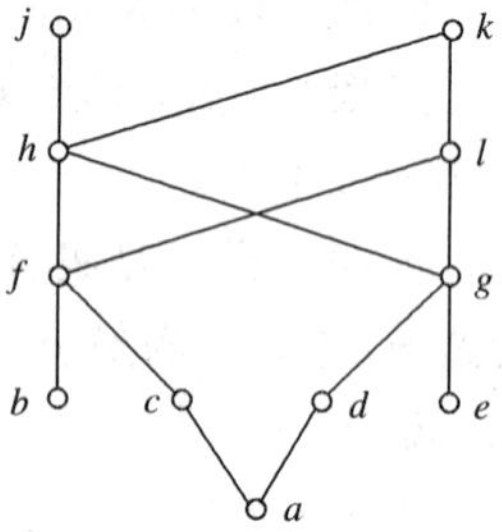

图 10

解　(1) A 无最大元和最小元，极大元为 $\{j,k\}$，极小元为 $\{a,b,e\}$，无上界和下界，也无最小上界和最大下界。

(2) B_1 无最大元和最小元，极大元为 $\{h,l\}$，极小元为 $\{f,g\}$，上界为 k，下界为 a，最小上界是 k，最大下界是 a。

B_2 的最大元是 h，没有最小元，极大元是 h，极小元是 $\{a,b,e\}$，上界是 $\{h,j,k\}$，无下界，最小上界是 h，无最大下界。

定义 5　在半序集 $(A,\leqslant)$ 中，如果 A 是一个链，则称 $(A,\leqslant)$ 为全序集合或称线序集合，在这种情况下，二元关系"$\leqslant$"称为全序关系或称线关系。

链 A 就是对任意 $x,y\in A$，或者有 $x\leqslant y$ 或者有 $y\leqslant x$ 成立。

例如，定义在自然数集合 $\mathbf{N}$ 上的"小于等于"关系"$\leqslant$"是半序关系，且对任意 $i,j\in\mathbf{N}$，必有：$(i\leqslant j)$ 或 $(j\leqslant i)$ 成立，故也是全序关系。

例 10　给定 $P=\{\varnothing,\{a\},\{a,b\},\{a,b,c\}\}$ 上的包含关系 $\subseteq$，证明 $(P,\subseteq)$ 是个全序集合。

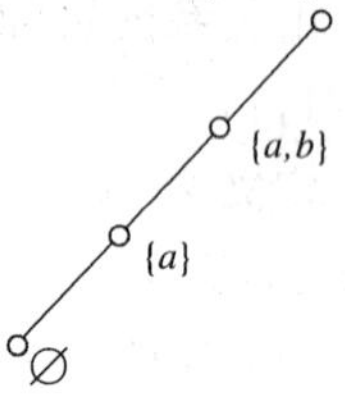

图 11

证明　因为 $\varnothing\subseteq\{a\}\subseteq\{a,b\}\subseteq\{a,b,c\}$，故 P 中任意两元素都有包含关系，如图 11 所示。

习题八

1. 如图 12 所示为两半序集(A,R)的哈斯图，试分别写出集合 A 和半序关系 R 的集合表达式。

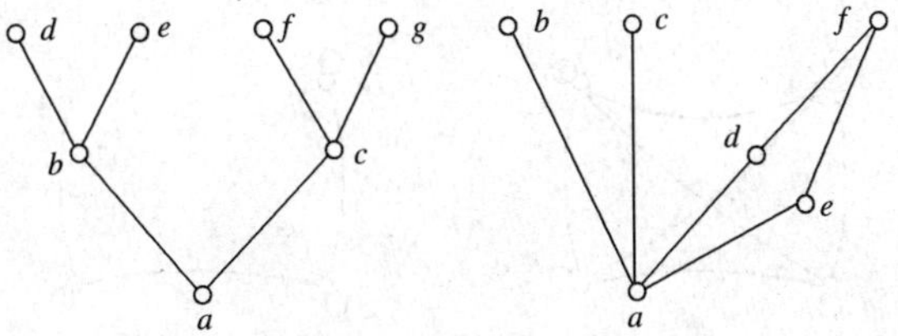

图 12

2. 设集合 $A=\{1,2,\cdots,12\}$，R 为整除关系，试画出半序集(A,R)的哈斯图。

3. 设集合 $A=\{\{a\},\{b\},\{a,b\},\{a,b,c\},\{a,b,c,e\}\}$，$A$ 在包含关系"$\subseteq$"下构成一个半序集$(A,\subseteq)$，试画出$(A,\subseteq)$的哈斯图。

4. 设集合 $A_1=\{a\}$，$A_2=\{a,b\}$，$A_3=\{a,b,c\}$，其幂集 $\rho(A_1)$，$\rho(A_2)$，$\rho(A_3)$上的半序关系为包含关系$\subseteq$，试分别画出半序集$(\rho(A_1),\subseteq)$，$(\rho(A_2),\subseteq)$，$(\rho(A_3),\subseteq)$的哈斯图，并求出各自的最大元和最小元。

5. 设 R 是集合 A 上的半序关系，且 $B\subseteq A$，试证明 $R'=R\cap(B\times B)$是 B 上的半序关系。

6. 试分别画出下列各半序集(A,R)的哈斯图，并写出 A 的最大元、最小元、极大元和极小元。

(1) $A=\{a,b,c,d,e\}$. $R=\{(a,b),(a,c),(a,d),(a,e),(b,e),(c,e),(d,e)\}\cup I_A$；

(2) $A=\{a,b,c,d,e\}$，$R=\{(c,d)\}\cup I_A$。

7. 试画出集合 $A=\{1,2,3,4,5,6\}$在半序关系"整除"下的哈斯图，并分别求出：

(1) 集合 A 的最大元、最小元、极大元和极小元；

(2) 集合 $B=\{2,3,6\}$的上界、下界、最小上界和最大下界，其中 $B\subseteq A$；

(3) 集合 $C=\{4,5,6\}$的上界、下界、最小上界和最大下界，其中 $C\subseteq A$。

8. 设集合 $A=\{a,b,c,d\}$，图 13 给出了 A 上的四个关系图，试说明其中哪个具有半序关系，如有，画出哈斯图。

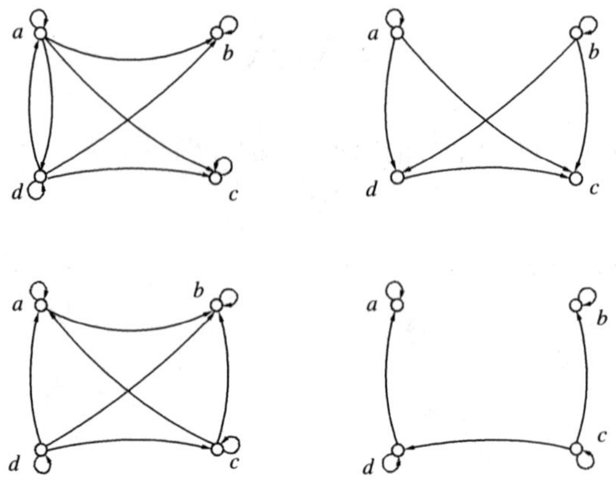

图 13

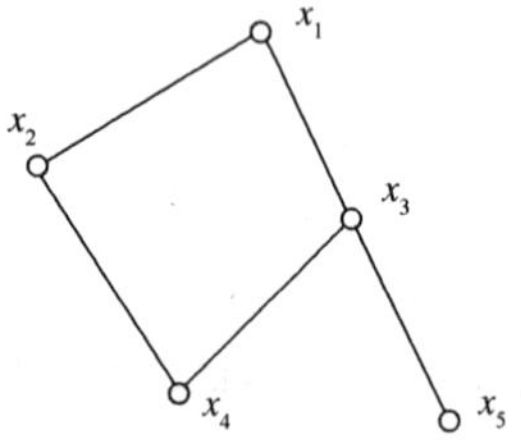

图 14

9. 构造下述集合的例子：

(1) 一个半序集有一个子集，它存在最大下界但没有最大元素；

(2) 一个半序集有一个子集，它存在一上界但没有最小上界。

10. 设集合 $P=\{x_1,x_2,x_3,x_4,x_5\}$ 上的半序关系如图 14 所示，找出 P 的最大元素、最小元素、极大元素、极小元素。找出子集 $\{x_1,x_2,x_3,x_4\}$，$\{x_3,x_4,x_5\}$，$\{x_1,x_2,x_3\}$ 的上界、下界、最大下界和最小上界。

第三章　映射和函数

函数是一个基本的数学概念，在通常的函数定义中，$y=f(x)$是在实数集合上讨论。在此，我们把函数的概念予以推广，把函数看作是一种特殊的关系。

第一节　函数与映射

定义 1　设 A 和 B 是两个任意非空集合，而 σ 是 A 到 B 上的一个二元关系，如果对于每一个 $x\in A$，有唯一的一个 $y\in B$，使得$(x,y)\in\sigma$，则称 σ 为从 A 到 B 的映射(或称关系 σ 为函数)，记作 $\sigma:A\to B$，或 $A\xrightarrow{\sigma}B$。

假设$(x,y)\in\sigma$，则称 x 为自由变化(原象)，y 称为在 σ 作用下的象。$(x,y)\in\sigma$ 亦可记作 $y=\sigma(x)$，且记 $\sigma(A)=\{\sigma(x)\mid x\in A\}$。

集合 A 称作 σ 的定义域，记作 D_σ，$\sigma(A)$称作 σ 的值域，记作 R_σ。

从函数的定义可以知道它与关系有别于如下两点：

(1) 函数的定义域是 A，而不能是 A 的某个真子集。

(2) 一个 $x\in A$，只能对应唯一的一个 y，即如果 $\sigma(x)=y$，且 $\sigma(x)=z$，那么 $y=z$。

例 1　设集合 $A=\{a,b,c,d\}$，$B=\{1,2,3,4,5\}$，$\sigma=\{(a,1),(b,2),(c,3),(d,5)\}$，则 σ 是一个从 A 到 B 的函数，$D_\sigma=A$，$R_\sigma=\{1,2,3,5\}$，$\sigma(a)=1$，$\sigma(b)=2$，$\sigma(c)=3$，$\sigma(d)=5$。

例 2　设集合 $A=B=\mathbf{R}$，$\mathbf{R}$ 是实数集合，且 $\sigma_1=\{(a,a^2)\mid a\in\mathbf{R}\}$，$\sigma_2=\{(a^2,a)\mid a\in\mathbf{R}\}$，$\sigma_3=\{(a_1,a_2)\mid a_1,a_2\in\mathbf{N}$ 且 $a_1+a_2<10\}$，试判定 $\sigma_1,\sigma_2,\sigma_3$ 是否为函数？

解　对任意 $a\in\mathbf{R}$，都有 $\sigma_1(a)=a^2$，对任意的 a 存在唯一的 $\sigma_1(a)=a^2$，所以 σ_1 是函数。

因为 $1\in\mathbf{R}$，有 $\sigma_2(1)=\pm1$，即象不唯一，所以 σ_2 不是函数。

因为 a_1 不能取定义域 $\mathbf{N}$ 中的所有值，且 a_1 对应多个 a_2，故 σ_3 不构成函数。

定义 2　设 σ 和 τ 是从集合 A 到 B 的两个函数，若对于所有的 $x\in A$，都有 $\sigma(x)=\tau(x)$，则称函数 σ 和 τ 相等，记作 $\sigma=\tau$。

从函数的定义可以知道，$A\times B$ 的子集并不能都成为 A 到 B 的函数。例如，设 $A=\{a,b,c\}$，$B=\{0,1\}$，$A\times B=\{(a,0),(a,1),(b,0),(b,1),(c,0),(c,1)\}$，$A\times B$ 中有 2^6 个可能的子集，但其中只有 2^3 个为从 A 到 B 的函数：

$$\sigma_0=\{(a,0),(b,0),(c,0)\};$$

$\sigma_1=\{(a,0),(b,0),(c,1)\}$；

$\sigma_2=\{(a,0),(b,1),(c,0)\}$；

$\sigma_3=\{(a,0),(b,1),(c,1)\}$；

$\sigma_4=\{(a,1),(b,0),(c,0)\}$；

$\sigma_5=\{(a,1),(b,0),(c,1)\}$；

$\sigma_6=\{(a,1),(b,1),(c,0)\}$；

$\sigma_7=\{(a,1),(b,1),(c,1)\}$。

下面我们讨论函数的几类特殊情况。

定义 3　设 σ 是从集合 A 到 B 的映射，

(1) 若 $\sigma(A)=B$，则称为从 A 到 B 的满射；

(2) 若当 $a\neq b$ 时，有 $\sigma(a)\neq\sigma(b)$，或者当 $\sigma(a)=\sigma(b)$ 时，必有 $a=b$，则称 σ 为从 A 到 B 的单射，或称一对一映射；

(3) σ 是满射又是单射，则称 σ 为从 A 到 B 的双射，或称一一对应映射。

由上述定义可知，满射也可以说成集合 B 中每一个元素都是 A 中至少一个元素的象；单射可以说成集合 B 中的元素如果有原象，则有唯一的原象；双射则是不仅集合 A 中每一个元素在集合 B 中有唯一的象，而且 B 中每一个元素在 A 中也只有唯一的原象。

映射除了上述三种特殊形式外，有的映射既不是满射，又不是单射，当然也不可能是双射，这种情况可以通过下面的例子看到。

图 1 直观地表示出了几种特殊的映射：

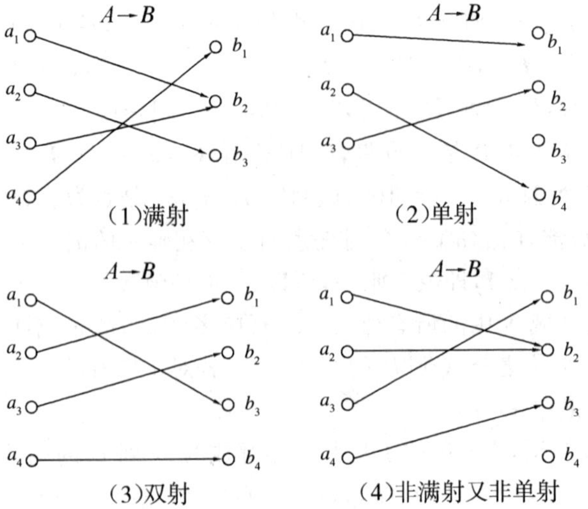

图 1

例 3　在下列映射下，试确定哪些是满射？哪些是单射？哪些是双射？

(1) $\sigma_1: \mathbf{Z} \to \mathbf{R}, \sigma_1(n)=$小于 n 的完全平方数的个数；

(2) $\sigma_2: \mathbf{R} \to \mathbf{R}, \sigma_2(r)=2r-10$；

(3) $\sigma_3: \mathbf{N} \to \mathbf{R}, \sigma_3(n)=\lg n$。

解　(1) 依 σ 定义，$\sigma_1=\{(1,0),(2,1),(3,1),(4,1),(5,2),\cdots\}$。故 σ_1 既不是满射，又不是单射，更不是双射。

(2) 由于 $\sigma_2: \mathbf{R} \to \mathbf{R}, \sigma_2(r)=2r-10$，由图 2 所示图像可以看出，$\sigma_2$ 既是满射，又是单射，所以也是双射。

(3) 由于 $\sigma_3: \mathbf{N} \to \mathbf{R}, \sigma_3(n)=\lg n$，当 $n_1, n_2 \overline{\in} \mathbf{N}$，且 $n_1 \neq n_2$ 时，显然有 $\lg n_1 \neq \lg n_2$，所以 σ_3 是单射，又因为 $n \in \mathbf{N}$，$\mathbf{N}$ 是 $\mathbf{R}$ 上的离散点，不可能取遍 $\mathbf{R}$，所以 σ_1 不是满射，也不是双射。

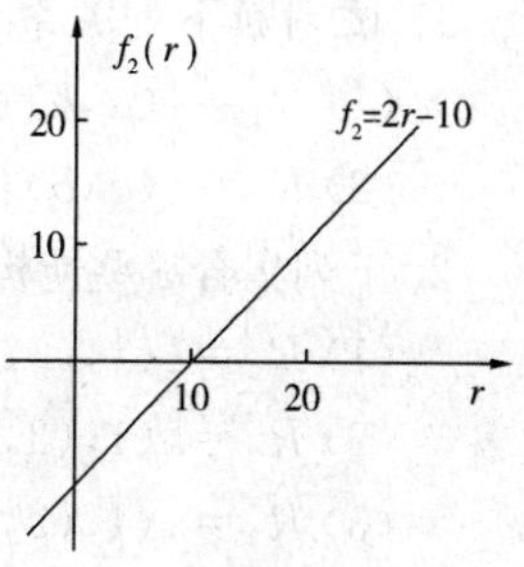

图 2

由于映射是二元关系，所以可以用关系图和关系矩阵来表达，从关系图和关系矩阵上能明显地看出以下特点：根据映射定义，定义域上每一元素均成为序偶 $(a, \sigma(a))$ 中的第一元素，所以关系图上集合 A 中每一点都发出一条弧，终点为集合 B 中的元素。在关系矩阵的每一行上，都必然仅有一个元素 1，而此行其余元素皆为 0；而在关系矩阵的每一列上，则不一定只有一个元素 1，因为 B 中某个元素的原象可能不止一个。

例 4　设集合 $A=\{a,b,c,d,e\}$，$B=\{1,2,3,4\}$，映射 $\sigma=\{(a,2),(b,2),(c,3),(d,4),(e,4)\}$，试求映射 σ 的关系图与关系矩阵。

解：关系图如图 3 所示：

关系矩阵为：

$$\mathbf{M}_\sigma=\begin{bmatrix} 0 & 1 & 0 & 0 \\ 0 & 1 & 0 & 0 \\ 0 & 0 & 1 & 0 \\ 0 & 0 & 0 & 1 \\ 0 & 0 & 0 & 1 \end{bmatrix}$$

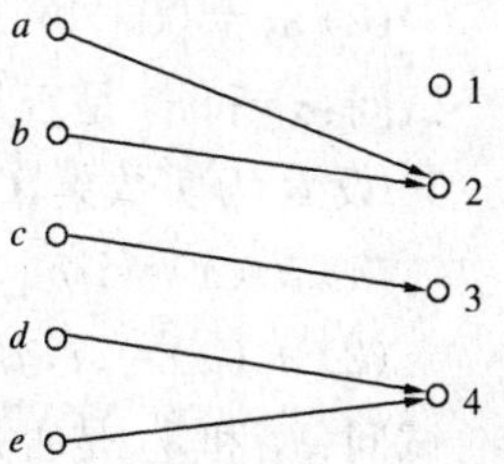

图 3

映射的概念在日常生活中也有很多应用。如设 A 是工人的集合，B 是工作的集合，从 A 到 B 的满射是工人做工作的一种分配方案，使每项工作至少分配有一个工人。从 A 到 B 的入射，也是一种分配方案，使得没有两个工人做同一项工作。从 A 到 B 的双射，同样是一种分配方案，使每一项工作都分配有工人，且没有两个工人分配相同的工作。

定理 1　令 A 和 B 为有限集，若 A 和 B 的基数相同，即 $|A|=|B|$，则 $\sigma: A \to B$ 是入射的，当且仅当它是一个满射。

证明 (1) 若 σ 是入射,则 $|A|=|\sigma(A)|$,又因为 $|A|=|B|$,故 $|\sigma(A)|=|B|$,又由 σ 的定义知 $\sigma(A)\subseteq B$,B 的元素个数是有限的,所以有 $\sigma(A)=B$,故 σ 是满射。

(2) 若 σ 是满射,根据满射定义,$\sigma(A)=B$,于是 $|A|=|B|=|\sigma(A)|$,又因为 $|A|=|\sigma(A)|$,且 $|A|$ 是有限的,故 σ 是一个入射,证毕。

需要注意的是,这个定理在 R 是有限集时,才能成立,而在无限集时不一定有效,例如,$\sigma:\mathbf{Z}\to\mathbf{Z}$,令 $\sigma(x)=2x$,在这种情况下,整数映射到偶数,显然是一个入射,但不是满射。

习题一

1. 试判断下列关系中哪一个构成映射:

(1) $R_1=\{(a,b)\mid a+b<20,\text{且 } a,b\in\mathbf{N}\}$;

(2) $R_2=\{(a,b)\mid b\text{ 等于小于 } a \text{ 的质数的个数}, a,b\in\mathbf{N}\}$。

2. 下列集合哪些能构成映射? 若能,试求出所定义的映射的定义域和值域;若不能,说明理由。

(1) $R_1=\{(1,(2,3)),(2,(3,4)),(3,(1,4)),(4,(1,4))\}$;

(2) $R_2=\{(1,(2,3)),(2,(3,4)),(3,(3,2))\}$;

(3) $R_3=\{(1,(2,3)),(2,(3,4)),(1,(2,4))\}$;

(4) $R_4=\{(1,(2,3)),(2,(2,3)),(3,(2,3))\}$。

3. 设集合 $A=\{a,b,c\}$,$B=\{1,2\}$,构成映射 $\sigma:A\to B$,试列出所有的映射 σ,并指出哪些是满射、单射和双射。

4. 设集合 $A=\{a,b,c,d\}$,$B=\{1,2,3,4\}$,σ_1 和 σ_2 是从 A 到 B 的映射;

(1) $\sigma_1=\{(a,1),(b,2),(c,3),(d,2)\}$;

(2) $\sigma_2=\{(a,1),(b,3),(c,4),(d,2)\}$。

试问:σ_1 和 σ_2 是否是满射,是否是单射?

5. 设 $\mathbf{R}$ 为实数集,$\mathbf{C}$ 为复数集,映射 $\sigma:\mathbf{R}\to\mathbf{C}$。

(1) $\sigma_1(a)=\mathrm{i}|a|$,其中 $a\in\mathbf{R}$,$\mathrm{i}\in\mathbf{C}$ 为虚数单位;

(2) $\sigma_2(a)=\mathrm{i}a$,其中 $a\in\mathbf{R}$,$\mathrm{i}\in\mathbf{C}$。

试问:σ_1 和 σ_2 是否是满射,是否是单射?

6. 下列映射中哪些是满射? 哪些是单射? 哪些是双射?

(1) $\sigma_1:\mathbf{N}\to\mathbf{N}$,$\sigma_1(n)=\begin{cases}1, & n\text{ 是奇数}\\ 0, & n\text{ 是偶数}\end{cases}$;

(2) $\sigma_2:\mathbf{N}\to(0,1)$,$\sigma_2(n)=\begin{cases}1, & n\text{ 是奇数}\\ 0, & n\text{ 是偶数}\end{cases}$;

(3) $\sigma_3:\mathbf{Z}\to\mathbf{N}$,$\sigma_3(a)=|2a|+1$;

(4) $\sigma_4:\mathbf{R}\to\mathbf{R}$,$\sigma_4(a)=2a+6$。

7. 设 $\mathbf{R}$ 为实数集，$\sigma:\mathbf{R}\times\mathbf{R}\to\mathbf{R}$，$\sigma(x,y)=x+y$，又 $\tau:\mathbf{R}\times\mathbf{R}\to\mathbf{R}$，$\tau(x,y)=x\cdot y$，试证明 σ 和 τ 是满射，而不是单射。

8. 设 A 和 B 是有限集合，它们的基数都是 n，则 $\sigma:A\to B$ 是单射的充分必要条件是 σ 为满射。

9. 假设 f 和 g 是函数，且有 $f\subseteq g$ 和 $D_g\subseteq D_f$，证明 $f=g$。

10. 假设 A 和 B 是有限集合，找出从 A 到 B 存在入射的充要条件是什么？

11. 假设 f 和 g 是函数，证明 $f\cap g$ 也是函数。

12. 设 A 和 B 是有限集合，试问有多少不同的入射函数和多少不同的双射函数？

第二节　复合映射和逆映射

在关系的定义中曾指出，从集合 A 到集合 B 的关系 R，其逆关系 R^{-1} 是 B 到 A 的关系，就是说，$(y,x)\in R^{-1}$ 等价于 $(x,y)\in R$。但是对于映射就不能通过简单的交换序偶的元素来得到逆映射。这是因为，若有映射 $\sigma:A\to B$，它的值域 R_σ 可能只是 B 的一个真子集，即 $R_\sigma\subset B$，因为 $R_\sigma^{-1}\subset B$ 不符合函数定义域的要求。此外，若是 $A\xrightarrow{\sigma}B$ 的映射是一个多对一映射，即有 $(x_1,y)\in\sigma$，$(x_2,y)\in\sigma$，其逆关系 $(y,x_1)\in\sigma^{-1}$，$(y,x_2)\in\sigma^{-1}$，这就违反函数唯一性的要求。为此，我们需对映射求逆规定一些条件。

定义 1　设 $\sigma:A\to B$ 是双射，σ 的逆关系称为 σ 的逆映射，记作 $\sigma^{-1}:B\to A$，（也称逆函数）。

如果 σ 存在逆映射，则称 σ 是可逆的。

例 1　设集合 $A=\{1,2,3\}$，$B=\{a,b,c\}$，$\sigma:A\to B$ 为 $\sigma=\{(1,a),(2,b),(3,c)\}$，求 σ^{-1}。

解　$\sigma^{-1}:B\to A$，故 $\sigma^{-1}=\{(a,1),(b,2),(c,3)\}$。

关于逆映射，有下面两个重要定理。

定理 1　设 $\sigma:A\to B$ 是双射，则 $\sigma^{-1}:B\to A$ 也是双射。

证明　因为 $\sigma:A\to B$ 是双射，根据逆映射定义，$\sigma^{-1}:B\to A$ 肯定是映射，下面只要证明 $\sigma^{-1}:B\to A$ 既是满射又是单射即可。

对于任意元素 $a\in A$，由映射 σ 的定义，B 中必有一元素 b，使 $\sigma(a)=b$，又由逆映射定义，$\sigma^{-1}(b)=a$，即 $a\in\sigma^{-1}(B)$，由于 a 是任意的，所以 σ^{-1} 是满射。

又设 $b_1,b_2\in B$，且 $b_1\neq b_2$，由双射的定义可知，A 中必有两个元素 a_1,a_2，且 $a_1\neq a_2$，满足 $\sigma(a_1)=b_1$，$\sigma(a_2)=b_2$，于是 $\sigma^{-1}(b_1)=a_1$，$\sigma^{-1}(b_2)=a_2$，且 $\sigma^{-1}(b_1)\neq\sigma^{-1}(b_2)$，所以 σ^{-1} 是单射的，因此 $\sigma^{-1}:B\to A$ 是双射。证毕。

定理 2　设映射 $\sigma:A\to B$ 是一个双射，则 $(\sigma^{-1})^{-1}=\sigma$。

证明　由定理 1 可知，若 $\sigma:A\to B$ 是双射，则 $\sigma^{-1}:B\to A$ 也是双射，这样 $(\sigma^{-1})^{-1}$ 与 σ 都是从 A 到 B 的双射。

对于任意的 $a\in A$，设 $\sigma(a)=b$，有 $\sigma^{-1}(b)=a$，从而 $(\sigma^{-1})^{-1}(a)=b$，于是 $\sigma(a)=(\sigma^{-1})^{-1}(a)$，由于 a 是任意的，即可得 $(\sigma^{-1})^{-1}=\sigma$。证毕。

定义 2　设 $\sigma:A\to B,\tau:B\to C$，则 A 到 C 的映射 $\tau\cdot\sigma=\{(x,z)\mid x\in A,z\in C$，且存在 y 使 $y\in B$。且 $y=\sigma(x),z=\tau(y)\}$ 称作 σ 与 τ 的复合函数，简记作 $\tau\sigma$。

需要注意的是，当复合关系是一个复合函数时，在它的表示符号中颠倒了 σ 与 τ 的位置而写成 $\tau\sigma$，目的是将变元放在函数符号的右侧 $\tau\cdot\sigma(x)=\tau(\sigma(x))$，因此也常称为 τ 对 σ 的左复合，体现先写出的后进行。

例 2　设集合 $A=\{1,2,3\},B=\{p,q\},C=\{a,b\},\sigma=\{(1,p),(2,p),(3,q)\},\tau=\{(p,b),(q,b)\}$，试求 $\tau\cdot\sigma$。

解　$\tau\cdot\sigma=\{(1,b),(2,b),(3,b)\}$，是一个从 A 到 C 的复合函数。

例 3　设集合 $A=\{a,b,c\}$，σ 和 τ 都是从 A 到 A 的函数，若 $\sigma=\{(a,b),(b,a),(c,c)\}$，$\tau=\{(a,c),(b,b),(c,b)\}$，求复合函数。

解

$$\tau\cdot\sigma=\{(a,b),(b,c),(c,b)\};$$
$$\sigma\cdot\tau=\{(a,c),(b,a),(c,a)\};$$
$$\sigma\cdot\sigma=\{(a,a),(b,b),(c,c)\};$$
$$\tau\cdot\tau=\{(a,b),(b,b),(c,b)\}。$$

由例 3 可见，$\tau\cdot\sigma\neq\sigma\cdot\tau$，所以复合函数不满足交换律，这与关系的复合是一样的。

例 4　设 $\mathbf{R}$ 是实数集合，对于任意 $x\in\mathbf{R}$，有映射 $\sigma(x)=x+3,\tau(x)=2x+5,\varphi(x)=\dfrac{x}{3}$，试求复合函数 $\tau\cdot\sigma,\sigma\cdot\tau,\sigma\cdot\sigma,\tau\cdot\tau,\sigma\cdot\varphi,\varphi\cdot\tau$ 和 $\sigma\cdot\varphi\cdot\tau$。

解

$$(\tau\cdot\sigma)(x)=\tau(\sigma(x))=\tau(x+3)=2x+11;$$
$$(\sigma\cdot\tau)(x)=\sigma(\tau(x))=\sigma(2x+5)=2x+8;$$
$$(\sigma\cdot\sigma)(x)=\sigma(\sigma(x))=\sigma(x+3)=x+6;$$
$$(\tau\cdot\tau)(x)=\tau(\tau(x))=\tau(2x+5)=4x+15;$$
$$(\sigma\cdot\varphi)(x)=\sigma(\varphi(x))=\sigma(\frac{x}{3})=\frac{x}{3}+3;$$
$$(\varphi\cdot\tau)(x)=\varphi(\tau(x))=\varphi(2x+5)=\frac{1}{3}(2x+5);$$
$$\begin{aligned}(\sigma\cdot\varphi\cdot\tau)(x)&=(\sigma\cdot\varphi)(\tau(x))=(\sigma\cdot\varphi)(2x+5)\\&=\sigma(\varphi(2x+5))=\sigma(\frac{1}{3}(2x+5))\\&=\frac{2}{3}x+\frac{14}{3}。\end{aligned}$$

下面给出关于复合函数的几个性质：

性质 1　设映射 $\sigma:A\to B,\tau:B\to C,\varphi:C\to D$，则 $\varphi\cdot(\tau\cdot\sigma)=(\varphi\cdot\tau)\cdot\sigma$（满足结合律）

证明　由函数与复合函数的定义可知，$\varphi\cdot(\tau\cdot\sigma)$与$(\varphi\cdot\tau)\cdot\sigma$都是$A\to C$的复合函数。

对于任意$a\in A$，设$\sigma(a)=b,\tau(b)=c,\varphi(c)=d$，其中$b\in B,c\in C,d\in D$，则

$$\begin{aligned}(\varphi\cdot(\tau\cdot\sigma))(a)&=\varphi\cdot(\tau\cdot\sigma)(a)=\varphi\cdot\tau(\sigma(a))\\&=\varphi\cdot\tau(b)=\varphi(c)=d;\\((\varphi\cdot\tau)\cdot\sigma)(a)&=(\varphi\cdot\tau)(\sigma(a))=(\varphi\cdot\tau)(b)\\&=\varphi\cdot(\tau(b))=\varphi(c)=d。\end{aligned}$$

由于a的任意性，所以$\varphi\cdot(\tau\cdot\sigma)=(\varphi\cdot\tau)\cdot\sigma$。证毕。

性质 2　设$\sigma:A\to B,\tau:B\to C,\tau\cdot\sigma:A\to C$，则

(1) 若σ与τ都是满射，则$\tau\cdot\sigma$也是满射；

(2) 若σ与τ都是单射，则$\tau\cdot\sigma$也是单射；

(3) 若σ与τ都是双射，则$\tau\cdot\sigma$也是双射。

证明　(1) 设任意$c\in C$，由于映射τ是满射，所以存在某个$b\in B$，使得$\tau(b)=c$，又由于映射σ也是满射，也必有某个$a\in A$，使得$\sigma(a)=b$，于是$\tau\cdot\sigma(a)=\tau(b)=c$，因此$\tau\cdot\sigma$是满射。

(2) 设任意$a_1,a_2\in A$，且$a_1\neq a_2$，由于映射σ是单射，所以$\sigma(a_1)\neq\sigma(a_2)$，又由于映射$\tau$也是单射，所以$\tau(\sigma(a_1))\neq\tau(\sigma(a_2))$，因此，由$a_1\neq a_2$，可得$(\tau\cdot\sigma)(a_1)\neq(\tau\cdot\sigma)(a_2)$，故$\tau\cdot\sigma$是单射。

(3) 由于映射τ和σ都是双射，由(1)和(2)可以得出$\tau\cdot\sigma$既是满射又是单射，所以$\tau\cdot\sigma$也是双射。证毕。

此性质仅部分可逆，具体情况由下述定理给出：

性质 3　设函数$\sigma:A\to B,\tau:B\to C$，且有复合函数$\tau\cdot\sigma:A\to C$，则

(1) 若$\tau\cdot\sigma$是满射，则τ是满射；

(2) 若$\tau\cdot\sigma$是单射，则σ是单射；

(3) 若$\tau\cdot\sigma$是双射，则τ是满射，σ是单射。

证明　(1) 设复合函数$\tau\cdot\sigma:A\to C$，并且$\tau\cdot\sigma$是满射，则$\tau\cdot\sigma$的值域$R_{\tau\cdot\sigma}=C$。

对于任意的$c\in C$，一定存在某个$a\in A$，并有$(\tau\cdot\sigma)(a)=c$与$(\tau\cdot\sigma)(a)=\tau(\sigma(a))=\tau(b)=c$，这样可得$\tau$的值域$R_\tau=R_{\tau\cdot\sigma}=C$，因此$\tau$是满射。

(2)、(3)可由读者自行证明。证毕。

习题二

1. 设$\mathbf{R}$为实数集，$\mathbf{R}$到$\mathbf{R}$的函数定义如下：对任意$x\in\mathbf{R}$，$\sigma(x)=2x+1,\tau(x)=x-3,\varphi(x)=4x$，求$\sigma\cdot\tau,\tau\cdot\sigma,\sigma\cdot\sigma,\tau\cdot\tau,\sigma\cdot\varphi,\varphi\cdot\sigma,\sigma\cdot\varphi\cdot\tau$。

2. 下列关系哪些是函数？哪些是满射？哪些是单射？对于每一个双射，写出它的逆函数：

(1) $\sigma_1: \mathbf{N} \to \mathbf{N}, \sigma_1(x) = x^2 + 1$；

(2) $\sigma_2: \mathbf{N} \to \mathbf{R}, \sigma_2(x) = \dfrac{1}{x}$；

(3) $\sigma_3: \mathbf{Z} \times \mathbf{N} \to \mathbf{R}, \sigma_3(z, n) = \dfrac{z}{n+1}$；

(4) $\sigma_4: \{a, b, c\} \to \{1, 2, 3\}$，

$\sigma_4 = \{(a, 2), (b, 3), (c, 1)\}$；

(5) $\sigma_5: \mathbf{N} \to \mathbf{N}, \sigma_5(x) = 2^x$。

3. 设$(\tau \cdot \sigma)^{-1}$是函数，求证σ是单射，τ是满射。

4. 设$\sigma: A \to B, \tau: B \to C, \sigma, \tau$都是双射函数，求证$(\tau \cdot \sigma)^{-1} = \sigma^{-1} \cdot \tau^{-1}$。

第三节　基数的概念

为了比较两个集合的“大小”，确定有限集和无限集的概念，这里首先需要引进自然数集合。

定义 1　给定集合 A 的后继集定义为集合：

$$A^+ = A \cup \{A\}$$

若 A 为空集$\varnothing$，则后继集为$\varnothing^+, (\varnothing^+)^+, ((\varnothing^+)^+)^+, \cdots$这些集合可写成如下形式：

$$\varnothing \cup \{\varnothing\}, \varnothing \cup \{\varnothing\} \cup \{\varnothing \cup \{\varnothing\}\},$$

$$\varnothing \cup \{\varnothing\} \cup \{\varnothing \cup \{\varnothing\} \cup \{\varnothing \cup \{\varnothing\}\}\}, \cdots$$

可简化为：

$$\{\varnothing\}, \{\varnothing, \{\varnothing\}\}, \{\varnothing, \{\varnothing\}, \{\varnothing, \{\varnothing\}\}\} \cdots$$

若我们命名集合$\varnothing$为 0，那么，

$$\varnothing^+ = 0^+ = \{\varnothing\} = 1$$

$$1^+ = \{\varnothing, \{\varnothing\}\}, = 2$$

$$2^+ = \{\varnothing, \{\varnothing\}, \{\varnothing, \{\varnothing\}\}\} = 3$$

这样就得到了自然数集合$\{0, 1, 2, 3, \cdots\}$，这个集合亦能概括为如下公理形式(G. Peano 公理)。

(1) $0 \in \mathbf{N}$(其中 $0 = \varnothing$)。

(2) 如果 $n \in \mathbf{N}$，那么 $n^+ \in \mathbf{N}$(其中 $n^+ = n \cup \{n\}$)。

(3) 如果一个子集 $S \subseteq N$ 具有性质：

(a) $0 \in S$。

(b) 如果 $n \in S$，有 $n^+ \in S$，则 $S = \mathbf{N}$。

性质(3)称极小性质，它指明了自然数系统的最小性，即自然数系统是满足公理(1)和(2)的最小集合。

当然，自然数集，亦可不从 0 开始，这只需定义$\varnothing$为 1，则自然数集就从 1 开始。

从上述定义可以看到任意一个自然数可看作是一个集合的名。此外，从实际生活中我们知道任意自然数，例如3这个概念是从观察许多只含三个元素的集合的共同特点而加以抽象概括出来的，这个共同特点就是体现于这些被观察的任意一个集合的元素都可与集合$\{\varnothing,\{\varnothing\},\{\varnothing,\{\varnothing\}\}\}$中的元素存在一一对应，且其任意两个集合的元素之间也存在一一对应。由此可见，“对应”是集合之间进行比较的一个非常重要的概念。

定义 2　给定两个集合 P 与 Q，如果我们对 P 中每个不同元素，与 Q 中每个不同元素，可以分别两两成对，那么我们就说 P 的元素与 Q 的元素间存在着一一对应。

例如，$\{2,4,6,8\cdots,2n,\cdots\}$与$\{1,3,5,\cdots,2n-1,\cdots\}$之间存在着一一对应。

定义 3　当且仅当集合 A 的元素与集合 B 的元素之间存在着一一对应，集合 A 与集合 B 称为是等势的(或称同浓的)，记作 $A\sim B$。

例 1　验证自然数集 $\mathbf{N}$ 与非负偶数集合 M 是等势的。

证明　因为 $\mathbf{N}$ 与 M 的元素之间可作一一对应的映射，即

$$f(n)=2n$$

例 2　设 P 为实数集合，S 是 P 的子集，即 $S\subseteq P$，且

$$S=\{x\mid x\in P\land 0<x<1\}$$

证明：$S\sim P$。

证明　令 $f:P\to S$，

$$f(x)=\frac{1}{\pi}\tan^{-1}x+\frac{1}{2}\quad(-\infty<x<\infty)$$

显然 f 的值域是 S，且 f 是双射。

定理 1　在集合族上等势关系是一个等价关系。

证明　设集合族为 S，

(1) 对任意 $A\in S$，必有 $A\sim A$。

(2) 若 $A,B\in S$，如果 $A\sim B$，必有 $B\sim A$。

(3) 若 $A,B,C\in S$，如果 $A\sim B$ 且 $B\sim C$，必有 $A\sim C$。

定义 4　如果有一个从集合$\{0,1,\cdots,n-1\}$到 A 的双射函数，那么称集合 A 是有限的；如果集合 A 不是有限的，则它是无限的。

定理 2　自然数集合 $\mathbf{N}$ 是无限的。

证明　设 n 是 $\mathbf{N}$ 的任意元素，f 是任意的从$\{0,1,\cdots,n-1\}$到 $\mathbf{N}$ 的函数。设 $k=1+\max\{f(0),f(1),\cdots,f(n-1)\}$，那么 $k\in\mathbf{N}$，但对每一个 $x\in\{0,1,\cdots,n-1\}$，有 $f(x)\neq k$。因此 f 不能是入射，即 f 也不是双射。因为 n 和 f 都是任意的，故 $\mathbf{N}$ 是无限的。

对于有限集的大小概念很容易理解，对于无限集的度量要考虑到集合的等势关系。

设有集合 A，一切与该集合等势的集合，其元素之间可以一一对应，若以此作为度量标准，我们可有如下定义。

定义 5　所有与集合 A 等势的集合所组成的集合，叫作集合 A 的基数，记为 $K[A]$（或 $\overline{A}$）。

从基数的定义可以看到，有限集合的基数就是其元素的个数。

例如，$A=\{a,b,c\}$，$B=\{\varnothing,\{\varnothing\},\{\varnothing,\{\varnothing\}\}\}$，$C=\{$桌，灯泡，教室$\}$，…，因为 $A\sim B\sim C$，即 $K[A]=K[B]=K[C]$。

$$K[A]=\{A,B,C,\cdots\}$$

可以看到，如果两个集合能够建立双射，则两集合元素间必一一对应，从基数的定义可以知道，该两集合应具有相同的基数。

例 3　证明区间 $[0,1]$ 与 $(0,1)$ 基数相同。

证明　设集合 $A=\{0,1,\frac{1}{2},\cdots,\frac{1}{n},\cdots\}$，$A\subseteq[0,1]$，

定义 $f:[0,1]\to(0,1)$ 使得：

$$\begin{cases} f(0)=\frac{1}{2} \\ f(\frac{1}{n})=\frac{1}{n+2}, \text{对 } n\geqslant 1 \\ f(x)=x, \quad \text{对 } x\in[0,1]-A \end{cases}$$

则 f 是双射，如图 1 所示。

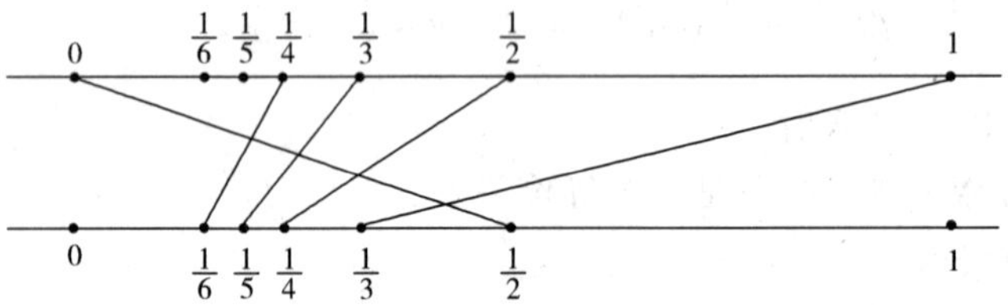

图 1

习题三

1. 对下述每组集合 A 和 B，构造一个从 A 到 B 的双射，说明 A 和 B 具有相同的势。

(1) $A=(0,1)$，$B=(0,2)$；

(2) $A=\mathbf{N}$，$B=\mathbf{N}\times\mathbf{N}$；

(3) $A=\mathbf{Z}\times\mathbf{Z}$，$B=\mathbf{N}$；

(4) $A=\mathbf{R}$，$B=(0,\infty)$；

(5) $A=[0,1)$，$B=\left(\frac{1}{4},\frac{1}{2}\right]$。

2. 证明(0,1)与[0,1)等势,[0,1)与[0,1]等势。

3. 若 $X_1 \sim X_2$ 和 $Y_1 \sim Y_2$,且 $X_1 \cap Y_1 = X_2 \cap Y_2 = \varnothing$,证明 $X_1 \cup Y_1 \sim X_2 \cup Y_2$。

4. 若 $A \sim C$ 和 $B \sim D$,证明 $A \times B \sim C \times D$。

第四节　可数集与不可数集

在上节中,我们提到自然数集 **N** 是无限的,但是并非所有无限集都可与自然数集建立一一对应。

定义 1　与自然数集合等势的任意集合称为可数的,可数集合的基数用 Ψ_0 表示。

例如,

$$A = \{1, 4, 9, 16, \cdots, n^2, \cdots\}$$

$$B = \{1, 8, 27, 64, \cdots, n^3, \cdots\}$$

$$C = \{3, 12, 27, \cdots, 3n^2, \cdots\}$$

$$D = \{1, \frac{1}{2}, \frac{1}{3}, \cdots, \frac{1}{n}, \cdots\}$$

均为可数集。

我们把有限集和可数集统称为至多可数集。

定理 1　A 为可数集的充分必要条件是可以排列成

$$A = \{a_1, a_2, \cdots, a_n, \cdots\}$$

的形式。

证明　若 A 可排成上述形式,那么将 A 的元素 a_n 与足码 n 对应,就得到 A 与 **N** 之间的一一对应,故 A 是可数集。

反之,若 A 为可数集,那么在 A 与 **N** 之间存在一种一一对应的关系 f,由 f 得到 n 的对应元素 a_n,即 A 可写为 $\{a_1, a_2, \cdots, a_n, \cdots\}$ 和形式。证毕。

定理 2　任一无限集,必含有可数子集。

证明　设 A 为无限集合,从 A 中取出一个元素 a_1,因为 A 是无限的,它不因取出 a_1 而耗尽,所以从 $A - \{a_1\}$ 中可取元素 a_2,所以 $A - \{a_1, a_2\}$ 也是非空集,所以又可取一元素 a_3,如此继续下去,就得到 A 的可数子集。证毕。

定理 3　任一无限集合必与其某一真子集等势。

证明　设无限集合 M,按定理 2,必含有可数子集 $A = \{a_1, a_2, \cdots, a_n, \cdots\}$,设 $M - A = B$,我们定义集合 M 到其自身的映象,$f: M \to M - \{a_1\}$,使得 $f(a_n) = a_{n+1}$ $(n = 1, 2, \cdots)$ 且对于任何 $b \in B$,有 $f(b) = b$,这个 f 是双射的。证毕。

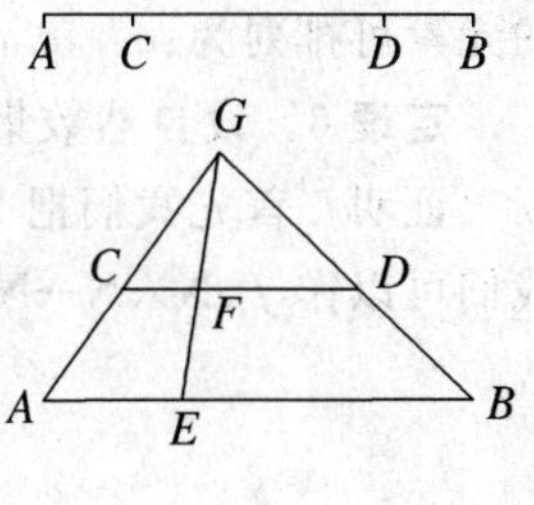

图1

这个定理亦可用图 1 表示。

设线段 AB,其上有线段 CD,则线段 AB 与 CD 上所有的点,可作成一一对应。其作法是:把

CD 移出与 AB 平行，连 AC、BD 延长交于 G，则 AB 上任意点 E 与 G 的连线 EG 必与 CD 交于 F。

反之，CD 上任意点 F 与 G 的连线 FG 延长必交 AB 于 E，上述 E，F 的对应作法，即说明 $AB \sim CD$。

定理 4　可数集的任何无限子集是可数的。

证明　设 A 为可数集合，$B \subseteq A$ 为一无限子集，如将 A 的元素排成 $a_1, a_2, \cdots, a_n, \cdots$，从 a_1 开始，向后检查，不断地删去不在 B 中的元素，则得到新的一列 $a_{i1}, a_{i2}, \cdots, a_{in}, \cdots$，它与自然数一一对应，所以 B 是可数的。证毕。

定理 5　可数个两两不相交的可数集合的并集，仍然是一可数集。

证明　设可数个可数集分别表示为：

$$S_1 = \{a_{11}, a_{12} a_{13} \cdots a_{1n} \cdots\}$$
$$S_2 = \{a_{21}, a_{22} a_{23} \cdots a_{2n} \cdots\}$$
$$S_3 = \{a_{31}, a_{32} a_{33} \cdots a_{3n} \cdots\}$$
$$\cdots$$

令 $S = S_1 \cup S_2 \cup S_3 \cup \cdots$，即 $S = \bigcup\limits_{k=1}^{\infty} S_k$，对 S 的元素作如下排列：

$$\begin{array}{ccccc}
a_{11} & a_{12} & a_{13} & a_{14} & \cdots \\
\downarrow & \nearrow & \nearrow & \nearrow & \\
a_{21} & a_{22} & a_{23} & a_{24} & \cdots \\
 & \nearrow & \nearrow & & \\
a_{31} & a_{32} & a_{33} & a_{34} & \cdots \\
 & \nearrow & & & \\
a_{41} & a_{42} & a_{43} & a_{44} & \cdots \\
 & & \cdots & &
\end{array}$$

在上述元素的排列中，由左上端开始，其每一斜线上的每一元素的两足码之和都相同，依次为 2，3，4，…，各斜线上元素的个数依次为 1，2，3，4，…，故

$$S = \bigcup_{k=1}^{\infty} S_k$$

的元素可排列为：$a_{11}, a_{21}, a_{12}, a_{31}, a_{22}, a_{13}, \cdots$，证毕。

定理 6　设自然数集合 $\mathbf{N}$，则 $\mathbf{N} \times \mathbf{N}$ 是可数集。

证明　首先我们把 $\mathbf{N} \times \mathbf{N}$ 的元素足码按表 1 的次序排列，并对表中每个序偶注以标号。我们可以作 $f: \mathbf{N} \times \mathbf{N} \rightarrow \mathbf{N}$ 如下：

$$f(m, n) = \frac{1}{2}(m+n)(m+n+1) + m$$

若把 $f(m, n)$ 看作表 1 中序偶 $\langle m, n \rangle$ 的标号，则

$$f: \mathbf{N} \times \mathbf{N} \rightarrow \mathbf{N}$$

是个双射函数。这是因为：

(1)
$$f(0,1)-f(0,0)=1$$
$$f(0,2)-f(0,1)=2$$

表 1

0	1	3	6	10
⟨0,0⟩	⟨0,1⟩	⟨0,2⟩	⟨0,3⟩	⟨0,4⟩…
2 ↙	4 ↙	7 ↙	11 ↙	
⟨1,0⟩	⟨1,1⟩	⟨1,2⟩	⟨1,3⟩	⟨1,4⟩…
5 ↙	8 ↙	12 ↙		
⟨2,0⟩	⟨2,1⟩	⟨2,2⟩	⟨2,3⟩	⟨2,4⟩…
9 ↙	13 ↙			
⟨3,0⟩	⟨3,1⟩	⟨3,2⟩	⟨3,3⟩	⟨3,4⟩…
14 ↙				
⟨4,0⟩	⟨4,1⟩	⟨4,2⟩	⟨4,3⟩	⟨4,4⟩…

$$f(0,3)-f(0,2)=3$$
$$\vdots \qquad \vdots$$
$$f(0,n)-f(0,n-1)=n$$

则
$$f(0,n)-f(0,0)=\frac{n(n+1)}{2}$$

因为
$$f(0,0)=0$$

故
$$f(0,n)=\frac{n(n+1)}{2}$$

又
$$f(1,n)-f(0,n)=n+2$$
$$f(2,n)-f(1,n)=n+3$$
$$\vdots \qquad \vdots$$
$$f(m,n)-f(m-1,n)=m+n+1$$

所以
$$f(m,n)-f(0,n)=mn+\frac{m(m+3)}{2}$$
$$f(m,n)=\frac{n(n+1)}{2}+\frac{m(m+3)}{2}+mn$$

经整理得：

$$f(m,n)=\frac{1}{2}(m+n)(m+n+1)+m \tag{1}$$

(2) 若给出 $f(m,n)\in \mathbf{N}$，可由(1)式确定唯一序偶(m,n)。

因 $$f(m,n)=\frac{1}{2}(m+n)(m+n+1)+m$$

其中 $m,n\in\mathbf{N}$。

令 $$u=f(m,n)$$

则 $$u\geqslant\frac{1}{2}(m+n)(m+n+1)$$

$$u<\frac{1}{2}(m+n)(m+n+1)+(m+n)+1$$

$$=\frac{1}{2}(m+n)(m+n+3)+1$$

令 $m+n=A$,则

$$\frac{1}{2}A(A+1)\leqslant u<\frac{1}{2}A(A+3)+1$$

即 $$A^2+A-2u\leqslant 0$$

$$A^2+3A-2(u-1)>0$$

$$-1+\frac{-1+\sqrt{1+8u}}{2}<A\leqslant\frac{-1+\sqrt{1+8u}}{2}$$

因为 A 是自然数,故可取

$$A=\left[\frac{-1+\sqrt{1+8u}}{2}\right]①$$

因此, $$\begin{cases}m=u-\dfrac{1}{2}A(A+1)\\ n=A-m\end{cases}$$

由(1),(2)可知 $\mathbf{N}\times\mathbf{N}$ 是可数的。证毕。

定理 7 有理数的全体组成的集合是可数集。

证明 由定理 6 中可知 $\mathbf{N}\times\mathbf{N}$ 是可数的,在 $\mathbf{N}\times\mathbf{N}$ 集合中删除所有 m 和 n 不是互为质数的序偶 (m,n),得集合 $S\subseteq\mathbf{N}\times\mathbf{N}$,$S=\{(m,n)\mid m\in\mathbf{N},n\in\mathbf{N}$ 且 m 和 n 互质$\}$。因为 S 是 $\mathbf{N}\times\mathbf{N}$ 的无限子集,故据定理 4 可知,S 是可数的。

令 $g:S\to\mathbf{Q}^+$ 即 $g:(m,n)\to\frac{m}{n}$(其中 m,n 互质),因为 g 是双射,故 $\mathbf{Q}^+$ 是可数集。又因为 $\mathbf{Q}^+\sim\mathbf{Q}^-$,故

$$\mathbf{Q}=\mathbf{Q}^+\cup\{0\}\cup\mathbf{Q}^-$$

是可数集。证毕。

---

① $[x]$表示 x 的整数部分。

定理 8　全体实数构成的集合 **R** 是不可数的。

证明　因为 $(0,1)\sim\mathbf{R}$，令

$$S=\{x\mid x\in\boldsymbol{R}\wedge(0<x<1)\}$$

若能证 S 是不可数集，则 **R** 也为不可数集。

用反证法。

假设 S 是可数的，则 S 必可表示为：$S=\{S_1,S_2,\cdots\}$，其中 S_i 是 $(0,1)$ 间的任一实数。

设 $S_i=0.a_{i1}a_{i2}a_{i3}\cdots$，其中 $a_{ij}\in\{0,1,2,\cdots,9\}$（如 0.2 和 0.123 可记为 0.1999… 和 0.12299…），

设
$$S_1=0.a_{11}a_{12}a_{13}\cdots a_{1n}\cdots$$
$$S_2=0.a_{21}a_{22}a_{23}\cdots a_{2n}\cdots$$
$$S_3=0.a_{31}a_{32}a_{33}\cdots a_{3n}\cdots$$
$$\cdots$$

其次，我们构造一个实数 $r=0.b_1b_2b_3\cdots$ 使

$$b_j=\begin{cases}1,a_{jj}\neq 1\\2,a_{jj}=1\end{cases}\quad j=1,2,\cdots$$

这样，r 与所有实数 $S_1,S_2,\cdots,S_n,\cdots$ 不同，因为它与 S_1 在位置 1 不同，与 S_2 在位置 2 不同，等等。这证明了 $r\notin S$，产生矛盾，因此 S 是不可数的，即 **R** 是不可数集。证毕。

我们把集合 $(0,1)$ 的基数记为“Ψ”，因为 $(0,1)\sim\mathbf{R}$，故 $K[\mathbf{R}]=\Psi$，“Ψ”也称作连续统的势。

习题四

1. 下列集合 A 的势是什么？

(1) $A=\{(p,q)\mid p,q$ 都是整数$\}$；

(2) $A=\{(p,q)\mid p,q$ 都是有理数$\}$；

(3) A 是由所有半径为 1，圆心在 x 轴上的圆周所组成的集合；

(4) A 是由实数轴上所有两两不相交的有限开区间组成的集合。

2. 如果 A 是不可数无穷集，M 是 A 的可数子集，则 $(A-M)\sim A$。

3. 如果 A 是任意无限集，M 是一个可数集，则 $(A\cup M)\sim A$。

4. 如果两集合 A_1 和 A_2 都是可数的，证明 $A_1\times A_2$ 也是可数的。

5. 有限集 A 和可数集 B 的笛卡儿积集 $A\times B$ 是可数集。

6. 若 S 为无理数集，证明 $K[S]=\Psi$。

7. 令 $K[A]=\Psi,K[B]=\Psi,K[D]=\Psi_0$，这里 A、B、D 为互不相交集合，证明以下各式：

(1) $K[A\cup B]=\Psi$；　　(2) $K[A\cup D]=\Psi$。

第五节　基数的比较

在上一节我们论述了可数集和一些不可数集的基数概念。为了证明两个集合的基数相等,我们必须构造两个集合之间的双射函数,这常常是非常困难的工作。下面将介绍证明基数相等的一个较为简单的方法,为此先说明基数是如何比较大小的。

定义 1　若从集合 A 到集合 B 存在一个入射,则称 A 的基数不大于 B 的基数,记作 $K[A]<K[B]$。

下面两个定理限于篇幅,不用证明,但可以是任意集合,则以下三条中恰有一条成立:

(1) $K[A]<K[B]$;

(2) $K[B]<K[A]$;

(3) $K[A]=K[B]$。

定理 1(Cantor-Schroder-Bernstein 定理)　设 A 和 B 是集合,如果 $K[A]\leqslant K[B]$,$K[B]\leqslant K[A]$,则

$$K[A]=K[B]$$

这个定理对证明集合有相同的基数提供了有效方法,如果我们能够构造一入射函数 $f:A\to B$,即说明有 $K[A]\leqslant K[B]$,另外,如能够构造入射函数 $g:B\to A$,即有 $K[A]\leqslant K[B]$,因此根据本定理就得到 $K[A]=K[B]$。

例 1　证明$[0,1]$与$(0,1)$有相同的基数。

证明　作入射:

$$f:(0,1)\to[0,1],f(x)=x$$

$$g:[0,1]\to(0,1),g(x)=\frac{x}{2}+\frac{1}{4}$$

例 2　设 $A=\mathbf{N},B=(0,1),K[A]=\Psi_0,K[B]=\Psi$,求证

$$K[A\times B]=\Psi$$

证明　定义一个从 $A\times B$ 到正实数的函数 f。

$$f:A\times B\to\{x\mid x\in\mathbf{R}^+\}$$

$$f(n,x)=n+x$$

因为 f 是入射,且 $K[A\times B]\leqslant\Psi$,此外,作映射 $g:(0,1)\to A\times B$

$$g(x)=<0,x>$$

因为 g 是入射的,故 $\Psi\leqslant K[A\times B]$。因此

$$K[A\times B]=\Psi$$

定理 2　设 A 是有限集合,则 $K[A]<\Psi_0<\Psi$。

证明　设 $K[A]=n$，则 $A\sim\{0,1,2,\cdots,n-1\}$。定义映射 $f:\{0,1,2,\cdots,n-1\}\rightarrow\mathbf{N}$，$f(x)=x$；$f$ 是入射映射，故

$$K[A]\leqslant K[N]$$

故 $K[A]<K[\mathbf{N}]$，即 $K[A]<\Psi$。

又作映射 $f:N\rightarrow[0,1]$，$g(n)=\dfrac{1}{n+1}$，g 是入射，故 $\Psi_0\leqslant\Psi$。

因为 N 与$[0,1]$间不能一一对应，故 $\Psi_0\neq\Psi$，因此 $\Psi_0<\Psi$。

定理 3　如果 A 是无限集，那么 $\Psi_0\leqslant K[A]$。

证明　因为 A 是无限集，故 A 必包含一个可数无限子集 A'，作映射 $f:A'\rightarrow A$，使得 $f(x)=x$，对 $x\in A'$，f 是入射，故 $K[A']\leqslant K[A]$。

但 $K[A']=\Psi_0$，因此 $\Psi_0\leqslant K[A]$。

尽管我们证明了 $\Psi_0<\Psi$，以及 $\Psi_0\leqslant K[A]$，但是直到目前为止还没有人能够证明是否有一无限集，其基数严格介于 Ψ_0 与 Ψ 之间。

假定 Ψ 是大于 Ψ_0 的最小基数，即不存在任何基数 $K[S]$，使 $\Psi_0<K[S]<\Psi$ 成立，这就是著名的连续统假设。

最后我们指出，没有最大的基数和没有最大的集合。

定理 4(Cantor 定理)　设 M 是一个集合，$T=\rho(M)$，

则
$$K[M]<K[T]$$

证明　(1)首先证明 $K[M]\leqslant K[T]$。为此作函数 $f:M\rightarrow\rho(M)$，使得 $f(a)=\{a\}$，则 f 是入射函数，故 $K[M]\leqslant K[T]$。

(2)其次我们证明 $K[M]\neq K[T]$。

反之，若 $K[M]=K[T]$，则必有函数 $\varphi:M\rightarrow T$ 是双射函数。对于任意 $m\in M$，必有 T 中唯一的 $\varphi(m)$与之对应，即 $m\rightarrow\varphi(m)$。

若 $m\in\varphi(m)$，称 m 为 M 的内部元素，若 $m\notin\varphi(m)$，称 m 为 M 的外部元素。

设 $S=\{x\mid x\in M,x\notin\varphi(x)\}$，即 S 为 M 的外部元素集合，则有 $S\subseteq M$，故 $S\in T$。

因为 φ 是双射函数，故必有一个元素 $b\in M$，使 $\varphi(b)=S$。

若 $b\in S$，因为 $\varphi(b)=S$，此时 b 为 M 的内部元素，得出矛盾。(S 是外部元素等)。

若 $b\notin S$，因为 $\varphi(b)=S$，此时 b 为 M 的内部元素，也得出矛盾。(b 为外部元素，所以 $b\in S$ 与 $b\notin S$ 矛盾)。

故 $K[M]\neq K[T]$，由 a)，b)得到 $K[M]<K[T]$。证毕。

习题五

1. 用定理 2 证明$[0,1]$，$(0,1)$，$[0,1)$，$(0,1)$是等势的。

2. 证明若从 A 到 B 存在一个满射，则 $K[B]\leqslant K[A]$。

3. 证明 $K[\mathbf{N}^{\mathbf{N}}]=\boldsymbol{\Psi}_0$。

4. 设 A,B,D 都是集合且 $A\cap B=\varnothing$，$A\cap D=B\cap D=\varnothing$，$K[A]=a$，$K[B]=b$，$K[D]=d$，若定义 $a+b=K[A\cup B]$，$ab=K[A\times B]$，

求证：

(1) $\boldsymbol{\Psi}+\boldsymbol{\Psi}_0=\boldsymbol{\Psi}$；

(2) 如果 $a\leqslant b$，则 $a+d\leqslant b+d$；

(3) 如果 $a\leqslant b$，则 $ad\leqslant bd$。

第二篇 图 论

第四章 图 论

图论是近年来随着计算机科学的发展而发展起来的一门数学分支。它在通信、化工等很多领域中都具有广泛的应用。本章将介绍图论的基本概念和基本理论。

第一节 图的基本概念

一、图及其表示法

工程实际和日常生活中的很多问题都可用图形来表示。如:有四个人 a、b、c、d,这四个人之间存在着亲戚关系,若两个人有亲戚关系,则用一条线将两人连接起来,如用点表示人,则这一问题可归结为如图 1 所示图形。

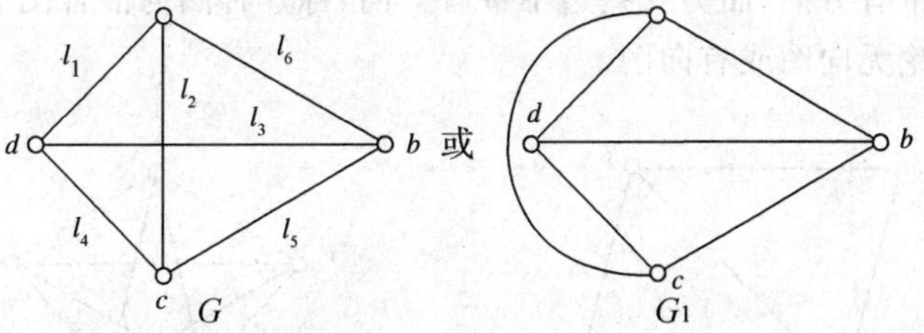

图1

我们称这样由点和线组成的图形为一个图,记为 G,其中的点称为顶点(或结点),线称为边。

若在一个图中以 $P(G)$ 表示顶点集,$L(G)$ 表示边集,则一个图可以看作是一个序偶 $\langle P(G),L(G)\rangle$。在上例中,$P(G)=\{a,b,c,d\}$,$L(G)=\{l_1,l_2,l_3,l_4,l_5,l_6\}$。

定义 1 设 $G=<P,L>$ 是由点和点之间的边组成的图形,其中 P 是顶点集合,L 是连接某些点的边的集合,则称序偶 $G=<P,L>$ 为一个图。如果任意一对不同顶点之间最多有一条边，则称 G 为简单图。当 P 为有限集时，G 称为有限图。我们这里只讨论有限简单图。

这里重要的是顶点集和两点之间的关系(连线)，而线的长短和形状无关紧要，所以一个图画出来可以有各种形状，如图 1 所示。

设 $G=<P,L>$是一个图，设 $l\in L$，且 l 连接G 中的顶点 u 和 v，则称 u 和 v 是 l 的端点，称 u 与 v 邻接，并称 l 关联 u 和 v，有时在不引起混淆的情况下将 l 记为 uv，即 $l=uv$。

例 1　设 $G=<P,L>$是一个图，见图 2。

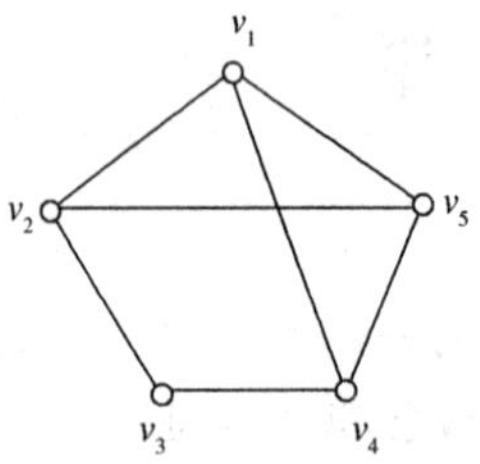

图 2

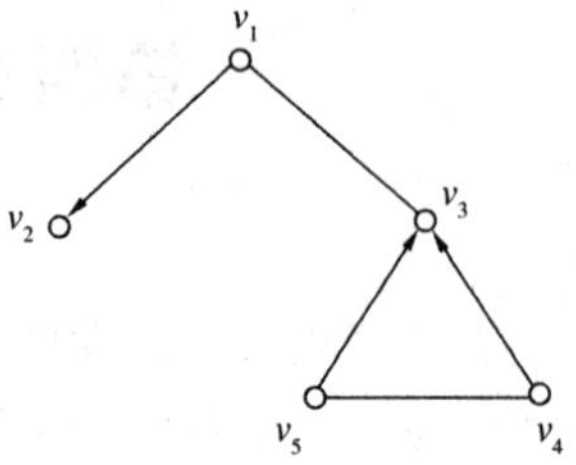

图 3

其中 $P=\{v_1,v_2,v_3,v_4,v_5\}$，$L=\{v_1v_2,v_1v_4,v_2v_3,v_3v_4,v_4v_5,v_5v_1,v_2v_5\}$。

例 2　设 $G=<P,L>$是一个图，见图 3。

其中 $P=\{v_1,v_2,v_3,v_4,v_5\}$。

例 3　设 $G=<P,L>$是一个图，见图 4。其中 $P=\{v_1,v_2,v_3,v_4\}$，$L=\{v_1v_2,v_2v_3,v_4v_2,v_1v_3,v_3v_4\}$。

例 1 中的边不带有方向，称为无向图。

例 3 中的每条边都带有方向，称为有向图。

例 2 中有些边带有方向，而另一些边不带有方向，称这种图为混合图。

今后我们只讨论无向图或有向图。

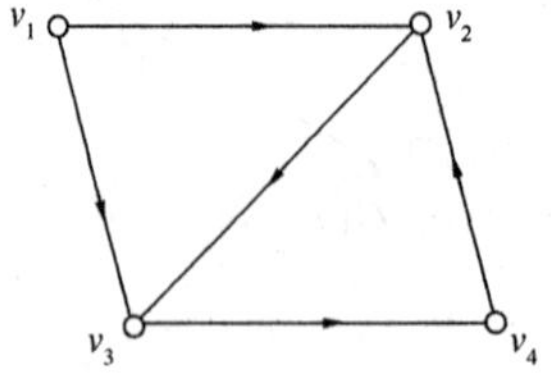

图 4

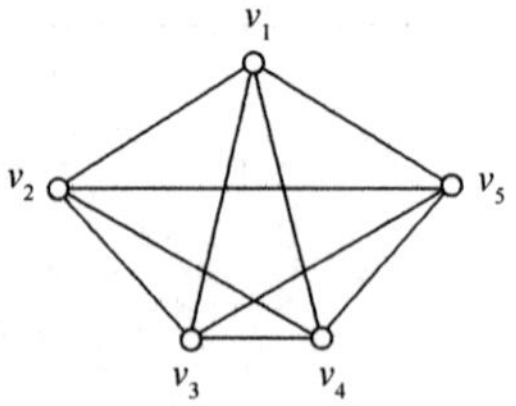

图 5

例 4　设 $G=<P,L>$是一个图，见图 5。

图 5 中，任两个顶点之间都恰有一条边，称这种图为完全图，有 n 个顶点的完全图记为 K_n，图 5 为 K_5。易证，完全图 K_n 具有$\frac{n(n-1)}{2}$条边。

例 5　见下图

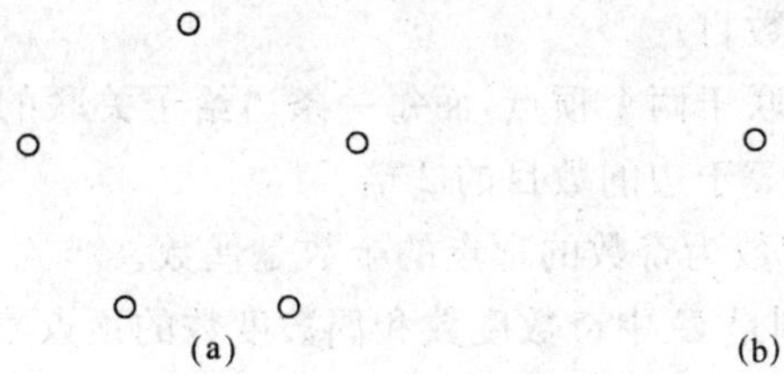

图 6

图 6 的(a)中仅由一些顶点组成，不含有任何边，这种图称为空图(或零图)。图 6 中的(b)仅由一个顶点组成，称这种图为平凡图。

二、子图

定义 2　设 G 和 H 是两个图，如果 $P(H)\subseteq P(G)$，$L(H)\subseteq L(G)$，则称 H 是 G 的子图，G 是 H 的母图。如果 H 是 G 的子图，且 $P(H)=P(G)$，则称 H 是 G 的支撑子图。

在图 7 中，G' 和 G'' 是 G 的子图，G'' 是 G 的支撑子图，G 是 G' 和 G'' 的母图。

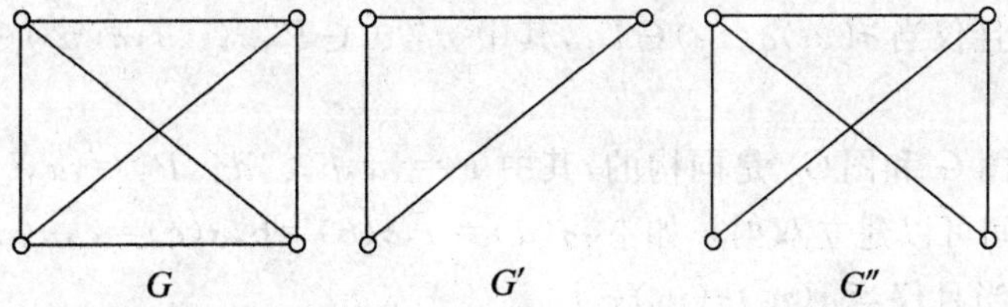

图 7

设 $G=\langle P,L\rangle$ 是一个图，$P_1\subset P$，称由 P_1 及 G 中同时关联于 P_1 中的两个顶点的边组成的 G 的子图为 G 的一个导出子图，记为 $G(P_1)$。

三、图的顶点的度

定义 3　设 $G=\langle P,L\rangle$ 是一个图，$v\in P$，称关联于 v 的边的数目为顶点 v 的度，记作 $d_G(v)$，简记为 $d(v)$。

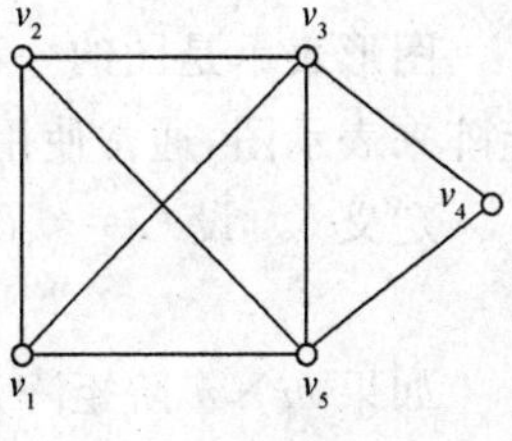

图 8

在图 8 中，$d(v_1)=3$，$d(v_2)=3$，$d(v_3)=4$，$d(v_4)=2$，$d(v_5)=4$。

完全图 k_n 各顶点的度均为 $n-1$。

若记 $\Delta(G)=\max\{d(v)\mid v\in P(G)\}$，$\delta(G)=\min\{d(v)\mid v\in P(G)\}$，则称 $\Delta(G)$，$\delta(G)$ 分别为 G 的最大度和最小度，如图 8 中 $\Delta(G)=4$，$\delta(G)=2$。

定理 1　每个图中，各顶点度数的总和等于边数的 2 倍。即

$$\sum_{v \in p} d(v) = 2 \mid L \mid$$

其中$|L|$表示 L 中边的数目。

证明　因为每条边必关联于两个顶点,而每一条边给予关联的每个顶点的度数为 1,因此在一个图中顶点度数的总和等于边的数目的 2 倍。

定理 2　在任何图中,度数为奇数的顶点的个数是偶数。

证明　设 P_1 和 P_2 分别是 G 中奇数度数和偶数度数的顶点集,则由定理 1,有

$$\sum_{v \in P_1} d(v) + \sum_{v \in P_2} d(v) = \sum_{v \in P} d(v) = 2 \mid L \mid$$

由于$\sum_{v \in P_2} d(v)$ 是偶数之和,必为偶数,而 $2|L|$是偶数,故 $\sum_{v \in P_1} d(v)$ 是偶数,而这里的每个 $d(v)$均为奇数,故$|P_1|$为偶数($|P_1|$表示 P_1 中顶点的个数)。

四、图的同构

由上面的各例看到,一个图由一个图形表示,由于图形中顶点的位置和连线的长度都可以任意选择,故一个图的图形表示不是唯一的,如图 1,我们称它们是同构的。

定义 4　设 $G=\langle P,L\rangle$和 $G_1=\langle P_1,L_1\rangle$是两个图,如果在 P 和 P_1 之间存在着双射 σ,使得 $v_iv_j \in L$ 当且仅当$\sigma(v_i)\sigma(v_j) \in L_1$,其中 $v_i, v_j \in P$,$\sigma(v_i)$,$\sigma(v_j) \in P_1$,则称 G 和 G_1 是同构的图。

例如图 1 中的图 G 和图 G_1 是同构的,其中 $P=\{a,b,c,d\}$,$P_1=\{a,b,c,d)$。

在 P 和 P_1 之间可以建立双射 σ 如下:$\sigma(a)=a$,$\sigma(b)=b$,$\sigma(c)=c$,$\sigma(d)=d$,并且满足对于任意的 $v_iv_j \in L$ 当且仅当$\sigma(v_i)\sigma(v_j) \in L_1$。

两个同构的图,除了图中各点的名字不同外,本质上是一样的,可以把它们用完全相同的图形表示出来,因此,今后我们主要研究不同构的图。

五、图的矩阵表示

图形表示是图的一种表示方法,它的优点是形象直观,但有时为了便于计算,人们也常用矩阵来表示图,通常使用两种矩阵。

定义 5　设 $G=\langle P,L\rangle$是有限图,集合 P 的基数为 m,集合 L 的基数为 n,

$$P(G)=\{v_1,\cdots,v_m\},L(G)=\{l_1,\cdots,l_n\}$$

如果 $m \times n$ 阶矩阵 $\boldsymbol{M}(G)=(a_{ij})$满足下面条件:

$$a_{ij}=\begin{cases}0, \text{当 } v_i \text{ 不是 } l_j \text{ 的端点} \\ 1, \text{当 } v_i \text{ 是 } l_j \text{ 的端点}\end{cases}$$

则称 $\boldsymbol{M}(G)$是图 G 的关联矩阵。

例 6　下面的图 9 所示的图 G 的关联矩阵有

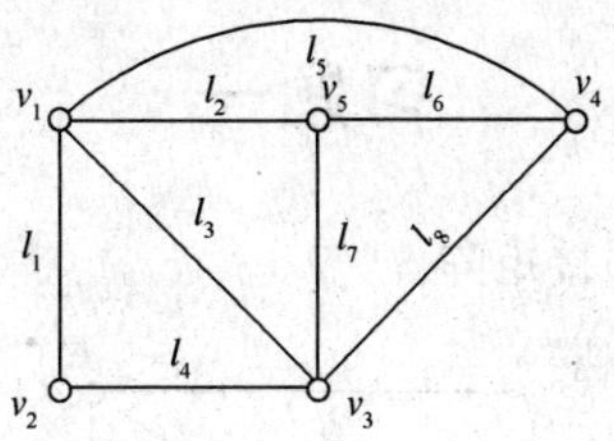

图 9

$$\boldsymbol{M}(G)=\begin{bmatrix}1&1&1&0&1&0&0&0\\1&0&0&1&0&0&0&0\\0&0&1&1&0&0&1&1\\0&0&0&0&1&1&0&1\\0&1&0&0&0&1&1&0\end{bmatrix}$$

因为图 G 的每一条边有两个端点，所以矩阵 $\boldsymbol{M}(G)$ 中每一列恰有两个 1，$\boldsymbol{M}(G)$ 中每一行 1 的个数恰是该行所代表的点 v 的度 $d_G(v)$。

定义 6　设 $G=<P,L>$ 是有限图，集合 P 的基数为 m，如果 m 阶矩阵 $\mathbf{A}(G)=(b_{ij})$ 满足下面条件：

$$b_{ij}=\begin{cases}0,\text{当 } v_i \text{ 与 } v_j \text{ 不邻接}(i=j)\\1,\text{当 } v_i \text{ 与 } v_j \text{ 邻接}\end{cases}$$

则 $\mathbf{A}(G)$ 称为图 G 的邻接矩阵。

例 7　图 9 所示图 G 的邻接矩阵为

$$\mathbf{A}(G)=\begin{bmatrix}0&1&1&1&1\\1&0&1&0&0\\1&1&0&1&1\\1&0&1&0&1\\1&0&1&1&0\end{bmatrix}$$

显然，$\mathbf{A}(G)$ 的第 i 行与第 i 列中的 1 的个数相同，它们恰是第 i 行（列）所代表的点 v 的度 $d_G(v)$。

习题一

1. 写出图 10 的关联矩阵及邻接矩阵。

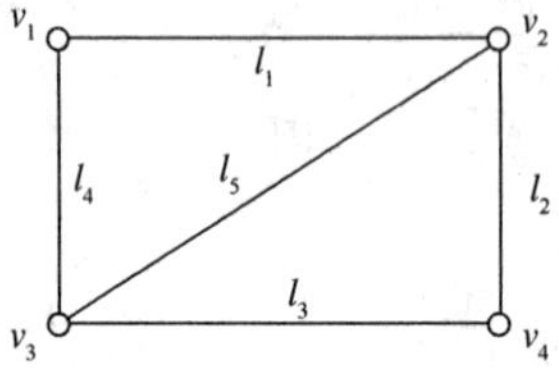

图 10

2. 设 $P=\{v_1,v_2,v_3,v_4,v_5\}$，画出图 $G=<P,L>$，其中

(1) $L=\{v_1v_2,v_1v_4,v_2v_5,v_1v_3,v_4v_5\}$；

(2) $L=\{v_2v_1,v_2v_3,v_3v_4,v_3v_5,v_4v_5\}$。

3. 问图 11 的两组图是否同构？

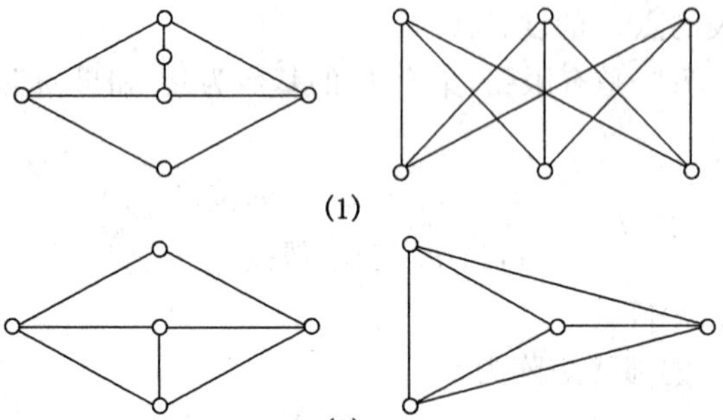

图 11

第二节　路与回路

一、路与回路

定义 1　设 $G=<P,L>$是图，v_0 和 v_n 是 G 中两点，$v_0l_1v_1l_2\cdots l_nv_n$ 是由 P 中点边组成的交替序列，如果对于任意 $0\leqslant i<n$，v_i 与 v_{i+1} 都邻接，则序列 $v_0l_1v_1l_2\cdots l_nv_n$ 称为图 G 的从 v_0 到 v_n 的长度为 n 的路。

定义 2　设 $G=<P,L>$ 是简单图，$(v_0l_1v_1l_2\cdots l_nv_n)$ 是 G 中从 v_0 到 v_n 的路，如果

(1) $v_0,v_1,\cdots,v_{n-1}$ 互不相同；

(2) $v_1,v_2,\cdots,v_n$ 互不相同。

则称 $(v_0l_1v_1l_2\cdots l_nv_n)$ 为简单路，简记为 $(v_0,v_1,\cdots,v_n)$。G 中从点 v 到自身的长度不小于 3 的路称为回路。

显然，一条简单路 $(v_0l_1v_1\cdots l_nv_n)$ 除 v_0 与 v_n 可以相同外，其他任何两顶点都不相同。

例 1　如图 1 所示图中，AD、ADE、$ADEFA$ 都是简单路，$ADEA$、$ADEFA$ 称为回路，但 $BEADEF$ 不是回路。

定义 3　设 $G=<P,L>$ 是图，$(v_0,v_1,\cdots,v_n)$ 是 G 中从 v_0 到 v_n 的一条路，如果这条路中所有的边均不相同，则称此路为迹。如果 $v_0=v_n$，则称此路为闭迹。

例 2　如图 1 所示，$ADEBCEA$ 是闭迹。

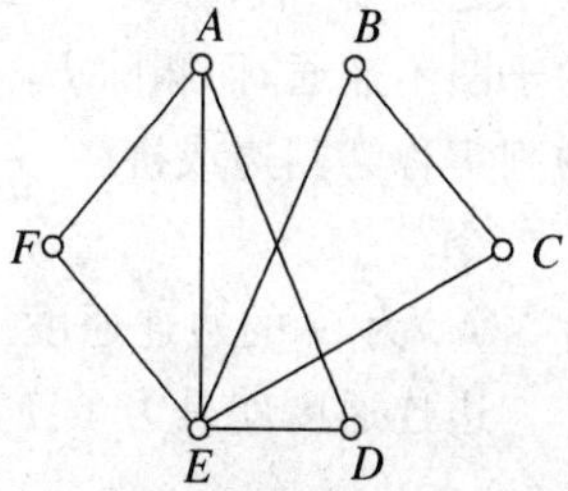

图 1

二、连通性

定义 4　设 $G=<P,L>$ 是图，u 和 v 是 G 中两点，如果存在一条从 u 到 v 的路，则称 u 与 v 是连通的。若一个图中的任何两点均连通，则称该图为连通图。

顶点的连通是顶点集 P 上的等价关系，因此按着这个等价关系，必可将 P 分成非空等价类 $P_1,P_2,\cdots,P_m$，使得顶点 v_j 和 v_k 连通当且仅当 v_j 和 v_k 同属一个 P_i，我们称子图 $G(p_1),G(p_2),\cdots,G(p_m)$ 是 G 的连通分支(图)。

显然只有一个连通分支的图即是连通图。

例 3　如图 2 所示，结点 u 和 w 是连通的，而 u 和 x 不是连通的。G_1 和 G_2 是 G 的连通分支。

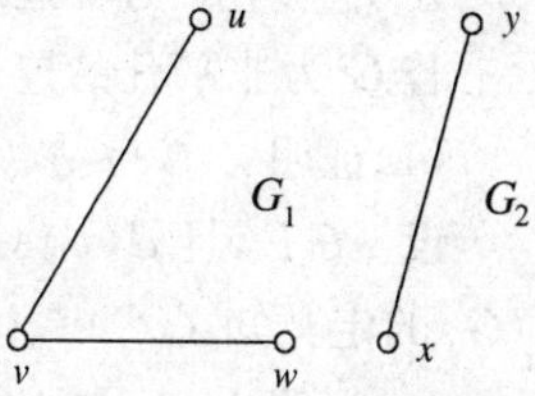

图 2

对于连通图，常常由于删除了图中的顶点或边而影响了图的连通性。所谓在图中删除顶点 v，即是把 v 以及与 v 关联的边都删去。例如：在图 3(a)中删去 v_3，即由(a)变为(b)。图中

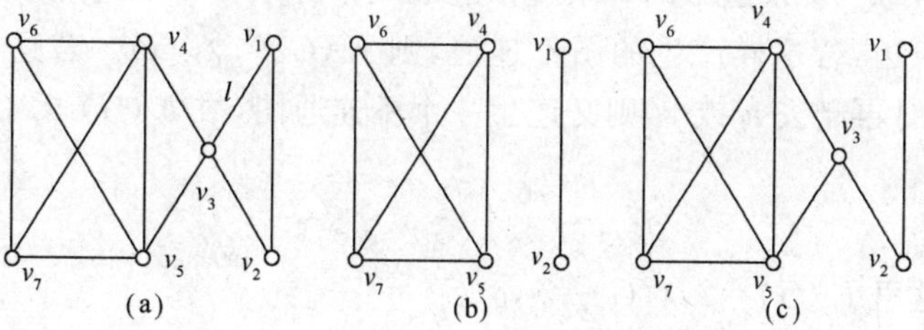

图 3

删除某边，仅需把该边删去，如在图 3(a)中删除边 l 变为图(c)。

定义 5 设 $G=<P,L>$ 为连通图，若点集 $P_1 \subset P$，使图 G 中删除 P_1 中的所有顶点后，所得的子图是不连通图或平凡图，而删除 P_1 的任何真子集后，得到的图仍是非平凡的连通图，则称 P_1 是 G 的一个点割集。由一个顶点构成的点割集称为割点。如图 3(a)，$P_1=\{v_4, v_5\}$，$P_2=\{v_3\}$均为点割集，$P_2=\{v_3\}$是割点。

如记 $K(G)=\min\{|P_1| \mid P_1$ 是 G 的点割集$\}$，则称 $K(G)$为图 G 的点连通度(或连通度)。连通度就是为了产生一个不连通图或平凡图需要删去的点的最少数目。显然 $K(K_n)=n-1$，不连通的图或平凡图的连通度为 0。

定义 6 设图 $G=<P,L>$ 为连通图，若有边集 $L_1 \subset L$，使图 G 删除 L_1 中所有边后得到的子图不连通，而删除 L_1 的任何真子集后仍连通，则称 L_1 是 G 的一个边割集。只含一条边的割集称为割边或桥。

令
$$\lambda(G)=\min\{|L_1| \mid L_1 \text{ 是 } G \text{ 的边割集}\}$$
称 $\lambda(G)$为 G 的边连通度。

边连通度就是为了产生一个不连通图需要删除边的最少数目。规定不连通图或平凡图的 $\lambda(G)=0$。

惠特尼定理 对任何 $G=<P,L>$，有
$$K(G) \leqslant \lambda(G) \leqslant \delta(G)$$

证明 若 G 为不连通图或平凡图，则 $K(G)=\lambda(G)=0$，上式成立。

若 G 为非平凡的连通图，

(1)证明 $\lambda(G) \leqslant \delta(G)$

设 $v \in P$，且 $d(v)=\delta(G)$，则与 v 关联的所有边组成的集合 L_1 是 G 的一个边割集，由 $\lambda(G)$的定义知 $\lambda(G) \leqslant |L_1|=\delta(G)$。

(2)证明 $K(G) \leqslant \lambda(G)$

1)设 $\lambda(G)=1$，这时 G 有一条桥 $e=uv$，且 u,v 中至少有一点为 G 的割点，故 $K(G)=1$，$K(G) \leqslant \lambda(G)$。

2)设 $\lambda(G) \geqslant 2$，则必可删除 $\lambda(G)$条边使 G 不连通，而删去其中 $\lambda-1$ 条边，它仍连通，且有一条桥 $e=uv$。对 $\lambda-1$ 条边中的每条边都选取一个异于 u,v 的端点。把这些端点删去则必至少删去 $\lambda-1$ 条边，若这样产生的图不连通，则 $K(G)<\lambda(G)$。若这样产生的图是连通的，则 e 仍为桥，此时再删去 u 或 v，则必产生一个不连通图，故 $K(G) \leqslant \lambda(G)$。

由(1)和(2)得
$$K(G) \leqslant \lambda(G) \leqslant \delta(G)$$

如图 4 所示，这里 $K(G)=2$，$\lambda(G)=3$，$\delta(G)=4$。

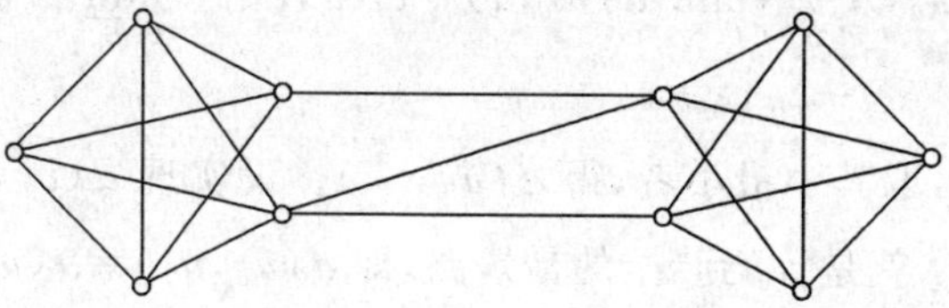

图4

定理 一个连通图中的顶点 v 是割点的充分必要条件是存在两点 u 和 w，使任何 uw 路都通过顶点 v。

证明 若 v 是 $G=\langle P,L\rangle$ 的割点，则 $G-v$ 不连通，设 $G_1=\langle P_1,L_1\rangle$，$G_2=\langle P_2,L_2\rangle$ 是 $G-v$ 的两个分支，任取 $u\in P_1$，$w\in P_2$，则 G 中任何 uw 路必通过 v。

反之，设 G 中存在两点 u 和 w，使任何 uw 路都经过点 v，则 $G-v$ 中不存在 uw 路，故 $G-v$ 必不连通，所以 v 是割点。

三、加权图的最短路问题

定义 7 设 $G=\langle P,L\rangle$ 是有限图，如果对 $L(G)$ 中的每一条边 l，都有一个实数 $w(l)$ 附着其上，则称 G 为权图，称 $w(l)$ 为边 l 的权，规定对任意 $u\in P$，$w(u,u)=0$，当两点 u 和 v 不邻接时，$w(u,v)=\infty$。

例如，设 G 是一个描述各城市间的铁路交通图，对于图 G 的每一条边，我们可以把连接两城市间的铁路长度附着其上，作为这条边所具有的权，这样这个铁路交通图就变成权图。我们还可以把两城市间的铁路修建费用附着其上作为权，这样的铁路交通图也是一个权图。

可以想象，在一个权图中，任给两点 u 和 v，从 u 到 v 可能有几条路，在这些路中，求出所带权的总和最小的那条路是有实际意义的。在表示铁路长度的权图中，所带权总和为最小的路意味着从 u 旅行到 v 的费用最低。在表示建筑费用的权图中，所带权总和最小的路意味着从 u 修建铁路到 v 的造价最低。这个问题也称作是求权图中的最短路问题，这条最短路所带权的总和称为从 u 到 v 的距离，记作 $d(u,v)$。

1959 年，迪克斯特拉(Dijkstra)给出了一个在权图中求任意两点间最短路的算法，我们把这个算法简略叙述如下。

设 $G=\langle P,L\rangle$ 是一个有限权图，l 是 G 中一条路，我们把 l 上所带权的总和叫作 l 的权和，记作 $|l|$。又设 S 是 G 中某些点做成的集合，u_0 是 S 中一个点，$\overline{S}=P(G)-S$，我们把从 u_0 出发到 $\overline{S}$ 中点的具有最小权和的路叫作从 u_0 到 $\overline{S}$ 的距离，记作 $d(u_0,\overline{S})$。迪克斯特拉算法通过递归地计算 $d(u_0,\overline{S})$，求出 u_0 在所有其余点的最短路。

设 $P(G)=(u_0,u_1,\cdots,u_n)$，

(1) 令 $S_0=\{u_0\}$，$\overline{S_0}=\{u_1,u_2,\cdots,u_n\}$，

计算 $$d(u_0,\overline{S_0})=\min_{\substack{u\in S_0\\ v\in \overline{S_0}}}\{d(u_0,u)+w(u,v)\}=\min_{v\in \overline{S_0}}\{w(u_0,v)\}$$

即列举所有的 $w(u_0,v)$，取其中最小者，得 $d(u_0,\overline{S}_0)$。设实现 $d(u_0,\overline{S}_0)$ 的路 $l_1=(u_0,u_1)$，则 $|l_1|=d(u_0,\overline{S}_0)$，则 l_1 就是 u_0 到 u_1 的最短路，即 $d(u_0,u_1)=d(u_0,\overline{S_0})$。

(2) 令 $S_1=\{u_0,u_1\}$，$\overline{S}_1=P(G)-S_1=\{u_2,u_3,\cdots,u_n\}$，计算

$$d(u_0,\overline{S}_1)=\min_{\substack{u\in S_1\\ v\in \overline{S_1}}}\{d(u_0,u)+w(u,v)\}=\min_{v\in \overline{S_1}}w(u_0,v)$$

即列举 $w(u_0,u_2),w(u_0,u_3),\cdots,w(u_0,u_n)$ 和 $|l_1|+w(u_1,u_2),|l_1|+w(u_1,u_3),\cdots,|l_1|+w(u_1,u_n)$，取其中最小者，得 $d(u_0,\overline{S}_1)$。设实现此距离的路是 $l_2=(u_0,\cdots,u_2)$，得 $d(u_0,\overline{S}_1)$，设实现此距离的路是 $l_2=(u_0,\cdots,u_2)$，则 l_2 就是 u_0 到 u_2 的最短路，即

$$d(u_0,u_2)=d(u_0,\overline{S}_1)$$

(3) 一般地，设已经求出 u_0 到 $u_1,\cdots,u_k$ 的最短路 $l_1,l_2,\cdots,l_k$。则求 $S_k=\{u_0,\cdots,u_k)$，$S_k=P(G)-S_k=\{u_{k+1},\cdots,u_n\}$。

计算

$$\begin{aligned}d(u_0,\overline{S}_k)&=\min_{\substack{u\in S_k\\ v\in \overline{S}_k}}\{d(u_0,u)+w(u,v)\}\\&=\min_{v\in \overline{S_k}}w(u_0,v)\end{aligned}$$

即列举 $w(u_0,u_{k+1}),w(u_0,u_{k+2}),\cdots,w(u_0,u_n)$ 和 $|l_1|+w(u_1,u_{k+1}),|l_1|+w(u_1,u_{k+2}),\cdots,|l_1|+w(u_1,u_n),\cdots,|l_k|+w(u_k,u_{k+1}),|l_k|+w(u_k,u_{k+2}),\cdots,|l_k|+w(u_k,u_n)$，取其中最小者，为 $d(u_0,\overline{S}_k)$。设实现 $d(u_0,\overline{S}_k)$ 的路为 $l_{k+1}=(u_0,\cdots,u_{k+1})$，则 l_{k+1} 是 u_0 到 u_{k+1} 的最短路，即

$$d(u_0,u_{k+1})=d(u_0,\overline{S}_k)$$

重复执行上述过程，直到求出了 u_0 到 u_n 的距离 $d(u_0,u_n)$ 即最短路 l_n 为止。

例 4　在图 5 中，我们用迪克斯特拉算法依次求出了 u_0 到其余 7 个点的最短路，其最短路在图上用黑色粗线标出。

迪克斯特拉算法的主要思想是利用点到点集的最短路代替两点间的最短路，这种替换有助于形成递归过程，而且可以统筹考虑，一次求出 u_0 到所有其余点的最短路。当然，这种替换的可靠性是需要证明的，因篇幅所限，我们略去了这一证明。

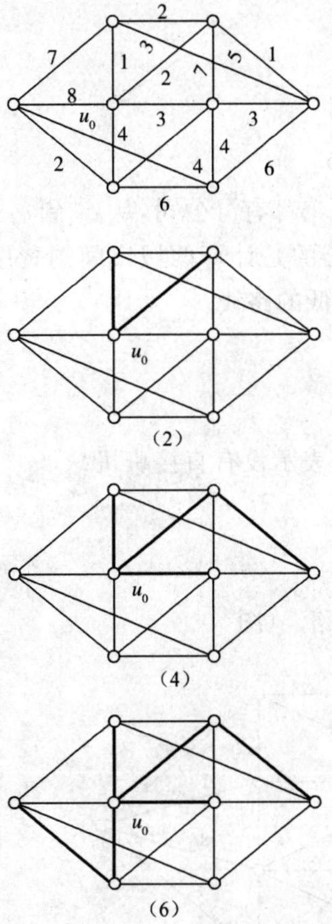

图 5

习题二

1. 说明下列各图是否连通，如果不连通，说明连通分支数(图 6)。

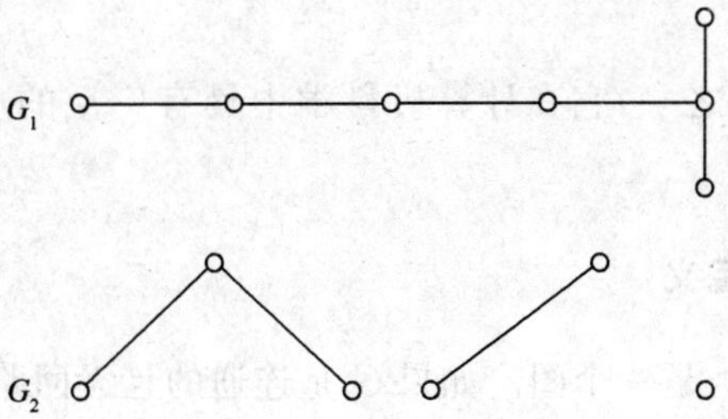

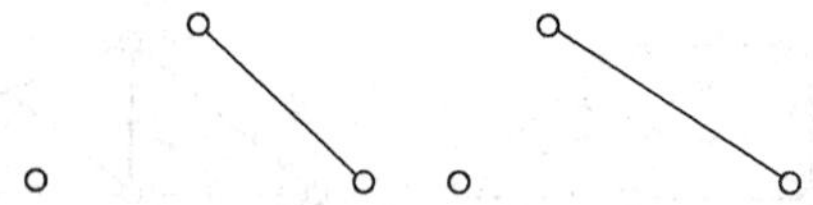

图 6

2. 一公司在六个城市 $C_1, C_2, \cdots, C_6$ 中每一个都有分公司,从 c_i 到 c_j 的班机旅费由下列矩阵中的第 i 行第 j 列的元素给出。公司所关心的是计算两城市间的费用最低的路线,对上述六城市中任意一对城市,计算两城市间费用最低的路线。

$$\begin{bmatrix} 0 & 50 & \infty & 40 & 25 & 10 \\ 50 & 0 & 15 & 20 & \infty & 25 \\ \infty & 15 & 0 & 10 & 20 & \infty \\ 40 & 20 & 10 & 0 & 10 & 25 \\ 25 & \infty & 20 & 10 & 0 & 55 \\ 10 & 25 & \infty & 25 & 55 & 0 \end{bmatrix} \text{(}\infty\text{表示没有直接班机)}$$

3. 求下面有限权图中点 u 到点 v 间的最短路。(图 7)

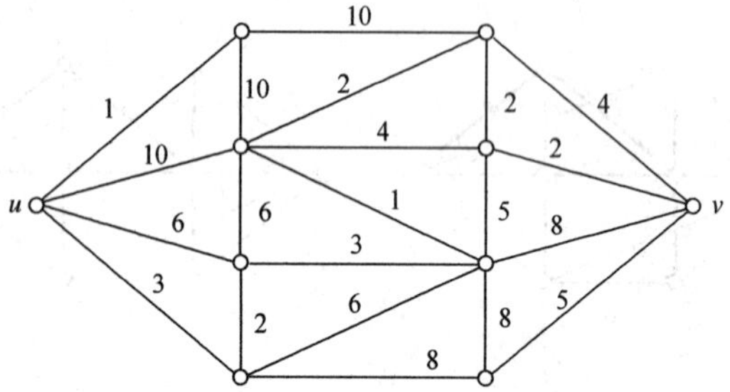

图 7

第三节　树

树是图论中重要的概念之一,它在计算机科学中具有广泛的应用。这里将介绍树的一些基本性质和应用。

一、树的概念及其等价定义

定义 1　设 $G=\langle P,L\rangle$ 是一个图。如果 G 是连通的且无回路,则称 G 是一棵树,记为 T。

例 1　在图 1 中,G_1 是树,G_2 含回路不是树,G_3 不连通也不是树。

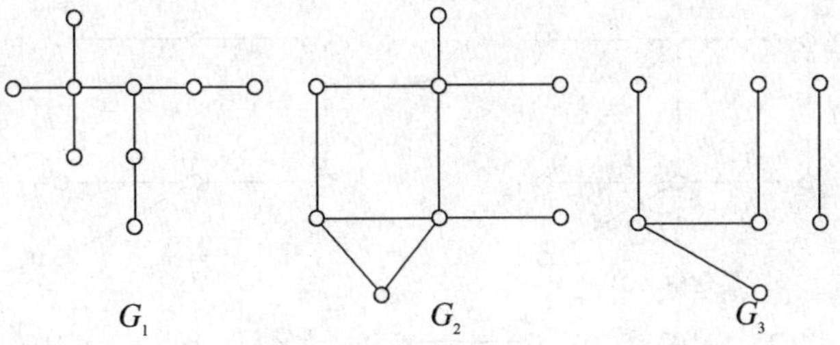

图 1

把树 T 的图形画出来，很像自然界中的树，故取名为树，而且关于树的其他术语也取名于自然界中树的有关术语。

树中度数为 1 的顶点称为树叶，度数大于 1 的顶点称为分枝点（或内点）。一个无回路的图称作森林，它的每个连通分支是一棵树。

给定图 G，若记 $v=|P|$，$\varepsilon=|L|$，则下列各命题是等价的：

1) G 是一棵树；

2) G 无回路，且 $\varepsilon=v-1$；

3) G 连通，且 $\varepsilon=v-1$；

4) G 无回路，但添加一条新边，得到唯一一条回路（即树是极大无回路图）；

5) G 连通，但删去一条边便不连通（即树是极小连通图）；

6) G 的每一对顶点之间恰有一条路。

证略。

定理 1　任一棵非平凡树至少有两片树叶。

证明　设 $T=<P,L>$ 是一棵非平凡树，故 $v\geqslant 2$，且 T 是连通的，则对于任意 $v\in P$，都有 $d(v)\geqslant 1$。假设 T 最多有一片树叶，因此，T 至少有 $v-1$ 个顶点的度都大于或等于 2。因此

$$2\varepsilon=\sum_{v\in P}d(v)>2(v-1)$$

故 $\varepsilon>v-1$。而 T 是树，由上述等价命题有 $\varepsilon=v-1$，矛盾。所以 T 至少有两片树叶。

二、几类重要的树

（一）支撑树

有些图，本身不是树，但它的很多子图都是树，其中一类很重要的叫作支撑树。

定义 2　设 $G=<P,L>$ 是连通图，T 是 G 的支撑子图且为树，则称 T 为 G 的支撑树。

例 2　见图 2，G_1，G_2，G_3，G_4 都是 G 的子图且都是树，其中 G_1，G_3 是支撑树。

不难看出，任何有限连通图必有支撑树。

支撑树的应用：

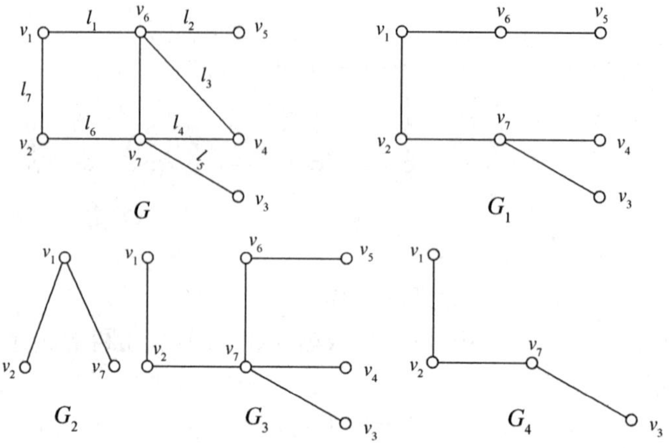

图2

我们设想要建筑一个连接若干城市的铁路网，已知建造直接连接城市 v_i 与 v_j 的干线费用为 C_{ij}，设计一个铁路网，以使建筑总费用达到最小。

将每个城市看作权图中的一点，对权图中任何两点 v_i 和 v_j，令 c_{ij} 为边 v_iv_j 所带的权。显然，这个问题就是要求在权图中找出一个所带权的总和最小的连通支撑子图。又因为权代表费用，所以肯定它们是非负的，因此，这一带有最小权的支撑子图没有回路，也就是说，这个子图必须是图 G 的支撑树，这个所带权总和最小的支撑树称为图 G 的最小支撑树。上述铁路网的建筑问题就是在一个权图中求最小支撑树的问题。

克鲁斯卡尔(Kruskal)给出了在权图中求最小支撑树的算法，下面我们简要地介绍他的算法。

设 $G=<P,L>$ 是有限连通权图。

(1) 在 L 中选一个具有最小权的边，记为 l_1，于是对任何 $l\in L$，有 $w(l_1)\leqslant w(l)$，令 $T=\{l_1\}$。

(2) 设 $T=\{l_1,l_2,\cdots,l_k\}$，在 $L-T$ 中选取满足如下条件的边 l_{k+1}：

(a) 把 l_{k+1} 并入 T 后不产生回路；

(b) 在满足条件(a)的前提下，l_{k+1} 具有最小的权。即对任何 $l\in L-T$，有 $w(l_{k+1})\leqslant w(l)$。

如果找不到满足上述条件的边，则算法停止，输出 T 作为 G 的最小支撑树。

(3) 令 $T=T\cup\{l_{k+1}\}$，转步骤(2)。

采用上述算法，我们一定能够找到有限权图 G 的最小支撑树。限于篇幅，我们略去这一算法正确性的证明。

例 3　世界上六大城市之间的航线距离表如下(以 100 英里为 1 个单位)，用克鲁斯卡尔算法，可以求出连接此六个城市最短距离的航线网。见下表及图 3，其中 G' 就是所求的最小支撑树。

	伦敦	墨西哥	纽约	巴黎	北京	东京
伦　敦	/	55	34	2	50	59
墨西哥	55	/	20	57	77	70
纽　约	34	20	/	36	68	67
巴　黎	2	57	36	/	51	60
北　京	50	77	68	51	/	13
东　京	59	70	67	60	13	/

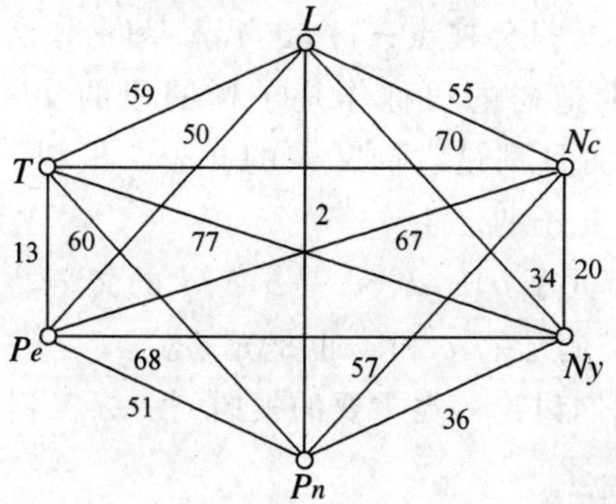

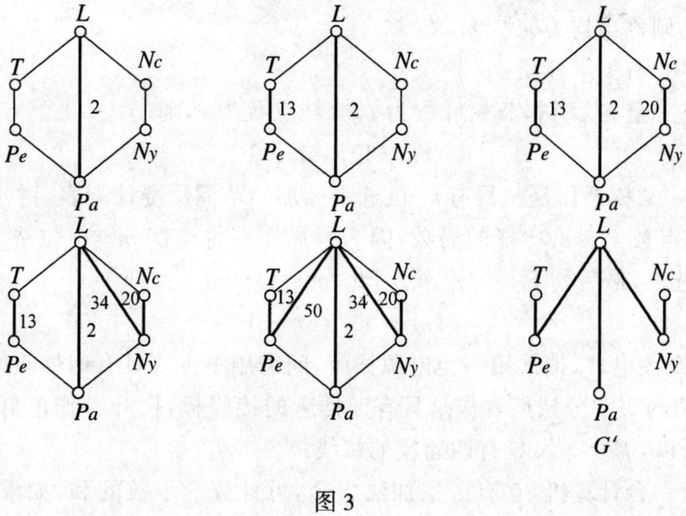

图3

(二)根树

根树是计算机科学中经常使用的概念,我们从树的概念出发对根树给出递归定义如下:

(1) 设 T 是树,其点集为 P,点集 P 中有一个特殊点 v_1,称为树的根。只由一个点构成的树也是根树。

(2) 从 T 中删除 v_1 以及以 v_1 为端点的边后，所得图可分成 r 个分支 $T_1, T_2, \cdots, T_r$，每个 $T_i(i=1,2,\cdots,r)$ 也是一棵根树，T_i 称作 v_1 的子树。且每个 T_i 的根都在 T 中，都与 v_1 邻接，称为 v_1 的儿子。

人们习惯上把树的根画在上方，叶画在下方。

例 4　下面的图 4 是一棵根树。

在本例的根树 T 中，a 是 T 的根。删去 a 以及以 a 为端点的边后，得三个分支 T_1，T_2 和 T_3。每个分支也是根树，其根分别为 b,c,d。

在此根树中，a,b,c,d,e,h 是分枝点；i,f,g,j,k 是叶。

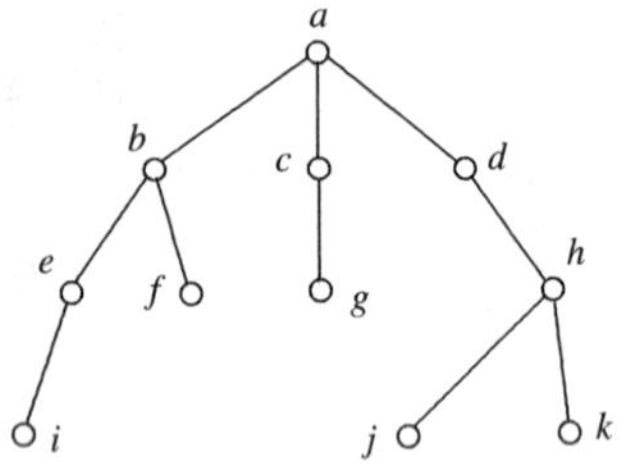

T83

图 4

人们在研究根树时，通常把树的根称作是子树的根的父亲，子树的根互相称为兄弟，而且都是它们父亲的儿子。根树的根是没有父亲的，叶是没有儿子的。

例如，在图 4 中，a 有 3 个儿子 b,c,d。a 是 b,c,d 的父亲，b 是 e 和 f 的父亲，b 有两个儿子 e 和 f，等等。另外，b,c,d 是兄弟，e 和 f 也是兄弟。

作为根树的应用，下面我们讨论一类重要的根树——m 叉树。

(三) m 叉树

定义 3　如果根树 T 的每个点 v 最多有 m 棵子树，则称 T 为 m 叉树。如果每一个分枝点都有 m 棵子树，则称该树为完全 m 叉树。

对完全 m 叉树，有如下性质：

定理 2　设有完全 m 叉树，其树叶数为 t，分枝点数为 i，则

$$(m-1)i=t-1$$

证明　若把 m 叉树看作是每局有 m 位选手参加的单淘汰赛计划表，树叶数 t 表示参加比赛的选手数，分枝点数 i 表示比赛的局数，因为每局比赛将淘汰 $m-1$ 位选手，故比赛结果共淘汰 $(m-1)i$ 位选手，最后剩下一位冠军，因此 $(m-1)i+1=t$，即

$$(m-1)i=t-1$$

例 5　设有 28 盏电灯，拟共用一个电源插座，问需用多少块具有四插座的接线板？

解　将四叉树的每个分枝点看作是具有四插座的接线板，树叶看作电灯，则有 $(4-1)i=28-1$，得 $i=9$，所以，需要 9 块具有四插座的接线板。

例 6　假设有一台计算机，它有一条加法指令，可计算 3 个数的和，如果要计算 9 个数的和，至少要执行几次加法指令？

解　若把这 9 个数看作是完全三叉树的 9 片树叶，则有 $(3-1)i=9-1$，$i=4$。所以，需要执行 4 次加法指令。

当 $m=2$ 时，称作二叉树。对于任何一棵 m 叉树都可以改写成二叉树。在根树中，从根

到其任意一个顶点 v 的路的长度称为 v 的级，则将 m 叉树写成二叉树的具体步骤如下：

(1) 对于每一个顶点只保留它的左分枝，其余分枝都删除。在同一级上的兄弟顶点之间从左到右用有向边连接起来，如图 5(b)所示。

(2) 选定二叉树的左儿子和右儿子如下：直接处于给定结点下面的结点作为左儿子，对于同一水平线上与给定结点右邻的结点作为右儿子，依此类推，如图 5(c)所示。

二叉树在计算科学中具有重要的用处。作为二叉树的应用，我们来讲一下最优树问题。

定义 4　在根树中，从树根到一个顶点的通路的长度称为该顶点的路长。

给定 t 个实数 $w_1, w_2, \cdots, w_t$。设二叉树 T 共有 t 片树叶，分别带权 $w_1, w_2, \cdots, w_t$，则称 T 为一棵赋权二叉树。

定义 5　设 T 是一棵赋权二叉树，带权 w_i 的树叶 v_i 的路长为 $L(w_i)$，我们把

$$W(T)=\sum_{i=1}^{t} w_i L(w_i)$$

称为该赋权二叉树的权。在所有带权二叉树中，$W(T)$最小的那棵树，称为最优树。

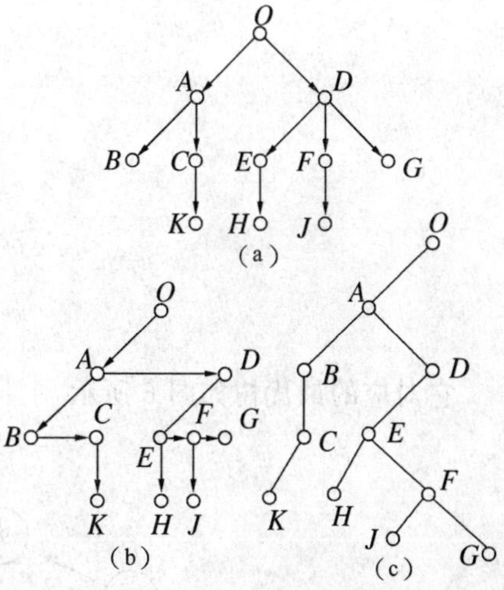

图5

定理 3　设 T 为带权 $w_1 \leqslant w_2 \leqslant \cdots \leqslant w_t$ 的最优树，则

(1) 带权 w_1, w_2 的树叶 v_{w_1}, v_{w_2} 是兄弟；

(2) 以树叶 v_{w_1}, v_{w_2} 为儿子的分枝点，其通路长度最长；

(3) 若将以带权 w_1 和 w_2 的树叶为儿子的分枝点改为带权 w_1+w_2 的树叶，得到一棵新树 T'，则 T'也是最优树。

证略。

根据定理 3，要画一棵带有 t 个权的最优树，可简化为画一棵带有 $t-1$ 个权的最优树，而这又可简化为画一棵带有 $t-2$ 个权的最优树，依此类推。具体做法是：首先找出两个最小的 w 值，设为 w_1 和 w_2，然后对 $t-1$ 个权 $w_1+w_2, w_3, \cdots, w_t$ 求作一棵最优树，并且将这棵树中的结 $\boxed{w_1+w_2}$ 代之以

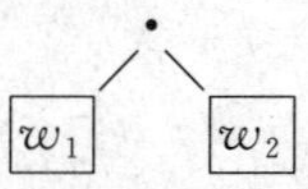

，依此类推。

例 7　设有一组数(权)，2，3，5，7，11，13，17，19，23，29，31，37，41。求相应的最优树。

解　首先组合 2+3，并寻找 5，5，7，11，…，41 的最优树；然后组合 5+5，依此类推。这个过程综合为：

2	3	5	7	11	13	17	19	23	29	31	37	41
	5	5	7	11	13	17	19	23	29	31	37	41
		10	7	11	13	17	19	23	29	31	37	41
			17	11	13	17	19	23	29	31	37	41
			17		24	17	19	23	29	31	37	41
					24	34	19	23	29	31	37	41
					24	34		42	29	31	37	41
						34		42	53	31	37	41
								42	53	65	37	41
								42	53	65		78
									95	65		78
									95			143
												238

它对应的最优树如图 6 所示。

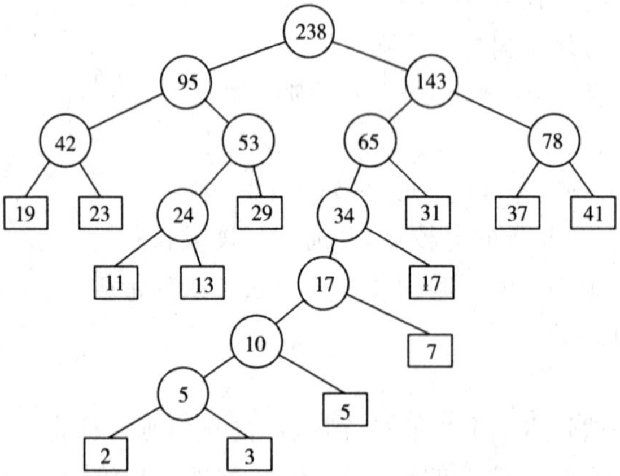

图 6

习题三

1. 设有 5 个城市 $v_1,\cdots,v_5$，任意两城市之间铁路造价如下：(以百万元计算)

$w(v_1,v_2)=4$，　$w(v_1,v_3)=7$，　$w(v_1,v_4)=16$

$w(v_1,v_5)=10$，$w(v_2,v_3)=13$，$w(v_2,v_4)=8$

$w(v_2,v_5)=17$，$w(v_3,v_4)=3$，　$w(v_3,v_5)=10$

$w(v_4, v_5)=12$

试求出连接 5 个城市且造价最低的铁路网。

2. 试用克鲁斯卡尔算法求下列权图 7 中的最小支撑树。

	北京(*P*)	济南(*G*)	上海(*SH*)	南昌(*N*)	郑州(*Z*)	石家庄(*S*)
北　京	/	479	1463	2007	695	283
济　南	479	/	966	1567	666	301
上　海	1463	966	/	837	998	1267
南　昌	2007	1567	837	/	1312	1724
郑　州	695	666	998	1312	/	412
石家庄	283	301	1267	1724	412	/

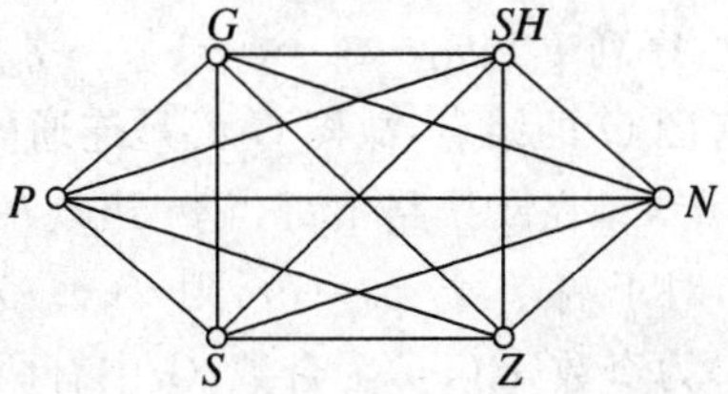

图 7

3. 给定树叶的权为 1,4,9,16,25,36,49,64,81,100,试构造一棵最优树。

第四节　图的遍历

一、欧拉图与一笔画问题

欧拉(Euler)是 18 世纪瑞士数学家,图论的创始人。1736 年,他在一篇开创性的论文中,讨论了一个有趣的问题,即所谓哥尼斯堡(Knoigsberg)城七桥问题。这个城市就是现在的加里宁格勒,位于普列格河(Pregel)两岸并包括河中的两个岛屿,于是城市被分成了四部分。各部分通过七座桥互相连接,如图 1(a)所示。每逢假日,城中居民进行环城游玩,这样就产生了

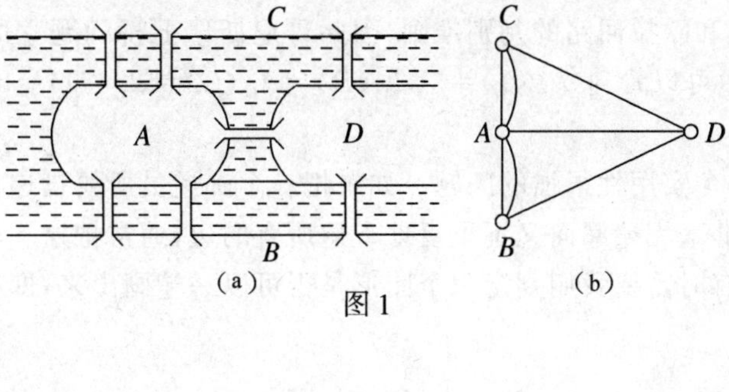

图 1

一个问题："能否从某地出发，经过每座桥一次且恰好一次再回到出发地。"

因为这里的兴趣在于过桥，所以可以把 A,B,C,D 想象成点，而把桥想象成线，于是得到图 1(b)所示的图形。现在的问题是，是否能够从图 1(b)所示的图形中的某一点出发，遍历各条边恰好一次，又回到原来的出发点？欧拉经过认真研究后指出，这是不可能的。欧拉路和欧拉图也因此而得名。

定义 1 给定无孤立顶点的图 G，若存在一条路，经过图中每条边一次且仅一次，则称该路为一条欧拉路。若存在一条回路经过图中每条边一次且仅一次，则该回路称为欧拉回路。具有欧拉回路的图称作欧拉图。

定理 1 无向图 G 具有一条欧拉路，当且仅当 G 是连通的，且有零个或两个奇数度顶点。

证明 必要性

设 G 具有欧拉路，即有点边序列 $v_0e_1v_1e_2v_2\cdots e_iv_ie_{i+1}\cdots e_kv_k$，其中结点可能重复出现，但边不重复，因为欧拉路经过所有图 G 的结点，故图 G 必是连通的。

对任何一个不是端点的结点 v_i，在欧拉路中每当 v_i 出现一次，必关联两条边，故 v_i 虽可重复出现，但 $d(v_i)$必是偶数。对于端点，若 $v_0=v_k$，则 $d(v_0)$为偶数，即 G 中无奇数度结点，若端点 v_0 与 v_k 不同，则 $d(v_0)$为奇数，$d(v_k)$为奇数，G 中有两个奇数度结点。

充分性

若图 G 连通，有零个或两个奇数度结点，我们构造一条欧拉路如下：

(1) 若有两个奇数度结点，则从其中的一个结点开始构造一条迹，即从 v_0 出发经关联边 e_1"进入"v_1，若 $d(v_1)$为偶数，则必可由 v_1 再经关联边 e_2 进入 v_2，如此进行下去，每边仅取一次。由于 G 是连通的，故必可到达另一奇数度结点停下，得到一条迹 L：$v_0e_1v_1e_2v_2e_3\cdots v_ie_{i+1}\cdots v_k$。若 G 中没有奇数度结点，则从任一结点 v_0 出发，用上述方法必可回到结点 v_0，得到上述一条闭迹 L_1。

(2) 若 L_1 通过 G 的所有边，则 L_1 就是欧拉路。

(3) 若 G 中去掉 L_1 后得到子图 G'，则 G'中每个结点度数为偶数，因为原来的图是连通的，故 L_1 与 G'至少有一个结点 v_i 重合，在 G'中由 v_i 出发重复(1)的方法，得到闭迹 L_2。

(4) 当 L_1 与 L_2 组合在一起，如果恰是 G，则得欧拉路，否则重复(3)可得到闭迹 L_3，依此类推直到得到一条经过图 G 中所有边的欧拉路。

推论 无向图 G 具有一条欧拉回路，当且仅当 G 是连通的，并且所有结点度数全为偶数。

由于有了欧拉路和欧拉回路的判别准则，因此哥尼斯堡七桥问题立即有了确切的否定答案。因为从图 1(b)中可以看到 $d_G(A)=5,d_G(B)=d_G(C)=d_G(D)=3$，故欧拉回路必定不存在。

欧拉路问题是一个实用性很强的问题。如果把一个邮递员所要投递信件的街道看成是图的边，它当然希望能够毫无遗漏而又不重复地走遍所有的边，通常把这一问题称为邮递线路问题。在智力游戏中，有时需要我们判定一个图形是否可以一笔画出来，即在画图的过程中要求不重复且笔尖一直不离开纸面，这个问题通常称作一笔画问题。邮递路线问题和一笔画问题实际上都是欧拉路是否存在的问题。

要判定一个图 G 是否可一笔画出，有两种情况：一是从图 G 中某一结点出发，经过图 G 的每一边一次且仅一次到达另一结点。再一种就是从 G 的某个结点出发，经过 G 的每一边一次且仅一次再回到该结点。上述两种情况分别可以由欧拉路和欧拉回路的判定条件予以解决。如图 2(a)中，因为 $d(v_2)=d(v_3)=3$，$d(v_1)=d(v_4)=d(v_5)=2$，故必有从 v_2 到 v_3 的一笔画。在图 2(b)中所有结点度数均为偶数，所以可以从任一点出发，一笔画回到原出发点。

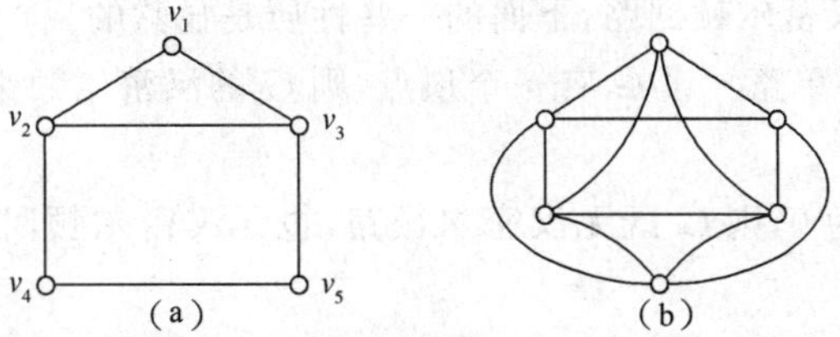

图 2

欧拉路和欧拉回路的概念，很易推广到有向图中去。

二、汉密尔顿图与货郎担问题

与欧拉回路非常类似的问题是汉密尔顿回路的问题。1859 年，威廉·汉密尔顿爵士(Sir Willian Hamilton)在给朋友的一封信中，首先谈到关于十二面体的一个数学游戏：能不能在图 3 中找到一条回路，使它含有这个图的所有结点？他把每个结点看成一个城市，连接两个结点的边看成是交通线，于是他的问题就是能不能找到旅行路线，沿着交通线经过每个城市恰好一次，再回到原来的出发地？他把这个问题称为周游世界问题。

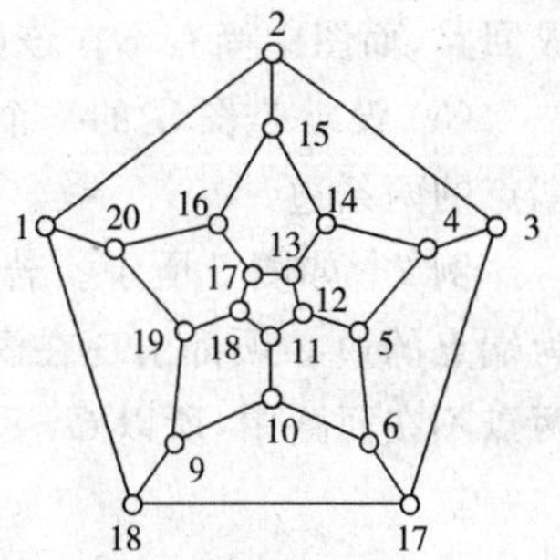

图 3

按图 3 所给的编号，可以看出这样一条回路是存在的。

对于任何连通图也有类似的问题。

定义 2 给定图 G，若存在一条路经过图中的每个结点恰好一次，这条路称作汉密尔顿路。若存在一条回路，经过图中的每个结点恰好一次，这条回路称作汉密尔顿回路。具有汉密尔顿回路的图称为汉密尔顿图。

例 1 下面的图 4 为汉密尔顿图。

在图 G_2 中，路($ABCDHGFE$)是汉密尔顿路，路($ABCDHGFEA$)是汉密尔顿回路。

欧拉路与汉密尔顿路的研究目的不同，前者要遍历图的所有边，后者要遍历图的所有点。虽然都是遍历问题，两者的困难程度却大不相同。对于欧拉路，在前面我们已经得到一些较为深刻的定理，比较满意地解决了这一问题。但对于后者，却没有令人满意的结果，许多研究者仍就这一问题在进行深入的研究。

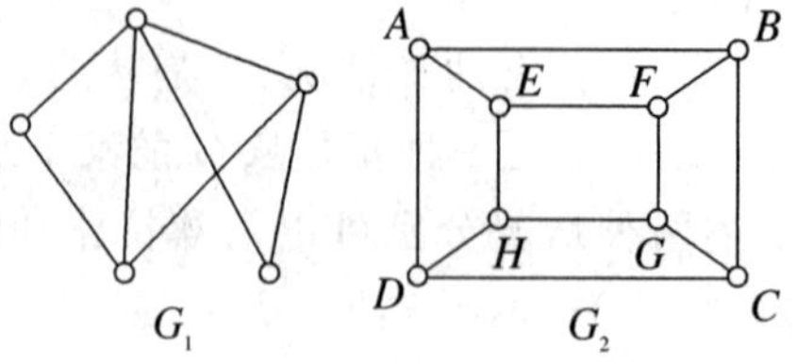

图 4

对于汉密尔顿路与汉密尔顿回路，下面的一些性质是显然的。

(1) 汉密尔顿路是简单路。设 G 有 n 个顶点，则 G 的汉密尔顿路有 $n-1$ 条边，G 的汉密尔顿回路有 n 条边。

(2) 若 G 中某点度为 0，则 G 既无汉密尔顿路，也无汉密尔顿回路。若 G 中某点的度为 1，则 G 无汉密尔顿回路。

(3) 设 v 是 G 中的一个顶点，$d(v)=2$，若 G 有汉密尔顿回路，则以 v 为端点的两条边必须都出现在汉密尔顿回路中。

(4) 汉密尔顿回路要求遍历诸点，如果图中某些必须在汉密尔顿回路中出现的边已经构成回路，而图中尚有不在该回路中出现的点，则该图一定没有汉密尔顿回路。

(5) 设 v 是图 G 的一个点，$d(v)>2$，G 有汉密尔顿回路，则汉密尔顿回路仅使用以 v 为端点的两条边。

例 2 如图 5 所示。若 G_3 有汉密尔顿回路，则因 A,B,C,D 四点的度都是 2，以此四点为端点的边必须都出现在汉密尔顿回路中，因为以此四点为端点的边已经构成回路，但 E,F 两点不在回路中，所以 G_3 没有汉密尔顿回路。

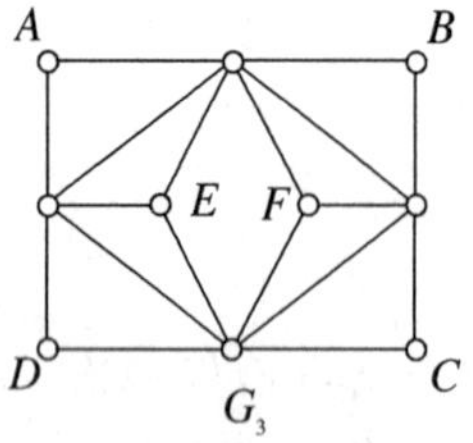

图 5

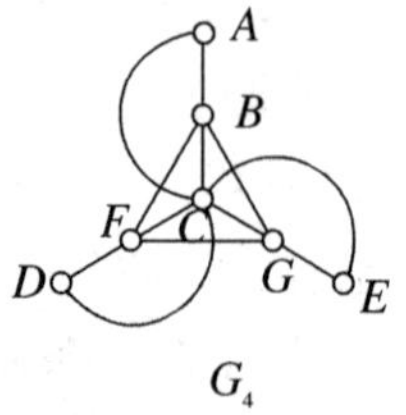

图 6

例 3 图 6 所示 G_4 有汉密尔顿路，没有汉密尔顿回路。

设 G_4 有汉密尔顿回路 L，则边 AC，AB 必在 L 中，同理，边 DF，DC，EG，EC 也必在 L 中。于是，在回路 L 中，通过点 C 有三条边 AC，DC，EC，这不可能，因此 G_4 无汉密尔顿回路。

G_4 的汉密尔顿路是($ACDFBGE$)。

例 4　图 7 所示 G_5 设有汉密尔顿回路仅使用以 L 为端点的两边，抛弃其余的 3 边，对点 H 和 J 也有类似的情况，因此有从 L，H，J 三点出发的 9 条边不在汉密尔顿回路中。

点 F 的度是 3，汉密尔顿回路仅使用以 F 为端点的两条边，以 F 为端点的一条边不在回路中，同样的情形出现在点 B，O，D，因此有 4 条分别以 F，B，O，D 为端点的边不在汉密尔顿回路中。

综上所述，可知 G_5 有 13 条边不在它的汉密尔顿回路中。G_5 共有 27 条边，因此，G_5 的汉密尔顿回路中最多包含 27－13＝14 条边。但是另一方面，G_5 有 16 个点，G_5 的汉密尔顿回路应该有 16 条边，推出矛盾，因此 G_5 无汉密尔顿回路。

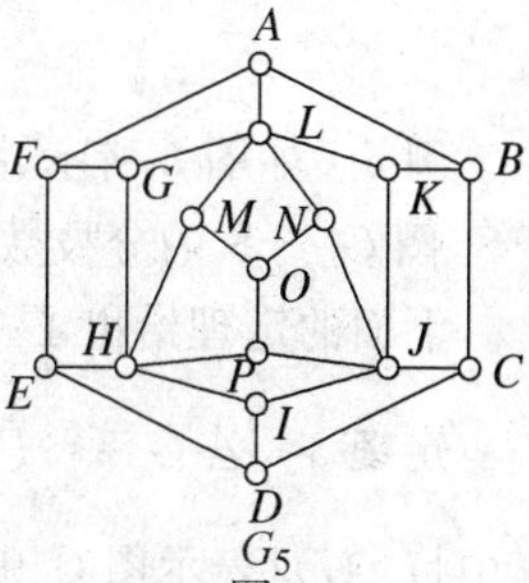

图 7

作为汉密尔顿图的一个应用，就是货郎担问题，一个货郎要到若干个村庄去推销货物，最后又回到出发点，他面临着怎样选择一条路程最短的路线问题。这个问题用图论的术语来描述：构造图 $G=\langle P,L\rangle$，图中各点相应于货郎要去的所有村庄，图中各边相应于连接两个村庄之间的道路。设每边(v_iv_j)的权 $L_{ij}>0$，它等于边(v_iv_j)旅行的距离（或时间，或费用）。包含图中每个点一次且仅一次的一条回路，就是汉密尔顿回路，而具有最小权和汉密尔顿回路，就是货郎担问题。

定理 2　如果图 $G=\langle P,L\rangle$ 是汉密尔顿图，则对于 $P(G)$ 的任一非空子集 S，都有

$$W(G-S)\leqslant |S|$$

其中 $|S|$ 表示 S 中点的个数，$W(G-S)$ 表示图 $G-S$ 的分枝数。

证明　设 C 是 G 中的汉密尔顿回路。显然

$$W(C-S)\leqslant |S|$$

（在回路中，依次删去 S 中的点以及与此点邻接的两条边，每次最多只增加一个分枝，且删去第一个点时，不增加分枝）。

又因 C 是 G 的支撑子图，所以 $C-S$ 是 $G-S$ 的支撑子图，因此 $W(G-S)\leqslant W(C-S)$，所以

$$W(G-S)\leqslant |S|$$

证毕。

定理 2 经常被用来证明一个图不是汉密尔顿图。如果能在图 G 中找出一点集 S，使得在 G 中删去 S 后所得图的分枝数大于 S 中顶点的个数，则 G 不是汉密尔顿图。

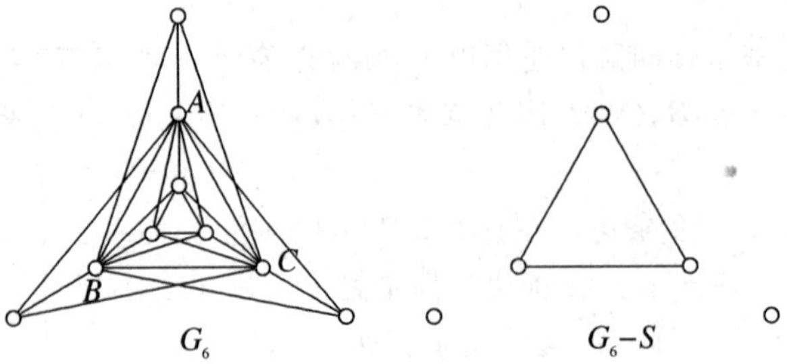

图 8

例 5　如图 8 所示，把 G_6 中点 A,B,C 构成的集合记为 S，则从图 G_6 中删去 S，得图 G_6-S，图 G_6-S 的分枝数 $W(G-S)=4$，而 $|S|=3$，由定理 2 知图 G_6 不是汉密尔顿图。

下面的定理给出了一个图是汉密尔顿图的充分条件。

定理 3　若 $G=\langle P,L\rangle$ 是有限图，$|P(G)|\geqslant 3$，$\delta(G)\geqslant\dfrac{|P(G)|}{2}$，则 G 是汉密尔顿图。其中 $|P(G)|$ 表示图 G 中顶点个数，$\delta(G)$ 是 G 的最小度。

例 6　如图 9 所示，如果记 $r=|P(G)|$，则在 G_7 中，$r=8$，$\delta=4$，在 G_8 中，$r=6$，$\delta=3$。

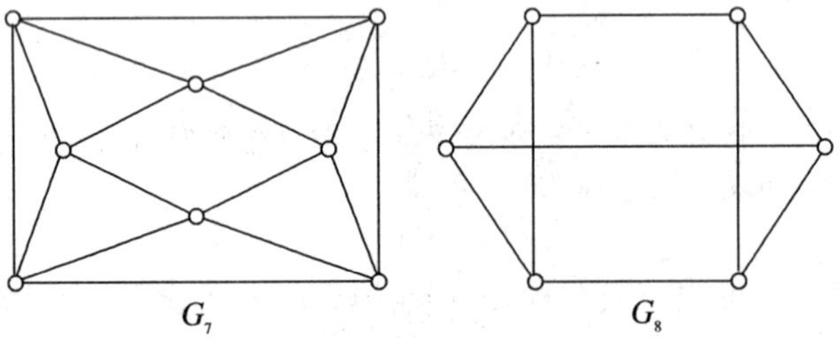

图 9

定理 4　设 G 是有限图，u 和 v 是 G 中不邻接的两点，并且满足 $d(u)+d(v)\geqslant r$，则 G 是汉密尔顿图的充要条件是 $G\cup\{uv\}$ 是汉密尔顿图。其中 $r=|P(G)|$，$G\cup\{uv\}$ 表示在 G 中加入边 uv。

定义 3　设 G 是有限图，反复连接 G 中不邻接的并且其度之和不小于 r 的点对，直到没有这样的点对为止，最后所得之图称为 G 的闭合图（或闭包），记作 $C(G)$。

例 7　如图 10 所示 G_9，其闭合图 $C(G_9)$ 形成过程如下。

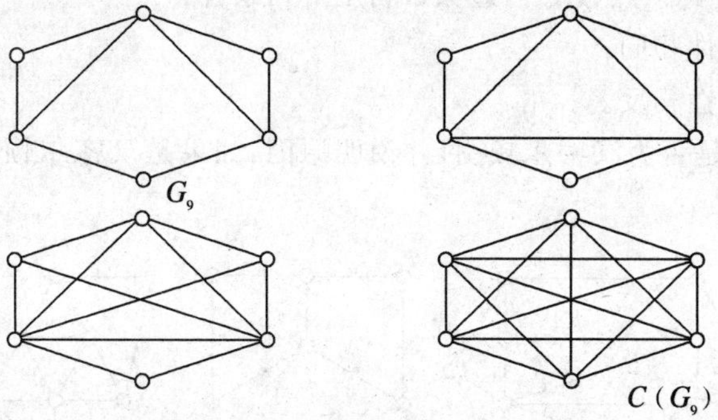

图 10

定理 5　有限图的闭合图是唯一确定的。

定理 6　有限图 G 是汉密尔顿图的充要条件是其闭合图 $C(G)$ 是汉密尔顿图。

利用定理 6 可以证明图 9 中的 G_7 和 G_8 是汉密尔顿图。

推论　设 G 是有限图，若 $C(G)$ 是完全图，则 G 是汉密尔顿图。

用此推论可以导出很多用点的度来表示关于图是汉密尔顿图的充分条件。例如，当 $\delta \geqslant \frac{r}{2}$ 时，对图中任意两点 u 和 v，都有

$$d(u)+d(v) \geqslant r$$

故该图的闭合图是完全图，因此该图是汉密尔顿图。由此可见，定理 3 的条件实际上是上述推论的一个特例。

汉密尔顿图的判定是图论中一个较为困难的问题，这里我们只介绍了一些初步的结果，感兴趣的读者可以进一步阅读有关材料。

习题四

1. 判断下列图能否一笔画出。（图 11）

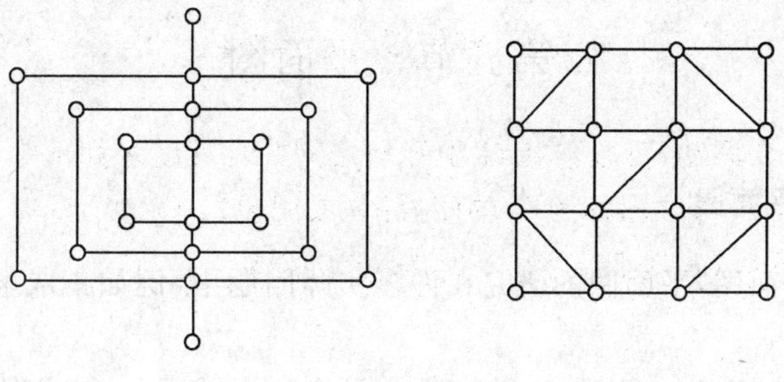

图 11

2. 构造欧拉图,使其顶点数 v 与边数 ε 满足下列条件:

(1) v 和 ε 的奇偶性相同;

(2) v 和 ε 的奇偶性相反。

3. 判断下列各图是否为汉密尔顿图,并说明原因,如果是汉密尔顿图,请画出汉密尔顿回路。(图 12)

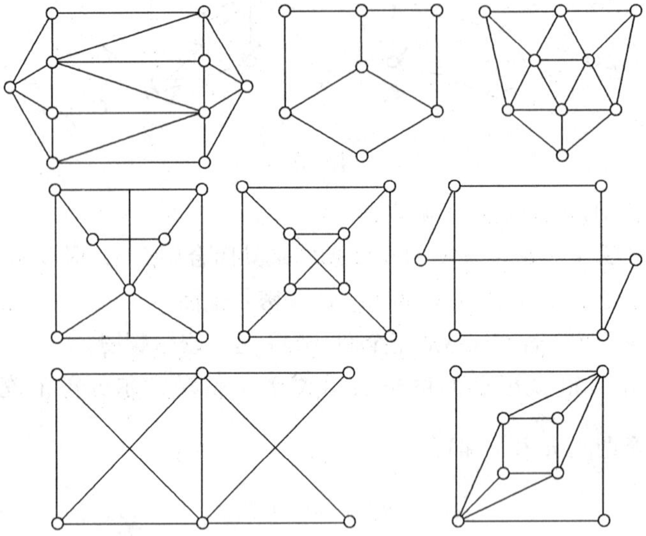

图 12

4. 举出满足下列要求的具有 5 个点的图:

(1) 没有汉密尔顿回路,也不能适当指定各边的方向使其具有欧拉路;

(2) 有汉密尔顿回路,但没有欧拉路;

(3) 没有汉密尔顿路,但有欧拉路;

(4) 既有汉密尔顿路,又有欧拉路。

第五节　平面图

一、平面图与可平面图

本节我们介绍平面图,平面图的研究在许多实际问题中,例如集成电路的布线设计中,有着广泛的应用。

定义 1　设 $G=\langle P, L\rangle$ 是图,如果能把 G 画在一个平面内,使得图的各边除在端点外彼此都不相交，则 G 称为可平面图。

如果已经画在平面内，并且图中各边互不相交，则 G 称作平面图。

例如，图 1 中的(a)是可平面图，因为我们可以把它改画成平面图，如图 1 中(b)的形状。

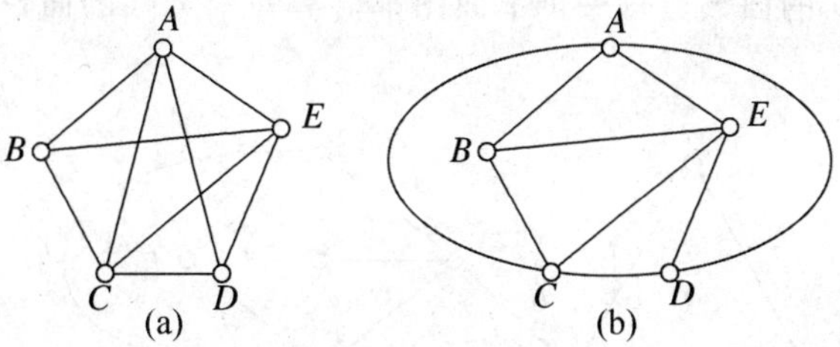

图 1

但是，有些图无论怎样改画，都不可避免地会有相交的边，这样的图才是非可平面图。

为举出一个非平面图的例子，我们先介绍平面 Jordan 曲线的性质。

起点与终点重合，自身又互不相交的平面曲线叫 Jordan 曲线。在平面图的研究中，Jordan 曲线起着非常重要的作用，因为图中的回路构成了一条 Jordan 曲线。

设 J 是平面中一条 Jordan 曲线，如图 2 所示，则平面被 J 分成两个不相交的区域，分别叫作 J 的内部和 J 的外部，用 $\text{int}(J)$ 和 $\text{ext}(J)$ 表示。Jordan 曲线的一个重要性质是：若点 $u \in \text{int}(J)$，点 $v \in \text{ext}(J)$，则连接点 u 和 v 的任意曲线必然和 J 相交。

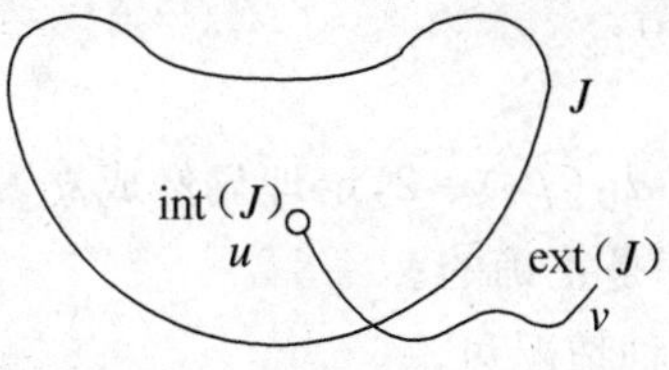

图 2

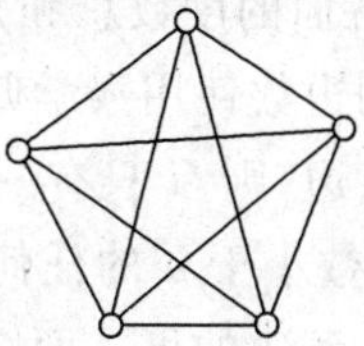

图 3

例 1　证明图 3 所示的由 5 个顶点构成的完全图 K_5 不是可平面图。

假设可以把 K_5 改画成一个平面图 G，用 v_1, v_2, v_3, v_4 和 v_5 表示 G 的顶点，因为 G 是完全图，它的任意两个顶点之间都有边相连。回路 $C = v_1v_2v_3v_1$ 构成一个 Jordan 曲线，如图 4，顶点 v_4 或者在 $\text{int}(C)$ 中或者在 $\text{ext}(C)$ 中，不妨假定 $v_4 \in \text{int}(C)$，(当 $v_4 \in \text{ext}(C)$ 时可以用类似的方式处理)，于是边 v_4v_1, v_4v_2, v_4v_3 把 $\text{int}(C)$ 分成 3 个区域 $\text{int}(C_1), \text{int}(C_2), \text{int}(C_3)$，其中 $C_1 = v_1v_4v_2v_1$，$C_2 = v_2v_4v_3v_2$，$C_3 = v_3v_4v_1v_3$，v_5 必须位于 $\text{ext}(C), \text{int}(C_1), \text{int}(C_2), \text{int}(C_3)$ 四个区域的某一区域中，如果 $v_5 \in \text{ext}(C)$，则因为 $v_4 \in \text{int}(C)$，根据 Jordan 曲线的性质，v_4v_5 的连线必然与 C 相交，这与 G 是可平面图矛盾。类似地，可以证明当

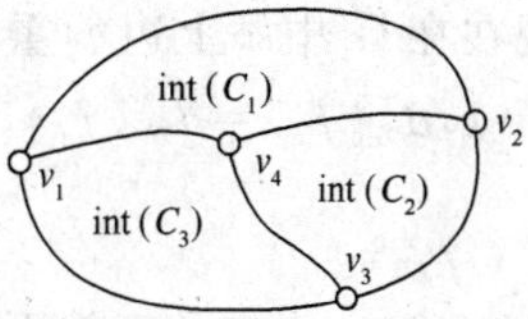

图 4

$v_5 \in \text{int}(C_i)(i=1,2,3)$时也会导致矛盾。

定义 2　设 G 是平面图,则 G 把平面划分成一些连通的区域,这些区域称为 G 的面。

例如图 5 所示的平面图把平面分成 4 个面:f_1, f_2, f_3 和 f_4。今后,我们用 $F(G)$表示 G 的面集合,$\Phi(G)$表示 G 的面数。每一个平面图都恰有一个无限的面,称为外部面,图 5 中 f_1 是外部面。

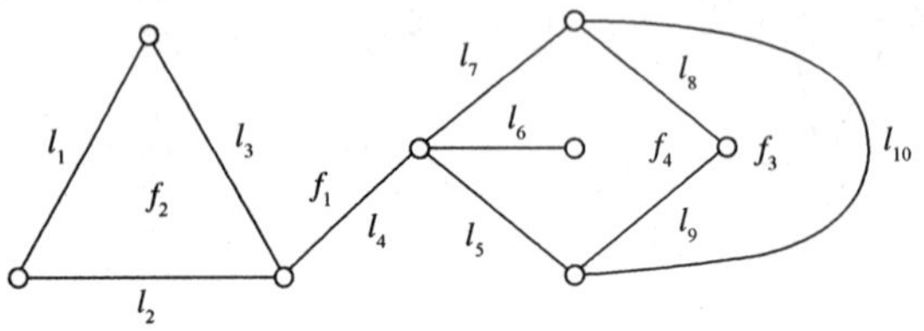

图 5

设 G 是图,不在 G 的任何回路上的边称为割边,例如图中 l_4 和 l_6 是割边,设 f 是 G 的面,与 f 相邻的边的总数(割边要计算两次)称为面 f 的度,记作 $d_G(f)$。例如在图 5 中,$d_G(f_1)=8, d_G(f_2)=3, d_G(f_3)=3, d_G(f_4)=6$。

定理 1　设 G 是可平面图,G 有 ε 条边,则

$$\sum_{f \in F(G)} d_G(f) = 2\varepsilon$$

换句话说,平面图各面的度数总和是边数的二倍。

证明　对 G 的边数使用数学归纳法。

若 G 只有一条边,则 G 只有一个面 f_1,且 $d_G(f_1)=2$,定理显然成立。

假设定理对边数小于 n 的任何可平面图都是正确的。

设 G 是具有 n 条边的可平面图,以下分两种情况讨论。

(1)G 中有点 v 的度是 1,设 v 在 G 的面 f_1 中,则删去与 v 相连的边 e,得图 G',G'有 $n-1$ 条边,由归纳假设知

$$\sum_{f \in F(G')} d_G{}'(f) = 2(n-1)$$

现在在 G'中添上边 e,重新得到 G,则因为 e 在 G 中是割边,$d_G(f)=d_{G'}(f_1)+2$,而对任何 $i \neq 1, d_G(f_i)=d_{G'}(f_i)$,所以有

$$\sum_{f \in F(G)} d_G(f) = 2n$$

(2)G 中点的度都不是 1,则 G 有一回路 C,设 C 由 l 条边组成,C 包围的面是 f_C。在回路 C 中删去一边 e,得图 G',由归纳假设知

$$\sum_{f \in F(G')} d_{G'}(f) = 2(n-1)$$

现在在 G'中添上 e,重新得到 G,则 G 比 G'增加了一个度为 l 的面 f_c,而另外一个面的度减少

了 $l-2$，因此总度数之和增加 2。所以仍有

$$\sum_{f \in F(G')} d_G(f) = 2(n-1) + 2 = 2n$$

二、欧拉公式

下面我们介绍能表明一个可平面图顶点、边和面之间的关系的著名的欧拉(Euler)公式。

定理 2 设 G 是连通的平面图，顶点数是 v，边数是 ε，面数是 φ，则有

$$v - \varepsilon + \varphi = 2$$

证明 对 G 的面数 φ 使用数学归纳法，如果 $\varphi=1$，则 G 无回路，又因 G 连通，因此 G 是树。由树的性质知具有 v 个顶点的树有 $v-1$ 条边，在这种情形下，$v-\varepsilon+\varphi=v-(v-1)+1=2$，定理显然成立。

假设定理对任何少于 n 个面的图都是正确的。

现在设 G 是具有 $n(n\geqslant 2)$ 个面的连通图。因为 G 有两个以上的面，所以 G 有回路 C，在回路 C 中选一边 e，在 G 中删去 e 后得图 G'，则 G' 仍是一个连通的平面图，G' 有 $n-1$ 个面。根据归纳假设知

$$v(G') - \varepsilon(G') + \varphi(G') = 2$$

但因 $v(G')=v(G)$，在 G 中删去一边后把两个面合为一个面，所以有

$$\varepsilon(G') = \varepsilon(G) - 1, \quad \varphi(G') = \varphi(G) - 1$$

因此

$$v(G) - \varepsilon(G) + \varphi(G) = 2$$

推论 1 设 G 是连通简单平面图，G 的顶点数 $v\geqslant 3$，则 G 的边数 $\varepsilon\leqslant 3v-6$。

证明 设 G 是连通简单图，顶点数$\geqslant 3$，则对 G 的任意面 f，都有 $d_G(f)\geqslant 3$，因此有

$$\sum_{f \in F(G)} d_G(f) \geqslant 3\varphi$$

其中 φ 是图 G 的面数。

根据定理 1 知，

$$\sum_{f \in F(G)} d_G(f) = 2\varepsilon$$

因此有 $2\varepsilon\geqslant 3\varphi$，即 $\frac{2}{3}\varepsilon\geqslant\varphi$

根据 Euler 公式得出

$$v - \varepsilon + \frac{2}{3}\varepsilon \geqslant 2$$

由此推出 $\varepsilon\leqslant 3v-6$。

推论 2 设 G 是连通简单可平面图，则 G 中各点的最小度 $\delta\leqslant 5$。

证明 当顶点数 $v<4$，推论显然成立，根据第四章第一节定理 1 知，图中各点度的总和是

边数的 2 倍，因此有

$$\delta V \leqslant \sum_{v \in P(G)} d_G(v) = 2\varepsilon \leqslant 6v - 12$$

由此推出 $\delta \leqslant 5$。

例 2 证明 K_5 不是平面图。

证明 用反证法，假设 K_5 是平面图，按推论 1，K_5 的边数应小于或等于 $3v-6=3\times5-6=9$，但 K_5 有 10 条边，矛盾。

例 3 证明图 6 所示的图 $K_{3,3}$ 不是平面图。

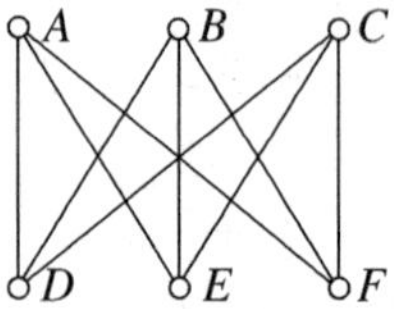

图 6

证明 用反证法，若 $K_{3,3}$ 可以改画成平面图 G，则因 $K_{3,3}$ 没有长度小于 4 的回路，G 的每个面的度数必大于或等于 4，设 G 的面数为 φ，则有

$$4\varphi \leqslant \sum_{f \in F(G)} d_G(f) = 2\varepsilon = 18$$

因此 $\varphi \leqslant 4$，于是

$$v - \varepsilon + \varphi \leqslant 6 - 9 + 4 = 1$$

而由 Euler 公式知 $v-\varepsilon+\varphi=2$，推出矛盾。

K_5 和 $K_{3,3}$ 是两种十分重要的非可平面图。Kuratowski 于 1930 年证明了任何一个非可平面图都有同胚于 K_5 或 $K_{3,3}$ 的子图。

定义 3 设 G_1 是一个图，如果 G_2 是以一条链(端点度为 1，中间诸点皆为 2 的简单路)代替 G_1 的一边所得图，则称 G_1 和 G_2 具有同胚的边。如果 G_1 和 G_2 具有 n 个同胚边($n\geqslant0$)，则称 G_1 和 G_2 是同胚的。

例如，图 7 中 4 个图是同胚的。

显然，若 G_1 和 G_2 是同胚的，则或者它们都是可平面图，或者它们都是非可平面图。

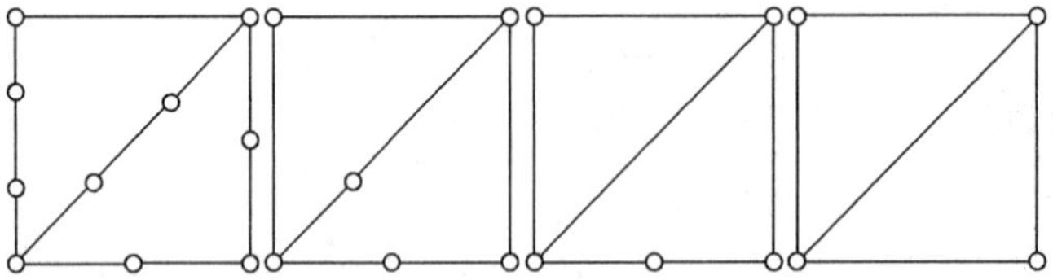

图 7

因为 K_5 和 $K_{3,3}$ 是非可平面的，如果一个图有同胚于 K_5 或 $K_{3,3}$ 的子图，这个图一定是非可平面图。1930 年 Kuratowski 证明了这个条件也是非可平面图的必要条件，即是说，若一个图是非可平面图，则必有同胚于 K_5 与 $K_{3,3}$ 的子图。因此可以总结成下面的定理。

定理 3 (Kuratowski，1930)一个图是可平面图，当且仅当它不含同胚于 K_5 与 $K_{3,3}$ 的子图。

因为定理 3 的证明是十分复杂的，涉及图论的很多其他知识，我们略去了它的证明。下面举出了定理 3 的一个应用例。

例 4　证明图 8 所示的图 G 不是可平面图。

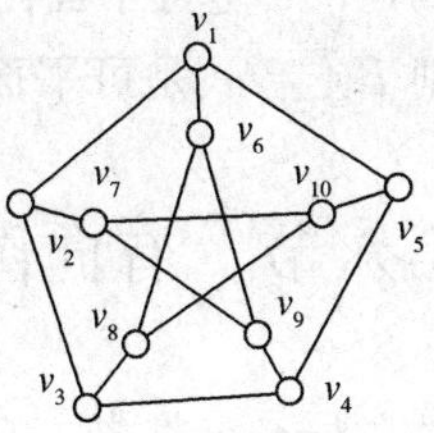

图 8

证明　因为图 G_1 有子图 G_2，如图 9(a)所示，可以改画成图 9(b)的形式，由此知 G_2 同胚于 $K_{3,3}$。因为 G_1 有同胚于 $K_{3,3}$ 的子图，所以是非可平面图。

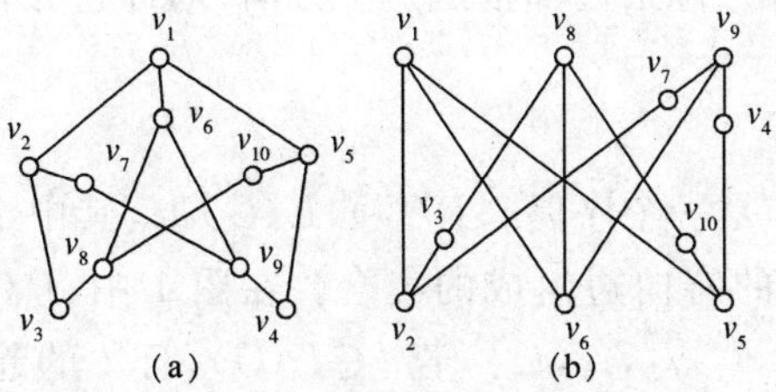

图 9

习题五

1. 根据图 10 动手画出平面图。

(1) 如果是可平面图，画出平面图；

(2) 如果不是可平面图，画出其中同胚于 K_5 或 $K_{3,3}$ 的部分。

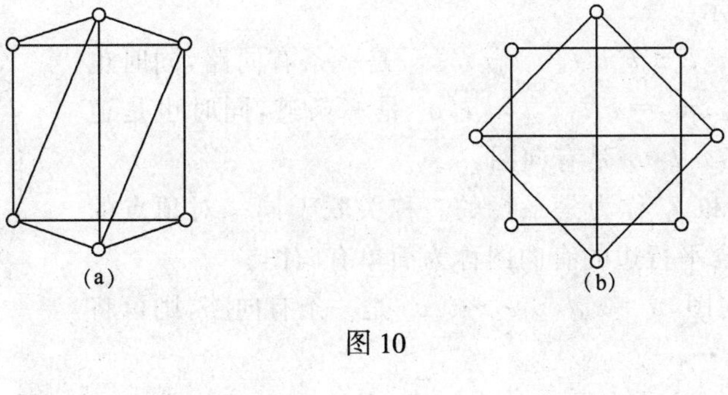

图 10

2. 试证明：

(1) 若 e 是 K_5 的任意一条边，则 K_5-e 是可平面图；

(2) 若 e 是 $K_{3,3}$ 的任意一条边，则 $K_{3,3}-e$ 是可平面图。

第六节　有向图

有向图的理论非常多，以致可以为它写一整本书。在这一节里，我们只介绍有向图的一些基本性质和基本概念，如果读者想了解更多的有向图的理论，请看参考文献[4]。

一、基本概念

定义 1　在一个图中，若对每条边都指定一个方向，则称它为有向图。

例 1　如图 1 所示

图 1 是一个有向图。

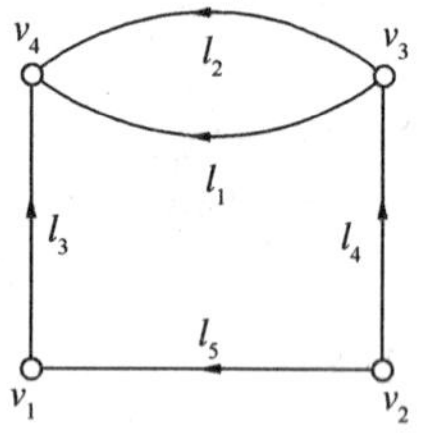

图 1

一个有向图 G 可以看作是一个序偶 $<P(G), L(G)>$，其中 $P(G)$ 是 G 的顶点集，$L(G)$ 是 G 的有向边组成的集合。在图 1 中，$P(G)=\{v_1, v_2, v_3, v_4\}$，$L(G)=\{l_1, l_2, l_3, l_4, l_5\}$，若 $l \in L(G)$，且 l 的起点为 u，终点为 v，则可将 l 看成一个有序偶 $<u, v>$，即 $l=<u, v>$，并分别称 v 和 u 为边 l 的头和尾。

定义 2　给定有向图 $G=<P(G), L(G)>$，设 $W=v_0 l_1 v_1 l_2 \cdots l_n v_n$ 是 G 中的顶点和边的交替序列，并且 v_{k-1} 是 l_k 的尾，v_k 是 l_k 的头，则称 W 是 G 的一条长度为 n 的有向路（简称为路），当 v_0 与 v_n 相同时，称 W 为 G 的一个有向回路（简称回路）；若 W 是一条从 v_0 到 v_n 的有向路，并且它的各边全不同，则称 W 是一条有向迹；若它的各点全不同，则称 W 是一条简单有向路或有向道路（简称道路）；若 W 是一条道路，且它的起点和终点重合，则称 W 是 G 中的一条有向圈（简称圈）。

例 2　如图 2 所示

在图 2 中，$w_1=v_1 l_1 v_2 l_3 v_3 l_6 v_4 l_5 v_3 l_4 v_2$ 是一条有向路，同时也是一条迹但不是道路；$w_2=v_1 l_1 v_2 l_3 v_3 l_6 v_4$ 是一条迹，同时也是道路；$w_3=v_1 l_1 v_2 l_3 v_3 l_6 v_4 l_7 v_1$ 是有向圈。

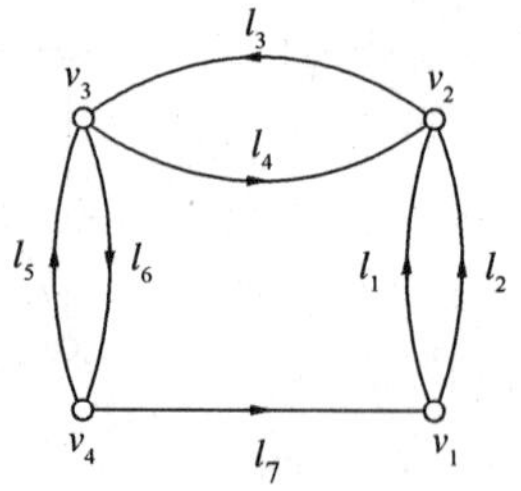

图 2

在图 2 中，边 l_1 和 l_2 称为是平行的。称关联于同一对顶点的两条边为平行边，不含平行边的有向图称为简单有向图。

若 G 是简单有向图，$w=v_0 l_1 v_1 l_2 \cdots l_n v_n$ 是一条有向路，则可将 w 简记为 $w=v_0 v_1 v_2 \cdots v_n$。

定义 3　设 G 是一个有向图，$l=<u, v>$ 是 G 的一条有向边，这时我们称 u（或 v）与 l 相互关联，并称 u 邻接于 v，以 v 为头的边的数目称为 v 的入度，记为 $d^-(v)$；以 v 为尾的边的数目称为 v 的出度，记为 $d^+(v)$；出度与入度之和称为顶点 v 的度，记为 $d(v)$，即 $d(v)=d^+(v)+d^-(v)$。

在图 2 中，$d^-(v_1)=1,d^+(v_1)=2,d(v_1)=3;d^-(v_2)=3,d^+(v_2)=1,d(v_2)=4$ 等。

定理 1　在任何一个有向图中，各顶点的入度之和等于出度之和，它们都等于边的数目。即

$$\sum_{v\in p} d^-(v)=\sum_{v\in p} d^+(v)=\varepsilon$$

其中 ε 是 G 的边数。

证明　因为每一条边在计算各顶点的入度和出度时各被计算一次，所以各顶点的入度之和与出度之和都等于边的数目，入度之和等于出度之和。

二、有向图的连通性

定义 4　设 $G=<P(G),L(G)>$ 是一个有向图，若在 G 中存在一条从顶点 u 到顶点 v 的有向路，则称从 u 可达 v。

可达性是有向图结点集 $P(G)$ 上的二元关系，它是自反的和传递的，但一般来讲，它不是对称的。因为如果从 u 到 v 有一条有向路，不一定必有从 v 到 u 的一条有向路，故可达性不是等价关系。

如果 u 可达 v，它们之间可能不止一条路，在所有这些路中，最短的长度称为点 u 和 v 之间的距离(或最短线)，记作 $d<u,v>$，它满足下列性质：

$d<u,v>\geqslant 0$；

$d<u,u>=0$；

$d<u,v>+d<v,w>\geqslant d<u,w>$。

其中 u,v,w 都是 G 的顶点。如果从 u 到 v 是不可达的，则通常写成 $d<u,v>=\infty$。

注意：当 u 可达 v 且可达 u 时，$d<u,v>$ 不一定等于 $d<v,u>$。我们把 $d=\max\limits_{u,v\in P} d<u,v>$ 称作图 G 的直径。

定义 5　给定有向图 $G=<P(G),L(G)>$，如果 G 中任意两个顶点都是相互可达的，则称 G 是强连通的。如果对于 G 中的任两个顶点 u 和 v，或者从 u 可达 v，或者从 v 可达 u，则称 G 是单侧连通的。如果在图中略去边的方向，将它看成无向图时是连通的，则称 G 是弱连通的。

例 3　如图 3 所示

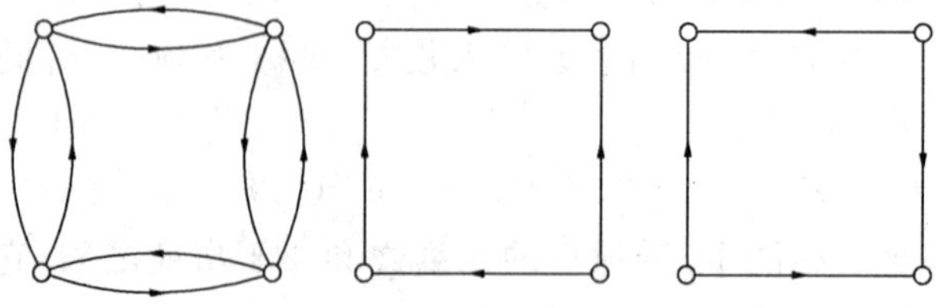

(a) (b) (c)

图 3

(a)是强连通图,(b)是单侧连通图,(c)是弱连通图。

从上述定义可以看出,若 G 是强连通图,则它必是单侧连通图;若 G 是单侧连通图,则它必是弱连通图。这两个命题,其逆不真。

定理 2　一个有向图 G 是强连通的,当且仅当 G 中有一条回路,它至少包含每个顶点一次。

证明　充分性

如果 G 中有一个回路,它至少包含每个顶点一次,则 G 中任两个顶点都是相互可达的,故 G 是强连通的。

必要性

如果有向图 G 是强连通的,则任两个顶点都是相互可达的,故必可作一回路经过图中所有各点。若不然则必有一回路不包含某一顶点 v,并且 v 与回路上的各顶点不是相互可达,与强连通条件矛盾。

定义 6　在简单有向图中,具有强连通性质的最大子图,称为强分图;具有单侧连通性质的最大子图,称为单侧分图;具有弱连通性质的最大子图,称为弱分图。

例 4　如图 4 所示

在图 4(a)中,由$\{v_1,v_2,v_3,v_4\}$或$\{v_5\}$导出的子图都是强分图,由$\{v_1,v_2,v_3,v_4,v_5\}$导出的子图是单侧分图,也是弱分图。

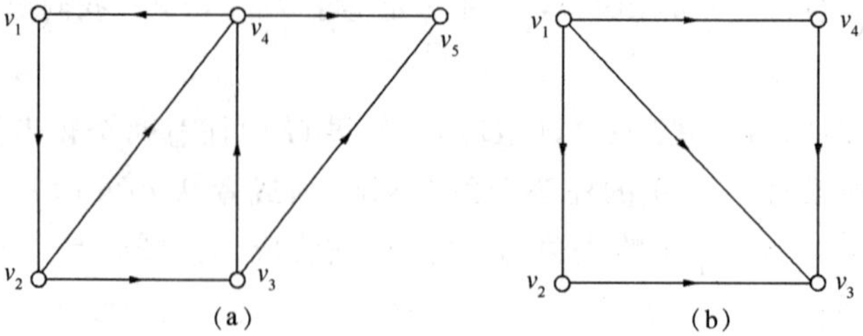

(a) (b)

图 4

又如在图 4(b)中,强分图可由$\{v_1\}$,$\{v_2\}$,$\{v_3\}$,$\{v_4\}$导出,单侧分图可由$\{v_1,v_2,v_3\}$,$\{v_1,v_3,v_4\}$导出,弱分图可由$\{v_1,v_2,v_3,v_4\}$导出。

定理 3　在有向图 $G=<P,L>$ 中，它的每一个顶点位于且只位于一个强分图中。

证明　(1) 假设 $v \in P$，令 S 是 G 中所有与 v 相互可达的顶点的集合，当然 v 也在 S 中，而 S 的导出子图是 G 的一个强分图，因此 G 的每个顶点都必位于一个强分图中。

(2) 假设 v 位于 G 的两个不同的强分图 $G_1=<P_1,L_1>$ 和 $G_2=<P_2,L_2>$ 之中，因为 G_1 中每个顶点与 v 相互可达，而 v 与 G_2 中的每个顶点也相互可达，故 G_1 中任一顶点与 G_2 中任一顶点通过 v 都互相可达，这与题设 G_1 为强分图矛盾。故 G 的每一结点只能位于一个强分图中。

三、有向图的矩阵表示

定义 7　设 $G=<P,L>$ 是一个简单有向图，它有 n 个顶点，$P=\{v_1,v_2,\cdots,v_n\}$，则 n 阶方阵 $\mathbf{A}=(a_{ij})$ 称为 G 的邻接矩阵。其中

$$a_{ij}=\begin{cases}1, v_i \text{ 邻接于 } v_j \\ 0, v_i \text{ 不邻接于 } v_j \text{ 或 } i=j\end{cases}$$

注意：与无向图不同，有向图的邻接矩阵不一定是对称的。

例 5　如图 5 所示

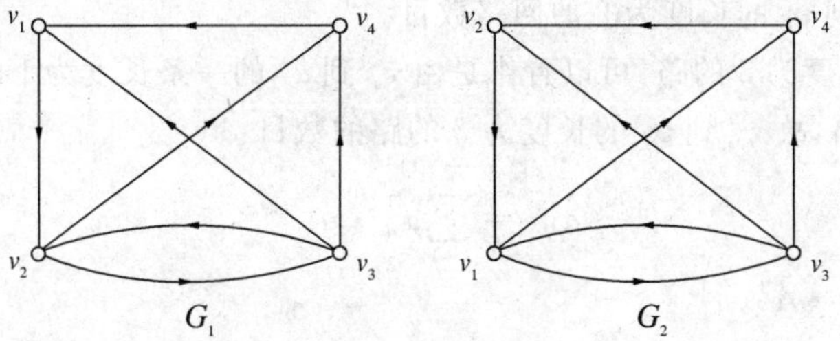

图 5

$$\mathbf{A}(G_1)=\begin{bmatrix}0&1&0&0\\0&0&1&1\\1&1&0&1\\1&0&0&0\end{bmatrix};\quad \mathbf{A}(G_2)=\begin{bmatrix}0&0&1&1\\1&0&0&0\\1&1&0&1\\0&1&0&0\end{bmatrix}$$

由上例可见，邻接矩阵与顶点的标定次序有关，如在图 4(G_1)中，若将 v_1 和 v_2 的次序调换一下，那么新的矩阵 $\mathbf{A}(G_2)$ 是原矩阵 $\mathbf{A}(G_1)$ 的第一、二行对调，第一、二列对调而得到的。

一般地说，我们把一个 n 阶方阵 $\mathbf{A}$ 的某些行作一置换，再把相应的列作同样的置换，得到一个新的矩阵 $\mathbf{A}_1$，我们称 $\mathbf{A}_1$ 与 $\mathbf{A}$ 是置换等价的。有向图的顶点，按不同的次序所写出的邻接矩阵是彼此置换等价的，今后我们略去这种元素次序的任意性，可取图的任意一个邻接矩阵作为该图的邻接矩阵。

从邻接矩阵 $\mathbf{A}$ 中，我们看到，第 i 行元素是由结点 v_i 出发的边决定，第 i 行中值为 1 的元

素数目等于 v_i 的出度。同理，在第 j 列中值为 1 的元素数目是 v_j 的入度。

如果给定一个图是零图，则其对应的矩阵中，所有元素都为零即它是一个零矩阵，反之亦然。

从图 G 的邻接矩阵中，我们还可以得到图的很多重要性质：

设有向图 G 的顶点集 $P=\{v_1,v_2,\cdots,v_n\}$，它的邻接矩阵为：$\mathbf{A}(G)=(a_{ij})_{n\times n}$，现在我们想计算从顶点 v_i 到顶点 v_j 的长度为 2 的路的数目。注意到每条从 v_i 到 v_j 的长度为 2 的路，中间必须经过一个结点 v_k，即 $v_i\to v_k\to v_j$ $(1\leqslant k\leqslant n)$，如果图 G 中有路 $v_iv_kv_j$ 存在，那么 $a_{ik}=1$ 且 $a_{kj}=1$，即 $a_{ik}\cdot a_{kj}=1$。于是从顶点 v_i 到顶点 v_j 的长度为 2 的路的数目等于：

$$a_{i1}a_{1j}+a_{i2}a_{2j}+\cdots+a_{in}a_{nj}=\sum_{k=1}^{n}a_{ik}a_{kj}$$

按着矩阵的乘法规则，这恰好等于矩阵 $\mathbf{A}^2$ 中第 i 行、第 j 列的元素。

$$(a_{ij}^{(2)})_{n\times n}=\begin{bmatrix}a_{11} & a_{12} & \cdots & a_{1n}\\ a_{11} & a_{12} & \cdots & a_{1n}\\ \vdots & \vdots & & \vdots\\ a_{n1} & a_{n2} & \cdots & a_{nn}\end{bmatrix}\cdot\begin{bmatrix}a_{11} & a_{12} & \cdots & a_{1n}\\ a_{21} & a_{22} & \cdots & a_{2n}\\ \vdots & \vdots & & \vdots\\ a_{n1} & a_{n2} & \cdots & a_{nn}\end{bmatrix}$$

$a_{ij}^{(2)}$ 表示从 v_i 到 v_j 的长度为 2 的路的数目。

$a_{ii}^{(2)}$ 表示从 v_i 到 v_i 的长度为 2 的回路数目。

从 v_i 到 v_j 的长度为 3 的路，可以看作是由 v_i 到 v_k 的一条长度为 1 的路，再联结 v_k 到 v_j 的一条长度为 2 的路，故 v_i 到 v_j 的长度为 3 的路的数目：

$$a_{ij}^{(3)}=\sum_{k=1}^{n}a_{ik}\cdot a_{kj}{}^{(2)}$$

即 $(a_{ij}^{(3)})_{n\times n}=\mathbf{A}^3=\mathbf{A}\cdot\mathbf{A}^2$。

一般地有：

$$(a_{ij}^{(l)})_{n\times n}=[\mathbf{A}(G)]^l=\overbrace{\begin{bmatrix}a_{11} & a_{12} & \cdots & a_{1n}\\ a_{21} & a_{22} & \cdots & a_{2n}\\ \vdots & \vdots & & \vdots\\ a_{n1} & a_{n2} & \cdots & a_{nn}\end{bmatrix}\cdots\begin{bmatrix}a_{11} & a_{12} & \cdots & a_{1n}\\ a_{21} & a_{22} & \cdots & a_{2n}\\ \vdots & \vdots & & \vdots\\ a_{n1} & a_{n2} & \cdots & a_{nn}\end{bmatrix}}^{l\text{个}}$$

上述这个结论对无向图也成立。

定理 4　设 $\mathbf{A}(G)$ 是图 G 的邻接矩阵，则 $[\mathbf{A}(G)]^l$ 中的第 i 行、第 j 列元素 $a_{ij}^{(l)}$ 等于 G 中联结 v_i 与 v_j 的长度为 l 的路的数目。

证明　对 l 用数学归纳法。

当 $l=2$ 时，由上可知显然成立。

设命题对 l 成立，由

$$[\mathbf{A}(G)]^{l+1}=\mathbf{A}(G)\cdot(\mathbf{A}(G))^l$$

故 $$a_{ij}^{l+1}=\sum_{k=1}^{n}a_{ik}a_{kj}^{(l)}$$

根据邻接矩阵的定义，a_{ik} 表示联结 v_i 与 v_k 的长度为 1 的路的数目，$a_{kj}^{(l)}$ 是联结 v_k 与 v_j 的长度为 l 的路的数目，故上式右边的每一项表示由 v_i 经过一条边到 v_k，再由 v_k 经过一条长度为 l 的路到 v_j 的总长度为 $l+1$ 的路的数目。对所有 k 求和，即得 $a_{ij}^{(l+1)}$ 是所有从 v_i 到 v_j 的长度为 $l+1$ 的路的数目，故命题对 $l+1$ 成立。

例 6　给定一图 $G=\langle P,L\rangle$，如图 6 所示。

$$\boldsymbol{A}=\begin{bmatrix}0&1&0&0&0\\1&0&1&0&0\\0&1&0&0&0\\0&0&0&0&1\\0&0&0&1&0\end{bmatrix}\qquad \boldsymbol{A}^2=\begin{bmatrix}1&0&1&0&0\\0&2&0&0&0\\1&0&1&0&0\\0&0&0&1&0\\0&0&0&0&1\end{bmatrix}$$

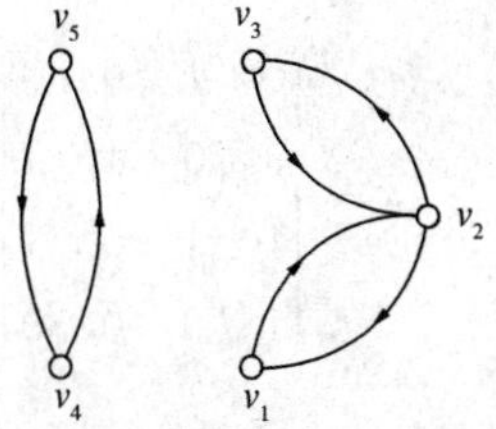

图 6

$$\boldsymbol{A}^3=\begin{bmatrix}0&2&0&0&0\\2&0&2&0&0\\0&2&0&0&0\\0&0&0&0&1\\0&0&0&1&0\end{bmatrix}\qquad \boldsymbol{A}^4=\begin{bmatrix}2&0&2&0&0\\0&4&0&0&0\\2&0&2&0&0\\0&0&0&1&0\\0&0&0&0&1\end{bmatrix}$$

从上述矩阵中我们可以想到一些结论，如 v_1 与 v_2 之间有两条长度为 3 的路，结点 v_1 与 v_3 之间有一条长度为 2 的路，在结点 v_2 有四条长度为 4 的回路，但没有长度为 3 的回路。

在许多实际问题中，常常要判断有向图的一个顶点 v_i 到另一个顶点 v_j 是否存在路的问题。如果利用图 G 的邻接矩阵 $\boldsymbol{A}$，则可计算 $\boldsymbol{A},\boldsymbol{A}^2,\cdots,\boldsymbol{A}^n,\cdots$，当发现其中某个 $\boldsymbol{A}^l$ 的 $a_{ij}^{(l)}\geqslant 1$，就表明结点 v_i 到 v_j 可达，但这种方法比较烦琐且 $\boldsymbol{A}^l$ 不知计算到何时为止。为解决这一问题，我们给出如下定理。

定理 5　在一个具有 n 个顶点的图中，若从顶点 v_i 到顶点 v_j 存在一条路，则必存在一条从 v_i 到 v_j 的长度小于 n 的路。证略。

由定理 5，对于有向图 G，若 G 有 n 个顶点，$P=\{v_1,v_2,\cdots,v_n\}$，v_i 到 v_j 有一条路，则必然有一条长度不超过 n 的路，因此只要考察 $a_{ij}^{(l)}$ 就可以了，其中 $1\leqslant l\leqslant n$。对于有向图 G 中任意两个顶点之间的可达性，亦可用矩阵表达。

定义 8　设 $G=\langle P,L\rangle$ 是一个简单有向图，$|V|=n$，假定 G 的顶点已编序，即 $P=\{v_1,v_2,\cdots,v_n\}$，定义一个 $n\times n$ 阶矩阵 $\boldsymbol{P}=\{b_{ij}\}$。

其中 $$b_{ij}=\begin{cases}1,\text{从 } v_i \text{ 到 } v_j \text{ 至少存在一条路}\\0,\text{从 } v_i \text{ 到 } v_j \text{ 不存在路}\end{cases}$$

称矩阵 $\boldsymbol{P}$ 是图 G 的可达性矩阵。

可达性矩阵表明了图中任意两个顶点之间是否存在一条路以及在任何顶点上是否存在回路。

一般地讲，可由图 G 的邻接矩阵 $\boldsymbol{A}$ 得到可达性矩阵 $\boldsymbol{P}$，即令 $\boldsymbol{B}_n=\boldsymbol{A}+\boldsymbol{A}^2+\cdots+\boldsymbol{A}^n$，再从 $\boldsymbol{B}_n$ 中将非零元素改为 1，为零的元素不变，改换以后所得到的矩阵即为可达性矩阵 $\boldsymbol{P}$。

例 7 设 G 如图 7 所示，利用邻接矩阵 $\boldsymbol{A}$ 求 G 的可达性矩阵 $\boldsymbol{P}$。

解 由图 7，邻接矩阵

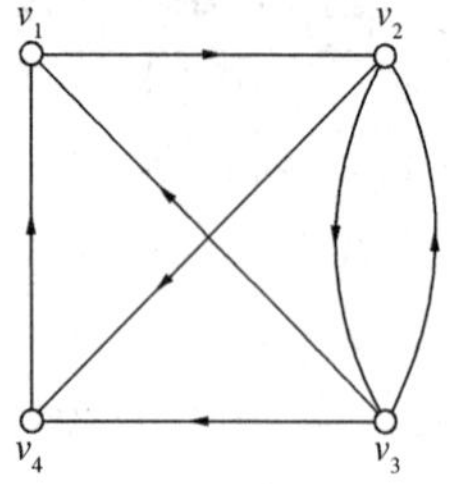

图 7

$$\boldsymbol{A}=\begin{bmatrix}0&1&0&0\\0&0&1&1\\1&1&0&1\\1&0&0&0\end{bmatrix}\qquad \boldsymbol{A}^2=\begin{bmatrix}0&0&1&1\\2&1&0&1\\1&1&1&1\\0&1&0&0\end{bmatrix}$$

$$\boldsymbol{A}^3=\begin{bmatrix}2&1&0&1\\1&2&1&1\\2&2&1&2\\0&0&1&1\end{bmatrix}\qquad \boldsymbol{A}^4=\begin{bmatrix}1&2&1&1\\2&2&2&3\\3&3&2&3\\2&1&0&1\end{bmatrix}$$

故 $$\boldsymbol{B}_n=\boldsymbol{A}+\boldsymbol{A}^2+\boldsymbol{A}^3+\boldsymbol{A}^4=\begin{bmatrix}3&4&2&3\\5&5&4&6\\7&7&4&7\\3&2&1&2\end{bmatrix}$$

可达性矩阵

$$\boldsymbol{P}=\begin{bmatrix}1&1&1&1\\1&1&1&1\\1&1&1&1\\1&1&1&1\end{bmatrix}$$

由此可知图 G 中任两顶点间均是可达的，并且任一顶点均有回路，因而此图是一个强连通图。

上述计算可达性矩阵的方法还是比较复杂，因为可达性矩阵是一个元素为 0 或 1 的布尔矩阵，由于在 $\boldsymbol{A}^l$ 中，我们所关心的是两顶点间是否有路存在，而对于有几条路不感兴趣，因此我们可将矩阵 $\boldsymbol{A},\boldsymbol{A}^2,\cdots,\boldsymbol{A}^n$ 分别改为布尔矩阵 $\boldsymbol{A}^{(1)},\boldsymbol{A}^{(2)},\cdots,\boldsymbol{A}^{(n)}$，故可达性矩阵 $\boldsymbol{P}=\boldsymbol{A}^{(1)}\vee\boldsymbol{A}^{(2)}\vee\cdots\boldsymbol{A}^{(n)}$，其中 $\boldsymbol{A}^{(i)}$ 表示在布尔运算意义上 $\boldsymbol{A}$ 的 i 次方，"$\vee$"为布尔和。

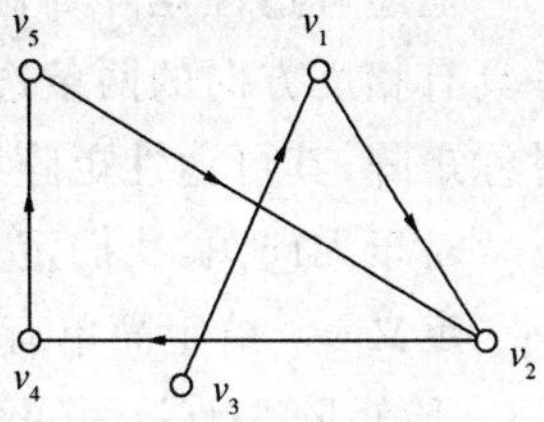

图 8

例 8 设图 G 如图 8 所示，求可达性矩阵 $\boldsymbol{P}$。

解 $$\boldsymbol{A}=\begin{bmatrix}0&1&0&0&0\\0&0&0&1&0\\1&0&0&0&0\\0&0&0&0&1\\0&1&0&0&0\end{bmatrix},$$

$$\boldsymbol{A}^{(2)}=\begin{bmatrix}0&1&0&0&0\\0&0&0&1&0\\1&0&0&0&0\\0&0&0&0&1\\0&1&0&0&0\end{bmatrix}\begin{bmatrix}0&1&0&0&0\\0&0&0&1&0\\1&0&0&0&0\\0&0&0&0&1\\0&1&0&0&0\end{bmatrix}=\begin{bmatrix}0&0&0&1&0\\0&0&0&0&1\\0&1&0&0&0\\0&1&0&0&0\\0&0&0&1&0\end{bmatrix},$$

$$\boldsymbol{A}^{(3)}=\boldsymbol{A}^{(2)}\boldsymbol{A}=\begin{bmatrix}0&0&0&0&1\\0&1&0&0&0\\0&0&0&1&0\\0&0&0&1&0\\0&0&0&0&1\end{bmatrix},$$

$$\boldsymbol{A}^{(4)}=\begin{bmatrix}0&1&0&0&0\\0&0&0&1&0\\0&0&0&0&1\\0&0&0&0&1\\0&1&0&0&0\end{bmatrix}\quad\boldsymbol{A}^{(5)}=\begin{bmatrix}0&0&0&1&0\\0&0&0&0&1\\0&1&0&0&0\\0&1&0&0&0\\0&0&0&1&0\end{bmatrix},$$

$$\boldsymbol{P}=\boldsymbol{A}\vee\boldsymbol{A}^{(2)}\vee\boldsymbol{A}^{(3)}\vee\boldsymbol{A}^{(4)}\vee\boldsymbol{A}^{(5)}=\begin{bmatrix}0&1&0&1&1\\0&1&0&1&1\\1&1&0&1&1\\0&1&0&1&1\\0&1&0&1&1\end{bmatrix}。$$

上述可达性矩阵等概念，可以很容易地推广到无向图中，只要将无向图中每条无向边看成是具有相反方向的两条边，这样，一个无向图就可以看成是有向图。无向图的邻接矩阵是一个对称矩阵，其可达性矩阵称为连通性矩阵，它也是对称的。

对于无向图，我们定义了关联矩阵，对于有向图，我们可类似地定义关联矩阵。

定义 9　给定简单有向图 $G=<P,L>$，其中 $P=\{v_1,v_2,\cdots,v_n\}$，$L=\{l_1,l_2,\cdots,l_q\}$，称 $n\times q$ 阶矩阵 $\boldsymbol{M}(G)=(m_{ij})$ 为 G 的关联矩阵，其中

$$m_{ij}=\begin{cases}1, & \text{若 } G \text{ 中 } v_i \text{ 是 } l_j \text{ 的起点}\\ -1, & \text{若 } G \text{ 中 } v_i \text{ 是 } l_j \text{ 的终点}\\ 0, & \text{若 } v_i \text{ 与 } l_j \text{ 不关联}\end{cases}$$

例 9　如图 9 所示，关联矩阵

	l_1	l_2	l_3	l_4	l_5	l_6	l_7
v_1	1	0	0	0	1	1	1
v_2	−1	1	0	0	0	0	0
v_3	0	−1	1	0	0	−1	0
v_4	0	0	−1	1	0	0	−1
v_5	0	0	0	−1	−1	0	0

即 $\boldsymbol{M}(G)=\begin{bmatrix}1&0&0&0&1&1&1\\-1&1&0&0&0&0&0\\0&-1&1&0&0&-1&0\\0&0&-1&1&0&0&-1\\0&0&0&-1&-1&0&0\end{bmatrix}$

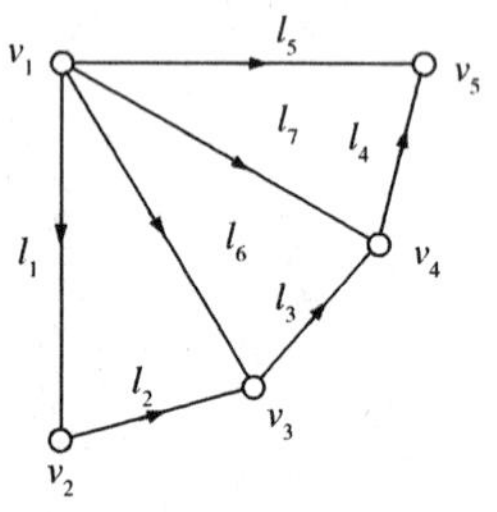

图 9

从有向图的关联矩阵中可以得到图 G 的一些性质：

(1) 图中每一边关联两个顶点，故 $\boldsymbol{M}(G)$ 的每一列只有两个非零元素。

(2) 每一行中非零元素的个数为其对应顶点的度，1 的个数为该结点的出度，−1 的个数为该顶点的入度。

(3) 一行中元素全为 0，其对应顶点为孤立点。

(4) 同一图当顶点或边的编序不同时，其对应的 $\boldsymbol{M}(G)$ 仅有行序、列序的差别。

若记 v_i 对应的行为 i，按着普通的加法，将 v_i 与 v_j 的对应元素相加并记为 $v_i\oplus v_j=v_{ij}$，对矩阵 $\boldsymbol{M}(G)$ 施以上述运算，实际上就是将图中的 v_i 与 v_j 点合并。

设图 G 的顶点 v_i 与 v_j 合并后得到图 G'，则 $\boldsymbol{M}(G')$ 是将 $\boldsymbol{M}(G)$ 中 v_i 与 v_j 相加得到。因为若有关项中第 r 个对应分量有 $m_{ir}\oplus m_{jr}=\pm1$，则说明 v_i 和 v_j 两者之中只有一个是 l_r 的端点，且将两顶点合并后的顶点 V_{ij} 仍是 l_r 的端点。

若 $m_{ir}\oplus m_{jr}=0$，则有两种情况：

1) v_i 与 v_j 都不是 l_r 的端点，那么 v_{ij} 也不是 l_r 的端点。

2) v_i 和 v_j 都是 l_r 的端点，那么合并后在 G' 中 l_r 成了 v_{ij} 到自身的一条边，我们规定将该边删去。

此外，在 $\boldsymbol{M}(G)$ 中，若有某些列，其元素全为零，说明 G 中的一些顶点在合并后，消失了一些对应边。

例如，在图 9 中合并顶点 v_4 和 v_5 而得到 v_{45}，如图 10 所示，在矩阵中，就是将第 4 行与第 5 行相加得 $\boldsymbol{M}(G')$，如下：

$$\boldsymbol{M}(G')=\begin{bmatrix}1 & 0 & 0 & 1 & 1 & 1 & 1\\ -1 & 1 & 0 & 0 & 0 & 0 & 0\\ 0 & -1 & 1 & 0 & 0 & -1 & 0\\ 0 & 0 & -1 & 0 & -1 & 0 & -1\end{bmatrix}$$

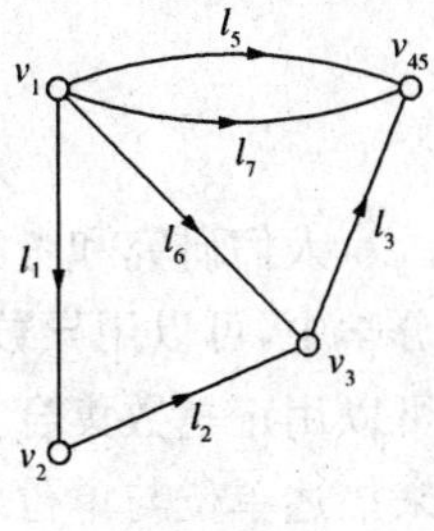

图 10

习题六

1. 证明一个有向图是单侧连通的，当且仅当它有一条经过每一顶点的路。

2. 试证明图的每一个顶点和每一条边，都只包含于一个弱分图中。

3. 试求图 11 中的强分图、单侧分图和弱分图。

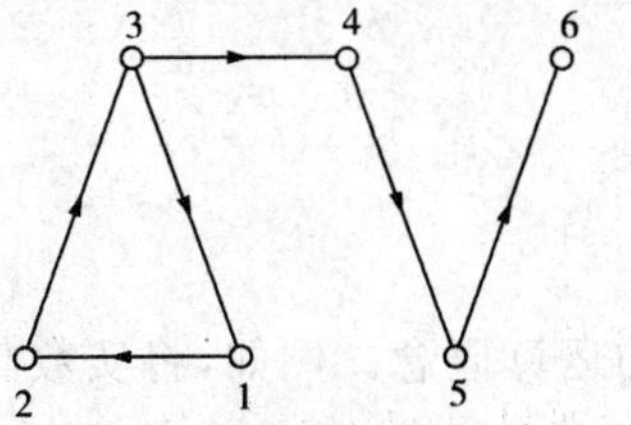

图 11

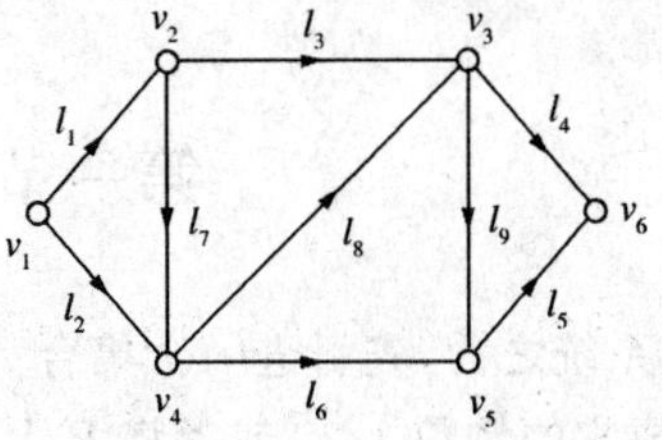

图 12

4. 设图 G 如图 12 所示，求邻接矩阵 $\boldsymbol{A}(G)$ 和关联矩阵 $\boldsymbol{M}(G)$。

5. G 如图 13 所示，求 G 的邻接矩阵和可达性矩阵。

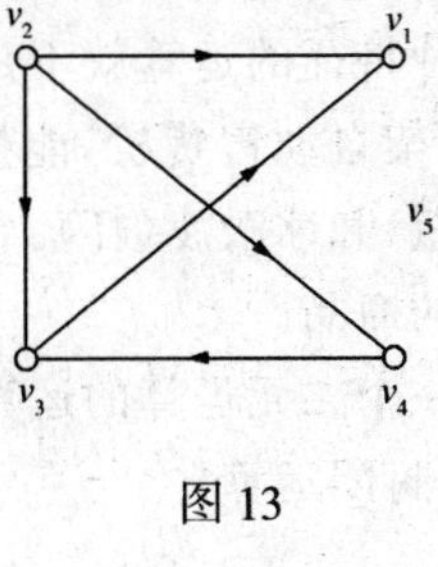

图 13

第三篇　代数系统

人们研究和考察现实世界中的各种现象或过程，往往要借助某些数学工具。譬如，在微积分学中，可以用导数来描述质点运动的速度，可以用定积分来计算面积、体积等；在代数学中，可以用正整数集合上的加法运算来描述工厂产品的累计数，可以用集合之间的"并""交"运算来描述单位与单位之间的关系等。针对某个具体问题选用适宜的数学结构去进行较为确切的描述，这就是所谓的"数学模型"。可见，数学结构在数学模型中占有极为重要的位置。我们这里所要研究的是一类特殊的数学结构——由集合上定义若干运算而组成的系统，我们通常称它为代数系统。它在计算机科学中有着广泛的应用。

第五章　代数结构

第一节　运　算

在介绍代数系统之前，先引进一个集合 A 上的运算概念。例如，将实数集合 $\mathbf{R}$ 上的每一个数 $a\neq 0$ 映射成它的倒数 $1/a$，或者将 $\mathbf{R}$ 上的每一个数 y 映射成$[y]$，就可以将这些映射称为在集合 $\mathbf{R}$ 上的一元运算；而在集合 $\mathbf{R}$ 上，对任意两个数所进行的普通加法和乘法，都是集合 $\mathbf{R}$ 上的二元运算，也可以看作是将 $\mathbf{R}$ 上的每两个数映射成 $\mathbf{R}$ 中的一个数。上述这些例子，有一个共同的特征，那就是其运算结果都是在原来的集合 $\mathbf{R}$ 中，我们称具有这种特征的运算是封闭的，简称闭运算。相反地，没有这种特征的运算就不是封闭的。

很容易举出不封闭运算的例子：一架自动售货机，能接受一角硬币和二角伍分硬币，而所对应的商品是橘子水（瓶）、可口可乐（瓶）和冰激凌（杯）。当人们投入上述硬币的任何两枚时，自动售货机将按表 1 所示的供应相应的商品。

表格左上角的记号 $*$ 可以理解为一个二元运算的运算符。这个例子中的二元运算 $*$ 就是集合{一角硬币，二角伍分硬币}上的不封闭运算。

表 1

*	一角硬币	二角伍分硬币
一角硬币	橘子水	可口可乐
二角伍分硬币	可口可乐	冰激凌

定义 1　对于集合 A，一个从 A^n 到 A 的映射，称为集合 A 上的一个 n 元运算。n 称为运算的阶。当 $n=2$ 时，称为 A 上的二元运算。下面着重讨论二元运算的一些性质。

定义 2　设 $*$ 是定义在集合 A 上的二元运算，如果对于任意的 $x,y\in A$，都有 $x*y\in A$，则称二元运算 $*$ 在 A 上是封闭的。

例 1　设 $A=\{x \mid x=2^n, n\in \mathbf{N}\}$，问乘法运算是否封闭？对加法运算呢？

解　对于任意的 $2^r,2^s\in A$，$r,s\in\mathbf{N}$，因为 $2^r\cdot 2^s=2^{r+s}\in A$，所以乘法运算是封闭的。而对于加法运算不是封闭的，因为至少有 $2+2^2=6\notin A$。

定义 3　设 $*$ 是定义在集合 A 上的二元运算，如果对于任意的 $x,y,z\in A$ 都有 $(x*y)*z=x*(y*z)$，则称该二元运算 $*$ 是可结合的。

例 2　设 A 是一个非空集合，☆是一个 A 上的二元运算，对于任何 $a,b\in A$，$a☆b=b$，证明☆是可结合运算。

证明　因为对于任意的 $a,b,c\in A$

$$(a☆b)☆c=b☆c=c$$

而

$$a☆(b☆c)=a☆c=c$$

所以

$$(a☆b)☆c=a☆(b☆c)$$

定义 4　设 $*$ 是定义在集合 A 上的二元运算，如果对于任意的 $x,y\in A$，都有 $x*y=y*x$，则称该二元运算 $*$ 是可交换的。

例 3　设 $\mathbf{Q}$ 是有理数集合，Δ 是 $\mathbf{Q}$ 上的二元运算，对任意的 $a,b\in\mathbf{Q}$，$a\Delta b=a+b-a\cdot b$，问运算 Δ 是否可交换？

解　因为

$$a\Delta b=a+b-a\cdot b=b+a-b\cdot a=b\Delta a$$

所以运算 Δ 是可交换的。

定义 5　设 $*$，Δ 是定义在集合 A 上的两个二元运算，如果对于任意的 $x,y,z\in A$，都有

$$x*(y\Delta z)=(x*y)\Delta(x*z)$$

$$(y\Delta z)*x=(y*x)\Delta(z*x)$$

则称运算 $*$ 对运算 Δ 是可分配的。

例 4　设集合 $A=\{\alpha,\beta\}$，在 A 上定义两个二元运算 $*$ 和 Δ，如表 2 所示，运算 Δ 对于运算 $*$ 可分配吗？运算 $*$ 对于运算 Δ 呢？

表 2

(a)

$*$	α	β
α	α	β
β	β	α

(b)

Δ	α	β
α	α	α
β	α	β

解　容易验证运算 Δ 对于运算 $*$ 是可分配的。但是运算 $*$ 对运算 Δ 是不可分配的，因为

$$\beta * (\alpha \Delta \beta) = \beta * \alpha = \beta$$

而

$$(\beta * \alpha) \Delta (\beta * \beta) = \beta \Delta \alpha = \alpha$$

定义 6　设 $*$，Δ 是定义在集合 A 上的两个可交换二元运算，如果对任意的 x，$y \in A$，都有

$$x * (x \Delta y) = x$$

$$x \Delta (x * y) = x$$

则称运算 $*$ 和运算 Δ 满足吸收律。

例 5　设集合 $\mathbf{N}$ 为自然数全体，在 $\mathbf{N}$ 上定义两个二元运算 $*$ 和☆，对于任意 x，$y \in \mathbf{N}$，有

$$x * y = \max\{x, y\}$$

$$x ☆ y = \min\{x, y\}$$

验证运算 $*$ 和☆的吸收律。

解　对于任意 a，$b \in \mathbf{N}$，

$$a * (a ☆ b) = \max\{a, \min\{a, b\}\} = a$$

$$a ☆ (a * b) = \min\{a, \max\{a, b\}\} = a$$

因此，$*$ 和☆满足吸收律。

定义 7　设 $*$ 是定义在集合 A 上的一个二元运算，如果对于任意的 $x \in A$，都有 $x * x = x$，则称运算 $*$ 是等幂的。

例 6　设 $P(S)$ 是集合 S 的幂集，在 $P(S)$ 上定义的两个二元运算，集合的"并"运算 $\cup$ 和集合的"交"运算 $\cap$，验证 $\cap$，$\cup$ 是等幂的。

解　对于任意的 $A \in P(S)$，有 $A \cup A = A$ 和 $A \cap A = A$，因此运算 $\cup$ 和 $\cap$ 都满足等幂律。

定义 8　设 $*$ 是定义在集合 A 上的一个二元运算，如果有一个元素 $e_l \in A$，对于任意的元素 $x \in A$，都有 $e_l * x = x$，则称 e_l 为 A 中关于运算 $*$ 的左幺元；如果有一个元素 $e_r \in A$，对于任意的元素 $x \in A$ 都有 $x * e_r = x$，则称 e_r 为 A 中关于运算 $*$ 的右幺元；如果 A 中的一个元素 e，它既是左幺元又是右幺元，则称 e 为 A 中关于运算 $*$ 的幺元。显然，对于任一 $x \in A$，有 $e * x = x * e = x$。

例 7　设集合 $S = \{\alpha, \beta, \gamma, \delta\}$，在 S 上定义的两个二元运算 $*$ 和☆，如表 3 所示。试指出左幺元或右幺元。

表 3

(a)

*	α	β	γ	δ
α	δ	α	β	γ
β	α	β	γ	δ
γ	α	β	γ	γ
δ	α	β	γ	δ

(b)

☆	α	β	γ	δ
α	α	β	δ	γ
β	β	α	γ	δ
γ	γ	δ	α	β
δ	δ	δ	β	γ

解　由表 3 可知 β、δ 都是 S 中关于运算 $*$ 的左幺元，而 α 是 S 中关于运算☆的右幺元。

定理 1　设 $*$ 是定义在集合 A 上的一个二元运算，且在 A 中有关于运算 $*$ 的左幺元 e_l 和右幺元 e_r，则 $e_l=e_r=e$，且 A 中的幺元是唯一的。

证明　因为 e_l 和 e_r 分别是 A 中关于运算 $*$ 的左幺元和右幺元，所以

$$e_l=e_l*e_r=e_r=e$$

设另有一个幺元 $e_1\in A$，则

$$e_1=e_1*e=e$$

定义 9　设 $*$ 是定义在集合 A 上的一个二元运算，如果有一个元素 $\theta_l\in A$ 对任意的元素 $x\in A$ 都有 $\theta_l*x=\theta_l$，则称 θ_l 为 A 中关于运算 $*$ 的左零元；如果有一个元素 $\theta_r\in A$，对于任意的元素 $x\in A$，都有 $x*\theta_r=\theta_r$，则称 θ_r 为 A 中关于运算 $*$ 的右零元；如果 A 中的一个元素 θ，它既是左零元又是右零元，则称 θ 为 A 中关于运算 $*$ 的零元。显然，对于任一 $x\in A$，有

$$\theta*x=x*\theta=\theta$$

例 8　设集合 $S=\{$浅色，深色$\}$，定义在 S 上的一个二元运算 $*$ 如表 4 所示。

表 4

*	浅色	深色
浅色	浅色	深色
深色	深色	深色

试指出零元和幺元。

解　深色是 S 中关于运算 $*$ 的零元，浅色是 S 中关于运算 $*$ 的幺元。

定理 2　设 $*$ 是定义在集合 A 上的一个二元运算，且在 A 中有关于运算 $*$ 的左零元 θ_l 和 θ_r，那么 $\theta_l=\theta_r=\theta$，且 A 中的零元是唯一的。

这个定理的证明与定理 1 相仿。

习题一

1. 对于实数集合 **R**,下表所列的二元运算是否具有左边一列中的那些性质,请在相应的位置上填写"是"或"否"。

	$+$	$-$	$\cdot$	max	min	$\|x-y\|$
可结合性						
可交换性						
存在幺元						
存在零元						

2. 设 $A=\{a,b,c\}$,$*$ 是 A 上的一个二元运算。对于以下几个表所确定的运算,试分别讨论它们的交换性、等幂性以及在 A 中关于 $*$ 是否有幺元。

(a)

$*$	a	b	c
a	a	b	c
b	b	c	a
c	c	a	b

(b)

$*$	a	b	c
a	a	b	c
b	b	a	c
c	c	c	c

(c)

$*$	a	b	c
a	a	b	c
b	a	b	c
c	a	b	c

(d)

$*$	a	b	c
a	a	b	c
b	b	b	c
c	c	c	b

3. 举日常生活的例子,分别说明幺元、零元。

4. 定义 $\mathbf{Z}^+$ 上的两个二元运算为:

$$a*b=a^b$$

$$a\Delta b=a\cdot b\quad a,b\in\mathbf{Z}^+$$

试证明 $*$ 对 Δ 是不可分配的。

5. 在下列 **N** 的子集中,哪些在加法下是封闭的?证明你的回答。

(1) $\{n\mid n$ 的某一次幂可被 16 整除$\}$;

(2) $\{n \mid n$ 与 5 互素$\}$；

(3) $\{n \mid 6$ 整除 n，而 24 整除 $n^2\}$；

(4) $\{n \mid 9$ 整除 $21n\}$。

6. 证明在减法下封闭的整数的集合在加法下一定也是封闭的。

第二节　代数系统的概念及性质

定义 1　一个非空集合和定义在该集合上的一个或多个运算 $f_1, f_2, \cdots, f_n$ 所组成的系统称为一个代数系统，用记号 $<A; f_1, f_2, \cdots, f_n>$ 表示，其中，A 是非空集合，称为这个代数系统的域；$f_1, f_2, \cdots, f_n$ 是 A 上的运算。注意，集合 A 上的各个运算可以是具有不同阶的运算。

例 1　设 R_A 表示集合 A 上所有关系的集合，$\cdot$ 是求复合关系的运算。显然 R_A 对运算 $\cdot$ 是封闭的，因此它们可以构成一个代数系统 $<R_A; \cdot>$，其中 $\cdot$ 是 R_A 上的二元运算。

例 2　全集 E 的幂集 2^E 对于集合的 $\cup, \cap$ 运算显然是封闭的，因此可以构成代数系统 $<2^E, \cup, \cap>$，这里，2^E 是一元运算；$\cup$ 和 $\cap$ 是二元运算。

例 3　整数集 $\mathbf{Z}$ 和定义在其上的通常的加法与乘法运算组成一个代数系统，记作 $<\mathbf{Z}; +, \cdot>$，这两个运算都是 $\mathbf{Z}$ 上的二元运算，具有如下的一些重要性质：

(1)交换律

对任意的 $i, j \in \mathbf{Z}$，$i+j=j+i$，$i \cdot j=j \cdot i$。

(2)结合律

对任意的 $i, j, k \in \mathbf{Z}$，$i+(j+k)=(i+j)+k$，$i \cdot (j \cdot k)=(i \cdot j) \cdot k$。

(3)分配律

对任意的 $i, j, k \in \mathbf{Z}$，$i \cdot (j+k)=i \cdot j+i \cdot k$。

(4)单位元

$\mathbf{Z}$ 含有特殊的元素 0 和 1，使得对于任意的 $i \in \mathbf{Z}$，$i+0=0+i=i$，$1 \cdot i=i \cdot 1=i$。

(5)关于加法的可逆性

对于每一元的 $i \in \mathbf{Z}$，都有一元素 $-i \in \mathbf{Z}$，使得 $(-i)+i=i+(-i)=0$。

(6)消去律

如果 $i \neq 0$，则对任意的 $j, k \in \mathbf{Z}$，由 $i \cdot k=i \cdot j$，可得 $j=k$。

例 4　实数集 $\mathbf{R}$ 和定义在其上的通常的加法和乘法运算组成代数系统 $<\mathbf{R}; +, \cdot>$。容易验证 $<\mathbf{R}; +, \cdot>$ 具有上述对于代数系统 $<\mathbf{Z}; +, \cdot>$ 所列出的全部性质。

例 5　设有集合 $B=\{a, b\}$ 和由表 1 给出的 B 上的运算 $+$ 和 $\cdot$：

表 1

(a)

+	a	b
a	a	b
b	b	a

(b)

·	a	b
a	a	a
b	a	b

容易验证,代数系统$<B;+,\cdot>$也具有对$<\mathbf{Z};+,\cdot>$所列出的全部性质。这里加法的幺元是 a,乘法的幺元是 b。

此外,有理数集 **Q** 和其上定义的通常的加法与乘法运算组成的代数系统$<\mathbf{Q};+,\cdot>$也具有对$<\mathbf{Z};+,\cdot>$所列出的全部性质。

上述这些例子表明,不同的代数系统可能具有一些共同的性质。这一事实启发我们,不必一个一个地去研究各个代数系统,而是列出一组性质,把这一组性质看作是公理,我们研究满足这些公理的抽象的代数系统。在这样的抽象代数系统里,由这些公理推导出的任何有效的结论(定理),对于满足这组公理的任何代数系统将都是成立的。为了作这样的讨论,我们将不考虑任何特定的集合,也不给所具有的运算赋予任何特定的含义,这种系统的集合和运算仅仅是一些抽象的记号。

定理 1　设$<A,*>$是一个代数系统,且集合 A 中元素的个数大于 1。如果该代数系统中存在幺元 e 和零元 θ,则 $\theta\neq e$。

证明　用反证法。设 $\theta=e$,那么对于任意的 $x\in A$,必有

$$x=e*x=\theta*x=\theta=e$$

于是,A 中的所有元素都是相同的,这与 A 中含有多个元素相矛盾。

定义 2　设代数系统$<A,*>$,这里 $*$ 是定义在 A 上的一个二元运算,且 e 是 A 中关于运算 $*$ 的幺元。如果对于 A 中的一个元素 a 存在着 A 中的某个元素 b,使得 $b*a=e$,那么称 b 为 a 的左逆元;如果 $a*b=e$ 成立,那么称 b 为 a 的右逆元;如果一个元素 b,它既是 a 的左逆元又是 a 的右逆元,那么就称 b 是 a 的一个逆元。

很明显,如果 b 是 a 的逆元,那么 a 也是 b 的逆元,简称为 a 与 b 互为逆元。今后,一个元 x 的逆元记为 x^{-1}。

一般地说,一个元素的左逆元不一定等于该元素的右逆元。而且,一个元素可以有左逆元而没有右逆元,甚至一个元素的左(右)逆元还可以不唯一。

例 6　设集合 $S=\{\alpha,\beta,\gamma,\delta,\zeta\}$,定义在 S 上的一个二元运算 $*$ 如表 2 所示。

表 2

$*$	α	β	γ	δ	ζ
α	α	β	γ	δ	ζ
β	β	δ	α	γ	δ
γ	γ	α	β	α	β
δ	δ	α	γ	δ	γ
ζ	ζ	δ	α	γ	ζ

试指出代数系统$<S,*>$中各个元素的左、右逆元情况。

解　α 是幺元;β 的左逆元和右逆元都是 γ,即 β 和 γ 互为逆元;δ 的左逆元是 γ,而右逆元是 β;β 有两个左逆元 γ 和 δ;ζ 的右逆元是 γ,但 ζ 没有左逆元。

定理 2　设代数系统$<A,*>$,这里 $*$ 是定义在 A 上的一个二元运算,A 中存在幺元 e,且每一个元素都有左逆元。如果 $*$ 是可结合的运算,那么,这个代数系统中的任何一个元素的左逆元必定也是该元素的右逆元,且每个元素的逆元是唯一的。

证明　设 $a,b,c\in A$,且 b 是 a 的左逆元,c 是 b 的左逆元。因为

$$(b*a)*b=e*b=b$$

所以

$$\begin{aligned}e&=c*b=c*((b*a)*b)\\&=(c*(b*a))*b\\&=((c*b)*a)*b\\&=(e*a)*b\\&=a*b,\end{aligned}$$

因此,b 也是 a 的右逆元。

设元素 a 有两个逆元 b 和 c,那么

$$\begin{aligned}b&=b*e=b*(a*c)\\&=(b*a)*c\\&=e*c\\&=c,\end{aligned}$$

因此,a 的逆元是唯一的。

例 7　试构造一个代数系统,使得其中只有一个元素具有逆元。

解　设 $m,n\in\mathbf{Z}$,$T=\{x\mid x\in\mathbf{Z},m\leqslant x\leqslant n\}$,那么,代数系统$<T,\max>$中有一个幺元是 m,且只有 m 有逆元,因为 $\max(m,m)=m$。

例 8　对于代数系统$<\mathbf{R},\cdot>$这里 $\mathbf{R}$ 是实数的全体,$\cdot$ 是普通的乘法运算,是否每个元

素都有逆元。

解　该代数系统中的幺元是1，除了零元素0外，所有的元素都有逆元。

例9　对于代数系统$<N_k, +_k>$，这里$N_k=\{0,1,2,\cdots,k-1\}$，$+_k$是定义在N_k上的模K加法运算，定义如下：

对于任意$x, y \in N_k$，

$$x+_k y=\begin{cases}x+y, & 若\ x+y<k \\ x+y-k, & 若\ x+y \geqslant k\end{cases}$$

试问是否每个元素都有逆元。

解　可以验证$+_k$是一个可结合的二元运算，N_k中关于运算$+_k$的幺元是0，N_k中的每一个元素都有唯一的逆元，即0的逆元是0，每个非零元素x的逆元是$k-x$。

可以指出：$<A, *>$是一个代数系统，$*$是A上的一个二元运算，那么该运算的有些性质可以从运算表中直接看出。那就是：

(1) 运算$*$具有封闭性，当且仅当运算表中的每个元素都属于A。

(2) 运算$*$具有可交换性，当且仅当运算表关于主对角线是对称的。

(3) 运算$*$具有等幂性，当且仅当运算表的主对角线上的每一个元素与它所在行(列)的表头元素相同。

(4) A中关于$*$有零元，当且仅当该元素所对应的行和列中的元素都与该元相同。

(5) A中关于$*$有幺元，当且仅当该元素所对应的行和列依次与运算表的行和列相一致。

(6) 设A中有幺元，a和b互逆，当且仅当位于a所在行、b所在列的元素以及b所在行、a所在列的元素都是幺元。

习题二

1. 什么叫代数系统，举出5个代数系统的例子。

2. 判断如下说法的正误并说明原因：

(1) 加法是自然数集合中的运算。

(2) 自然数集合在减法下构成一个代数系统。

(3) 除法是有理数集合中的运算。

(4) 取倒数是实数集合中的运算。

(5) 取倒数是正有理数集合中的运算。

(6) 在自然数集合中，取两个数的最大公约数是一种二元运算。

(7) 设S是所有偶数构成的集合，规定一元运算$*x=5x$，则$(S, *)$构成一个代数系统。

(8) 有理数集合在除法下构成一个代数系统。

(9) 非零有理数集合在除法下构成一个代数系统。

(10) 有理数集合在取绝对值运算下是一个代数系统。

3. 下面是实数集合 **R** 上的二元运算 $*$ 的不同定义。在每一情况下，判定 $*$ 是否可交换的，是否可结合的。**R** 对于 $*$ 是否有幺元？如果有幺元的话，**R** 中的每一元素对于 $*$ 是否都是可逆的？

(1) $r_1 * r_2 = |r_1 - r_2|$；　　(2) $r_1 * r_2 = (r_1^2 + r_2^2)^{1/2}$；

(3) $r_1 * r_2 = r_1 + 2r_2$；　　(4) $r_1 * r_2 = \frac{1}{2}(r_1 + r_2)$。

4. 根据运算表怎样识别一个可交换的二元运算？怎样识别单位元和逆元（如果存在的话）？

5. $<A; *>$是一个代数系统，这里 $*$ 是可结合的二元运算，并且对于所有的 $a_i, a_j \in A$，由 $a_i * a_j = a_j * a_i$，可推得 $a_i = a_j$。试证明对于任意的 $a \in A$，$a * a = a$。

6. 设二元运算 $*$ 是可交换的和可结合的。试证明，对于任何正整数 $n \in \mathbf{Z}^+$，都有

$$(x_1 * x_2)^n = x_1^n * x_2^n$$

第三节　半群和独异点

半群是一种特殊的代数系统，它在形式语言、自动机等领域中，都有具体的应用。

定义 1　一个代数系统$<S, *>$，其中 S 是非空集合，$*$ 是 S 上的一个二元运算，如果运算 $*$ 是封闭的，则称代数系统$<S, *>$为广群。

定义 2　一个代数系统$<S, *>$，其中 S 是非空集合，$*$ 是 S 上的一个二元运算。如果：

(1) 运算 $*$ 是封闭的；

(2) 运算 $*$ 是可结合的，即对任意的 $x, y, z \in S$，满足

$$(x * y) * z = x * (y * z)$$

则称代数系统$<S, *>$为半群。

例 1　代数系统$<\mathbf{N}; \cdot>$和$<\mathbf{N}; +>$都是半群，其中 $\cdot$ 和 $+$ 分别表示通常的乘法和加法。

例 2　仍用 $\cdot$ 表示通常的乘法运算，则代数系统$<[0,1]; \cdot>$和$<(0,1); \cdot>$也都是半群。

例 3　代数系统$<\mathbf{Z}; +>$和$<\mathbf{R}^+; \cdot>$是半群，但代数系统$<\mathbf{Z}; ->$和$<\mathbf{R}^+; />$不是半群。其中 $\mathbf{R}^+$ 表示所有正实数的集合，$+, -, \cdot, /$是通常的四则运算。

一个半群对于它的运算 $*$，可以有幺元，也可以没有幺元。在例 1 中代数系统$<\mathbf{N}; \cdot>$中幺元为 1，$<\mathbf{N}; +>$中幺元为 0。在例 2 中，代数系统$<(0,1); \cdot>$无幺元。

定义 3　设$<S; *>$是一个半群，$B \subseteq S$。如果$<B; *>$也是一个半群，则称$<B; *>$是$<S; *>$的子半群。

定理 1　设$<S;*>$是半群，$B\subseteq S$。如果运算$*$在B上是封闭的，则$<B;*>$是$<S;*>$的子半群。

证明　因为$*$在S上可结合的，而$B\subseteq S$且$*$在B上封闭，所以$*$在B上也是可结合的，因此，$<B;*>$是一个半群。

例 4　设·表示普通的乘法运算，那么$<[0,1],\cdot>$，$<[0,1),\cdot>$和$<I,\cdot>$都是$<R,\cdot>$的子半群。

解　首先，运算·在$\mathbf{R}$上是封闭的，且是可结合的，所以$<\mathbf{R},\cdot>$是一个半群。其次运算·在$[0,1]$，$[0,1)$和$\mathbf{Z}$上都是封闭的，且$[0,1]\subset\mathbf{R}$，$[0,1)\subset\mathbf{R}$，$\mathbf{Z}\subset\mathbf{R}$。因此，由定理1可知$<[0,1],\cdot>$，$<[0,1),\cdot>$和$<\mathbf{Z},\cdot>$都是$<\mathbf{R},\cdot>$的子半群。

定理 2　设$<S,*>$是一个半群，如果S是一个有限集，则必有$a\in S$，使得$a*a=a$。

证明　因为$<S,*>$是半群。对于任意的$b\in S$，由$*$的封闭性可知$b*b\in S$，记$b^2=b*b$，则$b^2*b=b*b^2\in S$，记$b^3=b^2*b=b*b^2$，因为S是有限集，所以必定存在$j<i$，使得

$$b^i=b^j$$

令

$$p=j-i$$

便有

$$b^i=b^p*b^i$$

所以

$$b^q=b^p*b^q \quad q\geqslant i$$

因为$p\geqslant 1$，所以总可以找到$k\geqslant 1$，使得

$$kp\geqslant i$$

对于S中的元b^{kp}，就有

$$\begin{aligned}b^{kp}&=b^p*b^{kp}\\&=b^p*(b^p*b^{kp})\\&=b^{2p}*b^{kp}\\&=b^{2p}*(b^p*b^{kp})\\&=\cdots\\&=b^{kp}*b^{kp}\end{aligned}$$

这就证明了在S中存在元素$a=b^{kp}$，使得

$$a*a=a$$

定义 4　含有幺元的半群称为独异点。

例如，代数系统$<\mathbf{R},+>$是个独异点，因为$<\mathbf{R},+>$是一个半群，且0是$\mathbf{R}$中关于运算$+$的幺元。另外，代数系统$<\mathbf{Z},\cdot>$，$<\mathbf{Z}^+,\cdot>$，$<\mathbf{R},\cdot>$都是具有幺元1的半群。因此它们都是独异点。

可是，代数系统$<\mathbf{N}-\{0\},+>$虽是一个半群，但关于运算$+$不存在幺元，所以，这个代数系统不是独异点。

定理 3　设$<S,*>$是一个独异点，则在关于运算$*$的运算表中任何两行或两列都是不

相同的。

证明　设 S 中关于运算 $*$ 的幺元是 e。因为对于任意的 $a,b\in S$ 且 $a\neq b$ 时，总有

$$e*a=a\neq b=e*b$$

和

$$a*e=a\neq b=b*e$$

所以，在 $*$ 的运算表中不可能有两行或两列是相同的。

在前面我们已证明了，对于任意二元运算的幺元，如果它存在，则它是唯一的，因此独异点具有唯一的幺元。

例 5　$<\mathbf{Z};\cdot>$，$<\mathbf{Z};+>$都是独异点，其中 $\cdot$ 和 $+$ 是通常的乘法和加法运算，其单位元分别是数 1 和 0。例 1 中的$<\mathbf{N};\cdot>$是独异点，因为它具有单位元 1。但$<\mathbf{N};+>$不是独异点。

例 6　代数系统$<2^E;\cup>$和$<2^E;\cap>$分别是以$\varnothing$和 E 为单位元的独异点。

例 7　设 S 是一个非空集合，$P(S)$是 S 的所有子集的集合。定义集合 $P(S)$上的二元运算 $*$，使得对于任意的 $\pi_1,\pi_2\in P(S)$，$\pi_1*\pi_2$ 是由 π_1 与 π_2 的交集所组成的集合，其中去掉空集。

例如，若$S=\{a,b,c,d,e,f\}$，

$\pi_1=\{a,b\}$，

$\pi_2=\{a,b,c\}$，

则 $\pi_1*\pi_2=\{a,b\}$。

容易证明，集合 $P(S)$对于运算 $*$ 是封闭的，即对任意的 $\pi_1,\pi_2\in P(S)$，$\pi_1*\pi_2$ 仍是集合 S 的一个子集。且由 $*$ 的定义可知，$*$ 是可结合的，子集 $\pi=S$ 是运算 $*$ 的幺元，因此$<P(S);*>$是一个独异点。

定义 5　如果独异点$<S;*>$中的运算 $*$ 是可交换的，则称独异点$<S;*>$是可交换的独异点。

我们已遇到过许多可交换的独异点，例如，$<2^E;\cup>$和$<2^E;\cap>$，$<\mathbf{Z};\cdot>$和$<\mathbf{Z};+>$以及$<P(S);*>$都是可交换的独异点。

例 8　设 R_A 表示集合 A 上所有关系的集合，$\cdot$ 表示求复合关系的运算，则代数系统$<R_A;\cdot>$是一个独异点。恒等关系 I_A 是其幺元。由于关系的复合不满足交换律，故$<R_A;\cdot>$不是可交换的独异点。

定理 4　设$<S;*>$是独异点，对于任意 $a,b\in S$，且 a,b 均有逆元，则

(1) $(a^{-1})^{-1}=a$；

(2) $a*b$ 有逆元，且$(a*b)^{-1}=b^{-1}*a^{-1}$。

证明　(1)因为 a^{-1} 是 a 的逆元，即

$$a*a^{-1}=a^{-1}*a=e$$

所以

$$(a^{-1})^{-1}=a$$

(2)因为

$$(a*b)*(b^{-1}*a^{-1})=a*(b*b^{-1})*a^{-1}$$
$$=a*e*a^{-1}=a*a^{-1}=e$$

同理可证 $$(b^{-1}*a^{-1})*(a*b)=e$$

所以 $$(a*b)^{-1}=b^{-1}*a^{-1}$$

习题三

1. 对于正整数 k，$N_k=\{0,1,2,\cdots,k-1\}$，设 $*_k$ 是 N_k 上的一个二元运算，使得 $a*b=$ 用 k 除 $a\cdot b$ 所得的余数，这里 $a,b\in N_k$。

(1) 当 $k=4$ 时，试造出 $*_k$ 的运算表；

(2) 对于任意正整数 k，证明 $<N_k;*_k>$ 是一个半群。

2. 设 $<S;*>$ 是一个半群，$a\in S$，在 S 上定义一个二元运算□，使得对于 S 中的任意元素 x 和 y，都有 $x\square y=x*a*y$，证明二元运算□是可结合的。

3. 设 $<\mathbf{R};*>$ 是一个代数系统，$*$ 是 $\mathbf{R}$ 上的一个二元运算，使得对于 $\mathbf{R}$ 中的任意元素 a，b 都有

$$a*b=a+b+a\cdot b$$

证明 0 是幺元且 $<\mathbf{R};*>$ 是独异点。

4. 设 $X\neq\varnothing$，令 $S=t(X)=\bigcup_{n=0}^{\infty}X^n$，在 S 上定义二元运算 Δ，对任意 $\alpha=(x_1,x_2,\cdots,x_p)\in X^p$，$\beta=(y_1,y_2,\cdots,y_q)\in X_q$，有

$$\alpha\Delta\beta=(x_1,x_2,\cdots x_p,y_1,y_2,\cdots,y_q)\in X^{p+q}$$

证明 $<S;\Delta>$ 是一个独异点。

5. 设 $<A;*>$ 是一个半群，而且对于 A 中的元素 a 和 b，如果 $a\neq b$ 必有 $a*b\neq b*a$，试证：

(1) 对于 A 中每个元素 a，有 $a*a=a$；

(2) 对于 A 中任何元素 a 和 b，有 $a*b*a=a$；

(3) 对于 A 中任何元素 a，b 和 c，有 $a*b*c=a*c$。

6. 如果 $<S;*>$ 是半群，且 $*$ 是可交换的，称 $<S;*>$ 是可交换半群。证明：如果 S 中有元素 a，b，使得 $a*a=a$ 和 $b*b=b$，则

$$(a*b)*(a*b)=a*b$$

第四节　群与子群

定义 1　设<G；$*$>是一个代数系统，其中 G 是非空集合，$*$ 是 G 上一个二元运算，如果

(1) 运算 $*$ 是封闭的；

(2) 运算 $*$ 是可结合的；

(3) 存在幺元 e；

(4) 对于每一个元素 $x\in G$，存在着它的逆元 x^{-1}。

则称<G；$*$>是一个群。

定义 2　如果群<G；$*$>的运算 $*$ 是可交换的，则称该群为交换群或阿贝尔(N. H. Abel，1802－1829，挪威数学家)群。

例 1　二元代数<$\mathbf{Z}$；$+$>是一个群，这里运算＋是通常的加法，单位元是 0，每一个整数 i 的逆元是 $-i$。由于加法运算是可交换的，因此<$\mathbf{Z}$；$+$>是一个阿贝尔群。

例 2　二元代数<$\mathbf{Q}-\{0\}$；$\cdot$>，其中 $\cdot$ 是通常的乘法，是一个阿贝尔群。其单位元是 1，每一个有理数 q 的逆元是 $\frac{1}{q}$。

例 3　独异点<$\mathbf{Z}^+$；$+$>和<$\mathbf{Z}$；$\cdot$>都不是群。因为在<$\mathbf{Z}^+$；$+$>中无幺元且每一个元素都没有逆元。在<$\mathbf{Z}$；$\cdot$>中除 ±1 外，每一元素都没有逆元。

定义 3　设 S 是一个非空有限集合，从集合 S 到集合 S 的一个双射称为 S 的一个置换。

例如　$S=\{a,b,c,d\}$

映射 α：

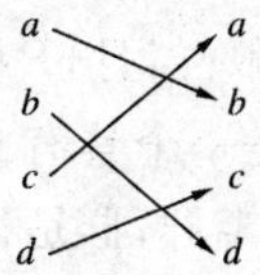

是一个置换，可表示为

$$\alpha=\begin{pmatrix}a & b & c & d\\ b & d & a & c\end{pmatrix}$$

例 4　集合 $A=\{a,b,c\}$ 上的所有置换的集合 $P=\{1,\alpha,\beta,\gamma,\delta,\varepsilon\}$，其中

$$1=\begin{pmatrix}a & b & c\\ a & b & c\end{pmatrix},\quad \alpha=\begin{pmatrix}a & b & c\\ a & c & b\end{pmatrix},\quad \beta=\begin{pmatrix}a & b & c\\ b & a & c\end{pmatrix}$$

$$\gamma=\begin{pmatrix}a & b & c\\ b & c & a\end{pmatrix},\quad \delta=\begin{pmatrix}a & b & c\\ c & a & b\end{pmatrix},\quad \varepsilon=\begin{pmatrix}a & b & c\\ c & b & a\end{pmatrix}$$

由于集合 A 上置换的集合对于置换的复合运算是封闭的，因此我们可以定义代数系统

<P；·>，其运算·表示集合 A 上的置换的复合运算。p 和 q 的复合 $p\cdot q(p,q\in P)$ 是表示置换 p 后再接着置换 q 所产生的一种置换。

例如

$$\beta\cdot\delta=\begin{pmatrix}a & b & c\\ b & a & c\end{pmatrix}\begin{pmatrix}a & b & c\\ c & a & b\end{pmatrix}=\begin{pmatrix}a & b & c\\ a & c & b\end{pmatrix}=\alpha$$

运算·的运算表列在表 1 中。

置换的复合就是函数的右复合，因此·是可结合的。显然，恒等置换 1 是其单位元。每一个置换都有逆置换，即逆元（$1^{-1}=1,\alpha^{-1}=\alpha,\beta^{-1}=\beta,\gamma^{-1}=\delta,\delta^{-1}=\gamma,\varepsilon^{-1}=\varepsilon$）。因此<P；·>是一个群。由运算表关于主对角线不是对称的这一事实可知，<P；·>不是阿贝尔群。

表 1

0	1	α	β	γ	δ	ε
1	1	α	β	γ	δ	ε
α	α	1	γ	β	ε	δ
β	β	δ	1	ε	α	γ
γ	γ	ε	α	δ	1	β
δ	δ	β	ε	1	γ	α
ε	ε	γ	δ	α	β	1

定义 4　设<G；*>是一个群。如果 G 是有限集，那么称<G；*>为有限群，G 中元素的个数通常称为该有限群的阶数，记为 $|G|$；如果 G 是无限集，则称<G；*>为无限群。

例 4 中所述的<P；·>就是一个有限群，且 $|P|=6$。

至此，我们可以概括地说：广群仅仅是一个具有封闭二元运算的非空集合；半群是一个具有结合运算的广群；独异点是具有幺元的半群；群是每个元素都有逆元的独异点。即有：{阿贝尔群}⊂{群}⊂{独异点}⊂{半群}⊂{广群}，亦可由图 1 说明。

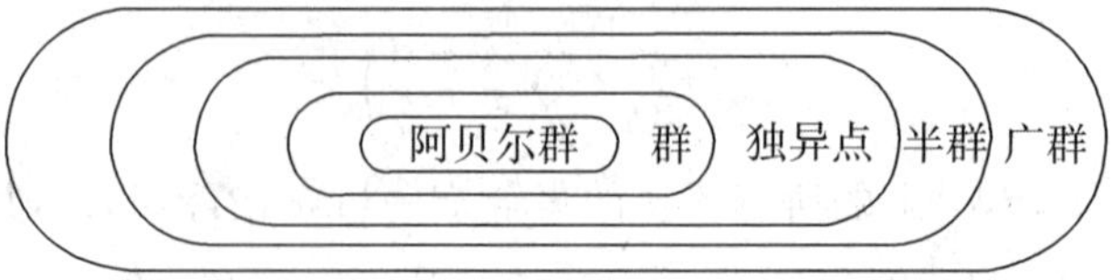

图 1

由本章第二节定理 2 可知，群中任何一个元素的逆元必定是唯一的。由群中逆元的唯一性，我们可以有以下几个定理。

定理 1　群中不可能有零元。

证明　当群的阶为1时，它的唯一元素视为幺元。

设$|G|>1$且群$<G;*>$有零元θ，那么群中任何元素$x\in G$，都有$x*\theta=\theta*x=\theta\neq e$，所以，零元$\theta$就不存在逆元，这与$<G;*>$是群相矛盾。

定理2　如果$<G;*>$是一个群，则对于任意$a,b\in G$，

(1) 存在唯一的元素$x\in G$，使得$a*x=b$；

(2) 存在唯一的元素$y\in G$，使得$y*a=b$。

证明　(1) 因为$a*(a^{-1}*b)=(a*a^{-1})*b=e*b=b$，所以至少存在一个元素$x=a^{-1}*b$，满足$a*x=b$。现设$x'\in G$也使得$a*x'=b$成立，则$x'=e*x'=(a^{-1}*a)*x'=a^{-1}*(a*x')=a^{-1}*b$。因此，$x=a^{-1}*b$是满足$a*x=b$的唯一元素。

(2) 用类似的方法可以证明$y=b*a^{-1}$是G中满足$y*a=b$的唯一元素。证毕。

定理3　如果$<G;*>$是一个群，则对于任意的$a,b,c\in G$，

(1) 若$a*b=a*c$，则有$b=c$；

(2) 若$b*a=c*a$，则有$b=c$。

定理4　群$<G;*>$的运算表中的每一行或每一列都是G的元素的一个置换。

证明　首先，证明运算表中的任一行或任一列所含G中的一个元素不可能多于一次。用反证法，如果对应于元素$a\in G$的那一行中有两个元素是c，即有

$$a*b_1=a*b_2=c\text{，且 }b_1\neq b_2$$

由消去律可得$b_1=b_2$，这与$b_1\neq b_2$矛盾。

其次，要证明G中的每一个元素都在运算表的每一行和每一列中出现。考察对应于元素$a\in G$的那一行，设b是G中的任一元素，由于$b=a*(a^{-1}*b)$，所以b必定出现在对应于a的那一行中。

再由运算表中没有两行(或两列)相同的事实，便可得出：$<G;*>$的运算表中每一行都是G的元素的一个置换，且每一行都是不相同的。同样的结论对于列也是成立的。

定义5　代数系统$<G;*>$中，如果存在$a\in G$，有$a*a=a$，则称a为等幂元。

定理5　在群$<A,*>$中，除幺元e外，不可能有任何别的等幂元。

证明　因为$e*e=e$，所以e是等幂元。

现设
$$a\in A,a\neq e\text{，且 }a*a=a$$
则有
$$\begin{aligned}a&=e*a=(a^{-1}*a)*a=a^{-1}*(a*a)\\&=a^{-1}*a=e\end{aligned}$$

与假设$a\neq e$相矛盾。

下面介绍子群的概念。

定义6　设$<G;*>$是一个群，S是G的非空子集，如果$<S;*>$也构成群，称$<S;*>$是$<G;*>$的一个子群。

定理6　设$<G;*>$是一个群，$<S,*>$是$<G;*>$的一个子群，那么$<G;*>$中的幺

元 e 必定也是$<S;*>$中的幺元。

证明　设$<S;*>$中的幺元为 e_1，对于任一 $x\in S\subseteq G$，必有

$$e_1*x=x=e*x\text{，故 }e_1=e$$

定义 7　设$<G;*>$是一个群，$<S;*>$是$<G;*>$的一个子群，如果 $S=\{e\}$，或者 $S=G$，则称$<S;*>$为$<G;*>$的平凡子群。

例 5　$<\mathbf{Z};+>$是一个群，设 $I_e=\{x\mid x=2n,n\in\mathbf{Z}\}$，证明$<I_e,+>$是$<\mathbf{Z};+>$的一个子群。

证明　(1)对于任意的 $x,y\in I_e$，不妨设 $x=2n_1$，$y=2n_2$，$n_1,n_2\in\mathbf{Z}$，则

$$x+y=2n_1+2n_2=2(n_1+n_2)$$

而
$$n_1+n_2\in\mathbf{Z}$$

所以
$$x+y\in I_e$$

即$+$在 I_e 上封闭。

(2)运算$+$在 I_e 上保持可结合性。

(3)$<\mathbf{Z};+>$中的幺元 0 也在 I_e 中。

(4)对于任意的 $x\in I_e$，必有 n 使得 $x=2n$，而 $-x=-2n=2(-n)$，$-n\in\mathbf{Z}$，所以 $-x\in I_e$，而 $x+(-x)=0$，因此，$<I_e,+>$是$<\mathbf{Z};+>$的一个子群。

定理 7　设$<G;*>$是一个群，B 是 G 的非空子集，如果 B 是一个有限集，那么，只要运算$*$在 B 上封闭，$<B,*>$必定是$<G,*>$的子群。

证明　设 b 是 B 中的任何一个元素。若$*$在 B 上封闭，则元素 $b^2=b*b$，$b^3=b^2*b$，…都在 B 中。由于 B 是有限集，所以必存在正整数 i 和 j，不妨假设 $i<j$，使得

$$b^i=b^j$$

即
$$b^i=b^i*b^{j-i}$$

这就说明 b^{j-i} 是$<G;*>$中的幺元，且这个幺元也在子集 B 中。

如果 $j-i>1$，那么由 $b^{j-i}=b*b^{j-i-1}$ 可知 b^{j-i-1} 是 b 的逆元，且 $b^{j-i-1}\in B$，如果 $j-i=1$，那么由 $b^i=b^i*b$ 可知 b 就是幺元，而幺元是以自身为逆元的。

因此，$<B;*>$是$<A;*>$的一个子群。

定理 8　设$<G;\Delta>$是群，S 是 G 的非空子集，如果对于 S 中的任意元素 a 和 b 有 $a\Delta b^{-1}\in S$，则$<S,\Delta>$是$<G,\Delta>$的子群。

证明　首先证明，G 中的幺元 e 也是 S 中的幺元。

任取 S 中的元素 a，$a\in S\subseteq G$，$a\Delta a^{-1}\in S$，且 $a\Delta e=e\Delta a=a$，即 e 也是 S 中的幺元。

其次证明，S 中的每一元素都有逆元。

对任一 $a\in S$，因为 $e\in S$，所以 $e\Delta a^{-1}\in S$ 即 $a^{-1}\in S$。

最后证明，Δ 在 S 上是封闭的。

对于任意的 $a,b\in S$，由上可知 $b^{-1}\in S$。

而 $$b=(b^{-1})^{-1}$$
所以 $$a\Delta b=a\Delta(b^{-1})^{-1}\in S$$

至于,运算 Δ 在 S 上的可结合性是保持的。因此,$<S;\Delta>$是$<G;\Delta>$的子群。

例 6　设$<H;*>$和$<K;*>$都是群$<G;*>$的子群,证明$<H\cap K;*>$也是$<G;*>$的子群。

证明　任意 $a,b\in H\cap K$,则 $a,b\in K$,$a,b\in H$。因为$<H;*>$,$<K;*>$都是群$<G;*>$的子群,$b^{-1}\in H$,且 $b^{-1}\in K$,所以 $b^{-1}\in H\cap K$。由于 $*$ 在 H 和 K 中的封闭性,所以 $a*b^{-1}\in H\cap K$,由定理 8 即得$<H\cap K;*>$是$<G;*>$的子群。证毕。

最后,我们介绍一种特殊的群——循环群。

定义 8　设$<G;*>$为群,若在 G 中存在一个元素 a,使得 G 中的任意元素都由 a 的幂组成,则称该群为循环群,元素 a 称为循环群 G 的生成元。

定理 9　任何一个循环群必定是阿贝尔群。

证明　设$<G;*>$是一个循环群,它的生成元素是 a,那么,对于任意的 $x,y\in G$,必有 $r,s\in I$,使得
$$x=a^r \text{ 和 } y=a^s$$
而且 $$x*y=a^r*a^s=a^{r+s}=a^{s+r}=a^s*a^r=y*x$$
因此,$<G;*>$是一个阿贝尔群。

对于循环群,有下面的定理。

定理 10　设$<G;*>$是一个由元素 $a\in G$ 生成的有限循环群。如果 G 的阶数是 n,即 $|G|=n$,则 $a^n=e$,且
$$G=\{a,a^2,a^3,\cdots,a^{n-1},a^n=e\}$$
其中,e 是$<G;*>$中的幺元,n 是使 $a^n=e$ 的最小正整数(称 n 为元素 a 的阶)。

证明　假设对于某个正整数 m,$m<n$,有 $a^m=e$。那么,由于$<G;*>$是一个循环群,所以 G 中的任何元素都能写为 $a^k(k\in\mathbf{Z})$而且 $k=mq+r$,其中,q 是某个整数,$0\leqslant r\leqslant m$。这就有
$$a^k=a^{mq+r}=(a^m)^q*a^r=a^r$$
这就导致 G 中的每一个元素都可表示成 $a^r(0\leqslant r\leqslant m)$,这样,$G$ 中最多有 m 个不同元素,与 $|G|=n$ 相矛盾。所以,$a^m=e(m<n)$是不可能的。

进一步证明 $a^1,a^2,\cdots,a^n$ 都不相同。用反证法。假设 $a^i=a^j$,其中 $1\leqslant i<j\leqslant n$,就有 $a^{j-i}=e$,而且 $1\leqslant j-i<n$,这已经由上面证明是不可能的,所以,$a,a^2,\cdots,a^n$ 都不相同,因此
$$G=\{a,a^2,a^3,\cdots,a^n=e\}$$

例 7　设 $G=\{\alpha,\beta,\gamma,\delta\}$,在 G 上定义二元运算 $*$ 如表 2 所示。

表 2

$*$	α	β	γ	δ
α	α	β	γ	δ
β	β	α	δ	γ
γ	γ	δ	β	α
δ	δ	γ	α	β

说明$<G;*>$是一个循环群。

解　由运算表 2 可知运算 $*$ 是封闭的，α 是幺元。β，γ 和 δ 的逆元分别是 β，δ 和 γ。可以验证运算 $*$ 是可结合的，所以$<G;*>$是一个群。

在这个群中，由于

$$\gamma*\gamma=\gamma^2=\beta,\quad \gamma^3=\delta,\gamma^4=\alpha$$

以及

$$\delta*\delta=\delta^2=\beta,\delta^3=\gamma,\delta^4=\alpha$$

故群$<G*;>$是由 γ 或 δ 生成的，因此，$<G;*>$是一个循环群。

从例 3 中可以看出，一个循环群的生成元可以是不唯一的。

习题四

1. 设$<G;*>$是一个独异点，并且对于 G 中的每一个元素 x 都有 $x*x=e$，其中 e 是幺元，证明$<G;*>$是一个阿贝尔群。

2. 设 $X=\mathbf{R}-\{0,1\}$，在 X 上定义 6 个函数如下：对任意 $x\in X$，

$f_1(x)=x$；　　$f_2(x)=x^{-1}$；　　$f_3(x)=1-x$；

$f_4(x)=(1-x)^{-1}$；　　$f_5(x)=(x-1)x^{-1}$；　　$f_6(x)=x(x-1)^{-1}$。

试证明$<F;\cdot>$是一个群。其中 $F=\{f_1,f_2,f_3,f_4,f_5,f_6\}$，$\cdot$ 是函数的复合运算。

3. 设$<A;*>$是半群，e 是左幺元且对每一个 $x\in A$，存在 $\hat{x}\in A$，使得 $\hat{x}*x=e$。

(1) 证明：对任意的 $a,b,c\in A$，如果 $a*b=a*c$，则 $b=c$；

(2) 通过证明 e 是 A 中的幺元，证明$<A;*>$是群。

4. 设$<G;*>$是群，对任一 $a\in G$，令 $H=\{y\mid y*a=a*y,y\in G\}$，试证明$<H;*>$是$<G;*>$的子群。

5. 设$<H;\cdot>$和$<K;\cdot>$都是群$<G;\cdot>$的子群，令

$$HK=\{h\cdot k\mid h\in H,k\in K\}$$

证明$<HK;\cdot>$是$<G;\cdot>$的子群的充要条件是 $HK=KH$。

6. 设$<A;*>$是群，且 $|A|=2n$，$n\in\mathbf{Z}^+$。证明：在 A 中至少存在 $a\neq e$，使得 $a*a=e$。其中 e 是幺元。

7. 设 S 为非负整数做成的集合，在 S 中定义运算“$*$”如下：对任意 $a,b\in S$，

$$a*b=\max(a,b)$$

判断$<S;*>$是否是群。

8. 设 $\mathbf{R}$ 是实数集合，$S=\{(a,b)\mid a\neq 0,a,b\in\mathbf{R}\}$，利用通常的加法和乘法在 S 上定义运算“$*$”如下：对 S 中任意元素(a,b)，(c,d)，

$$(a,b)*(c,d)=(ac,ad+b)$$

证明 S 对“$*$”运算构成群。

9. 如果对群 G 中任意的两个元素 a,b 都有$(ab)^2=a^2b^2$，试证 G 是交换群。

10. 设 G 是由 3 个元素构成的群，证明 G 是交换群。

第五节　陪集与拉格朗日定理

陪集是群论中的一个重要概念，在介绍陪集之前，我们先引进群中元素间一种重要的关系——合同关系。

定义 1　设$<G;*>$是一个群，$<H;*>$是 G 的一个子群，a 和 b 是 G 中的两个元素，如果存在 H 中的元素 h，使得 $a=bh$，则称 a 合同于 b(左模 H)，记作

$$a\equiv b(\bmod H)$$

换句话说，如果 a 等于 H 的一个元素右乘 b，则称 a 合同于 b(左模 H)。

容易证明：合同关系是 G 中的等价关系，这是因为：

(1)$a\equiv a$。因为 $a=ae$，$e\in H$。

(2)若 $a\equiv b$，则 $b\equiv a$。因 $a\equiv bh$，$h\in H$ 可以推出 $b=ah^{-1}$，而 $h^{-1}\in H$。

(3)若 $a\equiv b$，$b\equiv c$，则 $a\equiv c$。因为 $a=bh$，$b=ck$，可得 $a=ckh=c(kh)$，其中 $kh\in H$。

既然合同关系(左模 H)是一个等价关系，所以 G 分成了所有等价类的并集，每一个这样的等价类叫作 H 的一个左陪集。据此，我们有如下的关于陪集的定义。

定义 2　设$<G;*>$是群，$<H;*>$是 G 的子群，则 G 的关于 H 的合同关系(左模 H)的等价类叫作 H 的左陪集。

显然，包含 a 的左陪集，也就是以 H 的所有元素右乘 a 所得的集合 aH，H 本身显然也是 H 的一个左陪集。

与上面的定义类似，也可以定义合同关系 a 合同于 b(右模 H)以及 H 的右陪集。

例 1　设$<\mathbf{Z};+>$是所有整数的加法群，$<H;+>$是正常数 m 的所有倍数做成的子群。因为加法满足交换律，所以左右之分不存在，因而，左模 H 合同与左模 H 合同是一样的，左右陪集也是一样的。易见 $a\equiv b(\bmod H)$等于说 a 和 b 被 m 除具有相同的余数。例如，设 $m=3$，则

$$H=\{\cdots,-6,-3,0,3,6,\cdots\}$$

而 H 的 3 个陪集是 $H,H+1,H+2$,其中 $H+1$ 和 $H+2$ 分别为

$$H+1=\{\cdots,-5,-2,1,4,7,\cdots\}$$

$$H+2=\{\cdots,-4,-1,2,5,8,\cdots\}$$

例 2　设 G 是所有非零复数的乘法群,所有模等于 1 的复数做成 G 的一个子群 H,$a\equiv b(\mathrm{mod}\ H)$等于说 a 和 b 两个复数具有相等的模。在复平面上,H 相当于单位圆。H 的所有陪集相当于以原点为心的所有同心圆。

若$<G;*>$是一个有限群,$<H;*>$是 G 的一个子群,则可按如下方式求出 H 的所有左陪集:首先,H 本身是一个左陪集;任取 $a\notin H$ 而求 aH 又得到一个左陪集;再任取 $b\notin H\cup aH$ 而求 bH 又得到一个左陪集;依次类推,因 G 有限,最后必被穷尽,从而得到

$$G=H\cup aH\cup bH\cup\cdots$$

定理 1　设$<H;*>$是群$<G;*>$的有限子群,则 H 的任意左陪集 aH 的基数皆等于群 H 的基数。

证明　因为群$<H;*>$是有限子群,所以可设

$$H=\{h_1,h_2,\cdots,h_n\}$$

其中,n 是子群$<H;*>$中元素个数。

$$aH=\{ah_1,ah_2,\cdots,ah_n\}$$

我们证明 aH 中的 n 个元素是彼此不同的,也就证明了恰有 n 个元素。事实上,若 $i\neq j$,而 $ah_i=ah_j$,则有 $a^{-1}(ah_i)=a^{-1}(ah_j)$,即 $h_i=h_j$,推出矛盾。

若$<G;*>$是交换群,则左右陪集没有什么区别。若$<G;*>$不是交换群,则左右陪集可能有区别,也可能没有区别,如果 H 的左右陪集没有区别,则 H 叫作 G 的一个正规子群。

例 3　设 $G=\mathbf{R}\times\mathbf{R}$,$\mathbf{R}$ 为实数集,G 上的一个二元运算+定义为

$$<x_1,y_1>+<x_2,y_2>=<x_1+x_2,y_1+y_2>$$

显然,$<G;*>$是一个具有幺元$<0,0>$的阿贝尔群。设 $H=\{<x,y>|y=2x\}$。那么,很容易验证$<H;+>$是$<G;+>$的子群。对于$<x_0,y_0>\in G$,H 关于$<x_0,y_0>$的左陪集为$<x_0,y_0>H$。这个例子的几何意义为:G 是笛卡儿平面,H 是通过原点的直线 $y=2x$,陪集$<x_0,y_0>H$ 是通过点$<x_0,y_0>$且平行于 H 的直线。如图 1 所示。

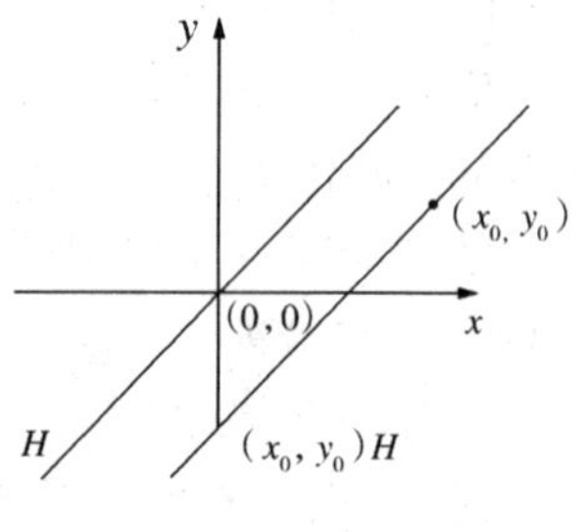

图 1

对于有限群,有下面一个很重要的结论。

定理 2　(拉格朗日定理)

设$<H;*>$是群$<G;*>$的一个子群,那么

(1)$R=\{<a,b>|a\in G,b\in G$ 且 $a^{-1}*b\in H\}$是 G 中的一个等价关系。对于 $a\in G$,若记$[a]_R=\{x|x\in G$ 且$<a,x>\in R\}$,则

$$[a]_R=aH$$

(2)如果 G 是有限群，$|G|=n$，$|H|=m$，则 $m|n$。

证明 (1)对于任一 $a\in G$，必有 $a^{-1}\in G$，使 $a^{-1}*a=e\in H$，所以，$<a,a>\in R$。

若 $<a,b>\in R$，则 $a^{-1}*b\in H$，因为 H 是 G 的子群，故

$$(a^{-1}*b)^{-1}=b^{-1}*a\in H$$

所以，$<b,a>\in R$。

若 $<a,b>\in R$，$<b,c>\in R$，则 $a^{-1}*b\in H$，$b^{-1}*c\in H$，所以 $a^{-1}*b*b^{-1}*c=a^{-1}*c\in H$，$<a,c>\in R$。这就证明了 R 是 G 中的一个等价关系。

对于 $a\in G$，我们有：$b\in[a]_R$ 当且仅当 $<a\ b>\in R$，即当且仅当 $a^{-1}*b\in H$，而 $a^{-1}*b\in H$ 就是 $b\in aH$。因此，$[a]_R=aH$。

(2)由于 R 是 G 中的一个等价关系，所以必定将 G 划分成不同的等价类 $[a_1]_R$，$[a_2]_R$，…，$[a_k]_R$，使得

$$G=\bigcup_{i=1}^{k}[a_i]_R=\bigcup_{i=1}^{k}a_iH$$

又因 H 中任意两个不同的元素 h_1,h_2，$a\in G$，必有 $a*h_1\neq a*h_2$，所以 $|a_iH|=|H|=m$，$i=1,2,\cdots,k$。因此

$$n=|G|=|\bigcup_{i=1}^{k}a_iH|=\sum_{i=1}^{k}|a_iH|=mk$$

根据拉格朗日定理，可直接得到以下几个推论。

推论1 任何质数阶的群不可能有非平凡子群。

这是因为，如果有非平凡子群，那么该子群的阶必定是原来群的阶的一个因子，这就与原来群的阶是质数相矛盾。

推论2 设 $<G;*>$ 是 n 阶有限群，那么对任意的 $a\in G$，a 的阶必是 n 的因子且必有 $a^n=e$，这里 e 是群 $<G;*>$ 中的幺元。如果 n 为质数，则 $<G;*>$ 必是循环群。

这是因为，由 G 中的任意元素 a 生成的循环群

$$H=\{a^i\mid i\in\mathbf{Z},a\in G\}$$

一定是 G 的一个子群。如果 H 的阶是 m，那么由本章第四节定理10可知 $a^m=e$，即 a 的阶等于 m。由拉格朗日定理必有 $n=mk$，$k\in\mathbf{N}$，因此，a 的阶 m 是 n 的因子，且有

$$a^n=a^{mk}=(a^m)^k=e^k=e$$

因为质数阶群只有平凡子群，所以，质数阶群必定是循环群。必须注意群的阶与元素的阶这两个概念的不同。

例4 设 $K=\{e,a,b,c\}$，在 K 上定义二元运算 $*$ 如表1所示。

表 1

$*$	e	a	b	c
e	e	a	b	c
a	a	e	c	b
b	b	c	e	a
c	c	b	a	e

证明$<K;*>$是一个群，但不是循环群。

证明　由表 1 可知，运算 $*$ 是封闭的和可结合的。幺元是 e，每个元素的逆元是自身，所以$<K;*>$是群，因为 a,b,c 都是二阶元，故$<K;*>$不是循环群。我们称$<K;*>$为 Klein 四元群。

例如，$S=\{1,2,3,4\}$，置换群

$$<\left\{\begin{pmatrix}1&2&3&4\\1&2&3&4\end{pmatrix},\begin{pmatrix}1&2&3&4\\2&1&4&3\end{pmatrix},\begin{pmatrix}1&2&3&4\\4&3&2&1\end{pmatrix},\begin{pmatrix}1&2&3&4\\3&4&1&2\end{pmatrix}\right\};\cdot>$$

就是一个 Klein 四元群。

例 5　任何一个四阶群只可能是四阶循环群或者 Klein 四元群。

证明　设四阶群为$<\{e,a,b,c\};*>$，其中 e 是幺元。当四阶群含有一个四阶元素时，这个群就是循环群。

当四阶群不含有四阶元素时，则由推论 2 可知，除幺元 e 外，a,b,c 的阶一定是都是 2。$a*b$ 不可能等于 a,b 或 e，否则将导致 $b=e,a=e$ 或 $a=b$ 的矛盾，所以 $a*b=c$。同样地有 $b*a=c$ 以及 $a*c=c*a=b,b*c=c*b=a$。因此，这个群是 Klein 四元群。

习题五

1. 设 $G=\{\varphi\mid\varphi:x\to ax+b$，其中 $a,b\in\mathbf{R}$ 且 $a\neq 0,x\in\mathbf{R}\}$。二元运算 $\cdot$ 是映射的复合。

(1) 证明$<G;\cdot>$是一个群；

(2) 若 S 和 T 分别是由 G 中 $a=1$ 和 $b=0$ 的所有映射构成的集合，证明$<S;\cdot>$和$<T;\cdot>$都是子群；

(3) 写出 S 和 T 在 G 中所有的左陪集。

2. 设$<Z_6;+_6>$是一个群，这里$+_6$ 是模 6 加法，$Z_6=\{[0],[1],[2],[3],[4],[5]\}$，试写出$<Z_6;+_6>$中每个子群及其相应的左陪集。

3. 设$<G;*>$是任一群，定义 $R\subseteq G\times G$ 为

$$R=\{<\sigma,\varphi>|\text{存在 }\theta\in G\text{ 使得 }\varphi=\theta*\sigma*\theta^{-1}\}$$

验证 R 是 G 上的等价关系。

4. 设 $<H;*>$ 是群 $<G;*>$ 的子群，如果

$$A=\{x\,|\,x\in G, x*H*x^{-1}=H\}$$

证明 $<A;*>$ 是 $<G;*>$ 的一个子群。

5. 证明在由群 $<G;*>$ 的一个子群 $<S;*>$ 所确定的陪集中，只有一个陪集是子群。

6. 设 aH 和 bH 是 H 在 G 中的两个左陪集，证明：要么 $aH\cap bH=\varnothing$，要么 $aH=bH$。

第六节　同态与同构

这一节，我们讨论两个代数系统之间的联系。着重研究两个代数系统之间的同态关系和同构关系。

定义 1　设 $<A;☆>$，$<B;*>$ 是两个代数系统，☆和 * 分别是 A 和 B 上的二元（n 元）运算，设 f 是从 A 到 B 的一个映射，使得对任意的 $a_1, a_2\in A$，有

$$f(a_1☆a_2)=f(a_1)*f(a_2)$$

则称 f 为由 $<A;☆>$ 到 $<B;*>$ 的一个同态映射，称 $<A;☆>$ 同态于 $<B;*>$，记作 $A\sim B$。把 $<f(A);*>$ 称为 $<A;☆>$ 的一个同态象，其中

$$f(A)=\{x\,|\,x=f(a), a\in A\}\subseteq B$$

两个代数系统在同态意义下的相互联系可以由图 1 来描述。

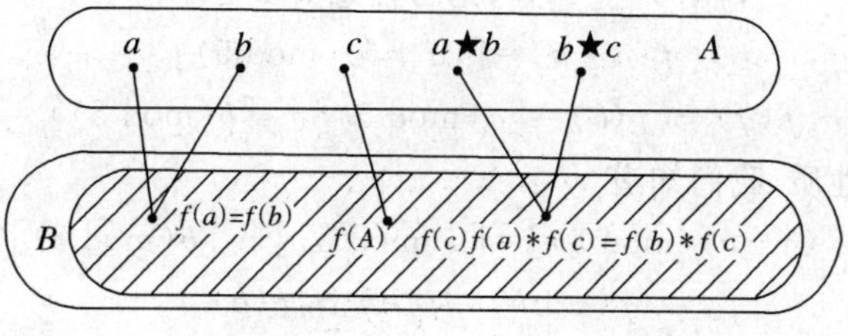

图 1

例 1　考察代数系统 $<\mathbf{Z};\cdot>$，这里 $\mathbf{Z}$ 是整数集，$\cdot$ 是普通乘法运算。如果我们只对运算结果中正、负、零之间的特征区别感兴趣，那么，代数系统 $<\mathbf{Z};\cdot>$ 中运算结果的特征就可以用另一个代数系统 $<B;\odot>$ 的运算结果来描述，其中 $B=\{$正，负，零$\}$，$\odot$ 是定义在 B 上的二元运算，如表 1 所示。

作映射 $f:I\to B$ 如下：

$$f(n)=\begin{cases}正,若\ n>0\\负,若\ n<0\\零,若\ n=0\end{cases}$$

表 1

$\odot$	正	负	零
正	正	负	零
负	负	正	零
零	零	零	零

很明显,对于任意的 $a,b\in\mathbf{Z}$ 有

$$f(a\cdot b)=f(a)\odot f(b)$$

因此,映射 f 是由 $<\mathbf{Z};\cdot>$ 到 $<B;\odot>$ 的一个同态。

例 1 告诉我们,在 $<\mathbf{Z};\cdot>$ 中研究运算结果的正、负、零的特征就等于在 $<B;\odot>$ 中的运算特征,可以说,代数系统 $<B;\odot>$ 描述了 $<\mathbf{Z};\cdot>$ 中运算结果的基本特征。而这正是研究两个代数系统之间是否存在同态的重要意义。

应该指出,由一个代数系统到另一个代数系统可能存在着多于一个的同态。

例 2 设 $<\mathbf{Z};+>$ 是整数加法群, $<I_5,+_5>$ 是在模 5 的加法下的加法群,其中 $I_5=\{[0],[1],[2],[3],[4]\}$,模 5 加法运算 $+_5$ 定义为: $[a]+_5[b]=[(a+b)(\mathrm{mod}\ 5)]$。$f$ 是从 $<\mathbf{Z};+>$ 到 $<I_5;+_5>$ 的一个映射,定义为:对任意 $i\in\mathbf{Z}$, $f(i)=[i(\mathrm{mod}\ 5)]$。例如 $f(0)=[0]$, $f(3)=[3]$; $f(6)=[1]$, $f(9)=[4]$ 等,则对任意 $a,b\in\mathbf{Z}$,

$$f(a+b)=[(a+b)(\mathrm{mod}\ 5)]$$

$$f(a)+_5f(b)=[a(\mathrm{mod}\ 5)]+_5[b(\mathrm{mod}\ 5)]$$

根据数论中模运算的性质,我们知道

$$[(a+b)(\mathrm{mod}\ 5)]=[a(\mathrm{mod}\ 5)]+_5[b(\mathrm{mod}\ 5)]$$

即

$$f(a+b)=f(a)+_5f(b)$$

所以 f 是 $<\mathbf{Z};+>$ 到 $<I_5;+_5>$ 的同态映射。

定义 2 设 f 是由 $<A;☆>$ 到 $<B;*>$ 的一个同态,如果 f 是从 A 到 B 的一个满射,则 f 称为满同态;如果 f 是从 A 到 B 的一个入射,则称 f 为单一同态;如果 f 是从 A 到 B 的一个双射,则称 f 为同构映射,并称 $<A;☆>$ 和 $<B;*>$ 是同构的,记作 $A\cong B$。

例 3 设 $f:\mathbf{R}\to\mathbf{R}$ 对任意 $x\in\mathbf{R}$,

$$f(x)=5^x$$

那么, f 是 $<\mathbf{R};+>$ 到 $<\mathbf{R};\cdot>$ 的一个单一同态。

例 4 设 $f:\mathbf{N}\to N_k$ 定义为对任意的 $x\in\mathbf{N}$,

$$f(x)=[x(\mathrm{mod}\ k)]$$

那么，f 是从 $\langle \mathbf{N};+\rangle$ 到 $\langle N_k;+_k\rangle$ 的一个满同态。

例 5 设 $H=\{x\mid x=dn,d$ 是某一个正整数，$n\in\mathbf{Z}\}$，定义映射，$f:\mathbf{Z}\to H$ 为对任意 $n\in\mathbf{Z}$

$$f(n)=dn$$

那么，f 是 $\langle\mathbf{Z};+\rangle$ 到 $\langle H;+\rangle$ 的一个同构，所以 $\mathbf{Z}\cong H$。

例 6 设 $A=\{a,b,c,d\}$，在 A 上定义一个二元运算如表 2 所示。又设 $B=\{\alpha,\beta,\gamma,\delta\}$，在 B 上定义一个二元运算如表 3 所示。证明 $\langle A;☆\rangle$ 和 $\langle B;*\rangle$ 是同构的。

表 2

☆	a	b	c	d
a	a	b	c	d
b	b	a	a	c
c	b	d	d	c
d	a	b	c	d

表 3

$*$	α	β	γ	δ
α	α	β	γ	δ
β	β	α	α	γ
γ	β	δ	δ	γ
δ	α	β	γ	δ

证明 考察映射 f，使得

$$f(a)=\alpha,f(b)=\beta,f(c)=\gamma,f(d)=\delta$$

显然，f 是一个从 A 到 B 的双射，由表 2 和表 3 容易验证 f 是由 $\langle A;☆\rangle$ 到 $\langle B;*\rangle$ 的一个同态。因此，$\langle A;☆\rangle$ 和 $\langle B;*\rangle$ 是同构的。

如果考察映射 g，使得

$$g(a)=\delta,g(b)=\gamma,g(c)=\beta,g(d)=\alpha$$

那么，g 也是由 $\langle A;☆\rangle$ 到 $\langle B;*\rangle$ 的一个同构。

例 6 告诉我们，当两个代数系统是同构的话，它们之间的同构映射可以是不唯一的。

例 7 表 4 中的代数系统 $\langle B;\oplus\rangle$ 和 $\langle C;*\rangle$ 都是与代数系统 $\langle A;☆\rangle$ 同构的。

表 4

☆	a	b
a	a	b
b	b	a

$\langle A,☆\rangle$

续表

⊕	偶	奇
偶	偶	奇
奇	奇	偶

$<B;\oplus>$

$*$	$0°$	$180°$
$0°$	$0°$	$180°$
$180°$	$180°$	$0°$

$<C;*>$

同构这个概念很重要。从上例中可以看到，形式上不同的代数系统，如果它们是同构的话，那么，就可想象地把它们看作是本质上相同的代数系统，所以不同的只是所用的符号不同。并且，容易看出同构的逆仍是一个同构。

定义 3　设 $<A;☆>$ 是一个代数系统，如果 f 是由 $<A;☆>$ 到 $<A;☆>$ 的同态，则称 f 为自同态。如果 g 是由 $<A;☆>$ 到 $<A;☆>$ 的同构，则称 g 为自同构。

定理 1　设 G 是代数系统的集合，则 G 中代数系统之间的同构关系是等价关系。

证明　因为任何一个代数系统 $<A;☆>$ 可以通过恒等映射与它自身同构，即自反性成立。关于对称性，设 $<A;☆>\cong<B;*>$ 且有对应的同构映射 f，因为 f 的逆是由 $<B;*>$ 到 $<A;☆>$ 的同构映射，即 $<B;*>\cong<A;☆>$。最后，如果 f 是由 $<A;☆>$ 到 $<B;*>$ 的同构映射，g 是由 $<B;*>$ 到 $<C;\Delta>$ 的同构映射，那么 $g\cdot f$ 就是 $<A;☆>$ 到 $<C;\Delta>$ 的同构映射。因此，同构关系是等价关系。

定理 2　设 f 是从代数系统 $<A;☆>$ 到代数系统 $<B;*>$ 的同态映射。

(1) 如果 $<A;☆>$ 是半群，那么在 f 作用下，同态象 $<f(A);*>$ 也是半群。

(2) 如果 $<A;☆>$ 是独异点，那么在 f 作用下，同态象 $<f(A);*>$ 也是独异点。

(3) 如果 $<A;☆>$ 是群，那么在 f 作用下，同态象 $<f(A);*>$ 也是群。

证明　(1) 设 $<A;☆>$ 是半群且 $<B;*>$ 是一个代数系统，如果 f 是由 $<A;☆>$ 到 $<B;*>$ 的一个同态映射，则 $f(A)\subseteq B$。

对于任意的 $a,b\in f(A)$，必有 $x,y\in A$ 使得

$$f(x)=a,f(y)=b$$

在 A 中，必有 $Z=x☆y$，所以

$$a*b=f(x)*f(y)=f(x☆y)=f(Z)\in f(A)$$

最后，$*$ 在 $f(A)$ 上是可结合的，这是因为：对于任意的 $a,b,c\in f(A)$，必有 $x,y,z\in A$，使得

$$f(x)=a,f(y)=b,f(z)=c$$

因为☆在 A 上是可结合的，所以

$$a*(b*c)=f(x)*(f(y)*f(z))=f(x)*f(y☆z)$$

$$f(x☆(y☆z))=f((x☆y)☆z)=f(x☆y)*f(z)=(f(x)*f(y))*f(z)=(a*b)*c$$

因此，<$f(A)$；$*$>是半群。

(2) 设<A；☆>是独异点，e 是 A 中的幺元，那么 $f(e)$是 $f(A)$中的幺元。这是因为对于任意的 $a\in f(A)$必有 $x\in A$ 使 $f(x)=a$，所以

$$a*f(e)=f(x)*f(e)=f(x☆e)=f(x)=a=f(e☆x)=f(e)*f(x)=f(e)*a$$

因此，<$f(A)$；$*$>是独异点。

(3) 设<A；☆>是群。

对于任意的 $a\in f(A)$必有 $x\in A$ 使 $f(x)=a$。因为<A；☆>是群，故 x 有逆元 x^{-1}，且 $f(x^{-1})\in f(A)$，而

$$\begin{aligned}f(x)*f(x^{-1})&=f(x☆x^{-1})=f(e)=f(x^{-1}☆x)\\&=f(x^{-1})*f(x)\end{aligned}$$

所以，$f(x^{-1})$是 $f(x)$是逆元。即

$$f(x^{-1})=f(x)^{-1}$$

因此，<$f(A)$；$*$>是群。

定义 4　设 f 是由群<G；☆>到群<G'；$*$>的同态映射，e' 是 G' 中的幺元，设 $Ker(f)=\{x\mid x\in G,且\ f(x)=e'\}$，称 Ker($f$)是同态映射 f 的核，简称 f 的同态核。

定理 3　设 f 是由群<G；☆>到<G'；$*$>的同态映射，则 f 的同态核 K 是 G 的子群。

证明　由定理 2 可知，$e'=f(e)$。设 $k_1,k_2\in K$，则

$$f(k_1☆k_2)=f(k_1)*f(k_2)=e'*e'=e'$$

故 $k_1☆k_2\in K$。

对任意的 $k\in K$，由定理 2 可知

$$f(k^{-1})=f(k)^{-1}=e'^{-1}=e'$$

故 $k^{-1}\in K$。因此，<K；☆>是<G；☆>的子群。

下面，我们进一步讨论同态与同余关系的对应。为此先介绍同余关系的概念。

定义 5　设<A；☆>是一个代数系统，并设 R 是 A 上的一个等价关系。如果当<a_1，a_2><b_1，b_2>$\in R$ 时，蕴涵着<$a_1☆b_1$，$a_2☆b_2$>$\in R$，则称 R 为 A 上关于☆的同余关系。由这个同余关系将 A 划分成的等价类称为同余类。

例 8　设 $A=\{a,b,c,d\}$，对于由表 5 所确定的代数系统<A；☆>以及由表 6 所定义的在 A 上的等价关系 R，容易验证，R 是 A 上的同余关系。这个同余关系将 A 划分成同余类为 $\{a,b\}$和$\{c,d\}$。

表 5

☆	a	b	c	d
a	a	a	d	c
b	b	a	c	d
c	c	d	a	b
d	d	d	b	a

<A;☆>

表 6

	a	b	c	d
a	✓	✓		
b	✓	✓		
c			✓	✓
d			✓	✓

R

例 9　设 $A=\{a,b,c,d\}$ 对于表 7 所定义的代数系统<A;☆>以及由表 6 所定义的在 A 上的等价关系 R。

表 7

☆	a	b	c	d
a	a	a	d	c
b	b	a	d	a
c	c	b	a	b
d	c	d	b	a

<A;☆>

由于对 $\langle a,b\rangle,\langle c,d\rangle\in R$ 有

$$\langle a☆c,b☆d\rangle=\langle d,a\rangle\notin R$$

因此,由表 6 所定义的在 A 上的等价关系 R 不是一个同余关系。

由上述两例可知:在 A 上定义的等价关系 R,不一定是 A 上的同余关系,这是因为同余关

系必须与定义在 A 上的二元运算密切相关。

定理 4 设＜A；☆＞是一个代数系统，R 是 A 上的一个同余关系，$B=\{A_1,A_2,\cdots,A_r\}$ 是 R 在 A 上的等价类集合，那么，必定存在新的代数系统＜B；$*$＞，它是＜A；☆＞的同态象。

证明 在 B 上定义二元运算 $*$ 为：对于任意的 $A_i,A_j\in B$，任取 $a_1\in A_i$，$a_2\in A_j$，如果 $a_1☆a_2\in A_k$，则 $A_i*A_j=A_k$。由于 R 是 A 上的同余关系，所以，以上定义的 $A_i*A_j=A_k$ 是唯一的。

作映射
$$f(a)=A_i,a\in A_i$$
显然，f 是从 A 到 B 的满映射。

对于任意的 $x,y\in A$，x,y 必属于 B 中的某两个等价类，不妨设 $x☆y\in A_k$，于是，就有
$$f(x☆y)=A_k=A_i*A_j=f(x)*f(y)$$
因此，f 是由＜A；☆＞到＜B；$*$＞的满同态，即＜B；$*$＞是＜A；☆＞的同态象。

定理 5 设 f 是由＜A；☆＞到＜B；$*$＞的一个同态映射，如果在 A 上定义二元关系 R 为：＜a,b＞$\in R$，当且仅当
$$f(a)=f(b)$$
那么，R 是 A 上的一个同余关系。

证明 因为 $f(a)=f(b)$，所以＜a,a＞$\in R$。若＜a,b＞$\in R$，则 $f(a)=f(b)$，即 $f(b)=f(a)$，所以＜b,a＞$\in R$。若＜a,b＞$\in R$，＜b,c＞$\in R$，则 $f(a)=f(b)=f(c)$，所以＜a,c＞$\in R$。最后，又因为若＜a,b＞$\in R$，＜c,d＞$\in R$，则有
$$f(a☆c)=f(a)*f(c)=f(b)*f(d)=f(b☆d)$$
所以，＜$a☆c,b☆d$＞$\in R$。

因此，R 是 A 上的同余关系。

形象地说，一个代数系统的同态象可以看作是当抽去该系统中某些元素的次要特征的情况下，对该系统的一种粗糙描述。如果我们把属于同一个同余类的元素看作是没有区别的，那么原系统的性态可以用同余类之间的相互关系来描述。现在，用一个例子来说明这一点。

例 10 如表 8 所确定的两个代数系统，＜A；☆＞和＜B；$*$＞。

表 8

	α	β	γ	δ	ε	ζ
α	α	β	α	α	γ	δ
β	β	α	γ	β	γ	ε
γ	α	γ	α	β	γ	ε
δ	α	β	β	δ	ε	ζ
ε	γ	γ	γ	ε	ε	ζ
ζ	δ	ε	ε	ζ	ζ	ζ

＜A；☆＞

续表

$*$	1	0	-1
1	1	1	0
0	1	0	-1
-1	0	-1	-1

$\langle B;*\rangle$

映射

$$f(\alpha)=1 \quad f(\beta)=1 \quad f(\gamma)=1$$

$$f(\delta)=0 \quad f(\varepsilon)=0 \quad f(\zeta)=-1$$

明显地是由代数系统$\langle A;☆\rangle$到$\langle B;*\rangle$的一个同态映射。假如把代数系统$\langle A;☆\rangle$看作是对六个带电粒子$\alpha,\beta,\gamma,\delta,\varepsilon,\zeta$相互作用的详尽描述，如果$\alpha,\beta,\gamma$是带正电荷的粒子；$\delta,\varepsilon$是中性粒子；$\zeta$是带负电荷的粒子，那么，我们就可用1,0,−1分别表示这三类粒子，这就是映射f所具有的特性。若记

$$B=\{1,0,-1\}$$

那么，代数系统$\langle B;*\rangle$描述了这三类粒子的相互作用，它正好是代数系统$\langle A;☆\rangle$的粗糙描述。

习题六

1. 证明：如果f是由$\langle A;☆\rangle$到$\langle B;*\rangle$的同态映射，g是由$\langle B;*\rangle$到$\langle C;\Delta\rangle$的同态映射，那么，$g\cdot f$是由$\langle A;☆\rangle$到$\langle C;\Delta\rangle$的同态映射。

2. 设$\langle G;*\rangle$是一个群，而$a\in G$，如果f是从G到G的映射，使得对于每一个$x\in G$，都有

$$f(x)=a*x*a^{-1}$$

试证明f是一个从G到G上的自同构。

3. 试证由表9所给出的两个群$\langle G;☆\rangle$和$\langle S;*\rangle$是同构的。

表 9

☆	p_1	p_2	p_3	p_4
p_1	p_1	p_2	p_3	p_4
p_2	p_2	p_1	p_4	p_3
p_3	p_3	p_4	p_1	p_2
p_4	p_4	p_3	p_2	p_1

$\langle G;☆\rangle$

续表

☆	q_1	q_2	q_3	q_4
q_1	q_3	q_4	q_1	q_2
q_2	q_4	q_3	q_2	q_1
q_3	q_1	q_2	q_3	q_4
q_4	q_2	q_1	q_4	q_3

$\langle S;*\rangle$

4. 设 f_1, f_2 都是从代数系统 $\langle A;☆\rangle$ 到代数系统 $\langle B;*\rangle$ 的同态。设 g 是从 A 到 B 的一个映射，使得对 $a\in A$，都有

$$g(a)=f_1(a)*f_2(a)$$

证明：如果 $\langle B;*\rangle$ 是一个可交换半群，那么 g 是一个由 $\langle A;☆\rangle$ 到 $\langle B;*\rangle$ 的同态。

5. $\langle \mathbf{R};+\rangle$ 是实数集上的加法群，设

$$f: x\to x^{2\pi ix},\ x\in\mathbf{R}$$

f 是否同态：如果是，请写出同态象和同态核。

6. 证明：循环群的同态象必定是循环群。

7. $\langle \mathbf{R}-\{0\};\times\rangle$ 与 $\langle \mathbf{R};+\rangle$ 同构吗？

8. 证明：一个集合上任意两个同余关系的交也是同余关系。

9. 考察代数系统 $\langle \mathbf{Z};+\rangle$，以下定义在 $\mathbf{Z}$ 上的二元关系 R 是同余关系吗？

(1) $\langle x,y\rangle\in R$ 当且仅当 $(x<0\wedge y<0)\vee(x\geqslant 0\wedge y\geqslant 0)$；

(2) $\langle x,y\rangle\in R$ 当且仅当 $|x-y|<10$；

(3) $\langle x,y\rangle\in R$ 当且仅当 $(x=y=0)\vee(x\neq 0\wedge y\neq 0)$；

(4) $\langle x,y\rangle\in R$ 当且仅当 $x\geqslant y$。

10. 设 f 和 g 都是群 $\langle G_1;☆\rangle$ 到群 $\langle G_2;*\rangle$ 的同态，证明 $\langle C;☆\rangle$ 到 $\langle G_1;☆\rangle$ 的一个子群，其中

$$C=\{x\mid x\in G_1 \text{ 且 } f(x)=g(x)\}$$

11. 设 f 为从群 $\langle G_1;*\rangle$ 到 $\langle G_2;\Delta\rangle$ 的同态映射，则 f 为入射当且仅当 $\mathrm{Ker}(f)=\{e\}$。其中 e 是 G_1 中的幺元。

第七节　环

环是一种重要的抽象代数系统，本节简要介绍环的概念及有关知识。

定义 1　设 R 是一个非空集合，其中有称“加法”和“乘法”两种运算。如果 R 的两种运算满足如下算律，则 R 称作是环 $(R,+,\cdot)$：

(1) $a+b=b+a$;

(2) $a+(b+c)=(a+b)+c$;

(3) R 中有一个元素 0,适合 $a+0=a$;

(4) 对于 R 中任意元素 a,有$(-a)$,满足:$a+(-a)=0$;

(5) $a(bc)=(ab)c$;

(6) $a(b+c)=ab+ac$,$(a+b)c=ac+bc$。

以上(1)到(4)说明 R 对于加法构成一个交换群。(5)表示乘法满足结合律。(6)表示乘法对于加法有分配律;由于乘法不一定满足交换律,所以分配律有两个。

例 1 整数集合 **Z** 对于整数的加法和乘法构成一个环,称为整数环(**Z**,+,·)。

例 2 实数集合上的所有 n 阶方阵集合 $\mathbf{A}_n$,在矩阵的加法和乘法下构成一个环,称为 n 阶方阵环($\mathbf{A}_n$,+,·)。

例 3 字母 x 的所有整系数多项式集合 $F(x)$,在多项式的加法和乘法下构成环,称为多项式环($F[x]$,+,·)。

例 4 实数集合 **R**、有理数集合 **Q**、复数集合 **C** 对数的加法和乘法分别构成环。

例 5 仅由数字 0 构成的集合{0}对数的加法和乘法构成环({0},+,·),称为零环。

例 6 设 M_n 是全体整数模 n 的剩余类。

$$M_n=\{[0],[1],\cdots,[n-1]\}$$

其中$[i]$表示模 n 余数为 i 的剩余类,即

$$[i]=\{x \mid x \text{ 是整数}, x\equiv i(\bmod n)\}$$

对剩余类定义加法和乘法运算如下:

$$[i]+[j]=[(i+j)(\bmod n)],[i]\cdot[j]=[(i\cdot j)(\bmod n)]$$

则 M_n 在剩余类的加法和乘法下是一个环(M_n,+,·),称为剩余类环。

由上面所举的大量例子可以看出,环是应用非常广泛的一种代数系统。

下面我们介绍的一些重要性质,这些性质可以从环的 6 条基本性质直接推出来。

用数学归纳法,可以把环的分配律推广如下:

$$a(b_1+\cdots+b_n)=ab_1+\cdots+ab_n$$

$$(a_1+\cdots+a_m)b=a_1b+\cdots+a_mb$$

$$\sum_{i=1}^{m}a_i\sum_{j=1}^{n}b_j=\sum_{i,j}a_ib_j$$

因此,当 m 为任意正整数时,

$$a(mb)=(ma)b=m(ab) \tag{1}$$

因为

$$a(c-b)+ab=a(c-b+b)=ac$$

所以,

$$a(c-b)=ac-ab \tag{2}$$

令 $b=c=0$，得 $a(0-0)=a0-a0=0$，即

$$a0=0$$

在(2)式中令 $c=0$，得

$$a(-b)=-ab$$

同理可证 $0a=0$，$(-a)b=-(ab)$，因此 $(-a)(-b)=ab$。由这些不难看出(1)对任意整数 m 成立。

设 n 是任意正整数，正像在群中一样，可以定义 a^n 而且证明

$$a^{m+n}=a^m a^n,(a^m)^n=a^{mn}$$

按照 R 的乘法的性质，我们区别于下列各种环：

(1)如果乘法满足交换律：

$$ab=ba$$

则 R 称为交换环。在交换环中，第三指数律成立，即有

$$(ab)^n=a^n b^n$$

而且用数学归纳法可证二项式定理

$$(a+b)^n=a^n+na^{n-1}b+\frac{n(n-1)}{1\cdot 2}a^{n-2}b^2+\cdots+b^n$$

(2)如果 R 不止有一个元素但有一个元素 1 满足

$$1a=a1=1 \tag{3}$$

则我们说 R 有 1。R 有 1 时，R 的 1 是唯一确定的，因若 $1'$ 也满足(3)式，则 $1'=1\cdot 1'=1$。设 R 有 1，取 $a\in R$，且 $a\neq 0$，则 $a0=0$，而 $a1=a$，故

$$1\neq 0$$

有 1 的环称为含壹环。

整数环、n 阶矩阵环、多项式环都是含壹环，但也有不含壹的环。

例 7　所有偶整数在整数的加法及乘法下构成一个环，叫偶数环，偶数环不含壹。

如果 $(R,+,\cdot)$ 是一个环，R 的子集 S 在运算 $+$，$\cdot$ 下也是一个环，则称 $(S,+,\cdot)$ 是 $(R,+,\cdot)$ 的子环。

注意，对于乘法群，子群的单位元素与母群的单位元素总是一致的。但对于环来说，一个环的壹却未必与其子环的壹一致，请看下面的例题。

例 8　任意域上的所有 $n(>1)$ 阶正矩阵构成的环，有壹

$$\boldsymbol{I}_n=\begin{bmatrix}1 & 0 & \cdots & \cdots & 0\\ 0 & 1 & 0 & \cdots & 0\\ \vdots & \vdots & \vdots & & \vdots\\ 0 & \cdots & \cdots & 0 & 1\end{bmatrix}$$

其中,所有如下形式的 n 阶矩阵

$$\begin{bmatrix} a & 0 & \cdots & 0 \\ 0 & 0 & \cdots & 0 \\ \vdots & \vdots & & \vdots \\ 0 & 0 & \cdots & 0 \end{bmatrix}$$

构成一个子环,有壹

$$\begin{bmatrix} 1 & 0 & \cdots & 0 \\ 0 & 0 & \cdots & 0 \\ \vdots & \vdots & & \vdots \\ 0 & \cdots & 0 & 0 \end{bmatrix} \neq \begin{bmatrix} 1 & 0 & \cdots & \cdots & 0 \\ 0 & 1 & 0 & \cdots & 0 \\ \vdots & \vdots & \vdots & & \vdots \\ 0 & \cdots & \cdots & 0 & 1 \end{bmatrix} = 1$$

(3)设 a,b 是环 R 的两个元素,如果 $a\neq 0,b\neq 0$,但 $ab=0$,则 a,b 称作 R 的零因子。如果 R 无零因子,则称 R 为没有零因子的环。

R 无零因子,必要而且只要在 R 中消去律成立。因此,无零因子的环又叫消去环。

事实上,设 R 无零因子,则由 $a\neq 0,ab=ac$,可得 $a(b-c)=0$,因 R 无零因子,且 $a\neq 0$,所以 $b-c=0$ 即 $b=c$,推出了消去律。反之,若消去律成立,即由 $a\neq 0,ab=ac$ 可推出 $b=c$,则 R 必无零因子。因若 $ab=0$,而 $a\neq 0$,则因 $ab=a0$,由消去律可得 $b=0$。

整数环、有理数环、实数环、复数环都是无零因子的环,但 n 阶方阵环有零因子。

例 9 n 阶矩阵环有零因子。例如,当 $n=2$ 时,

$$\begin{bmatrix} 1 & 0 \\ 1 & 0 \end{bmatrix}\begin{bmatrix} 0 & 0 \\ 1 & 1 \end{bmatrix}=\begin{bmatrix} 0 & 0 \\ 0 & 0 \end{bmatrix}$$

$$\begin{bmatrix} 1 & 2 \\ 2 & 4 \end{bmatrix}\begin{bmatrix} 6 & -10 \\ -3 & 5 \end{bmatrix}=\begin{bmatrix} 0 & 0 \\ 0 & 0 \end{bmatrix}$$

一方阵为零因子,必要而且只要它是奇异的。因为方程组

$$\begin{bmatrix} a_1 & b_1 \\ a_2 & b_2 \end{bmatrix}\begin{bmatrix} x_1 & y_1 \\ x_2 & y_2 \end{bmatrix}=\begin{bmatrix} 0 & 0 \\ 0 & 0 \end{bmatrix}$$

有非零解,必要而且只要

$$\begin{vmatrix} a_1 & b_1 \\ a_2 & b_2 \end{vmatrix}=0$$

(4)有壹无零因子的交换环叫作整区。

整数环、有理数环、实数环、复数环都是整区。

(5)如果去掉 0,R 的其余元素构成一个乘法群,则称 R 为体,体有壹而无零因子,其中任意非零元素有逆。域就是交换体,在域中,ab^{-1} 可以写成 $\dfrac{a}{b}$。有理数环、实数环、复数环都是域,但也有不是域的体。

例 10　取三个符号 i, j, k，以实数 a, b, c, d 为系数而形成的线性组合

$$a+bi+cj+dk$$

这种形式的线性组合叫作四元数。规定两个四元数相加只要把它们的系数相加：

$$(a_1+b_1i+c_1j+d_1k)+(a_2+b_2i+c_2j+d_2k)$$
$$=(a_1+a_2)+(b_1+b_2)i+(c_1+c_2)j+(d_1+d_2)k$$

规定 i, j, k 之间的乘法如下：

×	i	j	k
j	$-k$	-1	i
k	j	$-i$	-1

即 $i^2=j^2=k^2=-1; ij=k, jk=i, ki=j; ji=-k, ik=-j, kj=-i$。

两个四元数相乘只要按组合律展开再用上列乘法表示化去 i, j, k 的乘积项而且并项。例如

$$\begin{aligned}&(a_1+b_1i+c_1j+d_1k)(a_2+b_2i+c_2j+d_2k)\\&=a_1a_2+a_1b_2i+a_1c_2j+a_1d_2k+b_1a_2i-b_1b_2+b_1c_2k-b_1d_2j+\\&\quad c_1a_2j-c_1b_2k-c_1c_2+c_1d_2i+d_1a_2k+d_1b_2j-d_1c_2i-d_1d_2\\&=(a_1a_2-b_1b_2-c_1c_2-d_1d_2)+(a_1b_2+b_1a_2+c_1d_2-d_1c_2)i+\\&\quad(a_1c_2+c_1a_2+d_1b_2-b_1d_2)j+(a_1d_2+d_1a_2+b_1c_2-c_1b_2)k\end{aligned}$$

可以证明在这种加法和乘法之下，所有四元数做成一个环。对于四元数

$$u=a+bi+cj+dk$$

其共轭四元数定义为：

$$\bar{u}=a-bi-cj-dk。$$

这样，就是 $u\bar{u}=a^2+b^2+c^2+d^2$，若 $u\neq 0$（即若 $u\neq 0+0i+0j+0k$），则 $u\bar{u}\neq 0$，而

$$u^{-1}=\frac{1}{u\bar{u}}\bar{u}=\frac{1}{a^2+b^2+c^2+d^2}\bar{u}$$

故任意非 0 四元数有逆。因此，此环是一个体，称为四元数体。由于乘法不满足交换律（例如，$ij=k, ji=-k$），所以四元数体不是域。

以上罗列了各种环，计有交换环、含壹环、消去环、整区、体、域等。

环 R 的子集 S，如果按 R 中的加法和乘法也做成一个环，则称 S 为 R 的子环。体 K 的一个子环，若仍为体，则叫子体；若又为域，则叫（K 的）子域。同样，对于域 F，也可以有 F 的子环和子域。类似子群中关于子群的定理，可以证明，环 R 的子集 S 做成子环，必要而且只要

(1) S 非空；

(2) 若 $a\in S, b\in S$，则 $a-b\in S$；

(3) 若 $a\in S, b\in S$，则 $ab\in S$。

习题七

1. 设 $\mathbf{Z}(\sqrt{2})=\{m+n\sqrt{2}\mid m,n\in\mathbf{Z}\}$，其中 $\mathbf{Z}$ 是整数集合。试证 $\mathbf{Z}(\sqrt{2})$ 对数的通常加法和乘法构成一个环。

2. 设 $\mathbf{Z}(\mathrm{i})=\{m+n\mathrm{i}\mid m,n\in\mathbf{Z},\mathrm{i}^2=-1\}$，试证 $\mathbf{Z}(\mathrm{i})$ 对数的加法和乘法构成一个环。

3. 若对所有 $a\in$ 环 R，$ea=a$，则 e 叫作 R 的一个左壹；若对所有 $a\in R$，$ae'=a$，则 e' 叫作 R 一个右壹。求证：若 R 有左壹也有右壹，则所有左壹右壹都相等，因而 R 有一个唯一确定的壹。

4. 设环 R 有壹。若 $ab=1$，则 a 叫作 b 的左逆，b 叫作 a 的右逆。求证：若 a 有左逆又有右逆，则所有左逆右逆都相等，因而 a 有一个唯一确定的逆。

5. 设环中不止一个元素，求证任意无零因子的有限环必是一个体。

第六章　格与布尔代数

第一节　格的概念

本章介绍两种重要的代数系统——格与布尔代数。这两种代数系统在计算机科学中有着广泛的应用。布尔代数实际上是一种特殊的格。

虽然格是一种代数系统，但我们可以从部分序集的角度给出格的定义。这种定义与格的代数系统定义是等价的，但是具有直观的哈斯(Hasse)图表示，因而比较容易理解与掌握。

定义 1　设$(L,\leqslant)$是一个半序集。如果对于任意 $a,b\in L$，L 的子集$\{a,b\}$在 L 中都有一个最大下界(记作 $\inf\{a,b\}$)和一个最小上界(记作 $\sup\{a,b\}$)，则称$(L,\leqslant)$是一个半序格。

显然，一个序集是一个格。但是，不是所有半序集都是格，这可由下面某些半序集的哈斯图看到。

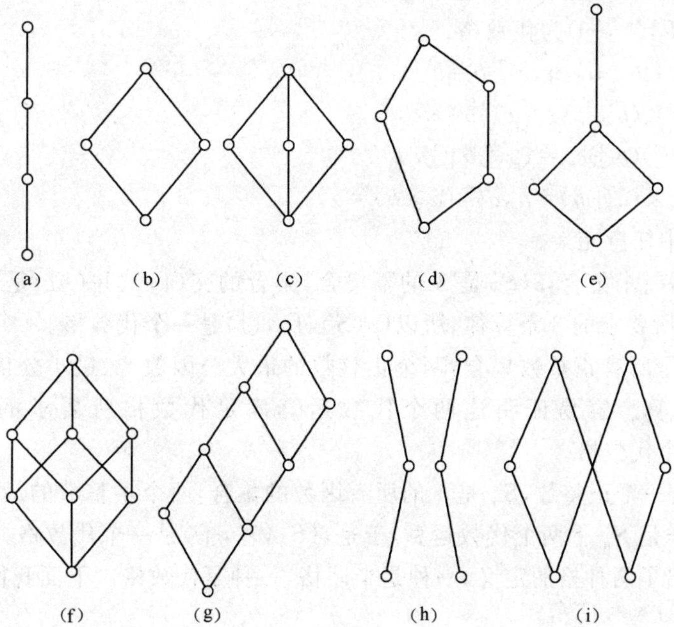

图 1　几个半序集的哈斯图

图(a)是序集,也是格;(b)～(g)是半序集,也是格;图(h),(i)是半序集,但不是格。

下面给出一些格的例子,这些例子在本章中经常要用到。

例 1　设 S 是任意集合,$\rho(S)$是 S 的幂集合,则$(\rho(S),\subseteq)$是一个半序关系。对于 $\rho(S)$ 中任意元素 A,B,$\{A,B\}$在 $\rho(S)$中有最大下界 $\inf\{A,B\}=A\cap B$,以及最小上界 $\sup\{A,B\}=A\cup B$,所以半序集$(\rho(S),\subseteq)$是一个格。

当 S 仅有一个元素时,对应的格是包括两个元素的链。当 S 有两个元素时,对应的格是图(b)。当 S 有 3 个元素时,对应的格是图(f)。

例 2　设 $\mathbf{Z}^+$ 是所有正整数集合。D 是 $\mathbf{Z}^+$ 中的"整除关系",亦即,对任意 $a,b\in\mathbf{Z}^+$,aDb 当且仅当 a 整除 b,则$(\mathbf{Z}^+,D)$显然是一个半序关系。

容易说明,$\mathbf{Z}^+$ 中子集$\{a,b\}$的最小上界就是 a,b 的最小公倍数,子集$\{a,b\}$的最大下界就是$\{a,b\}$的最大公因数,因此$(\mathbf{Z}^+,D)$是一个格。

例 3　设 n 是一个正整数,S_n 是 n 的所有因数的集合。例如

$$S_6=\{1,2,3,6\},S_{24}=\{1,2,3,4,6,8,12,24\}$$

设 D 是"整除关系",于是(S_6,D)是格,其哈斯图是图(b);(S_8,D)是格,其哈斯图是图(a);(S_{24},D)是格,其哈斯图是图(g);(S_{30},D)是格,其哈斯图是图(f)。

下面我们再从代数系统的观点介绍格的概念。

定义 2　设 L 是一个集合,$\times$,$\oplus$是 L 中两个二元运算。如果这两种运算满足如下算律,则称此代数系统$(L,\times,\oplus)$为代数格:

(1) 交换律:$a\times b=b\times a$,$a\oplus b=b\oplus a$;

(2) 结合律:$a\times(b\times c)=(a\times b)\times c$,

$a\oplus(b\oplus c)=(a\oplus b)\oplus c$;

(3) 吸收律:$a\times(a\oplus b)=a$,$a\oplus(a\times b)=a$。

其中 a,b,c 是 L 中任意元素。

例 4　设 S 是一个集合,$\rho(S)$是 S 的幂集合,集合的交($\cap$)、并($\cup$)是 $\rho(S)$上两个代数运算,满足代数格所要求的 3 条算律,所以$(\rho(S),\cap,\cup)$是一个代数格。

例 5　设 $\mathbf{Z}^+$ 是所有正整数集合,两个正整数的最大公因数$\times$、最小公倍数$\oplus$可以看成是 $\mathbf{Z}^+$ 上两个代数运算。容易证明这两个代数运算满足代数格所要求的 3 条算律,因此$(\mathbf{Z}^+,\times,\oplus)$是一个代数格。

例 6　设 n 是一个正整数,S_n 是 n 的所有因数的集合,两个正整数的最大公因数$\times$、最小公倍数$\oplus$可以看作是 S_n 上两个代数运算,于是,$(S_n,\times,\oplus)$是一个代数格。

以上我们给出了两种格的定义,一种是半序格,一种是代数格。下面我们证明这两种定义实际上是等价的。

定理 1　一个半序格必然是一个代数格;反之亦然。

证明　先证定理的第一部分。

设$(L,\leqslant)$是半序格,则对任意$a,b\in L$,记$\inf\{a,b\}=a\times b$;$\sup\{a,b\}=a\oplus b$。由于对任意a,b其$\inf\{a,b\}$,$\sup\{a,b\}$是唯一的,所以,如上定义的$\times$,$\oplus$是集合L上的两种二元运算。

我们先证明$\times$,$\oplus$运算满足吸收律。即对任意$a,b\in L$,有$a\times(a\oplus b)=a$,$a\oplus(a\times b)=a$。

因为$a\times(a\oplus b)$是a与$(a\oplus b)$的最大下界,所以$a\times(a\oplus b)\leqslant a$;另一方面由于$a\leqslant a$,$a\leqslant a\oplus b$,所以$a$是$a$与$(a\oplus b)$的下界,故$a\leqslant a\times(a\oplus b)$。因此$a=a\times(a\oplus b)$。同理可证$a\oplus(a\times b)=a$。

类似地,不难证明$\times$,$\oplus$运算满足交换律和结合律,因此,根据定义,$(L,\times,\oplus)$是一个代数格。

再证明定理1的后半部分。

设$(L,\times,\oplus)$是一个代数格。在集合L上定义关系$\leqslant$如下:

对任意$a,b\in L$,

$$a\leqslant b\Leftrightarrow a\times b=a$$

以下证明$\leqslant$是一个半序关系。

因为$a\times a=a\times(a\oplus(a\times a))=a$,所以有$a\leqslant a$。

若有$a\leqslant b$,$b\leqslant a$,则应有$a\times b=a$,$b\times a=b$,但由$\times$运算的交换律,$a\times b=b\times a$,所以$a=b$。

若$a\leqslant b$,$b\leqslant c$,则有$a\times b=a$,$b\times c=b$,再根据$\times$运算的结合律有

$$a\times c=(a\times b)\times c=a\times(b\times c)=a\times b=a$$

根据关系$\leqslant$的定义知$a\leqslant c$。

由此证明了关系$\leqslant$具有自反性、反对称性、传递性,故$\leqslant$是半序关系。

不难证明:$a\times b=a\Leftrightarrow a\oplus b=b$。

若$a\times b=a$,则由吸收律

$$a\oplus b=(a\times b)\oplus b=b$$

若$a\oplus b=b$,则

$$a\times b=a\times(a\oplus b)=a$$

因此,对任意$a,b\in L$,

$$a\leqslant b\Leftrightarrow a\oplus b=b$$

下面证明,对任意$\{a,b\}\subseteq L$,存在$\inf\{a,b\}$,$\sup\{a,b\}$,才能结束定理的证明。

由吸收律知

$$a\times(a\oplus b)=a$$
$$b\times(a\oplus b)=b$$

故有$a\leqslant(a\oplus b)$,$b\leqslant(a\oplus b)$,亦即$a\oplus b$是$\{a,b\}$的上界。

若$c\in L$,且c是$\{a,b\}$的上界,亦即$a\leqslant c$,$b\leqslant c$,则应有$a\oplus c=c$,$b\oplus c=c$,于是

$$\begin{aligned}(a\oplus b)\oplus c&=(a\oplus b)\oplus(c\oplus c)\\&=(a\oplus c)\oplus(b\oplus c)\\&=c\oplus c=c\end{aligned}$$

故有$(a\oplus b)\leqslant c$。这就说明$(a\oplus b)$是$\{a,b\}$的最小上界，即$\sup\{a,b\}=(a\oplus b)$。

同理可证，$\inf\{a,b\}=a\times b$。

综上所述，$(L,\leqslant)$是一个半序格。证毕。

因为半序格与代数格等价，我们今后就不再区分半序格与代数格，而统一称为格，今后，提到一个格，既可以将其理解为半序格，也可以理解为代数格，其$\times$，$\oplus$分别是在半序关系$\leqslant$下的最大下界运算与最小上界运算。

定义 3 设$(L,\times,\oplus)$是一个格，S是L的一个子集。如果在$\times$，$\oplus$之下，S是封闭的，则$(S,\times,\oplus)$称为$(L,\times,\oplus)$的子格。

因为在L中，$\times$，$\oplus$运算满足交换律、结合律和吸收律。若$\times$，$\oplus$在S中运算封闭，而S是L的子集，所以$\times$，$\oplus$运算自然在S中满足交换律、结合律和吸收律，所以$(S,\times,\oplus)$是格。

例如，$(S_n,\times,\oplus)$是$(I_+,\times,\oplus)$的子格，其中$\times$，$\oplus$分别是最大公因数和最小公倍数。

最后指出一点：设$(L,\leqslant)$是一个格，与其等价的代数格为$(L,\times,\oplus)$，S是L的一个子集。若$(S,\leqslant)$是一个半序格，则$(S,\times,\oplus)$不一定是$(L,\times,\oplus)$的子格，因为S在$\times$，$\oplus$运算下未必封闭。

例 7 设$(L,\leqslant)$是一个格，其哈斯图由图2所示。其中$L=\{a_1,a_2,a_3,a_4,a_5,a_6,a_7,a_8\}$。

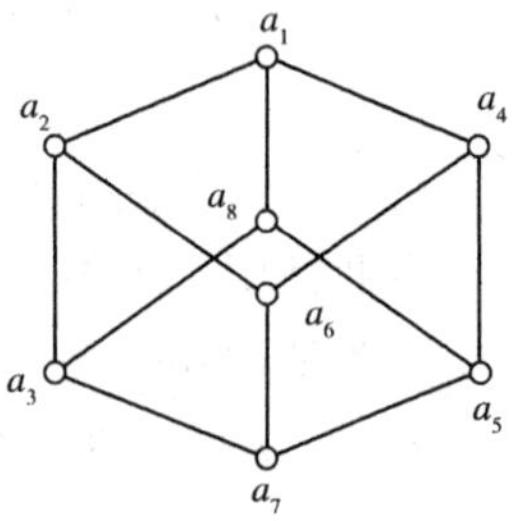

图2

取$S_1=\{a_1,a_2,a_4,a_6\}$，则$(S_1,\times,\oplus)$是$(L,\times,\oplus)$的子格。

取$S_2=\{a_1,a_2,a_4,a_8\}$，则$(S_2,\times,\oplus)$不是$(L,\times,\oplus)$的子格。因为$a_2\times a_4=a_6$，而a_6不在S_2中，S_2在$\times$运算下不封闭。

例 8 设$(L,\times,\oplus)$是一个格，a是L的一个元素，S是L的一个子集

$$S=\{x\mid a\leqslant x,x\in L\}$$

证明$(S,\times,\oplus)$是$(L,\times,\oplus)$的一个子格。

证明 设x_1,x_2是S中任意两个元素，则因$(x_1\oplus x_2)$是x_1,x_2的最小上界，$x_1\leqslant(x_1\oplus x_2)$，再由$\leqslant$关系的传递性知$a\leqslant(x_1\oplus x_2)$，即$(x_1\oplus x_2)\in S$。

又因为$a\leqslant x_1,a\leqslant x_2$，所以$a$是$x_1,x_2$的一个下界，而$(x_1\times x_2)$是$x_1,x_2$的最大下界，所以$a\leqslant(x_1\times x_2)$，即$(x_1\times x_2)\leqslant S$。

既然S在$\times$，$\oplus$两种运算下都封闭，故S为子格。证毕。

格的一个重要特点是其具有对偶性。设(L,R)是一个格，R是L中的半序关系，则显然R^{-1}也是L中的一个半序关系，于是(L,R^{-1})也是格。把表示格(L,R)的哈斯图翻转过来，就得到(L,R^{-1})的哈斯图。(L,R)中的求最大下界与最小上界运算分别对应于(L,R^{-1})中

求最小上界运算与求最大下界运算。因此，格中的一切算律与性质都具有对偶性。

如果格(L,R)中有最大与最小元素，则分别用1和0表示最大、最小元素。由1，0和可代表格中任意元素的变量通过$\times$，$\oplus$运算连接起来的式子叫格中的表达式。例如$(a\times b)\oplus c$就是格中表达式。把一个表达式E的$\oplus$换成$\times$，$\times$换成$\oplus$，0换成1(当E中有0时)，1换成0(当E中有1时)，所得表达式称为E的对偶表达式，记作E^*。例如设$E=(a\times b)\oplus c$，则$E^*=(a\oplus b)\times c$。根据格的对偶性可以证明如下两个对偶原理。

(1) 若XRY在格(L,R)中成立，则Y^*RX^*也在(L,R)中成立。其中X^*，Y^*分别是X，Y的对偶表达式。

例如，由$(a\times b)\oplus c\leqslant a\oplus c$，运用对偶原理1可得$a\times c\leqslant(a\oplus b)\times c$。

(2) 在格(L,R)中，若在条件HRG下，有XRT，则在对偶条件$H^*R^{-1}G^*$下，有$X^*R^{-1}T^*$。

例如，当$b\leqslant c$时，有$a\times b\leqslant a\times c$；$c\leqslant b$时，有$a\oplus c\leqslant a\oplus b$。

习题一

1. 下面图3所示半序集是否为格？

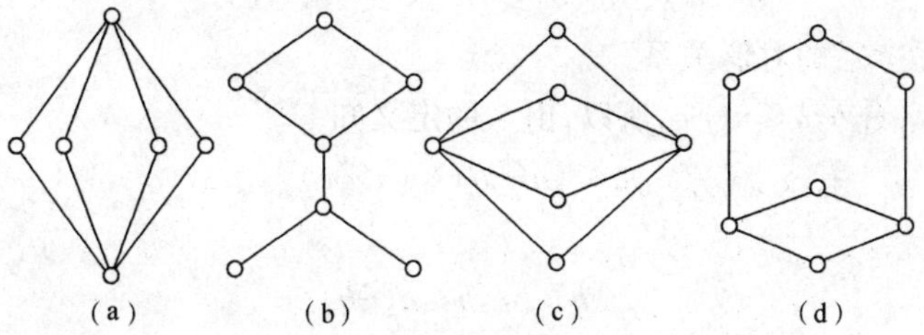

图3

2. 设$(L,\times,\oplus)$是一个格，$a,b\in L$。令

$$S=\{x\mid x\in L,\text{且 } a\leqslant x\leqslant b\}$$

其中$\leqslant$是格中的半序关系，证明：$(S,\times,\oplus)$是L的子格。

3. 证明：在格$(L,\leqslant)$中，若$a,b,c\in L$，且$a\geqslant b$，$a\geqslant c$，则有$a\times(b\oplus c)=(a\times b)\oplus(a\times c)$。

4. 求出$n=12$时，格(S_n,D)的所有子格。

第二节 有余格与分配格

本节主要介绍两种特殊的格。作为准备工作，先介绍格的几个重要运算性质。

定理1 设$(L,\leqslant)$是一个格，a,b是L中任意元素，则下列诸条件等价：

$$a \leqslant b \Leftrightarrow a \times b = a \Leftrightarrow a \oplus b = b$$

证明　若 $a \leqslant b$，因为 $a \leqslant a$，所以 a 是 $\{a, b\}$ 的下界，而 $a \times b$ 是 $\{a, b\}$ 的最大下界，故 $a \leqslant a \times b$。因为 $a \times b$ 是 $\{a, b\}$ 的下界，所以 $a \times b \leqslant a$，故 $a \times b = a$。

若 $a \times b = a$，由吸收律知

$$(a \oplus b) = (a \times b) \oplus b = b$$

若 $a \oplus b = b$，由 $a \oplus b$ 的定义知，b 是 $\{a, b\}$ 的最小上界，当然有 $a \leqslant b$。证毕。

定理 2　设 $(L, \leqslant)$ 是一个格，a, b, c 是 L 中任意元素。如果 $b \leqslant c$，则有

$$a \times b \leqslant a \times c, a \oplus b \leqslant a \oplus c$$

证明　因为 $b \leqslant c$，所以由定理 1 知 $b \times c = b$，又因为

$$\begin{aligned}(a \times b) \times (a \times c) &= (a \times a) \times (b \times c) \\ &= a \times (b \times c) \\ &= (a \times b)\end{aligned}$$

再由定理 1 知，$a \times b \leqslant a \times c$。

同理可证得第二个不等式。证毕。

定理 3　设 $(L, \leqslant)$ 是一个格，a, b, c 是 L 中任意元素，则如下分配不等式成立：

$$a \oplus (b \times c) \leqslant (a \oplus b) \times (a \oplus c)$$
$$a \times (b \oplus c) \geqslant (a \times b) \oplus (a \times c)$$

其中关系“$\geqslant$”是关系“$\leqslant$”的对偶关系。

证明　因为 $a \leqslant a \oplus b$，$a \leqslant a \oplus c$，所以，由 $\times$ 的定义知

$$a \leqslant (a \oplus b) \times (a \oplus c) \tag{1}$$

又因为

$$b \times c \leqslant b \leqslant a \oplus b$$
$$b \times c \leqslant c \leqslant a \oplus c$$

所以，再由 $\times$ 运算的定义知

$$b \times c \leqslant (a \oplus b) \times (a \oplus c) \tag{2}$$

由 $\oplus$ 的定义及(1)，(2)式知

$$a \oplus (b \times c) \leqslant (a \oplus b) \times (a \oplus c)$$

利用对偶性可证得另一个不等式。证毕。

定理 4　设 $(L, \leqslant)$ 是一个格，a, b, c 是 L 中的任意元素，则有

$$a \leqslant b \Leftrightarrow a \oplus (b \times c) \leqslant b \times (a \oplus c)$$

证明　若 $a \leqslant b$，则由定理 1 知，$a \oplus b = b$。由定理 3 知

$$a \oplus (b \times c) \leqslant (a \oplus b) \times (a \oplus c) = b \times (a \oplus c)$$

若 $a \oplus (b \times c) \leqslant b \times (a \oplus c)$，则由 $\oplus$ 的定义知

$$a \oplus (b \times c) \geqslant a$$

由×的定义知

$$b \times (a \oplus c) \leqslant b$$

根据半序关系≤的传递性知 $a \leqslant b$。证毕。

定义 1　设$(L, \leqslant)$是格，如果 L 有最大元素（记为 1）和最小元素（记为 0），则称$(L, \leqslant)$为有界格。

例 1　参考本章第一节中例 2、例 3，设 D 是整除关系，则(S_6, D)，(S_8, D)，(S_{30}, D)等是有界格，而$(\mathbf{Z}^+, D)$不是有界格。

容易证明：若$(L, \times, \oplus, 0, 1)$是有界格，则对任意 $a \in L$，恒有

$$a \oplus 0 = a, a \times 1 = a$$

$$a \oplus 1 = a, a \times 0 = 0$$

定义 2　设$(L, \times, \oplus, 0, 1)$是有界格，$a$ 是 L 中的一个元素，如果 L 中存在元素 b，使得

$$a \times b = 0, a \oplus b = 1$$

则 b 称为元素 a 的余元素（或称为补元素）。

在有界格$(L, \times, \oplus, 0, 1)$中任意元素 a 可以有余元素，也可以没有余元素；如果有余元素，也可以有一个或一个以上的余元素。

例 2　下面哈斯图（图 1）所表示的有界格，说明了余元素的几种情况。

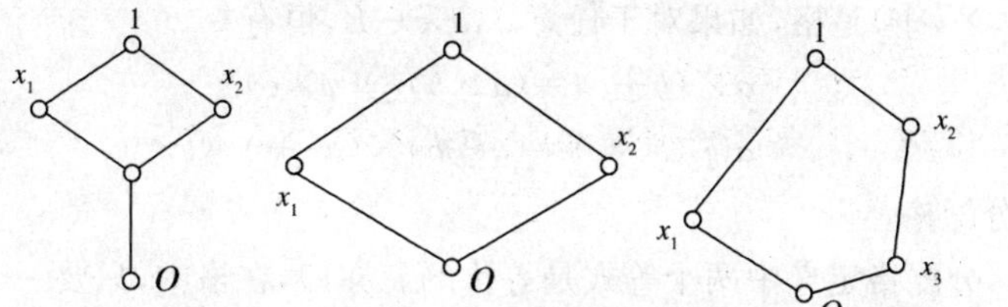

（x_1, x_2都无余元素）（x_1有唯一余元素x_2）（x_1 的余元素是x_2和x_3）

图 1　余元素的各种情况

定理 5　在有界格$(L, \times, \oplus, 0, 1)$中，1 是 0 的唯一一个余元素，反之亦然。

证明　因为

$$0 \times 1 = 0, 0 \oplus 1 = 1$$

所以，0，1 互为余元素。

若 $c \in L$，且 $c \neq 1$，c 是 0 的余元素，则

$$0 \times c = 0, 0 \oplus c = 1$$

但因 $0 \oplus c = c$，所以有 $c = 1$，推出矛盾。证毕。

定义 3　设$(L, \times, \oplus, 0, 1)$是一个有界格，如果 L 中的每一个元素都至少有一个余元素，则$(L, \times, \oplus, 0, 1)$称为有余格（或称为有补格）。

例 3　设 S 是 n 个元素的集合，$\rho(S)$是 S 的幂集合，则$(\rho(S), \subseteq)$是有余分配格。$\varnothing$和 S 是

此格的界。对 $\rho(S)$ 中任意元素 A，$\rho(S)$ 中的元素 $S-A$ 是 A 的余元素。

例 4　设 $L=\{0,1\}$ 规定 $0\leqslant 1$。于是不难看出 $(L,\leqslant)$ 是一个格。并且令 $(L,\wedge,\vee)$ 是与之等价的代数格，则 $\wedge,\vee$ 分别是集合 L 中两个元素的最大下界和最小上界运算。

令
$$L^n=\{(a_1,a_2,\cdots,a_n)\mid a_i\in L,i=1,2,\cdots,n\}$$
规定
$$(a_1,\cdots,a_n)\leqslant_n(b_1,\cdots,b_n)\Leftrightarrow a_i\leqslant b_i\quad(i=1,2,\cdots,n)$$
于是，不难证明 $(L^n,\leqslant_n)$ 是一个格，通常称为 n 维格。令与 $(L^n,\leqslant_n)$ 等价的代数格为 $(L^n,\times,\oplus)$，对 L^n 中任意两个元素 $(a_1,\cdots,a_n)$，$(b_1,\cdots,b_n)$ 显然有
$$(a_1,\cdots,a_n)\times(b_1,\cdots,b_n)=(a_1\wedge b_1,\cdots,a_n\wedge b_n)$$
$$(a_1,\cdots,a_n)\oplus(b_1,\cdots,b_n)=(a_1\vee b_1,\cdots,a_n\vee b_n)$$

n 维格 $(L^n,\leqslant_n)$ 是一个有余格，其中 $(1,1,\cdots,1)$，$(0,0,\cdots,0)$ 分别是上、下界。对 L^n 中任意元素 $(a_1,\cdots,a_n)$，元素 $(b_1,\cdots,b_n)$ 是其余元素，其中
$$\left.\begin{array}{l}b_i=0\Leftrightarrow a_i=1\\ b_i=1\Leftrightarrow a_i=0\end{array}\right\}i=1,\cdots,n$$

由定理 3 知，对于任意格，其格中元素都满足分配不等式，下面我们引进一种满足分配恒等式的特殊格。

定义 4　设 $(L,\times,\oplus)$ 是格，如果对于任意 $a,b,c\in L$，恒有
$$a\times(b\oplus c)=(a\times b)\oplus(a\times c)$$
$$a\oplus(b\times c)=(a\oplus b)\times(a\oplus c)$$
则 $(L,\times,\oplus)$ 称为分配格。

应该指出的是，分配格定义中两个等式是等价的。亦即，在格中，只要一个分配恒等式成立，则由格的对偶性可以推出另一个分配恒等式。

例 5　设 $S=\{a,b,c\}$，则 $(\rho(s),\cup,\cap)$ 是由格 $(\rho(S),\subseteq)$ 所诱导的代数系统。这个格所对应的是哈斯图如图 2 所示。

容易验证，对于任意的 P、Q、$R\in\rho(S)$，有
$$P\cap(Q\cup R)=(P\cap Q)\cup(P\cap R)$$
$$P\cup(Q\cap R)=(P\cup Q)\cap(P\cup R)$$
成立。所以，$(\rho(S),\subseteq)$ 是一个有界分配格。

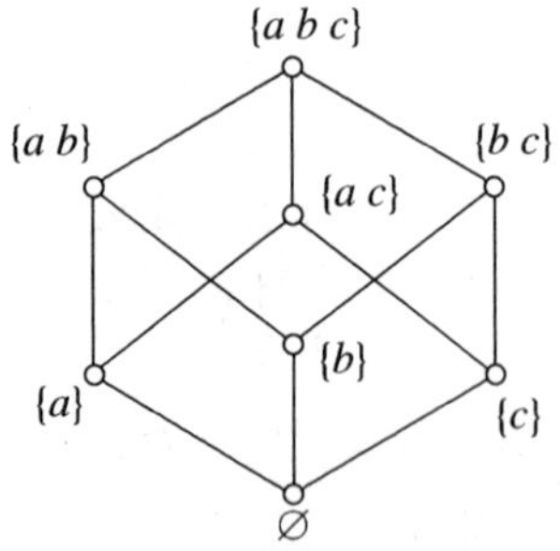

图 2

定理 6　任意一个链都是一个分配格。

证明　设格 $(L,\leqslant)$ 是一个链，任取 L 中三个元素 a,b,c，无非是下面两种情况：

(1) $a\geqslant b$，$a\geqslant c$，于是 $a\geqslant b\oplus c$，故
$$a\times(b\oplus c)=b\oplus c$$

而 $a\times b=b, a\times c=c$，所以

$$(a\times b)\oplus(a\times c)=b\oplus c$$

故

$$a\times(b\oplus c)=(a\times b)\oplus(a\times c)$$

(2) $a\leqslant b$ 或者 $a\leqslant c$，于是 $a\leqslant(b\oplus c)$，故 $a\times(b\oplus c)=a$，而

$$(a\times b)\oplus(a\times c)=a$$

所以 $a\times(b\oplus c)=(a\times b)\oplus(a\times c)$。

定理 7　设格 $(L,\times,\oplus)$ 是分配格，对任意 $a,b,c\in L$，如果

$$a\times c=b\times c, a\oplus c=b\oplus c$$

则有 $a=b$。

证明　若 $(L,\times,\oplus)$ 是分配格，且 $a\times c=b\times c, a\oplus c=b\oplus c$，则

$$\begin{aligned}a&=a\times(a\oplus c)=a\times(b\oplus c)\\&=(a\times b)\oplus(a\times c)\\&=(a\times b)\oplus(b\times c)\\&=b\times(a\oplus c)\\&=b\times(b\oplus c)=b\end{aligned}$$

证毕。

我们从前面的例子已经知道，若 $(L,\times,\oplus)$ 是有余分配格，则任意元素 a 的余元素未必唯一。但若这个有余格还是分配格，则余元素就唯一了。定理 7 的推论说明了这一事实。

推论　设格 $(L,\times,\oplus)$ 是一个有余分配格，则对任意 $a\in L$，a 的余元素 a' 是唯一的。

证明　因 $(L,\times,\oplus)$ 是有余格，设 a' 和 a'' 都是 a 的余元素，即

$$a\times a'=0, a\oplus a'=1$$

$$a\times a''=0, a\oplus a''=1$$

则 $a\times a'=a\times a'', a\oplus a'=a\oplus a''$，由定理 7 知 $a'=a''$。证毕。

定理 8　（德·摩根律）设 $(L,\times,\oplus)$ 是一个有界分配格，对任意元素 a,b，若 a,b 有余元素 a',b'，则

$$(a\times b)'=a'\oplus b'$$

$$(a\oplus b)'=a'\times b'$$

证明　因为

$$\begin{aligned}&(a'\oplus b')\oplus(a\times b)\\&=(a'\oplus b'\oplus a)\times(a'\oplus b'\oplus b)\\&=(1\oplus b')\times(a'\oplus 1)\\&=1\times 1\\&=1\end{aligned}$$

而

$$\begin{aligned}&(a'\oplus b')\times(a\times b)\\&=(a'\times a\times b)\oplus(b'\times a\times b)\\&=(0\times b)\oplus(0\times a)\\&=0\oplus 0\\&=0\end{aligned}$$

故由余元素定义知

$$(a\times b)'=a'\oplus b'$$

同理可证另一等式。证毕。

习题二

1. 证明:在格中,若 $a\leqslant b\leqslant c$,则有 $a\oplus b=b\times c$ 以及 $(a\times b)\oplus(b\times c)=b=(a\oplus b)\times(a\oplus c)$。

2. 证明:在格中,若 $a\leqslant b$,且 $c\leqslant d$,则有 $a\times c\leqslant b\times d$,$a\oplus c\leqslant b\oplus d$。

3. 证明:在格中,对任意元素 a,b,c,有 $(a\times b)\oplus(c\times d)\leqslant(a\oplus c)\times(b\oplus d)$,$(a\times b)\oplus(b\times c)\oplus(c\times a)\leqslant(a\oplus b)\times(b\oplus c)\times(c\oplus a)$。

4. 设格为 (S_n,D),当 $n=75$ 时,求每个元素的余元素。

5. 说明当 $n=30$ 与 $n=45$ 时,两个格 (S_{30},D) 和 (S_{45},D) 哪个是有余的,哪个是分配的。

6. 证明:在有余分配格 $(L,\times,\oplus)$ 中,对任意 $a,b\in L$,有 $a\leqslant b\Leftrightarrow a\times b'=0$,$b'\leqslant a'\Leftrightarrow a'\oplus b=1$,$a\leqslant b\Leftrightarrow b'\times a'$。

7. 证明三个元素以上的链不是有余格。

8. 证明一个格是分配格的充要条件是:$(a\times b)\oplus(b\times c)\oplus(c\times a)=(a\oplus b)\times(b\oplus c)\times(c\oplus a)$。

9. 在有界分配格中,证明所有有余元素的那些元素组成的集合形成一个子格。

第三节　布尔代数

布尔代数是 19 世纪中叶(1854 年)由英国数学家乔治·布尔(George Boole)提出的一种代数系统。在 20 世纪计算机问世前后,人们开始认识到它在开关网络和计算机科学及应用中的重要作用。

定义 1　一个有余分配格是一个布尔代数。

因为布尔代数是一个格,今后将布尔代数运算×简记为·,称乘法;运算⊕简记为+,称为加法。因为布尔代数是有界格,将最大元素记为 1,最小元素记为 0。因为布尔代数是有余分配格,所以对布尔代数中任意元素 a 有唯一的余元素 a',因此,这是布尔代数上的一个一元运算,称为余运算。今后将布尔代数的余运算记为 $^{-}$,例如,a 的余元素记为 $\bar{a}$。因此,一个布尔代数可记为 $(B,\cdot,+,\overline{},0,1)$,今后,有时将 $a\cdot b$ 简记为 ab。

例 1 设 $B=\{0,1\}$，B 上的运算 $+$，$\cdot$，$\overline{\quad}$，如下表定义：

$\cdot$	0	1
0	0	0
1	0	1

$+$	0	1
0	0	1
1	1	1

x	$\overline{x}$
0	1
1	0

不难证明，$(B,\cdot,+,\overline{\quad},0,1)$ 是布尔代数，这是最简单的一个布尔代数，习惯上称为电路代数。

例 2 设 S 是一个非空集合，$\rho(S)$ 是 S 的幂集合。不难证明 $(\rho(S),\cap,\cup,\overline{\quad},\varnothing,S)$ 是一个布尔代数，其中，$A\cap B$ 表示 A，B 的交集；$A\cup B$ 表示 A，B 的并集，$\overline{A}$ 表示 A 的余集，此代数也称为集合代数。

例 3 设 S 是命题公式集合，不难证明 $(S,\wedge,\vee,F,T)$ 是一布尔代数，也称命题代数。

例 4 设 B_n 是由 0，1 作分量的所有 n 元向量集合。对任意 $\boldsymbol{a},\boldsymbol{b}\in B_n$，令 $\boldsymbol{a}=(a_1,\cdots,a_n)$，$\boldsymbol{b}=(b_1,\cdots,b_n)$，我们定义 B_n 上的运算如下：

$$\boldsymbol{a}\cdot\boldsymbol{b}=(a_1\cdot b_1,a_2\cdot b_2,\cdots,a_n\cdot b_n)$$
$$\boldsymbol{a}+\boldsymbol{b}=(a_1+b_1,a_2+b_2,\cdots,a_n+b_n)$$
$$\overline{\boldsymbol{a}}=(\overline{a_1},\overline{a_2},\cdots,\overline{a_n})$$

不难证明 $(B_n,\cdot,+,\overline{\quad},0_n,1_n)$ 是一个布尔代数，其中 $\mathsf{0}_n$ 表示 n 个 0 做成的 n 元向量，$\mathsf{1}_n$ 表示 n 个 1 做成的 n 元向量，此代数也称为开关代数。

下面我们给出布尔代数的一些重要性质，但这些性质之间并不是互相独立的。

设 $(B_n,\cdot,+,\overline{\quad},0_n,1_n)$ 是一个布尔代数，a,b,c 是集合 B 中任意元素，则如下性质成立：

（一）因为 $(B,\cdot,+)$ 是一个格，所以有

(1) $a\cdot a=a$　　(1′) $a+a=a$

(2) $a\cdot b=b\cdot a$　　(2′) $a+b=b+a$

(3) $(a\cdot b)\cdot c=a\cdot(b\cdot c)$　　(3′) $(a+b)+c=a+(b+c)$

(4) $a\cdot(a+b)=a$　　(4′) $a+(a\cdot b)=a$

（二）因为 $(B,\cdot,+)$ 是分配格，所以有

(5) $a\cdot(b+c)=(a\cdot b)+(a\cdot c)$　　(5′) $a+(b\cdot c)=(a+b)\cdot(a+c)$

(6) $(a\cdot b)+(a\cdot c)+(b\cdot c)=(a+b)\cdot(a+c)\cdot(b+c)$

(7) 若 $a\cdot b=a\cdot c$，$a+b=a+c$，则 $b=c$

（三）因为 $(B,\cdot,+,0,1)$ 是有界格，所以有

(8) $0\leqslant a\leqslant 1$

(9) $a\cdot 0=0$　　(9′) $a+1=1$

(10) $a\cdot 1=a$　　　　　(10′)$a+0=a$

(四) 因为$(B,\cdot,+,\overline{\ \ },0,1)$是有余分配格，所以有

(11) $a\cdot\overline{a}=0$　　　　　(11′) $a+\overline{a}=1$

(12) $\overline{0}=1$　　　　　(12′) $\overline{1}=0$

(13) $\overline{(a\cdot b)}=\overline{a}+\overline{b}$　　　　　(13′) $\overline{(a+b)}=\overline{a}\cdot\overline{b}$

(五) 因为$(B,\leqslant)$是半序格，所以有

(14) $a\cdot b=\inf\{a,b\}$　　　　　(14′) $a+b=\sup\{a,b\}$

(15) $a\leqslant b\Leftrightarrow a+b=b\Leftrightarrow a\cdot b=a$

(16) $a\leqslant b\Leftrightarrow a\cdot\overline{b}=0\Leftrightarrow\overline{b}\leqslant\overline{a}\Leftrightarrow\overline{a}+b=1$

除性质(6)和性质(16)外，上述性质在格中都做过介绍，现在把性质(6)和性质(16)证明如下。

证明　性质(6)，由分配律、等幂及吸收律等

$$
\begin{aligned}
&(a\cdot b)+(a\cdot c)+(b\cdot c)\\
=&((a\cdot b)+(a\cdot c))+((a\cdot c)+(b\cdot c))\\
=&(a+(a\cdot c))\cdot(b+(a\cdot c))+(b+(a\cdot c))\cdot(c+(a\cdot c))\\
=&a\cdot(b+(a\cdot c)+(b+(a\cdot c)))\cdot c\\
=&(b+a\cdot c)\cdot(a+c)\\
=&(a+b)(a+c)(b+c)
\end{aligned}
$$

性质(16)

若$a\leqslant b$，则$a\cdot b=a$，于是$a\cdot\overline{b}=(a\cdot b)\cdot\overline{b}=0$；

若$a\cdot\overline{b}=0$，则$\overline{b}=1\cdot\overline{b}=(\overline{a}+a)\overline{b}=\overline{a}\overline{b}+0=\overline{a}\overline{b}$，故$\overline{b}\leqslant\overline{a}$；

若$\overline{b}\leqslant\overline{a}$，则$\overline{a}=\overline{a}+\overline{b}$，于是$\overline{a}+b=\overline{a}+\overline{b}+b=\overline{a}+1=1$；

若$\overline{a}+b=1$，则$a\cdot 1=a\cdot(\overline{a}+b)=a\overline{a}+ab=0+ab=ab$，因此，$a\leqslant b$。证毕。

一个布尔代数具有上述16个性质。这16个性质并不是相互独立的。如果我们用上述性质去验证一个代数系统是否为布尔代数系统，因为这些性质不互相独立，无疑地将给验证工作造成很多困难。下面我们使用互相独立的公理(亨廷顿公理)来重新定义布尔代数。

定理1　设B是一个至少含两个不同元素的集合，$\cdot$，$+$是定义在B上的两种运算，如果对任意$a,b,c\in B$，满足下面公理：

H_1:$a\cdot b=b\cdot a$，$a+b=b+a$；

H_2:$a\cdot(b+c)=(a\cdot b)+(a\cdot c)$，
　　$a+(b\cdot c)=(a+b)\cdot(a+c)$；

H_3:B中有元素0和元素1，使得对任意$a\in B$，有

$$a\cdot 1=a,\ a+0=a$$

H_4:对任意$a\in B$，有$\overline{a}\in B$，使得

$$a\cdot\overline{a}=0,\quad a+\overline{a}=1$$

则$(B,\cdot,+,\overline{},0,1)$是一个布尔代数。

证明　由布尔代数定义知,只需证明$(B,\cdot,+)$是格,并且0,1是此格的最小、最大元素即可,于是,根据H_4,它就是一个有余格,再根据H_2,它又是一个分配格,故它是布尔代数。

下面证明$(B,\cdot,+)$是一个格。

首先,由于公理$H_1\sim H_4$是对偶的,所以如果从$H_1\sim H_4$出发能推导出结论C,则C的对偶式C'也可由$H_1\sim H_4$推导出来,亦即对偶原理在代数$(B,\cdot,+)$中成立。

其次,对于任意$a\in B$,有

$$\begin{aligned}
a+1&=(a+1)\cdot 1 &&(\text{由 } H_3)\\
&=1\cdot(a+1) &&(\text{由 } H_1)\\
&=(a+\overline{a})(a+1) &&(\text{由 } H_4)\\
&=a+(\overline{a}\cdot 1) &&(\text{由 } H_2)\\
&=a+\overline{a} &&(\text{由 } H_3)\\
&=1 &&(\text{由 } H_4)
\end{aligned}$$

再次,若$a+b=a+c$,$\overline{a}+b=\overline{a}+c$,则$b=c$。

事实上,

$$\begin{aligned}
(a+b)\cdot(\overline{a}+b)&=b+(a\cdot\overline{a}) &&(\text{由 } H_2)\\
&=b+0 &&(\text{由 } H_4)\\
&=b &&(\text{由 } H_3)\\
(a+c)\cdot(\overline{a}+c)&=c+(a\cdot\overline{a}) &&(\text{由 } H_2)\\
&=c+0 &&(\text{由 } H_4)\\
&=c &&(\text{由 } H_3)
\end{aligned}$$

故$b=c$。

因此

(1) 由H_1知,此代数满足交换律。

(2) 因为

$$\begin{aligned}
a+a\cdot b&=(a\cdot 1)+(a\cdot b) &&(\text{由 } H_3)\\
&=a\cdot(1+b) &&(\text{由 } H_2)\\
&=a\cdot 1 &&(\text{由以上证明结果})\\
&=a &&(\text{由 } H_3)
\end{aligned}$$

所以此代数满足吸收律。

(3) 令$L=a\cdot(b\cdot c)$,$M=(a\cdot b)\cdot c$,则

$$\begin{aligned}
a+L&=a+(a\cdot(b\cdot c))\\
&=a &&(\text{由吸收律})
\end{aligned}$$

$$a+M=a+((a\cdot b)\cdot c)$$

$$=(a+(a\cdot b)\cdot(a+c) \qquad (\text{由 } H_2)$$

$$=a\cdot(a+c) \qquad (\text{由吸收律})$$

$$=a \qquad (\text{由吸收律})$$

所以

$$a+L=a+M$$

$$\overline{a}+L=\overline{a}+(a\cdot(b\cdot c))$$

$$=(\overline{a}+a)\cdot(\overline{a}+(b\cdot c)) \qquad (\text{由 } H_2)$$

$$=1\cdot(\overline{a}+(b\cdot c)) \qquad (\text{由 } H_4)$$

$$=\overline{a}+(b\cdot c) \qquad (\text{由 } H_3)$$

$$\overline{a}+M=\overline{a}+((a\cdot b)\cdot c)$$

$$=(\overline{a}+(a\cdot b))\cdot(\overline{a}+c) \qquad (\text{由 } H_2)$$

$$=((\overline{a}+a)\cdot(\overline{a}+b))\cdot(\overline{a}+c) \qquad (\text{由 } H_2)$$

$$=(1\cdot(\overline{a}+b))\cdot(\overline{a}+c) \qquad (\text{由 } H_4)$$

$$=(\overline{a}+b)\cdot(\overline{a}+c) \qquad (\text{由 } H_3)$$

$$=\overline{a}+(b\cdot c) \qquad (\text{由 } H_2)$$

所以

$$\overline{a}+L=\overline{a}+M$$

故 $L=M$。即$(B,\cdot,+)$满足结合律。

由格的定义知,$(B,\cdot,+)$是一个格。

现在,我们定义 B 上的半序关系$\leqslant$如下:

$$a\leqslant b\Leftrightarrow a\cdot b=a$$

于是,由本章第一节定理 1 知,$(B,\leqslant)$是半序格,并且

$$a\leqslant b\Leftrightarrow a+b=b$$

由 H_3 知,对任意 $a\in B$,有

$$a\cdot 1=a, a+0=a$$

故 $0\leqslant a\leqslant 1$,即 0,1 分别是 B 的最小、最大元素,因此$(B,\cdot,+,\overline{},0,1)$是布尔代数。

还可以证明:公理 $H_1\sim H_4$ 是独立的。因为篇幅所限,我们省略了这个证明。

有了亨廷顿公理,当我们要验证一个代数系统是布尔代数时,就方便和容易得多了。

例 5　设 S 是一个非空集合,$\rho(S)$是 S 的幂集合,用亨廷顿公理验证$(\rho(S),\cap,\cup,-,\varnothing,S)$是一个布尔代数。

设 $A,B,C\in\rho(S)$,则因集合运算的交"$\cap$"与并"$\cup$"满足交换律:$A\cap B=B\cap A$,$A\cup B=B\cup A$,H_1 成立。因集合的交、并运算满足分配律:

$$A\cap(B\cup C)=(A\cap B)\cup(A\cap C)$$

$$A\cup(B\cap C)=(A\cup B)\cap(A\cup C)$$

H_2 成立。

因 $\rho(S)$ 中有 $\varnothing$ 和 S，满足

$$A \cap S = A, A \cup \varnothing = A$$

所以 H_3 成立。

对任意 A，$\rho(S)$ 中有 A 的余集 $\overline{A}$，使得

$$A \cap \overline{A} = \varnothing, A \cup \overline{A} = S$$

到此，亨廷顿公理所要求的 4 条性质已全部验证完毕，所以 $(\rho(S), \cap, \cup, \overline{}, \varnothing, S)$ 是一个布尔代数。

习题三

1. 证明下列布尔恒等式：

(1) $a + (\overline{a} \cdot b) = a + b$；(2) $a \cdot (\overline{a} + b) = a \cdot b$；

(3) $(a \cdot b) + (a \cdot \overline{b}) = a$；(4) $(a \cdot b \cdot c) + (a \cdot b) = a \cdot b$。

2. 设 $(B, \cdot, +, \overline{}, 0, 1)$ 是布尔代数，$a, b, c \in B$，证明：

(1) $a = b \Leftrightarrow a \cdot \overline{b} + \overline{a} \cdot b = 0$；

(2) $a = 0 \Leftrightarrow a \cdot \overline{b} + \overline{a} \cdot b = b$；

(3) $(a + \overline{a}) \cdot (b + \overline{c} \cdot (c + \overline{a}) = (\overline{a} + b) \cdot (\overline{b} + c) \cdot \overline{c} + a)$；

(4) $(a + b) \cdot (\overline{a} + c) = a \cdot c + \overline{a} \cdot b + b \cdot c$；

(5) $a \leqslant b \Rightarrow a + b \cdot c = b(a + c)$。

第四篇　数理逻辑

数理逻辑又名符号逻辑，是一门用数学方法研究推理过程的科学。

逻辑学主要是研究各种论证。它可以是有意义的一般论证，也可以是科学理论中的数学证明或结论。建立逻辑学的主要目的在于探索出一套完整的规则，按照这些规则，就可以确定任何特定论证是否有效。这些规则，通常称为推理规则。

在逻辑学中，与其说注重的是论证本身，不如说注重的是论证形式。同其他科学理论一样，也可以把推理理论公式化。这样，依据各项规则并使用机械方法，不难确定论证的有效性。使用这种方法进行推理时，所遵循的规则一定不能具有二义性。

为了表述任何成套规则或者理论，都需要为它配置一种语言。具有二义性的自然语言，不可能正确地和充分地表述上述的规则和理论。为此，首先应该制定一种形式语言，或者称为客观语言。在这种形式语言中，必须明确地和严格地定义好它的语义和语法。

为了避免二义性，在形式语言中将使用一些符号，并给这些符号作出明确的定义。使用符号还有另外的意义，就是它很容易书写和处理。由于在逻辑学中使用了符号，故数理逻辑也称为符号逻辑。

现代数理逻辑可分为证明论、模型论、递归函数论、公理化集合论等。这里介绍的是数理逻辑最基本的内容：命题逻辑和谓词逻辑。

第七章　命题逻辑

第一节　命题及其表示法

命题逻辑是数理逻辑的基本组成部分，它是以命题为基本对象的一个数学化的逻辑系统，因此，我们首先需要弄清楚什么是命题。简言之，命题就是具有确定真值的陈述句。一个命题总是具有一个“值”，称为真值，真值只有“真”和“假”两种，记作 True(真)和 False(假)，分别用符号 T 和 F(或用 1 和 0)来表示。只有确定真值的陈述句才是命题，一切没有判断内容的句子，无所谓是非的句子，如感叹句、疑问句、祈使句等都不能作为命题。

例如："北京是中国的首都"，这句话是命题，因为它是陈述句，又是真话。而"天气真好啊"，"你到哪里去？""全体立正！"等都不是命题。

下面给出一些例子进一步说明命题的概念：

(1) 中国人民是伟大的。

(2) 雪是黑的。

(3) 今天是十五日。

(4) 他们这个地方四季如春。

(5) 明天是否开大会？

(6) 向右看齐！

(7) 时间过得真快啊！

(8) $1+101=110$。

(9) 今天刮风，并且今天下雨。

(10) 如果天气好，那么我去散步。

(11) 本命题是假的。

在上面这些例子中，语句(1)是陈述句，其真值是真；语句(2)是陈述句，其真值是假；故(1)、(2)是命题。语句(3)的真值因时间而异，每年只有十二天是"真"的；语句(4)的真值因地区而异，只是在部分地区看是"真"的，虽然如此，语句(3)和(4)总备有一个真值，故它们也是命题。语句(5)、(6)、(7)都不是陈述句，故都不是命题。对于语句(8)来说，若其中的数是十进制的，则它的真值是"假"的；若数是二进制的，则它的真值是"真"的，所以，语句(8)的真值依赖于文中的上下文关系，依据上下文关系可以识别出该数是属于何种进位制，从而能够判定其真假，故语句(8)也是个命题。语句(9)、(10)也是陈述句，根据具体情况可以确定真假，所以也是命题。对语句(11)来说，因为无法给它指派适当的真值，所以语句(11)是一个有二义性的语句，如果给它指派"真"的真值，则语句(11)说明命题(11)是"假"的，如果给它指派"假"的真值，则语句(11)暗指命题(11)是"真"的，故语句(11)不是命题。

在上述(1)、(2)、(3)、(4)、(8)、(9)、(10)这七个命题中，不难看出，命题(9)和(10)可以分解为两个更简单的陈述句，而其余的命题不能再分解。由此，可以将命题分为两种类型：第一种类型是不能再进一步分解的陈述句，称作原子命题；第二种类型是由联结词、标点符号和原子命题复合构成的命题，称作复合命题。在上述例子中，(1)、(2)、(3)、(4)、(8)是原子命题，而(9)、(10)是复合命题。

在数理逻辑中，我们使用大写字母 $A,B,\cdots,P,Q,\cdots$，或用带下标的大写字母，如 A_i，或用数字，如[12]等来表示命题，例如：

P：今天下雨。

P 可表示"今天下雨"这个命题。表示命题的符号称为命题标识符，P 就是标识符。

一个命题标识符如表示确定的命题，就称为命题常量。如果命题标识符只表示任意命题的位置标志，就称为命题变元。因为命题变元可以表示任意命题，所以它不能确定真值，也不是命题。当命题变元 P 用一个特定命题取代时，P 才能确定真值，这时也称对 P 进行指派。当命题变元表示原子命题时，该变元称为原子变元。

习题一

1. 判断下列语句哪些是命题，哪些不是命题，如果是命题，指出它的真值。

(1) 广东是中国的一个省。

(2) 秦皇岛是渤海湾的一个岛屿。

(3) 今天上午十点我到校上课，或去影院看电影。

(4) 我正在说谎。

(5) 我来上课，可你来干什么？

(6) 如果我掌握了英语、法语，那么学习其他欧洲语言就容易得多。

(7) $3+5\geqslant 9$。

(8) 她长得既不漂亮又不文雅。

(9) 天黑了，外面有狼，你还是在这里住一宿吧。

2. 举例说明复合命题和原子命题。

3. 将下列命题分成若干原子命题。

(1) 天气炎热且正在下雨。

(2) 天气炎热但温度较低。

(3) 天正在下雨或温度较高。

(4) 老王或小李是革新者。

(5) 如果你不看电影，那么我也不看电影。

(6) 我既不看电视，也不外出，我在睡觉。

第二节　联结词

在日常语言中，常常使用“或”“与”“但是”等一些联结词，对于这些联结词的使用，一般没有很严格的定义，因此有时显得不太确切。在数理逻辑中，复合命题是由原子命题与逻辑联结词组合而成，联结词是复合命题中的重要组成部分，为了便于书写和进行推演，必须对联结词作出明确规定并符号化。下面就介绍几个能联结命题的联结词及其符号规定。

定义 1　用“P”表示一个命题，可以把“P”的否定写成“$\neg P$”，读作“非 P”，“非 P”是真当且仅当“P”是假。表 1 说明了否定的定义。

表 1　否定的真值表

P	$\neg P$		P	$\neg P$
F	T	或	0	1
T	F		1	0

现在来说明如何构成命题的否定。为此，考察命题

P：天津是一个城市。

于是$\neg P$：天津不是一个城市。

P 是真命题，$\neg P$ 是假命题。

再看命题：

P：雪是黑的。$\neg P$：雪不是黑的。

命题 P 是假的，而命题$\neg P$ 是真的。由此知，命题的真假与其否定的真假恰好相反。

另外一个联结词是合取，用符号 $\wedge$ 表示。

定义 2　给定两个命题 P 和 Q，命题 $P \wedge Q$ 读作"P 与 Q"。命题 $P \wedge Q$ 的真值是 T 当且仅当 P 和 Q 的真值全是 T。

表 2 说明了联结词合取的定义。

表 2　合取的真值表

P	Q	$P \wedge Q$		P	Q	$P \wedge Q$
F	F	F		0	0	0
F	T	F		0	1	0
T	F	F		1	0	0
T	T	T		1	1	1

例 1　试生成下列命题的合取：

P：我们去植树。

Q：房间里有一架电视机。

解　我们去植树与房间里有一架电视机。

例 2　将下列命题变换成符号形式的命题：

张明与李华在吃饭。

解　为了写成两个命题的合取，首先把上述命题改写成：

张明在吃饭与李华在吃饭。

再把两个原子命题分别表示成：

P:张明在吃饭。

Q:李华在吃饭。

于是,可把给定命题写成符号形式的命题 $P \wedge Q$。

在日常语言中,常把合取“与”用于具有某种关系的两个命题之间;但在逻辑学中则不然,完全允许用两个相互无关的原子命题生成新的命题。例如,可以用原子命题“今天下大雨”和“三加三等于六”生成新的命题:

今天下大雨与三加三等于六。

不难看出,所生成的命题是平淡无味的,但在逻辑学中却是允许的。

不难理解,可以把符号 $\wedge$ 看成是现代汉语中联结词“与”“和”“并”等词的翻译。然而,在现代汉语中,有时却又在各种不同的意义上使用联结词“与”,因此,不能一概用符号 $\wedge$ 去翻译它们。为了说明这种区别,试考察命题:

(1) 苹果是红的与香蕉是黄的。

(2) 他打开箱子,并拿出一件衣服来。

(3) 张小明与张小华是堂兄弟。

命题(1)中的合取“与”和符号 $\wedge$ 具有同样的意义。在命题(2)中,“拿出一件衣服来”所描述的行动是发生在“他打开箱子”所描述的行动之后,因此,字词“并”是“于是”的意思,它与合取“与”的意义不同。命题(3)中的字词“与”不是一个合取“与”。就命题 P 和 Q 而论,由定义可知合取是对称的。也就是说,给 P 和 Q 指派真值,$P \wedge Q$ 和 $Q \wedge P$ 的真值相同。因此,如果把命题(1)改写成:

香蕉是黄的与苹果是红的。

则不会改变该命题的真值。另一方面,绝不可以把命题(2)改写成:

拿出一件衣服来与他打开箱子。

我们要介绍的第三个联结词是析取,用符号 $\vee$ 表示。

定义 3　给定两个命题 P 和 Q,命题 $P \vee Q$ 读作“P 或 Q”。命题 $P \vee Q$ 的真值是 F 当且仅当 P 和 Q 的真值全是 F。

表 3 说明了析取的定义。

表 3　析取的真值表

P	Q	$P \vee Q$	P	Q	$P \vee Q$
F	F	F	0	0	0
F	T	T	0	1	1
T	F	T	1	0	1
T	T	T	1	1	1

例 3　今天晚上七点我在家看电视，或去剧场看戏。

例 4　他可能是 100 米或 400 米赛跑的冠军。

在例 3 中的"或"是"排斥或"，例 4 中的"或"是"可兼或"，而析取指的是"可兼或"，还有一些汉语中的"或"字，实际不是命题联结词。

例 5　他昨天做了二十或三十道习题。

例 5 中的"或"字只是表示了习题的近似数目，不能用联结词"析取"表达，例 5 是个原子命题。

因此，上述三例中的"或"只有例 4 可用析取表达。

设 P：他是 100 米赛跑的冠军。

Q：他是 400 米赛跑的冠军。

$P \vee Q$：他是 100 米或 400 米赛跑的冠军。

例 6　将命题"今天下雨或者刮风"用符号表示。

解　P：今天下雨。

Q：今天刮风。

$P \vee Q$：今天下雨或者刮风。

要介绍的第 4 个联结词是条件，用符号→表示。

定义 4　给定两个命题 P 和 Q，命题 $P \to Q$ 称为条件命题，读作"如果 P，则 Q"。这里，当 P 的真值为 T 和 Q 的真值为 F 时，命题 $P \to Q$ 的真值为 F，否则，它的真值为 T。

表 4 说明了条件命题的定义。

表 4　条件命题的真值表

P	Q	$P \to Q$
F	F	T
F	T	T
T	F	F
T	T	T

P	Q	$P \to Q$
0	0	1
0	1	1
1	0	0
1	1	1

例 7　设命题 P：$2 \times 2 = 4$。

Q：$(2 \times 2) + 1 = 4 + 2$。

则　$P \to Q$：如果 $2 \times 2 = 4$，则 $(2 \times 2) + 1 = 4 + 2$，按规定，$P \to Q$ 是假命题，这符合直观。

例 8　设命题 P：$2 \times 2 = 4$。

Q：$(2 \times 2) + a = 4 + a$。

则　$P \to Q$：如果 $2 \times 2 = 4$，则 $(2 \times 2) + a = 4 + a$，按规定，$P \to Q$ 是真命题，这符合直观。

从上面的例子中可见，关于 $P \to Q$ 的真值规定符合日常生活中语言"如果……，则……"

的意思。但是,在对逻辑联结词→的规定中,还有如下情况:如果 P 是假命题,那么不论 Q 是真是假,命题"如果 P 则 Q"在逻辑中都被认为是真命题。

例 9　设命题 P:$3\times3=8$。

Q:教室里有十张桌子。

则　$P\to Q$:如果 $3\times3=8$,则教室里有十张桌子,是真命题。

这个命题在日常语言中是毫无意义的,但由于它满足条件命题的定义,因而在逻辑学中却完全可以接受它。

依据定义 4,复合命题 $P\to Q$ 的真或假,仅依赖于命题 P 和 Q 的真或假,而与它们的含义无关。也就是说,为了组成复合命题 $P\to Q$,在前件 P 和后件 Q 之间,不要求有任何类型的关系存在,这种条件命题,有时称为实质条件命题。显然,表 4 所定义的就是个实质条件命题。

在日常语言中,通常只有当两个条件命题之间有某种形式上和内容上的联系时,才可以用联结词"如果……,则……"把它们联结起来,这种条件命题有时称为形式条件命题。一般说来,一个形式条件命题,常常同时又是一个实质条件命题;反之,一个实质条件命题却不一定同时又是一个形式条件命题。我们约定,当不加区别地使用术语"条件命题"时,是指实质条件命题。

在汉语中还有这种情形:能够用一个符号"→"正确地翻译各种不同的表达式。例如,可用命题 $P\to Q$ 表示"假若 P,那么 Q";"若 P,则 Q";"仅当 P,则 Q";"对于 Q 来说,P 是充分的"等。在数学或其他一些数理逻辑著作中,条件命题"如果 P,则 Q"和"P 蕴涵 Q"在使用上是等价的,亦即是可互换的,甚至是指同一个关系而言。

最后介绍第五个联结词"双条件",用符号"⇆"表示。

定义 5　给定两个命题 P 和 Q,命题 $P\leftrightarrows Q$ 称为双条件命题,读作"P 当且仅当 Q",当 P 和 Q 的真值相同时,$P\leftrightarrows Q$ 的真值为 T,否则为假。

表 5 给出了联结词双条件的定义。

表 5　联结词"⇆"的真值表

P	Q	$P\leftrightarrows Q$
T	T	T
T	F	F
F	T	F
F	F	T

P	Q	$P\leftrightarrows Q$
1	1	1
1	0	0
0	1	0
0	0	1

例 10　设命题 P:两个三角形全等。

Q:这两个三角形的三个对应边也相等。

则 $P\leftrightarrows Q$:两个三角形全等当且仅当这两个三角形的三组对应边也相等。

例 11　设命题 P:$2+2=4$。

　　Q:雪是白的。

则　$P \leftrightarrows Q$:2+2=4 当且仅当雪是白的。

与前面的联结词一样,双条件命题也可以不顾其因果联系,而只根据联结词定义确定真值。双条件联结词亦可记作“↔”,或者“iff”。

习题二

1. 设命题 P,Q 的真值为 T,命题 R,S 的真值为 F,试确定下面命题的真假。

(1) $(P \wedge Q \wedge R) \vee \neg((R \vee Q) \wedge (R \vee S))$;

(2) $(\neg(P \wedge Q) \vee \neg R) \vee (((\neg R \wedge Q) \vee \neg R) \wedge S)$;

(3) $(\neg(P \wedge Q \vee \neg R)) \vee ((Q \leftrightarrows \neg R) \rightarrow (R \vee \neg S))$;

(4) $(P \vee (Q \rightarrow (R \wedge \neg P))) \leftrightarrows (Q \vee \neg S)$。

2. 设命题 P:天下雪;Q:我将去镇上;R:我有时间。以符号形式写出下列命题:

(1) 天不下雪;

(2) 天不下雪且我有时间;

(3) 如果天不下雪且我有时间,那么我将去镇上。

3. 将下列命题符号化:

(1) 李白一边看书,一边听音乐;

(2) 王强长得很高且很帅;

(3) 如果你不去北京,那么我就去;

(4) 四边形 $ABCD$ 是平行四边形,当且仅当它的对边平行;

(5) 张明和赵红是同学;

(6) 他可能是三好学生或优秀学生干部;

(7) 黄河不是世界上最长的河流;

(8) 他既是教师又是学生;

(9) 如果天不下雨,那么我就去钓鱼;

(10) 如果骗子讲真理,那么太阳就从西边出来。

第三节　命题公式

我们已经知道,不包含任何联结词的命题叫作原子命题,至少包含一个联结词的命题叫作复合命题。

设 P 和 Q 是两个命题,可用 P 和 Q 构成一些复合命题如下:

$$\neg P, P \vee Q, (P \vee Q) \vee (\neg P), P \vee (\neg Q)$$

若 P 和 Q 是命题变元，则上面给出的复合命题称作命题公式。P 和 Q 称作命题公式的分量。由此可见，命题公式乃是一个表达式，它由命题变元(有下标或者无下标的大写英文字母)、联结词符号组成，从而形成一个字符串。为了使命题公式具备单义性质，除联结词外，命题公式中还使用圆括号，圆括号所具有的意义与初等代数中所使用的圆括号意义相同。

值得注意的是，由这些符号组成的字符串并不一定都是命题公式，下面给出命题公式的定义，这种命题公式常称为合式公式(wff)。

定义 1　合式公式(也叫命题公式)，当且仅当按下列规则生成的公式：

(1) 单个的命题变元，本身是一个合式公式。

(2) 如果 A 是一个合式公式，则 $\neg A$ 也是一个合式公式。

(3) 如果 A 和 B 是合式公式，则 $(A\wedge B)$，$(A\vee B)$，$(A\rightarrow B)$，$(A\leftrightarrows B)$ 都是合式公式。

(4) 经过有限次使用规则(1)、(2)和(3)，从而得到的由命题变元、联结词和圆括号所组成的字符串，是合式公式。

依据上述定义，下列各式都是合式公式：

(1) $\neg(P\wedge Q)\vee S$；

(2) $\neg(P\vee Q)\rightarrow S$；

(3) $(P\rightarrow(P\vee Q))\leftrightarrows R$；

(4) $((P\rightarrow Q)\wedge(Q\rightarrow R))\leftrightarrows(P\rightarrow R)$；

(5) $\neg P\wedge Q$。

而下列公式则不是合式公式：

(1) $(\neg P\wedge Q)\wedge(\rightarrow Q)$；

(2) $CP\rightarrow Q$；

(3) $(P\wedge Q)\rightarrow(\wedge Q)$。

必须注意，命题公式是没有真假值的，仅当在一个公式中命题变元用确定的命题代入时，才得到一个命题，这个命题的真值依赖于代换变元的那些命题的真值。

定义 2　在命题公式中，对于分量指派真值的各种可能的组合，就确定了这个命题公式的各种真值情况。把它们汇列成表，称作命题公式的真值表。

例 1　$\neg P\vee Q$ 的真值表：

P	Q	$\neg P$	$\neg P\vee Q$
T	T	F	T
T	F	F	F
F	T	T	T
F	F	T	T

例 2　$(P\wedge Q)\wedge\neg P$ 的真值表：

P	Q	$P \wedge Q$	$\neg P$	$(P \wedge Q) \wedge \neg P$
T	T	T	F	F
T	F	F	F	F
F	T	F	T	F
F	F	F	T	F

例 3　用符号形式写出下列命题：

(1) 他既聪明又用功；

(2) 除非你努力否则你将失败；

(3) 张三或李四都可以做这件事；

(4) 张三或李四可以做这件事。

解　(1) 设 P：他聪明，Q：他用功，则

$P \wedge Q$：他既聪明又用功。

(2) 设 P：你努力，Q：你失败，则

$\neg P \to Q$：除非你努力，否则你将失败。

(3) 设 P：张三可以做这件事，Q：李四可以做这件事，则

$P \wedge Q$：张三或李四都可以做这件事。

(4) 设 P：张三可以做这件事，Q：李四可以做这件事，则

$P \vee Q$：张三或李四可以做这件事。

例 4　上海到北京的 14 次列车是下午 5 点半或 6 点开。

解　P：上海到北京的 14 次列车是下午 5 点半开。

Q：上海到北京的 14 次列车是下午 6 点开。

在本例中，汉语的"或"是不可兼或，而逻辑联结词 $\vee$ 表示的是可兼或。所以，讨论真值表：

P	Q	$P \wedge Q$	$P \vee Q$	$P \to Q$	$P \leftrightarrows Q$	本题
T	T	T	T	T	T	F
T	F	F	T	F	F	T
F	T	F	T	T	F	T
F	F	F	F	T	T	F

故本题可表示为：$\neg(P \leftrightarrows Q)$。

例 5　如果新房是三室一厅，并且居住面积是 $90\mathrm{m}^2$，我就要，否则我不要。

解　设 P：新房有三居室，Q：新房有一客厅，R：新房的居住面积是 $90\mathrm{m}^2$，S：我要这套新房。则本题可表示为：

$$((P \wedge Q \wedge R) \to S) \wedge (\neg(P \wedge Q \wedge R) \to \neg S)$$

定义 3　给定一命题公式，无论对分量作怎样的指派，其对应的真值永为 F，则称该命题公式为永假式(矛盾式)。

定义 4　给定一命题公式，无论对分量作怎样的指派，其对应的真值永为 T，则称该命题公式为永真式(重言式)。

在上述例题中，例 2 就是永假式。

由于永真式和永假式与分量的指派无关，所以用同一命题公式代换同一分量，永真式仍然是永真式，永假式仍然是永假式。

习题三

1. 判断下列公式哪些是合式公式，哪些不是：

(1) $Q \rightarrow R \wedge S$；

(2) $P \leftrightarrows (R \rightarrow S)$；

(3) $(\neg P \rightarrow Q) \rightarrow (Q \rightarrow P)$；

(4) $RS \rightarrow T$；

(5) $(P \rightarrow (Q \rightarrow R)) \rightarrow ((P \rightarrow Q) \rightarrow (P \rightarrow R))$。

2. 求下列各命题公式的真值表，并说明哪些是永真式，哪些是永假式：

(1) $P \rightarrow (Q \vee R)$；

(2) $(P \vee R) \wedge (P \rightarrow Q)$；

(3) $(P \vee Q) \leftrightarrows (Q \vee P)$；

(4) $(P \vee Q) \wedge \neg (P \vee Q)$；

(5) $(P \vee \neg Q) \wedge R$；

(6) $(P \rightarrow (Q \rightarrow R)) \rightarrow ((P \rightarrow Q) \rightarrow (P \rightarrow R))$。

3. 试求下列各命题公式的真值表并解释其结果：

(1) $(P \rightarrow Q) \wedge (Q \rightarrow P)$；

(2) $(P \wedge Q) \rightarrow P$；

(3) $Q \rightarrow (P \vee Q)$；

(4) $(P \rightarrow Q) \leftrightarrows (\neg P \vee Q)$；

(5) $(\neg P \vee Q) \wedge (\neg (P \wedge \neg Q))$。

4. 将下述语句翻译成命题公式：

(1) 没有共产党就没有新中国；

(2) 明天晴转多云西北风 4 级有时 5 级；

(3) 齐齐哈尔到北京的 40 次特快列车是早 8 点或 8 点 10 分开车；

(4) 天冷了要加衣服，否则会生病，生病了就不能去上课，不能去上课就会影响学习。

今天天冷但我没加衣服，则我的学习会受到影响。

第四节　命题演算的等价式与蕴涵式

定义 1　给定两个命题公式 A 和 B，设 $P_1, P_2, \cdots, P_n$ 为所有出现于 A 和 B 中的原子变元，若给 $P_1, P_2, \cdots, P_n$ 任一组真值指派，A 和 B 的真值都相同，则称 A 和 B 是等价或逻辑相等的，记作 $A \Leftrightarrow B$。

例 1　证明 $\neg P \vee Q \Leftrightarrow P \rightarrow Q$。

证明　列出真值表：

P	Q	$P \rightarrow Q$	$\neg P \vee Q$
T	T	T	T
T	F	F	F
F	T	T	T
F	F	T	T

由上表并根据定义可知，$\neg P \vee Q \Leftrightarrow P \rightarrow Q$。

例 2　证明 $P \leftrightarrows Q \Leftrightarrow (P \rightarrow Q) \wedge (Q \rightarrow P)$。

证明　列出真值表：

P	Q	$P \rightarrow Q$	$Q \rightarrow P$	$(P \rightarrow Q) \wedge (Q \rightarrow P)$	$P \leftrightarrows Q$
T	T	T	T	T	T
T	F	F	T	F	F
F	T	T	F	F	F
F	F	T	T	T	T

由上表并根据定义知，$P \leftrightarrows Q \Leftrightarrow (P \rightarrow Q) \wedge (Q \rightarrow P)$。

类似地，表 1 所列出的命题定律，都可以用真值表予以验证。

表 1

对合律	$\neg\neg P \Leftrightarrow P$	1
幂等律	$P \vee P \Leftrightarrow P, P \wedge P \Leftrightarrow P$	2
结合律	$(P \vee Q) \vee R \Leftrightarrow P \vee (Q \vee R)$ $(P \wedge Q) \wedge R \Leftrightarrow P \wedge (Q \wedge R)$	3
交换律	$P \vee Q \Leftrightarrow Q \vee P$ $P \wedge Q \Leftrightarrow Q \wedge P$	4

续表

分配律	$P\vee(Q\wedge R)\Leftrightarrow(P\vee Q)\wedge(P\vee R)$ $P\wedge(Q\vee R)\Leftrightarrow(P\wedge Q)\vee(P\wedge R)$	5
吸收律	$P\vee(P\wedge Q)\Leftrightarrow P$ $P\wedge(P\vee Q)\Leftrightarrow P$	6
德·摩根律	$\neg(P\vee Q)\Leftrightarrow\neg P\wedge\neg Q$ $\neg(P\wedge Q)\Leftrightarrow\neg P\vee\neg Q$	7
同一律	$P\vee F\Leftrightarrow P,P\wedge T\Leftrightarrow P$	8
零　律	$P\vee T\Leftrightarrow T,P\wedge F\Leftrightarrow F$	9
否定律	$P\vee\neg P\Leftrightarrow T,P\wedge\neg P\Leftrightarrow F$	10

我们已经知道,两个命题公式等价,可以用真值表予以验证。是否还有其他的验证方法呢?我们说还可以用已知的等价式进行推理验证,下面就介绍这种方法。

定义 2　如果 X 是合式公式 A 的连续的一部分,且 X 本身也是一个合式公式,则称 X 为公式 A 的子公式。

例如,在公式$(P\rightarrow Q)\wedge(P\vee Q)$中,$(P\rightarrow Q)$就是$(P\rightarrow Q)\wedge(P\vee Q)$的子公式。

定理 1　设 X 是合式公式 A 的子公式,若 $X\Leftrightarrow Y$,将 A 中的 X 用 Y 来置换,所得到的公式 B 与公式 A 等价,即 $A\Leftrightarrow B$。

证明　因为在相应变元的任一种指派下,X 与 Y 的真值相同,故以 Y 取代 X 后得到公式 B,与公式 A 在相应的指派下,其真值亦相同,故 $A\Leftrightarrow B$。证毕。

例 3　证明 $Q\rightarrow(P\vee(P\wedge Q))\Leftrightarrow Q\rightarrow P$。

证明　设 $A:Q\rightarrow(P\vee(P\wedge Q))$,

因为 $P\vee(P\wedge Q)\Leftrightarrow P$,故 $B:Q\rightarrow P$,即有 $A\Leftrightarrow B$。

例 4　证明$(P\wedge Q)\vee(P\wedge\neg Q)\Leftrightarrow P$。

证明　$(P\wedge Q)\vee(P\wedge\neg Q)\Leftrightarrow P\wedge(Q\vee\neg Q)\Leftrightarrow P\wedge T\Leftrightarrow P$。

例 5　证明　$P\rightarrow(Q\rightarrow R)\Leftrightarrow Q\rightarrow(P\rightarrow R)\Leftrightarrow\neg R\rightarrow(Q\rightarrow\neg P)$。

证明　$P\rightarrow(Q\rightarrow R)\Leftrightarrow\neg P\vee(\neg Q\vee R)\Leftrightarrow\neg Q\vee(\neg P\vee R)\Leftrightarrow Q\rightarrow(P\rightarrow R)$。

又　$P\rightarrow(Q\rightarrow R)\Leftrightarrow\neg P\vee(\neg Q\vee R)\Leftrightarrow R\vee(\neg P\vee\neg Q)\Leftrightarrow\neg R\rightarrow(Q\rightarrow\neg P)$。

定理 2　设 A,B 为两个命题公式,$A\Leftrightarrow B$ 当且仅当 $A\leftrightarrows B$ 为一重言式。

证明　若 $A\Leftrightarrow B$,则 A,B 有相同的真值,即 $A\leftrightarrows B$ 永真。反之,若 $A\leftrightarrows B$ 为永真,由定义知,A,B 真值永远相同,故 $A\Leftrightarrow B$。证毕。

例 6　证明$\neg(P\wedge Q)\Leftrightarrow\neg P\vee\neg Q$。

证明　要证$\neg(P\wedge Q)\Leftrightarrow\neg P\vee\neg Q$,依据定理 2,只需证$\neg(P\wedge Q)\leftrightarrows\neg P\vee\neg Q$ 为永真式,列真

值表：

P	Q	$\neg(P\wedge Q)$	$\neg P\vee\neg Q$
T	T	F	F
T	F	T	T
F	T	T	T
F	F	T	T

故$\neg(P\wedge Q)\Leftrightarrow\neg P\vee\neg Q$。

我们知道，联结词$\leftrightarrows$可以用$\rightarrow$来表达，即$A\leftrightarrows B\Leftrightarrow(A\rightarrow B)\wedge(B\rightarrow A)$。

定义 3 当且仅当$P\rightarrow Q$是一个重言式时，我们称"P蕴涵Q"，并记作$P\Rightarrow Q$。

由定义知，要证明$P\Rightarrow Q$，只需证明$P\rightarrow Q$为永真式。而$P\rightarrow Q$只有当P为T，Q为F时，$P\rightarrow Q$为F，其余各种情况均为T，故只需讨论P为T时Q的取值情况(或Q为F时P的取值情况)。

例 7 求证$\neg Q\wedge(P\rightarrow Q)\Rightarrow\neg P$。

证明 方法1：假设$\neg Q\wedge(P\rightarrow Q)$为$T$，则$\neg Q$和$P\rightarrow Q$均为$T$，故$Q$为$F$，$P$为$F$，$\neg P$为$T$，所以$\neg Q\wedge(P\rightarrow Q)\rightarrow\neg P$为$T$。

方法2：假设$\neg P$为F，则P为T。若Q为F，则$\neg Q$为T，$P\rightarrow Q$为F，所以$\neg Q\wedge(P\rightarrow Q)$为$F$，故$\neg Q\wedge(P\rightarrow Q)\rightarrow\neg P$为$T$。若$Q$为$T$，则$\neg Q$为$F$，故$\neg Q\wedge(P\rightarrow Q)\rightarrow\neg P$为$T$，所以$\neg Q\wedge(P\rightarrow Q)\Rightarrow\neg P$成立。

表2所列各蕴涵式都可以如上述推理方法证明。

表 2

$P\wedge Q\Rightarrow P$	1
$P\wedge Q\Rightarrow Q$	2
$P\Rightarrow P\vee Q$	3
$\neg P\Rightarrow P\rightarrow Q$	4
$Q\Rightarrow P\rightarrow Q$	5
$\neg(P\rightarrow Q)\Rightarrow P$	6
$\neg(P\rightarrow Q)\Rightarrow\neg Q$	7
$P\wedge(P\rightarrow Q)\Rightarrow Q$	8
$\neg Q\wedge(P\rightarrow Q)\Rightarrow\neg P$	9

续表

$\neg P \wedge (P \vee Q) \Rightarrow Q$	10
$(P \rightarrow Q) \wedge (Q \rightarrow R) \Rightarrow P \rightarrow R$	11
$(P \vee Q) \wedge (P \rightarrow R) \wedge (Q \rightarrow R) \Rightarrow R$	12
$(P \rightarrow Q) \wedge (R \rightarrow S) \Rightarrow (P \wedge R) \rightarrow (Q \wedge S)$	13
$(P \leftrightarrows Q) \wedge (Q \leftrightarrows R) \Rightarrow (P \leftrightarrows R)$	14

例 8　检验下述论证的有效性：

如果我学习，那么我数学不会不及格，如果我不热衷于玩扑克，那么我将学习。但我数学不及格，因此我热衷于玩扑克。

解　设 P：我学习，Q：我数学不及格，R：我热衷于玩扑克。则本题可表示为：

$$(P \rightarrow \neg Q) \wedge (\neg R \rightarrow P) \wedge Q \Rightarrow R$$

证明上述蕴涵式：假设 $(P \rightarrow \neg Q) \wedge (\neg R \rightarrow P) \wedge Q$ 为 T，则 $P \rightarrow \neg Q$，$\neg R \rightarrow P$ 和 Q 为 T，所以 P 为 F，R 为 T，因此有 $(P \rightarrow \neg Q) \wedge (\neg R \rightarrow P) \wedge Q \Rightarrow R$。本题论述有效。

定理 3　设 P，Q 为任意两个命题公式，$P \Leftrightarrow Q$ 的充要条件是 $P \Rightarrow Q$ 且 $Q \Rightarrow P$。

证明　必要性：若 $P \Leftrightarrow Q$，则 $P \leftrightarrows Q$ 为永真，又因为 $P \leftrightarrows Q \Leftrightarrow (P \rightarrow Q) \wedge (Q \rightarrow P)$，故 $(P \rightarrow Q) \wedge (Q \rightarrow P)$ 为永真，进而 $P \rightarrow Q$，$Q \rightarrow P$ 为永真，所以 $P \Rightarrow Q$ 且 $Q \Rightarrow P$。

充分性：若 $P \Rightarrow Q$ 且 $Q \Rightarrow P$，则 $P \rightarrow Q$，$Q \rightarrow P$ 为永真，所以 $(P \rightarrow Q) \wedge (Q \rightarrow P)$ 为永真。因为 $(P \rightarrow Q) \wedge (Q \rightarrow P) \Leftrightarrow P \leftrightarrows Q$，所以 $P \leftrightarrows Q$ 为永真，由定理 2 知 $P \leftrightarrows Q$。证毕。

习题四

1. 不构造真值表证明下列各蕴涵式：

(1) $(P \rightarrow Q) \Rightarrow P \rightarrow (P \wedge Q)$；

(2) $(P \rightarrow Q) \rightarrow Q \Rightarrow P \vee Q$；

(3) $P \Rightarrow (\neg P \rightarrow Q)$；

(4) $\neg A \wedge B \wedge A \Rightarrow C$；

(5) $C \Rightarrow A \vee B \vee \neg B$；

(6) $\neg (A \wedge B) \Rightarrow \neg A \vee \neg B$。

2. 检验下述论证的有效性：

如果 6 是偶数，则 7 被 2 除不尽。

或 5 不是素数，或 7 被 2 除尽。

但 5 是素数，

所以 6 是奇数。

3. 证明下列等价式：

(1) $A \to (B \to A) \Leftrightarrow \neg A \to (A \to \neg B)$；

(2) $\neg(A \leftrightarrows B) \Leftrightarrow (A \vee B) \wedge \neg(A \wedge B)$；

(3) $\neg(A \to B) \Leftrightarrow A \wedge \neg B$；

(4) $\neg(A \leftrightarrows B) \Leftrightarrow (A \wedge \neg B) \vee (\neg A \wedge B)$；

(5) $A \to B \Leftrightarrow \neg B \to \neg A$。

4. 化简下列各式：

(1) $((A \to B) \leftrightarrows (\neg B \to \neg A)) \wedge C$；

(2) $A \vee (\neg A \vee (B \wedge \neg B))$；

(3) $(A \wedge B \wedge C) \vee (\neg A \wedge B \wedge C)$。

5. 如果 $A \vee C \Leftrightarrow B \vee C$，是否有 $A \Leftrightarrow B$？如果 $A \wedge C \Leftrightarrow B \wedge C$，是否有 $A \Leftrightarrow B$？如果 $\neg A \Leftrightarrow \neg B$，是否有 $A \Leftrightarrow B$？

第五节　范式

由上节可知，一个公式，在等价意义下，可以有许多种不同的写法，反过来说，几个形式上不同的公式完全可能是同一个公式（在等价意义下）。那么，在一个公式的诸多表示形式中，有没有一种标准形式呢？更进一步说，有没有一种标准形式是一个公式的唯一表示形式呢？回答是肯定的，这就是将要介绍的范式和主范式的概念。

定义 1　原子或原子的否定称为文字；有限个文字的析取式称为一个子句；有限个文字的合取式称为一个短语。

例如，P，$\neg P$ 是文字；$P \vee Q \vee \neg Q \vee \neg R$ 是一个子句；$P \wedge \neg P \wedge R \wedge Q$ 是一个短语。

特别地，一个文字既可以称为一个子句，也可以称为一个短语。

定义 2　有限个短语的析取式称为析取范式；有限个子句的合取式称为合取范式。

例如，$(P \vee \neg Q) \wedge (\neg P \vee \neg Q \vee R)$ 是合取范式，$(\neg P \wedge Q) \vee (P \wedge \neg R) \vee (\neg Q \wedge R)$ 是析取范式。

特别地，一个文字既可以称为一个合取范式，也可以称为一个析取范式。一个子句，一个短语可以看作是一个合取范式，也可以看作是一个析取范式。

例如，$\neg P \vee Q \vee R$ 既可说成是析取范式，也可说成是合取范式，文字 P 既可说成是合取范式，也可说成是析取范式。

定理 1　对于任意公式，都存在等价于它的析取范式和合取范式。

证明　对于任意公式 G，通过如下算法可得出等价于 G 的范式：

第一步，使用基本等价式，将 G 中的逻辑联结词 $\to$，$\leftrightarrow$ 删除。

第二步，使用$\neg(\neg A)\Leftrightarrow A$ 和德·摩根律，将 G 中所有否定词$\neg$移至原子之前。

第三步，反复使用分配律，即可得到等价于 G 的范式。证毕。

例 1 将$\neg(P\vee Q)\leftrightarrows(P\wedge Q)$化为析取范式和合取范式。

解 因为有公式 $A\leftrightarrows B\Leftrightarrow(A\wedge B)\vee(\neg A\wedge\neg B)$，故$\neg(P\vee Q)\leftrightarrows(P\wedge Q)\Leftrightarrow(\neg(P\vee Q)\wedge(P\wedge Q)\vee((P\vee Q)\wedge\neg(P\wedge Q)\Leftrightarrow(\neg P\wedge\neg Q\wedge P\wedge Q)\vee((P\vee Q)\wedge(\neg P\vee\neg Q)\Leftrightarrow(\neg P\wedge\neg Q\wedge P\wedge Q)\vee(P\wedge\neg P)\vee(Q\wedge\neg P)\vee(P\wedge\neg Q)\vee(Q\wedge\neg Q)$为析取范式。

因为有公式 $A\leftrightarrows Q\Leftrightarrow(A\rightarrow B)\wedge(B\rightarrow A)$，故$\neg(P\vee Q)\leftrightarrows(P\wedge Q)\Leftrightarrow(\neg(P\vee Q)\rightarrow(P\wedge Q))\wedge((P\wedge Q)\rightarrow\neg(P\vee Q))\Leftrightarrow((P\vee Q)\vee(P\wedge Q))\wedge(\neg(P\wedge Q)\vee\neg(P\vee Q))\Leftrightarrow(P\vee Q\vee P)\wedge(P\vee Q)\wedge((\neg P\vee\neg Q)\vee(\neg P\wedge\neg Q))\Leftrightarrow(P\vee Q)\wedge(\neg P\vee\neg Q)$为合取范式。

可见，给出一个公式 G，它的范式不是唯一的，但是它有唯一的表示形式，那就是下面要介绍的主范式概念。

在介绍主范式概念之前，我们先介绍命题逻辑的一个重要性质——对偶性质。

在有关$\vee$和$\wedge$的基本等价式中，不难发现如下一个现象：即它们都是成对出现的。例如，有 $G\vee G\Leftrightarrow G$，就有 $G\wedge G\Leftrightarrow G$；有 $G\vee(G\wedge H)\Leftrightarrow G$，就有 $G\wedge(G\vee H)\Leftrightarrow G$。这些成对出现的等价式有如下一个特点：只要将一个等价式中的符号$\vee$换成符号$\wedge$，将符号$\wedge$换成符号$\vee$，其他符号（原子符号和否定符号$\neg$）不变，就能得到另一个等价式，这样成对的等价式，就互称为对偶式。

对偶式的一般说法是：在一个不含联结词$\rightarrow$和$\leftrightarrows$的公式里，将$\wedge$换成$\vee$，$\vee$换成$\wedge$，T 换 F，F 换 T，得一新公式，称为原公式的对偶式。

将一个等价式的等价号两端换成其对偶式，得一新等价式，称为原等价式的对偶式。

例 2 写出下列表达式的对偶式。

(1) $(P\vee Q)\wedge R$；

(2) $(P\wedge Q)\vee T$；

(3) $\neg(P\vee Q)\wedge(P\vee\neg(Q\vee\neg S))$。

解 这些表达式的对偶式是：

(1) $(P\wedge Q)\vee R$；

(2) $(P\vee Q)\wedge F$；

(3) $\neg(P\wedge Q)\vee(P\wedge\neg(Q\wedge\neg S))$。

例 3 求等价式$(P\vee Q)\wedge\neg(\neg P\wedge\neg(Q\vee R))\vee\neg(P\vee Q)\vee\neg(P\vee R)\Leftrightarrow((P\vee Q)\wedge((P\vee Q)\vee(P\vee R)))\vee\neg((P\vee Q)\wedge(P\vee R))$的对偶等价式。

解 原等价式的对偶等价式为$(P\wedge Q)\vee\neg(\neg P\vee\neg(Q\wedge R))\wedge\neg(P\wedge Q)\wedge\neg(P\wedge R)\Leftrightarrow((P\wedge Q)\vee((P\wedge Q)\wedge(P\wedge R)))\wedge\neg((P\wedge Q)\vee(P\wedge R))$。

命题逻辑中的对偶性质为：如果一个等价式是成立的，其对偶等价式也成立。

如果有一个关于某一等价式的推导过程，只需将该过程中的每一步都换成其对偶式，我们

就能得到其对偶等价式的推导过程。例如

$\neg(P\wedge(\neg Q\vee R))\vee S$	$\neg(P\vee(\neg Q\wedge R))\wedge S$
$\Leftrightarrow\neg P\vee\neg(\neg Q\vee R)\vee S$	$\Leftrightarrow\neg P\wedge\neg(\neg Q\wedge R)\wedge S$
$\Leftrightarrow\neg P\vee(Q\wedge\neg R)\vee S$	$\Leftrightarrow\neg P\wedge(Q\vee\neg R)\wedge S$
$\Leftrightarrow(\neg P\vee S)\vee(Q\wedge\neg R)$	$\Leftrightarrow(\neg P\wedge S)\wedge(Q\vee\neg R)$
$\Leftrightarrow(\neg P\vee S\vee Q)\wedge(\neg P\vee S\vee\neg R)$	$\Leftrightarrow(\neg P\wedge S\wedge Q)\vee(\neg P\wedge S\wedge\neg R)$

因此,正因为命题逻辑中有如此好的性质,在下面的讨论中,我们只要能证明一个等价式,另一个对偶等价式就不证自明了,有事半功倍之效。

下面介绍主范式使用的一个重要概念:

定义 3　设 $P_1,\cdots,P_n$ 是 n 个原子,一个短语如果恰好包含所有这 n 个原子或其否定,且排列顺序与 $P_1,\cdots,P_n$ 的顺序一致,则称此短语为关于 $P_1,\cdots,P_n$ 的一个极小项。

例如,对原子 P,Q,R 而言,$P\wedge\neg Q\wedge R,\neg P\wedge\neg Q\wedge R,P\wedge Q\wedge R$ 都是极小项,但是,$P,\neg P\wedge Q$ 不是极小项,而$\neg P\wedge Q$ 对原子 P,Q 而言是极小项。

显然,对于 n 个原子 $P_1,\cdots,P_n$ 而言,其不同的解释共有 2^n 个,对于 $P_1,\cdots,P_n$ 的任一个极小项 m,2^n 个解释中,有且只有一个解释使 m 取 1 值。

例如,对 P,Q,R 而言,$\neg P\wedge Q\wedge\neg R$ 是极小项,解释(0,1,0)使该极小项取 1 值,其他解释都使该极小项取 0 值。

如果将真值 1,0 看作是数,则每一个解释对应一个 n 位二进数。

假设使极小项 m 取 1 值的解释对应的二进数为 i,今后将 m 记为 m_i。

例如,对 P,Q,R 而言,$\neg P\wedge Q\wedge\neg R$ 是极小项,解释(0,1,0)使该极小项取 1 值,解释(0,1,0)对应的二进数是 2,于是$\neg P\wedge Q\wedge R$ 记为 m_2。对 P,Q,R 而言,8 个极小项与其对应的解释见表 1:

表 1

极小项	解释	记法
$\neg P\wedge\neg Q\wedge\neg R$	0　0　0	m_0
$\neg P\wedge\neg Q\wedge R$	0　0　1	m_1
$\neg P\wedge Q\wedge\neg R$	0　1　0	m_2
$\neg P\wedge Q\wedge R$	0　1　1	m_3
$P\wedge\neg Q\wedge\neg R$	1　0　0	m_4

续表

极小项	解释	记法
$P\wedge\neg Q\wedge R$	1　0　1	m_5
$P\wedge Q\wedge\neg R$	1　1　0	m_6
$P\wedge Q\wedge R$	1　1　1	m_7

因此，一般地，对 $P_1,\cdots,P_n$，2^n 个极小项为 $m_0,m_1,\cdots,m_{2^n-1}$。

下面给出主范式的概念。

定义 4　设公式 G 中所有不同原子为 $P_1,\cdots,P_n$，如果 G 的析取范式 G' 中的每个短语，都是关于 $P_1,\cdots,P_n$ 的一个极小项，则称 G' 为 G 的主析取范式。

定理 2　对于任意公式 G，都存在等价于它的主析取范式。

证明　由定理 1 知，存在析取范式 G'，使得 $G\Leftrightarrow G'$。设 G 中所有不同原子为 $P_1,\cdots,P_n$。对于 G' 中每一个短语 G'_i 进行检查，如果 G'_i 不是关于 $P_1,\cdots,P_n$ 的极小项，则 G'_i 中必然缺少某些原子 $P_{j1},\cdots,P_{jk}$，而

$$G'_i\Leftrightarrow G'_i\wedge(P_{j1}\vee\neg P_{j1})\wedge\cdots\wedge(P_{jk}\vee\neg P_{jk})\Leftrightarrow m_{i1}\vee\cdots\vee m_{ik}$$

于是，G' 中非极小项 G'_i 化成了一些极小项之析取。

对 G' 中其他非极小项也做如下处理，最后得等价于 G 的主析取范式。证毕。

在定理 2 的证明中，实际上已经给出了求公式的主析取范式的方法，例如：

$$\begin{aligned}G&\Leftrightarrow\neg(R\to P)\vee Q\wedge(P\wedge Q)\\&\Leftrightarrow\neg(\neg R\vee P)\vee(Q\wedge P)\\&\Leftrightarrow(\neg P\wedge R)\vee(Q\wedge P)\\&\Leftrightarrow((\neg P\wedge R)\wedge(Q\vee\neg Q))\vee((Q\wedge P)\wedge(R\vee\neg R))\\&\Leftrightarrow(\neg P\wedge Q\wedge R)\vee(\neg P\wedge\neg Q\wedge R)\vee(P\wedge Q\wedge R)\vee(P\wedge Q\wedge\neg R)\end{aligned}$$

定理 3　设公式 G,H 是关于原子 $P_1,\cdots,P_n$ 的两个主析取范式，如果 G,H 不完全相同，则 G,H 不等价。

证明　因为 G,H 不完全相同，所以，或者 G 中有一个极小项不在 H 中，或者反之。不妨设极小项 m_i 在 G 中而不在 H 中，于是，根据极小项的性质，二进数 i 所对应的关系 $P_1,\cdots,P_n$ 的解释 I_i，使 m_i 取 1 值，从而使公式 G 取 1 值，I_i 使所有不是 m_i 的极小项取 0 值，从而使公 H 取 0 值，故 G,H 不等价。证毕。

定理 3 给出了判断两个公式是否等价的一个有效方法，只要求出两个公式的主析取范式，若它们相同，则两公式等价；若它们不同，则两公式不等价。

由定理 2、3 可立即得到如下定理。

定理 4　对任意公式 G，存在唯一一个与 G 等价的主析取范式。

求一个公式的主析取范式，还可以用真值表法，其步骤是：

(1) 列出公式的真值表(表 2)；

(2) 将真值表最后一列中的 1 左侧的二进数所对应的极小项写出；

(3) 将这些极小项析取起来。

例如，$G \Leftrightarrow \neg(R \to P) \vee Q \wedge (P \vee R)$。

表 2

P	Q	R	G
0	0	0	0
0	0	1	①
0	1	0	0
0	1	1	①
1	0	0	0
1	0	1	0
1	1	0	①
1	1	1	①

于是，$G \Leftrightarrow (\neg P \wedge \neg Q \wedge R) \vee (\neg P \wedge Q \wedge R) \vee (P \wedge Q \wedge \neg R) \vee (P \wedge Q \wedge R)$。

根据命题逻辑的对称性质，不难给出主合取范式的概念，也不难得到和定理 2、3、4 相对偶的定理，请读者作为练习，自己给出。

习题五

1. 模仿主析取范式概念，引进主合取范式概念，并证明：对任意公式，存在唯一一个与其等价的主合取范式。

2. 试将下列公式化为析取范式和合取范式：

(1) $P \wedge (P \to Q)$；

(2) $\neg(P \vee Q) \to (P \wedge Q)$。

3. 试将下列公式化为主析取范式和主合取范式：

(1) $P \to ((P \to Q) \wedge \neg(\neg Q \vee \neg P))$；

(2) $P \vee (\neg P \to (Q \vee (\neg Q \to R)))$。

4. A, B, C, D 四个人中要派两个人出差，按下述三个条件有几种派法？

(1) 若 A 去则 C 和 D 要去一人；

(2) B 和 C 不能都去；

(3) C 去则 D 要留下。

5. 三人估计比赛结果,甲说:"A 第一,B 第二",乙说:"C 第二,D 第四",丙说:"A 第二,D 第四"。结果三人估计得都不全对,但都对了一个,问 A,B,C,D 的名次。

第六节　推理理论

在数学和其他自然科学中,经常考虑从某些前提 $A_1, A_2, \cdots, A_n$ 能够推导出什么结论。例如从分子学说、原子学说能够得到什么结论,从光的波动学说能得到什么结论等。我们一般地要对"假设"的内容作深入分析,并推究其间的关系,从而得到结论。但也有一些推理,只需分析假设中的真值和联结词,便可获得结论。

在实际应用的推理中,我们常常把本门学科的一些定律、定理和条件,作为假设前提,尽管这些前提在数理逻辑中实非永真,但在推理过程中,却总是假设这些命题为 T,并使用一些公认的规则,得到另外的命题,形成结论,这种过程就是论证。

定义 1　设 A 和 C 是两个命题公式,当且仅当 $A \to C$ 为一重言式,即 $A \Rightarrow C$,称 C 是 A 的有效结论,或 C 可由 A 逻辑地推出。

这个定义可以推广到有 m 个前提的情况。

设 $H_1, H_2, \cdots, H_m, C$ 都是命题公式,当且仅当

$$H_1 \wedge H_2 \wedge \cdots \wedge H_m \Rightarrow C \tag{1}$$

称 C 是一组前提 $H_1, H_2, \cdots, H_m$ 的有效结论。

判别有效结论的过程就是论证过程,论证方法千变万化,但基本方法是真值表法、直接证法和间接证法。

(1) 真值表法

设 $P_1, P_2, \cdots, P_n$ 是出现于前提 $H_1, H_2, \cdots, H_m$ 和结论 C 中的全部命题变元,假定对 $P_1, P_2, \cdots, P_n$ 作了全部的真值指派,这样就能对应地确定 $H_1, H_2, \cdots, H_m$ 和 C 的所有真值,列出这个真值表,即可看出(1)式是否成立。

因为若从真值表上找出 $H_1, H_2, \cdots, H_m$ 真值均为 T 的行,对于每一个这样的行,若 C 也有真值 T,则(1)式成立,或者看 C 的真值为 F 的行,在每一个这样的行中,$H_1, H_2, \cdots, H_m$ 的真值中至少有一个为 F,则(1)式也成立。现举例说明如下。

例 1　一份统计表格的错误或者是由于材料不可靠,或者是由于计算有错误;这份统计表格的错误不是由于材料不可靠,所以这份统计表格是由于计算有错误。

解　设各命题变元为

P:统计表格的错误是由于材料不可靠。

Q:统计表格的错误是由于计算有错误。

本例可译为:Q 是前提 $P \vee Q$,$\neg P$ 的有效结论,即

$$\neg P \wedge (P \vee Q) \Rightarrow Q$$

我们列出真值表 1 如下：

表 1

P	Q	$P \vee Q$	$\neg P$
T	T	T	F
T	F	T	F
F	T	T	T
F	F	F	T

从表上看到，只有在第三行 $P \vee Q$ 和 $\neg P$ 的真值都为 T，这时 Q 的真值亦为 T。故

$$(P \vee Q) \wedge (\neg P) \Rightarrow Q$$

成立。

或者考察 Q 的真值为 F 的情况，在第二行和第四行，其相应的 $P \vee Q$ 或 $\neg P$ 中至少有一真值为 F，故亦说明 $(P \vee Q) \wedge (\neg P) \Rightarrow Q$ 成立。

例 2 如果张老师来了，这个问题可以得到解答，如果李老师来了，这个问题也可以得到解答，总之张老师来了或李老师来了，这个问题就可以得到解答。

解　若设 P：张老师来了。

Q：李老师来了。

R：这个问题可以得到解答。

上述语句可以翻译成下述命题关系式

$$(P \rightarrow R) \wedge (Q \rightarrow R) \wedge (P \vee Q) \Rightarrow R$$

列出真值表 2 如下：

表 2

P	Q	R	$P \rightarrow R$	$Q \rightarrow R$	$P \vee Q$
T	T	T	T	T	T
T	T	F	F	F	T
T	F	T	T	T	T
T	F	F	F	T	T
F	T	T	T	T	T
F	T	F	T	F	T
F	F	T	T	T	F
F	F	F	T	T	F

从真值表看到，$P\rightarrow R$，$Q\rightarrow R$，$P\vee Q$ 的真值都为 T 的情况为第一行、第三行和第五行，而在这三行中 R 的真值均为 T。故

$$(P\rightarrow R)\wedge(Q\rightarrow R)\wedge(P\vee Q)\Rightarrow R$$

(2) 直接证法

直接证法就是由一组前提，利用一些公认的推理规则，根据已知的等价或蕴涵公式，推演得到有效的结论。

P 规则　前提在推导过程中的任何时候都可以引入使用。

T 规则　在推导中，如果有一个或多个公式，等价或蕴涵着公式 S，则公式 S 可以引入推导之中。

在阐述推导过程之前，先列举一些常用的蕴涵式和等价式，为了引用上的方便，将它们加以编号。

蕴涵式：

I_1　$P\wedge Q\Rightarrow P$　　化简式

I_2　$P\wedge Q\Rightarrow Q$

I_3　$P\Rightarrow P\vee Q$

I_4　$Q\Rightarrow P\vee Q$　　附加式

I_5　$\neg P\Rightarrow P\rightarrow Q$

I_6　$Q\Rightarrow P\rightarrow Q$

I_7　$\neg(P\rightarrow Q)\Rightarrow P$

I_8　$\neg(P\rightarrow Q)\Rightarrow\neg Q$

I_9　$P,Q\Rightarrow P\wedge Q$

I_{10}　$\neg P,P\vee Q\Rightarrow Q$　　析取三段论

I_{11}　$P,P\rightarrow Q\Rightarrow Q$　　假言推论

I_{12}　$\neg Q,P\rightarrow Q\Rightarrow\neg P$　　拒取式

I_{13}　$P\rightarrow Q,Q\rightarrow R\Rightarrow P\rightarrow R$　　假言三段论

I_{14}　$P\vee Q,P\rightarrow R,Q\rightarrow R\Rightarrow R$　　二难推论

等价式：

E_1　$\neg\neg P\Leftrightarrow P$　　(双重否定律)

E_2　$P\wedge Q\Leftrightarrow Q\wedge P$　　(交换律)

E_3　$P\vee Q\Leftrightarrow Q\vee P$

E_4　$(P\wedge Q)\wedge R\Leftrightarrow P\wedge(Q\wedge R)$　　(结合律)

E_5　$(P\vee Q)\vee R\Leftrightarrow P\vee(Q\vee R)$

E_6　$P\wedge(Q\vee R)\Leftrightarrow(P\wedge Q)\vee(P\wedge R)$　　(分配律)

E_7　$P\vee(Q\wedge R)\Leftrightarrow(P\vee Q)\wedge(P\vee R)$

E_8 $\neg(P\wedge Q)\Leftrightarrow\neg P\vee\neg Q$ （德·摩根定律）

E_9 $\neg(P\vee Q)\Leftrightarrow\neg P\wedge\neg Q$

E_{10} $P\vee P\Leftrightarrow P$

E_{11} $P\wedge P\Leftrightarrow P$

E_{12} $R\vee(P\wedge\neg P)\Leftrightarrow R$

E_{13} $R\wedge(P\vee\neg P)\Leftrightarrow R$

E_{14} $R\vee(P\vee\neg P)\Leftrightarrow T$

E_{15} $R\wedge(P\wedge\neg P)\Leftrightarrow F$

E_{16} $P\rightarrow Q\Leftrightarrow\neg P\vee Q$

E_{17} $\neg(P\rightarrow Q)\Leftrightarrow P\wedge\neg Q$

E_{18} $P\rightarrow Q\Leftrightarrow\neg Q\rightarrow\neg P$

E_{19} $P\rightarrow(Q\rightarrow R)\Leftrightarrow(P\wedge Q)\rightarrow R$

E_{20} $\neg(P\leftrightarrows Q)\Leftrightarrow(\neg Q\leftrightarrows P)$

E_{21} $P\leftrightarrows Q\Leftrightarrow(P\rightarrow Q)\wedge(Q\rightarrow P)$

E_{22} $P\leftrightarrows Q\Leftrightarrow(P\wedge Q)\vee(\neg P\wedge\neg Q)$

上述各蕴涵式和等价式，并非互相全是独立的，即选取其中少数几个作为基本的，并且遵守规则，就能够推导出其余的来。这里将不进行公理性研究，仅对其中少数几个加以说明。

下面将举例说明这种推导过程。

例 3 试证明，$R\vee S$ 是前提 $C\vee D$，$(C\vee D)\rightarrow\neg H$，$\neg H\rightarrow(A\wedge\neg B)$和$(A\wedge\neg B)\rightarrow(R\vee S)$的有效结论。

(1) $(C\vee D)\rightarrow\neg H$	P
(2) $\neg H\rightarrow(A\wedge\neg B)$	P
(3) $(C\vee D)\rightarrow(A\wedge\neg B)$	T,(1),(2)I
(4) $(A\wedge\neg B)\rightarrow(R\vee S)$	P
(5) $(C\vee D)\rightarrow(R\vee S)$	T,(3),(4)I
(6) $C\vee D$	P
(7) $R\vee S$	T,(5),(6)I

第二列上的编号，不仅代表着同一行上的命题公式，而且表明了该公式是处在推导过程中的哪个行上。在右侧，P 和 T 表示所根据的推理规则。继之是注释，它指出了是根据哪些等价式或蕴涵式求得该特定公式的。

例 4 证明$(W\vee R)\rightarrow V$，$V\rightarrow C\vee S$，$S\rightarrow U$，$\neg C\wedge\neg U\Rightarrow\neg W$。

证明

(1) $\neg C\wedge\neg U$	P
(2) $\neg U$	T(1)I

(3) $S \to U$　　P

(4) $\neg S$　　$T(2),(3)I$

(5) $\neg C$　　$T(1)I$

(6) $\neg C \wedge \neg S$　　$T(4),(5)I$

(7) $\neg(C \vee S)$　　$T(6)E$

(8) $(W \vee R) \to V$　　P

(9) $V \to (C \vee S)$　　P

(10) $(W \vee R) \to (C \vee S)$　　$T(8),(9)I$

(11) $\neg(W \vee R)$　　$T(7),(10)I$

(12) $\neg W \wedge \neg R$　　$T(11)E$

(13) $\neg W$　　$T(12)I$

(3) 间接证法

定义 2　假设公式 $H_1, H_2, \cdots, H_m$ 中的命题变元为 $P_1, P_2, \cdots, P_n$，对于 $P_1, P_2, \cdots, P_n$ 的一些真值指派，如果能使 $H_1 \wedge H_2 \wedge \cdots \wedge H_m$ 的真值为 T，则称公式 $H_1, H_2, \cdots, H_m$ 是相容的。如果对于 $P_1, P_2, \cdots, P_n$ 的每一组真值指派使得 $H_1, H_2, \cdots, H_m$ 的真值均为 F，则称公式 $H_1, H_2, \cdots, H_m$ 是不相容的。

现在可把不相容的概念应用于命题公式的证明。

设有一组前提 $H_1, H_2, \cdots, H_m$，要推出结论 C，即证 $H_1 \wedge H_2 \wedge \cdots \wedge H_m \Rightarrow C$，记作 $S \Rightarrow C$，即 $\neg C \to \neg S$ 为永真，或 $C \vee \neg S$ 为永真，故 $\neg C \wedge S$ 为永假。因此要证明 $H_1 \wedge H_2 \wedge \cdots \wedge H_m \Rightarrow C$，只要证明 $H_1, H_2, \cdots, H_m$ 与 $\neg C$ 是不相容的。

例 5　证明 $A \to B, \neg(B \vee C)$ 可逻辑推出 $\neg A$。

证明

(1) $A \to B$　　P

(2) A　　P（附加前提）

(3) $\neg(B \vee C)$　　P

(4) $\neg B \wedge \neg C$　　$T(3)E$

(5) B　　$T(1),(2)I$

(6) $\neg B$　　$T(4)I$

(7) $B \wedge \neg B$（矛盾）　　$T(5),(6)I$

例 6　证明 $(P \vee Q) \wedge (P \to R) \wedge (Q \to S) \Rightarrow S \vee R$。

证明

(1) $\neg(S \vee R)$　　P（附加前提）

(2) $\neg S \wedge \neg R$　　$T(1)E$

(3) $P \vee Q$　　P

(4) $\neg P \to Q$ $\quad T(3)E$

(5) $Q \to S$ $\quad P$

(6) $\neg P \to S$ $\quad T(4),(5)I$

(7) $\neg S \to P$ $\quad T(6)E$

(8) $(\neg S \wedge \neg R) \to (P \wedge \neg R)$ $\quad T(7)I$

(9) $P \wedge \neg R$ $\quad T(2),(8)I$

(10) $P \to R$ $\quad P$

(11) $\neg P \vee R$ $\quad T(10)E$

(12) $\neg(P \wedge \neg R)$ $\quad T(11)E$

(13) $(P \wedge \neg R) \wedge (P \wedge \neg R)$(矛盾) $T(9),(12)I$

间接证法的另一种情况是：若要证明 $H_1 \wedge H_2 \wedge \cdots \wedge H_m \Rightarrow (R \to C)$，设 $H_1 \wedge H_2 \wedge \cdots \wedge H_m$ 为 S，即证 $S \Rightarrow (R \to C)$ 或 $S \Rightarrow (\neg R \vee C)$，故 $S \to (\neg R \vee C)$ 为永真式。因为 $S \to (\neg R \vee C) \Leftrightarrow \neg S \vee (\neg R \vee C) \Leftrightarrow (\neg S \vee \neg R) \vee C \Leftrightarrow \neg(S \wedge R) \vee C \Leftrightarrow (S \wedge R) \to C$，所以若将 R 作附加前提，如有 $(S \wedge R) \Rightarrow C$，即证得 $S \Rightarrow (R \to C)$。由 $(S \wedge R) \Rightarrow C$，证明 $S \Rightarrow (R \to C)$ 称为 CP 规则。

例 7 证明 $A \to (B \to C)$，$\neg D \vee A$，B 蕴涵 $D \to C$。

证明

(1) D $\quad P$(附加前提)

(2) $\neg D \vee A$ $\quad P$

(3) A $\quad T(1),(2)I$

(4) $A \to (B \to C)$ $\quad P$

(5) $B \to C$ $\quad T(3),(4)I$

(6) B $\quad P$

(7) C $\quad T(5),(6)I$

(8) $D \to C$ $\quad CP$

例 8 设有下列情况，结论是否有效？

(1) 或者是天晴，或者是下雨。

(2) 如果是天晴，我去看电影。

(3) 如果我去看电影，我就不看书。

结论：如果我在看书则天在下雨。

解 若设 M：天晴。 Q：下雨。

S：我看电影。 R：我看书。

故本题即证：$\neg(M \leftrightarrows Q)$，$M \to S$，$S \to \neg R$，推出 $R \to Q$。

(1) R $\quad P$(附加前提)

(2) $S \to \neg R$ $\quad P$

(3) $R\to\neg S$	$T(2)E$
(4) $\neg S$	$T(1),(3)I$
(5) $M\to S$	P
(6) $\neg M$	$T(4),(5)I$
(7) $\neg(M\leftrightarrows Q)$	P
(8) $M\leftrightarrows\neg Q$	$T(7)E$
(9) $(M\to\neg Q)\wedge(\neg Q\to M)$	$T(8)E$
(10) $\neg Q\to M$	$T(9)I$
(11) $\neg M\to Q$	$T(10)E$
(12) Q	$T(6),(11)I$
(13) $R\to Q$	CP

习题六

1. 用推理规则证明以下各式：

(1) $\neg(P\wedge\neg Q),\neg Q\vee R,\neg R\Rightarrow\neg P$；

(2) $J\to(M\vee N),(H\vee G)\to J,H\vee G\Rightarrow M\vee N$；

(3) $B\wedge C,(B\leftrightarrows C)\to(H\vee G)\Rightarrow G\vee H$；

(4) $P\to Q,(\neg Q\vee R)\wedge\neg R,\neg(\neg P\wedge S)\Rightarrow\neg S$。

2. 仅用规则 P 和 T，推证以下公式：

(1) $\neg A\vee B,C\to\neg B\Rightarrow A\to\neg C$；

(2) $A\to(B\to C),(C\wedge D)\to E,\neg F\to(D\wedge\neg E)\Rightarrow A\to(B\to F)$；

(3) $A\vee B\to C\wedge D,D\vee E\to F\Rightarrow A\to F$；

(4) $A\to(B\wedge C),\neg B\vee D,(E\to\neg F)\to\neg D,B\to(A\wedge\neg E)\Rightarrow B\to E$；

(5) $(A\to B)\wedge(C\to D),(B\to E)\wedge(D\to F),\neg(E\wedge F),A\to C\Rightarrow\neg A$。

3. 用 CP 规则推证上题中的(1)、(2)、(3)、(4)各式。

4. 证明下列各式：(如果必要，可用间接证法)

(1) $R\to\neg Q,R\vee S,S\to\neg Q,P\to Q\Rightarrow\neg P$；

(2) $S\to\neg Q,S\vee R,\neg R,\neg P\leftrightarrows Q\Rightarrow P$；

(3) $\neg(P\to Q)\to\neg(R\vee S),((Q\to P)\vee\neg R),R\Rightarrow P\leftrightarrows Q$。

5. 对下面的每一组前提，写出可能导出的结论以及所应用的推理规则。

(1) 如果我跑步，那么，我很疲劳。

我没有疲劳。

(2) 如果他犯了错误，那么，他神色慌张。

他神色慌张。

(3) 如果我的程序通过,那么,我很快乐。

如果我快乐,那么,阳光很好。

现在是晚上十一点,天很暖。

第八章　谓词逻辑

第一节　谓词与量词

我们刚刚讨论过命题逻辑。命题逻辑研究的是命题，命题是有真假意义的一句话，而对这句话的结构和成分是不考虑的。就是说，一句话不管有多么复杂，不管其中有多复杂的逻辑关系，一律以符号 P 表示。因此，符号 P 就删掉了命题丰富的内涵，而只剩下了命题的真或假。很自然，用这样简单的手段，很多思维过程不能在命题逻辑中恰当地表示出来。

例如，逻辑学中著名的三段论法：

所有的人都是要死的，

苏格拉底是人，

所以苏格拉底是要死的。

在命题逻辑中就无法表示这种推理过程。因为，如果用 P 代表"所有的人是要死的"，Q 代表"苏格拉底是人"，R 代表"苏格拉底是要死的"，按照三段论法，R 应该是 P 和 Q 的逻辑结果。如果这种三段论法的推理方式对任意这种类型的命题都是正确的，那么如下公式：

$$P \wedge Q \rightarrow R$$

就应该是一个恒真公式。但是这个公式显然不是恒真公式，因为当 P,Q,R 真值指派为 1，1，0，上面的公式真值即为假。

发生这种情况的原因是：命题逻辑中描述出来的三段论，即 $P \wedge Q \rightarrow R$，使 R 成为一个与 P,Q 无关的独立命题。因此，取解释时，可将 P,Q 取真，R 取假，从而使公式 $P \wedge Q \rightarrow R$ 为假。但是，实际上命题 R 和命题 P,Q 是有关系的，只是这种关系在命题逻辑中无法表示。为了表示出这三个命题的内在关系，我们需要引进谓词的概念。

我们知道，命题是反映判断的句子。一般地说，反映判断的句子是由主语和谓语两部分组成，例如，电子计算机是科学技术的工具。其中"电子计算机"是主语，"是科学技术的工具"是谓语。主语一般是客体，客体可以独立存在，它可以是具体的，也可以是抽象的，例如：电子计算机、学生、老师、唯物主义等。用以刻画客体的性质或关系的词即是谓词。例如，张三是学生，李四是学生，这两个命题可能用不同的符号 P,Q 表示，但 P 和 Q 的谓语有同样的属性："是个学生"。因此，引入一个符号表示"是个学生"，再引入一种方法表示客体的名称，这样就能把"××是个学生"这个命题的本质属性刻画出来。

在此，我们用大写字母表示谓词，用小写字母表示客体名称，例如，用 A 表示“是个学生”，用 d 表示张三，用 e 表示李四，则 $A(d)$，$A(e)$分别表示“张三是个学生”，“李四是个学生”。

用谓词表达命题，必须包括客体和谓词字母两个部分，一般地说，“b 是 A”类型的命题可用 $A(b)$来表达。对于“a 是小于 b”这个两个客体之间关系的命题，可表达为 $B(a,b)$，这里 B 表示“是小于”。又如命题“点 a 在 b 与 c 之中”可以表示为 L：……在……和……之中，故可记为 $L(a,b,c)$。

通常，我们把 $A(b)$称作一元谓词，$B(a,b)$称作二元谓词，$L(a,b,c)$称作三元谓词，依此类推。一元谓词表达了客体的性质，而多元谓词表达了客体之间的“关系”。

需要注意，代表客体名称的字母，在多元谓词表示式中出现的次序与事先约定有关，因此，未经约定前，记作 $L(a,b,c)$或 $L(b,c,a)$等都可以，一经约定，$L(a,b,c)$与 $L(b,c,a)$就代表两个不同的命题。

单独一个谓词不是完整的命题，我们把谓词字母后填以客体所谓的式子称为谓词填式，这样，谓词和谓词填式应该是两个不同的概念。

定义 1　由一个谓词、一些客体变元组成的表达式称为简单命题函数。

根据这个定义，n 元谓词就是 n 个客体变元的命题函数。在命题函数中，命题变元(客体变元)的论述范围称作个体域(论域)。

例如，令 $G(x,y)$表示“x 高于 y”，于是，$G(x,y)$是一个二元谓词，将 x 代以个体“张三”，y 代以个体“李四”，则 G(张三，李四)就是如下一个命题：“张三高于李四”。随便将 x，y 代以确定的个体，由 $G(x,y)$都能得到一个命题。但是，$G(x,y)$不是一个命题，而是一个命题函数，即谓词。

于是，用谓词的概念可将三段论法作如下的表示：令

$H(x)$表示：“x 是人”，

$M(x)$表示：“x 要死”，

那么，三段论的三个命题表示如下：

$P: H(x)\rightarrow M(x)$，　a：苏格拉底，

$Q: H(a)$，

$R: M(a)$，

然后，在命题逻辑的基础上，仅仅引进谓词的概念是否就可以了呢？下面的例子说明，仅有谓词还是不够的。例如，我们想得到“命题”P 的否定“命题”，应该就是“命题”$\neg P$。但是

$$\begin{aligned}\neg P &\Leftrightarrow \neg(H(x)\rightarrow M(x))\\ &\Leftrightarrow \neg(\neg H(x)\vee M(x))\\ &\Leftrightarrow H(x)\wedge\neg M(x),\end{aligned}$$

亦即，“命题”P 的否定“命题”是“x 是人并且 x 不死”，即所有人都不死，这和人们日常对命题“所有人都要死”的否定理解相差得实在太远了，其原因在于“命题”P 的确切意思应该是：“对

任意 x,如果 x 是人,则 x 要死。"但是,$H(x)\to M(x)$ 中并没有确切地表示出"对任意 x"这个意思,就是说,$H(x)\to M(x)$ 不是一个命题。因此,在谓词逻辑中,除引进谓词外,还需引进"对任意 x"这个语句及其对偶的语句"存在一个 x"。

定义 2 语句"对任意 x"称为全称量词,记作:$\forall x$;语句"存在一个 x"称为存在量词,记作 $\exists x$。

在这个定义下,命题 P 就可以以确切的符号表示如下:

$$\forall x(H(x)\to M(x))$$

命题 P 的否定命题为:

$$\begin{aligned}\neg P &\Leftrightarrow \neg(\forall x(H(x)\to M(x)))\\ &\Leftrightarrow \exists x(H(x)\wedge\neg M(x))\end{aligned}$$

亦即,命题 P 的否定命题是"有一个人是不死的",这个命题确实是"所有人都要死"的否定。

有了谓词和量词的概念,就可以建立起一阶逻辑了。三段论的三个命题,在一阶逻辑中是这样表示的:

P:$\forall x(H(x)\to M(x))$,

Q:$H(a)$,

R:$M(a)$。

以后可以证明,在谓词逻辑中,R 是 P 和 Q 的逻辑结果,亦即 $(P\wedge Q)\to R$ 是恒真的。

例 1 用符号表示下列命题:

(1) 所有的人都是要呼吸的;

(2) 每个学生都要参加考试;

(3) 任何整数或是正的,或是负的。

解 (1) 设 $M(x)$:x 是人,$H(x)$:x 要呼吸,则有 $\forall x(M(x)\to H(x))$。

(2) 设 $P(x)$:x 是学生,$Q(x)$:x 要参加考试,则有 $\forall x(P(x)\to Q(x))$。

(3) 设 $Z(x)$:x 是整数,$R(x)$:x 是正数,$N(x)$:x 是负数,则有 $\forall x(Z(x)\to\neg(R(x)\leftrightarrows N(x)))$。

例 2 用符号表示下列命题:

(1) 存在一个数是质数;

(2) 一些人是聪明的。

解 (1) 设 $P(x)$:x 是质数,则有 $\exists xP(x)$。

(2) 设 $M(x)$:x 是人,$R(x)$:x 是聪明的,则有 $\exists x(M(x)\wedge R(x))$。

由一个或几个简单命题函数以及逻辑联结词组成的表达式称为复合命题函数。

习题一

1. 设下面所有谓词的个体域都是$\{a,b,c\}$,试将下面表达式中的量词消除,写成与之等价的命题公式:

(1) $\forall xR(x)\land\exists xS(x)$;

(2) $\forall x(P(x)\to Q(x))$;

(3) $\forall x\neg P(x)\lor\forall xP(x)$。

2. 指出下列命题的真值:

(1) $\forall x(P\to Q(x))\lor R(e)$

其中 P:"$3>2$",$Q(x)$:"$x\leqslant 3$",$R(x)$:"$x>5$",e:5;个体域 $D=\{-2,3,6\}$。

(2) $\exists x(P(x)\to Q(x))$

其中 $P(x)$:"$x>3$",$Q(x)$:"$x=4$",定义域 $D=\{2\}$。

3. 用谓词表达式写出下列命题:

(1) 小张不是工人;

(2) 他是田径或球类运动员;

(3) 小莉是非常聪明和美丽的;

(4) 若 m 是奇数,则 $2m$ 不是奇数;

(5) 每一个有理数是实数。

第二节　谓词公式与翻译

我们知道,简单命题函数与逻辑联结词可以组合成一些谓词表达式。有了谓词与量词的概念,谓词表达式所能刻画的日常命题就能广泛而深入得多了。但是,怎样的谓词表达式才能成为谓词公式并能进行谓词演算呢?下面先介绍谓词的合式公式。

我们把 $A(x_1,x_2,\cdots,x_n)$称作谓词演算的原子公式,其中 $x_1,x_2,\cdots,x_n$ 是客体变元,因此原子谓词公式包括下述形式的各种特例。如 $Q,A(x),A(x,y),A(f(x),y),A(x,y,z),A(a,y)$等。

定义 1　谓词演算的合式公式可由下述各条组成:

(1) 原子谓词公式是合式公式。

(2) 若 A 是合式公式,则$\neg A$ 是一个合式公式。

(3) 若 A 和 B 是合式公式,则 $A\land B,A\lor B,A\to B$ 和 $A\leftrightarrows B$ 都是合式公式。

(4) 如果 A 是合式公式,x 是 A 中出现的任何变元,则$(\forall x)A$ 和$(\exists x)A$ 都是合式公式。

(5) 只有经过有限次的应用规则(1)、(2)、(3)、(4)所得到的公式是合式公式。

在讨论命题公式时，曾用了关于圆括号的某些约定，即最外层的括号可以省略，在谓词合式公式中亦将遵守同样的约定，但需注意，量词后面若有括号则不能省略。

谓词合式公式，今后简称谓词公式。

下面举例说明如何用谓词公式表达自然语言中一些有关命题。

例 1 并非每个实数都是有理数。

解 设 $R(x)$：x 是实数，$Q(x)$：x 是有理数，则有：$\neg\forall x(R(x)\rightarrow Q(x))$。

例 2 没有不犯错误的人。

解 设 $F(x)$：x 犯错误，$M(x)$：x 是人，

则有：$\neg(\exists x(M(x)\wedge\neg F(x)))$。

例 3 尽管有人聪明，但未必一切人都聪明。

解 设 $P(x)$：x 聪明，$M(x)$：x 是人，

则有：$\exists x(M(x)\wedge P(x))\wedge\neg(\forall x(M(x)\rightarrow P(x)))$。

例 4 每一个人都爱他自己的孩子。

解 设 $P(x)$：x 是人，$C(x)$：x 是孩子，$I(x,y)$：x 属于 y，$L(x,y)$：x 爱 y，

则有：$\forall x\forall y(P(y)\wedge C(x)\wedge I(x,y)\rightarrow L(y,x))$。

例 5 科学家都教育自己的孩子成为科学家，有一个人教育他的孩子去做官，证明：这个人一定不是科学家。

解 设 $S(x)$：x 是科学家，$E(x)$：x 教育他的孩子成为科学家。

前提的描写：

P_1：$\forall x(S(x)\rightarrow E(x))$，

P_2：$\exists x(\neg E(x))$。

结论的描写：

C：$\exists x(\neg S(x))$。

于是，要去证明：$(P_1\wedge P_2)\rightarrow C$ 是恒真公式。

例 6 每一个人的外祖父都是他母亲的父亲。

解 设 $P(x)$：x 是人，$Q(x,y)$：x 是 y 的外祖父，$F(x,y)$：x 是 y 的父亲，$M(x,y)$：x 是 y 的母亲，则命题可表示为：

$$\forall x\forall y\forall z(P(x)\wedge P(y)\wedge P(z)\wedge O(x,y)\wedge M(z,y)\rightarrow F(x,z))$$

例 7 不管黑猫白猫，抓住老鼠就是好猫。

解 设 $C(x)$：x 是猫，$B(x)$：x 是黑的，$W(x)$：x 是白的，$G(x)$：x 是好的，$M(x)$：x 是老鼠，$K(x,y)$：x 抓住 y。于是命题可表示为：

$$\forall x\forall y(C(x)\wedge M(y)\wedge(B(x)\vee W(x))\wedge(K(x,y)\rightarrow G(x))$$

习题二

1. 找出以下句子所对应的谓词表达式：

(1) 所有教练员是运动员。($J(x)$，$L(x)$)

(2) 不是所有运动员都是教练。

(3) 某些运动员是大学生。($S(x)$)

(4) 某些教练是年老的，但是是健壮的。($O(x)$，$V(x)$)

(5) 金教练既不老但也不是健壮的。(j)

2. 用谓词公式写出下式：

若 $x<y$ 和 $z<0$，则 $xz>yz$。

3. 用谓词公式刻画下述命题：

那位戴眼镜的用功的大学生在看这本大而厚的巨著。

第三节　自由变元和约束变元

给定 α 为一个谓词公式，其中有一部分公式形式为 $(\forall x)P(x)$ 或 $(\exists x)P(x)$。这里 $\forall$、$\exists$ 后面所跟的 x 叫作量词的指导变元或作用变元，$P(x)$ 叫作相应量词的作用域或辖域。在作用域中 x 的一切出现，称为 x 在 α 中的约束出现，x 亦称为被相应量词中的指导变元所约束，也称 x 为约束亦元。在 α 中除去约束变元以外所出现的变元称作自由变元。自由变元是不受约束的变元，虽然它有时也在量词的作用域中出现，但它不受相应量词中指导变元的约束，故我们可把自由变元看作是公式中的参数。

例 1　试考察下列公式：

(1) $(\forall x)P(x,y)$；

(2) $(\forall x)(P(x)\to(\exists y)R(x,y))$；

(3) $(\forall x)(P(x)\to R(x))\vee(\forall x)(P(x)\to Q(x))$；

(4) $(\exists x)P(x)\wedge Q(x)$。

在公式(1)中，$P(x,y)$ 是量词 $(\forall x)$ 的辖域，x 的出现是约束出现；而 y 的出现，则是自由出现。在公式(2)中，量词 $(\forall x)$ 的辖域是 $P(x)\to(\exists y)R(x,y)$；同时量词 $(\exists y)$ 的辖域是 $R(x,y)$；x 和 y 的出现，都是约束出现。在公式(3)中，第一个量词 $(\forall x)$ 的辖域是 $P(x)\to R(x)$，第二个量词 $(\forall x)$ 的辖域是 $P(x)\to Q(x)$；x 的所有出现，都是约束出现。在公式(4)中，量词 $(\exists x)$ 的辖域是 $P(x)$，其中 x 的出现是约束出现；$Q(x)$ 中的变元 x 的出现，是个自由出现。由此能够看出，在同一个公式中，某个变元的出现，既可以是约束的又可以是自由的。

偶尔可能会遇见$(\forall x)P(y)$类型的公式，其中变元 y 的出现，是个自由出现；而量词$(\forall x)$的辖域中不包含变元 x。在这种情况下，使用量词$(\forall x)$是毫无意义的。还应提到，在一个谓词公式中，若出现了自由变元，则该公式必定是个命题函数；若每一个变元都是约束变元，而不是自由变元，则该公式必定是一个命题。

由前面的讨论可知，$(\forall x)P(x,y)$等价于$(\forall z)P(z,y)$，也就是说，用什么样的字母表示客体变元并不重要。不过，在同一个公式中，不能用同一个字母表示两个不同的客体变元。

为了避免由于变元的约束与自由同时出现，引起概念上的混乱，故可对约束变元进行换名，使得一个变元在一个公式中只呈一种形式出现，即呈自由出现或呈约束出现。

对约束变元换名应遵循以下两个原则：

(1) 对于约束变元可以换名，其更改的变元名称范围是量词中的指导变元，以及该量词作用域中所出现的该变元，在公式的其余部分不变。

(2) 换名时一定要更改为作用域中没有出现的变元名称。

例 2　对$(\forall x)(P(x)\to R(x,y))\wedge Q(x,y)$换名。

解　可换名为：$(\forall z)(P(z)\to R(z,y))\wedge Q(x,y)$，但不能改名为：$(\forall y)(P(y)\to R(y,y))\wedge Q(x,y)$以及$(\forall z)(P(z)\to R(x,y))\wedge Q(x,y)$。因为后两种更改都将使公式中量词的约束范围有所变动。

对于公式中的自由变元，也允许更改，这种更改叫作代入。自由变元的代入，亦需遵守一定的规则，这个规则叫作自由变元的代入规则，现说明如下：

(1)对于谓词公式中的自由变元，可以作代入，代入时需对公式中出现该自由变元的每一处进行。

(2)用以代入的变元与原公式中所有变元的名称不能相同。

例 3　对$(\exists x)(P(y)\wedge R(x,y))$代入。

解　对 y 施行代入，经代入后公式为

$$(\exists x)(P(z)\wedge R(x,z))$$

但是$(\exists x)(P(x)\wedge R(x,x))$与$(\exists x)(P(z)\wedge R(x,y))$这两种代入都是与规则不符的。

需要指出，量词作用域中的约束变元，当论域的元素是有限时，客体变元的所有可能的取代是可枚举的。

设论域元素为 $a_1,a_2,\cdots,a_n$，则

$$(\forall x)A(x)\Leftrightarrow A(a_1)\wedge A(a_2)\wedge\cdots\wedge A(a_n)$$

$$(\exists x)A(x)\Leftrightarrow A(a_1)\vee A(a_2)\vee\cdots\vee A(a_n)$$

量词对变元的约束，往往与量词的次序有关。

又，$(\forall y)(\exists x)(x<(y-2))$表示任何 y 均有 x，使得 $x<y-2$。$(\exists y)(\exists x)(x<(y-2))$表示存在 y 有 x，使得 $x<y-2$。

这些命题中的多个量词，我们约定从左到右的次序读出。需要注意的是量词次序不能颠倒，否则将与原命题意义不符。

习题三

1. 对下面每个公式指出约束变元和自由变元：

(1) $(\forall x)P(x)\to P(y)$；

(2) $(\forall x)(P(x)\wedge Q(x))\wedge(\exists x)S(x)$；

(3) $(\exists x)(\forall y)(P(x)\wedge Q(y))\to(\forall x)R(x)$；

(4) $(\exists x)(\exists y)(P(x,y)\wedge Q(z))$。

2. 如果论域是集合$\{a,b,c\}$，试消去下面公式中的量词：

(1) $(\forall x)P(x)$；

(2) $(\forall x)R(x)\wedge(\forall x)S(x)$；

(3) $(\forall x)(P(x)\to Q(x))$；

(4) $(\forall x)\neg P(x)\vee(\forall x)P(x)$。

3. 寻求下列各式的真假值。

(1) $(\forall x)(P(x)\wedge Q(x))$，其中 $P(x)$：$x=1$，$Q(x)$：$x=2$，而且论域是$\{1,2\}$；

(2) $(\forall x)(P\to Q(x))\vee R(a)$，其中 P：$2>1$，$Q(x)$：$x\leqslant 3$，$R(x)$：$x>5$ 而 a：5，论域是$\{-2,3,6\}$。

4. 对下列谓词公式中的约束变元进行换名：

(1) $\forall x\exists y(P(x,z)\to Q(y))\leftrightarrows S(x,y)$；

(2) $(\forall xP(x)\to(R(x)\vee Q(x)))\wedge\exists xR(x)\to\exists zS(x,z)$。

5. 对下列谓词公式中的自由变元进行代入：

(1) $(\exists yA(x,y)\to\forall xB(x,z))\wedge\exists x\forall zC(x,y,z)$；

(2) $(\forall yP(x,y)\wedge\exists zQ(x,z))\vee\forall xR(x,y)$。

第四节　谓词演算的等价式与蕴涵式

如前所述，在谓词公式中，用客体名称取代客体变元，从而能够得到命题。对于谓词公式来说，如果客体域是有穷集合，则能够列举出对客体变元的所有可能的取代。反之，如果客体域是无穷的，则不可能列举出所有可能的取代。利用这种方法，能够证明一些含量词的等价式，对于有穷客体域来说，它们是有效的。

首先说明，用取代方法所求得的命题，能够表达含有量词的命题。为此，设客体域是个有穷集合 $S=\{a_1,a_2,\cdots,a_n\}$。由前述的量词定义能够得出

(1) $(\forall x)A(x) \Leftrightarrow A(a_1) \wedge A(a_2) \wedge \cdots \wedge A(a_n)$;

(2) $(\exists x)A(x) \Leftrightarrow A(a_1) \vee A(a_2) \vee \cdots \vee A(a_n)$。

等价式(1)和(2)说明：如果客体域是有穷的，则可以略去量词。显然，如果客体域是无穷的，则不可能用有限个命题的合取或析取来表达含有量词的命题。

一个重要的问题是含有量词的命题的否定。首先举例说明，量化命题的否定与非量化命题的否定之间，存在着重大差别。为此，试考察下列命题：

(a) 上海是一个小城镇。

(b) 每一个自然数都是偶数。

命题(a)和(b)的否定如下：

(a′) 上海不是一个小城镇。

(b′) 一些自然数不是偶数。

应该注意，绝不可把命题(b)直接否定成：

(b′) 每一个自然数都不是偶数。

显然，这样进行否定是不正确的。

设 $A(x)$ 是一个谓词公式，试看 $\neg((\forall x)A(x))$ 意味着什么。如果 $(\forall x)A(x)$ 的真值是真的，则应该把 $\neg((\forall x)A(x))$ 理解成"命题 $(\exists x)A(x)$ 是假的"。后者等价于"对一些 x，$A(x)$ 不是真的"，或者"$(\exists x)\neg A(x)$"。这就是说，应有

(3) $\neg((\forall x)A(x)) \Leftrightarrow (\exists x)\neg A(x)$。

与此类似，如果 $(\exists x)A(x)$ 的真值为真，则 $\neg((\exists x)A(x))$ 说明"存在一个 x，能使 $A(x)$ 的真值为真"这个命题是假的。它等价于"不存在任何一个 x，能使 $A(x)$ 为真"，或者"对于所有的 x，$A(x)$ 是假的"。这就是说，应有

(4) $\neg((\exists x)A(x) \Leftrightarrow (\forall x)\neg A(x)$。

这里约定，出现在量词之前的否定，不是仅否定该量词，而是否定被量化的整个命题，亦即

(5) $\neg(\forall x)A(x) \Leftrightarrow \neg((\forall x)A(x))$。

(6) $\neg(\exists x)A(x) \Leftrightarrow \neg((\exists x)A(x))$。

在有穷客体域的情况下，根据等价式(1)、(2)和德·摩根定律，能够证明等价式(3)和(4)。于是有：

$$\begin{aligned}\neg(\forall x)A(x) &\Leftrightarrow \neg(A(a_1) \wedge A(a_2) \wedge \cdots \wedge A(a_n))\\ &\Leftrightarrow \neg A(a_1) \vee \neg A(a_2) \vee \cdots \vee \neg A(a_n)\\ &\Leftrightarrow (\exists x)\neg A(x),\end{aligned}$$

$$\begin{aligned}\neg(\exists x)A(x) &\Leftrightarrow \neg(A(a_1) \vee A(a_2) \vee \cdots \vee A(a_n))\\ &\Leftrightarrow \neg A(a_1) \wedge \neg A(a_2) \wedge \cdots \wedge \neg A(a_n)\\ &\Leftrightarrow (\forall x)\neg A(x)。\end{aligned}$$

假定全称量词和存在量词是互为对偶的，于是可以把上述等价式表达成：量化谓词公式的

否定，等价于这样的一个公式，其中用量词的对偶取代该量词，用量词的辖域的否定取代该量词的辖域。

上面使用了查遍有穷客体域的方法，证明了等价式(3)和(4)，这种证明方法比较简明而且有用。不过，用这种方法证明的结果，也适用于无穷客体域的情况。事实上，对于任意的客体域来说，等价式(3)和(4)也都成立。如果不要求作形式方法的证明，那么在任意客体域内可证明(3)如下：设 S 为给定的任意客体域，谓词公式 $\neg\forall(x)A(x)$ 为 T。由否定律知 $(\forall x)A(x)$ 为 F。根据全称量词的定义，在 S 中至少有一个客体名称 c，使得 $A(c)$ 为 F，换句话说，S 中至少有一个 c 使得 $\neg A(c)$ 为 T，可以直接写成 $(\exists x)\neg A(x)$ 为 T。同理，$\neg(\forall x)A(x)$ 为 F，使得 $(\exists x)\neg A(x)$ 也为 F。所以

$$\neg(\forall x)A(x)\Leftrightarrow(\exists x)\neg A(x)$$

(4) 式也可作同样的证明。

这样，就能够得到以下两个等价式：

(3a) $\neg(\forall x)A(x)\Leftrightarrow(\exists x)\neg A(x)$。

(4a) $\neg(\exists x)A(x)\Leftrightarrow(\forall x)\neg A(x)$。

这两个等价式通常称为**量词转换律**。

还有许多其他的等价式，不但对于有穷客体域的情况成立，而且对于任意客体域的情况也成立。首先考察一组等价式：

(7) $(\forall x)A(x)\vee P\Leftrightarrow(\forall x)(A(x)\vee P)$。

(8) $(\forall x)A(x)\wedge P\Leftrightarrow(\forall x)(A(x)\wedge P)$。

(9) $(\exists x)A(x)\vee P\Leftrightarrow(\exists x)(A(x)\vee P)$。

(10) $(\exists x)A(x)\wedge P\Leftrightarrow(\exists x)(A(x)\wedge P)$。

根据前述的原理，也能够证明等价式(7)。同样也能够证明等价式(8)、(9)和(10)。这一组等价式，通常称为**量词辖域的扩张及收缩律**。

还有一组等价式，通常称为**量词分配律**，可表达如下：

(11) $(\forall x)(A(x)\wedge B(x))\Leftrightarrow(\forall x)A(x)\wedge(\forall x)B(x)$。

(12) $(\exists x)(A(x)\vee B(x))\Leftrightarrow(\exists x)A(x)\vee(\exists x)B(x)$。

在等价式(11)和(12)中，x 的出现全都是约束出现。对于等价式(11)来说，可以把命题 $(\forall x)(A(x)\wedge B(x))$ 读成："对于所有的 x，$A(x)$ 是真的和 $B(x)$ 是真的"，或者是"对于所有的 x，$A(x)$ 和 $B(x)$ 都是真的"；可把命题 $(\forall x)A(x)\wedge(\forall x)B(x)$ 表述成："对所有的 x，$A(x)$ 是真的，同时对于所有的 x，$B(x)$ 也是真的"。不难看出，上述两个命题互为等价。

对于等价式(12)来说，能够把命题 $(\exists x)(A(x)\vee B(x))$ 表述成："存在一个 x，能使 $A(x)$ 为真或能使 $B(x)$ 为真"；同时，可以把命题 $(\exists x)A(x)\vee(\exists x)B(x)$ 表述成："存在一个 x，能使 $A(x)$ 为真，或者存在一个 x，能使 $B(x)$ 为真"。不难看出，上述两个命题为等价。在等价式(11)中，对谓词公式 $A(x)$ 和 $B(x)$ 并未施加任何限制，亦即它们可以是任意的，因此它

容许用$\neg C(x)$取代$A(x)$，用$\neg D(x)$取代$B(x)$。另外，对一个等价式的两侧同时进行否定，其结果的两侧仍然等价。

应该注意，全称量词$(\forall x)$对于析取$\vee$不服从分配律，亦即$(\forall x)(A(x)\vee B(x))$不等价于$(\forall x)A(x)\vee(\forall x)B(x)$；存在量词$(\exists x)$对于合取$\wedge$不服从分配律，亦即$(\exists x)(A(x)\wedge B(x))$不等价于$(\exists x)A(x)\wedge(\exists x)B(x)$。

首先说明$(\forall x)(A(x)\vee B(x))$不等价于$(\forall x)A(x)\vee(\forall x)B(x)$。可把$(\forall x)(A(x)\vee B(x))$表述成："对于每一个$x$，$A(x)$为真或$B(x)$为真"；另外，又可以把$(\forall x)A(x)\vee(\forall x)B(x)$表述成："对于每一个$x$，有$A(x)$为真，或者对于每一个$x$，有$B(x)$为真"。用客体域中的每一个客体名称取代$x$之后，若能使$A(x)\vee B(x)$为真，但在同样取代的情况下，却不一定都能使$A(x)$为真，或者都使$B(x)$为真。下面将举例说明这种情况。

例1 设客体域是整数集合，令$A(x)$：x是偶整数，$B(x)$：x是奇整数。试考察$(\exists x)(A(x)\wedge B(x))$和$(\exists x)A(x)\wedge(\exists x)B(x)$是否等价。

解 在这种情况下，$(\exists x)A(x)\wedge(\exists x)B(x)$是个真命题；而$(\exists x)(A(x)\wedge B(x))$却是个假命题，因此二者不等价。

虽然如此，但是能够证明下列蕴涵式成立：

(13) $(\forall x)A(x)\vee(\forall x)B(x)\Rightarrow(\forall x)(A(x)\vee B(x))$。

(14) $(\exists x)(A(x)\wedge B(x)\Rightarrow(\exists x)A(x)\wedge(\exists x)B(x)$。

如果命题$(\exists x)(A(x)\wedge B(x))$的真值为真，则在客体域中存在一些客体名称$c$，能使命题$A(c)\wedge B(c)$为真。于是，能够得出命题$A(c)$为真和$B(c)$为真。由此能够得出结论：由$A(c)$的真值为真，可以导致命题$(\exists x)A(x)$为真；由$B(c)$的真值为真，可以得出命题$(\exists x)B(x)$为真。从而，命题$(\exists x)A(x)\wedge(\exists x)B(x)$的真值也是真的，故蕴涵式(14)成立。在蕴涵式(14)中，用$\neg A(x)$取代$A(x)$，用$\neg B(x)$取代$B(x)$，并使用前述的方法，就能得到：

$(\exists x)(\neg A(x)\wedge\neg B(x))\Leftrightarrow(\exists x)\neg(A(x)\vee B(x))\Leftrightarrow\neg(\forall x)(A(x)\vee B(x))$，

$(\exists x)\neg A(x)\wedge(\exists x)\neg B(x)\Leftrightarrow\neg(\forall x)A(x)\wedge\neg(\forall x)B(x)\Leftrightarrow\neg((\forall x)A(x)\vee(\forall x)B(x))$。

已知$P\rightarrow Q\Leftrightarrow\neg Q\rightarrow\neg P$，于是应有

$\neg((\exists x)\neg A(x)\wedge(\exists x)\neg B(x))\Leftrightarrow\neg\neg((\forall x)A(x)\vee(\forall x)B(x))\Leftrightarrow(\forall x)A(x)\vee(\forall x)B(x)$

$\neg(\exists x)(\neg A(x)\wedge\neg B(x))\Leftrightarrow\neg\neg(\forall x)(A(x)\vee B(x))\Leftrightarrow(\forall x)(A(x)\vee B(x))$

$(\forall x)A(x)\vee(\forall x)B(x)\Rightarrow(\forall x)(A(x)\vee B(x))$

由此可见，蕴涵式(13)成立。

为了引用时方便起见，下面把一些重要的等价式和蕴涵式加以编号，并列举如下：

量词分配律：

E_{23} $(\exists x)(A(x)\vee B(x)\Leftrightarrow(\exists x)A(x)\vee(\exists x)B(x)$

E_{24} $(\forall x)(A(x)\wedge B(x)\Leftrightarrow(\forall x)A(x)\wedge(\forall x)B(x)$

量词转换律：

E_{25}　$\neg(\exists x)A(x)\Leftrightarrow(\forall x)\neg A(x)$

E_{26}　$\neg(\forall x)A(x)\Leftrightarrow(\exists x)\neg A(x)$

E_{27}　$(\forall x)A(x)\vee P\Leftrightarrow(\forall x)(A(x)\vee P)$

E_{28}　$(\forall x)A(x)\wedge P\Leftrightarrow(\forall x)(A(x)\wedge P)$

E_{29}　$(\exists x)A(x)\vee P\Leftrightarrow(\exists x)(A(x)\vee P)$

E_{30}　$(\exists x)A(x)\wedge P\Leftrightarrow(\exists x)(A(x)\wedge P)$

其他等价式和蕴涵式：

E_{31}　$(\forall x)A(x)\rightarrow B\Leftrightarrow(\exists x)(A(x)\rightarrow B)$

E_{32}　$(\exists x)A(x)\rightarrow B\Leftrightarrow(\forall x)(A(x)\rightarrow B)$

E_{33}　$A\rightarrow(\forall x)B(x)\Leftrightarrow(\forall x)(A\rightarrow B(x))$

E_{34}　$A\rightarrow(\exists x)B(x)\Leftrightarrow(\exists x)(A\rightarrow B(x))$

E_{35}　$(\exists x)(A(x)\rightarrow B(x))\Leftrightarrow(\forall x)A(x)\rightarrow(\exists x)B(x)$

I_{15}　$(\exists x)A(x)\rightarrow(\forall x)B(x)\Rightarrow(\forall x)(A(x)\rightarrow B(x))$

I_{16}　$(\forall x)A(x)\vee(\forall x)B(x)\Rightarrow(\forall x)(A(x)\vee B(x))$

I_{17}　$(\exists x)(A(x)\wedge B(x))\Rightarrow(\exists x)A(x)\wedge(\exists x)B(x)$

如果谓词公式 A 不依赖于变元 x，则应有：

$$(\forall x)A\Leftrightarrow A$$

$$(\exists x)A\Leftrightarrow A$$

于是，蕴涵式 I_{16} 和 I_{17} 就能分别转化成等价式 E_{27} 和 E_{30}。

习题四

1. 试证明等价式 E_{31} 至 E_{35} 和蕴涵式 I_{15}。
2. 试证明 $(\exists x)P(x)\wedge(\forall x)Q(x)\Rightarrow(\exists x)(P(x)\wedge Q(x))$。

第五节　谓词演算的推理理论

(1) 前束范式

在命题演算中，常常要将公式化成规范形式，对于谓词演算，也有类似情况，一个谓词演算公式，可以化为与它等价的范式。

定义 1　一个公式，如果量词均在全式的开头，它们的作用域，延伸到整个公式的末尾，则该公式叫作前束范式。

前束范式可记为下述形式：

$(\Box v_1)(\Box v_2)\cdots(\Box v_n)A$，其中$\Box$可能是量词$\forall$或量词$\exists$，$v_i(i=1,2,\cdots,n)$是客体变元，

A 是没有量词的谓词公式。

例如 $(\forall x)(\forall y)(\exists z)(Q(x,y)\rightarrow R(z))$，$(\forall y)(\forall x)(\neg P(x,y)\rightarrow Q(y))$ 等都是前束范式。

定理 1 任意一个谓词公式，均和一个前束范式等价。

证明 首先利用量词转化公式，把否定深入到命题变元和谓词填式的前面，其次利用 $(\forall x)(A\vee B(x))\Leftrightarrow A\vee(\forall x)B(x)$ 和 $(\exists x)(A\wedge B(x))\Leftrightarrow A\wedge(\exists x)B(x)$ 把量词移到全式的最前面，这样便得到前束范式。

例 1 把公式 $(\forall x)P(x)\rightarrow(\exists x)Q(x)$ 转化为前束范式。

解 $(\forall x)P(x)\rightarrow(\exists x)Q(x)\Leftrightarrow(\exists x)\neg P(x)\vee(\exists x)Q(x)\Leftrightarrow(\exists x)(\neg P(x)\vee Q(x))$。

例 2 化公式 $(\forall x)(\forall y)((\exists z)(P(x,z)\wedge P(y,z))\rightarrow(\exists u)Q(x,y,u))$ 为前束范式。

解 原式 $\Leftrightarrow(\forall x)(\forall y)(\neg(\exists z)(P(x,z)\wedge P(y,z))\vee(\exists u)Q(x,y,u))$

$\Leftrightarrow(\forall x)(\forall y)((\forall z)(\neg P(x,z)\vee\neg P(y,z)\vee(\exists u)Q(x,y,u))$

$\Leftrightarrow(\forall x)(\forall y)(\forall z)(\exists u)(\neg P(x,z)\vee\neg P(y,z)\vee Q(x,y,u))$

例 3 把公式 $\neg(\forall x)\{(\exists y)A(x,y)\rightarrow(\exists x)(\forall y)[B(x,y)\wedge(\forall y)(A(y,x)\rightarrow B(x,y))]\}$ 化为前束范式。

解 第一步否定深入。

原式 $\Leftrightarrow(\exists x)\neg\{\neg(\exists y)A(x,y)\vee(\exists x)(\forall y)[B(x,y)\wedge(\forall y)(A(x,y)\rightarrow B(x,y)]\}$

$\Leftrightarrow(\exists x)\{(\exists y)A(x,y)\wedge(\forall x)(\exists y)[\neg B(x,y)\vee(\exists y)\neg(A(y,x)\rightarrow B(x,y)]\}$。

第二步改名，以便把量词提到前面。

$\Leftrightarrow(\exists x)\{(\exists y)A(x,y)\wedge(\forall u)(\exists r)[\neg B(u,r)\vee(\exists z)\neg(A(z,u)\rightarrow B(u,s))]\}$

$\Leftrightarrow(\exists x)(\exists y)(\forall u)(\exists r)(\exists z)\{A(x,y)\wedge[\neg B(u,r)\vee\neg(A(z,u)\rightarrow B(u,z))]\}$。

(2) 推理理论

谓词演算的推理方法，可以看作是命题演算推理方法的扩张。因为谓词演算的很多等价式和蕴涵式，是命题演算有关公式的推广，所以命题演算中的推理规则，如 P、T 和 CP 规则等亦可在谓词的推理理论中应用，但是在谓词推理中，某些前提与结论可能是受量词限制的，为了使用这些等价式和蕴涵式，必须在推理过程中有消去和添加量词的规则，以便使谓词演算公式的推理过程可类似于命题演算中推理理论那样进行。现介绍如下规则。

1) 全称指定规则，它表示为 US

$$\frac{(\forall x)P(x)}{\therefore\quad P(c)}$$

这里 P 是谓词，而 c 是论域中任意的客体。例如设论域为全人类。$P(x)$ 表示"x 总是要死的"，如果我们有 $(\forall x)P(x)$ 即是"所有人总是要死的"，那么全称指定规则可有结论"苏格拉底总是要死的"。

2) 全称推广规则，它表示为 UG

$$\frac{P(x)}{\therefore\quad(\forall x)P(x)}$$

这个规则是要对命题量化，如果能够证明对论域中每一个客体 x 断言 $P(x)$ 都成立，则全称推广规则可得到结论 $(\forall x)P(x)$ 成立。在应用本规则时，必须能够证明前提 $P(x)$ 对论域中每一可能的 x 是真。

(3) 存在指定规则，它可表示为 ES

$$\frac{(\exists x)P(x)}{\therefore \quad P(c)}$$

这里 c 是论域中的某些客体，必须注意，应用存在指定规则，其指定的客体 c 不是任意的。例如 $(\exists x)P(x)$ 和 $(\exists x)Q(x)$ 都真，则对于某些 c 和 d，可以断定 $P(c)\wedge Q(d)$ 必定为真，但不能断定 $P(c)\wedge Q(c)$ 是真。

(4) 存在推广规则，它表示为 EG

$$\frac{P(c)}{\therefore \quad (\exists x)P(x)}$$

这里 c 是论域中的一个客体，这个规则比较明显，对于某些客体 c，若 $P(c)$ 为真，则在论域中必有 $(\exists x)P(x)$ 为真。

例 4 证明 $(\forall x)(H(x)\rightarrow M(x))\wedge H(s)\Rightarrow M(s)$，这是著名的苏格拉底论证。

其中 $H(x)$：x 是一个人。

$M(x)$：x 是要死的。

s：苏格拉底。

证明

(1) $H(s)$	P
(2) $(\forall x)(H(x)\rightarrow M(x))$	P
(3) $H(s)\rightarrow M(s)$	$US(2)$
(4) $M(s)$	$T(1)(3)I$

例 5 证明 $(\forall x)(C(x)\rightarrow W(x)\wedge R(x))\wedge(\exists x)(C(x)\wedge Q(x))\Rightarrow(\exists x)(Q(x)\wedge R(x))$。

证明

(1) $(\forall x)(C(x)\rightarrow W(x)\wedge R(x))$	P
(2) $(\exists x)(C(x)\wedge Q(x))$	P
(3) $C(a)\wedge Q(a)$	$ES(2)$
(4) $C(a)\rightarrow W(a)\wedge R(a)$	$US(1)$
(5) $C(a)$	$T(3)I$
(6) $W(a)\wedge R(a)$	$T(4)(5)I$
(7) $Q(a)$	$T(3)I$
(8) $R(a)$	$T(6)I$
(9) $Q(a)\wedge R(a)$	$T(7)(8)I$
(10) $(\exists x)(Q(x)\wedge R(x))$	$EG(9)$

注意本例推导过程中第(3)与(4)两条次序不能颠倒，若先用 US 规则得到 $C(a)\rightarrow W(a)$

$\wedge R(a)$，则再用 ES 规则时，不一定得到 $C(a)\wedge Q(a)$，一般地应用 $C(b)\wedge Q(b)$，故无法推证下去。

例 6 证明 $(\forall x)(P(x)\vee Q(x))\Rightarrow(\forall x)P(x)\vee(\exists x)Q(x)$。

证法 1 把 $\neg((\forall x)P(x)\vee(\exists x)Q(x))$，作为附加前提。

(1) $\neg((\forall x)P(x)\vee(\exists x)Q(x))$	P
(2) $\neg(\forall x)P(x)\wedge\neg(\exists x)Q(x)$	$T(1)E$
(3) $\neg(\forall x)P(x)$	$T(2)I$
(4) $(\exists x)\neg P(x)$	$T(3)E$
(5) $\neg(\exists x)Q(x)$	$T(2)I$
(6) $(\forall x)\neg Q(x)$	$T(5)E$
(7) $\neg P(c)$	$ES(4)$
(8) $\neg Q(c)$	$US(6)$
(9) $\neg P(c)\wedge\neg Q(c)$	$T(7)(8)I$
(10) $\neg(P(c)\vee Q(c))$	$T(9)E$
(11) $(\forall x)(P(x)\vee Q(x)$	P
(12) $P(c)\vee Q(c)$	US
(13) $\neg(P(c)\vee Q(c))\wedge(P(c)\vee Q(c))$	$T(10)(12)I$ 矛盾

证法 2 本题可用 CP 规则，原题为

$(\forall x)(P(x)\vee Q(x))\Rightarrow\neg(\forall x)P(x)\rightarrow(\exists x)Q(x)$

(1) $\neg(\forall x)P(x)$	P（附加前提）
(2) $(\exists x)\neg P(x)$	$T(1)E$
(3) $\neg P(c)$	$ES(2)$
(4) $(\forall x)(P(x)\vee Q(x))$	P
(5) $P(c)\vee Q(c)$	$US(4)$
(6) $Q(c)$	$T(3)(5)I$
(7) $(\exists x)Q(x)$	$EG(6)$
(8) $\neg(\forall x)P(x)\rightarrow(\exists x)Q(x)$	CP

习题五

1. 证明下列各式：

(1) $(\forall x)(\neg A(x)\rightarrow B(x)),(\forall x)\neg B(x)\Rightarrow(\exists x)A(x)$；

(2) $(\exists x)A(x)\rightarrow(\forall x)B(x)\Rightarrow(\forall x)(A(x)\rightarrow B(x))$；

(3) $(\forall x)(A(x)\rightarrow B(x)),(\forall x)(C(x)\rightarrow\neg B(x))\Rightarrow(\forall x)(C(x)\rightarrow\neg A(x))$；

(4) $(\forall x)(A(x)\vee B(x)),(\forall x)(B(x)\rightarrow\neg C(x)),(\forall x)C(x)\Rightarrow(\forall x)A(x)$。

2. 用 CP 规则证明

(1) $(\forall x)(P(x)\rightarrow Q(x))\Rightarrow(\forall x)P(x)\rightarrow(\forall x)Q(x)$;

(2) $\forall x(P(x)\vee Q(x))\Rightarrow\forall xP(x)\vee\exists xQ(x)$。

附录　矩阵及其计算

附一1　矩阵及运算

一、矩阵的概念

在许多实际问题中，常会遇到一些数排成的矩形数表。

例如，某工厂生产 A、B、C 三种产品，每种产品需要甲、乙、丙、丁四种配件数量如表1所示。

表 1

配件＼数量＼产品	A	B	C
甲	5	4	0
乙	6	2	3
丙	2	0	1
丁	1	3	0

若把表中数字取出且不改变相对位置，就可排成一矩形数表：

$$\begin{bmatrix} 5 & 4 & 0 \\ 6 & 2 & 3 \\ 2 & 0 & 1 \\ 1 & 3 & 0 \end{bmatrix}$$

又例如，线性方程组：

$$\begin{cases} 2x_1+x_2+3x_3=1 \\ 2x_1+2x_2+5x_3=2 \\ 3x_1+5x_2+x_3=3 \end{cases}$$

若将其系数取出且不改变相对位置,则可得到一矩形数表

$$\begin{bmatrix}2 & 1 & 3\\2 & 2 & 5\\3 & 5 & 1\end{bmatrix}$$

定义 1 由 $m\times n$ 个数 $a_{ij}(i=1,2,\cdots,m;j=1,2,\cdots,n)$ 排成 m 行 n 列的数表:

$$\begin{bmatrix}a_{11} & a_{12} & \cdots & a_{1n}\\a_{21} & a_{22} & \cdots & a_{2n}\\\vdots & \vdots & & \vdots\\a_{m1} & a_{m2} & \cdots & a_{mn}\end{bmatrix}$$

称为 m 行 n 列矩阵或 $m\times n$ 矩阵。记作

$$\boldsymbol{A}=\begin{bmatrix}a_{11} & a_{12} & \cdots & a_{1n}\\a_{21} & a_{22} & \cdots & a_{2n}\\\vdots & \vdots & & \vdots\\a_{m1} & a_{m2} & \cdots & a_{mn}\end{bmatrix}$$

或简记为 $\boldsymbol{A}=(a_{ij})_{m\times n}$,其中 a_{ij} 称为矩阵 $\boldsymbol{A}$ 的第 i 行第 j 列元素。元素是实数的矩阵称为实矩阵,元素是复数的矩阵称为复矩阵。

当 $m=n$ 时,$\boldsymbol{A}$ 称为 n 阶方阵。

只有一行的矩阵

$$\boldsymbol{A}=(a_1 \quad a_2 \quad \cdots \quad a_n)$$

称为行矩阵或行向量,只有一列的矩阵

$$\boldsymbol{B}=\begin{bmatrix}b_1\\b_2\\\vdots\\b_m\end{bmatrix}$$

称为列矩阵或列向量。

元素均为零的矩阵称为零矩阵,记作 $\boldsymbol{0}$。

当 n 阶方阵 $\boldsymbol{A}=(a_{ij})_{n\times n}$ 满足条件:

$$a_{ij}=0 \quad (i>j,i,j=1,2,\cdots,n)$$

即

$$\boldsymbol{A}=\begin{bmatrix}a_{11} & a_{12} & \cdots & a_{1n}\\0 & a_{22} & \cdots & a_{2n}\\\vdots & \vdots & & \vdots\\0 & 0 & \cdots & a_{nn}\end{bmatrix}$$

则称矩阵 $\boldsymbol{A}=(a_{ij})_{n\times n}$ 为上三角矩阵,当 n 阶方阵 $\boldsymbol{A}=(a_{ij})_{n\times n}$ 满足条件:

$$a_{ij}=0 \quad (i<j, i, j=1,2,\cdots,n)$$

即

$$\boldsymbol{A}=\begin{bmatrix} a_{11} & 0 & \cdots & 0 \\ a_{21} & a_{22} & \cdots & 0 \\ \vdots & \vdots & & \vdots \\ a_{n1} & a_{n2} & \cdots & a_{nn} \end{bmatrix}$$

则称矩阵 $\boldsymbol{A}=(a_{ij})_{n\times n}$ 为下三角矩阵。

当 n 阶方阵 $\boldsymbol{A}=(a_{ij})_{n\times n}$ 满足条件:

$$a_{ij}=0 \quad (i\neq j, i, j=1,2,\cdots,n)$$

即

$$\boldsymbol{A}=\begin{bmatrix} a_{11} & 0 & \cdots & 0 \\ 0 & a_{22} & \cdots & 0 \\ \vdots & \vdots & & \vdots \\ 0 & 0 & \cdots & a_{nn} \end{bmatrix}$$

则 $\boldsymbol{A}$ 为 n 阶对角方阵。特别当 $a_{ij}=1(i=1,2,\cdots,n)$时矩阵 $\boldsymbol{A}$ 称为 n 阶单位矩阵,记为 $\boldsymbol{I}$,即

$$\boldsymbol{I}=\begin{bmatrix} 1 & 0 & \cdots & 0 \\ 0 & 1 & \cdots & 0 \\ \vdots & \vdots & & \vdots \\ 0 & 0 & \cdots & 1 \end{bmatrix}$$

若 $\boldsymbol{A}=(a_{ij})$与 $\boldsymbol{B}=(b_{ij})$都是 m 行 n 列矩阵,并且满足条件:

$$a_{ij}=b_{ij} \quad (i=1,2,\cdots,m; j=1,2,\cdots,n)$$

则称矩阵 $\boldsymbol{A}$ 与矩阵 $\boldsymbol{B}$ 相等,记作 $\boldsymbol{A}=\boldsymbol{B}$。

若矩阵 $\boldsymbol{A}=(a_{ij})_{n\times n}$ 满足条件

$$a_{ij}=a_{ji} \quad (i, j=1,2,\cdots,n)$$

则称矩阵 $\boldsymbol{A}$ 为 n 阶对称矩阵。

二、矩阵的运算

1. 矩阵的加法

定义 2　设 $\boldsymbol{A}=(a_{ij})$及 $\boldsymbol{B}=(b_{ij})$是两个 $m\times n$ 阶矩阵,则矩阵 $\boldsymbol{C}=(c_{ij})=(a_{ij}+b_{ij})$称为矩阵 $\boldsymbol{A}$ 与矩阵 $\boldsymbol{B}$ 的和,记作

$$\boldsymbol{C}=\boldsymbol{A}+\boldsymbol{B}$$

具体写出来,即

$$\begin{bmatrix} a_{11} & a_{12} & \cdots & a_{1n} \\ a_{21} & a_{22} & \cdots & a_{2n} \\ \vdots & \vdots & & \vdots \\ a_{m1} & a_{m2} & \cdots & a_{mn} \end{bmatrix} + \begin{bmatrix} b_{11} & b_{12} & \cdots & b_{1n} \\ b_{21} & b_{22} & \cdots & b_{2n} \\ \vdots & \vdots & & \vdots \\ b_{m1} & b_{m2} & \cdots & b_{mn} \end{bmatrix} = \begin{bmatrix} a_{11}+b_{11} & a_{12}+b_{12} & \cdots & a_{1n}+b_{1n} \\ a_{21}+b_{21} & a_{22}+b_{22} & \cdots & a_{2n}+b_{2n} \\ \vdots & \vdots & & \vdots \\ a_{m1}+b_{m1} & a_{m2}+b_{m2} & \cdots & a_{mn}+b_{mn} \end{bmatrix}$$

值得注意，只有当两个矩阵的行数及列数均相同时，两个矩阵才能相加。由于矩阵加法就是对应元素相加，所以不难验证，它具有运算性质：

(1) $\boldsymbol{A}+\boldsymbol{B}=\boldsymbol{B}+\boldsymbol{A}$　　　　(交换律)

(2) $(\boldsymbol{A}+\boldsymbol{B})+\boldsymbol{C}=\boldsymbol{A}+(\boldsymbol{B}+\boldsymbol{C})$。　　　　(结合律)

2. 数与矩阵乘法

定义 3　设 k 为常数，$\boldsymbol{A}=(a_{ij})$ 为 $m\times n$ 矩阵，则矩阵

$$\boldsymbol{C}=(c_{ij})=(ka_{ij})$$

称为数 k 与矩阵 $\boldsymbol{A}$ 的乘积，记作 $\boldsymbol{C}=k\boldsymbol{A}$，具体写出来即

$$\boldsymbol{C}=k\boldsymbol{A}=\begin{bmatrix} ka_{11} & ka_{12} & \cdots & ka_{1n} \\ ka_{21} & ka_{22} & \cdots & ka_{2n} \\ \vdots & \vdots & & \vdots \\ ka_{m1} & ka_{m2} & \cdots & ka_{mn} \end{bmatrix}$$

不难验证，数与矩阵乘法具有性质：

(1) $k(\boldsymbol{A}+\boldsymbol{B})=k\boldsymbol{A}+k\boldsymbol{B}$；

(2) $(k+l)\boldsymbol{A}=k\boldsymbol{A}+l\boldsymbol{A}$；

(3) $(kl)\boldsymbol{A}=k(l\boldsymbol{A})$。

3. 矩阵的乘法

定义 4　设 $\boldsymbol{A}=(a_{ij})$ 为 $m\times s$ 矩阵，$\boldsymbol{B}=(b_{ij})$ 为 $s\times n$ 矩阵，则 $m\times n$ 阶矩阵 $\boldsymbol{C}=(c_{ij})$，其中

$$c_{ij}=a_{i1}b_{1j}+a_{i2}b_{2j}+\cdots+a_{is}b_{sj}=\sum_{k=1}^{s}a_{ik}b_{kj}\,(i=1,2,\cdots,m;j=1,2,\cdots,n)$$

称为矩阵 $\boldsymbol{A}$ 与 $\boldsymbol{B}$ 的乘积，记作 $\boldsymbol{C}=\boldsymbol{AB}$，具体写出来即：

$$\begin{bmatrix} a_{11} & a_{12} & \cdots & a_{1s} \\ a_{21} & a_{22} & \cdots & a_{2s} \\ \vdots & \vdots & & \vdots \\ a_{m1} & a_{m2} & \cdots & a_{ms} \end{bmatrix}\begin{bmatrix} b_{11} & b_{12} & \cdots & b_{1n} \\ b_{21} & b_{22} & \cdots & b_{2n} \\ \vdots & \vdots & & \vdots \\ b_{s1} & b_{s2} & \cdots & b_{sn} \end{bmatrix} = \begin{bmatrix} \sum\limits_{k=1}^{s}a_{1k}b_{k1} & \sum\limits_{k=1}^{s}a_{1k}b_{k2} & \cdots & \sum\limits_{k=1}^{s}a_{1k}b_{kn} \\ \sum\limits_{k=1}^{s}a_{2k}b_{k1} & \sum\limits_{k=1}^{s}a_{2k}b_{k2} & \cdots & \sum\limits_{k=1}^{s}a_{2k}b_{kn} \\ \vdots & \vdots & & \vdots \\ \sum\limits_{k=1}^{s}a_{mk}b_{k1} & \sum\limits_{k=1}^{s}a_{mk}b_{k2} & \cdots & \sum\limits_{k=1}^{s}a_{mk}b_{kn} \end{bmatrix}$$

值得注意，只有第一个矩阵 $\boldsymbol{A}$ 的列数与第二个矩阵的 $\boldsymbol{B}$ 的行数相同时，$\boldsymbol{A}$ 与 $\boldsymbol{B}$ 才能相乘，并且乘积矩阵 $\boldsymbol{C}$ 的行数与 $\boldsymbol{A}$ 的行数相同，$\boldsymbol{C}$ 的列数与 $\boldsymbol{B}$ 的列数相同，$\boldsymbol{C}$ 的第 i 行第 j 列元素恰为 $\boldsymbol{A}$ 的第 i 行与 $\boldsymbol{B}$ 的第 j 列对应元素乘积之和。

例 1　求矩阵 $\boldsymbol{A}$ 与 $\boldsymbol{B}$ 之积。其中

$$\boldsymbol{A}=\begin{bmatrix}1 & 0 & 3 & -1\\2 & 1 & 0 & 2\end{bmatrix},\boldsymbol{B}=\begin{bmatrix}4 & 1 & 0\\-1 & 1 & 3\\2 & 0 & 1\\1 & 3 & 4\end{bmatrix}$$

解　因矩阵 $\boldsymbol{A}$ 为 2×4 矩阵，$\boldsymbol{B}$ 为 4×3 矩阵，$\boldsymbol{A}$ 的列数与 $\boldsymbol{B}$ 的行数相等，所以矩阵 $\boldsymbol{A}$ 与 $\boldsymbol{B}$ 可相乘，且乘积矩阵 $\boldsymbol{C}$ 为 2×3 矩阵，令

$$\boldsymbol{C}=\boldsymbol{AB}=\begin{bmatrix}1 & 0 & 3 & -1\\2 & 1 & 0 & 2\end{bmatrix}\begin{bmatrix}4 & 1 & 0\\-1 & 1 & 3\\2 & 0 & 1\\1 & 3 & 4\end{bmatrix}=\begin{bmatrix}c_{11} & c_{12} & c_{13}\\c_{21} & c_{22} & c_{23}\end{bmatrix}$$

则

$$c_{11}=1\times4+0\times(-1)+3\times2+(-1)\times1=9,$$
$$c_{12}=1\times1+0\times1+3\times0+(-1)\times3=-2,$$
$$c_{13}=1\times0+0\times3+3\times1+(-1)\times4=-1,$$
$$c_{21}=2\times4+1\times(-1)+0\times2+2\times1=9,$$
$$c_{22}=2\times1+1\times1+0\times0+2\times3=9,$$
$$c_{23}=2\times0+1\times3+0\times1+2\times4=11,$$

故

$$\boldsymbol{C}=\begin{bmatrix}9 & -2 & -1\\9 & 9 & 11\end{bmatrix}$$

例 2　已知

$$\boldsymbol{A}=\begin{bmatrix}-2 & 4\\1 & -2\end{bmatrix},\boldsymbol{B}=\begin{bmatrix}2 & 4\\-3 & -6\end{bmatrix}$$

试求乘积 $\boldsymbol{AB}$ 与 $\boldsymbol{BA}$。

解

$$\boldsymbol{AB}=\begin{bmatrix}-2 & 4\\1 & -2\end{bmatrix}\begin{bmatrix}2 & 4\\-3 & -6\end{bmatrix}=\begin{bmatrix}-16 & -32\\8 & 16\end{bmatrix},$$

$$\boldsymbol{BA}=\begin{bmatrix}2 & 4\\-3 & -6\end{bmatrix}\begin{bmatrix}-2 & 4\\1 & -2\end{bmatrix}=\begin{bmatrix}0 & 0\\0 & 0\end{bmatrix}。$$

例 3　已知

$$A=\begin{bmatrix}3&1\\4&0\end{bmatrix},B=\begin{bmatrix}2&1\\4&0\end{bmatrix},C=\begin{bmatrix}0&0\\1&1\end{bmatrix}$$

试求乘积 $\boldsymbol{AC}$ 及 $\boldsymbol{BC}$。

解

$$\boldsymbol{AC}=\begin{bmatrix}3&1\\4&0\end{bmatrix}\begin{bmatrix}0&0\\1&1\end{bmatrix}=\begin{bmatrix}1&1\\0&0\end{bmatrix},$$

$$\boldsymbol{BC}=\begin{bmatrix}2&1\\4&0\end{bmatrix}\begin{bmatrix}0&0\\1&1\end{bmatrix}=\begin{bmatrix}1&1\\0&0\end{bmatrix}。$$

由例 2 及例 3 可知，矩阵乘积一般不满足交换律和消去律，即在一般情况下，$\boldsymbol{AB}\neq\boldsymbol{BA}$；由 $\boldsymbol{AC}=\boldsymbol{BC}$，且 $\boldsymbol{C}\neq\boldsymbol{0}$，未必得到 $\boldsymbol{A}=\boldsymbol{B}$。但可以验证矩阵乘法具有下列运算性质：

(1) $(\boldsymbol{AB})\boldsymbol{C}=\boldsymbol{A}(\boldsymbol{BC})$；

(2) $(\boldsymbol{A}+\boldsymbol{B})\boldsymbol{C}=\boldsymbol{AC}+\boldsymbol{BC}$，$\boldsymbol{A}(\boldsymbol{B}+\boldsymbol{C})=\boldsymbol{AB}+\boldsymbol{AC}$；

(3) $k(\boldsymbol{AB})=(k\boldsymbol{A})\boldsymbol{B}$　(k 为常数)；

(4) $\boldsymbol{AI}=\boldsymbol{IA}=\boldsymbol{A}$　($\boldsymbol{I}$ 为单位矩阵)。

4. 矩阵的转置

定义 5　设 $m\times n$ 矩阵

$$\boldsymbol{A}=\begin{bmatrix}a_{11}&a_{12}&\cdots&a_{1n}\\a_{21}&a_{22}&\cdots&a_{2n}\\\vdots&\vdots&&\vdots\\a_{m1}&a_{m2}&\cdots&a_{mn}\end{bmatrix}$$

则 $n\times m$ 矩阵

$$\boldsymbol{C}=\begin{bmatrix}a_{11}&a_{21}&\cdots&a_{m1}\\a_{12}&a_{22}&\cdots&a_{m2}\\\vdots&\vdots&&\vdots\\a_{1n}&a_{2n}&\cdots&a_{mn}\end{bmatrix}$$

称为矩阵 $\boldsymbol{A}$ 的转置矩阵，记作 $\boldsymbol{C}=\boldsymbol{A}^{\mathrm{T}}$。

易知若 $\boldsymbol{A}$ 为 n 阶对称方阵，则有 $\boldsymbol{A}=\boldsymbol{A}^{\mathrm{T}}$。容易验证矩阵的转置运算具有下列运算性质：

(1) $(\boldsymbol{A}^{\mathrm{T}})^{\mathrm{T}}=\boldsymbol{A}$；

(2) $(\boldsymbol{A}+\boldsymbol{B})^{\mathrm{T}}=\boldsymbol{A}^{\mathrm{T}}+\boldsymbol{B}^{\mathrm{T}}$；

(3) $(k\boldsymbol{A})^{\mathrm{T}}=k\boldsymbol{A}^{\mathrm{T}}$；

(4) $(\boldsymbol{AB})^{\mathrm{T}}=\boldsymbol{B}^{\mathrm{T}}\boldsymbol{A}^{\mathrm{T}}$。

例 4　已知

$$A=\begin{bmatrix}2 & 0 & -1\\1 & 3 & 2\end{bmatrix},\quad B=\begin{bmatrix}1 & 7 & -1\\4 & 2 & 3\\2 & 0 & 1\end{bmatrix}$$

试求$(AB)^{\mathrm{T}}$。

解法 1　因为

$$A=\begin{bmatrix}2 & 0 & -1\\1 & 3 & 2\end{bmatrix},\quad B=\begin{bmatrix}1 & 7 & -1\\4 & 2 & 3\\2 & 0 & 1\end{bmatrix},\quad AB=\begin{bmatrix}0 & 14 & -3\\17 & 13 & 10\end{bmatrix}$$

所以

$$(AB)^{\mathrm{T}}=\begin{bmatrix}0 & 17\\14 & 13\\-3 & 10\end{bmatrix}$$

解法 2　因为

$$A^{\mathrm{T}}=\begin{bmatrix}2 & 1\\0 & 3\\-1 & 2\end{bmatrix},\quad B^{\mathrm{T}}=\begin{bmatrix}1 & 4 & 2\\7 & 2 & 0\\-1 & 3 & 1\end{bmatrix}$$

所以

$$(AB)^{\mathrm{T}}=B^{\mathrm{T}}A^{\mathrm{T}}=\begin{bmatrix}1 & 4 & 2\\7 & 2 & 0\\-1 & 3 & 1\end{bmatrix}\begin{bmatrix}2 & 1\\0 & 3\\-1 & 2\end{bmatrix}=\begin{bmatrix}0 & 17\\14 & 13\\-3 & 10\end{bmatrix}$$

附一1 习题

1. 已知

$$A=\begin{bmatrix}3 & 2 & 1\\2 & 1 & 2\\1 & 2 & 3\end{bmatrix},\quad B=\begin{bmatrix}1 & 1 & -1\\1 & -1 & 0\\-1 & 0 & 1\end{bmatrix}$$

试求 $A-2B$ 及 $AB-BA$。

2. 计算

(1) $\begin{bmatrix}2\\1\\3\end{bmatrix}(-1\quad 2\quad -1)$；(2) $\begin{bmatrix}2 & 1 & 4 & 0\\1 & -1 & 3 & 4\end{bmatrix}\begin{bmatrix}1 & 3 & 1\\0 & -1 & 2\\1 & -3 & 1\\4 & 0 & -2\end{bmatrix}$。

3. 已知

$$\boldsymbol{A}=\begin{bmatrix}1 & 1 & 1\\1 & 2 & 3\\1 & 3 & 5\end{bmatrix},\quad \boldsymbol{B}=\begin{bmatrix}1 & -1 & 1\\0 & 1 & -2\\0 & 0 & 1\end{bmatrix}$$

试求 $\boldsymbol{A}^{\mathrm{T}}\boldsymbol{A}\boldsymbol{B}$。

4. 设 $\boldsymbol{A}$、$\boldsymbol{B}$ 是两个上三角形矩阵，证明乘积 $\boldsymbol{A}\boldsymbol{B}$ 仍是上三角矩阵。

附一2　分块矩阵

一、分块矩阵的概念

为了简化矩阵的运算，常采用分块方法将高阶矩阵化成低阶矩阵。若用若干横线和纵线将 $\boldsymbol{A}$ 分成若干个小矩阵，每一个小矩阵称为 $\boldsymbol{A}$ 的一个子块，以子块为元素的形式上的矩阵称为分块矩阵。

例如将 3×4 矩阵

$$\boldsymbol{A}=\begin{bmatrix}a_{11} & a_{12} & a_{13} & a_{14}\\a_{21} & a_{22} & a_{23} & a_{24}\\a_{31} & a_{32} & a_{33} & a_{34}\end{bmatrix}$$

分成子块的方法很多。下面列举三种分块形式：

(1)

$$\boldsymbol{A}=\left[\begin{array}{cc|cc}a_{11} & a_{12} & a_{13} & a_{14}\\a_{21} & a_{22} & a_{23} & a_{24}\\ \hline a_{31} & a_{32} & a_{33} & a_{34}\end{array}\right]$$

(2)

$$\boldsymbol{A}=\left[\begin{array}{c|cc|c}a_{11} & a_{12} & a_{13} & a_{14}\\a_{21} & a_{22} & a_{23} & a_{24}\\ \hline a_{31} & a_{32} & a_{33} & a_{34}\end{array}\right]$$

(3)

$$\boldsymbol{A}=\left[\begin{array}{c|c|c|c}a_{11} & a_{12} & a_{13} & a_{14}\\a_{21} & a_{22} & a_{23} & a_{24}\\ \hline a_{31} & a_{32} & a_{33} & a_{34}\end{array}\right]$$

对分法(1)，将矩阵 $\boldsymbol{A}$ 记为

$$\boldsymbol{A}=\begin{bmatrix}\boldsymbol{A}_{11} & \boldsymbol{A}_{12}\\\boldsymbol{A}_{21} & \boldsymbol{A}_{22}\end{bmatrix}$$

其中

$$\boldsymbol{A}_{11}=\begin{bmatrix}a_{11} & a_{12}\\ a_{21} & a_{22}\end{bmatrix},\quad \boldsymbol{A}_{12}=\begin{bmatrix}a_{13} & a_{14}\\ a_{23} & a_{24}\end{bmatrix}$$

$$\boldsymbol{A}_{21}=\begin{bmatrix}a_{31} & a_{32}\end{bmatrix},\quad \boldsymbol{A}_{22}=\begin{bmatrix}a_{33} & a_{34}\end{bmatrix}$$

即 $\boldsymbol{A}_{11},\boldsymbol{A}_{12},\boldsymbol{A}_{21},\boldsymbol{A}_{22}$ 为 $\boldsymbol{A}$ 的子块,而 $\boldsymbol{A}$ 形式上成为以这些子块为元素的 2×2 阶分块矩阵。分法(2)、(3)的分块矩阵可类似写出。

二、分块矩阵的运算

1. 分块矩阵的加法

设矩阵 $\boldsymbol{A}$ 和 $\boldsymbol{B}$ 行数相同,列数也相同,采用相同的分块法,有

$$\boldsymbol{A}=\begin{bmatrix}\boldsymbol{A}_{11} & \cdots & \boldsymbol{A}_{1r}\\ \vdots & & \vdots\\ \boldsymbol{A}_{s1} & \cdots & \boldsymbol{A}_{sr}\end{bmatrix},\boldsymbol{B}=\begin{bmatrix}\boldsymbol{B}_{11} & \cdots & \boldsymbol{B}_{1r}\\ \vdots & & \vdots\\ \boldsymbol{B}_{s1} & \cdots & \boldsymbol{B}_{sr}\end{bmatrix}$$

其中 $\boldsymbol{A}_{ij}$ 与 $\boldsymbol{B}_{ij}$ 的行数与列数对应相同,则有

$$\boldsymbol{A}+\boldsymbol{B}=\begin{bmatrix}\boldsymbol{A}_{11}+\boldsymbol{B}_{11} & \boldsymbol{A}_{12}+\boldsymbol{B}_{12} & \cdots & \boldsymbol{A}_{1r}+\boldsymbol{B}_{1r}\\ \boldsymbol{A}_{21}+\boldsymbol{B}_{21} & \boldsymbol{A}_{22}+\boldsymbol{B}_{22} & \cdots & \boldsymbol{A}_{2r}+\boldsymbol{B}_{2r}\\ \vdots & \vdots & & \vdots\\ \boldsymbol{A}_{s1}+\boldsymbol{B}_{s1} & \boldsymbol{A}_{s2}+\boldsymbol{B}_{s2} & \cdots & \boldsymbol{A}_{sr}+\boldsymbol{B}_{sr}\end{bmatrix}$$

2. 数与分块矩阵的乘法

设分块矩阵

$$\boldsymbol{A}=\begin{bmatrix}\boldsymbol{A}_{11} & \cdots & \boldsymbol{A}_{1r}\\ \vdots & & \vdots\\ \boldsymbol{A}_{s1} & \cdots & \boldsymbol{A}_{sr}\end{bmatrix}$$

k 为一常数,则有

$$k\boldsymbol{A}=\begin{bmatrix}k\boldsymbol{A}_{11} & \cdots & k\boldsymbol{A}_{1r}\\ \vdots & & \vdots\\ k\boldsymbol{A}_{s1} & \cdots & k\boldsymbol{A}_{sr}\end{bmatrix}$$

3. 分块矩阵的乘法

设 $\boldsymbol{A}$ 为 $m\times l$ 矩阵,$\boldsymbol{B}$ 为 $l\times n$ 矩阵,分块成

$$\boldsymbol{A}=\begin{bmatrix}\boldsymbol{A}_{11} & \cdots & \boldsymbol{A}_{1k}\\ \vdots & & \vdots\\ \boldsymbol{A}_{s1} & \cdots & \boldsymbol{A}_{sk}\end{bmatrix},\boldsymbol{B}=\begin{bmatrix}\boldsymbol{B}_{11} & \cdots & \boldsymbol{B}_{1r}\\ \vdots & & \vdots\\ \boldsymbol{B}_{k1} & \cdots & \boldsymbol{B}_{kr}\end{bmatrix}$$

其中 $\boldsymbol{A}_{i1},\boldsymbol{A}_{i2},\cdots,\boldsymbol{A}_{ik}$ 的列数分别等于 $\boldsymbol{B}_{1j},\boldsymbol{B}_{2j},\cdots,\boldsymbol{B}_{kj}$ 的行数,则有

$$AB=C=\begin{bmatrix} C_{11} & \cdots & C_{1r} \\ \vdots & & \vdots \\ C_{s1} & \cdots & C_{sr} \end{bmatrix}$$

其中 $C_{ij}=\sum_{t=1}^{k}A_{it}B_{tj} \quad (i=1,2,\cdots,s;j=1,2,\cdots,r)$。

4. 分块矩阵的转置

设分块矩阵

$$A=\begin{bmatrix} A_{11} & A_{12} & \cdots & A_{1r} \\ A_{21} & A_{22} & \cdots & A_{2r} \\ \vdots & \vdots & & \vdots \\ A_{s1} & A_{s2} & \cdots & A_{sr} \end{bmatrix}$$

则有

$$A=\begin{bmatrix} A_{11}^{T} & A_{21}^{T} & \cdots & A_{s1}^{T} \\ A_{21}^{T} & A_{22}^{T} & \cdots & A_{s2}^{T} \\ \vdots & \vdots & & \vdots \\ A_{1r}^{T} & A_{2r}^{T} & \cdots & A_{sr}^{T} \end{bmatrix}$$

5. 分块对角方阵

若 n 阶方阵

$$A=\begin{bmatrix} A_{11} & 0 & \cdots & 0 \\ 0 & A_{22} & \cdots & 0 \\ \vdots & \vdots & & \vdots \\ 0 & 0 & \cdots & A_{ss} \end{bmatrix}$$

其中 $A_{ij}(i=1,2,\cdots,s)$ 都是方阵，则称 A 为分块对角方阵。

分块对角方阵的行列式具有性质：

$$|A|=|A_{11}||A_{22}|\cdots|A_{ss}|$$

例 1 已知

$$A=\begin{bmatrix} 1 & 0 & 0 & 0 \\ 0 & 1 & 0 & 0 \\ -1 & 2 & 1 & 0 \\ 1 & 1 & 0 & 1 \end{bmatrix},B=\begin{bmatrix} 1 & 0 & 1 & 0 \\ -1 & 2 & 0 & 1 \\ 1 & 0 & 4 & 1 \\ -1 & -1 & 2 & 0 \end{bmatrix}$$

求乘积 AB。

解 将 A、B 分块成

$$\boldsymbol{A}=\left[\begin{array}{cc:cc}1&0&0&0\\0&1&0&0\\ \hdashline -1&2&1&0\\1&1&0&1\end{array}\right]=\begin{bmatrix}\boldsymbol{I}&\boldsymbol{0}\\\boldsymbol{A}_1&\boldsymbol{I}\end{bmatrix},\qquad \boldsymbol{B}=\left[\begin{array}{cc:cc}1&0&1&0\\-1&2&0&1\\ \hdashline 1&0&4&1\\-1&-1&2&0\end{array}\right]=\begin{bmatrix}\boldsymbol{B}_{11}&\boldsymbol{I}\\\boldsymbol{B}_{21}&\boldsymbol{B}_{22}\end{bmatrix}$$

则有

$$\boldsymbol{AB}=\begin{bmatrix}\boldsymbol{I}&\boldsymbol{0}\\\boldsymbol{A}_1&\boldsymbol{I}\end{bmatrix}\begin{bmatrix}\boldsymbol{B}_{11}&\boldsymbol{I}\\\boldsymbol{B}_{21}&\boldsymbol{B}_{22}\end{bmatrix}=\begin{bmatrix}\boldsymbol{B}_{11}&\boldsymbol{I}\\\boldsymbol{A}_1\boldsymbol{B}_{11}+\boldsymbol{B}_{21}&\boldsymbol{A}_1+\boldsymbol{B}_{22}\end{bmatrix}$$

而 $\quad \boldsymbol{A}_1\boldsymbol{B}_{11}+\boldsymbol{B}_{21}$

$$=\begin{bmatrix}-1&2\\1&1\end{bmatrix}\begin{bmatrix}1&0\\-1&2\end{bmatrix}+\begin{bmatrix}1&0\\-1&-1\end{bmatrix}$$

$$=\begin{bmatrix}-3&4\\0&2\end{bmatrix}+\begin{bmatrix}1&0\\-1&-1\end{bmatrix}$$

$$=\begin{bmatrix}-2&4\\-1&1\end{bmatrix},$$

$$\boldsymbol{A}_1+\boldsymbol{B}_{22}=\begin{bmatrix}-1&2\\1&1\end{bmatrix}+\begin{bmatrix}4&1\\2&0\end{bmatrix}=\begin{bmatrix}3&3\\3&1\end{bmatrix},$$

所以

$$\boldsymbol{AB}=\left[\begin{array}{cc:cc}1&0&1&0\\-1&2&0&1\\ \hdashline -2&4&3&3\\-1&1&3&1\end{array}\right]$$

例 2 已知

$$\boldsymbol{A}=\begin{bmatrix}5&0&0\\0&3&1\\0&2&1\end{bmatrix},\boldsymbol{B}=\begin{bmatrix}2&0&0\\0&1&1\\0&0&1\end{bmatrix}$$

求 $\boldsymbol{AB}$。

解 将 $\boldsymbol{A}$、$\boldsymbol{B}$ 分块成

$$\boldsymbol{A}=\left[\begin{array}{c:cc}5&0&0\\ \hdashline 0&3&1\\0&2&1\end{array}\right]=\begin{bmatrix}\boldsymbol{A}_{11}&\boldsymbol{0}\\\boldsymbol{0}&\boldsymbol{A}_{22}\end{bmatrix},\qquad \boldsymbol{B}=\left[\begin{array}{c:cc}2&0&0\\ \hdashline 0&1&1\\0&0&1\end{array}\right]=\begin{bmatrix}\boldsymbol{B}_{11}&\boldsymbol{0}\\\boldsymbol{0}&\boldsymbol{B}_{22}\end{bmatrix}$$

其中

$$\boldsymbol{A}_{11}=5,\quad \boldsymbol{A}_{22}=\begin{bmatrix}3&1\\2&1\end{bmatrix}$$

$$\boldsymbol{B}_{11}=2, \quad \boldsymbol{B}_{22}=\begin{bmatrix}1 & 1\\0 & 1\end{bmatrix}$$

则

$$\boldsymbol{AB}=\begin{bmatrix}\boldsymbol{A}_{11} & \boldsymbol{0}\\\boldsymbol{0} & \boldsymbol{A}_{22}\end{bmatrix}\begin{bmatrix}\boldsymbol{B}_{11} & \boldsymbol{0}\\\boldsymbol{0} & B_{22}\end{bmatrix}=\begin{bmatrix}\boldsymbol{A}_{11}\boldsymbol{B}_{11} & \boldsymbol{0}\\\boldsymbol{0} & \boldsymbol{A}_{22}\boldsymbol{B}_{22}\end{bmatrix}$$

而

$$\boldsymbol{A}_{11}\boldsymbol{B}_{11}=5\times 2=10$$

$$\boldsymbol{A}_{22}\boldsymbol{B}_{22}=\begin{bmatrix}3 & 1\\2 & 1\end{bmatrix}\begin{bmatrix}1 & 1\\0 & 1\end{bmatrix}=\begin{bmatrix}3 & 4\\2 & 3\end{bmatrix}$$

从而

$$\boldsymbol{AB}=\begin{bmatrix}\boldsymbol{A}_{11}\boldsymbol{B}_{11} & \boldsymbol{0}\\\boldsymbol{0} & \boldsymbol{A}_{22}\boldsymbol{B}_{22}\end{bmatrix}=\begin{bmatrix}10 & 0 & 0\\0 & 3 & 4\\0 & 2 & 3\end{bmatrix}$$

附一2 习题

1. 已知矩阵

$$\boldsymbol{A}=\begin{bmatrix}2 & -1 & 0 & 0\\-1 & 2 & 0 & 0\\0 & 0 & 0 & -1\\0 & 0 & -1 & 0\end{bmatrix}$$

利用分块矩阵求 $\boldsymbol{A}^4$。

2. 已知矩阵

$$\boldsymbol{A}=\begin{bmatrix}0 & 0 & 1 & 2\\0 & 0 & 3 & 1\\2 & 1 & 0 & 0\\-1 & 3 & 0 & 0\end{bmatrix},\boldsymbol{B}=\begin{bmatrix}1 & 2\\0 & 1\\0 & -1\\1 & 2\end{bmatrix}$$

利用分块矩阵求 $\boldsymbol{AB}$。

参考文献

[1] 赵树春.离散数学[M].长春:吉林科学技术出版社,1992.

[2] 左孝凌.离散数学[M].上海:上海科学技术文献出版社,1982.

[3] F 哈拉里.图论[M].李慰萱,译.上海:上海科学技术出版社,1980.

[4] R Z Norman,D Cartwright. Structural Model:an introduction to the theory of directed graphs[M]. New York:Wiley,1965.

离散数学

（下册）

邹晓红　刘天歌　编著

燕山大学出版社
·秦皇岛·

前　言

本书是学习离散数学课程的学习指导书，内容安排上基本按照《离散数学》（上册）的内容体系，以方便读者查阅学习。

离散数学是计算机专业的一门重要基础课，它包括集合论、图论、代数系统、数理逻辑等内容。具有很强的抽象性，教学过程中学生普遍反映难学。为配合课堂教学及有利于学生自学，编写了这本学习指导书，期望它能对学生学好这门课程有所帮助。

为指导学生学习，本书按章给出了内容提要、习题与解等内容。其中内容提要给出了本章的主要内容。习题与解则给出了大量的习题及求解过程，习题的涉及面较广，将有助于学生对内容的全面理解和掌握。为检测学习情况，书中编有自测题及答案，以便学生对自己的学习情况进行检测。

由于编者水平有限，加之时间仓促，书中不免有错误和疏漏存在，敬请读者批评指正。

编　者

2020 年 12 月

目　录

第一篇　集合论

第二篇　图　论

第三篇　代数系统

第四篇 数理逻辑

第一篇 集合论

第一章 集 合

一、内容提要

1. **集合的概念**

集合：集合是一个不能精确定义的基本概念，一般地，把具有某种属性的一些对象汇集成一个整体，就形成一个集合。

元素：组成集合的对象称作元素。若元素 a 属于集合 A，记作 $a \in A$，否则记作 $a \notin A$。

子集：设 A，B 是集合，如果对任意的 $x \in A$，都有 $x \in B$，则称 A 是 B 的子集，也称 A 包含于 B，记作 $A \subseteq B$。

真子集：设 A，B 是集合，若 $A \subseteq B$，并且 B 中至少存在一个元素 x，$x \notin A$，则称 A 是 B 的真子集，记作 $A \subset B$。

外延性原理：设 A，B 是集合，若 $A \subseteq B$ 且 $B \subseteq A$，则称 A 与 B 相等，记作 $A = B$，否则记为 $A \neq B$。

空集：不含有任何元素的集合称为空集，记作 $\varnothing$。

全集：在一定范围内，如果所有集合都为某一集合的子集，则称该集合为全集，记作 E。

幂集：设 A 是集合，由 A 的所有子集构成的集合称作 A 的幂集，记作 $\rho(A)$，即

$$\rho(A) = \{x \mid x \subseteq A\}$$

定理 1.1.1：对于任一集合 A，都有 $\varnothing \subseteq A$。

定理 1.1.2：设 A 是有限集合，且 $|A| = n$，则其幂集 $|\rho(A)| = 2^n$。

2. **集合的运算**

集合的交：设 A，B 是集合，由所有属于 A 并且属于 B 的共同元素组成的集合，称作 A 和 B 的交集，记为 $A \cap B$，即

$$A \cap B = \{x \mid x \in A \text{ 且 } x \in B\}$$

集合的并：设 A，B 是集合，由 A 和 B 中的所有元素组成的集合，称作 A 和 B 的并集，记作 $A \cup B$，即

$$A \cup B = \{x \mid x \in A \text{ 或 } x \in B\}$$

集合的相对补：设 A，B 是集合，由所有属于 A，但不属于 B 的元素组成的集合，称作 A 的相对补集，记作 $A-B$，即

$$A-B=\{x \mid x \in A \text{ 且 } x \notin B\}$$

集合的绝对补：设 A 为集合，E 为全集，称 $E-A$ 为 A 的绝对补集，记作 $\overline{A}$，即

$$\overline{A}=\{x \mid x \notin A\}$$

集合的对称差：设 A，B 是集合，由所有属于 A 或 B，但不同时属于 A 和 B 的元素组成的集合，称作 A 和 B 的对称差，记作 $A \oplus B$，即

$$A \oplus B=(A-B) \cup (B-A)$$

定理 1.2.1：设 A，B 是有限集合，则 $|A \cup B|=|A|+|B|-|A \cap B|$。

3. **序偶与笛卡儿积**

序偶：两个具有固定次序的客体组成的集合，称作序偶，记作 (x, y)。

笛卡儿积：设 A，B 是集合，若序偶的第一元素是 A 的元素，第二元素是 B 的元素，所有这样序偶的集合，称作 A 和 B 的笛卡儿积，记作 $A \times B$，即

$$A \times B=\{(x, y) \mid x \in A \text{ 且 } y \in B\}$$

定理 1.3.1：设 A，B，C 是集合，则有

(1) $A \times (B \cap C)=(A \times B) \cap (A \times C)$；

(2) $A \times (B \cup C)=(A \times B) \cup (A \times C)$；

(3) $(B \cap C) \times A=(B \times A) \cap (C \times A)$；

(4) $(B \cup C) \times A=(B \times A) \cup (C \times A)$。

定理 1.3.2：若 $C \neq \varnothing$，则 $A \subseteq B$ 的充要条件是 $A \times C \subseteq B \times C$ 或 $C \times A \subseteq C \times B$。

定理 1.3.3：设 A，B，C，D 是非空集合，则 $A \times B \subseteq C \times D$ 的充要条件是 $A \subseteq C$，$B \subseteq D$。

二、习题与解

1. 用列举法表示下列集合：

(1) 1 至 100 的整数中的完全平方数的集合；

(2) 大于 3 而小于等于 7 的整数集合；

(3) 12 的质因数集合；

(4) 全体偶数的集合。

解：(1) $\{1,4,9,16,25,36,49,64,81,100\}$；

(2) $\{4,5,6,7\}$；

(3) $\{2,3\}$；

(4) $\{\cdots,-2,0,2,\cdots\}$。

2. 用描述法表示下列集合：

(1) 被 5 除余 1 的整数集合；

(2) 平面直角坐标系中单位圆内(不包括单位圆周)的点集；

(3) 使 $y=\dfrac{1}{x^2+x-6}$ 有意义的实数 x 的集合。

解：(1) $\{5x+1 \mid x\in \mathbf{Z}\}$；

(2) $\{(x,y)\mid x^2+y^2<1\}$；

(3) $\{x\mid x\in \mathbf{R}$ 且 $x^2+x-6\neq 0\}$。

3. 判定下列各题的正确与错误：

(1) $\{a\}\in\{a,b,c\}$；

(2) $\{a\}\subseteq\{a,b,c\}$；

(3) $\varnothing\in\{a,b,c\}$；

(4) $\varnothing\subseteq\{a,b,c\}$；

(5) $\{a,b\}\subseteq\{a,b,c,\{a,b,c\}\}$；

(6) $\{a,b\}\in\{a,b,c,\{a,b,c\}\}$；

(7) $\{a,b\}\subseteq\{a,b,\{a,b\}\}$；

(8) $\{a,b\}\in\{a,b,\{a,b\}\}$；

(9) $\{a,b,c\}\subseteq\{a,b,c,\{a,b,c\}\}$；

(10) $\{a,b,c\}\in\{a,b,c,\{a,b,c\}\}$。

解：(1) 错误 (2) 正确 (3) 错误 (4) 正确 (5) 正确
(6) 错误 (7) 正确 (8) 正确 (9) 正确 (10) 正确

4. 对于任意集合 A,B,C，确定下列各命题是否正确：

(1) 如果 $A\in B$ 及 $B\subseteq C$，则 $A\in C$；

(2) 如果 $A\in B$ 及 $B\subseteq C$，则 $A\subseteq C$；

(3) 如果 $A\subseteq B$ 及 $B\in C$，则 $A\in C$；

(4) 如果 $A\subseteq B$ 及 $B\in C$，则 $A\subseteq C$；

(5) 如果 $A\in B$ 及 $B\not\subseteq C$，则 $A\notin C$；

(6) 如果 $A\subseteq B$ 及 $B\in C$，则 $A\notin C$。

解：(1) 正确。

(2) 错误，例如：$A=\{a\}$，$B=\{\{a\},b\}$，$C=\{\{a\},b,d\}$，有 $A\in B$，$B\subseteq C$，但 $A\not\subseteq C$。

(3) 错误，例如：$A=\{a\}$，$B=\{a,b\}$，$C=\{\{a,b\},a\}$，有 $A\subseteq B$，$B\in C$，但 $A\notin C$。

(4) 错误，例如：$A=\{a\}$，$B=\{a,b\}$，$C=\{\{a,b\},d\}$，有 $A\subseteq B$，$B\in C$，但 $A\not\subseteq C$。

(5) 错误，例如：$A=\{a\}$，$B=\{\{a\},b\}$，$C=\{\{a\},d\}$，有 $A\in B$，$B\not\subseteq C$，但 $A\in C$。

(6) 错误，例如：$A=\{a\}$，$B=\{a,b\}$，$C=\{\{a\},\{a,b\}\}$，有 $A\subseteq B$，$B\in C$，但 $A\in C$。

5. 写出$\{a,b,c\}$的全部子集和真子集，并求幂集。

解：令 $A=\{a,b,c\}$，$\rho(A)=\{\varnothing,\{a\},\{b\},\{c\},\{a,b\},\{a,c\},\{b,c\},\{a,b,c\}\}$。$\rho(A)$中的元素就是 A 的全部子集，其中除 A 本身之外，都是 A 的真子集。

6. 求下列集合的幂集：

(1) $\{a,\{a\}\}$；

(2) $\{\varnothing,a,\{a\}\}$。

解：(1) 令 $A=\{a,\{a\}\}$，$\rho(A)=\{\varnothing,\{a\},\{\{a\}\},\{a,\{a\}\}\}$；

(2) 令 $B=\{\varnothing,a,\{a\}\}$，$\rho(B)=\{\varnothing,\{\varnothing\},\{a\},\{\{a\}\},\{\varnothing,a\},\{\varnothing,\{a\}\},\{a,\{a\}\},\{\varnothing,a,\{a\}\}\}$。

7. 设某集合有 40 个元素，试问：

(1) 可构成多少个子集？

(2) 其中有多少个子集的基数为奇数？

(3) 是否有含有 41 个元素的子集？

解：(1) 可构成 2^{40} 个子集；

(2) 有 $2^{40}/2=2^{39}$ 个子集的基数为奇数；

(3) 不可能有含有 41 个元素的子集。

8. 设 $E=\{1,2,3,4,5\}$，$A=\{1,4\}$，$B=\{1,2,5\}$，$C=\{2,4\}$，试求下列集合：

(1) $A\cap B$；

(2) $A\cup B$；

(3) $A\cap B\cap C$；

(4) $A\cap\overline{B}$；

(5) $\overline{A}\cup\overline{B}$；

(6) $(A\cap B)\cup\overline{C}$；

(7) $\overline{(A\cap B)}$；

(8) $A\cup\overline{B}\cup C$；

(9) $\rho(A)\cap\rho(B)$；

(10) $\rho(A)-\rho(B)$。

解：(1) $A\cap B=\{1\}$；

(2) $A\cup B=\{1,2,4,5\}$；

(3) $A\cap B\cap C=\varnothing$；

(4) $A\cap\overline{B}=\{4\}$；

(5) $\overline{A}\cup\overline{B}=\{2,3,4,5\}$；

(6) $(A\cap B)\cup\overline{C}=\{1,3,5\}$；

(7) $\overline{(A\cap B)}=\{2,3,4,5\}$；

(8) $A\cup\overline{B}\cup C=\{1,2,3,4\}$；

(9) $\rho(A)\cap\rho(B)=\{\varnothing,\{1\}\}$；

(10) $\rho(A)-\rho(B)=\{\{4\},\{1,4\}\}$。

9. 判定下列命题哪些是恒成立？恒不成立？还是有时成立？可用文氏图来确定。

(1) 若 $a\in A-B$，则 $a\in A-(A\cap B)$；

(2) 若 $A\neq B$，则 $A\cap\overline{B}=B\cap\overline{A}$；

(3) $(A-B)\cup B=A\cup B$；

(4) $(A-B)\cup(A-C)=A$；

(5) $(A-B)\cap(A-C)=\varnothing$。

解：(1) 恒成立。若 $a\in A-B$，则 $a\in A, a\notin B$。由 $a\notin B$，有 $a\notin A\cap B$，所以 $a\in A-(A\cap B)$。

(2) 恒不成立。由 $A\cap\overline{B}=B\cap\overline{A}$，必有 $A=B$。

(3) 恒成立。$(A-B)\cup B=(A\cap\overline{B})\cup B=(A\cup B)\cap(\overline{B}\cup B)=(A\cup B)\cap E=A\cup B$。

(4) 有时成立。$(A-B)\cup(A-C)=(A\cap\overline{B})\cup(A\cap\overline{C})=A\cap(\overline{B}\cup\overline{C})=A-(B\cap C)=A$，所以只要 $A\cap B\cap C=\varnothing$，等式成立。

(5) 有时成立。当 $A\subseteq B\cup C$ 时，成立。

10. A,B 为任意两个集合，求证：

$$A-(A\cap B)=A-B$$

证明：
$$\begin{aligned}&A-(A\cap B)\\=&A\cap\overline{(A\cap B)}\\=&A\cap(\overline{A}\cup\overline{B})\\=&(A\cap\overline{A})\cup(A\cap\overline{B})\\=&\varnothing\cup(A-B)\\=&A-B。\end{aligned}$$

11. 设 A,B,C 是三个任意集合，求证：

(1) $(A\cup B)-C=(A-C)\cup(B-C)$；

(2) $A-(B-C)=(A-B)\cup(A\cap C)$。

证明：(1)
$$\begin{aligned}&(A\cup B)-C\\=&(A\cup B)\cap\overline{C}\\=&(A\cap\overline{C})\cup(B\cap\overline{C})\\=&(A-C)\cup(B-C)；\end{aligned}$$

(2)
$$\begin{aligned}&A-(B-C)\\=&A\cap\overline{(B\cap\overline{C})}=A\cap(\overline{B}\cup C)\\=&(A\cap\overline{B})\cup(A\cap C)\\=&(A-B)\cup(A\cap C)。\end{aligned}$$

12. 证明 $(A\cap\overline{B})\cup(\overline{A}\cap(B\cup\overline{C}))$ 的补集是 $(\overline{A}\cup B)\cap(A\cup\overline{B})\cap(A\cup C)$。

证明：
$$\overline{((A\cap\overline{B})\cup(\overline{A}\cap(B\cup\overline{C})))}$$
$$=\overline{(A\cap\overline{B})}\cap\overline{(\overline{A}\cap(B\cup\overline{C}))}$$
$$=(\overline{A}\cup B)\cap(A\cup\overline{(B\cup\overline{C})})$$
$$=(\overline{A}\cup B)\cap(A\cup(\overline{B}\cap C))$$
$$=(\overline{A}\cup B)\cap(A\cup\overline{B})\cap(A\cup C)。$$

13. 证明下列等式：

(1) $(A\cup B)\cap(\overline{A}\cup C)=(A\cap C)\cup(\overline{A}\cap B)\cup(B\cap C)$；

(2) $(A\cup B)\cap(A\cup C)=A\cup(B\cap C)$。

证明：(1) $(A\cup B)\cap(\overline{A}\cup C)$
$$=((A\cup B)\cap\overline{A})\cup((A\cup B)\cap C)$$
$$=(A\cap\overline{A})\cup(B\cap\overline{A})\cup(A\cap C)\cup(B\cap C)$$
$$=(A\cap C)\cup(\overline{A}\cap B)\cup(B\cap C);$$

(2) $(A\cup B)\cap(A\cup C)=A\cup(B\cap C)$。

14. 设有集合 A,B：

(1) 若 $A-B=B$，则 A 与 B 有什么关系？

(2) 若 $A-B=B-A$，则 A 与 B 有什么关系？

解：(1) 若 $A-B=B$，则 $B=B\cap B=(A-B)\cap B=A\cap\overline{B}\cap B=A\cap\varnothing=\varnothing$，又 $\varnothing=B=A-B=A\cap\overline{B}=A\cap E=A$，所以有 $A=B=\varnothing$。

(2) 若 $A-B=B-A$，则 $B\cup(B-A)=B\cup(A-B)$，有 $B=B\cup A$，同理 $A\cup(B-A)=A\cup(A-B)$，有 $A=B\cup A$，所以有 $A=B$。

15. 在城镇居民身份调查中，假设在15名居民中，有12名是工人，有5名是干部，其中有3名具有双重身份，即编制是工人，做干部工作（以工代干人员），试问既不是工人又不是干部的非在职人员几人？

解：设 $A_1=\{工人\}$，$A_2=\{干部\}$，则按题意有：

$|A_1|=12$，$|A_2|=5$，$|A_1\cap A_2|=3$，$|A_1\cup A_2|=|A_1|+|A_2|-|A_1\cap A_2|=14$，

所以既不是工人又不是干部的人共 $15-14=1$ 人。

16. 某校足球队有球衣38件，篮球队有球衣15件，棒球队有球衣20件，三个队队员的总数是58人，其中有三人同时参加三个队，试求同时参加两个队的队员共有几人？

解：设 $A_1=\{足球队员\}$，$A_2=\{篮球队员\}$，$A_3=\{棒球队员\}$，则按题意有：

$|A_1|=38$，$|A_2|=15$，$|A_3|=20$，$|A_1\cup A_2\cup A_3|=58$，$|A_1\cap A_2\cap A_3|=3$，

由包含排斥原理，得

$$|A_1\cup A_2\cup A_3|=|A_1|+|A_2|+|A_3|-|A_1\cap A_2|-|A_2\cap A_3|-|A_1\cap A_3|+|A_1\cap A_2\cap A_3|$$

即 $58=38+15+20-|A_1\cap A_2|-|A_2\cap A_3|-|A_1\cap A_3|+3$。

所以 $|A_1\cap A_2|+|A_2+A_3|+|A_1\cap A_3|=18$。

参加两个队的队员共 18 人。

17.（1） 在一个班级的 50 个学生中，有 26 人在第一次考试中得到 A，21 人在第二次考试中得到 A，假如有 17 人两次考试都没有得到 A，问有多少学生两次考试中都得到 A？

（2） 在这些学生中，如果第一次考试中得到 A 的学生人数等于第二次考试中得到 A 的人数，如果仅仅在一次考试中得到 A 的学生总数是 40，并且有 4 个学生两次考试都没有得到 A，问有多少学生仅在第一次考试中取得 A？问有多少学生仅在第二次考试中取得 A？又问有多少学生在两次考试中都得 A？

解：设 $A_1=\{$第一次考试得到 A 的学生$\}$，$A_2=\{$第二次考试得到 A 的学生$\}$。

（1） 按题意有，$|A_1|=26$，$|A_2|=21$，$|A_1\cup A_2|=50-17=33$，由包含排斥原理，得

$|A_1\cap A_2|=|A_1|+|A_2|-|A_1\cup A_2|=26+21-33=14$，

所以两次考试都得到 A 的共 14 人。

（2） $|A_1|=|A_2|$，$|A_1\cup A_2|=50-4=46$。

又 $|A_1\cup A_2|=|A_1\cap\overline{A_2}|+|A_2\cap\overline{A_1}|+|A_1\cap A_2|$，$|A_1\cap\overline{A_2}|+|A_2\cap\overline{A_1}|=40$，故 $|A_1\cap A_2|=46-40=6$，由 $|A_1\cup A_2|=|A_1|+|A_2|-|A_1\cap A_2|$，得到 $2|A_1|=46+6=52$，即 $|A_1|=|A_2|=26$。

所以在第一次（或第二次）考试中有 26 人得到 A，在两次考试中都得到 A 的有 6 人。

18. 对 200 名大学一年级的学生进行调查的结果是：其中 67 人学数学，47 人学物理，95 人学生物，26 人既学数学又学生物，28 人既学数学又学物理，27 人既学物理又学生物，50 人这三门课都不学。

（1） 求出对这三门课都学的学生人数；

（2） 在文氏图中将正确的学生人数填入其中 8 个区域。

解：（1） 设 $|A_1|=\{$学习数学的学生$\}$，$|A_2|=\{$学习物理的学生$\}$，$|A_3|=\{$学习生物的学生$\}$，由题设有，

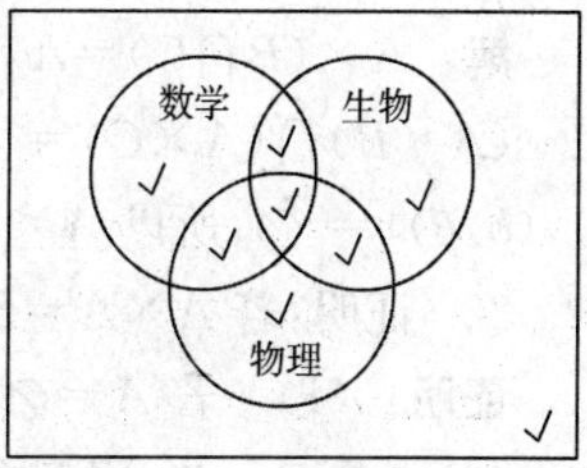

$|A_1|=67$，$|A_2|=47$，$|A_3|=95$，$|A_1\cap A_3|=26$，$|A_1\cap A_2|=28$，$|A_2\cap A_3|=27$，$|A_1\cup A_2\cup A_3|=200-50=150$，由包含排斥原理，得

$|A_1\cup A_2\cup A_3|=|A_1|+|A_2|+|A_3|-|A_1\cap A_3|-|A_1\cap A_2|-|A_2\cap A_3|+|A_1\cap A_2\cap A_3|$，故 $|A_1\cap A_2\cap A_3|=150-67-47-95+26+28+27=22$，

所以对这三门课都学的学生共 22 人。

(2)

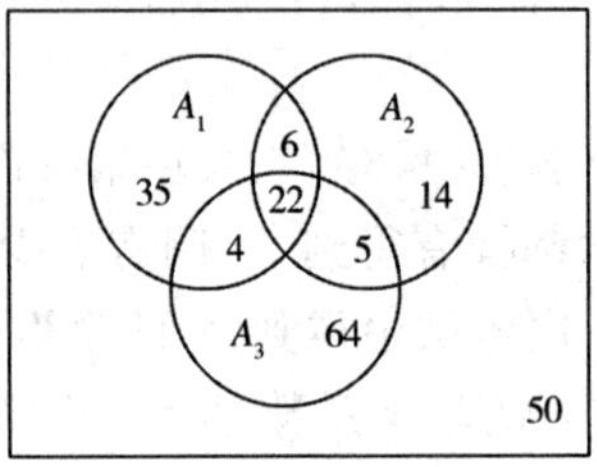

19. 设 $A=\{0,1\}$，$B=\{1,2\}$，试确定下面的集合：

(1) $A\times\{1\}\times B$；

(2) $A^2\times B$；

(3) $(B\times A)^2$；

(4) $(A\times B)\cap(B\times A)$。

解：(1) $A\times\{1\}\times B=\{(0,1,1),(0,1,2),(1,1,1),(1,1,2)\}$

(2) $A^2\times B=\{(0,0,1),(0,0,2),(0,1,1),(0,1,2),(1,0,1),(1,0,2),(1,1,1),(1,1,2)\}$

(3) $(B\times A)^2=\{((1,0),(1,0)),((1,0),(1,1)),((1,0),(2,0)),((1,0),(2,1)),((1,1),(1,0)),((1,1),(1,1)),((1,1),(2,0)),((1,1),(2,1)),((2,0),(1,0)),((2,0),(1,1)),((2,0),(2,0)),((2,0),(2,1)),((2,1),(1,0)),((2,1),(1,1)),((2,1),(2,0)),((2,1),(2,1))\}$

(4) $(A\times B)\cap(B\times A)=\varnothing$。

20. 设 $A=\{1,2\}$，构成集合 $\rho(A)\times A$。

解：$\rho(A)=\{\varnothing,\{1\},\{2\},\{1,2\}\}$，所以

$\rho(A)\times A=\{(\varnothing,1),(\varnothing,2),(\{1\},1),(\{1\},2),(\{2\},1),(\{2\},2),(\{1,2\},1),(\{1,2\},2)\}$。

21. 设 $A=\{a,b\}$，$B=\{1,2,3\}$，$C=\{\alpha,\beta\}$，试求 $A\times(B\cap C)$ 和 $(A\times B)\cap(A\times C)$，并验证 $A\times(B\cap C)=(A\times B)\cap(A\times C)$ 成立。

解：$A\times(B\cap C)=A\times\varnothing=\varnothing$，

$(A\times B)\cap(A\times C)=\{(a,1),(a,2),(a,3),(b,1),(b,2),(b,3)\}\cap\{(a,\alpha),(a,\beta),(b,\alpha),(b,\beta)\}=\varnothing$，所以 $A\times(B\cap C)=(A\times B)\cap(A\times C)$。

22. 证明：若 $A\times A=B\times B$，则 $A=B$。

证明：(1) 若 $A=\varnothing$，则 $\varnothing=A\times A=B\times B$，所以 $B=\varnothing$。

(2) 若 $B=\varnothing$，同理有 $A=B=\varnothing$。

(3) 若 $A\neq\varnothing$，$B\neq\varnothing$，由 $A\times A=B\times B$，有 $A\times A\subseteq B\times B$，且 $B\times B\subseteq A\times A$，由定理 1.3.3，故 $A\subseteq B$ 且 $B\subseteq A$，所以 $A=B$。

23. 证明：若 $A\times B=A\times C$，且 $A\neq\varnothing$，则 $B=C$。

证明：(1)　若 $B=\varnothing$，则 $\varnothing=A\times B=A\times C$，而 $A\neq\varnothing$，所以 $C=\varnothing$，即 $B=C$。

(2)　若 $C=\varnothing$，同理 $B=C=\varnothing$。

(3)　若 $B\neq\varnothing$，$C\neq\varnothing$，由 $A\times B=A\times C$，有 $A\times B\subseteq A\times C$ 且 $A\times C\subseteq A\times B$，由定理 1.3.3，故 $B\subseteq C$ 且 $C\subseteq B$，所以 $B=C$。

24. 设 A,B,C,D 是任意集合，证明 $(A\cap B)\times(C\cap D)=(A\times C)\cap(B\times D)$。

证明：对任意的 $(x,y)\in(A\cap B)\times(C\cap D)$，有 $x\in A\cap B$，$y\in C\cap D$，即 $x\in A$ 且 $x\in B$，$y\in C$ 且 $y\in D$，故 $x\in A$，$y\in C$ 且 $x\in B$，$y\in D$，有 $(x,y)\in A\times C$ 且 $(x,y)\in B\times D$，$(x,y)\in(A\times C)\cap(B\times D)$，所以 $(A\cap B)\times(C\cap D)\subseteq(A\times C)\cap(B\times D)$。

对任意的 $(x,y)\in(A\times C)\cap(B\times D)$，有 $(x,y)\in A\times C$，且 $(x,y)\in B\times D$，故 $x\in A$，$y\in C$ 且 $x\in B$，$y\in D$，即 $x\in A\cap B$ 且 $y\in C\cap D$，有 $(x,y)\in(A\cap B)\times(C\cap D)$，因此 $(A\times C)\cap(B\times D)\subseteq(A\cap B)\times(C\cap D)$。

所以 $(A\cap B)\times(C\cap D)=(A\times C)\cap(B\times D)$。

25. 给定正整数集合 $\mathbf{Z}^+$ 的下列子集：

$A=\{n\mid n<12\}$，$B=\{n\mid n\leqslant 8\}$，

$C=\{n\mid n=2k,k\in\mathbf{Z}^+\}$，$D=\{n\mid n=3k,k\in\mathbf{Z}^+\}$，

$F=\{n\mid n=2k-1,k\in\mathbf{Z}^+\}$。

试用 A,B,C,D 和 F 表达下列集合：

(1)　$\{2,4,6,8\}$；

(2)　$\{3,6,9\}$；

(3)　$\{10\}$；

(4)　$\{n\mid n$ 是偶数，$n>10\}$；

(5)　$\{n\mid n$ 是偶数且 $n\leqslant 10$，或 n 是奇数，且 $n\geqslant 9\}$。

解：(1)　$\{2,4,6,8\}=B-F$；

(2)　$\{3,6,9\}=A\cap D$；

(3)　$\{10\}=(A-B)-F$；

(4)　$\{n\mid n$ 是偶数，$n>10\}=C-A$；

(5)　$\{n\mid n$ 是偶数且 $n\leqslant 10$，或 n 是奇数且 $n\geqslant 9\}=(A\cap C)\cup(F-B)$。

26. 给定下列自然数集的子集：

$A=\{1,2,7,8\}$；

$B=\{i\mid i^2<50\}$；

$C=\{i\mid 3$ 整除 $i,0\leqslant i\leqslant 30\}$；

$D=\{i\mid i=2^k,k\in\mathbf{Z}^+,1\leqslant k\leqslant 6\}$。

求下列集合：

(1)　$A\cup(B\cup(C\cup D))$；

(2)　$A\cap(B\cap(C\cap D))$；

(3)　$B-(A\cup C)$；

(4)　$(\overline{A}\cap B)\cup D$。

解：$A=\{1,2,7,8\}$；

$B=\{0,1,2,3,4,5,6,7\}$；

$C=\{0,3,6,9,12,15,18,21,24,27,30\}$；

$D=\{2,4,8,16,32,64\}$。

则(1)　$A\cup(B\cup(C\cup D))$

$=A\cup B\cup C\cup D$

$=\{0,1,2,3,4,5,6,7,8,9,12,15,16,18,21,24,27,30,32,64\}$；

(2)　$A\cap(B\cap(C\cap D))=A\cap B\cap C\cap D=\varnothing$；

(3)　$A\cup C=\{0,1,2,3,6,7,8,9,12,15,18,21,24,27,30\}$，

$B-(A\cup C)=\{4,5\}$。

(4)　$\overline{A}\cap B=B-A=\{0,3,4,5,6\}$，

$(\overline{A}\cap B)\cup D=\{0,2,3,4,5,6,8,16,32,64\}$。

27. 证明：对任意集合 A 和 B，$\rho(A)\cap\rho(B)=\rho(A\cap B)$。

证明：对任意 $x\in\rho(A)\cap\rho(B)$，则 $x\in\rho(A)$且 $x\in\rho(B)$，即有 $x\subseteq A$ 且 $x\subseteq B$，故 $x\subseteq A\cap B$，有 $x\in\rho(A\cap B)$，所以

$$\rho(A)\cap\rho(B)=\rho(A\cap B)$$

对任意 $x\in\rho(A\cap B)$，则 $x\subseteq A\cap B$，有 $x\subseteq A$ 且 $x\subseteq B$，即 $x\in\rho(A)$且 $x\in\rho(B)$，故 $x\in\rho(A)\cap\rho(B)$，所以

$$\rho(A\cap B)\subseteq\rho(A)\cap\rho(B)$$

综上可得：$\rho(A)\cap\rho(B)=\rho(A\cap B)$。

28. 设 A,B 是集合，证明：$\rho(A)\cup\rho(B)\subseteq\rho(A\cup B)$，并给出等号成立的充分必要条件。

证明：对任意的 $x\in\rho(A)\cup\rho(B)$，则 $x\in\rho(A)$或者 $x\in\rho(B)$。

若 $x\in\rho(A)$，则 $x\subseteq A$，而 $A\subseteq A\cup B$，于是 $x\subseteq A\cup B$，故 $x\in\rho(A\cup B)$。

同理可证，若 $x\in\rho(B)$，则有 $x\in\rho(A\cup B)$。

因此 $\rho(A)\cup\rho(B)\subseteq\rho(A\cup B)$。

要使等号成立，应有 $\rho(A\cup B)\subseteq\rho(A)\cup\rho(B)$。即对任意 $x\in\rho(A\cup B)$，应有 $x\in\rho(A)\cup\rho(B)$，于是由 $x\subseteq A\cup B$，能推出 $x\subseteq A$ 或 $x\subseteq B$，则有 $A\subseteq B$ 或 $A\subseteq B$。

反之，当 $B\subseteq A$ 或 $A\subseteq B$ 时，必有 $\rho(A\cup B)\subseteq\rho(A)\cup\rho(B)$。

因此，要使 $\rho(A)\cup\rho(B)=\rho(A\cup B)$成立的充分必要条件是 $A\subseteq B$ 或 $B\subseteq A$。

29. 设 $x\in B$，$y\in B$，证明$\{\{x\},\{x,y\}\}\in\rho(\rho(B))$。

证明：由 $x,y\in B$，得$\{x\}\in\rho(B)$，$\{x,y\}\in\rho(B)$，故$\{\{x\},\{x,y\}\}\subseteq\rho(B)$，所以$\{\{x\},\{x,y\}\}\in\rho(\rho(B))$。

30. 设 S 是任意集合，证明：$\{\varnothing,\{\varnothing\}\}\in\rho\rho\rho(S)$。

证明：因为$\varnothing\subseteq S$，所以$\varnothing\in\rho(S)$，$\{\varnothing\}\subseteq\rho(S)$，$\{\varnothing\}\in\rho\rho(S)$。又因为$\varnothing\subseteq\rho(S)$，故$\varnothing\in\rho\rho(S)$，所以$\{\varnothing,\{\varnothing\}\}\subseteq\rho\rho(S)$，即$\{\varnothing,\{\varnothing\}\}\in\rho\rho\rho(S)$。

31. 设 A,B 是任意集合，若 $\rho(A)=\rho(B)$，则 $A=B$。

证明：对任意 $x\in A$，则$\{x\}\subseteq A$，有$\{x\}\in\rho(A)$，由 $\rho(A)=\rho(B)$，故$\{x\}\in\rho(B)$，即$\{x\}\subseteq B$，得到 $x\in B$，所以 $A\subseteq B$。

同理可证 $B\subseteq A$，因此 $A=B$。

32. 设 $A=\{a\}$，判定下列各题正确与错误：

(1) $\varnothing\in\rho\rho(A)$；

(2) $\varnothing\subseteq\rho\rho(A)$；

(3) $\{\varnothing\}\subseteq\rho\rho(A)$；

(4) $\{\varnothing\}\in\rho\rho(A)$；

(5) $\{a\}\in\rho\rho(A)$；

(6) $\{a\}\subseteq\rho\rho(A)$。

解：(1) 正确。因为$\varnothing\subseteq\rho(A)$，故有$\varnothing\in\rho\rho(A)$。

(2) 正确。空集$\varnothing$是所有集合的子集。

(3) 正确。因为$\varnothing\in\rho\rho(A)$，故有$\{\varnothing\}\subseteq\rho\rho(A)$。

(4) 正确。因为$\varnothing\in\rho(A)$，故有$\{\varnothing\}\in\rho\rho(A)$。

(5) 错误。因为 $\rho(A)=\{\varnothing,\{a\}\}$，$\rho\rho(A)=\{\varnothing,\{\varnothing\},\{\{a\}\},\{\varnothing,\{a\}\}\}$。

(6) 错误。

33. 试求在 1 到 10000 之间不能被 4,5 或 6 整除的整数的个数。

解：设 A_i 是 1 到 10000 之间能被 i 整除的整数的集合，则有：

$|A_4|=2500$，$|A_5|=2000$，$|A_6|=1666$，

$|A_4\cap A_5|=500$，$|A_4\cap A_6|=833$，

$|A_5\cap A_6|=333$，$|A_4\cap A_5\cap A_6|=166$，

根据包含排斥原理，有：

$|A_4\cup A_5\cup A_6|=|A_4|+|A_5|+|A_6|-|A_4\cap A_5|-|A_5\cap A_6|-|A_4\cap A_6|+|A_4\cap A_5\cap A_6|=2500+2000+1666-500-833-333+166=4666$，

所以满足题意的整数个数为：$10000-4666=5334$。

34. 设有集合$\{1,2,\cdots,n\}$，其不重复的一个排列

$$a_1,a_2,\cdots,a_n$$

满足条件 $a_i\neq i(i=1,2,\cdots,n)$，则称该排列为一个错列。求证集合$\{1,2,\cdots,n\}$的错列个数

D_n 为

$$D_n=\left(1-\frac{1}{1!}+\frac{1}{2!}-\frac{1}{3!}+\cdots+(-1)^n\frac{1}{n!}\right)n!$$

证明：设 S 是$\{1,2,\cdots,n\}$的所有不重复排列的集合，则$|S|=n!$。

设有一个排列，如果 j 在第 j 个位置上，称该排列具有性质 P_j，设 A_j 是具有性质 P_j 的排列的集合，故 $A_j\subseteq S$。

对于$\{1,2,\cdots,n\}$中的任意一个错列，当且仅当这个错列不具有性质 $P_1,P_2,\cdots,P_n$ 中的任意一个性质，所以全部错列组成的集合为：

$$\overline{A_1}\cap\overline{A_2}\cap\cdots\cap\overline{A_n}$$

在集合 A_1 中，所有排列具有形式 $1,i_2,i_3,\cdots,i_n$，其中：$i_2,i_3,\cdots,i_n$ 是集合$\{2,3,\cdots,n\}$的一个不重复的排列，因而有$|A_1|=(n-1)!$。

同理当 $1\leqslant j\leqslant n$ 时，有$|A_j|=(n-1)!$。

在集合 $A_1\cap A_2$ 中的排列具有形式 $1,2,i_3,\cdots,i_n$，其中：$i_3,i_4,\cdots,i_n$是$\{3,4,\cdots,n\}$的一个不重复的排列，所以有$|A_1\cap A_2|=(n-2)!$。

同理当 $1\leqslant i<j\leqslant n$ 时，有$|A_i\cap A_j|=(n-2)!$。

一般地，对 $1\leqslant i_1<i_2<\cdots<i_k\leqslant n$，有

$$|A_{i_1}\cap A_{i_2}\cap\cdots\cap A_{i_k}|=(n-k)!$$

集合$\{1,2,3,\cdots,n\}$中取 k 个元素的组合数是 C_n^k，故由包含排斥原理：

$$\begin{aligned}D_n&=|\overline{A_1}\cap\overline{A_2}\cap\cdots\cap\overline{A_n}|\\&=|S|-\sum|A_i|+\sum|A_i\cap A_j|-\sum|A_i\cap A_j\cap A_k|+\cdots+(-1)^n|A_1\cap A_2\cap\cdots\cap A_n|\\&=n!-C_n^1(n-1)!+C_n^2(n-2)!+\cdots+(-1)^kC_n^k(n-k)!+\cdots+(-1)^nC_n^n0!\\&=n!-\frac{n!}{1!}+\frac{n!}{2!}+\cdots+(-1)^n\frac{n!}{n!}\\&=\left(1-\frac{1}{1!}+\frac{1}{2!}-\frac{1}{3!}+\cdots+(-1)^n\frac{1}{n!}\right)n!\end{aligned}$$

35. 设由某项调查，发现学生阅读杂志的情况如下：

百分之六十阅读甲类杂志；

百分之五十阅读乙类杂志；

百分之五十阅读丙类杂志；

百分之三十阅读甲类杂志与乙类杂志；

百分之三十阅读甲类杂志与丙类杂志；

百分之三十阅读乙类杂志与丙类杂志；

百分之十阅读三类杂志。

试求：(1) 确定阅读两类杂志的学生的百分比；

(2)　不读任何杂志的学生的百分比。

解：设 A_1 表示阅读甲类杂志学生的集合；

A_2 表示阅读乙类杂志学生的集合；

A_3 表示阅读丙类杂志学生的集合。

则按题意有：$|A_1|=60\%$，$|A_2|=50\%$，$|A_3|=50\%$，

$|A_1\cap A_2|=30\%$，$|A_1\cap A_3|=30\%$，

$|A_2\cap A_3|=30\%$，$|A_1\cap A_2\cap A_3|=10\%$。

(1)　$|A_1\cap A_2|+|A_2\cap A_3|+|A_1\cap A_3|-3|A_1\cap A_2\cap A_3|$

$=30\%+30\%+30\%-3\times10\%=60\%$。

(2)　$|A_1\cup A_2\cup A_3|$

$=|A_1|+|A_2|+|A_3|-|A_1\cap A_2|-|A_2\cap A_3|-|A_1\cap A_3|+|A_1\cap A_2\cap A_3|$

$=60\%+50\%+50\%-30\%-30\%-30\%+10\%$

$=80\%$。

所以，$|\overline{A_1}\cap\overline{A_2}\cap\overline{A_3}|=1-|A_1\cup A_2\cup A_3|=20\%$。

36. 证明：

(1)　$A\cap(B\oplus C)=(A\cap B)\oplus(A\cap C)$；

(2)　$A\cup(B\oplus C)=(A\cup B)\oplus(A\cup C)$不一定成立。

证明：(1)　$(A\cap B)\oplus(A\cap C)$

$=((A\cap B)\cap\overline{(A\cap C)})\cup((A\cap C)\cap\overline{(A\cap B)})$

$=((A\cap B)\cap(\overline{A}\cup\overline{C}))\cup((A\cap C)\cap(\overline{A}\cup\overline{B}))$

$=(A\cap B\cap\overline{A})\cup(A\cap B\cap\overline{C})\cup(A\cap C\cap\overline{A})\cup(A\cap C\cap\overline{B})$

$=(A\cap B\cap\overline{C})\cup(A\cap C\cap\overline{B})$

$=A\cap((B\cap\overline{C})\cup(C\cap\overline{B}))$

$=A\cap((B-C)\cup(C-B))$

$=A\cap(B\oplus C)$。

(2)　设 $A=\{2,3\}$，$B=\{1,4,7\}$，$C=\{3,5\}$，则 $B\oplus C=\{1,3,4,5,7\}$，$A\cup(B\oplus C)=\{1,2,3,4,5,7\}$，$A\cup B=\{1,2,3,4,7\}$，$A\cup C=\{2,3,5\}$，故有$(A\cup B)\oplus(A\cup C)=\{1,4,5,7\}$，有 $A\cup(B\oplus C)\neq(A\cup B)\oplus(A\cup C)$，因此 $A\cup(B\oplus C)=(A\cup B)\oplus(A\cup C)$ 不一定成立。

37. 设 A,B,C 是任意集合，证明：

(1)　$A-(B\cup C)=(A-B)\cap(A-C)$；

(2)　$A-(B\cap C)=(A-B)\cup(A-C)$。

证明：(1)　$A-(B\cup C)$

$=A\cap\overline{(B\cup C)}$

$=A\cap(\overline{B}\cap\overline{C})$

$=(A\cap\overline{B})\cap(A\cap\overline{C})$

$=(A-B)\cap(A-C)$。

(2) $A-(B\cap C)$

$=A\cap\overline{(B\cap C)}$

$=A\cap(\overline{B}\cup\overline{C})$

$=(A\cap\overline{B})\cup(A\cap\overline{C})$

$=(A-B)\cup(A-C)$。

38. 下列各式中哪些成立，哪些不成立，为什么？

(1) $(A\cup B)\times(C\cup D)=(A\times C)\cup(B\times D)$；

(2) $(A-B)\times(C-D)=(A\times C)-(B\times D)$；

(3) $(A\oplus B)\times(C\oplus D)=(A\times C)\oplus(B\times D)$；

(4) $(A-B)\times C=(A\times C)-(B\times C)$；

(5) $(A\oplus B)\times C=(A\times C)\oplus(B\times C)$。

解：(1) 不成立。

设 $A=\{a\},B=\{b\},C=\{c\},D=\{d\}$，有

$(A\cup B)\times(C\cup D)=\{(a,c),(a,d),(b,c),(b,d)\}$，

$(A\times C)\cup(B\times D)=\{(a,c),(b,d)\}$，即

$(A\cup B)\times(C\cup D)\neq(A\times C)\cup(B\times D)$。

(2) 不成立。

设 $A=\{a,e\},B=\{a,b\},C=\{c,f\},D=\{d\}$，有

$(A-B)\times(C-D)=\{(e,c),(e,f)\}$，

$(A\times C)-(B\times D)=\{(a,c),(a,f),(e,c),(e,f)\}$，即

$(A-B)\times(C-D)\neq(A\times C)-(B\times D)$。

(3) 不成立。

设 $A=\{a\},B=\{b\},C=\{c\},D=\{d\}$，有

$(A\oplus B)\times(C\oplus D)=\{(a,c),(a,d),(b,c),(b,d)\}$，

$(A\times C)\oplus(B\times D)=\{(a,c),(b,d)\}$，即

$(A\oplus B)\times(C\oplus D)\neq(A\times C)\oplus(B\times D)$。

(4) 成立。

对任意的 $(x,y)\in(A-B)\times C$，有 $x\in A-B,y\in C$，即 $x\in A,x\notin B$ 且 $y\in C$，因此 $x\in A,y\in C$，且 $x\notin B,y\in C$，故 $(x,y)\in A\times C$，且 $(x,y)\notin B\times C$，所以 $(x,y)\in(A\times C)-(B\times C)$，即 $(A-B)\times C\subseteq(A\times C)-(B\times C)$。

对任意的 $(x,y)\in(A\times C)-(B\times C)$，有 $(x,y)\in A\times C$ 且 $(x,y)\notin B\times C$，故 $x\in A,y\in C$，再由 $(x,y)\notin B\times C$，得 $x\notin B$，所以 $x\in A-B,y\in C$，即 $(x,y)\in(A-B)\times C$，有

$(A\times C)-(B\times C)\subseteq(A-B)\times C$。

综上可得，$(A\times C)-(B\times C)=(A-B)\times C$。

(5) 成立。

$$\begin{aligned}(A\oplus B)\times C &=((A-B)\cup(B-A))\times C\\ &=((A-B)\times C)\cup((B-A)\times C)\\ &=((A\times C)-(B\times C))\cup((B\times C)-(A\times C))\\ &=(A\times C)\oplus(B\times C)\text{。}\end{aligned}$$

39. 证明：对任意集合 A,B,C，有 $(A\cap B)\cup C=A\cap(B\cup C)$ 当且仅当 $C\subseteq A$。

证明：必要性，对任意 $x\in C$，有 $x\in(A\cap B)\cup C$，由 $(A\cap B)\cup C=A\cap(B\cup C)$，有 $x\in A\cap(B\cup C)$，所以 $x\in A$，即 $C\subseteq A$。

充分性，若 $C\subseteq A$，则 $A\cup C=A$，所以 $(A\cap B)\cup C=(A\cup C)\cap(B\cup C)=A\cap(B\cup C)$。

40. (1) 已知 $A\cup B=A\cup C$，是否必须 $B=C$？

(2) 已知 $A\cap B=A\cap C$，是否必须 $B=C$？

(3) 已知 $A\oplus B=A\oplus C$，是否必须 $B=C$？

解：(1) 不一定，例如 $A=\{a\}$，$B=\{a,c\}$，$C=\{c\}$，则有 $A\cup B=A\cup C$，而 $B\neq C$。

(2) 不一定，例如 $A=\{a\}$，$B=\{a,b\}$，$C=\{a,c\}$，则有 $A\cap B=A\cap C$，而 $B\neq C$。

(3) $B=C$。因为 $A\oplus B=A\oplus C$，则 $A\oplus(A\oplus B)=A\oplus(A\oplus C)$，有 $(A\oplus A)\oplus B=(A\oplus A)\oplus C=\varnothing\oplus B=B=\varnothing\oplus C=C$，所以必有 $B=C$。

41. 设 A,B,C 是任意集合，证明：

(1) $(A\cup B)\cap(B\cup C)\cap(C\cup A)=(A\cap B)\cup(B\cap C)\cup(C\cap A)$；

(2) $(A\cup B)\cap(B\cup C)\cap(C\cup A)=(A\cap B)\cup(B\cap C\cap\overline{A})\cup(A\cap C\cap\overline{B})$；

(3) $((A\cup B\cup C)\cap(A\cup B))-((A\cup(B-C))\cap A)=B-A$。

证明：(1)

$$\begin{aligned}&(A\cup B)\cap(B\cup C)\cap(C\cup A)\\ &=((A\cap C)\cup B)\cap(C\cup A)\\ &=(A\cap C\cap(C\cup A))\cup(B\cap(C\cup A))\\ &=(A\cap C)\cup(B\cap C)\cup(B\cap A)\\ &=(A\cap B)\cup(B\cap C)\cup(C\cap A)\text{。}\end{aligned}$$

(2)

$$\begin{aligned}&(A\cap B)\cup(B\cap C\cap\overline{A})\cup(A\cap C\cap\overline{B})\\ &=(((A\cap B)\cup B)\cap((A\cap B)\cup C)\cap((A\cap B)\cup\overline{A}))\cup(A\cap C\cap\overline{B})\\ &=(B\cap(A\cup C)\cap(B\cup C)\cap(A\cup\overline{A})\cap(B\cup\overline{A}))\cup(A\cap C\cap\overline{B})\\ &=(B\cap(A\cup C))\cup(A\cap C\cap\overline{B})\\ &=(B\cup(A\cap C\cap\overline{B}))\cap((A\cup C)\cup(A\cap C\cap\overline{B}))\\ &=(B\cup A)\cap(B\cup C)\cap(B\cup\overline{B})\cap(A\cup C)\\ &=(A\cup B)\cap(B\cup C)\cap(C\cup A)\text{。}\end{aligned}$$

(3) 利用吸收律，得：

$((A \cup B \cup C) \cap (A \cup B)) - ((A \cup (B - C)) \cap A)$

$= (A \cup B) - A$

$= (A \cup B) \cap \overline{A}$

$= (A \cap \overline{A}) \cup (B \cap \overline{A})$

$= \varnothing \cup (B \cap \overline{A})$

$= B - A$。

42. 已知集合 A, B, C 满足：

$$A \cap C \subseteq B \cap C, A - C \subseteq B - C$$

证明：$A \subseteq B$。

证明：对任意的 $x \in A$，则

(1) 若 $x \in C$，则 $x \in A \cap C$，而 $A \cap C \subseteq B \cap C$，所以 $x \in B \cap C$，故 $x \in B$；

(2) 若 $x \notin C$，则 $x \in A - C$，而 $A - C \subseteq B - C$，所以 $x \in B - C$，故 $x \in B$。

综上可得，$x \in B$，所以 $A \subseteq B$。

43. (1) 设 $A \subseteq B, C \subseteq D$，那么，一定有 $A \cup C \subseteq B \cup D$ 吗？又是否 $A \cap C \subseteq B \cap D$ 一定成立？

(2) 设 $A \subset B, C \subset D$，那么，一定有 $A \cup C \subset B \cup D$ 吗？又是否 $A \cap C \subset B \cap D$ 一定成立？

解：(1) 对于任意的 $x \in A \cup C$，则 $x \in A$ 或 $x \in C$，

若 $x \in A$，而 $A \subseteq B, B \subseteq B \cup D$，则 $x \in B \cup D$，

若 $x \in C$，而 $C \subseteq D, D \subseteq B \cup D$，则 $x \in B \cup D$，

可见，若 $x \in A \cup C$，则必有 $x \in B \cup D$，因此，$A \cup C \subseteq B \cup D$ 一定成立。

易证，$A \cap C \subseteq B \cap D$ 也一定成立。

(2) $A \cup C \subset B \cup D$ 不一定成立。

例如，$A = \{a\}, C = \{b\}, B = D = \{a, b\}$，显然，$A \subset B, C \subset D$，而 $A \cup C = B \cup D$。

所以，一般地，当 $A \subset B, C \subset D$ 时，可推出 $A \cup C \subseteq B \cup D$。

$A \cap C \subset B \cap D$ 也不一定成立。

例如，$A = \{a, b\}, B = \{a, b, c\}, C = \{b, d\}, D = \{b, d, e\}$，显然，$A \subset B, C \subset D$，而 $A \cap C = B \cap D$。

所以，一般地，当 $A \subset B, C \subset D$ 时，可推出 $A \cap C \subseteq B \cap D$。

44. 设 A, B 是集合，证明以下各式中每个关系式彼此等价：

(1) $A \subseteq B, \overline{B} \subseteq \overline{A}, A \cup B = B, A \cap B = A$；

(2) $A \cap B = \varnothing, A \subseteq \overline{B}, B \subseteq \overline{A}$；

(3) $A = B, A \oplus B = \varnothing$。

证明：(1) 若 $A\subseteq B$，对任意的 $x\in\overline{B}$，则 $x\notin B$，由 $A\subseteq B$，有 $x\notin A$，$x\in\overline{A}$，所以，$\overline{B}\subseteq\overline{A}$。

若 $\overline{B}\subseteq\overline{A}$，对任意的 $x\in A\cup B$，则 $x\in A$ 或 $x\in B$。如果 $x\in A$，$x\notin\overline{A}$，由 $\overline{B}\subseteq\overline{A}$，得 $x\notin\overline{B}$，$x\in B$，故 $A\cup B\subseteq B$；如果 $x\in B$，亦有 $A\cup B\subseteq B$。

而 $B\subseteq A\cup B$，所以 $A\cup B=B$。

若 $A\cup B=B$，对任意的 $x\in A$，因为 $A\subseteq A\cup B$，而 $A\cup B=B$，有 $x\in B$，故 $x\in A\cap B$。于是 $A\subseteq A\cap B$。又因为 $A\cap B\subseteq A$，所以 $A\cap B=A$。

若 $A\cap B=A$，因为 $A\cap B\subseteq B$，故 $A\subseteq B$。

综上可有：$A\subseteq B\Leftrightarrow\overline{B}\subseteq\overline{A}\Leftrightarrow A\cup B=B\Leftrightarrow A\cap B=A$。

(2) 若 $A\cap B=\varnothing$，对任意的 $x\in A$，由 $A\cap B=\varnothing$，可知 $x\notin B$，即 $x\in\overline{B}$，所以 $A\subseteq\overline{B}$。

若 $A\subseteq\overline{B}$，由(1)可得，$\overline{\overline{B}}\subseteq\overline{A}$，即 $B\subseteq\overline{A}$。

若 $B\subseteq\overline{A}$，假设存在 $x\in A\cap B$，则 $x\in A$ 且 $x\in B$，由 $B\subseteq\overline{A}$，得 $x\in\overline{A}$，$x\notin A$，与 $x\in A$ 矛盾，所以 $A\cap B=\varnothing$。

综上可有：$A\cap B=\varnothing\Leftrightarrow A\subseteq\overline{B}\Leftrightarrow B\subseteq\overline{A}$。

(3) 若 $A=B$，有

$$
\begin{aligned}
A\oplus B &=(A\cap\overline{B})\cup(B\cap\overline{A})\\
&=(A\cap\overline{A})\cup(A\cap\overline{A})\\
&=\varnothing\cup\varnothing\\
&=\varnothing。
\end{aligned}
$$

若 $A\oplus B=\varnothing$，因为 $A\oplus A=\varnothing$，所以 $A\oplus A=A\oplus B$，故 $A=B$(参见习题 40)。

综上可有：$A=B\Leftrightarrow A\oplus B=\varnothing$。

45. 设 A_i 是实数集合，它被定义为：

$$A_0=\{x\mid x<1\},A_i=\{x\mid x\leqslant 1-\frac{1}{i}\}(i=1,2,\cdots)$$

证明：$\bigcup\limits_{i=1}^{\infty}A_i=A_0$。

证明：首先证明 $\bigcup\limits_{i=1}^{\infty}A_i\subseteq A_0$。

对任意的 $x\in\bigcup\limits_{i=1}^{\infty}A_i$，则必存在某个正整数 k，使 $x\in A_k$，即 $x\leqslant 1-\frac{1}{k}$，则 $x<1$，故 $x\in A_0$。

最后证明 $A_0\subseteq\bigcup\limits_{i=1}^{\infty}A_i$。

对任意的 $x\in A_0$，即 $x<1$，则存在 $q>0$，使 $x=1-q$，令 $k=[\frac{1}{q}]+1\left([\frac{1}{q}]\text{表示不超过}\frac{1}{q}\text{的最大整数}\right)$，则 $x\leqslant 1-\frac{1}{k}$，即 $x\in A_k$，所以 $x\in\bigcup\limits_{i=1}^{\infty}A_i$，故有 $A_0\subseteq\bigcup\limits_{i=1}^{\infty}A_i$。

综上可得，$\bigcup_{i=1}^{\infty}A_i=A_0$。

46. 设 B_i 是实数集，它被定义为：

$$B_0=\{x\mid x\leqslant 1\},B_i=\{x\mid x<1+\frac{1}{i}\}(i=1,2,\cdots)$$

证明：$B_0=\bigcap_{i=1}^{\infty}B_i$。

证明：先证 $B_0\subseteq\bigcap_{i=1}^{\infty}B_i$。

对任意的 $x\in B_0$，即 $x\leqslant 1$，对任意的 i，均有 $x<1+\frac{1}{i}$，故对任意的 i，$x\in B_i$，所以 $x\in\bigcap_{i=1}^{\infty}B_i$

再证 $\bigcap_{i=1}^{\infty}B_i\subseteq B_0$。

对任意的 $x\in\bigcap_{i=1}^{\infty}B_i$，则 $x\in B_i(i=1,2,\cdots)$，故对任意的 i，都有 $x<1+\frac{1}{i}$，则必有 $x\leqslant 1$ 成立。

假设 $x>1$，则存在 $q>0$，使 $x=1+q$，令 $k=1+[\frac{1}{q}]$，则 $x\geqslant 1+\frac{1}{k}$，故 $x\notin B_k$，与 $x\in B_i$ $(i=1,2,\cdots)$矛盾。因此 $x\leqslant 1$，故 $x\in B_0$，所以 $\bigcap_{i=1}^{\infty}B_i\subseteq B_0$。

综上可得，$B_0=\bigcap_{i=1}^{\infty}B_i$。

47. 若 $A\cap B\neq\varnothing$，求证：

$$(A\cap B)\times(A\cap B)=(A\times A)\cap(B\times B)=(A\times B)\cap(B\times A)$$

证明：对任意的$(x,y)\in(A\cap B)\times(A\cap B)$，有 $x\in A\cap B$，$y\in A\cap B$，$x\in A$ 且 $x\in B$，$y\in A$ 且 $y\in B$，得 $x\in A$，$y\in A$ 且 $x\in B$，$y\in B$，于是$(x,y)\in A\times A$ 且$(x,y)\in B\times B$，即$(x,y)\in(A\times A)\cap(B\times B)$，所以$(A\cap B)\times(A\cap B)\subseteq(A\times A)\cap(B\times B)$。

对任意的$(x,y)\in(A\times B)\cap(B\times A)$，则$(x,y)\in A\times B$，且$(x,y)\in B\times A$，$(x,y)\in A$，$(x,y)\in B$，故$(x,y)\in A\cap B$，所以$(x,y)\in(A\cap B)\times(A\cap B)$，故$(A\times A)\cap(B\times B)\subseteq(A\cap B)\times(A\cap B)$，所以$(A\cap B)\times(A\cap B)=(A\times A)\cap(B\times B)$。

对任意的$(x,y)\in(A\cap B)\times(A\cap B)$，有 $x\in A\cap B$，$y\in A\times B$，$x\in A$ 且 $x\in B$，$y\in A$ 且 $y\in B$，得 $x\in A$，$y\in B$ 且 $x\in B$，$y\in A$，于是$(x,y)\in A\times B$ 且$(x,y)\in B\times A$，即$(x,y)\in(A\times B)\cap(B\times A)$，所以$(A\times A)\cap(B\times B)\subseteq(A\times B)\cap(B\times A)$。

反之，对任意的$(x,y)\in(A\times A)\cap(B\times B)$，有$(x,y)\in A\times A$ 且$(x,y)\in B\times B$，故$(x,y)\in A$ 且$(x,y)\in B$，所以$(x,y)\in A\cap B$，故$(x,y)\in(A\cap B)\times(A\cap B)$，$(A\times B)\cap(B\times A)\subseteq(A\cap B)\times(A\cap B)$，所以$(A\cap B)\times(A\cap B)=(A\times B)\cap(B\times A)$。

48. 若 $A\cap B\neq\varnothing$，求证：

(1) $(A\cup B)\times(A\cap B)\subseteq(A\times A)\cup(B\times B)$；

(2) $(A\cap B)\times(A\cup B)\subseteq(A\times A)\cup(B\times B)$。

证明：(1) 对任意的$(x,y)\in(A\cup B)\times(A\cap B)$，则$x\in A\cup B$，$y\in A\cap B$，有$x\in A$或$x\in B$，$y\in A$且$y\in B$，得$x\in A$，$y\in A$或$x\in B$，$y\in B$，故$(x,y)\in A\times A$或$(x,y)\in B\times B$，即$(x,y)\in(A\times A)\cup(B\times B)$，所以$(A\cup B)\times(A\cap B)\subseteq(A\times A)\cup(B\times B)$。

(2) 对任意的$(x,y)\in(A\cap B)\times(A\cup B)$，则$x\in A\cap B$，$y\in A\cup B$，有$x\in A$且$x\in B$，$y\in A$或$y\in B$，得$x\in A$，$y\in A$或$x\in B$，$y\in B$，故$(x,y)\in A\times A$或$(x,y)\in B\times B$，即$(x,y)\in(A\times A)\cup(B\times B)$，所以$(A\cap B)\times(A\cup B)\subseteq(A\times A)\cup(B\times B)$。

第二章　关　系

一、内容提要

1. **关系的概念**

关系的两种定义：

(1)　任一序偶的集合 R，就称作一个二元关系。

(2)　设 A，B 是集合，$A\times B$ 的子集 R，称作 A 到 B 的一个二元关系。

空关系：$A\times B$ 的平凡子集 $\varnothing$，称作空关系。

全关系：$A\times B$ 的平凡子集 $A\times B$，称作全关系。

恒等关系：设 A 为集合，令 $I_A=\{(x,x)\mid x\in A\}$，则称 I_A 为 A 上的恒等关系。

关系矩阵：设集合 $A=\{a_1,a_2,\cdots,a_m\}$，$B=\{b_1,b_2,\cdots,b_n\}$，R 是 A 到 B 的二元关系，称矩阵 $\boldsymbol{M}_R=(r_{ij})_{m\times n}$ 为 R 的关系矩阵，其中

$$r_{ij}=\begin{cases}0,(a_i,b_j)\notin R\\1,(a_i,a_j)\in R\end{cases}$$

$i=1,2,\cdots,m$；$j=1,2,\cdots,n$。

关系图：设集合 $A=\{a_1,a_2,\cdots,a_m\}$，$B=\{b_1,b_2,\cdots,b_n\}$，R 是 A 到 B 的一个二元关系。在平面上画 $m+n$ 个顶点，分别表示元素 $a_1,a_2,\cdots,a_m,b_1,b_2,\cdots,b_n$。如果 $(a_i,b_j)\in R$，则从顶点 a_i 到 b_j 作一条有向弧。如果 $(a_i,b_j)\notin R$，则从顶点 a_i 到 b_j，没有有向弧。这样所得的图形称作 R 的关系图。

定理 2.1.1：若 R 和 S 是集合 A 到集合 B 的二元关系，则 R 和 S 的交、并、补、差仍是 A 到 B 的二元关系。

2. **复合关系**

复合关系：设 R 是 A 到 B 的关系，S 是 B 到 C 的关系，称 A 到 C 的关系 $R\circ S$ 为 R 与 S 的复合关系，其中

$R\circ S=\{(a,c)\mid a\in A,c\in C$，且存在 $b\in B$，使 $(a,b)\in R,(b,c)\in S\}$

定理 2.2.1：设 R 是集合 A 到 B 的关系，S 是集合 B 到 C 的关系，T 是集合 C 到 D 的关系，则

$$(R\circ S)\circ T=R\circ(S\circ T)$$

定理 2.2.2：设 R_1 是 A 到 B 的关系，R_2 和 R_3 是 B 到 C 的关系，R_4 是 C 到 D 的关系，则

(1) $R_1 \circ (R_2 \cup R_3) = (R_1 \circ R_2) \cup (R_1 \circ R_3)$；

(2) $R_1 \circ (R_2 \cap R_3) \subseteq (R_1 \circ R_2) \cap (R_1 \circ R_3)$；

(3) $(R_2 \cup R_3) \circ R_4 = (R_2 \circ R_4) \cup (R_3 \circ R_4)$；

(4) $(R_2 \cap R_3) \circ R_4 \subseteq (R_2 \circ R_4) \cap (R_3 \circ R_4)$。

3. **逆关系**

逆关系：设 R 是 A 到 B 的关系，称 B 到 A 的关系 R^{-1} 为的 R 逆关系，其中

$$R^{-1} = \{(y, x) \mid (x, y) \in R\}$$

定理 2.3.1：设 R, R_1, R_2 是集合 A 到 B 的关系，则

(1) $(R^{-1})^{-1} = R$；

(2) $(R_1 \cup R_2)^{-1} = R_1^{-1} \cup R_2^{-1}$；

(3) $(R_1 \cap R_2)^{-1} = R_1^{-1} \cap R_2^{-1}$；

(4) $(A \times B)^{-1} = B \times A$；

(5) $\varnothing^{-1} = \varnothing$；

(6) $(\overline{R})^{-1} = \overline{R^{-1}}$；

(7) $(R_1 - R_2)^{-1} = R_1^{-1} - R_2^{-1}$；

(8) 若 $R_1 \subseteq R_2$，则 $R_1^{-1} \subseteq R_2^{-1}$。

定理 2.3.2：设 R 是集合 A 到 B 的关系，S 是 B 到 C 的关系，则

$$(R \circ S)^{-1} = S^{-1} \circ R^{-1}$$

4. **关系的性质**

自反关系：设 R 是集合 A 上的关系，如果对任意的 $x \in A$，都有 $(x, x) \in R$，则称 R 是 A 上的自反关系。

对称关系：设 R 是集合 A 上的关系，如果对任意的 $(x, y) \in R$，都有 $(y, x) \in R$，则称 R 是 A 上的对称关系。

传递关系：设 R 是集合 A 上的关系，如果对任意的 $(x, y), (y, z) \in R$，都有 $(x, z) \in R$，则称 R 是 A 上的传递关系。

反自反关系：设 R 是集合 A 上的关系，如果对任意的 $x \in A$，都有 $(x, x) \notin R$，则称 R 是 A 上的反自反关系。

反对称关系：设 R 是集合 A 上的关系，如果对任意的 $(x, y) \in R$ 且 $(y, x) \in R$，必有 $x = y$，则称 R 是 A 上的反对称关系。

5. **关系的闭包运算**

闭包：设 R, R' 是集合 A 上的关系，如果 R' 满足：

(1) R' 是自反的(对称的、传递的)；

(2) $R \subseteq R'$；

(3)　对于 A 上任一自反的（对称的、传递的）关系 R''，如果 $R\subseteq R''$，必有 $R'\subseteq R''$。

则称 R' 是 R 的自反（对称、传递）闭包，记为 $r(R)$（$s(R)$，$t(R)$）。

定理 2.5.1：设 R 是集合 A 上的关系，则

(1)　R 是自反的当且仅当 $r(R)=R$；

(2)　R 是对称的当且仅当 $s(R)=R$；

(3)　R 是传递的当且仅当 $t(R)=R$。

定理 2.5.2：设 R 是集合 A 上的关系，则：

(1)　$r(R)=R\cup I_A$；

(2)　$s(R)=R\cup R^{-1}$；

(3)　$t(R)=\bigcup\limits_{i=1}^{\infty}R^i=R\cup R^2\cup\cdots$；

(4)　若 A 是有限集合，且 $|A|=n$，则 $t(R)=\bigcup\limits_{i=1}^{n}R^i=R\cup R^2\cup\cdots\cup R^n$。

6. **相容关系**

相容关系：设 R 是集合 A 上的关系，若 R 是自反的、对称的，则称 R 是相容关系。

相容类：设 R 是集合 A 上的相容关系，若 $C\subseteq A$，且对任意的 $x,y\in C$，有 $(x,y)\in R$，则称 C 是由 R 产生的相容类。

最大相容类：设 R 是集合 A 上的相容关系，不能真包含在任何其他相容类中的相容类，称作最大相容类。

7. **等价关系**

等价关系：设 R 是集合 A 上的关系，若 R 是自反的、对称的、传递的，则称 R 是等价关系。

等价类：设 R 是集合 A 上的等价关系，对任意的 $a\in A$，集合 $[a]_R=\{x\mid x\in A,(a,x)\in R\}$ 称作元素 a 形成的 R 的等价类。

定理 2.7.1：设 R 是集合 A 上的等价关系，对任意的 $a,b\in A$，有 $(a,b)\in R$ 当且仅当 $[a]_R=[b]_R$。

定理 2.7.2：设 R 是集合 A 上的等价关系，$M_1,M_2,\cdots$ 是 A 中所有等价类，则

(1)　$A=M_1\cup M_2\cup\cdots$；

(2)　$M_i\cap M_j=\varnothing(i\neq j)$。

8. **序关系**

偏序关系：设 R 是集合 A 上的关系，若 R 是自反的、反对称的、传递的，则称 R 是偏序关系，也称为半序关系，称 (A,R) 为半序集。

最小元：设 $(A,\leqslant)$ 是偏序集，$B\subseteq A$，$b\in B$，满足：对任意的 $x\in B$，有 $b\leqslant x$，则称 b 是 B 的最小元。

最大元：设 $(A,\leqslant)$ 是偏序集，$B\subseteq A$，$b\in B$，满足：对任意的 $x\in B$，有 $x\leqslant b$，则称 b 是 B 的最大元。

极小元：设$(A,\leqslant)$是偏序集，$B\subseteq A$，$b\in B$，满足：不存在$x\in B$，$x\neq b$，使得$x\leqslant b$，则称b是B的极小元。

极大元：设$(A,\leqslant)$是偏序集，$B\subseteq A$，$b\in B$，满足：不存在$x\in B$，$x\neq b$，使得$b\leqslant x$，则称b是B的极大元。

上界：设$(A,\leqslant)$是偏序集，$B\subseteq A$，$a\in A$，满足：对任意的$x\in B$，有$x\leqslant a$，则称a是B的上界。

下界：设$(A,\leqslant)$是偏序集，$B\subseteq A$，$a\in A$，满足：对任意的$x\in B$，有$a\leqslant x$，则称a是B的下界。

最小上界（上确界）：设$(A,\leqslant)$是偏序集，$B\subseteq A$，a为B的上界，满足：对B的任一上界x，有$a\leqslant x$，则称a是B的最小上界（上确界）。

最大下界（下确界）：设$(A,\leqslant)$是偏序集，$B\subseteq A$，a为B的下界，满足：对B的任一下界x，有$x\leqslant a$，则称a是B的最大下界（下确界）。

全序关系：设$(A,\leqslant)$是偏序集，若对任意的$x,y\in A$，有$x\leqslant y$或者$y\leqslant x$，则称$\leqslant$为全序关系或线序关系，称$(A,\leqslant)$为全序集、线序集，或链。

定理 2.8.1：设$(A,\leqslant)$是偏序集，$B\subseteq A$，若B中存在最大（小）元，则必是唯一的。

9. **集合的划分和覆盖**

覆盖：设A是非空集合，$S=\{A_1,A_2,\cdots,A_n\}$，若满足：

(1) $A_i\subseteq A \quad (i=1,2,\cdots,n)$；

(2) $A_i\neq\varnothing \quad (i=1,2,\cdots,n)$；

(3) $\bigcup\limits_{i=1}^{n}A_i=A$。

则称集合S为A的覆盖。

划分：设A是非空集合，$S=\{A_1,A_2,\cdots,A_n\}$，若满足：

(1) $A_i\subseteq A \quad (i=1,2,\cdots,n)$；

(2) $A_i\neq\varnothing \quad (i=1,2,\cdots,n)$；

(3) $A_i\cap A_j=\varnothing \quad (i,j=1,2,\cdots,n,i\neq j)$；

(4) $\bigcup\limits_{i=1}^{n}A_i=A$。

则称集合S为A的划分。

加细：给定集合A的两个划分$\{A_1,A_2,\cdots,A_n\}$和$\{B_1,B_2,\cdots,B_m\}$，若对每一个B_i，均有A_j使$B_i\subseteq A_j$，则称$\{B_1,B_2,\cdots,B_m\}$为$\{A_1,A_2,\cdots,A_n\}$的加细。

二、习题与解

1. 设集合$A=\{2,3,5,7\}$，试写出集合A上的小于或等于关系、大于或等于关系。

解：设 R_1,R_2 分别表示集合 A 上的小于或等于关系和大于或等于关系，则

$R_1=\{(2,2),(3,3),(5,5),(7,7),(2,3),(2,5),(2,7),(3,5),(3,7),(5,7)\}$

$R_2=\{(2,2),(3,3),(5,5),(7,7),(3,2),(5,2),(5,3),(7,2),(7,3),(7,5)\}$

2. 设集合 $A=\{1,2,3,4,5,6\}$，下列各式定义的 R 都是 A 上的关系，试分别写出 R 的元素：

(1) $R=\{(x,y)\mid x$ 整除 $y)\}$；

(2) $R=\{(x,y)\mid x$ 是 y 的整数倍$)\}$；

(3) $R=\{(x,y)\mid (x-y)^2\in A\}$；

(4) $R=\{(x,y)\mid (x/y)$是素数$\}$。

解：(1) $R=\{(1,1),(2,2),(3,3),(4,4),(5,5),(6,6),(1,2),(1,3),(1,4),(1,5),(1,6),(2,4),(2,6),(3,6)\}$。

(2) $R=\{(1,1),(2,2),(3,3),(4,4),(5,5),(6,6),(2,1),(4,2),(3,1),(4,1),(5,1),(6,1),(6,2),(6,3)\}$。

(3) $R=\{(1,2),(2,1),(1,3),(3,1),(2,3),(3,2),(2,4),(4,2),(3,5),(5,3),(3,4),(4,3),(5,6),(6,5),(4,6),(6,4),(4,5),(5,4)\}$。

(4) $R=\{(2,1),(3,1),(4,2),(6,3),(5,1),(6,2)\}$。

3. 试列出从集合 $A=\{1,2\}$ 到集合 $B=\{a,b\}$ 的所有关系。

解：列出 $A\times B=\{(1,a),(1,b),(2,a),(2,b)\}$ 的所有子集即列出所有从 A 到 B 的关系，共 $2^4=16$ 个。

4. 对于下列情况，试写出从集合 A 到集合 B 的关系 R 的元素：

(1) $A=\{0,1,2\}$，$B=\{0,2,4\}$，

$R=\{(a,b)\mid a,b\in A\cap B\}$；

(2) $A=\{1,2,3,4,5\}$，$B=\{1,2,3\}$，

$R=\{(a,b)\mid a\in A,b\in B$，且 $a=b^2\}$。

解：(1) $R=\{(0,0),(0,2),(2,0),(2,2)\}$。

(2) $R=\{(1,1),(4,2)\}$。

5. 设集合 $A=\{1,2,3,4\}$，若 $R_1=\{(x,y)\mid (x-y)/2$ 是整数$\}$，$R_2=\{(x,y)\mid (x-y)/3$ 是整数$\}$，求 $R_1\cup R_2$，$R_1\cap R_2$，R_1-R_2，$\overline{R_1}$。

解：$R_1=\{(1,1),(2,2),(3,3),(4,4),(1,3),(3,1),(2,4),(4,2)\}$，

$R_2=\{(1,1),(2,2),(3,3),(4,4),(1,4),(4,1)\}$，

则 $R_1\cup R_2=\{(1,1),(2,2),(3,3),(4,4),(1,3),(3,1),(2,4),(4,2),(1,4),(4,1)\}$，

$R_1\cap R_2=\{(1,1),(2,2),(3,3),(4,4)\}$，

$R_1-R_2=\{(1,3),(3,1),(2,4),(4,2)\}$，

$\overline{R_1}=A\times A-R_1=\{(1,2),(2,1),(1,4),(4,1),(2,3),(3,2),(3,4),(4,3)\}$。

6. 在 n 个元素组成的集合上，可以有多少种不同的二元关系？若集合 A，B 的元素个数分别为 $|A|=m$，$|B|=n$，试问从 A 到 B 有多少种不同的二元关系？

解：(1)在 n 个元素组成的集合上，可以有 2^{n^2} 种不同的二元关系。

(2) 若 $|A|=m$，$|B|=n$，则从 A 到 B 有 2^{mn} 种不同的二元关系。

7. 求空关系、恒等关系的关系矩阵和关系图。

解：(1) 空关系的关系矩阵是零矩阵，其关系图由孤立的顶点组成，图中没有一条边。

(2) 恒等关系的关系矩阵是恒等矩阵，即 $\begin{bmatrix} 1 & 0 & \cdots & 0 \\ 0 & 1 & \cdots & 0 \\ \vdots & \vdots & & \vdots \\ 0 & 0 & \cdots & 1 \end{bmatrix}$，其关系图中每个顶点都有一条自回路，但任何两个不同顶点之间没有边。

8. 设集合 $A=\{1,2,3,4,5\}$，试求 A 上的模 2 同余关系 R 的关系矩阵和关系图。

解：$R=\{(x,y) \mid x,y\in A, x\equiv y(\mathrm{mod}\,2)\}=\{(1,1),(2,2),(3,3),(4,4),(5,5),(1,3),(3,1),(1,5),(5,1),(2,4),(4,2),(3,5),(5,3)\}$，

关系矩阵 $\boldsymbol{M}_R=\begin{bmatrix} 1 & 0 & 1 & 0 & 1 \\ 0 & 1 & 0 & 1 & 0 \\ 1 & 0 & 1 & 0 & 1 \\ 0 & 1 & 0 & 1 & 0 \\ 1 & 0 & 1 & 0 & 1 \end{bmatrix}$。

关系图：

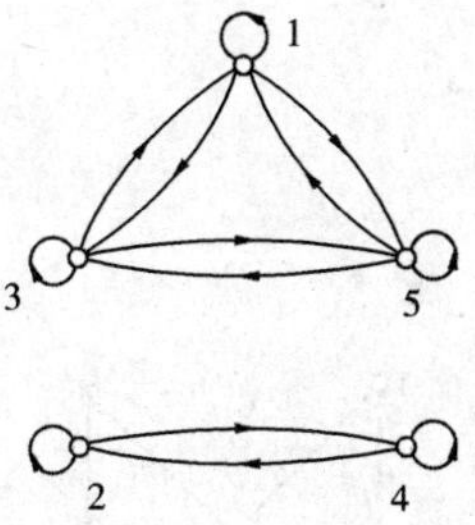

9. 设集合 $A=\{1,2,3,4,5,6,7\}$，$B=\{x \mid 1<x<10, 且\ x\in \mathbf{N}\}$，$R=\{(a,b) \mid a\in A, b\in B, 且\ b\ 是\ a\ 的奇数倍\}$。求关系 R 并作出关系矩阵和关系图。

解：$R=\{(a,b) \mid a\in A, b\in B, 且\ b\ 是\ a\ 的奇数倍\}=\{(1,1),(2,2),(3,3),(4,4),(5,5),(6,6),(7,7),(1,3),(1,5),(1,7),(2,6)\}$，

$$关系矩阵\ \boldsymbol{M}_R=\begin{bmatrix}1&0&1&0&1&0&1\\0&1&0&0&0&1&0\\0&0&1&0&0&0&0\\0&0&0&1&0&0&0\\0&0&0&0&1&0&0\\0&0&0&0&0&1&0\\0&0&0&0&0&0&1\end{bmatrix}。$$

关系图：

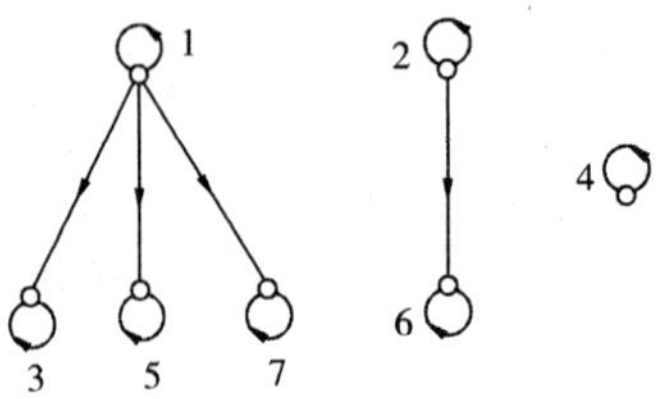

10. 试写出下列各式所给出集合 A 上的二元关系 R 的元素，并作出关系矩阵和关系图：

(1) $A=\{0,1,2,3,4\}$，$R=\{(x,y)\mid x>0$ 且 $y\geqslant 3\}$；

(2) $A=\{a\mid a\in\mathbf{N}$，且 $a\leqslant 8\}$，$R=\{(x,y)\mid x\geqslant 2, y\leqslant 5, y\mid x\}$；

(3) $A=\{0,1,2,3,4\}$，$R=\{(x,y)\mid 0\leqslant(x-y)\leqslant 3\}$；

(4) $A=\{2,3,4,5,6\}$，$R=\{(x,y)\mid x$ 与 y 是互质的$\}$。

解：(1) $R=\{(1,3),(1,4),(2,3),(2,4),(3,3),(3,4),(4,4),(4,3)\}$，

$$关系矩阵\ \boldsymbol{M}_R=\begin{bmatrix}0&0&1&1\\0&0&1&1\\0&0&1&1\\0&0&1&1\end{bmatrix}。$$

关系图：

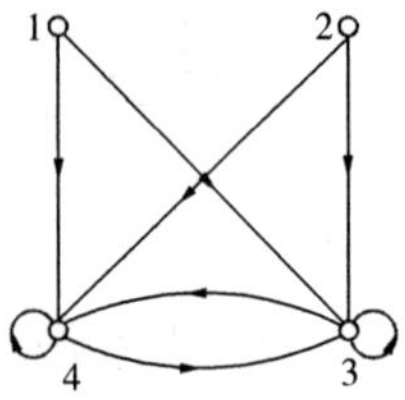

(2) $R=\{(2,1),(2,2),(3,1),(3,3),(4,1),(4,2),(4,4),(5,1),(5,5),(6,1),(6,2),(6,3),(7,1),(8,1),(8,2),(8,4)\}$，

$$关系矩阵\ \boldsymbol{M}_R=\begin{bmatrix}0&0&0&0&0&0&0&0\\1&1&0&0&0&0&0&0\\1&0&1&0&0&0&0&0\\1&1&0&1&0&0&0&0\\1&0&0&0&1&0&0&0\\1&1&1&0&0&0&0&0\\1&0&0&0&0&0&0&0\\1&1&0&1&0&0&0&0\end{bmatrix}。$$

关系图：

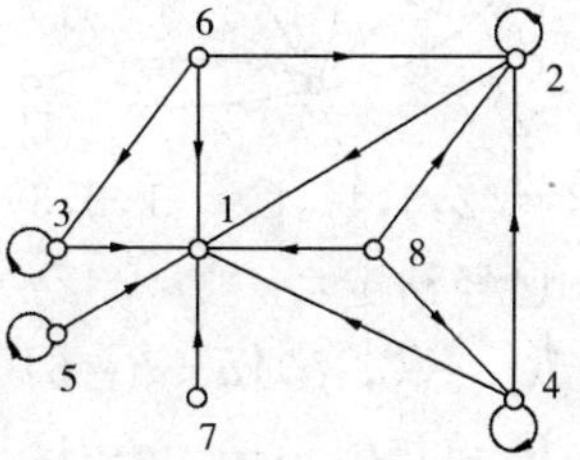

(3) $R=\{(1,0),(1,1),(2,0),(2,1),(2,2),(3,0),(3,1),(3,2),(3,3),(4,1),(4,2),(4,3),(4,4),(0,0)\}$，

$$关系矩阵\ \boldsymbol{M}_R=\begin{bmatrix}1&0&0&0&0\\1&1&0&0&0\\1&1&1&0&0\\1&1&1&1&0\\0&1&1&1&1\end{bmatrix}。$$

关系图：

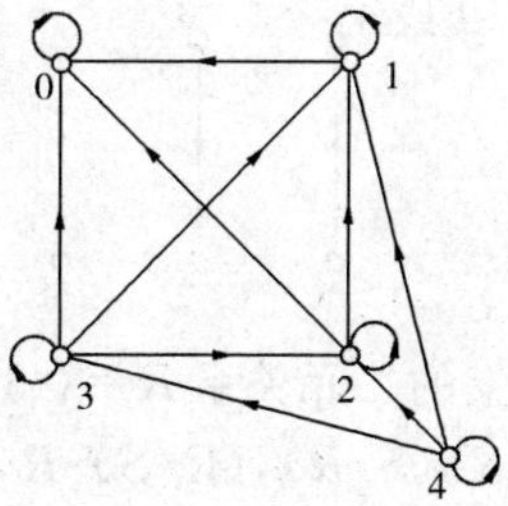

(4) $R=\{(2,3),(3,2),(2,5),(5,2),(3,4),(4,3),(3,5),(5,3),(4,5),(5,4),(5,6),(6,5)\}$，

关系矩阵 $\boldsymbol{M}_R=\begin{bmatrix}0&1&0&1&0\\1&0&1&1&0\\0&1&0&1&0\\1&1&1&0&1\\0&0&0&1&0\end{bmatrix}$。

关系图：

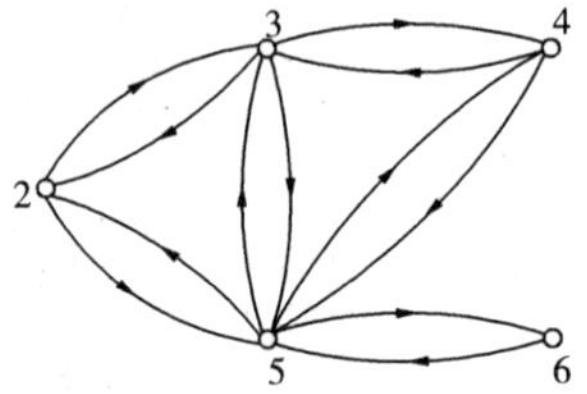

11. 设集合 $A=\{1,2,3,4\}$，$B=\{2,3,4\}$，$C=\{1,2,3\}$，R_1 是 A，B 上的二元关系，R_2 是 B，C 上的二元关系，并且 R_1 和 R_2 已经给定：

$$R_1=\{(a,b)\mid a+b=6\}$$

$$R_2=\{(b,c)\mid b-c=1\}$$

试求复合关系 $R_1\circ R_2$，并作出复合关系 $R_1\circ R_2$ 的关系矩阵及关系图。

解：$R_1=\{(2,4),(3,3),(4,2)\}$，

$R_2=\{(2,1),(3,2),(4,3)\}$，

则 $R_1\circ R_2=\{(2,3),(3,2),(4,1)\}$，

关系矩阵 $\boldsymbol{M}_{R_1\circ R_2}=\begin{bmatrix}0&0&0\\0&0&1\\0&1&0\\1&0&0\end{bmatrix}$。

关系图：

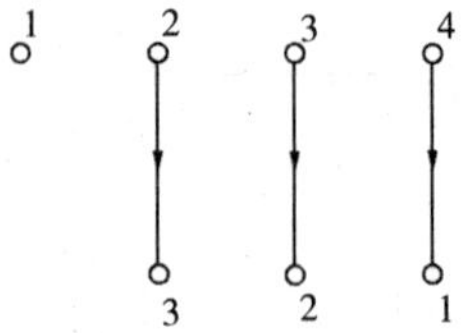

12. 已知集合 $A=\{1,2,3,4,5\}$ 上的二元关系 $R=\{(1,2),(3,4),(2,2)\}$，$S=\{(4,2),(2,5),(3,1),(1,3)\}$，试求：$R\circ S$，$S\circ R$，$R\circ(S\circ R)$，$(R\circ S)\circ R$，$R^2$，$S^2$，$R^3$。

解：$R\circ S=\{(1,5),(3,2),(2,5)\}$，

$S\circ R=\{(4,2),(3,2),(1,4)\}$，

$R\circ(S\circ R)=\{(3,2)\}$，

$(R\circ S)\circ R=\{(3,2)\}$，

$R^2=\{(1,2),(2,2)\}$，

$S^2=\{(4,5),(3,3),(1,1)\}$，

$R^3=\{(1,2),(2,2)\}$。

13. 设 R_1 和 R_2 是集合 $A=\{0,1,2,3\}$ 上的关系，$R_1=\{(x,y)\mid y=x+1$ 或 $x=2y\}$，$R_2=\{(x,y)\mid x=y+2\}$，试求 $R_1\circ R_2$，$R_2\circ R_1$，$R_1\circ R_2\circ R_1$，${R_1}^2$，${R_1}^3$。

解：$R_1=\{(0,1),(1,2),(2,3),(0,0),(2,1)\}$，

$R_2=\{(2,0),(3,1)\}$，

$R_1\circ R_2=\{(1,0),(2,1)\}$，

$R_2\circ R_1=\{(2,1),(2,0),(3,2)\}$，

$R_1\circ R_2\circ R_1=\{(1,1),(1,0),(2,2)\}$，

${R_1}^2=\{(0,2),(1,3),(1,1),(0,0),(0,1),(2,2)\}$，

${R_1}^3=\{(0,3),(0,1),(1,2),(0,0),(0,2),(2,3),(2,1)\}$。

14. 设集合 $A=\{0,1,2\}$，R 是 A 上的二元关系，$R=\{(0,1),(0,2),(1,2),(2,2)\}$，求 $\boldsymbol{M}_R$，$\boldsymbol{M}_{R^{-1}}$，$\boldsymbol{M}_{R^2}$，$\boldsymbol{M}_{R\circ R^{-1}}$。

解：$\boldsymbol{M}_R=\begin{bmatrix}0&1&1\\0&0&1\\0&0&1\end{bmatrix}$，

$\boldsymbol{M}_{R^{-1}}=\begin{bmatrix}0&0&0\\1&0&0\\1&1&1\end{bmatrix}$，

$\boldsymbol{M}_{R^2}=\begin{bmatrix}0&0&1\\0&0&1\\0&0&1\end{bmatrix}$，

$\boldsymbol{M}_{R\circ R^{-1}}=\begin{bmatrix}1&1&1\\1&1&1\\1&1&1\end{bmatrix}$。

15. 设集合 $A=\{a,b,c\}$，R 和 S 是 A 上的二元关系，其关系矩阵分别为：

$$\boldsymbol{M}_R=\begin{bmatrix}1&1&0\\0&1&0\\0&0&1\end{bmatrix},\quad \boldsymbol{M}_S=\begin{bmatrix}1&1&0\\0&1&0\\0&1&1\end{bmatrix}$$

求 $\boldsymbol{M}_{R^{-1}}$，$\boldsymbol{M}_{S^{-1}}$，$\boldsymbol{M}_{(R\circ S)^{-1}}$。

解：$\boldsymbol{M}_{R^{-1}}=\begin{bmatrix}1&0&0\\1&1&0\\0&0&1\end{bmatrix}$，

$$\boldsymbol{M}_{S^{-1}}=\begin{bmatrix}1&0&0\\1&1&1\\0&0&1\end{bmatrix},$$

$$\boldsymbol{M}_{(R\circ S)^{-1}}=\begin{bmatrix}1&0&0\\1&1&1\\0&0&1\end{bmatrix}。$$

16. 设集合 $A=\{2,3,5,7\}$ 上的关系 $R=\{(2,2),(2,3),(3,3),(5,3),(5,7),(7,5),(7,3),(7,7)\}$，试判断 R 是否具有自反性、对称性、传递性、反自反性、反对称性。

解：因为 $(5,5)\notin R$，所以不具有自反性。

因为 $(2,3)\in R$，而 $(3,2)\notin R$，所以不具有对称性。

因为 $(5,7),(7,5)\in R$，而 $(5,5)\notin R$，所以不具有传递性。

因为 $(2,2)\in R$，所以不具有反自反性。

因为 $(5,7),(7,5)\in R$，而 $5\neq 7$，所以不具备反对称性。

17. 设集合 $A=\{1,2,3,\cdots,20\}$ 上的关系 $R=\{(x,y)\mid x,y\in A$ 且 $x+y=20\}$，试判断 R 具有哪几种性质。

解：因为 $1+1\neq 20$，所以 $(1,1)\notin R$，因此 R 不具有自反性。

又 $10+10=20$，故 $(10,10)\in R$，因此 R 不是反自反的。

因为 $(3,17),(17,3)\in R$，因此 R 不是反对称的。

对任意的 $(x,y)\in R$，有 $x+y=20$，于是 $y+x=20$，则 $(y,x)\in R$，因此 R 是对称的。

对于 $(5,15),(15,5)\in R$，而 $(5,5)\notin R$，因此 R 不是传递的。

综上可知，R 只具有对称性。

18. 设集合 $A=\{a,b,c,d\}$ 上的关系 $R=\{(a,b),(b,a),(b,b),(c,a),(d,c)\}$。

(1) 试证明 R 不是可传递的；

(2) 找出关系 $R_1\supseteq R$，使得 R_1 是可传递的；

(3) 再找出关系 $R_2\supseteq R$，使得 R_2 也是传递的。

解：(1) 因为 $(a,b),(b,a)\in R$，而 $(a,a)\notin R$，所以 R 不是可传递的。

(2) 令 $R_1=\{(a,b),(d,c),(b,b),(b,a),(c,a),(d,a),(a,a),(c,b),(d,b)\}$。

(3) 令 $R_2=R_1\cup\{(c,c)\}=\{(a,b),(d,c),(b,b),(b,a),(c,a),(d,a),(a,a),(c,b),(d,b),(c,c)\}$。

19. 设集合 $a=\{a,b,c,d\}$，A 上的关系 $R=\{(a,c),(a,d),(b,c),(b,d),(c,d)\}$。

(1) 试写出 R 的关系矩阵；

(2) 试画 R 的关系图；

(3) 试利用关系矩阵和关系图判断 R 具有哪几种性质。

解：(1)　$\boldsymbol{M}_R=\begin{bmatrix}0&0&1&1\\0&0&1&1\\0&0&0&1\\0&0&0&0\end{bmatrix}$。

(2)

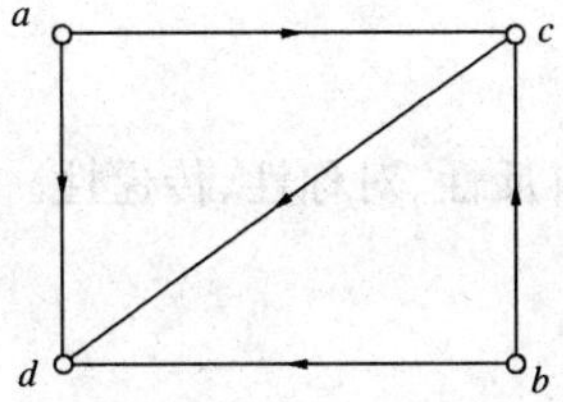

(3)　具有反自反性、反对称性、传递性。

20. 写出下述 12 个关系图的关系矩阵，并讨论它们的性质。

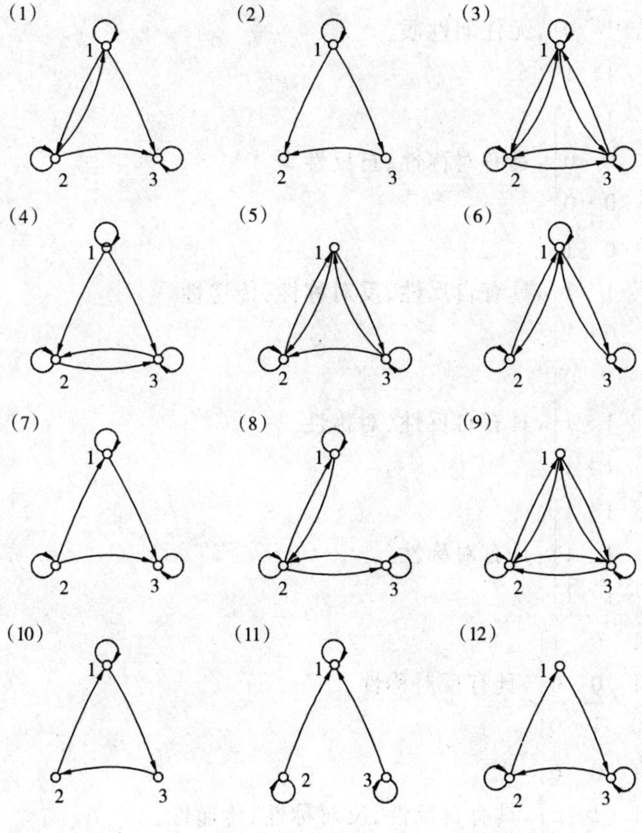

解：(1) $\boldsymbol{M}_R=\begin{bmatrix}1&1&0\\1&1&1\\1&0&1\end{bmatrix}$，具有自反性、传递性。

(2) $\boldsymbol{M}_R=\begin{bmatrix}1&1&0\\0&0&0\\1&1&0\end{bmatrix}$，具有反对称性、传递性。

(3) $\boldsymbol{M}_R=\begin{bmatrix}1&1&1\\1&1&1\\1&1&1\end{bmatrix}$，具有自反性、对称性、传递性。

(4) $\boldsymbol{M}_R=\begin{bmatrix}1&1&1\\0&1&1\\0&1&1\end{bmatrix}$，具有自反性、传递性。

(5) $\boldsymbol{M}_R=\begin{bmatrix}0&1&1\\1&1&0\\1&1&1\end{bmatrix}$，无任何性质。

(6) $\boldsymbol{M}_R=\begin{bmatrix}1&1&1\\1&0&0\\1&0&0\end{bmatrix}$，具有对称性、自反性。

(7) $\boldsymbol{M}_R=\begin{bmatrix}1&0&1\\1&1&1\\0&0&1\end{bmatrix}$，具有自反性、反对称性、传递性。

(8) $\boldsymbol{M}_R=\begin{bmatrix}1&1&0\\1&1&1\\0&1&1\end{bmatrix}$，具有自反性、对称性。

(9) $\boldsymbol{M}_R=\begin{bmatrix}0&1&1\\1&1&1\\1&1&1\end{bmatrix}$，具有对称性。

(10) $\boldsymbol{M}_R=\begin{bmatrix}1&0&1\\1&0&0\\0&1&0\end{bmatrix}$，具有反对称性。

(11) $\boldsymbol{M}_R=\begin{bmatrix}1&0&0\\1&1&0\\1&0&1\end{bmatrix}$，具有自反性、反对称性、传递性。

(12) $\boldsymbol{M}_R=\begin{bmatrix}0&0&1\\1&1&0\\0&1&1\end{bmatrix}$,具有反对称性。

21. 设 R_1 和 R_2 是集合 A 上的任意关系,试证明或用反例推翻下列论断:

(1) 若 R_1 和 R_2 都是自反的,则 $R_1\circ R_2$ 也是自反的;

(2) 若 R_1 和 R_2 都是对称的,则 $R_1\circ R_2$ 也是对称的;

(3) 若 R_1 和 R_2 都是反对称的,则 $R_1\circ R_2$ 也是反对称的;

(4) 若 R_1 和 R_2 都是传递的,则 $R_1\circ R_2$ 也是传递的。

解:(1) 成立。

对任意的 $x\in A$,因为 R_1,R_2 是自反的,所以 $(x,x)\in R_1$,且 $(x,x)\in R_2$,故有 $(x,x)\in R_1\circ R_2$,因此 $R_1\circ R_2$ 是自反的。

(2) 不成立。

例如 $A=\{1,2,3\}$,$R_1=\{(1,2),(2,1)\}$,$R_2=\{(2,2)\}$,则 R_1,R_2 是 A 上的对称关系,而 $R_1\circ R_2=\{(1,2)\}$不是对称的。

(3) 不成立。

例如 $A=\{1,2,3\}$,$R_1=\{(1,2),(3,1)\}$,$R_2=\{(2,3),(1,1)\}$,则 R_1,R_2 是反对称的,而 $R_1\circ R_2=\{(1,3),(3,1)\}$不是反对称的。

(4) 不成立。

例如 $A=\{1,2,3\}$,$R_1=\{(1,2),(2,3),(1,3)\}$,$R_2=\{(2,3),(3,1),(2,1)\}$,则 R_1,R_2 是传递关系,而 $R_1\circ R_2=\{(1,3),(1,1),(2,1)\}$不是传递的。

22. 设 R 为集合 A 上的二元关系,试证明:

(1) R 是对称的,当且仅当 $R=R^{-1}$;

(2) R 是反对称的,当且仅当 $R\cap R^{-1}\subseteq I_A$;

(3) R 是传递的,当且仅当 $R\circ R\subseteq R$;

(4) R 是自反的,当且仅当 $I_A\subseteq R$。

证明:(1) 必要性,对任意的 $(x,y)\in R$,因为 R 是对称的,所以 $(y,x)\in R$,故 $(x,y)\in R^{-1}$,有 $R\subseteq R^{-1}$。

同理 $R^{-1}\subseteq R$,所以 $R=R^{-1}$。

充分性,对任意的 $(x,y)\in R$,因为 $R=R^{-1}$,所以 $(x,y)\in R^{-1}$,则 $(y,x)\in R$,故 R 是对称的。

(2) 必要性,对任意的 $(x,y)\in R\cap R^{-1}$,即 $(x,y)\in R$ 且 $(x,y)\in R^{-1}$,有 $(y,x)\in R$,由于 R 是反对称的,所以 $x=y$,故 $(x,y)\in I_A$,因此 $R\cap R^{-1}\subseteq I_A$。

充分性,对任意的 $(x,y),(y,x)\in R$,有 $(x,y)\in R^{-1}$,则 $(x,y)\in R\cap R^{-1}$,而 $R\cap R^{-1}\subseteq I_A$,所以 $x=y$,因此 R 是反对称的。

(3) 必要性,对任意的 $(x,y)\in R\circ R$,则存在 $z\in A$,使得 $(x,z)\in R$,$(z,y)\in R$,由于 R

是传递的，故$(x,y)\in R$，所以$R\circ R\subseteq R$。

充分性，对任意的$(x,y),(y,z)\in R$，则$(x,z)\in R\circ R$，由于$R\circ R\subseteq R$，有$(x,z)\in R$，所以R是传递的。

(4) 必要性，对任意的$(x,x)\in I_A$，由于R是自反的，所以$(x,x)\in R$，有$I_A\subseteq R$。

充分性，对任意的$x\in A$，有$(x,x)\in I_A$，由于$I_A\subseteq R$，故$(x,x)\in R$，所以R是自反的。

23. 如果R是反对称的关系，则在$R\cap R^{-1}$的关系矩阵中有多少非零值？

解：如果R是反对称的，则在$R\cap R^{-1}$的关系矩阵中只有主对角线上有非零值。

24. 设集合$A=\{1,2,3,4\}$，A上的二元关系$R=\{(1,2),(2,1),(2,3),(3,4)\}$，试利用$R$的关系图求出$R$的自反闭包、对称闭包和传递闭包。

解：

R的关系图：

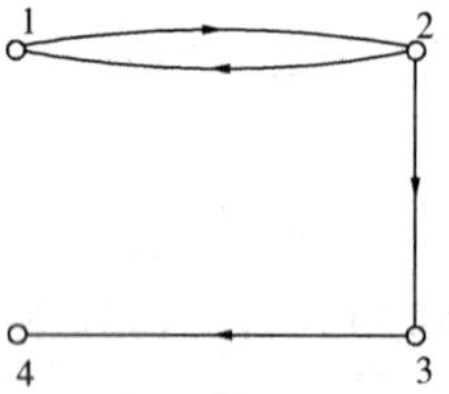

R

$r(R)$的关系图：

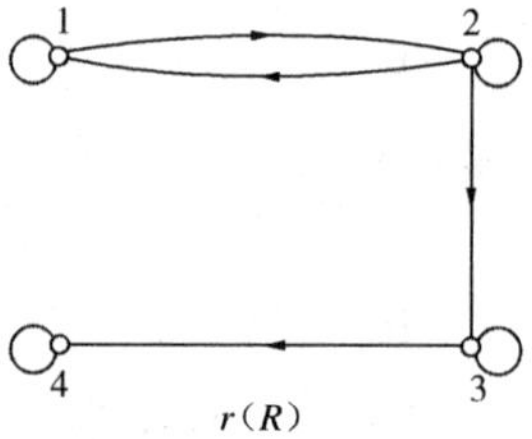

$r(R)$

$s(R)$的关系图：

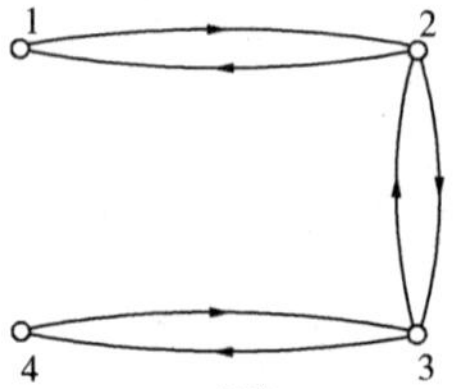

$s(R)$

$t(R)$的关系图

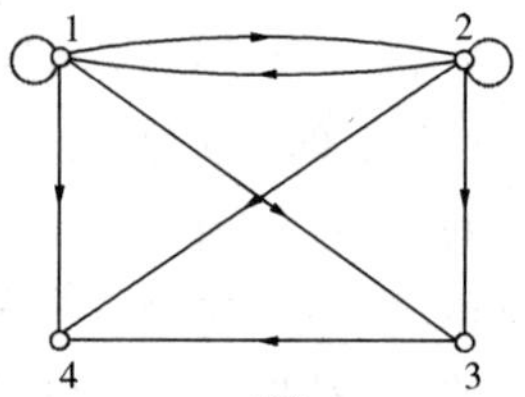

$t(R)$

25. 设集合$A=\{a,b,c,d\}$，R_1，R_2和R_3都是A上的二元关系，$R_1=\{(a,a),(b,b)\}$，$R_2=\{(a,b),(b,c),(c,a)\}$，$R_3=\varnothing$，试求$R_1$，$R_2$和$R_3$的自反闭包、对称闭包和传递闭包，并画出相应的关系图。

解：$r(R_1)=I_A\cup R_1=\{(a,a),(b,b),(c,c),(d,d)\}$，

$s(R_1)=R_1\cup R_1^{-1}=\{(a,a),(b,b)\}$，

$t(R_1)=R_1\cup R_1^2\cup R_1^3\cup R_1^4=\{(a,a),(b,b)\}$，

$r(R_2)=I_A\cup R_2=\{(a,a),(b,b),(c,c),(d,d),(a,b),(b,c),(c,a)\}$，

$s(R_2)=R_2\cup R_2^{-1}=\{(a,b),(b,c),(c,a),(b,a),(c,b),(a,c)\}$，

$t(R_2)=R_2\cup R_2^2\cup R_2^3\cup R_2^4=\{(a,b),(b,c),(c,a),(a,c),(b,a),(c,b),(a,a),(b,b),(c,c)\}$，

$r(R_3)=I_A\cup R_3=\{(a,a),(b,b),(c,c),(d,d)\}$,

$s(R_3)=R_3\cup R_3^{-1}=\varnothing$,

$t(R_3)=R_3\cup R_3^2\cup R_3^3\cup R_3^4=\varnothing$。

其关系图分别如下：

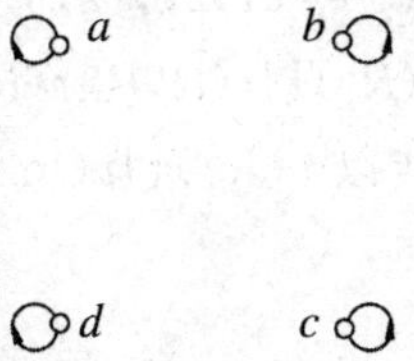

$r(R_1)$

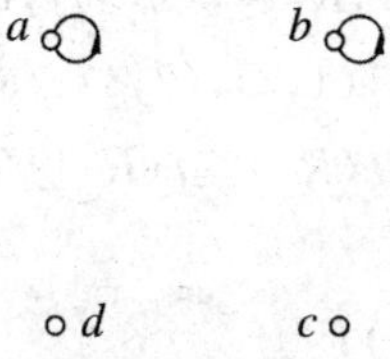

$s(R_1)$

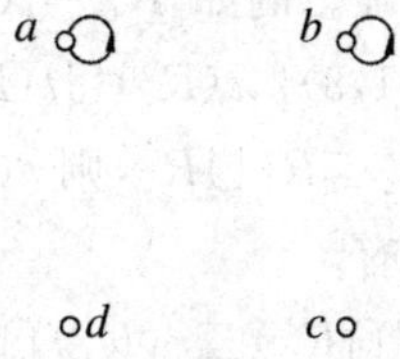

$t(R_1)$

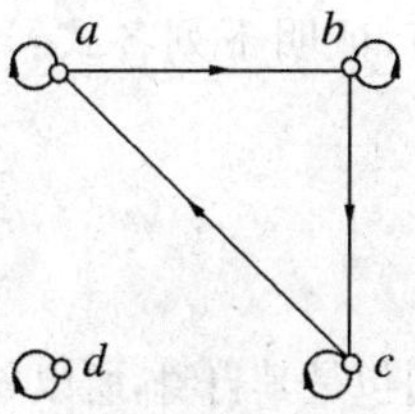

$r(R_2)$

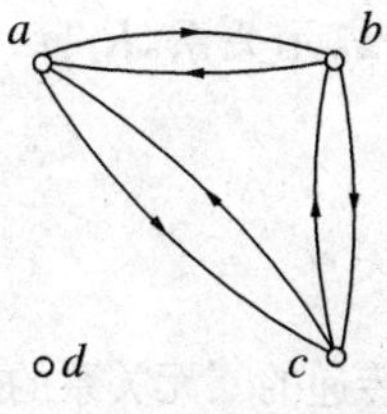

$s(R_2)$

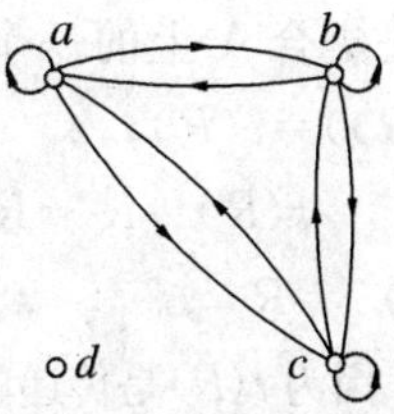

$t(R_2)$

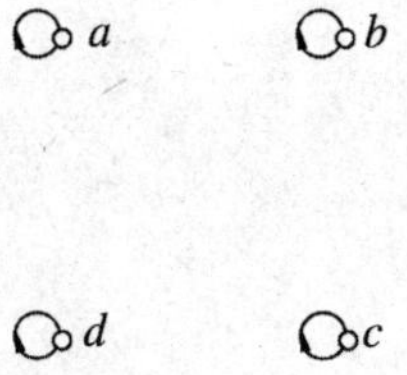

$r(R_3)$

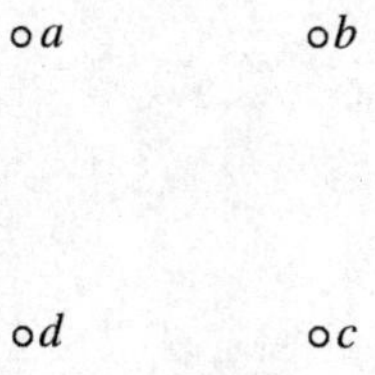

$s(R_3)$

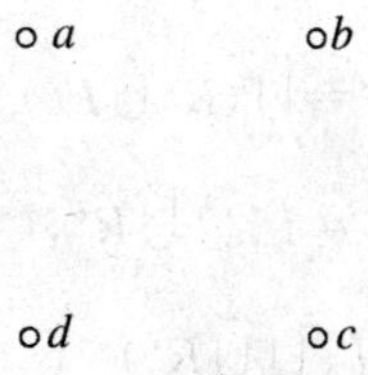

$t(R_3)$

26. 设 R_1 和 R_2 是集合 A 上的二元关系，试判断下列命题是否正确；如果正确请作出证明，如果不正确请加以改正。

(1) $r(R_1\cup R_2)=r(R_1)\cup r(R_2)$；

(2) $s(R_1\cup R_2)=s(R_1)\cup s(R_2)$；

(3) $t(R_1\cup R_2)=t(R_1)\cup t(R_2)$。

解：(1) 正确。

$r(R_1\cup R_2)=(R_1\cup R_2)\cup I_A$

$\qquad\qquad\quad=R_1\cup I_A\cup R_2\cup I_A$

$\qquad\qquad\quad=r(R_1)\cup r(R_2)$。

(2) 正确。

$$s(R_1\cup R_2)=(R_1\cup R_2)\cup(R_1\cup R_2)^{-1}$$
$$=R_1\cup R_2\cup R_1^{-1}\cup R_2^{-1}$$
$$=s(R_1)\cup s(R_2)。$$

(3) 不正确。例如，$R_1=\{(1,2)\}$，$R_2=\{(2,3)\}$，$R_1\cup R_2=\{(1,2),(2,3)\}$，$t(R_1\cup R_2)=\{(1,2),(2,3),(1,3)\}$，$t(R_1)\cup t(R_2)=\{(1,2),(2,3)\}$，应为 $t(R_1)\cup t(R_2)\subseteq t(R_1\cup R_2)$。

因为 $R_1,R_2\subseteq R_1\cup R_2$，则 $t(R_1),t(R_2)\subseteq t(R_1\cup R_2)$，所以 $t(R_1)\cup t(R_2)\subseteq t(R_1\cup R_2)$。

类似地，还有

(1) $r(R_1\cap R_2)\subseteq r(R_1)\cap r(R_2)$；

(2) $s(R_1\cap R_2)\subseteq s(R_1)\cap s(R_2)$；

(3) $t(R_1\cap R_2)\subseteq t(R_1)\cap t(R_2)$。

27. 设 R 是集合 A 上的一个任意二元关系，$R^*=tr(R)$，证明下列各式：

(1) $t(t(R))=t(R)$；

(2) $R\circ R^*=t(R)=R^*\circ R$；

(3) $(R^*)^*=R^*$。

证明：(1) 因为 $t(R)$是传递的，而传递的二元关系的传递闭包是其自身，所以 $t(t(R))=t(R)$。

(2) $$tr(R)=t(R\cup I_A)$$
$$=\bigcup_{i=1}^{\infty}(R\cup I_A)^i$$
$$=\bigcup_{i=1}^{\infty}(R^i\cup I_A)$$
$$=I_A\cup\bigcup_{i=1}^{\infty}R^i,$$

则 $$R\circ R^*=R\circ(I_A\cup\bigcup_{i=1}^{\infty}R^i)$$
$$=R\circ I_A\cup R\circ\bigcup_{i=1}^{\infty}R^i$$
$$=R\cup\bigcup_{i=1}^{\infty}(R\circ R^i)$$
$$=R\cup R^2\cup\cdots=t(R),$$

同理可证 $R^*\circ R=t(R)$。

(3) $(R^*)^*=tr(R^*)=trtr(R)$，因为 $tr(R)$是传递的，所以 $rtr(R)$，也是传递的，故 $trtr(R)=rtr(R)$，又因为 $r(R)$是自反的，则 $tr(R)$也是自反的，故 $rtr(R)=tr(R)$，即$(R^*)^*=R^*$。

28. 设 R 是 A 上的关系，试证明 $\alpha=I_A\cup R\cup R^{-1}$ 是 A 上的相容关系。

证明：因为 $\alpha=I_A\cup R\cup R^{-1}$，所以 $I_A\subseteq\alpha$，即 α 是自反的。

又 $\alpha^{-1}=(I_A\cup R\cup R^{-1})^{-1}=I_A^{-1}\cup R^{-1}\cup(R^{-1})^{-1}$

$=I_A \cup R \cup R^{-1}=\alpha$,

所以 α 是对称的,因此 α 是相容关系。

29. 设 R 和 S 是 A 上的相容关系,试问:

(1) $R \cup S$ 是 A 上的相容关系吗?

(2) $R \cap S$ 是 A 上的相容关系吗?

(3) $R \circ S$ 是 A 上的相容关系吗?

(4) R^{-1} 是 A 上的相容关系吗?

(5) $R-S$ 是 A 上的相容关系吗?

(6) R^2 是 A 上的相容关系吗?

(7) $A \times A-R$ 是 A 上的相容关系吗?

(8) $r(R-S)$是 A 上的相容关系吗?

解:(1) 是。

因为 R,S 是相容关系,所以 $I_A \subseteq R, I_A \subseteq S, R=R^{-1}, S=S^{-1}$,则有 $I_A \subseteq R \cup S, (R \cup S)^{-1}=R^{-1} \cup S^{-1}=R \cup S$,所以 $R \cup S$ 是自反的、对称的,即是相容的。

(2) 是。

同上,有 $I_A \subseteq R \cap S, (R \cap S)^{-1}=R^{-1} \cap S^{-1}=R \cap S$,所以 $R \cap S$ 是自反的、对称的,即是相容的。

(3) 不是。

例如 $A=\{1,2,3\}, R=I_A \cup \{(1,2),(2,1)\}, S=I_A \cup \{(1,3),(3,1)\}$,

而 $R \circ S=I_A \cup \{(1,2),(2,1),(1,3),(3,1),(2,3)\}$不是相容的。

(4) 是。

因为 R 是相容关系,有 $I_A \subseteq R$,且 $R=R^{-1}$,故 $I_A=I_A{}^{-1} \subseteq R^{-1}, (R^{-1})^{-1}=R=R^{-1}$,所以 R^{-1} 也是相容关系。

(5) 不是。

例如 $A=\{1,2,3\}, R=\{(1,2),(2,1)\} \cup I_A, S=I_A \cup \{(1,3),(3,1)\}$,而 $R-S=\{(1,2),(2,1)\}$不是相容关系。

(6) 是。

因为 R 是相容关系,有 $I_A \subseteq R$ 且 $R=R^{-1}$,故 $I_A=I_A \circ I_A \subseteq R \circ R=R^2, (R^2)^{-1}=(R \circ R)^{-1}=R^{-1} \circ R^{-1}=R \circ R=R^2$,所以 R^2 也是相容关系。

(7) 不是。

例如 $A=\{1,2,3\}, R=I_A \cup \{(1,2),(2,1)\}$,而 $A \times A-R=\{(1,3),(3,1),(2,3),(3,2)\}$不是相容关系。

(8) 是。

因为 R,S 是相容关系,所以 $R=R^{-1}, S=S^{-1}$,又 $r(R-S)$是 $R-S$ 的自反闭包,因此是

自反的，而$(R-S)^{-1}=R^{-1}-S^{-1}=R-S$，故$R-S$是对称的，则$r(R-S)$也是对称的，因此$r(R-S)$是相容关系。

30. 设$A=\{1,2,3,4,5,6\}$上的关系$R=\{(1,1),(1,2),(2,1),(2,3),(3,1),(2,2),(3,3),(4,4),(4,5),(5,4),(5,5),(6,6)\}$。试验证$R$是$A$上的相容关系，并求出关系矩阵、关系图及最大相容类。

解：因为$R=R^{-1}$，$I_A\subseteq R$，所以R是相容关系。

$$\boldsymbol{M}_R=\begin{bmatrix}1&1&1&0&0&0\\1&1&0&0&0&0\\1&0&1&0&0&0\\0&0&0&1&1&0\\0&0&0&1&1&0\\0&0&0&0&0&1\end{bmatrix}$$

最大相容类为：$\{1,2\}$，$\{1,3\}$，$\{4,5\}$，$\{6\}$。

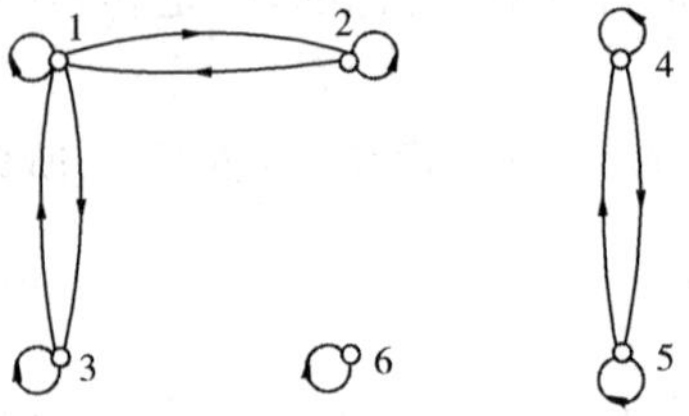

31. 给定集合$A=\{a_1,a_2,a_3,a_4,a_5\}$，$R$是$A$上的相容关系且$\boldsymbol{M}_R$的简化矩阵为

a_2	1			
a_3	0	1		
a_4	1	0	0	
a_5	0	1	1	1
	a_1	a_2	a_3	a_4

给出关系图并求出最大相容类。

解：最大相容类为：$\{a_2,a_3,a_5\}$，$\{a_1,a_2\}$，$\{a_1,a_4\}$，$\{a_4,a_5\}$。

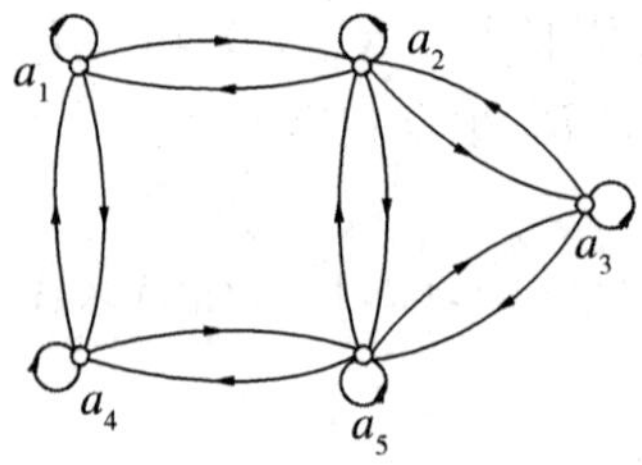

32. 设集合 $A=\{1,2,\cdots,8\}$，A 上的关系 $R=\{(a,b)\mid\frac{a-b}{4}$为整数，$a,b\in A\}$，即“模 4 同余”关系，试通过关系图来验证 R 是等价关系。

解：对任意的 $x\in A$，有$\frac{x-x}{4}\in\mathbf{Z}$，即$(x,x)\in R$，所以 R 是自反的。

对任意的$(x,y)\in R$，有$\frac{x-y}{4}\in\mathbf{Z}$，则$\frac{y-x}{4}\in\mathbf{Z}$，即$(y,x)\in R$，所以 R 是对称的。

对任意的$(x,y),(y,z)\in R$，有$\frac{x-y}{4},\frac{y-z}{4}\in\mathbf{Z}$，则$\frac{x-y}{4}+\frac{y-z}{4}=\frac{x-z}{4}\in\mathbf{Z}$。即$(x,z)\in R$，所以 R 是传递的，因此 R 是等价关系。

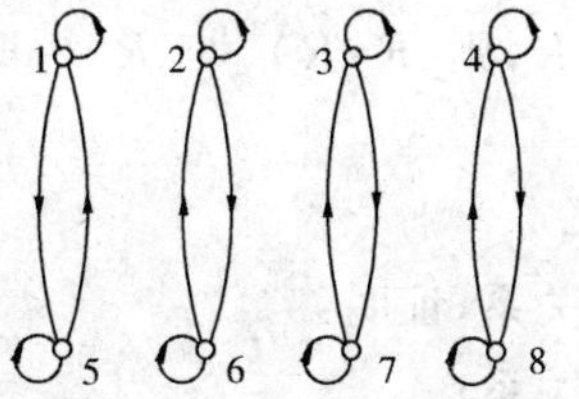

33. 设集合 $A=\{a,b,c\}$，试写出 A 上的所有等价关系。

解：$R_1=\{(a,a),(b,b),(c,c)\}$，

$R_2=\{(a,a),(b,b),(c,c),(a,b),(b,a)\}$，

$R_3=\{(a,a),(b,b),(c,c),(a,c),(c,a)\}$，

$R_4=\{(a,a),(b,b),(c,c),(b,c),(c,b)\}$，

$R_5=\{(a,a),(b,b),(c,c),(a,b),(b,a),(b,c),(c,b),(a,c),(c,a)\}$。

34. 设集合 $A=\{0,1,2,3,4,5\}$上的关系 $R=\{(0,0),(1,1),(2,2),(3,3),(1,2),(1,3),(2,1),(2,3),(3,1),(3,2),(4,4),(4,5),(5,4),(5,5)\}$。试利用关系图来验证 R 是 A 上的等价关系，并求出在 A 上构成的等价类。

解：由关系图可以看出图中每个顶点都有自回路，两个顶点之间若有弧，是成双成对的，且具有传递性。

等价类为$\{0\},\{1,2,3\},\{4,5\}$。

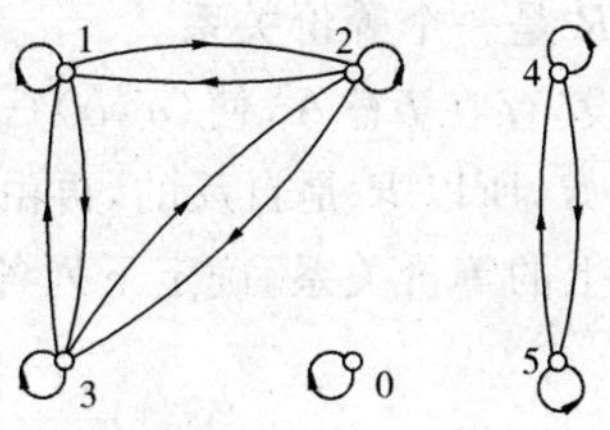

35. 设 $A=\{a,b,c,d,e\}$上的等价类为 $M_1=\{b,c\}$，$M_2=\{d\}$，$M_3=\{a\}$，$M_4=\{e\}$，试求

此等价类所对应的等价关系。

解：$R=\{(a,a),(b,b),(c,c),(d,d),(e,e),(b,c),(c,b)\}$。

36. 试证明集合 A 上的全关系 $R=A\times A$ 是等价关系。

证明：因为 $I_A\subseteq A\times A$，所以 $A\times A$ 是自反的，对任意的 $(x,y)\in A\times A$，即 $(x,y)\in A$，故 $(y,x)\in A\times A$，所以 $A\times A$ 是对称的。

对任意的 $(x,y),(y,z)\in A\times A$，即 $x,y,z\in A$，故 $(x,z)\in A\times A$，所以 $A\times A$ 是传递的。

综上可得，$A\times A$ 是等价关系。

37. 证明若 R 是 A 上的等价关系，则 R^{-1} 也是 A 上的等价关系。

证明：因为 R 是自反的，有 $I_A\subseteq R$，则 $I_A^{-1}\subseteq R^{-1}$，即 $I_A\subseteq R^{-1}$，所以 R^{-1} 是自反的。

因为 R 是对称的，有 $R=R^{-1}$，则 $(R^{-1})^{-1}=R=R^{-1}$，所以 R^{-1} 是对称的。

因为 R 是传递的，有 $R\circ R\subseteq R$，则 $(R\circ R)^{-1}\subseteq R^{-1}$，即 $R^{-1}\circ R^{-1}\subseteq R^{-1}$，所以 R^{-1} 是传递的。

综上可得，R^{-1} 也是等价关系。

38. 设 R 和 S 是 A 上的等价关系，证明：

(1) $R\cap S$ 也是 A 上的等价关系；

(2) $R\cup S$ 是 A 上的自反关系和对称关系，但不一定是传递关系。

证明：(1) 因为 R,S 是等价关系，即 R,S 是自反的、对称的、传递的，则 $R\cap S$ 也是自反的、对称的。

又对任意的 $(x,y),(y,z)\in R\cap S$，即 $(x,y),(y,z)\in R$ 且 $(x,y),(y,z)\in S$，由于 R,S 是传递的，所以 $(x,z)\in R$ 且 $(x,z)\in S$，即 $(x,z)\in R\cap S$，所以 $R\cap S$ 是传递的，因此 $R\cap S$ 是等价关系。

(2) 由于 R,S 是等价关系，则 $R\cup S$ 是自反的、对称的，但不一定是传递的。

例如 $R=\{(1,1),(2,2),(3,3),(1,2),(2,1)\}$，

$S=\{(1,1),(2,2),(3,3),(2,3),(3,2)\}$，

则 R,S 是传递的，而 $R\cup S=\{(1,1),(2,2),(3,3),(1,2),(2,1),(2,3),(3,2)\}$ 不是传递的。

39. 设 R 是集合 A 上的对称和传递关系，证明：如果对于 A 中的每一个元素 a，在 A 中也同时存在一个 b，使 $(a,b)\in R$，则 R 是一个等价关系。

证明：对任意的 $a\in A$，由题设，存在 $b\in A$，使 $(a,b)\in R$，因为 R 是对称的，故 $(b,b)\in R$，又因为 R 是传递的，故 $(a,a)\in R$，所以 R 是自反的，再由已知，R 是等价关系。

40. 设 R 和 S 是非空集合 A 上的等价关系，确定下列各式哪些是 A 上的等价关系，对不是的提供反例证明。

(1) $(A\times A)-R$；　　(2) $R-S$；

(3) R^2；　　(4) $r(R-S)$。

解：(1)　不是。

例如 $A=\{a,b,c\}$，$R=\{(a,a),(b,b),(c,c)\}$，则 $A\times A-R$ 不具有自反性。

(2)　不是。

例如 $R=\{(1,1),(2,2)\}$，$S=\{(1,1),(2,2),(1,2),(2,1)\}$，则 $R-S$ 不具有自反性。

(3)　是。

因为 R 是自反的，由 29 题，R^2 也是自反的。

又 R 是对称的，所以 $R^{-1}=R$，则 $(R\circ R)^{-1}=R^{-1}\circ R^{-1}=R\circ R$，所以 R^2 是对称的。

因为 R 是传递的，所以 $R^2\subseteq R$，则 $R^2\circ R^2\subseteq R\circ R$，即 $(R^2)^2\subseteq R^2$，

所以 R^2 是传递的，

综上可知 R^2 是等价关系。

(4)　不是。

例如 $A=\{a,b,c,\}$，$R=A\times A$，$S=I_A\cup\{(b,c),(c,b)\}$，则 $r(R-S)=I_A\cup\{(a,b),(b,a),(a,c),(c,a)\}$，不具有传递性。

41. 如图所示为两半序集 (A,R) 的哈斯图，试分别写出集合 A 和半序关系 R 的集合表达式。

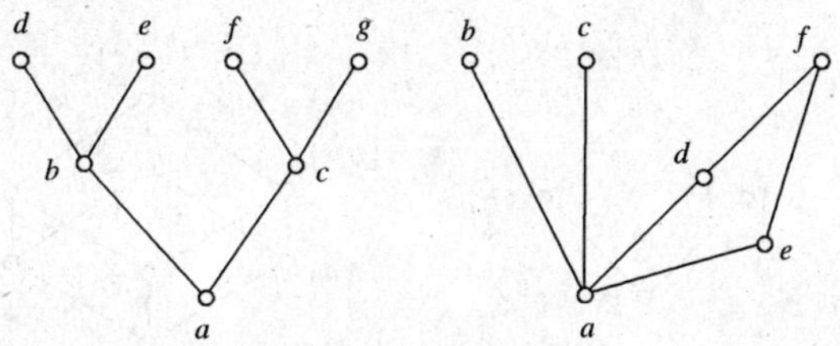

解：(1)　$A=\{a,b,c,d,e,f,g\}$，$R=I_a\cup\{(a,b),(a,d),(a,e),(a,c),(a,g),(a,f),(b,d),(b,e),(c,f),(c,g)\}$。

(2)　$A=\{a,b,c,d,e,f,g\}$，$R=I_A\cup\{(a,e),(a,d),(a,f),(a,c),(a,b),(d,f),(e,f)\}$。

42. 设集合 $A=\{1,2,\cdots,12\}$，R 为整除关系，试画出半序集 (A,R) 的哈斯图。

解：

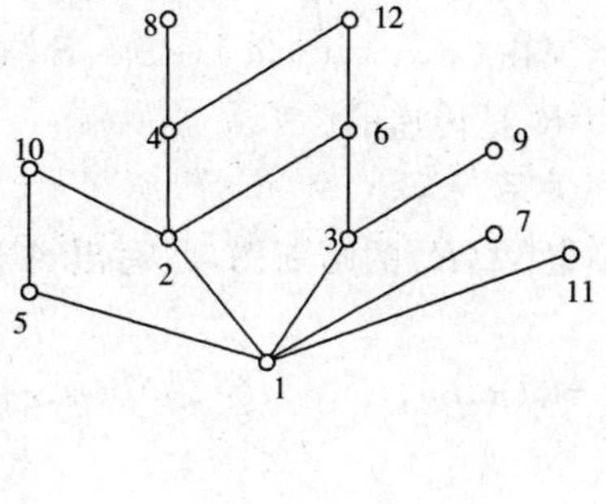

43. 设集合 $a=\{\{a\},\{b\},\{a,b\},\{a,b,c\},\{a,b,c,e\}\}$，$A$ 在包含关系"$\subseteq$"下构成一个半序集$(A,\subseteq)$，试画出$(A,\subseteq)$的哈斯图。

解：

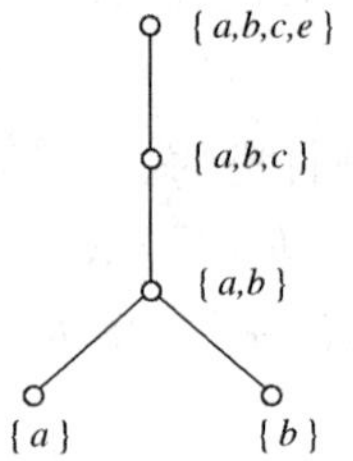

44. 设集合 $A_1=\{a\}$，$A_2=\{a,b\}$，$A_3=\{a,b,c\}$，其幂集 $\rho(A_1)$，$\rho(A_2)$，$\rho(A_3)$上的半序关系为包含关系$\subseteq$，试分别画出半序集$(\rho(A_1),\subseteq)$，$(\rho(A_2),\subseteq)$，$(\rho(A_3),\subseteq)$的哈斯图，并求出各自的最大元和最小元。

解：(1)　最大元为$\{a\}$，最小元为$\varnothing$。

(2)　最大元为$\{a,b\}$，最小元为$\varnothing$。

(3)　最大元为$\{a,b,c\}$，最小元为$\varnothing$。

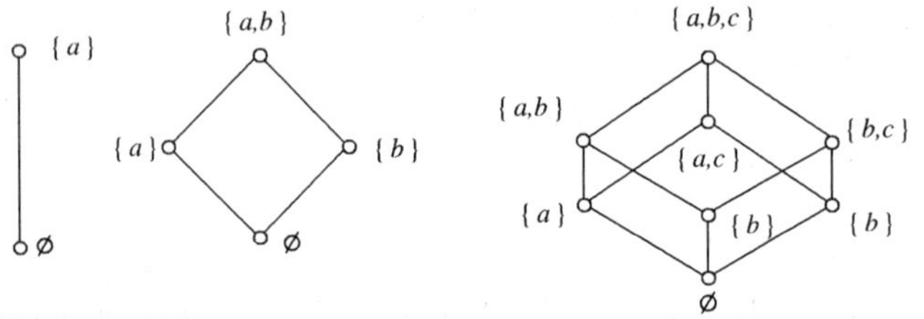

45. 设 R 是集合 A 上的半序关系，且 $B\subseteq A$，试证明 $R'=R\cap(B\times B)$是 B 上的半序关系。

证明：对任意的 $x\in B$，故$(x,x)\in(B\times B)$，又因为 $B\subseteq A$，R 是自反的，所以$(x,x)\in R$，有$(x,x)\in R\cap(B\times B)$，即$(x,x)\in R'$，所以 R'是自反的。

对任意的(x,y)，$(y,x)\in R\cap(B\times B)$，所以$(x,y)$，$(y,x)\in R$，而 R 是反对称的，有 $x=y$，所以 R'是反对称的。

对任意的(x,y)，$(y,z)\in R\cap(B\times B)$，有$(x,y)$，$(y,z)\in R$ 且(x,y)，$(y,z)\in B\times B$，因为 R 是传递的，有$(x,z)\in R$，又由(x,y)，$(y,z)\in B\times B$，有 $x,y,z\in B$，即$(x,z)\in B\times B$，故$(x,z)\in R\cap(B\times B)$，所以 R'是传递的。

综上可得，R'是 B 上的半序关系。

46. 设分别画出下列各半序集(A,R)的哈斯图，并写出 A 的最大元、最小元、极大元和极小元。

(1)　$A=\{a,b,c,d,e\}$，$R=\{(a,b),(a,c),(a,d),(a,e),(b,e),(c,e),(d,e)\}\cup I_A$；

(2) $A=\{a,b,c,d,e\}$，$R=\{(a,b)\}\cup I_A$。

解：(1) 最大元为$\{e\}$，最小元为 a，极大元是 e，极小元是 a。

(2) 没有最大元和最小元，极大元是 a,b,e,d，极小元是 a,b,e,c。

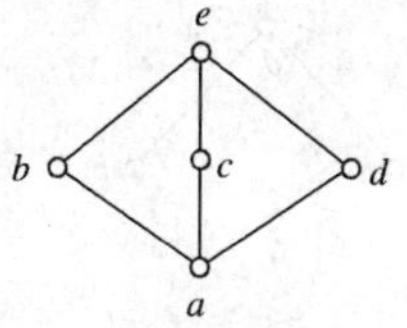

(1)

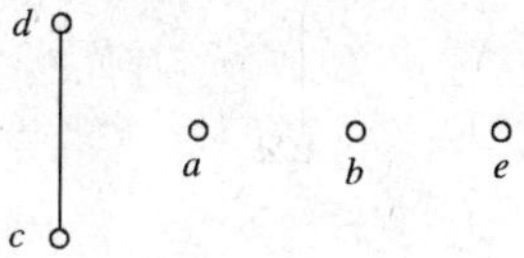

(2)

47. 试画出集合 $A=\{1,2,3,4,5,6\}$在半序关系“整除”下的哈斯图，并分别求出：

(1) 集合 A 的最大元、最小元、极大元和极小元；

(2) 集合 $B=\{2,3,6\}$的上界、下界、最小上界和最大下界，其中 $B\subseteq A$；

(3) 集合 $C=\{4,5,6\}$的上界、下界、最小上界和最大下界，其中 $C\subseteq A$。

解：

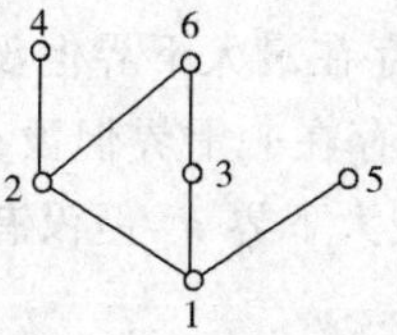

(1) 没有最大元，最小元是 1，极大元是 4,5,6，极小元是 1。

(2) B 的上界是 6，下界是 1，最小上界是 6，最大下界是 1。

(3) 没有上界和最小上界，下界是 1，最大下界是 1。

48. 设集合 $A=\{a,b,c,d\}$，图中给出了 A 上的四个关系图，试说明其中哪个具有半序关系，如有，画出哈斯图，并进一步判断哪个是线序关系。

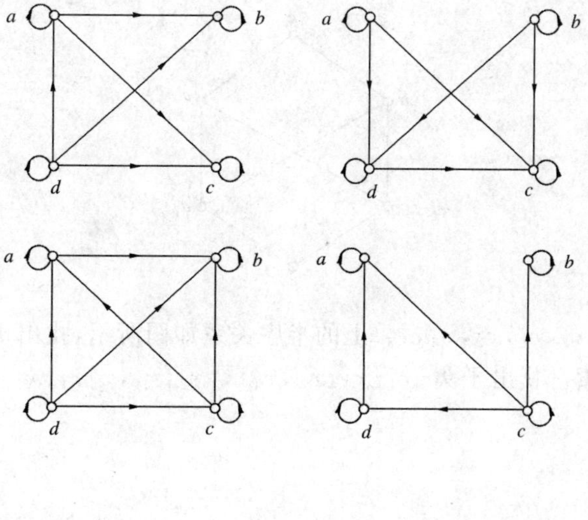

解：都是半序关系，其哈斯图分别如下：

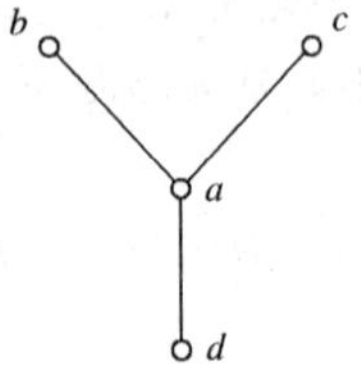

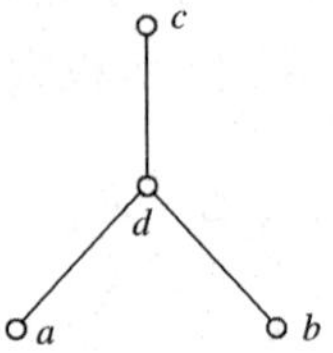

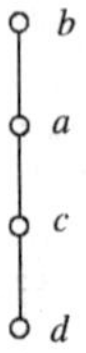

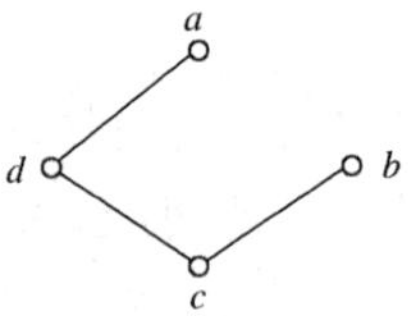

其中(3)是线序关系。

49. 构造下述集合的例子：

(1)　一个半序集有一个子集，它存在最大下界但没有最大元素；

(2)　一个半序集有一个子集，它存在一上界但没有最小上界。

解：(1)　子集 $B=\{b,c\}$，存在最大下界 d，但没有最大元。

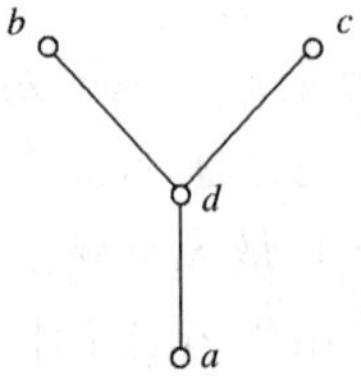

(2)　子集 $B=\{c,d\}$，存在上界 a 和 b，但没有最小上界。

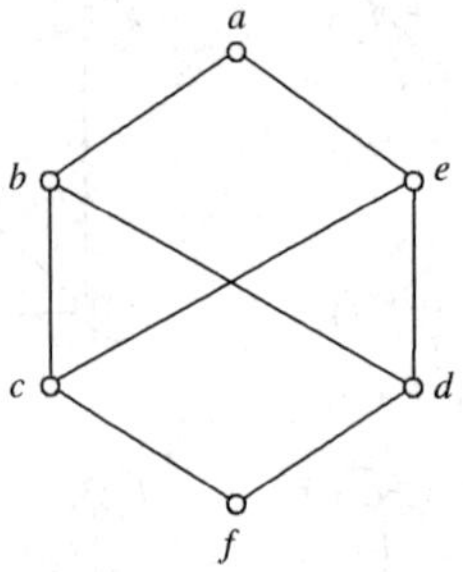

50. 设集合 $P=\{x_1,x_2,x_3,x_4,x_5\}$ 上的半序关系如图所示，找出 P 的最大元素、最小元素、极大元素、极小元素。找出子集 $\{x_1,x_2,x_3,x_4\}$，$\{x_3,x_4,x_5\}$，$\{x_1,x_2,x_3\}$ 的上界、下界、最大下界和最小上界。

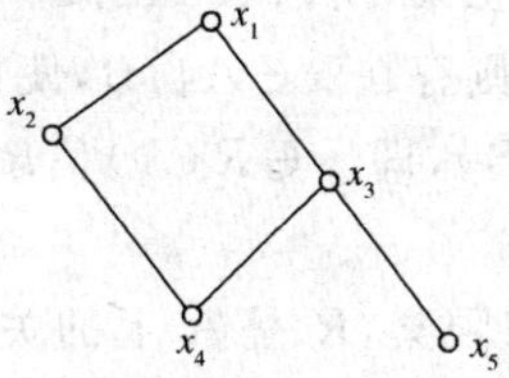

解：P 的最大元为 x_1，没有最小元，极大元为 x_1，极小元为 x_4 和 x_5。

	上 界	下 界	最大下界	最小上界
$\{x_1,x_2,x_3,x_4\}$	x_1	x_4	x_1	x_4
$\{x_3,x_4,x_5\}$	x_1,x_3	无	无	x_3
$\{x_1,x_2,x_3\}$	x_1	x_4	x_1	x_4

51. 设 R 为从 X 到 Y 的关系，S 为从 T 到 Z 的关系，$A\subseteq X$，令 $R(A)=\{y\mid$ 存在 $x\in A$，使 $(x,y)\in R\}$，证明：

(1) $R(A)\subseteq Y$；

(2) $(R\circ S)(A)=S(R(A))$；

(3) $R(A\cup B)=R(A)\cup R(B)$；

(4) $R(A\cap B)\subseteq R(A)\cap R(B)$。

证明：(1) 对任意的 $y\in R(A)$，则存在 $x\in A$，使得 $(x,y)\in R$，而 $R\subseteq X\times Y$，所以 $y\in Y$，因此 $R(A)\subseteq Y$。

(2) 对任意的 $Z\in(R\circ S)(A)$，则存在 $x\in A$，使得 $(x,z)\in R\circ S$，于是存在 $y\in Y$，有 $(x,y)\in R$，$(y,z)\in S$，由 $x\in A$，$(x,y)\in R$，有 $y\in R(A)$，再由 $(y,z)\in S$，得 $z\in S(R(A))$，所以 $(R\circ S)(A)\subseteq S(R(A))$。

对任意的 $z\in S(R(A))$，则存在 $y\in R(A)$，使得 $(y,z)\in S$，由 $y\in R(A)$，存在 $x\in A$，使 $(x,y)\in R$，由 $(x,y)\in R$，$(y,z)\in S$，得 $(x,z)\in R\circ S$，又 $x\in A$，故 $z\in(R\circ S)(A)$，所以 $S(R(A))\subseteq(R\circ S)(A)$。

综上可知，$(R\circ S)(A)=S(R(A))$。

(3) 对任意的 $y\in R(A\cup B)$，则存在 $x\in A\cup B$，使得 $(x,y)\in R$。

若 $x\in A$，则 $y\in R(A)\subseteq R(A)\cup R(B)$；

若 $x\in B$，则 $y\in R(B)\subseteq R(A)\cup R(B)$。

总之，有 $y\in R(A)\cup R(B)$，故 $R(A\cup B)\subseteq R(A)\cup R(B)$。

对任意的 $y\in R(A)\cup R(B)$，$y\in R(A)$ 或 $y\in R(B)$。

若 $y\in R(A)$，则存在 $x\in A\subseteq A\cup B$，使 $(x,y)\in R$，故 $y\in R(A\cup B)$；

若 $y\in R(B)$，则存在 $x\in B\subseteq A\cup B$，使 $(x,y)\in R$，故 $y\in R(A\cup B)$。

总之，有 $R(A)\cup R(B)\subseteq R(A\cup B)$，所以 $R(A\cup B)=R(A)\cup R(B)$。

(4) 对任意的 $y\in R(A\cap B)$，则存在 $x\in A\cap B$，使得 $(x,y)\in R$，于是 $x\in A$ 且 $x\in B$，$(x,y)\in R$，故 $y\in R(A)$ 且 $y\in R(B)$，即 $y\in R(A)\cap R(B)$，所以 $R(A\cap B)\subseteq R(A)\cap R(B)$。

52. 设 A 为具有 n 个元素的有限集，R 是 A 上的关系，则必存在 s 和 t，使得 $R^s=R^t$，且 $0\leqslant s<t\leqslant 2^{n^2}$。

证明：因为 A 上的每个关系都是 $A\times A$ 的子集，由 $|A|=n$，得 $A\times A$ 共有 2^{n^2} 个子集，即在 A 上有 2^{n^2} 个不同的关系。而 $R^0,R^1,R^2,\cdots,R^{2^{n^2}}$，有 $2^{n^2}+1$ 个，故必存在 s 和 t，使得 $R^s=R^t$，其中 $0\leqslant s<t\leqslant 2^{n^2}$。

53. 设 R,S 是集合 A 上的关系，证明：

(1) $I_A^{-1}=I_A$；

(2) $I_A^n=I_A$（n 为正整数）；

(3) $I_A\circ R=R\circ I_A=R$；

(4) $(R\cup I_A)^n,=I_A\cup R\cup R^2\cup\cdots\cup R^n$；

(5) 若 $R\subseteq S$，则 $R^n\subseteq S^n$。

证明：(1) 因为 $I_A=\{(x,x)\mid x\in A\}$，所以 $I_A^{-1}=\{(x,x)\mid x\in A\}=I_A$。

(2) 对 n 做数学归纳法。

当 $n=1$ 时，显然成立。

当 $n=2$ 时，对任意的 $(x,y)\in I_A^2$，则存在 $z\in A$，使 $(x,z),(z,y)\in A$，所以 $x=z=y$，故 $(x,y)\in I_A$，于是 $I_A^2\subseteq I_A$。

对任意的 $(x,x)\in I_A$，由 $(x,x),(x,x)\in I_A$，有 $(x,x)\in I_A^2$，所以 $I_A\subseteq I_A^2$，于是 $I_A^2=I_A$。

设当 $n=k$ 时，有 $I_A^k=I_A$。当 $n=k+1$ 时，$I_A^{k+1}=I_A^k\circ I_A=I_A\circ I_A=I_A$，即当 $n=k+1$ 时，命题成立，所以 $I_A^n=I_A$。

(3) 对任意的 $(x,y)\in I_A\circ R$，则存在 $z\in A$，使 $(x,z)\in I_A,(z,y)\in R$，故 $x=z$，于是 $(x,y)\in R$，所以 $I_A\circ R\subseteq R$。

对任意的 $(x,y)\in R$，由 $(x,x)\in I_A$，有 $(x,y)\in I_A\circ R$，所以 $R\subseteq I_A\circ R$。

综上可知，$I_A\circ R=R$。同理可证 $R\circ I_A=R$。

(4) 对 n 做数学归纳法。

当 $n=1$ 时，显然成立。

设当 $n=k$ 时，有 $(R\cup I_A)^k=I_A\cup R\cup\cdots\cup R^k$。

当 $n=k+1$ 时，$(R\cup I_A)^{k+1}=(R\cup I_A)^k\circ(R\cup I_A)$

$$=(I_A\cup R\cup\cdots\cup R^k)\circ(R\cup I_A)$$

$$=I_A\circ R\cup R\circ R\cup\cdots\cup R^k\circ R\cup I_A\circ I_A\cup R\circ I_A\cup\cdots\cup R^k\circ I_A$$
$$=R\cup R^2\cup\cdots\cup R^{k+1}\cup I_A\cup R\cup R^2\cup\cdots\cup R^k$$
$$=I_A\cup R\cup\cdots\cup R^{k+1},$$

即当 $n=k+1$ 时，命题成立。

(5) 对任意的 $(x,y)\in R^n$，则存在 $z_1,z_2,\cdots,z_{n-1}$，使 $(x,z_1),(z_1,z_2),\cdots,(z_{n-1},y)\in R$，因为 $R\subseteq S$，所以 (x,z_1)，$(z_1,z_2),\cdots,(z_{n-1},y)\in S$，于是 $(x,y)\in S^n$，因此 $R^n\subseteq S^n$。

54. 举出 $A=\{a,b,c,d\}$ 上关系 R 的例子，使其具有下述性质：

(1) 既是对称的，又是反对称的；

(2) 既不是对称的，又不是反对称的；

(3) R 是可传递的。

解：(1) $R=I_A=\{(a,a),(b,b),(c,c),(d,d)\}$。

(2) $R=\{(a,b),(b,a),(c,d)\}$。

(3) $R=\{(a,b),(b,a),(a,a),(b,b),(c,d)\}$。

55. 设 R 是集合 A 上的关系，若 R 是对称的和反自反的，证明 R 不是传递的。

证明：假设 R 是传递的。对任意的 $(x,y)\in R$，由 R 是对称的，有 $(y,x)\in R$，又 R 是传递的，有 $(x,x)\in R$，与 R 是反自反的矛盾，所以 R 不是传递的。

56. 设 R 是集合 A 上的关系，若对任意的 $(x,y),(y,z)\in R$，必有 $(x,z)\notin R$，则称 R 是反传递的。证明：R 是反传递的当且仅当 $R^2\cap R=\varnothing$。

证明：必要性，假设存在 $(x,y)\in R^2\cap R$，则 $(x,y)\in R$，且 $(x,y)\in R^2$，存在 $z\in A$，使 $(x,z)\in R,(z,y)\in R$，由 R 是反传递的，必有 $(x,y)\notin R$，与 $(x,y)\in R$ 矛盾，所以 $R^2\cap R=\varnothing$。

充分性，对任意的 $(x,y),(y,z)\in R$，则 $(x,z)\in R^2$，由 $R^2\cap R=\varnothing$，必有 $(x,z)\notin R$，所以 R 是反传递的。

57. 设 R 是集合 X 上的一个自反关系，求证：R 是对称和传递的，当且仅当若 (a,b) 和 $(a,c)\in R$，则有 $(b,c)\in R$。

证明：必要性，对任意的 $(a,b),(a,c)\in R$，由 R 是对称的，有 $(b,a),(a,c)\in R$，再由 R 是传递的，有 $(b,c)\in R$。

充分性，对任意的 $(a,b)\in R$，由 R 是自反的，有 $(a,a)\in R$，由 $(a,b),(a,a)\in R$ 及题设，有 $(b,a)\in R$，所以 R 是对称的。

对任意的 $(a,b),(b,c)\in R$，由 R 是对称的，有 $(b,a),(b,c)\in R$，由题设，则 $(a,c)\in R$，所以 R 是传递的。

58. 设 R 为集合 A 上的关系，证明：若 R 是自反和传递的，则 $R\circ R=R$，其逆为真吗？

证明：若 R 是传递的，则 $R\circ R\subseteq R$，对任意的 $(x,y)\in R$，由 R 是自反的，有 $(y,y)\in R$，由 $(x,y),(y,y)\in R$，得 $(x,y)\in R\circ R$，故 $R\subseteq R\circ R$，所以 $R\circ R=R$。

其逆不成立，例如 $A=\{1,2,3\}$，$R=\{(1,2),(2,2),(1,1)\}$，有 $R\circ R=R$，但 R 不是自反的。

59. 设 R,S 是集合 A 上的对称关系，则 $R\circ S$ 是对称的当且反当 $R\circ S=S\circ R$。

证明：充分性，对任意的 $(x,y)\in R\circ S$，而 $R\circ S=S\circ R$，即有 $(x,y)\in R\circ S$，则存在 $z\in A$，使得 $(x,z)\in S$，$(z,y)\in R$，由 R,S 是对称的，有 $(y,z)\in R$，$(z,s)\in S$，则 $(y,x)\in R\circ S$，所以 $R\circ S$ 是对称的。

必要性，是任意的 $(x,y)\in R\circ S$，由 $R\circ S$ 是对称的，有 $(y,x)\in R\circ S$，则存在 $z\in A$，使得 $(y,z)\in R$，$(z,s)\in S$，因为 R,S 是对称的，所以 $(x,z)\in S$，$(z,y)\in R$，故 $(x,y)\in S\circ R$，有 $R\circ S\subseteq S\circ R$。

同理可证，$S\circ R\subseteq R\circ S$，所以 $R\circ S=S\circ R$。

60. 设 R 是集合 A 上的二元关系，试证：

(1) 若 R 是自反的，则 $s(R)$ 和 $t(R)$ 也是自反的；

(2) 若 R 是对称的，则 $r(R)$ 和 $t(R)$ 也是对称的；

(3) 若 R 是传递的，则 $r(R)$ 也是传递的。

证明：(1) 因为 R 是自反的，所以 $I_A\subseteq R$，而 $s(R)=R\cup R^{-1}$，$t(R)=\bigcup_{i=1}^{\infty}R^i$，故 $I_A\subseteq s(R)$，$I_A\subseteq t(R)$，所以 $s(R)$ 和 $t(R)$ 也是自反的。

(2) 由 R 是对称的，有 $R=R^{-1}$，而 $r(R)=I_A\cup R$，所以

$$\begin{aligned}r(R)^{-1}&=(I_A\cup R)^{-1}\\&=I_A^{-1}\cup R^{-1}\\&=I_A\cup R\\&=r(R),\end{aligned}$$

则 $r(R)$ 是对称的。

对任意的 $(x,y)\in t(R)=\bigcup_{i=1}^{\infty}R^i$，则存在 $k\in\mathbf{Z}^+$，使 $(x,y)\in R^k$，反复利用复合关系的定义，存在 $x_1,x_2,\cdots,x_{k-1}\in A$，使 (x,x_1)，(x_1,x_2)，$\cdots$，$(x_{k-1},y)\in R$，由 R 是对称的，有 (y,x_{k-1})，$\cdots$，(x_2,x_1)，$(x_1,x)\in R$，有 $(y,x)\in R^k\subseteq t(R)$，所以 $t(R)$ 是对称的。

(3) 因为 R 是传递的，所以 $R\circ R\subseteq R$，则

$$\begin{aligned}r(R)\circ r(R)&=(I_A\cup R)\circ(I_A\cup R)\\&=((I_A\cup R)\circ I_A)\cup((I_A\cup R)\circ R)\\&=I_A\circ I_A\cup R\circ I_A\cup I_A\circ R\cup R\circ R\\&=I_A\cup R\cup R\cup R\circ R\\&=I_A\cup R\cup R\circ R\\&\subseteq I_A\cup R\cup R\\&=I_A\cup R=r(R),\end{aligned}$$

即 $r(R)\circ r(R)\subseteq r(R)$，所以 $r(R)$ 是传递的。

61. 设R_1,R_2是集合A上的二元关系，且$R_1\subseteq R_2$，求证：

(1) $r(R_1)\subseteq r(R_2)$；

(2) $s(R_1)\subseteq s(R_2)$；

(3) $t(R_1)\subseteq t(R_2)$。

证明：(1) 因为$r(R_1)=R_1\cup I_A$，$r(R_2)=R_2\cup I_A$，又$R_1\subseteq R_2$，则有$r(R_1)\subseteq r(R_2)$。

(2) 因为$s(R_1)=R_1\cup R_1^{-1}$，$s(R_2)=R_2\cup R_2^{-1}$，又$R_1\subseteq R_2$，有$R_1^{-1}\subseteq R_2^{-1}$，则$s(R_1)\subseteq s(R_2)$。

(3) 因为$R_2\subseteq t(R_2)$，由$R_1\subseteq R_2$，有$R_1\subseteq t(R_2)$，而$t(R_2)$是传递的，由$t(R_1)$的定义，有$t(R_1)\subseteq t(R_2)$。

62. 设R是集合A上的二元关系，则

(1) $rs(R)=sr(R)$；

(2) $rt(R)=tr(R)$；

(3) $st(R)\subseteq ts(R)$。

证明：(1)
$$\begin{aligned}rs(R)&=r(R\cup R^{-1})\\&=I_A\cup R\cup R^{-1}\\&=I_A\cup R\cup I_A\cup R^{-1}\\&=r(R)\cup(I_A\cup R)^{-1}\\&=r(R)\cup r(R)^{-1}\\&=sr(R)。\end{aligned}$$

(2) 因为$R\subseteq r(R)$，则$t(R)\subseteq tr(R)$，所以$rt(R)\subseteq rtr(R)$，又$tr(R)$是自反的，故$rtr(R)=tr(R)$，即$rt(R)\subseteq tr(R)$。

同理，$tr(R)\subseteq rt(R)$，故有$rt(R)=tr(R)$。

(3) 因为$R\subseteq s(R)$，则$t(R)\subseteq ts(R)$，所以$st(R)\subseteq sts(R)$，又$ts(R)$是对称的，故$sts(R)=ts(R)$，即有$st(R)\subseteq ts(R)$。

63. 设R是集合A上的二元关系，$S=\{(a,b)\mid$存在$c\in A$，使$(a,c)\in R$且$(c,b)\in R\}$，证明：若R是等价关系，则S也是等价关系。

证明：对任意的$x\in A$，由R是自反的，有$(x,x)\in R$，由S的定义，有$(x,x)\in S$，所以S是自反的。

对任意的$(x,y)\in S$，则存在$c\in A$，使$(x,c)\in R$且$(c,y)\in R$，因为R是对称的，有$(c,x)\in R$，$(y,c)\in R$，由S的定义，有$(y,x)\in S$，所以S是对称的。

对任意的(x,y)，$(y,z)\in S$，则分别存在$c,d\in A$，使(x,c)，(c,y)，(y,d)，$(d,z)\in R$，由R是传递的，有(x,y)，$(y,z)\in R$，由S的定义，有$(x,z)\in S$，所以S是传递的。

综上可得，S是A上的等价关系。

64. 设A为正整数序偶集合，在A上定义二元关系R如下：$((x,y),(u,v))\in R$当且仅

当 $xv=yu$，证明 R 是等价关系。

证明：对任意的 $(x,y)\in A$，因为 $xy=yx$，由 R 的定义，有 $((x,y),(x,y))\in R$，所以 R 是自反的。

对任意的 $((x,y),(u,v))\in R$，则 $xv=yu$，于是 $uy=vx$，由 R 的定义，有 $((u,v),(x,y))\in R$，所以 R 是对称的。

对任意的 $((x,y),(u,v)),((u,v),(w,r))\in R$，则 $xv=yu$，$ur=vw$，于是 $\frac{u}{v}=\frac{x}{y}=\frac{w}{r}$，故 $xr=yw$，由 R 的定义，有 $((x,y),(w,r))\in R$，所以 R 是传递的。

综上可得，R 是等价关系。

65. 设 R 是 A 上的二元关系，令 $R'=tsr(R)$，则

(1) R'是 A 上的等价关系；

(2) 若有等价关系 R''，使得 $R\subseteq R''$，则 $R'\subseteq R''$，即 R'是包含 R 的最小等价关系。

证明：(1) 因为 $r(R)$是自反的，则 $sr(R)$也是自反的且是对称的，进而 $tsr(R)$也是对称和自反的，且是传递的，所以 $tsr(R)$是等价关系。

(2) 因为 R''是等价关系，则 R''是自反的、对称的和传递的，故 $R''=r(R'')=s(R'')=t(R'')$，由 $R\subseteq R''$，有 $r(R)\subseteq r(R'')=R''$，$sr(R)\subseteq s(R'')=R''$，$tsr(R)\subseteq t(R'')=R''$，即 $R'\subseteq R''$。

66. 有人说："等价关系中的自反性可以不要，因为自反性可以从对称性和传递性推出：由对称性，$(a,b)\in R$，则 $(b,a)\in R$，再由传递性，得 $(a,a)\in R$。"你的意见呢？

解：这种说法不对，虽然由对称性和传递性可推出 $(a,a)\in R$，但不能保证对任意的 a，都有 $(a,a)\in R$。例如，$A=\{a,b,c\}$，$R=\{(a,b),(b,a),(a,a),(b,b)\}$，$R$ 是对称的、传递的，但不是自反的。

67. 设 R 是集合 A 上的一个传递和自反关系，定义 A 上的关系 T：$(a,b)\in T$，当且仅当 $(a,b)\in R$ 且 $(b,a)\in R$。证明：T 是一个等价关系。

证明：对任意的 $a\in A$，因为 R 是自反的，故有 $(a,a)\in R$，由 T 的定义，得 $(a,a)\in T$，所以 T 是自反的。

对任意的 $(a,b)\in T$，则 $(a,b)\in R$ 且 $(b,a)\in R$，即 $(b,a)\in R$ 且 $(a,b)\in R$，由 T 的定义，得 $(b,a)\in T$，所以 T 是对称的。

对任意的 $(a,b),(b,c)\in T$，则 $(a,b),(b,a)\in R$ 且 $(b,c),(c,b)\in R$，因为 R 是传递的，故有 $(a,c)\in R$，$(c,a)\in R$，由 T 的定义，得 $(a,c)\in T$，所以 T 是传递的。

综上可知，T 是一个等价关系。

68. 设 $C^*=\{a+b\mathrm{i}\mid a,b$ 为实数，且 $a\neq 0\}$，C^* 上的关系 R 定义为：$(a+b\mathrm{i},c+d\mathrm{i})\in R$ 当且仅当 $ac>0$，证明 R 是等价关系，并给出 R 的等价类的几何说明。

证明：对任意的 $a+b\mathrm{i}\in C^*$，则 $a\neq 0$，而 $a^2>0$，由 R 的定义，有 $(a+b\mathrm{i},a+b\mathrm{i})\in R$，所以 R 是自反的。

对任意的$(a+bi, c+di)\in R$，则 $ac>0$，而 $ca=ac>0$，由 R 的定义，有$(c+di, a+bi)\in R$，所以 R 是对称的。

对任意的$(a+bi, c+di)$，$(c+di, e+fi)\in R$，则 $ac>0$ 且 $ce>0$。于是 $ac\cdot ce>0$，又 $c^2>0$，所以 $ae>0$，由 R 的定义，有$(a+bi, e+fi)\in R$，所以 R 是传递的。

综上可知，R 是等价关系。

关系 R 的等价类，就是在平面上第一、第四象限上的点，或第二、第三象限上的点，因为在这两种情况下，任意两个点(a,b)，(c,d)，都满足 $ac>0$。

69. 试在复数集 $\mathbf{C}$ 中给出一个关系，使它是 $\mathbf{C}$ 的一个等价关系，并以此等价关系构成 $\mathbf{C}$ 的划分。

解：对任意的$(a+bi, c+di)\in\mathbf{C}$，定义关系 R 为：

$$(a+bi, c+di)\in R \text{ 当且仅当 } a^2+b^2=c^2+d^2$$

对任意的 $a+bi\in\mathbf{C}$，因为 $a^2+b^2=a^2+b^2$，由 R 的定义，有$(a+bi, a+bi)\in R$，所以 R 是自反的。

对任意的$(a+bi, c+di)\in R$，则 $a^2+b^2=c^2+d^2$，而 $c^2+d^2=a^2+b^2$，由 R 的定义，有$(c+di, a+bi)\in R$，所以 R 是对称的。

对任意的$(a+bi, c+di)$，$(c+di, e+fi)\in R$，则 $a^2+b^2=c^2+d^2$，$c^2+d^2=e^2+f^2$，故 $a^2+b^2=e^2+f^2$，由 R 的定义，$(a+bi, e+fi)\in R$，所以 R 是传递的。

综上可知，R 是等价关系。

关系 R 所决定的划分，是复平面上以原点为中心的圆的集合，即每个半径 r 对应一个等价类，该等价类对应圆上点的集合。

70. 设 R 是集合 A 上的二元关系，如果对任意的(x,y)，$(y,z)\in R$，有$(z,x)\in R$，则称 R 是循环的。证明：R 是等价关系当且仅当 R 是自反和循环的。

证明：必要性，对任意的(x,y)，$(y,z)\in R$，因为 R 是传递的，有$(x,z)\in R$，又 R 是对称的，所以$(z,x)\in R$。所以 R 是自反的、循环的。

充分性，对任意的$(x,y)\in R$，因为 R 是自反的，所以$(x,x)\in R$，由(x,x)，$(x,y)\in R$，及 R 是循环的，有$(y,x)\in R$，所以 R 是对称的。

对任意的(x,y)，$(y,z)\in R$，因为 R 是循环的，所以$(z,x)\in R$，又 R 是对称的，有$(x,z)\in R$，所以 R 是传递的。

综上可知，R 是等价关系。

71. 设 $C=\{A_1, A_2, \cdots, A_n\}$为集合 A 的覆盖，试由此覆盖确定 A 上的一个相容关系，并说明在什么条件下，此相容关系为等价关系。

解：令 $R=A_1\times A_1\cup A_2\times A_2\cup\cdots\cup A_n\times A_n$，则 R 是 A 上的相容关系。

对任意的 $x\in A$，因为 $A=\bigcup_{i=1}^{n}A_i$，则必存在正整数 k，$1\leqslant k\leqslant n$，使 $x\in A_k$，故$(x,x)\in A_k$

$\times A_k$，由 R 的定义，有 $(x,x)\in R$，所以 R 是自反的。

对任意的 $(x,y)\in R$，必存在正整数 k，$1\leqslant k\leqslant n$，使 $(x,y)\in A_k\times A_k$，则 $(y,x)\in A_k\times A_k$，所以 R 是对称的。

综上可知，R 是相容关系。

只有当此覆盖是 A 划分时，此相容关系 R 为 A 上的等价关系。

72. 设 R 是集合 A 上的二元关系，如果 R 是传递的和反自反的，则称 R 是拟序关系，证明：

(1) 如果 R 是 A 上的拟序关系，则 $r(R)$ 是偏序关系；

(2) 如果 R 是 A 上的偏序关系，则 $R-I_A$ 是拟序关系。

证明：(1) 因为 $r(R)$ 是 R 的自反闭包，必是自反的。

对任意的 (a,b)，$(b,a)\in r(R)=R\cup I_A$，则有以下几种情况：

① (a,b)，$(b,a)\in I_A$，则有 $a=b$；

② (a,b)，$(b,a)\in R$，因为 R 是传递，故 $(a,a)\in R$，而 R 又是反自反的，所以这种情况不可能；

③ $(a,b)\in R$，$(b,a)\in I_A$，则有 $a=b$，亦与 R 的反自反性矛盾；

④ $(a,b)\in I_A$，$(b,a)\in R$，则有 $a=b$，亦与 R 的反自反性矛盾。

总之，当 (a,b)，$(b,a)\in r(R)$ 时，必有 $a=b$，所以 $r(R)$ 是反对称的。

若 R 是传递的，由 60 题知 $r(R)$ 也是传递的。

综上可知，$r(R)$ 是偏序关系。

(2) 对任意的 (x,y)，$(y,z)\in R-I_A$，则 (x,y)，$(y,z)\in R$ 且 (x,y)，$(y,z)\notin I_A$，因为 R 是传递的，则 $(x,z)\in R$，且必有 $(x,z)\notin I_A$。

假设 $(x,z)\in I_A$，则有 $x=z$，即 (x,y)，$(y,x)\in R$，而 R 是反对称的，故 $x=y$，与 $(x,y)\notin I_A$ 矛盾，所以 $(x,z)\notin I_A$，故 $(x,z)\in R-I_A$，因此 $R-I_A$ 是传递的。

如果存在 $x\in A$，使 $(x,x)\in R-I_A$，则 $(x,x)\in R$，$(x,x)\notin I_A$，矛盾。所以对任意的 $x\in A$，有 $(x,x)\notin R-I_A$，因此 $R-I_A$ 是反自反的。

综上可知，$R-I_A$ 是拟序关系。

73. 设 R 是集合 A 上的二元关系，证明：

(1) R 是拟序关系，当且仅当 $R\cap R^{-1}=\varnothing$ 和 $R=t(R)$；

(2) R 是偏序关系，当且仅当 $R\cap R^{-1}=I_A$ 和 $R=tr(R)$。

证明：(1) 必要性，若 R 是拟序关系，则 R 是传递的和反自反的，所以 $R=t(R)$。

假设存在 $(x,y)\in R\cap R^{-1}$，则 $(x,y)\in R$ 且 $(x,y)\in R^{-1}$，即 (x,y)，$(y,x)\in R$，而 R 是传递的，有 $(x,x)\in R$，与 R 的反自反性矛盾。所以 $R\cap R^{-1}=\varnothing$。

充分性，由 $R=t(R)$ 可知，R 是传递的。

假设存在 $x\in A$，有 $(x,x)\in R$，则 $(x,x)\in R^{-1}$，故 $(x,x)\in R\cap R^{-1}$，与 $R\cap R^{-1}=\varnothing$ 矛

盾。则对任意的 $x \in A$，有 $(x,x) \notin R$，所以 R 是反自反的。

综上可知，R 是拟序关系。

(2) 必要性，若 R 是偏序关系，则 R 是自反的、反对称的和传递的，故 $R=r(R)=t(R)$，$tr(R)=t(R)=R$。

由 R 是反对称的，有 $R \cap R^{-1} \subseteq I_A$。

由 R 是自反的，可知 R^{-1} 也是自反的，则有 $I_A \subseteq R, I_A \subseteq R^{-1}$，故 $I_A \subseteq R \cap R^{-1}$，所以 $R \cap R^{-1}=I_A$。

充分性，由 $R=tr(R)$ 可知，R 是传递的，又 $r(R)$ 是自反的，由 60 题知，$tr(R)$ 也是自反的。

因为 $R \cap R^{-1}=I_A$，自然有 $R \cap R^{-1} \subseteq I_A$，所以 R 是反对称的。

综上可知，R 是偏序关系。

74. 设 R 是集合 A 上的二元关系，如果 R 是反自反的、反对称的和传递的，则称 R 是严格序关系。证明：

(1) 如果 R 是偏序关系，则 $R-I_A$ 是严格序关系；

(2) 如果 R 是严格序关系，则 $r(R)$ 是偏序关系。

证明：(1) 假设存在 $x \in A$，使 $(x,x) \in R-I_A$，则 $(x,x) \in R$ 且 $(x,x) \notin I_A$，矛盾。故对任意的 $x \in A$，有 $(x,x) \notin R-I_A$，所以 $R-I_A$ 是反自反的。

对任意的 $(x,y),(y,z) \in R-I_A$，有 $(x,y),(y,z) \in R$ 且 $(x,y),(y,z) \notin I_A$，由 R 是传递的，有 $(x,z) \in R$，且必有 $(x,z) \notin I_A$。

假设 $(x,z) \in I_A$，则 $x=z$，由 $(x,y),(y,z) \in R$ 及 R 的反对称性，有 $x=y$，与 $(x,y) \notin I_A$ 矛盾，所以 $(x,z) \notin I_A$，故 $(x,z) \in R-I_A$，因此 $R-I_A$ 是传递的。

对任意的 $(x,y),(y,x) \in R-I_A$，则 $(x,y),(y,x) \in R$，由 R 的反对称性知 $x=y$，所以 $R-I_A$ 是反对称的。

综上可知，$R-I_A$ 是严格序关系。

(2) 显然，$r(R)$ 是自反的。

因为 R 是反对称的，所以 $R \cap R^{-1} \subseteq I_A$，又 $I_A \subseteq I_A$，则

$$
\begin{aligned}
& r(R) \cap r(R)^{-1} \\
&=(R \cup I_A) \cap (R \cup I_A)^{-1} \\
&=(R \cup I_A) \cap (R^{-1} \cup I_A^{-1}) \\
&=(R \cup I_A) \cap (R^{-1} \cup I_A) \\
&\subseteq I_A \cup I_A \\
&=I_A,
\end{aligned}
$$

所以 $r(R)$ 是反对称的。

因为 R 是传递的，有 60 题知 $r(R)$ 也是传递的。

综上可知，$r(R)$是偏序关系。

75. 设 R 为集合 A 上的偏序关系，S 为集合 B 上的偏序关系，定义二元关系 T 如下：$((x_1,y_1),(x_2,y_2))\in T$ 当且仅当$(x_1,x_2)\in R$ 且$(y_1,y_2)\in T$，证明 T 是 $A\times B$ 上的偏序关系。

证明：对任意的$(x,y)\in A\times B$，则 $x\in A$ 且 $y\in B$，因为 R,S 分别是 A,B 上的偏序关系，故有$(x,x)\in R$，$(y,y)\in S$，由 T 的定义，有$((x,y),(x,y))\in T$，所以 T 是自反的。

对任意的$((x_1,y_1),(x_2,y_2))$，$((x_2,y_2),(x_1,y_1))\in T$，则$(x_1,x_2)$，$(x_2,x_1)\in R$ 且(y_1,y_2)，$(y_2,y_1)\in S$，而 R 和 S 都是反对称的，故 $x_1=x_2$ 且 $y_1=y_2$，于是有$(x_1,y_1)=(x_2,y_2)$，所以 T 是反对称的。

对任意的$((x_1,y_1),(x_2,y_2))$，$((x_2,y_2),(x_3,y_3))\in T$，则$(x_1,x_2)$，$(x_2,x_3)\in R$ 且(y_1,y_2)，$(y_2,y_3)\in S$，而 R 和 S 都是传递的，故$(x_1,x_3)\in R$ 且$(y_1,y_3)\in S$，由 T 的定义，有$((x_1,y_1),(x_3,y_3))\in T$，所以 T 是传递的。

综上可知，T 是偏序关系。

76. 设 $\mathbf{Z}^+$ 上的二元关系为整除关系，$T=\{1,2,\cdots,10\}$，求 T 的上界、下界、最小上界、最大下界。

解：T 的上界为 1，2，…，10 的公倍数，最小上界是 1，2，…，10 的最小公倍数 2520，T 的下界为 1，2，…，10 的公因数 1，最大下界也是 1。

77. 设 R 是集合 A 上的偏序关系，若对 A 的任一非空子集皆存在最小元，则称 R 是良序关系，证明：若 R 是良序关系，则 R 必是线序关系。

证明：对任意的 $x,y\in A$，往证$(x,y)\in R$ 或者$(y,x)\in R$。

因为$\{x,y\}\subseteq A$，由于 R 是良序关系，则在$\{x,y\}$中必存在最小元，或者是 x，或者是 y。若是 x，则有$(x,y)\in R$；若是 y，则有$(y,x)\in R$，所以 R 是线序关系。

78. 设 R 是有限集合 A 上的偏序关系，如果 R 是线序关系，则 R 是良序关系。

证明：设 B 是 A 的任一非空子集，往证 B 中存在最小元。

因为 A 是有限集合，所以 B 也是有限集，不妨设 $B=\{a_1,a_2,\cdots,a_n\}(n\geqslant 1)$，对 n 作数学归纳法。

当 $n=1$ 时，则由 R 是自反的，有$(a_1,a_1)\in R$，故 a_1 是最小元。

设 $n=k$ 时，B 中存在最小元，设为 a。当 $n=k+1$ 时，由归纳假设$\{a_1,a_2,\cdots,a_k\}$中有最小元 a，因为 R 是线序关系，则对于 a_{k+1} 和 a，有$(a,a_{k+1})\in R$，或者$(a_{k+1},a)\in R$，如果$(a,a_{k+1})\in R$，则 a 是$\{a_1,a_2,\cdots,a_k,a_{k+1}\}$的最小元；如果$(a_{k+1},a)\in R$，由 R 是传递的及 a 是$\{a_1,a_2,\cdots,a_k\}$的最小元，有 a_{k+1} 是$\{a_1,a_2,\cdots,a_k,a_{k+1}\}$的最小元。

因此 A 的任一非空子集皆有最小元，所以 R 是良序关系。

79. 设 R 是集合 S 上的关系，S'是 S 的子集，定义 S'上的关系 R'如下：$R'=R\cap(S'\times S')$，证明：

(1) 如果 R 在 S 上是传递的，则 R' 在 S' 上是传递的；

(2) 如果 R 是 S 上的偏序关系，则 R' 是 S' 上的偏序关系；

(3) 如果 R 是 S 上的线序关系，则 R' 是 S' 上的线序关系；

(4) 如果 R 是 S 上的良序关系，则 R' 是 S' 上的良序关系。

证明：(1) 对任意的 $(x,y),(y,z)\in R'$，则 $(x,y),(y,z)\in R$ 且 $(x,y),(y,z)\in S'\times S'$，由 R 是传递的，有 $(x,z)\in R$，又 $x,y,z\in S'$，故 $(x,z)\in S'\times S'$，于是 $(x,z)\in R\cap S'\times S'=R'$，即 R' 是传递的。

(2) 对任意的 $x\in S'$，因为 $S'\subseteq S$ 及 R 是 S 上的偏序关系，有 $(x,x)\in R$ 且 $(x,x)\in S'\times S'$，于是 $(x,x)\in R\cap(S'\times S')=R'$，即 R' 是自反的。

对任意的 $(x,y),(y,x)\in R'$，有 $(x,y),(y,x)\in R$，由 R 是反对称的，有 $x=y$，即 R' 是反对称的。

再由(1)可知，R' 是传递的，所以 R' 是偏序关系。

(3) 由(2)可知，如果 R 是 S 上的偏序关系，则 R' 是 S' 上的偏序关系。

对任意的 $x,y\in S'$，有 $(x,y),(y,x)\in S'\times S'$，又 $S'\subseteq S$，而 R 是 S 上的线序关系，所以或者 $(x,y)\in R$，或者 $(y,x)\in R$，于是或者 $(x,y)\in R'$，或者 $(y,x)\in R'$，因此 R' 是线序关系。

(4) 由(2)可知，如果 R 是 S 上的偏序关系，则 R' 是 S' 上的偏序关系。

对于 S' 的任一非空子集 B，由 $B\subseteq S'\subseteq S$ 及 R 是 S 上的良序关系，于是存在 $a\in B$，使得对任意的 $x\in B$，有 $(a,x)\in R$，又 $a,x\in B\subseteq S'$，有 $(a,x)\in S'\times S'$，所以 $(a,x)\in R'$，即 a 是关于偏序关系 R' 在 B 上的最小元，因此 R' 是良序关系。

80. 设 Π_1 和 Π_2 是非空集合 A 的划分，说明下列各式，哪些是 A 的划分，哪些可能是 A 的划分，哪些不是 A 的划分，并给予证明。

(1) $\Pi_1\cup\Pi_2$；

(2) $\Pi_1\cap\Pi_2$；

(3) $\Pi_1-\Pi_2$。

证明：(1) 当 $\Pi_1=\Pi_2$ 时，$\Pi_1\cup\Pi_2=\Pi_1$，故 $\Pi_1\cup\Pi_2$ 是 A 的划分。

设 $\Pi_1=\{A_1,A_2,\cdots,A_n\}$，$\Pi_2=\{B_1,B_2,\cdots,B_m\}$。

当 $\Pi_1\neq\Pi_2$ 时，不妨设 $B_i\in\Pi_2$，而 $B_i\notin\Pi_1$，但 $B_i\in\Pi_1\cup\Pi_2$。

若 $\Pi_1\cup\Pi_2$ 是 A 的划分，则 $B_i\cap A_1=B_i\cap A_2=\cdots=B\cap A_n=\varnothing$。故对任意 $x\in B_i\subseteq A$，$x\notin A_1,x\notin A_2,\cdots,x\notin A_n$，从而 $x\notin\bigcup_{i=1}^{n}A_i=A$，与 $x\in A$ 矛盾。所以当 $\Pi_1\neq\Pi_2$ 时，$\Pi_1\cup\Pi_2$ 不是 A 的划分。

(2) 当 $\Pi_1=\Pi_2$ 时，$\Pi_1\cap\Pi_2=\Pi_1$ 是 A 的划分。

首先证明，若 $\Pi'\subset\Pi$，Π 是 A 的划分，则 Π' 不可能是 A 的划分。

假设 Π' 是 A 的划分，由 $\Pi'\subset\Pi$，存在 $A_0\in\Pi$，$A_0\notin\Pi'$，对于 Π' 中的任一分块 A'，有

$A'\cap A_0=\varnothing$，则对于任意的 $x\in A_0\subseteq A$，$x\notin A'$，故 $\bigcup\limits_{A'\in\Pi'}A'\neq A$，与 $\bigcup\limits_{A'\in\Pi'}A'=A$ 矛盾。所以划分的任一真子集不可能构成 A 的划分。

最后再证，当 $\Pi_1\neq\Pi_2$ 时，$\Pi_1\cap\Pi_2$ 不是 A 的划分。

设 $\Pi_1=\{A_1,A_2,\cdots,A_n\}$，$\Pi_2=\{B_1,B_2,\cdots,B_n\}$。因为 $\Pi_1\neq\Pi_2$，不妨设存在 $B_i\in\Pi_2$，而 $B_i\notin\Pi_1$，故 $B_i\notin\Pi_1\cap\Pi_2$，由此可得 $\Pi_1\cap\Pi_2\subset\Pi_2$，$\Pi_2$ 是 A 的划分，所以 Π_2 的真子集 $\Pi_1\cap\Pi_2$ 不是 A 的划分。

(3) 若 $\Pi_1\cap\Pi_2=\varnothing$，$\Pi_1-\Pi_2=\Pi_1$ 是 A 的划分。

若 $\Pi_1\cap\Pi_2\neq\varnothing$，存在 $A_i\in\Pi_1$ 且 $A_i\in\Pi_2$，故 $A_i\notin\Pi_1-\Pi_2$，则 $\Pi_1-\Pi_2\subset\Pi_1$，Π_1 是 A 的划分，其真子集 $\Pi_1-\Pi_2$ 不是 A 的划分。

81. 设 R 是集合 A 上的等价关系，$\{A_1,A_2,\cdots,A_n\}$是 A 的子集的集合，当 $i\neq j$ 时，满足 $A_i\nsubseteq A_j$，且对任意的 $a,b\in A$，$(a,b)\in R$ 当且仅当 a,b 同在一个 A_i 中，证明：$\{A_1,A_2,\cdots,A_n\}$是 A 的一个划分。

证明：(1) 若某个 $A_i=\varnothing$，则对于 $i,j\neq i$，有 $A_i\subseteq A_j$，与 $A_i\nsubseteq A_j$ 矛盾，所以 $A_1,A_2,\cdots,A_n$ 是 A 的非空子集。

(2) 因为 $A_i\subseteq A(i=1,2,\cdots,n)$，所以 $\bigcup\limits_{i=1}^{n}A_i\subseteq A$。

对任意的 $x\in A$，因为 R 是等价关系，所以 $(x,x)\in R$，则存在 A_i，使 $x\in A_i\subseteq\bigcup\limits_{i=1}^{n}A_i$，故 $A\subseteq\bigcup\limits_{i=1}^{n}A_i$，所以 $\bigcup\limits_{i=1}^{n}A_i=A$。

(3) 当 $i\neq j$ 时，$A_i\cap A_j=\varnothing$。

假设 $A_i\cap A_j\neq\varnothing$，则存在 $x\in A_i\cap A_j$，对任意的 $y\in A_i$，则 $(x,y)\in R$，再由 $x\in A_i$，有 $y\in A_j$，故 $A_i\subseteq A_j$，与 $A_i\nsubseteq A_j$ 矛盾。

综上可得，$\{A_1,A_2,\cdots,A_n\}$是 A 的划分。

82. 设$\{A_1,A_2,\cdots,A_n\}$是集合 A 的划分，若 $A_i\cap B\neq\varnothing(i=1,2,\cdots,n)$，证明：$\{A_1\cap B,A_2\cap B,\cdots,A_n\cap B\}$是集合 $A\cap B$ 的划分。

证明：(1) 因为 $A_i\subseteq A$，所以 $A_i\cap B\subseteq A\cap B$，故 $A_i\cap B$ 是 $A\cap B$ 的非空子集$(i=1,2,\cdots,n)$。

(2) 由 $\bigcup\limits_{i=1}^{n}A_i=A$，可得，

$$\begin{aligned}\bigcup_{i=1}^{n}(A_i\cap B)&=(A_1\cap B)\cup(A_2\cap B)\cup\cdots\cup(A_n\cap B)\\&=(A_1\cup A_2\cup\cdots\cup A_n)\cap B\\&=A\cap B.\end{aligned}$$

(3) 当 $i\neq j$ 时，$A_i\cap A_j=\varnothing$，则

$(A_i\cap B)\cap(A_j\cap B)=A_i\cap A_j\cap B\cap B$

$=\varnothing\cap B$

$=\varnothing$,

综上可得，$\{A_1\cap B, A_2\cap B, \cdots, A_n\cap B\}$是集合 $A\cap B$ 的划分。

83. 设 Π_1 和 Π_2 是非空集合 A 上的划分，R_1 和 R_2 分别由 Π_1 和 Π_2 诱导的等价关系，则 Π_2 细分 Π_1 的充分必要条件是 $R_2\subseteq R_1$。

证明：必要性，对任意的$(a,b)\in R_2$，因为 R_2 是由 Π_2 所诱导的，故在 Π_2 中存在一个非空子集 A_2，使得 $a,b\in A_2$。

对于 A_2，因为 Π_2 细分 Π_1，故在 Π_1 中存在一个非空子集 A_1，使 $A_2\subseteq A_1$，则 $a,b\in A_1$，又由于 R_1 是由 Π_1 所诱导的，所以$(a,b)\in R_1$，因此 $R_2\subseteq R_1$。

充分性，对于 Π_2 中的任一非空子集 A_2，因为 $A_2\neq\varnothing$，设 $a\in A_2$，则 $A_2=[a]_{R_2}=\{x\mid(x,a)\in R_2\}$，由此可得 $A_1=[a]_{R_1}=\{x\mid(x,a)\in R_1\}$，因为 $R_2\subseteq R_1$，有 $A_2\subseteq A_1$，且 $A_1\in\Pi$，所以 Π_2 细分 Π_1。

84. 设 R_n 是整数集 I 上模 n 同余关系，R_m 是 I 上模 m 同余关系，Π_1，Π_2 分别是由 R_n，R_m 所诱导的 I 上的划分，证明：Π_2 细分 Π_1 的充分必要条件是 m 是 n 的整数倍。

证明：由题设

$$R_n=\{(x,y)\mid x\equiv y(\bmod n)\}$$
$$R_m=\{(x,y)\mid x\equiv y(\bmod m)\}$$

必要性，若 Π_2 细分 Π_1，则 $R_m\subseteq R_n$，对于$(m,0)\in R_m$，故$(m,0)\in R_n$，即 $m\equiv 0(\bmod n)$，所以 m 是 n 的整数倍。

充分性，对任意的$(x,y)\in R_m$，则 $x\equiv y\ (\bmod m)$，于是 m 能整除 $x-y$，又 m 是 n 的整数倍，即 n 能整除 m，所以 n 整除 $x-y$，故 $x\equiv y\ (\bmod n)$，即$(x,y)\in R_n$，所以 $R_m\in R_n$，由习题 83 知 Π_2 细分 Π_1。

85. 设 $\mathbf{Z}$ 是整数集合，R 是 $\mathbf{Z}$ 上的模 6 同余关系，试求由 R 所诱导的划分 Π。

解：由题设

$$R=\{(x,y)\mid x\equiv y\ (\bmod 6)\}$$

由 R 所形成的等价类的集合，即是 R 所诱导的划分 Π，所以

$$\Pi=\{[0],[1],[2],[3],[4],[5]\}$$

其中：$[i]=\{6x+i\mid x\in\mathbf{Z}\}(i=0,1,2,3,4,5)$。

第三章　映射和函数

一、内容提要

1. 函数与映射

函数：设 f 是集合 A 到 B 的关系，若对每一个 $x\in A$，存在唯一的 $y\in B$，使得 $(x,y)\in f$，则称 f 是从 A 到 B 的映射(或称 f 为函数)，记作 $f:A\to B$，若 $(x,y)\in f$，记作 $y=f(x)$。

定义域：设 $f:A\to B$，称 A 为 f 的定义域，记为 $\mathrm{dom}f$。

值域：设 $f:A\to B$，称 $f(A)=\{y\mid$存在 $x\in A$，使 $y=f(x)\}$ 为 f 的值域，记作 $\mathrm{ran}f$。

函数相等：设 f 和 g 是从集合 A 到 B 的两个函数，若对于任意的 $x\in A$，都有 $f(x)=g(x)$，则称 f 和 g 是相等的，记作 $f=g$。

映射集合：从 A 到 B 的所有映射的集合，记作 B^A，即

$$B^A=\{f\mid f:A\to B\}$$

满射：设 $f:A\to B$，若 $f(A)=B$，即对任意的 $y\in B$，存在 $x\in A$，使 $y=f(x)$，则称 f 为满射。

单射：设 $f:A\to B$，对任意的 $x_1,x_2\in A$，若 $f(x_1)=f(x_2)$，就有 $x_1=x_2$，则称 f 为单射(或称 f 为入射)。

双射：设 $f:A\to B$，若 f 既是满射又是单射，则称 f 为双射。

f 对 A' 限制：设 $f:A\to B$，$A'\subseteq A$，f 对 A' 的限制表示为 $f|A'$，定义为

$$f|A':A'\to B，对任意的 x\in A'，f|A'(x)=f(x)$$

2. 复合映射和逆映射

逆映射：设 $f:A\to B$ 是双射，f 的逆关系称为 f 的逆映射，记为 $f^{-1}:B\to A$。

复合映射：设 $f:A\to B$，$g:B\to C$，则

$$g\circ f=\{(x,z)\mid x\in A,z\in C，且存在 y\in B,y=f(x),z=g(y)\}$$

称作 f 与 g 的复合函数，简记为 gf。

定理 3.2.1：设 $f:A\to B$ 是双射，则 $f^{-1}:B\to A$ 也是双射，且 $(f^{-1})^{-1}=f$。

定理 3.2.2：设 $f:A\to B$，$g:B\to C$，则

(1)　若 f 与 g 都是满射，则 $g\cdot f$ 也是满射；

(2)　若 f 与 g 都是单射，则 $g\cdot f$ 也是单射；

(3)　若 f 与 g 都是双射，则 $g\cdot f$ 也是双射。

3. **基数的概念**

后继集：设 A 为集合，称 $A^{+}=A\cup\{A\}$ 为 A 的后继集。

等势：设 A,B 是集合，若 A 与 B 之间存在双射，则称 A 和 B 是等势的，记作 $A\sim B$。

有限集：设 A 是集合，若 $A\sim\{0,1,2,\cdots,n-1\}$，则称 A 是有限集。

无限集：设 A 是集合，如果 A 不是有限集，则称 A 是无限集。

基数：设 A 是集合，所有与 A 等势的集合组成的集合，称作 A 的基数，记作 $K[A]$，即

$$K[A]=\{\ x\mid x\text{ 是集合，且 }x\sim A\}$$

定理 3.3.1：集合族上的等势关系是一个等价关系。

定理 3.3.2：自然数集合 **N** 是无限集。

4. **可数集与不可数集**

可数集：与自然数集合等势的集合称为可数集，可数集合的基数记为 Ψ_0。

至多可数集：有限集和可数集，统称为至多可数集。

连续统的势：称实数集的基数为连续统的势，记作 Ψ。

定理 3.4.1：A 为可数集的充分必要条件是 A 中的元素可以排列成：

$$A=\{a_1,a_2,\cdots,a_n,\cdots\}$$

定理 3.4.2：任一无限集合必含有可数子集。

定理 3.4.3：任一无限集合必与其某一真子集等势。

定理 3.4.4：可数集的任何无限子集也是可数的。

定理 3.4.5：可数个两两互不相交的可数集合的并集，仍是可数集。

定理 3.4.6：设 **N** 是自然数集合，则 $\mathbf{N}\times\mathbf{N}$ 是可数集。

定理 3.4.7：有理数集合是可数集。

定理 3.4.8：实数集合不是可数集。

5. **基数的比较**

基数的大小：设 A,B 是集合，若从 A 到 B 存在一个入射，则称 A 的基数不大于 B 的基数，记作 $K[A]\leqslant K[B]$。若从 A 到 B 存在一个入射，但不存在双射，则称 A 的基数小于 B 的基数，记作 $K[A]<K[B]$。

Zermelo 定理：设 A,B 是集合，则以下三式有且只有一式成立：

(1) $K[A]<K[B]$；

(2) $K[B]<K[A]$；

(3) $K[A]=K[B]$。

Cantor-Schroder-Bernstein 定理：设 A,B 是集合，若 $K[A]\leqslant K[B]$，$K[B]\leqslant K[A]$，则 $K[A]=K[B]$。

定理 3.5.1：设 A 是有限集合，则 $K[A]<\Psi_0<\Psi$。

定理 3.5.2：设 A 是无限集合，则 $\Psi_0\leqslant K[A]$。

Cantor 定理：设 A 是集合，则 $K[A]<K[\rho(A)]$。

二、习题与解

1. 试判断下列关系中哪一个构成映射：

(1) $R_1=\{(a,b)\mid a+b<20$，且 $a,b\in\mathbf{N}\}$；

(2) $R_2=\{(a,b)\mid b$ 等于小于 a 的质数的个数，$a,b\in\mathbf{N}\}$。

解：(1) 不是。因为有 $(1,2),(1,3)\in R_1$。

(2) 是。

2. 下列集合哪些能构成映射？若能，试求出所定义的映射的定义域和值域；若不能，说明理由。

(1) $R_1=\{(1,(2,3)),(2,(3,4)),(3,(1,4)),(4,(1,4))\}$；

(2) $R_2=\{(1,(2,3)),(2,(3,4)),(3,(3,2))\}$；

(3) $R_3=\{(1,(2,3)),(2,(3,4)),(1,(2,4))\}$；

(4) $R_4=\{(1,(2,3)),(2,(2,3)),(3,(2,3))\}$。

解：(1) 能，定义域为 $\{1,2,3,4\}$，值域为 $\{(2,3),(3,4),(1,4)\}$。

(2) 能，定义域为 $\{1,2,3\}$，值域为 $\{(2,3),(3,4),(3,2)\}$。

(3) 不能，因为有 $(1,(2,3)),(1,(2,4))\in R_3$。

(4) 能，定义域为 $\{1,2,3\}$，值域为 $\{(2,3)\}$。

3. 设集合 $A=\{0,1,2,3,4,5\}$，$B=\{0,1\}$，σ 定义为 $\sigma(2n)=0,\sigma(2n+1)=1,n=0,1,2$，$C=\{2,3\}$，试求 σ/C。

解：$\sigma/C=\{(2,0),(3,1)\}$。

4. 设集合 $A=\{a,b,c\}$，$B=\{1,2\}$，构成映射 $\sigma:A\to B$，试列出所有的映射 σ，并指出哪些是满射、单射和双射。

解：$\sigma_1=\{(a,1),(b,1),(c,1)\}$，

$\sigma_2=\{(a,1),(b,1),(c,2)\}$，

$\sigma_3=\{(a,1),(b,2),(c,1)\}$，

$\sigma_4=\{(a,2),(b,1),(c,1)\}$，

$\sigma_5=\{(a,2),(b,2),(c,1)\}$，

$\sigma_6=\{(a,2),(b,1),(c,2)\}$，

$\sigma_7=\{(a,2),(b,2),(c,2)\}$，

$\sigma_8=\{(a,2),(b,2),(c,2)\}$，

其中 $\sigma_2,\sigma_3,\sigma_4,\sigma_5,\sigma_6,\sigma_7$ 是满射的，没有单射和双射。

5. 设集合 $A=\{a,b,c,d\}$，$B=\{1,2,3,4\}$，σ_1 和 σ_2 是从 A 到 B 的映射：

(1) $\sigma_1=\{(a,1),(b,2),(c,3),(d,2)\}$；

(2) $\sigma_2=\{(a,1),(b,3),(c,4),(d,2)\}$。

试问：σ_1 和 σ_2 是否是满射，是否是单射？

解：σ_1 既不是满射，也不是单射；σ_2 是满射，也是单射。

6. 设 $\mathbf{R}$ 为实数集，$\mathbf{C}$ 为复数集，映射 $\sigma:\mathbf{R}\to\mathbf{C}$。

(1) $\sigma_1(a)=\mathrm{i}|a|$，其中 $a\in\mathbf{R}$，$\mathrm{i}\in\mathbf{C}$ 为虚数单位；

(2) $\sigma_2(a)=\mathrm{i}a$，其中 $a\in\mathbf{R}$，$\mathrm{i}\in\mathbf{C}$。

试问：σ_1 和 σ_2 是否是满射，是否是单射？

解：σ_1 既不是满射，也不是单射，σ_2 是单射。

7. 下列映射中哪些是满射？哪些是单射？哪些是双射？

(1) $\sigma_1:\mathbf{N}\to\mathbf{N}$，$\sigma_1(n)=\begin{cases}1, n \text{ 是奇数}\\ 0, n \text{ 是偶数}\end{cases}$；

(2) $\sigma_2:\mathbf{N}\to\{0,1\}$，$\sigma_2(n)=\begin{cases}1, n \text{ 是奇数}\\ 0, n \text{ 是偶数}\end{cases}$；

(3) $\sigma_3:\mathbf{Z}\to\mathbf{N}$，$\sigma_3(a)=|2a|+1$；

(4) $\sigma_4:\mathbf{R}\to\mathbf{R}$，$\sigma_4(a)=2a+6$。

解：σ_2 是满射，σ_4 是双射。

8. 设 $\mathbf{R}$ 为实数集，$\sigma:\mathbf{R}\times\mathbf{R}\to\mathbf{R}$，$\sigma(x,y)=x+y$，又 $\tau:\mathbf{R}\times\mathbf{R}\to\mathbf{R}$，$\tau(x,y)=x\cdot y$，试证明 σ 和 τ 是满射，而不是单射。

证明：对任意的 $x\in\mathbf{R}$，存在 $(0,x),(1,x)\in\mathbf{R}\times\mathbf{R}$，使得 $\sigma(0,x)=x$，$\tau(1,x)=x$，所以 σ 和 τ 是满射。

又 $\sigma(0,x)=\sigma(x,0)$，$\tau(1,x)=\tau(x,1)$，所以 σ 和 τ 都不是单射。

9. 设 A 和 B 是有限集合，它们的基数都是 n，则 $\sigma:A\to B$ 是单射的充分必要条件是 σ 为满射。

证明：必要性，若 σ 是单射，则 $|A|=|\sigma(A)|$，又因为 $|A|=|B|$，故 $|\sigma(A)|=|B|$，而 $\sigma(A)\subseteq B$，所以 $\sigma(A)=B$，即 σ 是满射。

充分性，若 σ 是满射，则 $\sigma(A)=B$，于是 $|A|=|B|=|\sigma(A)|$，有 $|A|=|\sigma(A)|$，故 σ 是单射。

10. 假设 f 和 g 是函数，且有 $f\subseteq g$ 和 $D_g\subseteq D_f$，证明 $f=g$。

证明：对任意的 $(x,y)\in g$，$x\in D_g$，又 $D_g\subseteq D_f$，则存在 y_1，使 $(x,y_1)\in f$，由已知 $f\subseteq g$，有 $(x,y_1)\in g$，由映射定义，有 $y=y_1$，即 $(x,y)\in f$，所以 $g\subseteq f$，再由 $f\subseteq g$，因此 $f=g$。

11. 假设 A 和 B 是有限集合，找出从 A 到 B 存在入射的充要条件是什么？

解：从 A 到 B 存在入射的充要条件是 $|A|\leqslant|B|$，且对任意的 $x_1,x_2\in A$，若 $f(x_1)=f(x_2)$，则 $x_1=x_2$。

12. 假设 f 和 g 是函数，证明 $f\cap g$ 也是函数。

证明：$f\cap g=\{(x,y)\mid x\in D_f$ 且 $x\in D_g, y=f(x)=g(x)\}=\{(x,y)\mid x\in D_f\cap D_g$，且 $y=f(x)=g(x)\}$。

令 $h=f\cap g$，则 $D_h=\{x\mid x\in D_f\cap D_g, f(x)=g(x)\}$，若 $y_1\neq y_2$，因为 f 是函数，故必有 $y_1=f(x_1), y_2=f(x_2)$，且 $x_1\neq x_2$，所以 $h=f\cap g$ 是一个函数。

13. 设 A 和 B 是有限集合，试问从 A 到 B 有多少不同的入射函数和多少不同的双射函数？

解：设 $|A|=m, |B|=n$，则有 $C_n^m\cdot m!$ 个不同的入射函数，当 $m=n$ 时，有 $m!$ 个不同的双射，若 $m\neq n$，则没有双射。

14. 设 **R** 为实数集，**R** 到 **R** 的函数定义如下：对任意 $x\in\mathbf{R}$，$\sigma(x)=2x+1$，$\tau(x)=x-3$，$\varphi(x)=4x$，求 $\sigma\cdot\tau$，$\tau\cdot\sigma$，$\sigma\cdot\sigma$，$\tau\cdot\tau$，$\sigma\cdot\varphi$，$\varphi\cdot\sigma$，$\sigma\cdot\varphi\cdot\tau$。

解：$\sigma\cdot\tau(x)=\sigma(\tau(x))=\sigma(x-3)=2(x-3)+1=2x-5$，

同理可求：$\tau\cdot\sigma(x)=2x-2$，

$\sigma\cdot\sigma(x)=4x-13$，

$\tau\cdot\tau(x)=x-6$，

$\sigma\cdot\varphi(x)=8x+1$，

$\varphi\cdot\sigma(x)=8x+4$，

$\sigma\cdot\varphi\cdot\tau(x)=8x-23$。

15. 下列关系哪些是函数？哪些是满射？哪些是单射？对于每一个双射，写出它的逆函数：

(1) $\sigma_1:\mathbf{N}\to\mathbf{N}$，$\sigma_1(x)=x^2+1$；

(2) $\sigma_2:\mathbf{N}\to\mathbf{R}$，$\sigma_2(x)=\dfrac{1}{x}$；

(3) $\sigma_3:\mathbf{Z}\times\mathbf{N}\to\mathbf{R}$，$\sigma_3(z,n)=\dfrac{z}{n+1}$；

(4) $\sigma_4:\{a,b,c\}\to\{1,2,3\}$，

$\sigma_4=\{(a,2),(b,3),(c,1)\}$；

(5) $\sigma_5:\mathbf{N}\to\mathbf{N}$，$\sigma_5(x)=2^x$。

解：(1) 单射　　(2) 单射　　(3) 满射

(4) 双射，$\sigma_4^{-1}=\{(2,a),(3,b),(1,c)\}$　　(5) 单射

16. 设 $(\tau\cdot\sigma)^{-1}$ 是函数，求证 σ 和 τ 是单射不一定成立。

证明：设 $\sigma=\{(a_1,b_1),(a_2,b_3),(a_3,b_4)\}$，

$\tau=\{(b_1,c_1),(b_2,c_1),(b_3,c_2),(b_4,c_3)\}$，

$\tau\cdot\sigma=\{(a_1,c_1),(a_2,c_2),(a_3,c_3)\}$,

$(\tau\cdot\sigma)^{-1}=\{(c_1,a_1),(c_2,a_3),(c_3,a_3)\}$是双射,但 τ 不是入射。

17. 设 $\sigma:A\to B,\tau:B\to C,\sigma,\tau$ 都是双射函数,求证 $(\tau\cdot\sigma)^{-1}=\sigma^{-1}\cdot\tau^{-1}$。

证明:$(\tau\cdot\sigma)\cdot(\sigma^{-1}\cdot\tau^{-1})=\tau\cdot(\sigma\cdot\sigma^{-1})\cdot\tau^{-1}=\tau\cdot\tau^{-1}=I_C$,$(\sigma^{-1}\cdot\tau^{-1})\cdot(\tau\cdot\sigma)=\sigma^{-1}\cdot(\tau^{-1}\cdot\tau)\cdot\sigma=\sigma^{-1}\cdot\sigma=I_A$,故 $(\tau\cdot\sigma)^{-1}=\sigma^{-1}\cdot\tau^{-1}$。

18. 对下述每组集合 A 和 B,构造一个从 A 到 B 的双射,说明 A 和 B 具有相同的势。

(1) $A=(0,1),B=(0,2)$;

(2) $A=\mathbf{N},B=\mathbf{N}\times\mathbf{N}$;

(3) $A=\mathbf{Z}\times\mathbf{Z},B=\mathbf{N}$;

(4) $A=\mathbf{R},B=(0,\infty)$;

(5) $A=[0,1),B=\left(\frac{1}{4},\frac{1}{2}\right]$。

解:(1) 对任意的 $x\in A$,令 $f(x)=2x$。

(2) 设 $A=\{0,1,2,\cdots\}$,其对应 B 可按序偶次序记为:$B=\{(0,0),(0,1),(1,0),(0,2),(1,1),(2,0),(0,3),(1,2),(2,1),(3,0),\cdots\}$。

(3) 设 $f:\mathbf{N}\to\mathbf{Z}$,对任意的 $n\in\mathbf{N}$,

令 $f(n)=\begin{cases}-\frac{1}{2}n, & n\text{ 为偶数}\\ \frac{1}{2}(n+1), & n\text{ 为奇数}\end{cases}$,故 f 为双射。

设 $g:\mathbf{N}\times\mathbf{N}\to\mathbf{Z}\times\mathbf{Z}$,对任意的 $(m,n)\in\mathbf{N}\times\mathbf{N}$,令 $g(m,n)=(f(m),f(n))$,则 g 是双射,即在 $\mathbf{Z}\times\mathbf{Z}$ 和 $\mathbf{N}\times\mathbf{N}$ 之间存在双射,由(2)知,在 $\mathbf{N}$ 和 $\mathbf{N}\times\mathbf{N}$ 之间存在双射,故在 $\mathbf{Z}\times\mathbf{Z}$ 和 $\mathbf{N}$ 之间必存在双射。

(4) 设 $f:A\to B$,对任意的 $x\in A$,令

$$f(x)=\tan\frac{\arctan x+\frac{\pi}{2}}{2}$$

(5) 设 $f:A\to B$,对任意的 $x\in A$,令 $f(x)=-\frac{1}{4}x+\frac{1}{2}$。

19. 证明(0,1)与[0,1)等势,[0,1)与[0,1]等势。

证明:(1) 设 $A=\{\frac{1}{2},\frac{1}{3},\frac{1}{4},\cdots,\frac{1}{n},\cdots\}$,$f:(0,1)\to[0,1)$,对任意的 $x\in(0,1)$,令

$$f(x)=\begin{cases}0, & x=\dfrac{1}{2}\\ \dfrac{1}{n-1}, & x\in A, x=\dfrac{1}{n}\\ x, & x\in(0,1)-A\end{cases}$$

则 f 是双射，故 $(0,1)$ 与 $[0,1)$ 等势。

(2) 设 $A=\{0,\frac{1}{2},\frac{1}{3},\frac{1}{4},\cdots\}$，$f:[0,1)\to[0,1]$，对任意的 $x\in[0,1)$，令

$$f(x)=\begin{cases}0, & x=0\\ \dfrac{1}{n-1}, & x\in A, x=\dfrac{1}{n}\\ x, & x\in[0,1)-A\end{cases}$$

则 f 是双射，故 $[0,1)$ 与 $[0,1]$ 等势。

20. 若 $X_1\sim X_2$ 和 $Y_1\sim Y_2$，且 $X_1\cap Y_1=X_2\cap Y_2=\varnothing$，证明 $X_1\cup Y_1\sim X_2\cup Y_2$。

证明：由 $X_1\sim X_2$，$Y_1\sim Y_2$，存在双射 $f:X_1\to X_2$，$g:Y_1\sim Y_2$。

设 $h:X_1\cup Y_1\to X_2\cup Y_2$，对任意的 $x\in X_1\cup Y_1$，由 $X_1\cap Y_1=\varnothing$，可知 $x\in X_1$ 和 $x\in Y_1$ 有且只有一式成立，则令

$$h(x)=\begin{cases}f(x), & x\in X_1\\ g(x), & x\in Y_1\end{cases}$$

对任意的 $y\in X_2\cup Y_2$，因 $X_2\cap Y_2=\varnothing$，则 $y\in X_2$ 与 $y\in Y_2$ 有且只有一式成立。

若 $y\in X_2$，由 f 是双射，则存在 $x\in X_1$，使 $f(x)=y$。

若 $y\in Y_2$，由 g 是双射，则存在 $x\in y_1$，使 $g(x)=y$。

故对任意的 $y\in X_2\cup Y_2$，必存在 $x\in X_1\cup Y_1$，使 $h(x)=y$，所以 h 是满射。

对任意的 $x_1,x_2\in X_1\cup Y_1$，若 $h(x_1)=h(x_2)$，由 $X_2\cap Y_2=\varnothing$，则 $h(x_1),h(x_2)\in X_2$，或 $h(x_1),h(x_2)\in Y_2$。

若 $h(x_1),h(x_2)\in X_2$，由 h 的定义，$h(x_1)=h(x_2)=f(x_1)=f(x_2)$，因为 f 是双射，有 $x_1=x_2$。

若 $h(x_1),h(x_2)\in Y_2$，由 h 的定义，$h(x_1)=h(x_2)=g(x_1)=g(x_2)$，因为 g 是双射，有 $x_1=x_2$，所以 h 是单射。

综上，h 为双射，故 $X_1\cup Y_1\sim X_2\cup Y_2$。

21. 若 $A\sim C$ 和 $B\sim D$，证明 $A\times B\sim C\times D$。

证明：由 $A\sim C$，$B\sim D$，存在双射 $f:A\to C$ 和 $g:B\to D$。

设 $h:A\times B\to C\times D$，对任意的 $(x,y)\in A\times B$，令 $h(x,y)=(f(x),g(y))$。

对任意的 $(c,d)\in C\times D$，$c\in C$，$d\in D$，因为 f,g 是双射，则存在 $a\in A$，$b\in B$，使 $c=$

$f(a)$，$d=g(b)$，即存在$(a,b)\in A\times B$，使$(c,d)=(f(a),g(b))=h(a,b)$，所以 h 是满射。

对任意的(a_1,b_1)，$(a_2,b_2)\in A\times B$，若 $h(a_1,b_1)=h(a_2,b_2)$，则有$(f(a_1),g(b_1))=(f(a_2),g(b_2))$，即 $f(a_1)=f(a_2)$，$g(b_1)=g(b_2)$，由于 f，g 是双射，故 $a_1=a_2$，$b_1=b_2$，即$(a_1,b_1)=(a_2,b_2)$，所以 h 是单射。

综上，h 是双射，故 $A\times B\sim C\times D$。

22. 下列集合 A 的势是什么？

(1) $A=\{(p,q)\mid p,q$ 都是整数$\}$；

(2) $A=\{(p,q)\mid p,q$ 都是有理数$\}$；

(3) A 是由所有半径为 1，圆心在 x 轴上的圆周所组成的集合；

(4) A 是由实数轴上所有两两不相交的有限开区间组成的集合。

解：(1) Ψ_0：事实上 $A=\mathbf{Z}\times\mathbf{Z}$，而 $\mathbf{Z}\times\mathbf{Z}\sim\mathbf{N}$。

(2) Ψ_0：$A=\mathbf{Q}\times\mathbf{Q}$，又 $\mathbf{Q}\times\mathbf{Q}\sim\mathbf{N}$。

(3) Ψ：A 中的每一个圆周都对应其圆心，故 $A\sim\mathbf{R}$。

(4) Ψ_0：在 A 中的每一个有限开区间内任意一个有理数，则 A 与有理数集的无限子集等势，而可数集与其任一无限子集皆等势，故 $A\sim\mathbf{Q}$。

23. 如果 A 是不可数无穷集，M 是 A 的可数子集，则$(A-M)\sim A$。

证明：设 $B=A-M$，则 B 不是有限集。因为 $A=B\cup M$，若 B 是有限集，又 M 是可数集，则 A 为可数集，矛盾，所以 B 为无限集，则 B 中含有可数子集，设为 C，令 $D=B-C$，即 $B=C\cup D$。

由 $A=B\cup M=C\cup D\cup M$，$A-M=B=C\cup D$，因为 $C\cap M=\varnothing$，又 C，M 都是可数集，有 $C\cup M$ 也是可数集，则 $C\cup M\sim C$，而 $D\sim D$，$(C\cup M)\cap D=\varnothing$，$C\cap D=\varnothing$，所以 $C\cup M\cup D\sim C\cup D$，即 $A\sim(A-M)$。

24. 如果 A 是任意无限集，M 是一个可数集，则$(A\cup M)\sim A$。

证明：(1) 若 A 为可数集，则 $A\cup M$ 仍是可数集，故 $A\cup M\sim A$。

(2) 若 A 不是可数集，因为 $M-(A\cap M)\subseteq M\subseteq A\cup M$，则 $M-(A\cap M)$是可数集，又 $A\cup M$ 是不可数无限集，由 23 题有 $A\cup M\sim(A\cup M)-(M-(A\cap M))$，其中$(A\cup M)-(M-A\cap M)=A$，所以$(A\cup M)\sim A$。

25. 如果两集合 A_1 和 A_2 都是可数的，证明 $A_1\times A_2$ 也是可数的。

证明：由 A_1，A_2 是可数集，有 $A_1\sim\mathbf{N}$，$A_2\sim\mathbf{N}$，由 21 题，有 $A_1\times A_2\sim\mathbf{N}\times\mathbf{N}$，而 $\mathbf{N}\times\mathbf{N}\sim\mathbf{N}$，所以 $A_1\times A_2\sim\mathbf{N}$，即 $A_1\times A_2$ 是可数集。

26. 有限集 A 和可数集 B 的笛卡儿积集 $A\times B$ 是可数集。

证明：因为 A 为有限集，则 $A\cup\mathbf{N}$ 是可数集，由 25 题知，$(A\cup\mathbf{N})\times B$ 是可数集，又 $A\times B\subseteq(A\cup\mathbf{N})\times B$，且 $A\times B$ 是无限集，则 $A\times B$ 是可数集。

27. 若 S 为无理数集，证明 $K[S]=\Psi$。

证明：设 $\mathbf{R}$ 为实数集，$\mathbf{Q}$ 为有理数集，则 $\mathbf{R}=\mathbf{Q}\cup S$，由 23 题知 $\mathbf{R}\sim(\mathbf{R}\sim\mathbf{Q})$，即 $\mathbf{R}\sim S$，所以 $K(S)=\Psi$。

28. 令 $K[A]=\Psi$，$K[B]=\Psi$，$K[D]=\Psi_0$。这里 A,B,D 为互不相交集合，证明以下各式：

(1) $K[A\cup B]=\Psi$；

(2) $K[A\cup D]=\Psi$。

证明：(1) 因为 $K[A]=K[B]=\Psi$，$K[(0,1)]=K[(1,2)]=\Psi$，故 $A\sim(0,1]$，$B\sim(1,2)$，又 $A\cap B=\varnothing$，$(0,1]\cap(1,2)=\varnothing$，由 20 题知，$A\cup B\sim(0,1]\cup(1,2)=(0,2)$，而 $K[(0,2)]=\Psi$，所以 $K[A\cup B]=\Psi$。

(2) 因为 $K[A]=\Psi$，$K[D]=\Psi_0$，$K[\mathbf{Q}]=\Psi_0$，$K[S]=\Psi$，其中 $\mathbf{Q}$，S 分别为有理数集和无理数集，则 $A\sim S$，$D\sim\mathbf{Q}$，又 $A\cap D=\varnothing$，$S\cap\mathbf{Q}=\varnothing$，由 20 题知，$A\cup D\sim S\cup\mathbf{Q}=\mathbf{R}$，所以 $K[A\cup D]=K[\mathbf{R}]=\Psi$。

29. 证明$[0,1]$，$(0,1]$，$[0,1)$，$(0,1)$是等势的。

证明：(1) 设 $f:[0,1]\to(0,1]$，令 $f(x)=\dfrac{x}{2}+\dfrac{1}{2}$，$f$ 为入射；

设 $g:(0,1]\to[0,1]$，令 $g(x)=x$，g 为入射，故$[0,1]\sim(0,1]$。

(2) 设 $f:(0,1]\to[0,1)$，令 $f(x)=\dfrac{1}{2}-\dfrac{x}{2}$，$f$ 为入射；

设 $g:[0,1)\to(0,1]$，令 $g(x)=1-x$，g 为入射，故$(0,1]\sim[0,1)$。

(3) 设 $f:[0,1)\to(0,1)$，令 $f(x)=x$，f 为入射；

设 $g:(0,1)\to[0,1)$，令 $g(x)=\dfrac{x}{2}+\dfrac{1}{4}$，$g$ 为入射，故$[0,1)\sim(0,1)$。

(4) 设 $f:(0,1)\to[0,1]$，令 $f(x)=x$，f 为入射；

设 $g:[0,1]\to(0,1)$，令 $g(x)=\dfrac{x}{3}+\dfrac{1}{4}$，$g$ 为入射，故$(0,1)\sim[0,1]$。

由上可得$[0,1]\sim(0,1]\sim[0,1)\sim(0,1)$。

30. 证明若从 A 到 B 存在一个满射，则 $K[B]\leqslant K[A]$。

证明：设 $f:A\to B$ 为满射。

$g:B\to A$，对任意的 $b\in B$，由 f 是满射，必存在 $a_1,a_2\cdots\in A$，使 $f(a_i)=b$，则取 a_1，令 $g(b)=a_1$，所以 g 是入射，故 $K[B]\leqslant K[A]$。

31. 设 $\mathbf{N}$ 为自然数集，证明：$K[\rho(\mathbf{N})]=\Psi$。

证明：(1) 首先证明 $K[\rho(\mathbf{N})]\leqslant\Psi$。

设 $g:\rho(\mathbf{N})\to[0,1]$，定义为

对任意的 $S\in\rho(\mathbf{N})$，即 $S\subseteq\mathbf{N}$，定义 $g(S)=.\,x_0x_1x_2\cdots$，这里映射 $g(S)$用二进制表示，且规定

$$\begin{cases} x_{2j}=0 \\ x_{2j+1}=1, & j\in S \quad (j=0,1,2,\cdots) \\ x_{2j+1}=0, & j\notin S \end{cases}$$

即：$g(\varnothing)=0, g(\mathbf{N})=.01010101\cdots$，

$g(\{1,3,5\})=.0001000100010000\cdots$。

由 g 的构造知，g 是单射，所以 $K[\rho(\mathbf{N})]\leqslant\Psi$。

(2) 最后证明 $\Psi\leqslant K[\rho(\mathbf{N})]$。

设 $f:[0,1]\to\rho(\mathbf{N})$，对任意的 $x\in[0,1]$，令 $x=.x_0x_1x_2\cdots$，为 x 的二进制数表示，定义 $f(x)=\{j\mid x_j=1\}$。

即：$f(0)=\varnothing$，

$f(1)=f(.111\cdots)=\mathbf{N}$，

$f(.1010101000\cdots)=\{0,2,4\}$等。

由 f 的定义知，f 是单射，所以 $\Psi\leqslant K[\rho(\mathbf{N})]$。

由 Cantor-Schroder-Bernstein 定理可知 $\Psi=K[\rho(\mathbf{N})]$。

32. 证明 $K[\mathbf{N}^{\mathbf{N}}]=\Psi_0$。

证明：$\mathbf{N}^{\mathbf{N}}=\{f\mid f:\mathbf{N}\to\mathbf{N}\}$。

设 $g:\mathbf{N}^{\mathbf{N}}\to(0,1)$，对任意的 $f\in\mathbf{N}^{\mathbf{N}}$，即 $f:\mathbf{N}\to\mathbf{N}$，对每个 $i\in\mathbf{N}$，使 $f(i)$的二进制表达式为 x_i，令 $g(f)=(0.x_02x_12x_22x_32\cdots)$，其中 2 为分隔符。

例如：$f:\mathbf{N}\to\mathbf{N}, f(x)=2x$，则 $f(0)=(0)_2, f(1)=(10)_2, f(2)=(100)_2, f(3)=(110)_2, f(4)=(1000)_2,\cdots, g(f)=0.021021002110210002\cdots$

$h:\mathbf{N}\to\mathbf{N}, h(x)=3x$，则 $h(0)=(0)_2, h(1)=(11)_2, h(2)=(110)_2, h(3)=(1001)_2, h(4)=(1100)_2, g(h)=0.021121102100121100\cdots$

由 g 的定义知，g 是入射，所以 $K[\mathbf{N}^{\mathbf{N}}]\leqslant\Psi_0$。

设 $\Phi:(0,1)\to\mathbf{N}^{\mathbf{N}}$，对任意的 $x\in(0,1)$，令 $x=0.x_0x_1x_2\cdots$是 x 的十进制小数表示（如 $0.12=0.11999\cdots$），定义 $\Phi(x)=f$，使 $f(0)=x_0, f(1)=x_1, f(2)=x_2,\cdots$。

由 Φ 的定义知 Φ 是入射，所以 $\Psi_0\leqslant K[\mathbf{N}^{\mathbf{N}}]$，故 $K[\mathbf{N}^{\mathbf{N}}]=\Psi_0$。

33. 设 A,B,D 都是集合且 $A\cap B=\varnothing, A\cap D=B\cap D=\varnothing, K[A]=a, K[B]=b, K[D]=d$；若定义 $a+b=K[A\cup B], ab=K[A\times B]$，求证：

(1) $\Psi+\Psi_0=\Psi$；

(2) 如果 $a\leqslant b$，则 $a+d\leqslant b+d$，

(3) 如果 $a\leqslant b$，则 $ad\leqslant bd$。

证明：(1)设 $A=\{x\mid x$ 为无理数$\}, B=\{x\mid x$ 为有理数$\}$，则 $K[A]=\Psi$，$K[B]=\Psi_0$，$A\cap B=\varnothing$，所以

$K[A\cup B]=K[A]+K[B]$

$=\Psi+\Psi_0$

$=K[\mathbf{R}]$

$=\Psi$。

(2) 若 $K[A]\leqslant K[B]$,则存在一个入射 $f:A\to B$,

设 $g:A\cup D\to B\cup D$,对任意的 $x\in A\cup D$,令

$$g(x)=\begin{cases}f(x), & x\in A\\ x, & x\in D\end{cases}$$

由 f 是入射及 g 的定义可知,g 是入射,因此 $K[A\cup D]\leqslant K[B\cup D]$,由 $A\cap D=B\cap D=\varnothing$,故得 $a+d\leqslant b+d$。

(3) 若 $K[A]\leqslant K[B]$,则存在一个入射 $f:A\to B$,

设 $g:A\times D\to B\times D$,对任意的 $(a,d)\in A\times D$,令

$$g(a,d)=(f(a),d)$$

由 f 是入射及 g 的定义可知,g 是入射,因此 $K[A\times D]\leqslant K[B\times D]$,即 $ad\leqslant bd$。

34. 设 $A=\{a,b,c,d\}$,确定映射 $f:A\to A$,满足 $f\neq I_A$,且 f 是单射,并求出 f^2,f^3,f^{-1},$f\circ f^{-1}$;是否能够找到另外一个单射 $g:A\to A$,使得 $g\neq I_A$,但 $g^2=I_A$。

解:

$\{a,b,c,d\}$的任意一个排列均满足要求,例如:

$f=\{(a,b),(b,c),(c,a),(b,d)\}$,

$f^2=\{(a,c),(b,a),(c,b),(d,d)\}$,

$f^3=\{(a,a),(b,b),(c,c),(d,d)\}$,

$f^{-1}=\{(a,c),(b,a),(c,b),(d,d)\}$,

$f\circ f^{-1}=\{(a,a),(b,b),(c,c),(b,d)\}$,

设 $g=\{(a,b),(b,a),(c,d),(d,c)\}\neq I_A$,而 $g\circ g=\{(a,a),(b,b),(c,c),(d,d)\}=I_A$。

35. 设 $f:X\to Y$,$A,B\subseteq X$,证明:

(1) $f(A\cup B)=f(A)\cup f(B)$;

(2) $f(A\cap B)\subseteq f(A)\cap f(B)$。

证明:(1) 对任意的 $y\in f(A\cup B)$,存在 $x\in A\cup B$,使 $y=f(x)$,若 $x\in A$,则 $y\in f(A)\subseteq f(A)\cup f(B)$;若 $x\in B$,则 $y\in f(B)\subseteq f(A\cup B)$,故 $f(A\cup B)\subseteq f(A)\cup f(B)$。

对任意的 $y\in f(A)\cup f(B)$,若 $y\in f(A)$,存在 $x\in A$,使 $y=f(x)$,而 $x\in A\subseteq A\cup B$,所以 $y\in f(A\cup B)$;若 $y\in f(B)$,存在 $x\in B\subseteq A\cup B$,使 $y=f(x)$,所以 $y\in f(A\cup B)$,故 $f(A)\cup f(B)\subseteq f(A\cup B)$。

综上可得,$f(A\cup B)=f(A)\cup f(B)$。

(2) 对任意的 $y\in f(A\cap B)$，存在 $x\in A\cap B$，使 $y=f(x)$，则 $x\in A$ 且 $x\in B$，故 $y\in f(A)$且 $y\in f(B)$，即 $y\in f(A)\cap f(B)$，所以 $f(A\cap B)\subseteq f(A)\cap f(B)$。

36. 设 $f:X\to Y,A,B\subseteq Y$，证明：$f^{-1}(A\cap B)=f^{-1}(A)\cap f^{-1}(B)$。

证明：对任意的 $x\in f^{-1}(A\cap B)$，有 $f(x)\in A\cap B$，则 $f(x)\in A$ 且 $f(x)\in B$，于是 $x\in f^{-1}(A)$且 $x\in f^{-1}(B)$，所以 $x\in f^{-1}(A)\cap f^{-1}(B)$，故 $f^{-1}(A\cap B)\subseteq f^{-1}(A)\cap f^{-1}(B)$。

同理可证，$f^{-1}(A)\cap f^{-1}(B)\subseteq f^{-1}(A\cap B)$，所以有

$$f^{-1}(A\cap B)=f^{-1}(A)\cap f^{-1}(B)$$

37. 设 $f:X\to Y,A,B\subseteq Y$，证明：$f^{-1}(A\cup B)=f^{-1}(A)\cup f^{-1}(B)$。

证明：对任意的 $y\in f^{-1}(A\cup B)$，则存在 $x\in A\cup B$，使 $y=f(x)$。

若 $x\in A$，则 $y\in f^{-1}(A)\subseteq f^{-1}(A)\cup f^{-1}(B)$；

若 $x\in B$，则 $y\in f^{-1}(B)\subseteq f^{-1}(A)\cup f^{-1}(B)$。

所以 $f^{-1}(A\cup B)\subseteq f^{-1}(A)\cup f^{-1}(B)$。

对任意的 $y\in f^{-1}(A)\cup f^{-1}(B)$，则 $y\in f^{-1}(A)$，或者 $y\in f^{-1}(B)$。

若 $f\in f^{-1}(A)$，则存在 $x\in A\subseteq A\cup B$，使 $y=f(x)$，故 $y\in f^{-1}(A\cup B)$；

若 $f\in f^{-1}(B)$，则存在 $x\in B\subseteq A\cup B$，使 $y=f(x)$，故 $y\in f^{-1}(A\cup B)$；

所以 $f^{-1}(A)\cup f^{-1}(B)\subseteq f^{-1}(A\cup B)$，因此 $f^{-1}(A)\cup f^{-1}(B)=f^{-1}(A\cup B)$。

38. 设 $f:A\to B,C\subseteq A$，证明：

$$f(A)-f(C)\subseteq f(A-C)$$

证明：对任意的 $y\in f(A)-f(C)$，则 $y\in f(A)$且 $y\notin f(C)$，于是存在 $x\in A$，使 $y=f(x)$。

若 $x\in C$，由 $y=f(x)$，可得 $y\in f(C)$，与 $y\notin f(C)$矛盾，所以 $x\notin C$，即 $x\in A-C$，因此 $y\in f(A-C)$，故 $f(A)-f(C)\subseteq f(A-C)$。

39. 若 $A\subseteq B$，C 是集合，则 $A^C\subseteq B^C$。

证明：对任意的 $f\in A^C$，即 $f:C\to A$，则 $f\subseteq C\times A\subseteq C\times B$。

由 f 是从 C 到 B 的映射可知，对任意的 $x\in C$，存在 $y\in A\subseteq B$，使 $y=f(x)$。

由 f 是映射，对任意的 $x_1,x_2\in C$，当 $x_1=x_2$ 时，必有 $f(x_1)=f(x_2)$。

综上可知，f 是从 C 到 B 的映射，即 $f\in B^C$，所以 $A^C\subseteq B^C$。

40. 设 $f:X\to X$，证明：

(1) 若 $f\subseteq I_X$，则 $f=I_X$；

(2) 若 $I_X\subseteq f$，则 $f=I_X$。

证明：(1) 对任意的 $x\in X$，因为 f 是函数，则存在唯一的 $y\in X$，使得 $y=f(x)$，即 $(x,y)\in f$，由 $f\subseteq I_X$，有$(x,y)\in I_X$，即 $x=y$。

于是对任意的 $x\in X$，必有$(x,x)\in f$，则 $I_X\subseteq f$，所以 $f=I_x$。

(2) 对任意的$(x,y)\in f$，因为 $x\in X$，故$(x,x)\in I_X$，由 $I_X\subseteq f$，得$(x,x)\in f$，则有

$(x,y),(x,x)\in f$,由 f 是函数,有 $x=y$。

于是对任意的$(x,y)\in f$,必有$(x,y)\in I_X$,即 $f\subseteq I_X$,所以 $f=I_X$。

41. 设 $f:A\to B$,定义一个函数 $g:B\to P(A)$,对于任意的 $b\in B$,令

$$g(b)=\{x \mid x\in A \text{ 且 } f(x)=b\}$$

证明:若 f 是满射,则 g 是入射。其逆成立吗?

证明:对任意的 $y_1,y_2\in B$,由 f 是满射,至少存在 $x_1,x_2\in A$,使 $f(x_1)=y_1,f(x_2)=y_2$,若 $y_1\neq y_2$,

$$g(y_1)=\{x\in A\mid f(x)=y_1\}$$
$$g(y_2)=\{y\in A\mid f(y)=y_2\}$$

因为 $y_1\neq y_2$,有 $f(x)\neq f(y)$,而 f 是函数,故 $x\neq y$,所以 $g(y_1)\neq g(y_2)$,故 g 是入射。但其逆不成立。

例如 $A=\{a,b,c\},B=\{x,y,z\}$,设 $f:A\to B,f(a)=x,f(b)=x,f(c)=y,g:B\to P(A),g(x)=\{a,b\},g(y)=\{c\},g(z)=\varnothing$,则 g 是入射,但 f 不是满射。

42. 设 $f:X\to Y,g:Y\to Z$,若 $g\cdot f$ 是满射,且 g 是入射,证明 f 是满射。

证明:对任意的 $y\in Y$,存在 $z\in Z$,使 $g(y)=z$,又 $g\cdot f$ 是满射,必存在 $x\in X$,使 $g\cdot f(x)=z$,于是有 $z=g(y)=g\cdot f(x)=g(f(x))$,而 g 是入射,故 $y=f(x)$,即对任意的 $y\in Y$,存在 $x\in X$,使 $y=f(x)$,所以 f 是满射。

43. 设 $f:X\to Y,g:Y\to Z$,若 $g\cdot f$ 是单射,且 f 是满射,证明 g 是单射。举例说明若 f 不是满射,则 g 不一定是单射。

证明:对任意的 $y_1,y_2\in Y$,若 $g(y_1)=g(y_2)$,往证 $y_1=y_2$。

因为 f 是满射,对于 $y_1,y_2\in Y$,分别存在 $x_1,x_2\in X$,使得 $f(x_1)=y_1,f(x_2)=y_2$。

又 g 是映射,则有 $g(f(x_1))=g(y_1),g(f(x_2))=g(y_2)$,即 $g\cdot f(x_1)=g(y_1)=g(y_2)=g\cdot f(x_2)$,因为 $g\cdot f$ 是单射,故 $x_1=x_2$,由 f 是映射,有 $f(x_1)=f(x_2)$,所以 $y_1=y_2$,即 g 是单射。

例如:$f:\mathbf{R}^+\to\mathbf{R},g:\mathbf{R}\to\mathbf{R}$,定义映射如下:

$$f(x)=x,g(x)=x^2$$

则 $g\cdot f$ 是单射,但 f 不是满射,g 也不是单射。

44. 设 $\mathbf{R}$ 为实数集,令 $X=\mathbf{R}^{[0,1]}$,在 X 上定义二元关系 S 如下:

$$(f,g)\in S \text{ 当且仅当对任意的 } x\in[0,1],\text{有 } f(x)-g(x)\geqslant 0$$

证明:S 是偏序关系,S 是全序关系吗?

证明:(a)先证 S 是一个偏序关系。

(1) 对任意的 $f\in X$,对任意的 $x\in[0,1]$,有 $f(x)-f(x)\geqslant 0$,故$(f,f)\in S$,即 S 是自反的。

(2) 对任意的 $f,g\in X$,若$(f,g),(g,f)\in S$,则对任意的 $x\in[0,1]$,有 $f(x)-g(x)\geqslant 0$,

$g(x)-f(x)\geqslant 0$,故 $f(x)=g(x)$,$f=g$,即 S 是反对称的。

(3) 对任意的 $f,g,h\in X$,若$(f,g),(g,h)\in S$,则对任意的 $x\in[0,1]$,有 $f(x)-g(x)\geqslant 0$,$g(x)-h(x)\geqslant 0$,故 $f(x)-h(x)\geqslant 0$,于是$(f,h)\in S$,即 S 是传递的。

综上可得,S 是偏序关系。

(b) 再证 S 不是全序关系。

例如,设 $f(x)=x$,$g(x)=-x+1$,则 $f(0)-g(0)=-1$,$g(1)-f(1)=-1$,即 f 和 g 是不可比的,故 S 在 X 上不是全序关系。

45. 设 F 为函数簇 X^X,$f\in F$,证明:f 是传递的,当且仅当 $f^2=f$。

证明:充分性,$f^2=f$,必有 $f^2\subseteq f$,故 f 是传递的。

必要性,若 f 是传递的,必有 $f^2\subseteq f$。

对任意的$(x,y)\in f$,有 $y\in X$,由 f 是函数,存在 $z\in X$,使$(y,z)\in f$,则$(x,z)\in f\cdot f$。由(x,y),$(y,z)\in f$ 及 f 的传递性,有$(x,z)\in f$,由$(x,y)\in f$,$(x,z)\in f$,f 是函数,有 $y=z$,由$(x,z)\in f^2$,得$(x,y)\in f^2$,即对任意的$(x,y)\in f$,有$(x,y)\in f^2$,故 $f\subseteq f^2$,所以 $f^2=f$。

46. 设 $f:A\to B$,$A'\subseteq A$,$B'\subseteq B$,令 $f^{-1}(B')=\{x\mid f(x)\in B'\}$,证明:

(1) $f(f^{-1}(B'))\subseteq B'$;

(2) 若 f 是满射,则 $f(f^{-1}(B'))=B'$;

(3) $A'\subseteq f^{-1}(f(A'))$;

(4) 若 f 是入射,则 $A'=f^{-1}(f(A'))$。

证明:(1) 对任意的 $y\in f(f^{-1}(B'))$,存在 $x\in f^{-1}(B')$,使 $y=f(x)$,故 $f(x)\in B'$,即 $y\in B'$,所以 $f(f^{-1}(B'))\subseteq B'$。

(2) 由(1)知 $f(f^{-1}(B')\subseteq B'$。

对任意的 $y\in B'$,因为 f 是满射,存在 $x\in A$,使 $y=f(x)$,由 $y\in B'$,得 $x\in f^{-1}(B')$,故 $y\in f(f^{-1}(B'))$,有 $B'\subseteq f(f^{-1}(B'))$,于是 $f(f^{-1}(B'))=B'$。

(3) 对任意的 $x\in A'$,$f(x)\in f(A')$,则 $x\in f^{-1}(f(A'))$,于是 $A'\subseteq f^{-1}(f(A'))$。

(4) 由(3)知 $A'\subseteq f^{-1}(f(A'))$。

对任意的 $x\in f^{-1}(f(A'))$,则 $f(x)\in f(A')$,存在 $x'\in A'$,使 $f(x)=f(x')$,因为 f 是入射,故 $x=x'$,即 $x\in A'$,所以 $f(f^{-1}(A'))\subseteq A'$,于是 $f^{-1}(f(A'))=A'$。

47. 设 $h\in X^X$,证明:对任意的 $f,g\in X^X$,若 $h\cdot f=h\cdot g$,则 $f=g$ 当且仅当 h 是一个入射。

证明:必要性,假设 h 不是入射,则存在 $x_1,x_2\in X$,$x_1\neq x_2$,但 $h(x_1)=h(x_2)$,现定义两个函数 f,g 如下:

$$f:X\to X,\text{对任意的 } x\in X,\text{令 } f(x)=x_1$$

$$g:X\to X,\text{对任意的 } x\in X,\text{令 } g(x)=x_2$$

则 $f,g\in X^X$，且 $h\cdot f=h\cdot g$，但 $f\neq g$，与 $f=g$ 矛盾，故 h 是入射。

充分性，假设 $f\neq g$，则存在 $x_1\in X$，使 $f(x_1)\neq g(x_1)$，而 $h\cdot f(x_1)=h\cdot g(x_1)$，即 $h(f(x_1))=h(g(x_1))$，与 h 是入射矛盾，于是 $f=g$。

48. 设 $h\in X^X$，证明：对任意的 $f,g\in X^X$，若 $f\cdot h=g\cdot h$，则 $f=g$ 当且仅当 h 是满射。

证明：必要性，假设 h 不是满射，则存在 $x\in X$，对任意的 $x\in X$，有 $h(x)\neq x_1$，因为 h 是一个函数，故 $X\neq\{x_1\}$，于是存在 $x_2\in X$，且 $x_2\neq x_1$，现定义两个函数 f,g 如下：

$$f:X\to X,\text{令 } f(x)=\begin{cases}x_2, & x\in X,x\neq x_1\\ x_1, & x=x_1\end{cases}$$

$$g:X\to X,\text{对任意 } x\in X,\text{令 } g(x)=x_2$$

则 $f\cdot h(x)=g\cdot h(x)$，即 $f(h(x))=g(h(x))$，但 $f\neq g$，矛盾，故 h 必是一个满射。

充分性，假设 $f\neq g$，则必存在 $x_1\in X$，使 $f(x_1)\neq g(x_1)$，因为对任意的 $x\in X$，有 $f\cdot h(x)=g\cdot h(x)$，即 $f(h(x))=g(h(x))$，必有 $h(x)\neq x_1$，与 h 是满射矛盾，于是有 $f=g$。

49. $f:T\to S$，$g:S\to T$，若对所有的 $t\in T$，有 $g(f(t))=t$，则称 g 是 f 的左逆，f 是 g 的右逆，证明：

(1) f 存在一个左逆当且仅当 f 是入射；

(2) f 存在一个右逆当且仅当 f 是满射；

(3) 若 g 是 f 的左逆和右逆，则 f 是双射且 $g=f^{-1}$。

证明：(1) 必要性，设 g 是 f 的左逆，则对任意的 $t\in T$，有 $g(f(t))=t$，即 $g\cdot f(t)=t=I_T(t)$，有 $g\cdot f=I_T$，而 I_T 是双射，所以 f 是入射。

充分性，定义 $g:S\to T$ 如下：

$$g(s)=\begin{cases}t, & s\in f(T),\text{且 } f(t)=s\\ c, & s\notin f(T),c\in T\end{cases}$$

对每个 $s\in S$，$g(s)$ 只有一个值，且若 $f(t)=s$，则 $g\cdot f(t)=g(s)=t$，故 g 是 f 的左逆。

(2) 必要性，设 g 是 f 的右逆，则对任意的 $s\in S$，有 $f(g(s))=f\cdot g(s)=s=I_s(s)$，有 $f\cdot g=I_s$，而 I_s 是双射，所以 f 是满射。

充分性，若 f 是满射，则对任意的 $s\in S$，至少存在一个 $t\in T$，使 $f(t)=s$，定义 $g:S\to T$ 如下：对每个 $s\in S$，有

① 若只有一个 $t\in T$，使 $f(t)=s$，令 $g(s)=t$；

② 若有 $t_1,t_2,\cdots\in T$，使 $f(t_1)=f(t_2)=\cdots=s$，则取某一 t_i，令 $g(s)=t_i$，

这样，对每个 $s\in S$，$g(s)$ 只有一个值，且 $f\cdot g(s)=s$，故 g 是 f 的右逆。

(3) 由(1)和(2)知，若 g 是 f 的左逆和右逆，则 f 是满射和入射，即 f 是双射，且 $g\cdot f=I_T$，$f\cdot g=I_s$，则 $g\cdot f\cdot f^{-1}=I_T\cdot f^{-1}$，即 $g\cdot I_s=g=f^{-1}$。

50. 设 $f:\mathbf{R}\to\mathbf{R}$，若对任意的 $x,y\in\mathbf{R}$，$x\leqslant y$，有 $f(x)\leqslant f(y)$，则称 f 是单调递增的。设 f 和 g 是 $\mathbf{R}$ 上的单调递增函数，证明：

(1) 若$(f+g)(x)=f(x)+g(x)$,则 $f+g$ 是单调递增的;

(2) $f\cdot g$ 是单调递增的。

证明:(1) 因为 f 和 g 是单调递增的,若 $x\leqslant y$,则有 $f(x)\leqslant f(y)$,$g(x)\leqslant g(y)$,于是

$$\begin{aligned}(f+g)(x)&=f(x)+g(x)\\&\leqslant f(y)+g(y)\\&=(f+g)(y),\end{aligned}$$

所以 $f+g$ 是单调递增的。

(2) 因为 f 和 g 是单调递增的,若 $x\leqslant y$,则 $f(x)\leqslant f(y)$,$g(x)\leqslant g(y)$,于是

$$f\cdot g(x)=f(g(x))\leqslant f(g(y))=f\cdot g(y)$$

所以 $f\cdot g$ 是单调递增的。

51. 设 $f\cdot g$ 是复合函数,证明:

(1) 如果 $f\cdot g$ 是满射,则 f 是满射;

(2) 如果 $f\cdot g$ 是入射,则 g 是入射;

(3) 如果 $f\cdot g$ 是双射,则 f 是满射,g 是入射。

证明:设 $g:X\to Y$,$f:Y\to Z$。

(1) 对任意的 $z\in Z$,因为 $f\cdot g$ 是满射,则存在 $x\in X$,使 $z=f\cdot g(x)=f(g(x))$,这里 $g(x)=y\in Y$,故对任意的 $z\in Z$,存在 $y\in Y$,使 $z=f(y)$,所以 f 是满射。

(2) 对任意的 $x_1,x_2\in X$,若 $g(x_1)=g(x_2)$,因为 f 是函数,所以 $f(g(x_1))=f(g(x_2))$,即 $f\cdot g(x_1)=f\cdot g(x_2)$,由于 $f\cdot g$ 是入射,有 $x_1=x_2$,所以 g 是入射。

(3) 若 $f\cdot g$ 是双射,则 $f\cdot g$ 是满射和入射,由(1)和(2)知,f 是满射,g 是入射。

52. 设 $h_1:A\times B\to A$,使得 $h_1((a,b))=a$,

$h_2:A\times B\to B$,使得 $h_2((a,b))=B$。

令 $f:X\to A$,$G:X\to B$,证明:存在唯一的映射 $\sigma:X\to A\times B$,使得 $h_1\cdot\sigma=f$,$h_2\cdot\sigma=g$。

证明:由 h_1,h_2 的定义可知,h_1,h_2 是满射。

定义映射 $\sigma:X\to A\times B$,对任意的 $x\in X$,有

$$\sigma(x)=(f(x),g(x))$$

则

$$h_1\cdot\sigma(x)=h_1(\sigma(x))=h_1((f(x),g(x)))=f(x)$$

$$h_2\cdot\sigma(x)=h_2(\sigma(x))=h_2((f(x),g(x)))=g(x)$$

于是有 $h_1\cdot\sigma=f$,$h_1\cdot\sigma=g$。

设 Ψ 是从 X 到 $A\times B$ 的任意一个映射,且满足

$$h_1\cdot\Psi=f,h_2\cdot\Psi=g$$

对任意的 $x\in X$,不妨设 $\Psi(x)=(a,b)$,由 $h_1\cdot\Psi=f$,$h_2\cdot\Psi=g$,可得

$$f(x)=h_1\cdot\Psi(x)=h_1(\Psi(x))=h_1((a,b))=a$$

$$g(x)=h_2\cdot\Psi(x)=h_2(\Psi(x))=h_2((a,b))=b$$

由 σ 的定义，有 $\sigma(x)=(f(x),g(x))=(a,b)$，即对任意的 $x\in X$，$\sigma(x)=\Psi(x)$，所以 $\sigma=\Psi$，因此 σ 是唯一的。

53. 设 X 是非空集合，在 X^X 上定义二元关系 R 如下：

$$\text{对任意的 } f,g\in X^X,(f,g)\in R \text{ 当且仅当 } \operatorname{ran}f=\operatorname{ran}g$$

证明：

(1) R 是 X^X 上的等价关系；

(2) 设 Π 是由 R 所诱导的 X^X 上的划分，则存在双射 $\sigma:\Pi\to\rho(X)-\{\varnothing\}$。

证明：(1) 对任意的 $f\in X^X$，显然，$\operatorname{ran}f=\operatorname{ran}f$，则 $(f,f)\in R$，所以 R 是自反的。

对任意的 $f,g\in X^X$，若 $(f,g)\in R$，则 $\operatorname{ran}f=\operatorname{ran}g$，即 $\operatorname{ran}g=\operatorname{ran}f$，故 $(g,f)\in R$，所以 R 是对称的。

对任意的 $f,g,h\in X^X$，若 $(f,g),(g,h)\in R$，则 $\operatorname{ran}f=\operatorname{ran}g$，$\operatorname{ran}g=\operatorname{ran}h$，于是 $\operatorname{ran}f=\operatorname{ran}h$，故 $(f,h)\in R$，所以 R 是传递的。

综上可得，R 是 X^X 上的等价关系。

(2) 设 $\sigma:\Pi\to\rho(X)-\{\varnothing\}$，其中 Π 是由等价关系 R 所诱导的 X^X 上的划分，对任意的 $[f]_R\in\Pi$，令

$$\sigma([f]_R)=\operatorname{ran}f$$

对任意的 $[f]_R,[g]_R\in\Pi$，若 $[f]_R=[g]_R$，则 $(f,g)\in R$，由 R 的定义，有 $\operatorname{ran}f=\operatorname{ran}g$，所以当 $[f]_R=[g]_R$ 时，有 $\sigma([f]_R)=\sigma([g]_R)$，因此 σ 是从 Π 到 $\rho(X)-\{\varnothing\}$ 的映射。

对任意的 $[f]_R,[g]_R\in\Pi$，若 $\sigma([f]_R)=\sigma([g]_R)$，即 $\operatorname{ran}f=\operatorname{ran}g$，由 R 的定义，有 $(f,g)\in R$，故 $[f]_R=[g]_R$，所以 σ 是单射。

对任意的 $A\in\rho(X)-\{\varnothing\}$，则 $A\subseteq X$，且 $A\neq\varnothing$，取 $a\in A$，定义 $f:X\to A$ 如下：

$$f(x)=\begin{cases}x, & x\in A\\ a, & x\notin A\end{cases}$$

显然有 $\operatorname{ran}f\subseteq A$，又对任意的 $x\in A$，则 $x=f(x)\in\operatorname{ran}f$，所以 $\operatorname{ran}f=A$。

于是对任意的 $A\in\rho(X)-\{\varnothing\}$，存在 $f:X\to A$，使 $\sigma([f]_R)=\operatorname{ran}f=A$，所以 σ 是满射。

综上可知，σ 是双射。

54. 证明：A 到 B 的映射决定 A 的一个划分 Π，A 的一个划分也决定 A 到 Π 的一个映射。

证明：(1) 设 $f:A\to B$ 是一个映射，在 A 上定义二元关系 R 如下：

对任意的 $\quad x,y\in A$，$(x,y)\in R$ 当且仅当 $f(x)=f(y)$

往证 R 是 A 上的等价关系。

对任意的 $x\in A$，因为 $f(x)=f(x)$，则 $(x,x)\in R$，所以 R 是自反的。

对任意的 $x,y\in A$，若 $(x,y)\in R$，则 $f(x)=f(y)$，即 $f(y)=f(x)$，由 R 的定义，有

$(y,x)\in R$，所以 R 是对称的。

对任意的 $x,y,z\in A$，若 $(x,y),(y,z)\in R$，则 $f(x)=f(y)$，$f(y)=f(z)$，即 $f(x)=f(z)$，由 R 的定义，有 $(x,z)\in R$，所以 R 是传递的。

综上可知，R 是 A 上的等价关系，而 A 上的等价关系都可诱导出 A 上的一个划分 Π。

(2) 设 $\Pi=\{A_1,A_2,\cdots,A_n\}$ 是 A 的一个划分，定义 $f:A\to\Pi$，对任意的 $x\in A$，因为 Π 是 A 的划分，所以存在唯一的 $A_i\in\Pi$，使得 $x\in A_i$，则令

$$f(x)=A_i$$

f 是从 A 到 Π 的一个映射，且是满射。

55. 设 $f:A\to B$ 是一个满射，则可由 f 确定 A 上的一个等价关系 R，设 Π 是由 R 所诱导的 A 上的划分，证明：存在唯一的双射 $g:\Pi\to B$，使得 $f=g\cdot f$，其中 h 是 A 到 Π 的满射。

证明：如下定义 A 上的二元关系 R：

对任意的 $x,y\in A$，$(x,y)\in R$ 当且仅当 $f(x)=f(y)$

由习题 54 可知，R 是 A 上的等价关系。

设 $g:\Pi\to B$，对任意的 $[a]\in\Pi$，令

$$g([a])=f(a)$$

首先证明 g 是双射。

对任意的 $[a],[b]\in\Pi$，若 $[a]=[b]$，则 $(a,b)\in R$，由 R 的定义，有 $f(a)=f(b)$，即 $g([a])=g([b])$，所以 g 是 Π 到 B 的一个映射。

对任意的 $b\in B$，因为 f 是满射，则存在 $a\in A$，使 $f(a)=b$，由 g 的定义，有 $g([a])=f(a)=b$，即对任意的 $b\in B$，存在 $[a]\in\Pi$，使得 $g([a])=b$，所以 g 是满射。

对任意的 $[x],[y]\in\Pi$，若 $g([x])=g([y])$，即 $f(x)=f(y)$，由 R 的定义，有 $(x,y)\in R$，故 $[x]=[y]$，所以 g 是单射。

综上可知，g 是双射。

其次证明 $f=g\cdot h$。

设 $h:A\to\Pi$，对任意的 $x\in A$，令

$$h(x)=[x]$$

显然 h 是满射。

对任意的 $x\in A$，$g\cdot h(x)=g(h(x))=g([x])=f(x)$，所以 $f=g\cdot h$。

最后证明 g 是唯一的。

设有 $g_1:\Pi\to B$，满足 $g_1\cdot h=f$，则 $g_1([a])=f(a)$。

假设 $g\neq g_1$，则至少存在一个 $a\in A$，使得 $g([a])\neq g_1([a])$，而

$$g\cdot h(a)=g(h(a))=g([a])=f(a)$$

$$g_1\cdot h(a)=g_1(h(a))=g_1([a])=f(a)$$

这与 $g([a])\neq g_1([a])$ 矛盾，所以 g 是唯一的。

56. 设 A,B,C 是集合，若 $A\sim B$，则 $A^C\sim B^C$。

证明：因为 $A\sim B$，则存在双射 $\sigma:A\to B$。

设 $\tau:A^C\sim B_C$，对任意的 $f\in A^C$，定义为

$$\tau(f)=\sigma\cdot f$$

现证 τ 为双射。

对任意的 $f,g\in A^C$，若 $\tau(f)=\tau(g)$，即 $\sigma\cdot f=\sigma\cdot g$，因为 σ 是双射，则有 $\sigma^{-1}\cdot(\sigma\cdot f)=\sigma^{-1}\cdot(\sigma\cdot g)$，$(\sigma^{-1}\cdot\sigma)\cdot f=(\sigma^{-1}\cdot\sigma)\cdot g$，于是 $f=g$，所以 τ 是单射。

对任意的 $f\in B^C$，则存在 $\sigma^{-1}\cdot f\in A^C$，使得 $\tau(\sigma^{-1}\cdot f)=\sigma\cdot(\sigma^{-1}\cdot f)=f$，所以 τ 是满射。

综上可得，$\sigma:A^C\to B^C$ 是双射，所以 $A^C\sim B^C$。

57. 设 A 为任意的一个集合，$n\in\mathbf{N}$，令 S 为从 $\{0,1,2,\cdots,n-1\}$ 到 A 的所有映射的集合，即

$$S=\{f\mid f:\{0,1,2,\cdots,n-1\}\to A\}$$

定义 T 为 A 上所有 n 元有序组的集合，即

$$T=\{(a_1,a_2,\cdots,a_n)\mid a_i\in A(i=1,2,\cdots,n)\}$$

证明：从 S 到 T 存在一个双射。

证明：设 $\sigma:S\to T$，对任意的 $f\in S$，定义为

$$\sigma(f)=(f(0),f(1),\cdots,f(n-1))$$

现在证明 σ 是双射。

对任意的 $f,g\in S$，若 $\sigma(f)=\sigma(g)$，则 $(f(0),f(1),\cdots,f(n-1))=(g(0),g(1),\cdots,g(n-1))$ 于是有 $f(i)=g(i)(i=0,1,2,\cdots,n-1)$，即对任意的 $x\in\{0,1,2,\cdots,n-1\}$，都有 $f(x)=g(x)$，故 $f=g$，所以 σ 是单射。

对任意的 $(a_1,a_2,\cdots,a_n)\in T$，设 $f:\{0,1,2,\cdots,n-1\}\to A$，对任意的 $i\in\{0,1,2,\cdots,n-1\}$，定义为

$$f(i)=a_{i+1}$$

于是 $\sigma(f)=(f(0),f(1),\cdots,f(n-1))=(a_1,a_2,\cdots,a_n)$，
即对任意的 $(a_1,a_2,\cdots,a_n)\in T$，存在 $f\in S$，使得

$$\sigma(f)=(a_1,a_2,\cdots,a_n)$$

所以 σ 是满射。

综上可知，σ 是双射。

58. 设 S 表示 $A=\{a_1,a_2,\cdots,a_n\}$ 到 $\{0,1\}$ 的所有映射组成的集合，即

$$S=\{0,1\}^A=\{f\mid f:A\to\{0,1\}\}$$

证明：$\rho(A)\sim S$。

证明：任取 $B\subseteq A$，即 $B\in\rho(A)$，定义映射 $f_B:A\to\{0,1\}$，使得

$$f_B(x)=\begin{cases}0, & x\notin B\\ 1, & x\in B\end{cases}$$

则 $f_B\in S$。

设 $\sigma:\rho(A)\to S$，对任意的 $B\in\rho(A)$，定义为 $\rho(B)=f_B$。

现在证明 σ 是双射。

对任意的 $B,C\in\rho(A)$，若 $\sigma(B)=\sigma(C)$，即 $f_B=f_C$。

对任意的 $x\in B$，有 $f_C(x)=f_B(x)=1$，故 $x\in C$，则 $B\subseteq C$。

同理可证，$C\subseteq B$，所以 $B=C$，因此是 σ 单射。

对任意的 $f\in S$，令

$$B=\{x\mid x\in A,且\ f(x)=1\}$$

则 $B\subseteq A$，且 $\sigma(B)=f$，所以 σ 是满射。

综上可得，σ 是双射，所以 $\rho(A)\sim S$。

59. 设 $\mathbf{R}$ 为实数集合，证明：$K[\mathbf{R}\times\mathbf{R}]=\Psi$。

证明：(1) 设 $f:\mathbf{R}\to(0,1)$，定义为

$$f(x)=\frac{1}{\pi}\arctan x+\frac{1}{2}\qquad(-\infty<x<+\infty)$$

则 f 为双射，所以 $\mathbf{R}\sim(0,1)$。

(2) 设 $g:(0,1)\to(0,1)\times(0,1)$，定义为

$$g(x)=(x,0)$$

则 g 为单射，所以 $K[(0,1)]\leqslant K[(0,1)\times(0,1)]$。

(3) 设 $h:(0,1)\times(0,1)\to(0,1)$，对任意的 $(x,y)\in(0,1)\times(0,1)$，令

$$x=0.x_0x_1x_2x_3\cdots$$
$$y=0.y_0y_1y_2\cdots$$

为 x,y 的十进制小数的表示式，定义

$$h((x,y))=z，其中\ z=0.x_0y_0x_1y_1x_2y_2\cdots$$

则 h 是单射，所以 $K[(0,1)\times(0,1)]\leqslant K[(0,1)]$。

由(2)和(3)，有 $K[(0,1)]=K[(0,1)\times(0,1)]$，即 $(0,1)\sim(0,1)\times(0,1)$。由 $\mathbf{R}\sim(0,1)$ 及习题 21 可知，$\mathbf{R}\times\mathbf{R}\sim(0,1)\times(0,1)$，所以 $\mathbf{R}\times\mathbf{R}\sim(0,1)$，故 $K[\mathbf{R}\times\mathbf{R}]=K[(0,1)]=K[\mathbf{R}]=\Psi$。

60. 设 A,B,C 为两两互不相交的集合，令 $K[A]=a$，$K[B]=b$，$K[C]=c$，$K[A\cup B]=a+b$，$K[A\times B]=a\cdot b$，$K[A^B]=a^b$，证明：

(1) $a^{b+c}=a^b\cdot a^c$；

(2) $(a\cdot b)^c=a^c\cdot b^c$；

(3) $(a^b)^c=a^{b\cdot d}$。

证明：(1) 设 $g:B\to A$，$h:C\to A$，因为 $B\cap C=\varnothing$，定义映射 $f:B\cup C\to A$，对任意的 $x\in B\cup C$，有

$$f(x)=\begin{cases}g(x), & x\in B\\ h(x), & x\in C\end{cases}$$

设 $\sigma:A^B\times A^C\to A^{B\cup C}$，对任意的 $(g,h)\in A^B\times A^C$，令 $\sigma((g,h))=f$，则 σ 是单射，所以 $K[A^B\times A^C]\leqslant K[A^{B\cup C}]$。

设 $\tau:A^{B\cup C}\to A^B\times A^C$，对任意的 $f\in A^{B\cup C}$，使 $\tau(f)=(g,h)$，其中

$$f(x)=\begin{cases}g(x), & x\in B\\ h(x), & x\in C\end{cases}$$

则 τ 是单射，所以 $K[A^{B\cup C}]\leqslant K[A^B\times A^C]$，于是有 $K[A^{B\cup C}]=K[A^B\times A^C]$，即 $a^{b+c}=a^b\cdot a^c$。

(2) 设 $\Phi:A^C\times B^C\to(A\times B)^C$，使得

对任意的 $x\in C,\Phi((f,g))(x)=(f(x),g(x))$

现在证明 Φ 是双射。

对任意的 $(f_1,g_1),(f_2,g_2)\in A^C\times B^C$，若 $\Phi((f_1,g_1))=\Phi((f_2,g_2))$，则对任意的 $x\in C$，有

$$\Phi((f_1,g_1))(x)=\Phi((f_2,g_2))(x)$$
$$(f_1(x),g_1(x))=(f_2(x),g_2(x))$$

亦即对任意的 $x\in C$，有 $f_1(x)=f_2(x),g_1(x)=g_2(x)$，故有 $f_1=f_2,g_1=g_2$，即 $(f_1,g_1)=(f_2,g_2)$，所以 Φ 是单射。

对任意的 $h\in(A\times B)^C$，$h(x)\in A\times B$，设 $h(x)=(h_1(x),h_2(x))$，则 $h_1\in A^C$，$h_2\in B^C$，故 $(h_1,h_2)\in A^C\times B^C$。

设 $\Phi((h_1,h_2))=h$，则对任意的 $x\in C$，有

$$\Phi((h_1,h_2))(x)=(h_1(x),h_2(x))=h(x)$$

故 Φ 是满射。

综上可得，Φ 是双射，所以

$$K[A^C\times B^C]=K[(A\times B)^C]\text{，即 } a^c\cdot b^c=(a\cdot b)^c$$

(3) 设 $f\in A^{B\times C}$，定义 $\sigma:A^{B\times C}\to(A^B)^C$ 如下：

$$\sigma(f)=\{(c,g)\mid(c,g)\in C\times A^B\text{，且 } g(b)=f((b,c))\}$$

现在证明 σ 是双射。

对任意的 $f_1,f_2\in A^{B\times C}$，若 $\sigma(f_1)=\sigma(f_2)$，则

$$\{(c,g)\mid(c,g)\in C\times A^B,g(b)=f_1((b,c))\}$$
$$=\{(c,g)\mid(c,g)\in C\times A^B,g(b)=f_2((b,c))\}$$

对所有的 $b\in B$，和 $c\in C$，有

$$f_1((b,c))=f_2((b,c))$$

所以 $f_1=f_2$，故 Φ 是单射。

对任意的 $h\in(A^B)^C$，则 $h(c):B\to A$，$h(c)(b)\in A$，令 $f:B\times C\to A$，使得

$$f((b,c))=h(c)(b)$$

则 $\sigma(f)=\{(c,g)\mid(c,g)\in C\times A^B，且\ g(b)=f((b,c))\}$

$=\{(c,g)\mid(c,g)\in C\times A^B，且\ g(b)=h(c)(b)\}$

$=\{(c,g)\mid(c,g)\in C\times A^B，且\ g=h(c)\}$

$=h$，

故 σ 是满射。

综上可得，σ 是双射，所以

$$K[A^{B\times C}]=K[(A^B)^C]$$

即 $a^{b\cdot c}=(a^b)^c$。

61. 设 A 是任意集合，B 是 A 到集合 $\{0,1\}$ 的所有映射组成的集合，即

$$B=\{f\mid f:A\to\{0,1\}\}$$

证明：A 与 B 不等势。

证明：对任意的 $f\in B$，令

$$A_f=\{a\mid a\in A\ ，且\ f(a)=0\}$$

则 $A_f\subseteq A$，即 $A_f\in\rho(A)$。

设 $\sigma:B\to\rho(A)$，对任意的 $f\in B$，定义 $\sigma(f)=A_f$。

现在证明 σ 为双射。

对任意的 $S\in\rho(A)$，设 $g:A\to\{0,1\}$，使得

$$g(x)=\begin{cases}0, & x\in S\\ 1, & x\notin S\end{cases}$$

则 $g\in B$，且 $A_g=S$。这说明对任意的 $S\in\rho(A)$，存在 $g\in B$，使得 $\sigma(g)=A_g=S$，所以 σ 是满射。

对任意的 $f,g\in B$，若 $\sigma(f)=\sigma(g)$，即 $A_f=A_g$，往证 $f=g$。

对任意的 $x\in A$，$f(x)=0$ 或 1。

若 $f(x)=0$，则 $x\in A_f=A_g$，故 $g(x)=0$；

若 $f(x)=1$，则 $x\notin A_f=A_g$，故 $g(x)=1$。

即对任意的 $x\in A$，有 $f(x)=g(x)$，所以 $f=g$，因此 σ 是单射。

综上可得，σ 是双射，所以 $B\sim\rho(A)$。

由 Cantor 定理可知，A 与 $\rho(A)$ 不能等势，所以 A 与 B 也不能等势，否则由 $A\sim B$，$B\sim\rho(A)$，将有 $A\sim\rho(A)$，与 Cantor 定理矛盾。

62. 设 S 为基数的集合，即 $S=\{K[A]\mid A\ 为集合\}$，在 S 上定义二元关系 R 如下：对任意

的 $K[A], K[B] \in S$，$(K[A], K[B]) \in R$，当且仅当存在一个从 A 到 B 的入射，证明：R 是全序关系。

证明：首先证明 R 是偏序关系。

对任意的 $K[A] \in S$，存在双射 $I_A: A \to A$，故 $(K[A], K[A]) \in R$，R 是自反的。

对任意的 $K[A], K[B] \in S$，若 $(K[A], K[B]) \in R$ 且 $(K[B], K[A]) \in R$，则从 A 到 B 存在入射且从 B 到 A 存在入射，于是 $K[A] \leqslant K[B]$ 且 $K[B] \leqslant K[A]$，故 $K[A] = K[B]$，R 是反对称的。

对任意的 $K[A], K[B], K[C] \in S$，若 $(K[A], K[B]) \in R$，$(K[B], K[C]) \in R$，则存在从 A 到 B 的入射 f 和从 B 到 C 的入射 g，那么 $g \cdot f$ 是从 A 到 B 的入射，故 $(K[A], K[C]) \in R$，R 是传递的。

综上可得，R 是偏序关系。

其次证明，R 是全序关系。

对任意的 $K[A], K[B] \in S$，由 Zermelo 定理，以下三式有且只有一个式成立：

$$K[A] < K[B], K[A] = K[B], K[B] < K[A]$$

所以或者从 A 到 B 存在入射，或者从 B 到 A 存在入射，即 $(K[A], K[B]) \in R$ 或者 $(K[B], K[A]) \in R$，于是 R 是全序关系。

自测题及答案(第一篇)

自测题一

(一) 填空题。(24 分)

1. 设 $A = \{1,2,3\}$，$B = \{1,2\}$，则 $A \cap B =$ _____，$A \cup B =$ _____，$A - B =$ _____，$\rho(A) - \rho(B) =$ _____，$\rho(B) \times B =$ _____。

2. 设于 A 与 B 是两个有限集合，则包含排斥定理 $|A \cup B| =$ _____。

3. 设集合 $A = \{a, b, c, d\}$，A 上的关系 $R = \{(a,a), (a,c), (b,d), (c,a)\}$，则 $R^2 =$ _____，$\boldsymbol{M}_R =$ _____，$\boldsymbol{M}_{R^2} =$ _____，R 的关系图_____，$R^{-1} =$ _____。

4. 设 R_1, R_2 是集合 $A = \{1,2,3,4\}$ 上的二元关系，其中 $R_1 = \{(1,1), (1,2), (2,3)\}$，$R_2 = \{(1,4), (2,3), (2,4), (3,2)\}$，则 $R_1 \circ R_2 =$ _____，$R_2 \circ R_1 =$ _____，$(R_2 \circ R_1)^{-1} =$ _____，$R_1^{-1} \circ R_2^{-1} =$ _____。

5. 设集合 $A = \{a, b, c\}$，σ 与 τ 都是 A 上的变换，$\sigma: a \to b, b \to a, c \to c$；$\tau: a \to c, b \to b, c \to b$ 则 $\tau \cdot \sigma =$ _____，$\sigma \cdot \tau =$ _____，$\sigma \cdot \sigma =$ _____。

6. 设集合 $A=\{1,2,3\}$，A 上的二元关系 R 的关系图，如图所示，则关系 R 具有的性质是_____。

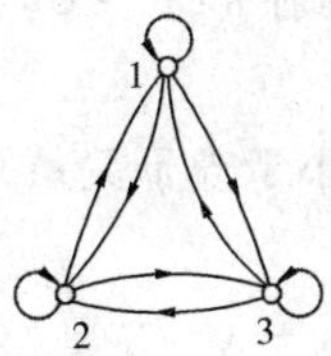

（二） 判断下列命题是否正确。（20 分）

1. 设 A,B 为任意集合，当 $A=B=\varnothing$ 时，$A-B=B$。

2. 设 $X=\{x,y\}$，则 $\rho(X)=\{\varnothing,\{x\},\{y\}\}$。

3. $\varnothing=0$。

4. 若 $A\cup B=A\cup C$，则 $B=C$。

5. $\varnothing\subseteq\{a,b,c\}$。

6. 设 $A=\{1,2,3,4)\}$，A 上的关系：

$$R=\{(1,1),(2,3),(3,2),(3,4)\}$$

则 R 具有对称性。

7. 设 $A=\{a,b\}$，A 上的关系 $R=\{(a,a),(b,b)\}$，则 R 是 A 上的等价关系。

8. 在一个由 n 个元素组成的集合 A 上，空关系基数是 0。

（三） 多项选择题。（20 分）

1. 下列命题正确的有_____。

A. $\{a,b\}\subseteq\{a,b,\{a,b\}\}$

B. $\{a,b\}\in\{a,b,\{a,b\}\}$

C. $\{a,b\}\subseteq\{a,\{a,b\}\}$

D. $\{a,b\}\in\{a,\{a,b\}\}$

2. 设 $A=\{a,b\}$，下列命题正确的有_____。

A. $\{a\}\in\rho(A)$　　B. $\{a\}\subseteq\rho(A)$

C. $\{b\}\in\rho(A)$　　D. $\{b\}\subseteq\rho(A)$

3. 设集合 $A=\{a,b,c\}$，A 上的关系 $R=\{(a,b),(a,a),(b,b),(b,a),(c,a)\}$，则 R 具有_____。

A. 自反性　B. 对称性　C. 传递性　D. 以上答案都不对

4. 设集合 $A=\{1,2,3\}$，$R=\{(1,1),(2,2)\}$，则 R 不具有_____性质。

A. 自反性　B. 对称性　C. 传递性　D. 以上答案都不对

（四） 计算题。（20 分）

1. 已知：$A=\{1,2\}$，求 $\rho(A)$ 及 $\rho(A)\times A$。

2. 某班有 50 名学生，其中 8 人是足球队员，10 人是篮球队员，有 3 人既是足球队员又是篮球队员，问既不是足球队员又不是篮球队员的学生有几人？

3. 设集合 $A=\{a,b\}$，$B=\{1,2\}$，映射 $\sigma:A\to B$，试列出所有 A 到 B 的映射 σ，并指出哪些是单射、满射和双射？

4. 设 $A=\{2,4,6,8\}$，写出 A 上的小于等于关系并求出关系图及关系矩阵。

（五） 证明题。（16 分）

1. 设 $\mathbf{Z}$ 为整数集，$R=\{(x,y)\mid(x-y)/3$ 是整数，$x,y\in\mathbf{Z}\}$，证明 R 是 A 上的等价关系。

2. 设 $\sigma:\mathbf{R}\to\mathbf{R}$（$\mathbf{R}$ 为实数集合），$\sigma(r)=2r-10$，$\forall r\in\mathbf{R}$，求证：σ 是双射。

自测题二

（一） 填空题。（28 分）

1. 设全集 $E=\{a,b,c,d,e\}$，$A=\{a,b,c\}$，$B=\{a,d,e\}$，则 $A\cup B=$_____，$A\cap B=$_____，$A-B=$_____，$\overline{A}\cap\overline{B}=$_____，$\rho(A)-\rho(B)=$_____。

2. 设 $A=\{x\mid-1\leqslant x\leqslant 2,x\in\mathbf{R}\}$，$B=\{x\mid 0<x\leqslant 5,x\in\mathbf{R}\}$，则 $A-B=$_____，$B-A=$_____，$A\times B=$_____，$B\times A=$_____。

3. 设 $\mathbf{Z}$ 为整数集，$R=\{(x,y)\mid x,y\in\mathbf{Z},x>y\}$，则 R 具有_____性。

4. 设 $A=\{a,b,c,d,e\}$，A 上的关于等价关系 R 的等价类为 $M_1=\{a,b,c\}$，$M_2=\{d,e\}$，则等价关系 $R=$_____，关系矩阵 $\boldsymbol{M}_R=$_____。

5. 设 $\mathbf{R}$ 为实数集，$\sigma(x)=x^2-2$，$\tau(x)=x+4$，都是 $\mathbf{R}\to\mathbf{R}$ 的映射，则 $\tau\cdot\sigma=$_____，$\sigma\cdot\tau=$_____，$\tau^{-1}=$_____。

6. 设 $\mathbf{R}$ 为实数集，$\sigma:\mathbf{R}\times\mathbf{R}\to\mathbf{R}$，$\sigma(x,y)=x+y$，则 σ 为_____映射，若 $\tau:\mathbf{R}\times\mathbf{R}\to\mathbf{R}$，且 $\tau(x\ y)=xy$，则 τ 为_____映射。

7. 设集合 $A=\{1,2,3\}$，$B=\{2,3,4\}$，$C=\{1,2\}$，R_1 是 A 到 B 上的关系，R_2 是 B 到 C 上的关系，且 $R_1=\{(a,b)\in A\times B\mid a+b=4\}$，$R_2=\{(b,c)\in B\times C\mid b-c=1\}$，则 $R_1\cdot R_2=$_____，$\boldsymbol{M}_{R_1\cdot R_2}=$_____，则 $(R_1\cdot R_2)^{-1}=$_____。

（二） 多项选择题。（24 分）

1. 下列式子正确的有_____。

A. $\varnothing=0$　　B. $\varnothing\in\{a,b\}$　　C. $\varnothing\subseteq\{a,b\}$

2. 下列命题正确的是_____。

A. $\{a\}\in\{a,b,c\}$　　B. $\{a\}\subseteq\{a,b,c\}$

C. $A=\{a,b\}$，$\{a\}\in\rho(A)$　　D. $A=\{a,b\}$，$a\subseteq\rho(A)$

3. 设集合 $A=\{1,2,3\}$，A 上关系 R 的关系图如图所示，则 R 具有_____。

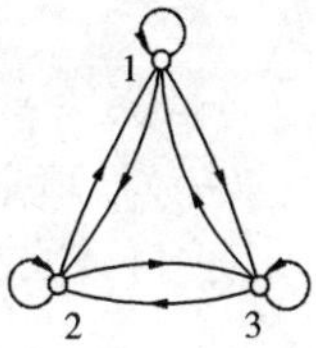

A. 自反性，对称性，传递性

B. 自反性，传递性

C. 对称性，传递性

D. 自反性，对称性

4. 设 $\mathbf{R}$ 为实数集，映射 $\sigma:\mathbf{R}\to\mathbf{R}$

$$\sigma(x)=-x^2-1$$

则 σ 是_____。

A. 单射而非满射　　　　B. 满射而非单射

C. 双射　　　　　　　　D. 即不是单射，也不是满射

5. 设 $A=\{0,1,2\}$，R 是 A 上的关系，$R=\{(0,1),(0,2),(1,2),(2,2)\}$，下述结论正确的是_____。

A. $R^{-1}=\{(1,0),(2,0),(2,1)\}$

B. $R^{-1}\cdot R=\{(0,2)\}$

C. $R\cdot R=\{(0,2),(1,2)\}$

D. $R\cdot R=\{(0,2),(1,2),(2,2)\}$

6. 设 A 是除 0 以外的实数集，对 A 中的任何两个实数 x 和 y，我们规定 xRy 当且仅当 $xy>0$，则下列说法正确的有_____。

A. R 自反的　　　　B. R 对称的

C. R 传递的　　　　D. R 是等价关系

（三）　计算题。(48 分)

1. 设 $A=\{a,b\}$，$B=\{1,2,3\}$，$C=\{1,2\}$，试求 $A\times(B\cap C)$ 和 $(A\times B)\cap(A\times C)$，并验证 $A\times(B\cap C)=(A\times B)\cap(A\times C)$。

2. 在一个班级的 50 名学生中，有 26 人在第一次考试中得到 A，21 人在第二次考试中得到 A，假如有 17 人两次考试都没有得到 A，试问有多少学生在两次考试中都得到 A？

3. 下列映射哪些是满射，哪些是单射？对每个双射写出它的逆映射。

(1)　$\sigma_1:\mathbf{N}\to\mathbf{N}$，$\sigma_1(x)=x^2+1$，$\forall x\in\mathbf{N}$；

(2)　$\sigma_2:\mathbf{N}\to\mathbf{N}$，$\sigma_2(x)=x$，$\forall x\in\mathbf{N}$。

4. 若集合 $A=\{1,2,3,4,5,6\}$ 上的二元关系 $R_1=\{(a,b)\mid(a,b)\in A^2$ 且 a 整除 $b\}$，$R_2=\{(a,b)\mid(a,b)\in A^2$ 且 $b=2a\}$，求 $R_1\cap R_2$，$R_1\cup R_2$，R_1-R_2。

（四）　R 是 A 上等价关系，$M_1,M_2,\cdots,M_n$ 是 R 在 A 上所有等价类，求证 $R=M_1\times M_1\cup M_2\times M_2\cup\cdots\cup M_n\times M_n$。

【自测题一答案】

（一） 填空题

1. $\{1,2\},\{1,2,3\},\{3\},\{\{1,3\},\{2,3\},\{1,2,3\},\{3\}\},\{(\{1\},1),(\{1\},2),(\varnothing,1),(\varnothing,2),(\{2\},1),(\{2\},2),(\{1,2\},1),(\{1,2\},2)\}$

2. $|A|+|B|-|A\cap B|$

3. $R^2=\{(a,c),(a,a),(c,a),(c,c)\}$

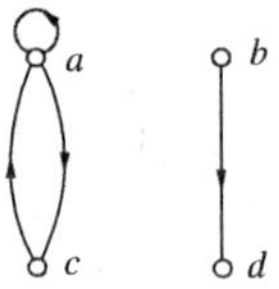

$$\begin{bmatrix}1&0&1&0\\0&0&0&1\\1&0&0&0\\0&0&0&0\end{bmatrix},\begin{bmatrix}1&0&1&0\\0&0&0&0\\1&0&1&0\\0&0&0&0\end{bmatrix}$$

$R^{-1}=\{(a,a),(c,a),(d,b),(a,c)\}$

4. $\{(1,4),(1,3),(2,2)\}$　　$\{(3,3)\}$

$\{(4,1),(3,1),(2,2)\}$　　$\{(3,3)\}$

5. $\tau\cdot\sigma: a\to b, b\to c, c\to b$；$\sigma\cdot\tau: a\to c, b\to a, c\to a$；$\sigma\cdot\sigma: a\to a, b\to b, c\to c$。

6. 对称性，自反性，传递性。

（二） 判断题

1. 正确。因为 $A=B=\varnothing$，故 $A-B=\varnothing$，所以 $A-B=B=\varnothing$。

2. 不正确。$\rho(A)=\{\varnothing,\{x\},\{y\},\{x,y\}\}$。

3. 不正确。$\varnothing$是没有任何元素的集合，与 0 概念不一样，0 是数字。

4. 不正确。设 $A=\{1,2,3\},B=\{1\},C=\{2\}$，则 $A\cup B=A\cup C=A$ 但 $B\neq C$。

5. 正确。因为$\varnothing$是任何集合的子集。

6. 不正确。因为$(3,4)\in R$，但$(4,3)\notin R$。

7. 正确。R 具有自反性、对称性、传递性。

8. 正确。$\varnothing$无元素，故$|\varnothing|=0$。

（三） 多项选择题

1. A、B、D　2. A、C　3. D　4. A

（四） 计算题

1. $\rho(A)=\{\varnothing,\{1\},\{2\},\{1,2\}\}$

$\rho(A)\times A=\{(\varnothing,1),(\varnothing,2),(\{1\},1),(\{1\},2),(\{2\},1),(\{2\},2),(\{1,2\},1),(\{1,2\},2)\}$

2. 35

3. $\sigma_1: a\to 1, b\to 1$

$\sigma_2: a \to 2, b \to 2$

$\sigma_3: a \to 1, b \to 2$

$\sigma_4: a \to 2, b \to 1$

σ_4、σ_4 是双射。

4. $R=\{(2,2),(2,4),(2,6),(2,8),(4,4),(4,6),(4,8),(6,6),(6,8),(8,8)\}$

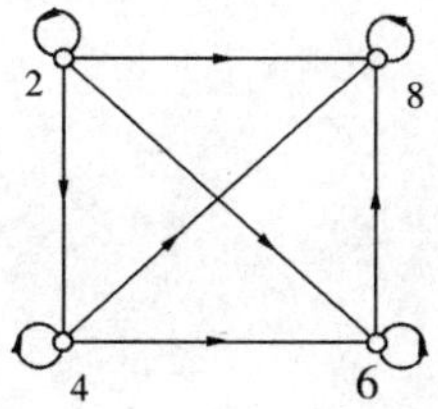

$$\boldsymbol{M}_R=\begin{bmatrix}1&1&1&1\\0&1&1&1\\0&0&1&1\\0&0&0&1\end{bmatrix}$$

（五） 证明题

1. 证明：① 任意 $x \in \mathbf{Z}$，有 $(x-x)/3$ 是整数，故 $(x-x) \in R$，所以 R 具有自性。

② 任意 $x,y \in \mathbf{Z}$，若 $(x,y) \in R$，则 $(x-y)/3$ 是整数，又因为 $(y-x)/3=-(x-y)/3$，故 $(y-x)/3$ 是整数，所以 $(y,x) \in R$，R 具有对称性。

③ 任意 $x,y,z \in \mathbf{Z}$，若 $(x,y) \in R$ 且 $(y,z) \in R$，则 $(x-y)/3$ 和 $(y-z)/3$ 都是整数，又因为 $(x-y)/3+(y-z)/3=(x-z)/3$，故 $(x-z)/3$ 是整数，所以 $(x,z) \in R$，R 具有传递性，由以上证明知，R 是 $\mathbf{Z}$ 上的等价关系。

2. 证明：任取 $r_1, r_2 \in \mathbf{R}$，且 $r_1 \neq r_2$，则 $\sigma(r_1)-\sigma(r_2)=2r_1-10-(2r_2-10)=2(r_1-r_2)\neq 0$，故 $\sigma(r_1) \neq \sigma(r_2)$，所以 σ 是单射。

又任取 $y \in \mathbf{R}$，令 $2r-10=y$，那么 $r=(y+10)/2 \in \mathbf{R}$，则 $\sigma(r)=y$，所以 σ 是满射，故 σ 是双射。

【自测题二答案】

（一） 填空题

1. $\{a,b,c,d,e\}$，$\{a\}$，$\{b,c\}$，$\varnothing$，$\{\{b\},\{c\},\{a,b\},\{a,c\},\{b,c\},\{a,b,c\}\}$

2. $\{x \mid -1 \leqslant x \leqslant 0, x \in \mathbf{R}\}$，$\{x \mid 2 < x \leqslant 5\}$

$\{(x,y) \mid -1 \leqslant x \leqslant 2, 0 < y \leqslant 5, x,y \in \mathbf{R}\}$

$\{(x,y) \mid 0 < x \leqslant 5, -1 \leqslant y \leqslant 2, x,y \in \mathbf{R}\}$

3. 传递性

4. $\{(a,a),(b,b),(c,c),(d,d),(e,e),(a,b),(b,a),(a,c),(c,a),(b,c),(c,b),(d,e),(e,d)\}$

$$\begin{bmatrix}1&1&1&0&0\\1&1&1&0&0\\1&1&1&0&0\\0&0&0&1&1\\0&0&0&1&1\end{bmatrix}$$

5. $x^2+2, x^2+8x+14, x-4$。

6. 满射、满射

7. $\{(2,1),(1,2)\}$, $\begin{bmatrix}0&1\\1&0\\0&0\end{bmatrix}$, $\{(1,2),(2,1)\}$

（二） 多项选择题

1. C　2. B、C　3. A、B、C、D　4 . D　5 . D　6. A、B、C、D

（三） 计算题

1. $A\times(B\cap C)=\{(a,1),(a,2),(b,1),(b,2)\}$,

$(A\times B)\cap(A\times C)=\{(a,1),(a,2),(b,1),(b,2)\}$

$=A\times(B\cap C)$。

2. 设第一次得 A 的学生集合为 A，第二次得 A 的学生集合为 B，$|A|=26$，$|B|=21$，故

$$|A\cup B|=(50-17)=33$$

$$|A\cap B|=|A|+|B|-|A\cup B|=26+21-33=14$$

答：有 14 名学生在两次考试中都得到 A。

3. (1) σ_1 是单射，不是满射；

(2) σ_2 是双射，$\sigma_2^{-1}(x)=x$。

4. $R_1=\{(1,1),(1,2),(1,3),(1,4),(1,5),(1,6),(2,2),(2,4),(2,6),(3,3),(3,6),(4,4),(5,5),(6,6)\}$

$R_2=\{(1,2),(2,4),(3,6)\}$

$R_1\cap R_2=R_2$, $R_1\cup R_2=R_1$

$R_1-R_2=\{(1,1),(1,3),(1,4),(1,5),(1,6),(2,2),(2,6),(3,3),(4,4),(5,5),(6,6)\}$

（四） 证明：对任意的 $(x,y)\in R$，$x\in A$，$y\in A$，则存在某个等价类 M_i，使 $x\in M_i$，由于 $(x,y)\in R$，故 $y\in M_i$，所以 $(x,y)\in M_i\times M_i\subseteq M_1\times M_1\cup M_2\times M_2\cup\cdots\cup M_n\times M_n$，即 $R\subseteq M_1\times M_1$。

对任意的 $(x,y)\in M_1\times M_1\cup M_2\times M_2\cup\cdots\cup M_n\times M_n$，则必存在某个等价类 M_i，使 $(x,y)\in M_i\times M_i$，即 x,y 同属于一个等价类中，故 $(x,y)\in R$，于是有 $M_1\times M_1\cup M_2\times M_2\cup\cdots\cup M_n\times M_n\subseteq R$，所以 $R=M_1\times M_1\cup M_2\times M_2\cup\cdots\cup M_n\times M_n$。

第二篇 图 论

第四章 图 论

一、内容提要

1. 图的基本概念

图：设 $G=<P,L>$ 是由点以及点和点之间的边组成的图形，其中 P 是顶点集合，L 是连接某些点的边的集合，则称序偶 $G=<P,L>$ 为一个图。

简单图：任一对不同顶点之间最多有一条边的图，称为简单图。

有限图：设 $G=<P,L>$，若 P 为有限集合，则称 G 为有限图。

无向图：每条边都不带有方向的图，称为无向图。

有向图：每条边都带有方向的图，称为有向图。

混合图：某些边带有方向，而另一些边不带有方向的图，称为混合图。

邻接点：关联于同一条边的两个顶点，称为邻接点。

邻接边：与同一个顶点相关联的边，称为邻接边。

完全图：任两个顶点之间都恰有一条边的图，称为完全图。具有 n 个顶点的完全图，记为 K_n。

补图：由图 G 中所有顶点以及所有能使 G 成为完全图的添加边所组成的图，称为 G 的补图，记为 $\overline{G}$。

子图 ：设 $G=<P,L>$，$H=<P_1,L>$ 是两个图，如果 $P_1\subseteq P$，$L_1\subseteq L$，则称 H 是 G 的子图，G 是 H 的母图。

支撑子图：如果 G 的子图包含 G 的所有顶点，称该子图为 G 的支撑子图。

顶点度数：设 $G=<P,L>$ 是一个图，$v\in P$，v 所关联的边的个数称为 v 的度，记作 $d(v)$。

最大度：$\Delta(G)=\max\{d(v)\mid v\in P\}$。

最小度：$\delta(G)=\min\{d(v)\mid v\in P\}$。

图的同构：设 $G=<P,L>$，$G'=<P',L'>$ 是两个图，如果在 P 与 P' 之间存在双射 σ：$P\rightarrow P'$，且对任意的 $e=(u,v)\in L$ 当且仅当 $e'=(\sigma(u),\sigma(v))\in L'$，则称 G 与 G' 是同构的。

关联矩阵：设 $G=<P,L>$ 是有限无向图，$|P|=m$，$|L|=n$，且

$$P(G)=\{v_1,v_2,\cdots,v_m\}$$

$$L(G)=\{l_1,l_2,\cdots,l_m\}$$

称 $\boldsymbol{M}(G)=(a_{ij})_{m\times n}$ 为 G 的关联矩阵，其中

$$a_{ij}=\begin{cases}0, & v_i \text{ 不是 } l_j \text{ 的端点}\\ 1, & v_i \text{ 是 } l_j \text{ 的端点}\end{cases}$$

$i=1,2,\cdots,m;j=1,2,\cdots,n$。

邻接矩阵：设 $G=<P,L>$是有限无向图，$|P|=m$，$|L|=n$，且 $P(G)=\{v_1,v_2,\cdots,v_m,\}$，称矩阵 $\boldsymbol{A}(G)=(r_{ij})_{n\times n}$ 为 G 的邻接矩阵，其中

$$r_{ij}=\begin{cases}0, & v_i \text{ 与 } v_j \text{ 不邻接}\\ 1, & v_i \text{ 与 } v_j \text{ 邻接}\end{cases} \qquad (i=1,2,\cdots,n)$$

定理 4.1.1：设 $G=<P,L>$是有限图，则有

$$\sum_{v\in P} d(v)=2\mid L\mid$$

定理 4.1.2：在任何有限图中，度数为奇数的顶点的个数是偶数。

2. **路与回路**

路：设 $G=<P,L>$，$v_i\in P(i=0,1,\cdots,n)$，e_i 是关联顶点 v_{i-1} 与 v_i 的边$(i=1,2,\cdots,n)$，称交替序列

$$v_0e_1v_1e_2\cdots e_nv_n$$

为从 v_0 到 v_n 的长度为 n 的路。

回路：在交替序列

$$v_0e_1v_1e_2\cdots e_nv_n$$

中，若 $v_0=v_n$，则称此交替序列为回路。

简单路：在交替序列

$$v_0e_1v_1e_2\cdots e_nv_n$$

中如果：

(1) $v_0,v_1,\cdots,v_{n-1}$互不相同；

(2) $v_1,v_2,\cdots,v_n$ 互不相同。

则称此交替序列为简单路。

迹：在交替序列

$$v_0e_1v_1e_2\cdots e_nv_n$$

中，如果所有的边均不相同，则称此交替序列为迹。

连通：设 $G=<P,L>$是一个图，$u,v\in P$，如果从 u 到 v 存在一条路，则称顶点 u 和顶点 v 是连通的。

连通图：如果一个图中任何两点均连通，则称该图为连通图。

连通分支：顶点之间的连通性是顶点集 P 上的等价关系，由该等价关系可将 P 分成若干个非空子集 $P_1,P_2\cdots,P_n$，每一个非空子集 P_i 确定了一个连通子图 $G(P_i)$，称 $G(P_1)$，$G(P_2)$，$\cdots$，$G(P_n)$为图 G 的连通分支。图 G 的连通分支数记为 $W(G)$。

点割集：设 $G=<P,L>$为连通图，$P_1 \subset P$，满足：

(1) 在 G 中，删除 P_1 中的所有顶点后，所得的子图是不连通图或平凡图；

(2) 在 G 中，删除 P_1 的任一真子集，所得的子图仍是非平凡的连通图。

则称 P_1 是 G 的一个点割集。

割点：在 G 中，删除顶点 v 后，所得到的子图是不连通的，则称 v 是割点。

点连通度：在图 G 中为了产生一个不连通图或平凡图需要删除的点的最少数目，称为图 G 的点连通度，记为 $k(G)$，即

$$k(G)=\min\{|P_1| \mid P_1 \text{ 是 } G \text{ 的点割集}\}$$

边割集：设 $G=<P,L>$是连通图，$L_1 \subset L$，满足：

(1) 在 G 中，删除 L_1 中的所有边后，所得到的子图是不连通的；

(2) 在 G 中，删除 L_1 的任一真子集，所得到的子图是连通的。

则称 L_1 是 G 的一个边割集。

割边：在 G 中删除边 e 后，所得到的子图是不连通的，则称 e 为割边。

边连通度：在图 G 中为了产生一个不连通图需要删除的边的最少数目，称为图 G 的边连通度，记为 $\lambda(G)$，即

$$\lambda(G)=\min\{|L_1| \mid L_1 \text{ 是 } G \text{ 的边割集}\}$$

加权图：设 $G=<P,L>$是有限图，如果对任意的 $e \in L$，都附带一个实数 $w(e)$，则称 G 为加权图，称 $w(e)$为边的权，规定：

(1) 对任意的 $v \in P$，$w(v,v)=0$；

(2) 对任意的 $u,v \in P$，若 u 与 v 不邻接，则 $w(v,v)=\infty$。

定理 4.2.1：对任何图 $G=<P,L>$，有

$$K(G) \leqslant \lambda(G) \leqslant \delta(G)$$

定理 4.2.2：一个连通图中的顶点 v 是割点的充分必要条件是存在两点 u 和 w，使 u 和 w 之间任何的路都通过顶点 v。

3. **树**

树：设 $G=<P,L>$是一个图，如果 G 是连通的且无回路，则称 G 是一棵树，记为 T。

树叶：树中度数为 1 的顶点称为树叶。

分支点：树中度数大于 1 的顶点称为分支点。

森林：一个无回路的图，称作森林。

支撑树：设 $G=<P,L>$是连通图，T 是 G 的支撑子图且为树，则称 T 为 G 的支撑树。

根树：对根树进行递归定义如下：

(1) 设 $T=<P,L>$是树，存在 $v_1 \in P$，称为树根。只由一个点构成的树也是根树；

(2) 从 T 中删除 v_1 后，可得到 r 个连通分支 $T_1,T_2,\cdots,T_r$，每个 T_i 也是一棵根树，称作 v_1 的子树。且 T_i 的根都与 v_1 邻接，称作 v_1 的儿子($i=1,2,\cdots,r$)。

m 叉树：如果根数 T 的每个分支点最多有 m 棵子树，则称 T 为 m 叉树。

完全 m 叉树：如果根树 T 的每个分支点恰好有 m 棵子树，则称 T 为完全 m 叉树。

路长：在根树中，从树根到一个顶点的简单路的长度，称为该顶点的路长。

树权：带权树 T 中所有边之和称作 T 的树权。

最小支撑树：图 G 的所有支撑树中，树权最小的支撑树称作 G 的最小支撑树。

赋权二叉树：设 T 是一棵二叉树，如果 T 中每一片树叶都附上一个实数，则称 T 为赋权二叉树。

二叉树的权：设 T 是一棵赋权二叉树，带权 w_i 的树叶 v_i 的路长为 $L(w_i)$，则称

$$w(T)=\sum_{i=1}^{t} w_i L(w_i)$$

为 T 的权。

最优树：在所有带权 $w_1, w_2, \cdots, w_t$ 的赋权二叉树中，$w(T)$ 最小的树，称为最优树。

定理 4.3.1：任何一颗非平凡树至少有两片树叶。

定理 4.3.2：设权图 $G=\langle P, L\rangle$ 有 n 个顶点，其最小支撑树算法如下：

(1) 在 L 中选一个权最小的边 e_1，令 $T=\{e_1\}$，$i=1$。

(2) 若 $i=n-1$，则算法终止，否则转(3)。

(3) 在 $L-T$ 中选取边 e，满足：

(a) $T\cup\{e\}$ 中无回路；

(b) e 是 $L-T$ 中满足(a)的权最小的边。

则令 $T=T\cup\{e\}$，$i=i+1$，转(2)。

定理 4.3.3：设 T 是完全 m 叉树，其树叶数为 t，分支点数为 i，则有

$$(m-1)i=t-1$$

定理 4.3.4：设 T 是带权 $w_1\leqslant w_2\leqslant\cdots\leqslant w_t$ 的最优树，则

(1) 带权 w_1, w_2 的树叶 v_{w_1}, v_{w_2} 是兄弟；

(2) 以树叶 v_{w_1}, v_{w_2} 为儿子的分支点，其路长最大；

(3) 若将以带权 w_1 和 w_2 的树叶为儿子的分支点改为带权 w_1+w_2 的树叶，得到一棵新树 T'，则 T' 是带权 $w_1+w_2, w_3, \cdots, w_t$ 的最优树。

4. **图的遍历**

欧拉路(回路)：给定无孤立顶点的图 G，若存在一条路(回路)，经过图中每条边一次且仅一次，则称该路(回路)为欧拉路(回路)。

欧拉图：具有欧拉回路的图称为欧拉图。

汉密尔顿路(回路)：给定图 G，若存在一条路(回路)，经过图中每个顶点一次且仅一次，则称该路(回路)为汉密尔顿路(回路)。

汉密尔顿图：具有汉密尔顿回路的图称为汉密尔顿图。

闭包：设 $G=<P,L>$ 是有限图，$|P|=n$，若将图 G 中度树之和大于等于 n 的非邻接点连接起来得图 G'，对图 G' 重复上述步骤，直到不再有这样的顶点对存在为止，最后所得到的图称作 G 的闭包，记作 $C(G)$。

定理 4.4.1：无向图 G 具有欧拉路，当且仅当 G 是连通的，且有零个或两个奇数度顶点。

推论 4.4.1：无向图 G 是欧拉图，当且仅当 G 是连通的，并且所有顶点的度数皆为偶数。

定理 4.4.2：如果图 $G=(P,L)$ 是汉密尔顿图，则对于任意的 S，$S\subseteq P$，$S\neq\varnothing$，都有

$$W(G-S)\leqslant |S|$$

定理 4.4.3：设 G 是具有 n 个顶点的简单图，$n\geqslant 3$，若 $\delta(G)\geqslant\frac{n}{2}$，则 G 是汉密尔顿图。

定理 4.4.4：设 G 是具有个 n 顶点的简单图，u，v 是 G 中不邻接的两个顶点，且 $d(u)+d(v)\geqslant n$，则 G 是汉密尔顿图的充要条件是 $G\cup\{uv\}$ 是汉密尔顿图。

定理 4.4.5：有限图 G 是汉密尔顿图的充要条件是其闭包 $C(G)$ 是汉密尔顿图。

5. **平面图**

平面图：设 $G=<P,L>$ 是图，如果能把 G 画在一个平面内，使得图的各边除在端点外彼此都不相交，则称 G 为平面图。

Jordan 曲线：起点与终点重合，自身互不相交的平面曲线叫 Jordan 曲线。

面：设 G 是平面图，则 G 将平面划分成一些连通的区域，这些区域称为 G 的面。

面的度数：设 f 是 G 的面，与 f 相邻的边的总数(不在任何回路上的边要计算两次)，称为面 f 的度，记作 $d_G(f)$。

同胚：给定两个图 G_1 和 G_2，如果 G_1 与 G_2 是同构的；或者通过反复插入或除去度数为 2 的顶点后，使 G_1 与 G_2 同构，则称 G_1 与 G_2 是同胚的。

定理 4.5.1：设 $G=<P,L>$ 是平面图，$|L|=m$，则

$$\sum_{f\in F(G)} d_G(f)=2m$$

其中 $F(G)$ 是 G 的面的集合。

定理 4.5.2(**欧拉公式**)：设 $G=<P,L>$ 是连通平面图，$|P|=n$，$|L|=m$，且共有 r 个面，则有

$$n-m+r=2$$

推论 4.5.1：设 $G=<P,L>$ 是连通简单平面图，$|P|=n$，$|L|=m$，则 $m\leqslant 3n-6$。

定理 4.5.3：一个图是平面图的充分必要条件是它不含有与 K_5 或 $K_{3,3}$ 同胚的子图。

6. **有向图**

入度：设 $G=<P,L>$ 是有向图，$v\in P$，称与 v 关联且以 v 为终点的边的个数为 v 的入度，记为 $d^-(v)$。

出度：设 $G=<P,L>$ 是有向图，$v\in P$，称与 v 关联且以 v 为起点的边的个数为 v 的出度，记为 $d^+(v)$。

可达：设 $G=\langle P,L\rangle$ 是有向图，$u,v\in P$，若在 G 中存在从 u 到 v 的路，则称从 u 可达 v。

强连通：如果有向图 G 中任意两个顶点都是相互可达的，则称 G 为强连通图。

单侧连通：如果对于有向图 G 中任意两个顶点 u 和 v，或者从 u 可达 v，或者从 v 可达 u，则称 G 是单侧连通图。

弱连通：如果在有向图 G 中去掉边的方向后，所得到的无向图是连通的，则称 G 是弱连通图。

强分图：在简单有向图中，具有强连通性质的最大子图，称为强分图。

单侧分图：在简单有向图中，具有单侧连通性质的最大子图，称为单侧分图。

弱分图：在简单有向图中，具有弱连通性质的最大子图，称为弱分图。

邻接矩阵：设 $G=\langle P,L\rangle$ 是简单有向图，$P=\{v_1,v_2,\cdots,v_n\}$，称 $\boldsymbol{A}(G)=(a_{ij})_{n\times n}$ 为 G 的邻接矩阵，其中

$$a_{ij}=\begin{cases}0, & v_i \text{ 邻接 } v_j\\ 1, & v_i \text{ 不邻接 } v_j \text{ 或 } i=j\end{cases}\qquad (i,j=1,2,\cdots,n)$$

可达性矩阵：设 $G=\langle P,L\rangle$ 是简单有向图，$P=\{v_1,v_2,\cdots,v_n\}$，称 $\boldsymbol{P}(G)=(p_{ij})_{n\times n}$ 为 G 的可达性矩阵，其中

$$p_{ij}=\begin{cases}1, & \text{从 } v_i \text{ 到 } v_j \text{ 至少存在一条路}\\ 0, & \text{从 } v_i \text{ 到 } v_j \text{ 不存在路}\end{cases}\qquad (i,j=1,2,\cdots,n)$$

完全关联矩阵：设 $G=\langle P,L\rangle$ 是简单有向图，$P=\{v_1,v_2,\cdots,v_n\}$，$L=\{e_1,e_2,\cdots,e_m\}$，称 $\boldsymbol{M}(G)=(m_{ij})_{n\times m}$ 为 G 的完全关联矩阵，其中

$$m_{ij}=\begin{cases}1, & v_i \text{ 是 } e_j \text{ 的起点}\\ -1, & v_i \text{ 是 } e_j \text{ 的终点}\\ 0, & \text{从 } v_i \text{ 到 } e_j \text{ 不关联}\end{cases}\qquad (i=1,2,\cdots,n,j=1,2,\cdots,m)$$

定理 4.6.1：在任何一个有向图中 $G=\langle P,L\rangle$ 中，所有顶点的入度之和等于所有顶点的出度之和，且都等于边的个数，即

$$\sum_{v\in P}d^{-}(v)=\sum_{v\in P}d^{+}(v)=m$$

其中 $m=|L|$。

定理 4.6.2：有向图 G 是强连通的，当且仅当存在一条经过 G 中所有顶点的回路。

定理 4.6.3：有向图中的任何一个顶点位于且只位于一个强分图中。

定理 4.6.4：设 $\boldsymbol{A}(G)$ 是图 G 的邻接矩阵，则 $(\boldsymbol{A}(G))^k$ 中的第 i 行第 j 列元素 $a_{ij}^{(k)}$ 等于 G 中从 v_i 到 v_j 的长度为 k 的路的数目。

二、习题与解

1. 写出如图所示的关联矩阵及邻接矩阵。

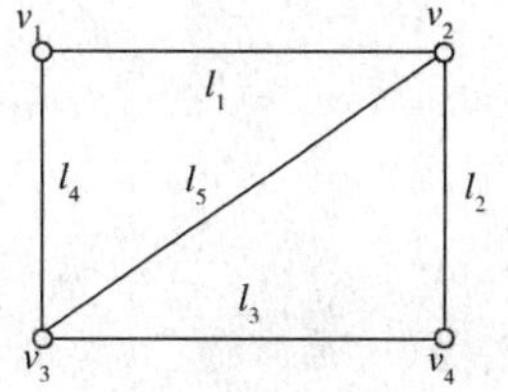

解：$\boldsymbol{M}(G)=\begin{bmatrix}1&0&0&1&0\\1&1&0&0&1\\0&0&1&1&1\\0&1&1&0&0\end{bmatrix}$，$\boldsymbol{A}(G)=\begin{bmatrix}0&1&1&0\\1&0&1&1\\1&1&0&1\\0&1&1&0\end{bmatrix}$

2. 设 $P=\{v_1,v_2,v_3,v_4,v_5\}$，画出图 $G=\langle P,L\rangle$，其中

(1)　$L=\{v_1v_2,v_1v_4,v_2v_5,v_1v_3,v_4v_5\}$；

(2)　$L=\{v_2v_1,v_2v_3,v_3v_4,v_3v_5,v_4v_5\}$。

解：

(1)

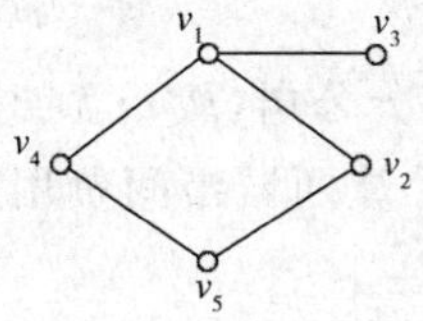

(2)

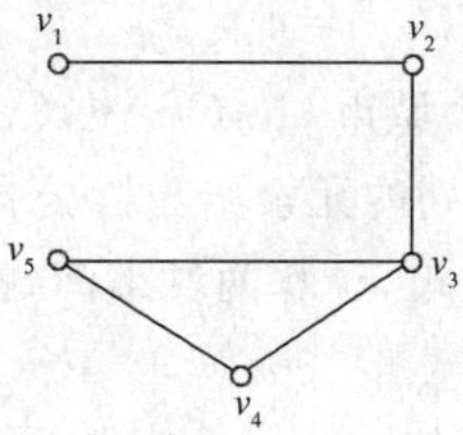

3. 问下列两组图是否同构？

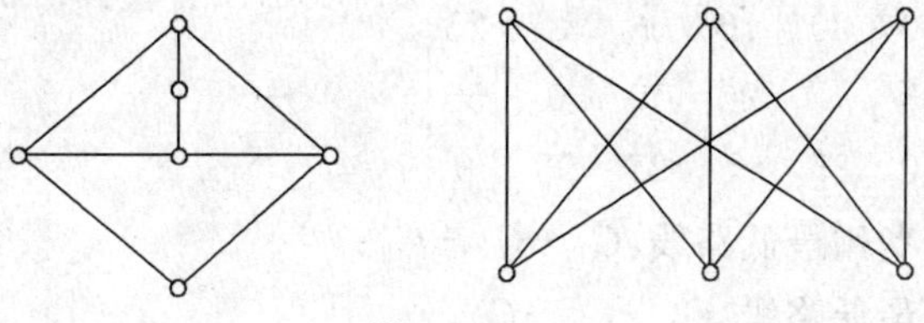

(1)

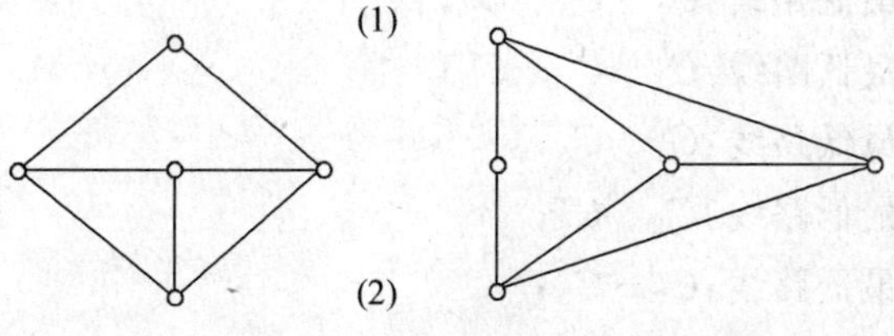

(2)

解：(1)　在左图中有一个二度顶点，而在右图中无二度顶点，所以不可能建立同构关系。

(2)　同构。

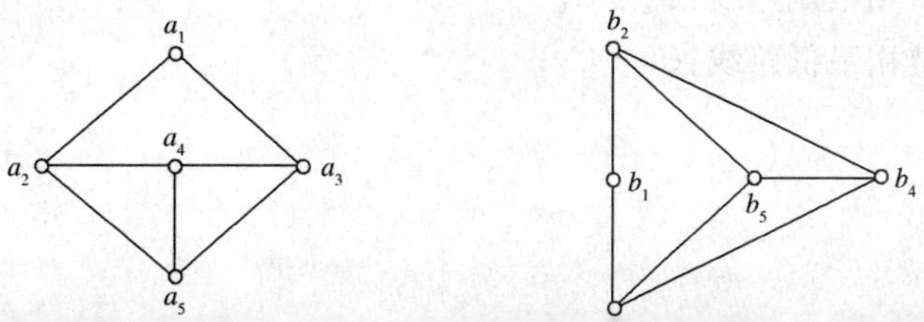

有双射函数 $f(a_i)=b_i(i=1,2,3,4,5)$，且保持关联关系不变。

4. 说明下列各图是否连通，如果不连通，说明连通分支数。

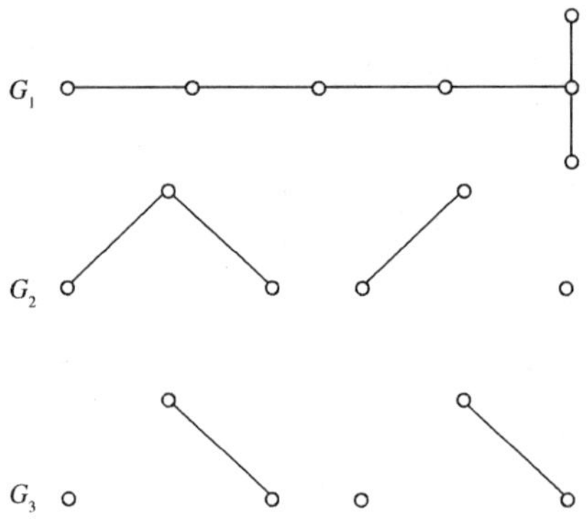

解：(1) 连通，$W(G_1)=1$；

(2) 不连通，$W(G_2)=3$；

(3) 不连通，$W(G_3)=4$。

5. 一公司在六个城市 $C_1,C_2,\cdots,C_6$ 中每一个都有分公司，从 c_i 到 c_j 的班机旅费由下列矩阵中的第 i 行第 j 列的元素给出。公司所关心的是计算两城市间费用最低的路线，对上述六城市中任意一对城市，计算两城市间费用最低的路线。

$$\begin{bmatrix} 0 & 50 & \infty & 40 & 25 & 10 \\ 50 & 0 & 15 & 20 & \infty & 25 \\ \infty & 15 & 0 & 10 & 20 & \infty \\ 40 & 20 & 10 & 0 & 10 & 25 \\ 25 & \infty & 20 & 10 & 0 & 55 \\ 10 & 25 & \infty & 25 & 55 & 0 \end{bmatrix} \text{（}\infty\text{表示没有直接班机）}$$

解：C_1 与 C_2 之间费用最低路线：$C_1-C_6-C_2$；

C_1 与 C_3 之间费用最低路线：$C_1-C_5-C_3$；

C_1 与 C_4 之间费用最低路线：$C_1-C_6-C_4$；

C_1 与 C_5 之间费用最低路线：C_1-C_5；

C_1 与 C_6 之间费用最低路线：C_1-C_6；

C_2 与 C_3 之间费用最低路线：C_2-C_3；

C_2 与 C_4 之间费用最低路线：C_2-C_4；

C_2 与 C_5 之间费用最低路线：$C_2-C_4-C_5$；

C_2 与 C_6 之间费用最低路线：C_2-C_6；

C_3 与 C_4 之间费用最低路线：C_3-C_4；

C_3 与 C_5 之间费用最低路线：C_3-C_5；

C_3 与 C_6 之间费用最低路线：$C_3-C_4-C_6$；

C_4 与 C_5 之间费用最低路线：C_4-C_5；

C_4 与 C_6 之间费用最低路线：C_4-C_6；

C_5 与 C_6 之间费用最低路线：$C_5-C_4-C_6$。

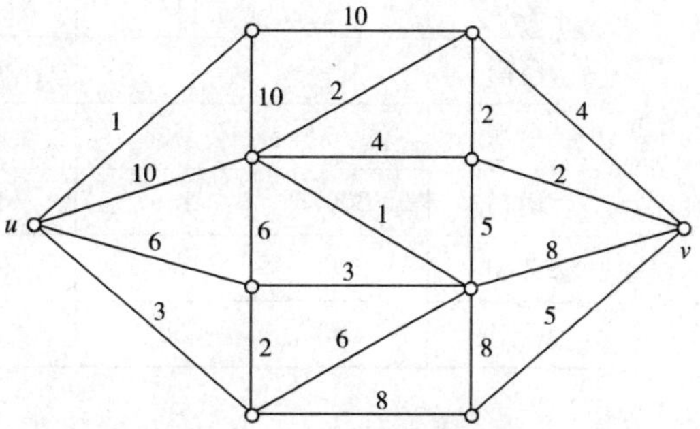

6. 求右面有限权图中点 u 到点 v 间的最短路。

解：最短路 15。

7. 设有 5 个城市 $v_1,\cdots,v_5$，任意两城市之间铁路造价如下：(以百万元计算)

$w(v_1,v_2)=4, w(v_1,v_3)=7, w(v_1,v_4)=16$

$w(v_1,v_5)=10, w(v_2,v_3)=13, w(v_2,v_4)=8$

$w(v_2,v_5)=17, w(v_3,v_4)=3, w(v_3,v_5)=10$

$w(v_4,v_5)=12$

试求出连接 5 个城市且造价最低的铁路网。

解：所求铁路网为：

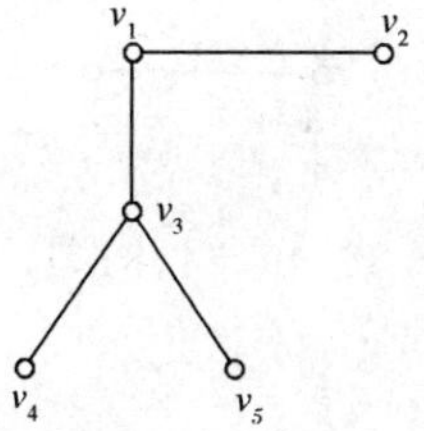

8. 试用克鲁斯卡尔算法求下列权图 7 中的最小支撑树。

	北京(*P*)	济南(*G*)	上海(*SH*)	南昌(*N*)	郑州(*Z*)	石家庄(*S*)
北京	/	479	1463	2007	695	283
济南	479	/	966	1567	666	301
上海	1463	966	/	837	998	1267
南昌	2007	1567	837	/	1312	1724
郑州	695	666	998	1312	/	412
石家庄	283	301	1267	1724	412	/

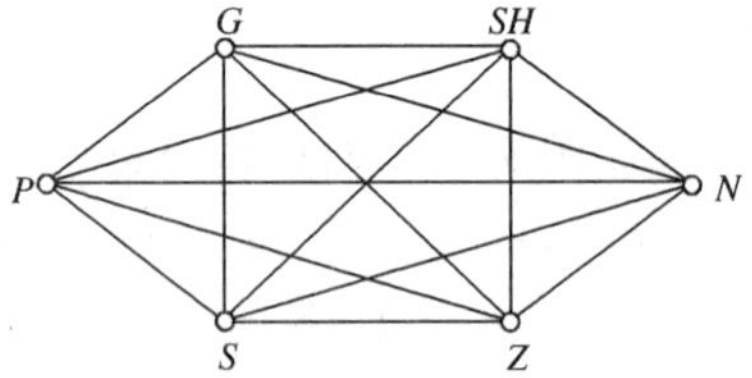

解：所求最小支撑树为

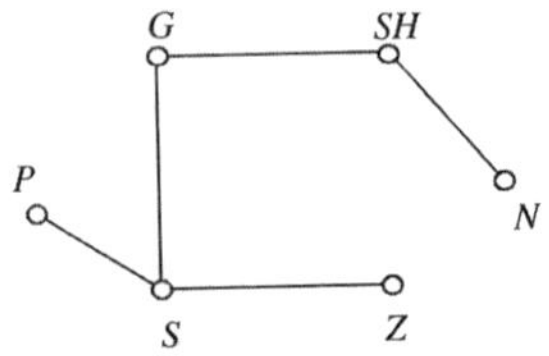

9. 给定树叶的权为 1,4,9,16,25,36,49,64,81,100,试构造一棵最优树。

解：所求最优树为

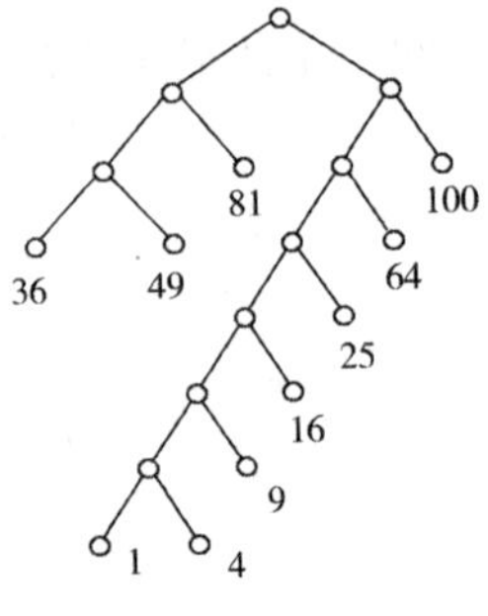

10. 判断下列图能否一笔画出。

解：(1)　能　　　　(2)　能

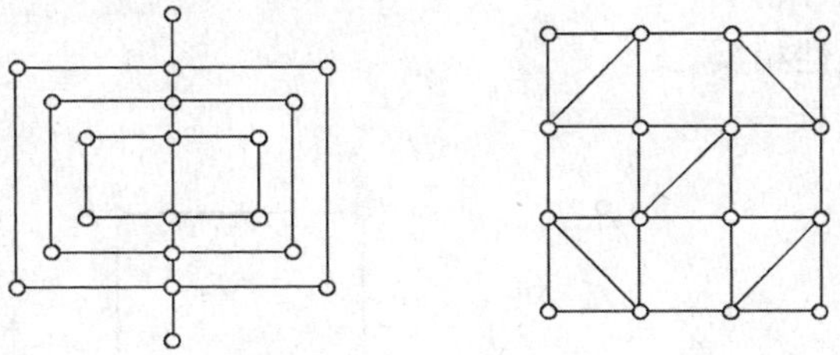

11. 试证明：最优树必为完全二叉树。

证明：假设最优树 T 不是完全二叉树，则必有一分支点只有一个儿子，设为 v。

(1)　v 的儿子为树叶，带权 w，现将 v 的儿子删掉，使 v 带权 w，所得树为 T'，则 $w(T') < w(T)$，矛盾。

(2)　v 的儿子不是树叶，是一分支点 v_1，设 v 的父亲为 v_2，现将 v 删除，使 v_2 的儿子为 v_1，得树 T''，则 $w(T'') < w(T)$，矛盾。

12. 判断下列各图是否为汉密尔顿图，并说明原因，如果是汉密尔顿图，请画出汉密尔顿回路。

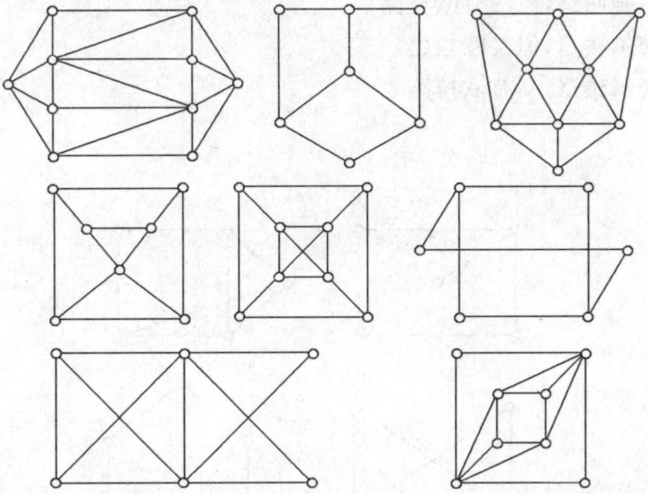

解：(1)　是

(2)　不是，删除三个顶点后，可以得到 4 个连通分支。

(3)　是　　　　(4)　是　　　　(5)　是

(6)　不是，删除两个顶点后，可以得到 3 个连通分支。

(7)　不是，删除两个顶点后，可以得到 3 个连通分支。

(8)　不是，删除两个顶点后，可以得到 3 个连通分支。

13. 构造欧拉图，使其顶点数 v 与边数 ε 满足下列条件：

(1) v 和 ε 的奇偶性相同；

(2) v 和 ε 的奇偶性相反。

解：(1)

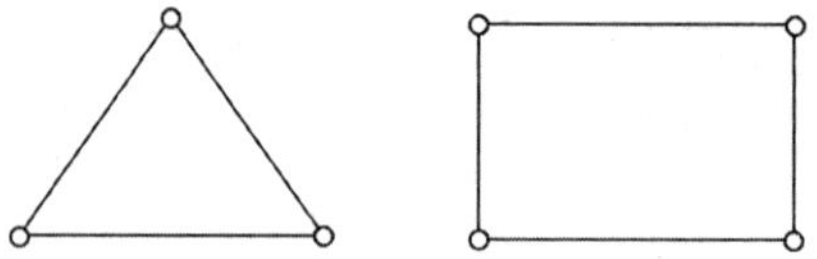

(2)

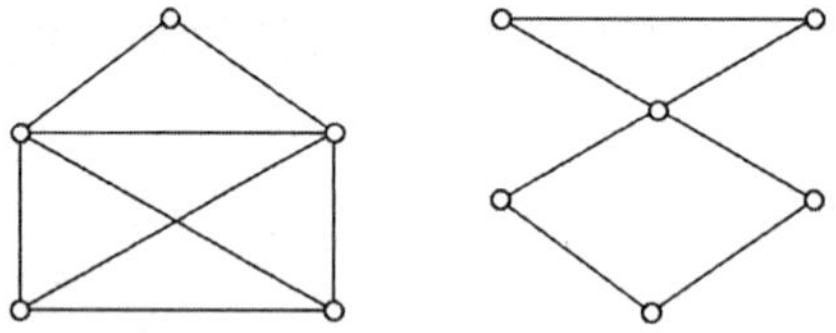

14. 举出满足下列要求的具有 5 个点的图：

(1) 没有汉密尔顿回路，也不能适当指定各边的方向使其具有欧拉路。

(2) 有汉密尔顿回路，但没有欧拉路。

(3) 没有汉密尔顿路，但又欧拉路。

(4) 既有汉密尔顿路，又有欧拉路。

解：

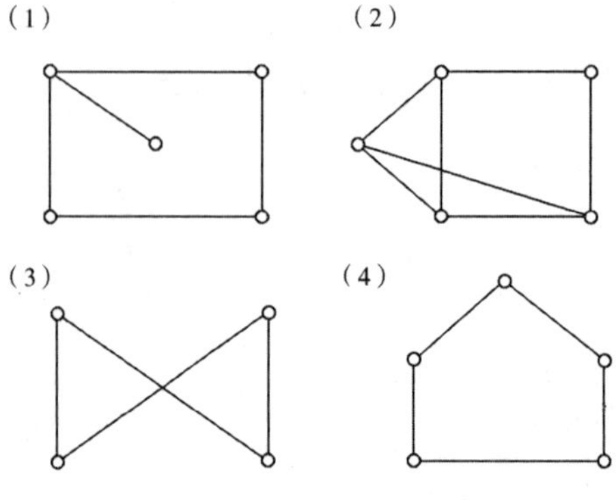

15. 根据下图动手画出平面图。

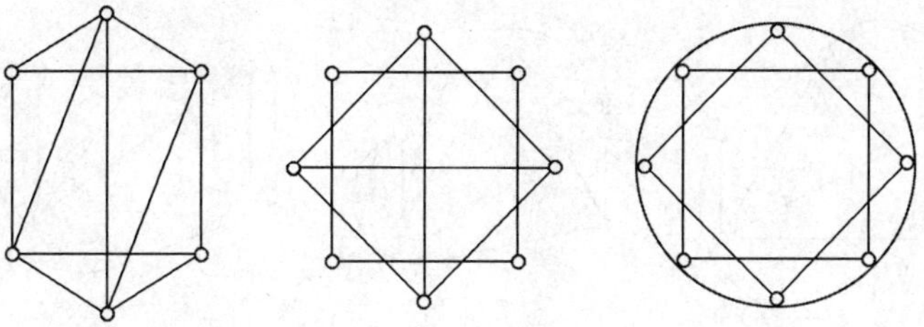

(a) (b) (c)

(1) 如果是可平面图，画出平面图；

(2) 如果不是可平面图，画出其中同胚与 K_5 或 $K_{3,3}$ 的部分。

解：都是平面图。

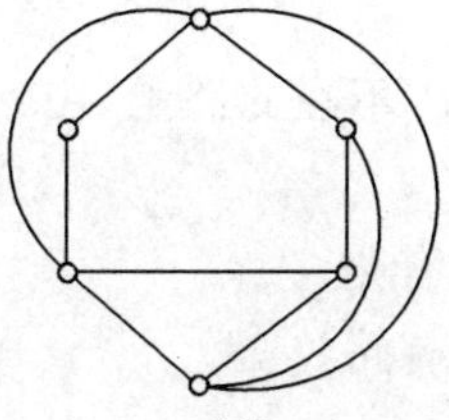

(a)

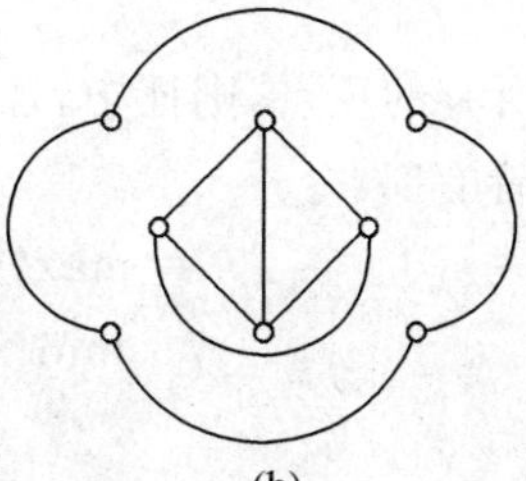

(b)

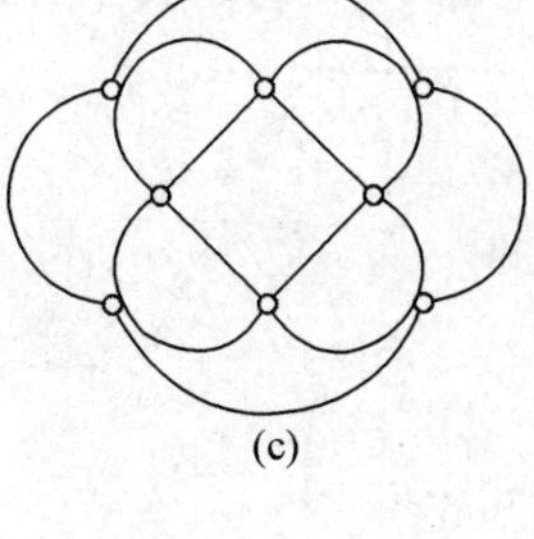

(c)

16．试证明：

(1) 若 e 是 K_5 的任意一条边，则 K_5-e 是可平面图；

(2) 若 e 是 $K_{3,3}$ 的任意一条边，则 $K_{3,3}-e$ 是可平面图。

证明：(1) 图(a)给出了缺少的边 e 为对角线的平面图，图(b)给出了缺少的边 e 为非对角线的平面图。

(2) 图(c)给出了缺少边 e 的平面图。

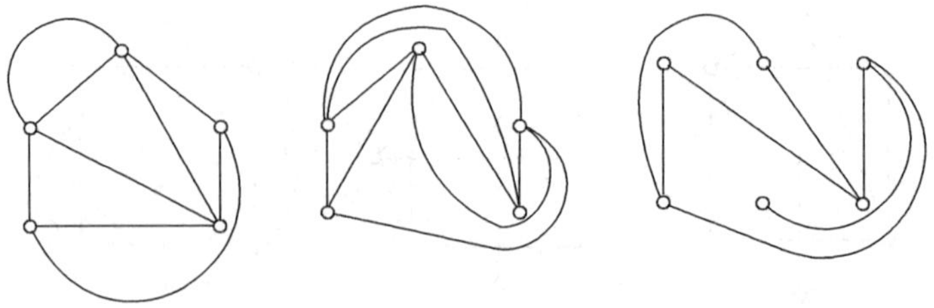

(a)　　　　(b)　　　　(c)

17. 证明一个有向图是单侧连通的，当且仅当它有一条经过每一顶点的路。

证明：充分性是显然的，现证必要性。

设图 $G=\langle P,L\rangle$ 是单侧连通的，则对任意的 $u,v\in P$，不妨设从 u 到 v 有一条路，记为 $v_1v_2\cdots v_k$，$v_1=u$，$v_k=v$。

此路若已经过所有的顶点，则证毕，现设顶点 $w\in P$ 不在此路上，由 G 是单侧连通的，则 w 和路上每个顶点皆有路，令

$$i=\max\{s\mid 从\ v_s\ 到\ w\ 有路\}$$
$$j=\min\{s\mid 从\ w\ 到\ v_s\ 有路\}$$

于是有 $j\leqslant i+1$。

假设 $j>i+1$，则存在整数 t，使 $i<t<j$，且顶点 w 和 v_t 之间有路，若是从 w 到 v_t 有路，与 j 的定义矛盾，若是从 v_t 到 w 有路，与 i 的定义矛盾，所以有 $j\leqslant i+1$。

（1）　$j=i+1$，则有路 $v_1\cdots v_i\cdots w\cdots v_{i+1}\cdots v_k$。

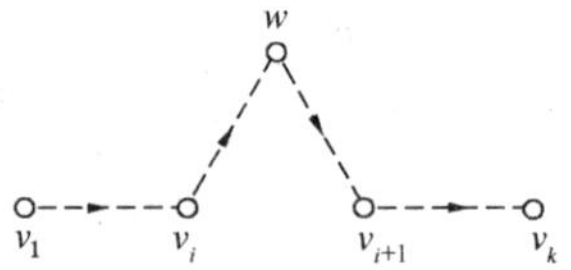

（2）　$j=i$，则有路 $v_1\cdots v_i\cdots w\cdots v_i\cdots v_k$。

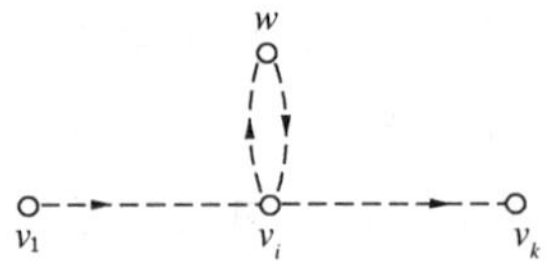

（3）　$j<i$，则有路 $v_1\cdots v_j\cdots v_i\cdots w\cdots v_j\cdots v_i\cdots v_k$。

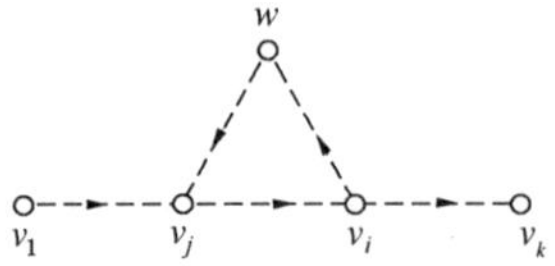

总之，将顶点 w 扩充到路中，若还有不在此路上的 G 中的顶点，重复上述过程，总可将不在路上的顶点扩充进去，最后得到一条经过每一个顶点的路。

18. 试求下图中的强分图、单侧分图和弱分图。

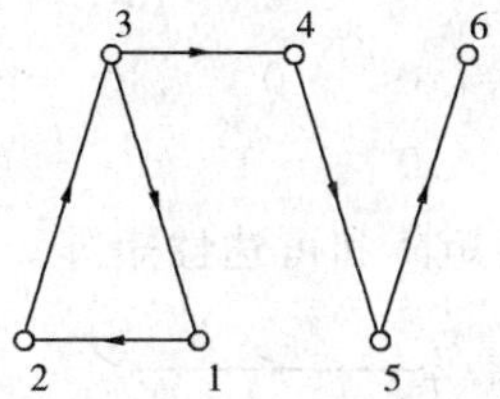

解：强分图为 $\{v_1, v_2, v_3\}, \{v_4\}, \{v_5\}, \{v_6\}$。

单侧分图与弱分图都是 $\{v_1, v_2, v_3, v_4, v_5, v_6\}$。

19. 试证明图的每一个顶点和每一条边，都只包含于一个弱分图中。

证明：对任意的顶点 u，令 S 是图中略去边的方向后与 u 连通的所有顶点的集合，当然 v 也在 S 中，而 S 是 G 的一个弱分图，所以图中每个顶点都必位于一个弱分图中。

设 G_1, G_2 都是包含顶点 u 的弱分图，略去边的方向后，G_1 中的所有顶点与 u 连通，G_2 中所有顶点也与 u 连通，故 G_1 与 G_2 中所有顶点连通，这与 G_1, G_2 是弱分图矛盾，故 G 的顶点只位于一个弱分图中。

如果一条边包含于两个弱分图中，该边所关联的两个顶点也包含于两个弱分图中，这是不可能的，所以任一条边也只能包含于一个弱分图中。

20. 设图 G 如下图所示，求邻接矩阵 $\boldsymbol{A}(G)$ 和关联矩阵 $\boldsymbol{M}(G)$。

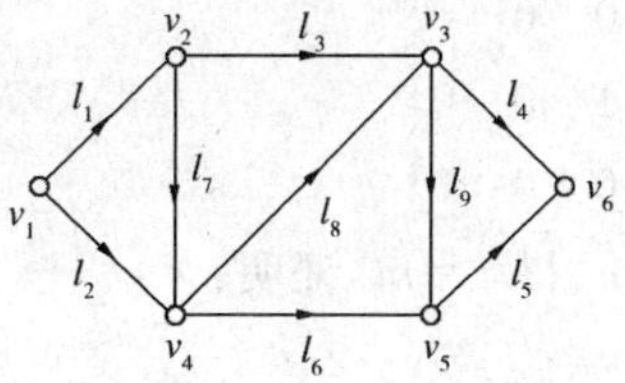

解：邻接矩阵 $\boldsymbol{A}(G)=\begin{bmatrix} 0 & 1 & 0 & 1 & 0 & 0 \\ 0 & 0 & 1 & 1 & 0 & 0 \\ 0 & 0 & 0 & 0 & 1 & 1 \\ 0 & 0 & 1 & 0 & 1 & 0 \\ 0 & 0 & 0 & 0 & 0 & 0 \\ 0 & 0 & 0 & 0 & 0 & 0 \end{bmatrix}$

$$\text{关联矩阵}\quad \boldsymbol{M}(G)=\begin{bmatrix} 1 & 1 & 0 & 0 & 0 & 0 & 0 & 0 & 0 \\ -1 & 0 & 1 & 0 & 0 & 0 & 1 & 0 & 0 \\ 0 & 0 & -1 & 1 & 0 & 0 & 0 & -1 & 1 \\ 0 & -1 & 0 & 0 & 0 & 1 & -1 & 1 & 0 \\ 0 & 0 & 0 & 0 & 1 & -1 & 0 & 0 & -1 \\ 0 & 0 & 0 & -1 & -1 & 0 & 0 & 0 & 0 \end{bmatrix}$$

21. G 如下图所示，求 G 的邻接矩阵和可达性矩阵。

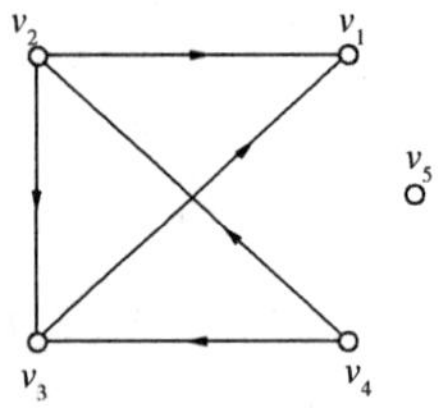

解：邻接矩阵 $\boldsymbol{A}(G)=\begin{bmatrix} 0 & 0 & 0 & 0 & 0 \\ 1 & 0 & 1 & 1 & 0 \\ 1 & 0 & 0 & 0 & 0 \\ 0 & 0 & 1 & 0 & 0 \\ 0 & 0 & 0 & 0 & 0 \end{bmatrix}$

可达性矩阵 $\boldsymbol{P}(G)=\begin{bmatrix} 0 & 0 & 0 & 0 & 0 \\ 1 & 0 & 1 & 1 & 0 \\ 1 & 0 & 0 & 0 & 0 \\ 1 & 0 & 1 & 0 & 0 \\ 0 & 0 & 0 & 0 & 0 \end{bmatrix}$

22. 设 $G=\langle P,L\rangle$，$|P|=n$，$|L|=m$，证明：

$$\delta(G)\leqslant\frac{2m}{n}\leqslant\Delta(G)$$

证明：因为 $\sum\limits_{v\in P}d(v)=2m$，且对任意的 $v\in P$，有

$$\delta(G)\leqslant d(v)\leqslant\Delta(G)$$

于是 $n\cdot\delta(G)\leqslant\sum\limits_{v\in P}d(v)\leqslant n\cdot\Delta(G)$，

即 $n\cdot\delta(G)\leqslant 2m\leqslant n\cdot\Delta(G)$，

所以 $\delta(G)\leqslant\dfrac{2m}{n}\leqslant\Delta(G)$。

23. 证明：在任何有向完全图中，所有顶点入度的平方之和等于所有顶点出度的平方之和。

证明：设有向完全图有 n 个顶点。对任一顶点 v 均有

$$d^+(v)+d^-(v)=n-1$$

又因边数 $=\frac{1}{2}n(n-1)=\sum_{i=1}^{n}d^+(v_i)=\sum_{i=1}^{n}d^-(v_i)$，

故有

$$\begin{aligned}
&\sum_{i=1}^{n}(d^-(v_i))^2\\
&=\sum_{i=1}^{n}(n-1-d^+(v_i))^2\\
&=\sum_{i=1}^{n}(n-1)^2-\sum_{i=1}^{n}2(n-1)d^+(v_i)+\sum_{i=1}^{n}(d^+(v_i))^2\\
&=n(n-1)^2-2(n-1)\sum_{i=1}^{n}d^+(v_i)+\sum_{i=1}^{n}(d^+(v_i))^2\\
&=n(n-1)^2-2(n-1)\cdot\frac{1}{2}n(n-1)+\sum_{i=1}^{n}(d^+(v_i))^2\\
&=\sum_{i=1}^{n}(d^+(v_i))^2。
\end{aligned}$$

24. 一个图如果同构于它的补图，则称该图为自补图。

(1) 试给出一个 5 个顶点的自补图；

(2) 一个图是自补图，其对应的完全图的边数必为偶数；

(3) 是否有 3 个顶点或 6 个顶点的自补图？

证明：(1) 5 个顶点的图 G 与其补图 $\overline{G}$ 如图所示。在 G 与 $\overline{G}$ 之间建立双射：$v_1\to u_1$，$v_2\to u_3$，$v_3\to u_5$，$v_4\to u_2$，$v_5\to u_4$。显然这两个图保持对应点边之间对应的关联关系，故 $G\simeq\overline{G}$，所以，G 是 5 个顶点的自补图。

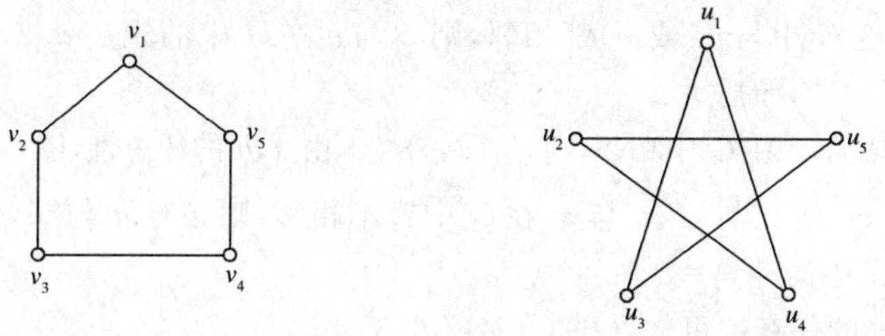

(2) 设图 G 是自补图，G 有 m 条边，G 对应的完全图边数为 k。G 的补图 $\overline{G}$ 的边数为 $k-m$。因为 $G\simeq\overline{G}$，故边数相等，有 $m=k-m$，即 $k=2m$，所以 G 对应的完全图的边数为偶数。

(3) 由(2)可知，自补图对应的完全图的边数为偶数，n 个顶点的完全图 K_n 的边数为 $\frac{1}{2}n(n-1)$，当 $n=3$ 或 $n=6$，K_n 的边数为奇数，因此不存在 3 个顶点或 6 个顶点的自补图。

25. 至少有两个顶点的简单图有两个相同度数的顶点。

证明：设 G 是具有 n 个顶点的简单图($n\geqslant 2$)。因为是简单图，所以每个顶点的度数 $\leqslant$

$n-1$。因此,在 G 中顶点可能出现的度数是:$0,1,2,\cdots,n-1$。

而在 G 中度数为 0 的顶点与度数为 $n-1$ 的顶点不可能同时存在。因此,在 G 中可以出现的度数应该分成以下两种情况:

(1) $0,1,2,\cdots,n-2$;

(2) $1,2,3,\cdots,n-1$。

无论是哪一种情况都最多有 $n-1$ 种不同的度数,因为 G 中有 n 个顶点,由鸽巢原理,至少两个顶点具有相同的度数。

26. 对于任何一个具有 6 个顶点的简单图,或者它包含一个三角形,或者它的补图包含一个三角形。

证明:设 G 为具有 6 个顶点的简单图。在 G 中任取一个顶点 u,则另外 5 个顶点或者在 G 中与 u 相邻,或者在 $\overline{G}$ 中与 u 相邻,由鸽巢原理,则至少有 3 个顶点同在 G 中或同在 $\overline{G}$ 中与 u 相邻,不妨设其中 3 个顶点为 a,b,c。

(1) 如果 a,b,c 中至少有一对顶点在 G 中或 $\overline{G}$ 中相邻,则在 G 中或 $\overline{G}$ 中存在一个三角形。

(2) 如果 a,b,c 三个顶点在 G 中或 $\overline{G}$ 中两两皆不相邻,一定在补图 $\overline{G}$ 或 G 中相邻,则在 $\overline{G}$ 或 G 中存在一个三角形。

27. 若图 G 的直径大于 3,则 G 的补图 $\overline{G}$ 的直径小于 3。

证明:图的直径是图中两个顶点之间的最大距离。

对 $\overline{G}$ 中任意一对顶点 u,v,

(1) 若 u,v 在 G 中不相邻,则 u,v 在 $\overline{G}$ 中相邻,故 u,v 在 $\overline{G}$ 中的距离为 1;

(2) 若 u,v 在 G 中相邻,则 u,v 在 $\overline{G}$ 中不相邻。

对其他任意两个顶点 a,b:

① 若 a 和 b 在 G 中与 u(或 v)都相邻,则 a 与 b 在 G 中的距离 $d_G(a,b)\leqslant 2$,由 a,b 的任意性,图 G 的直径 $\leqslant 2$,矛盾。

② 若 a 和 u,b 和 v 在 G 中相邻,则 $d_G(a,b)\leqslant 3$,由 a,b 的任意性,图 G 的直径 $\leqslant 3$,矛盾。

③ 存在顶点 w,使 u 与 w,v 与 w 在 G 中皆不相邻,则必有 u 与 w,v 与 w 在 $\overline{G}$ 中皆相邻,于是 u 与 v 在 $\overline{G}$ 中的距离 $=2$。

综上,由 u 与 v 的任意性可知,$\overline{G}$ 的直径必小于 3。

28. 证明简单图的最大度小于顶点数。

证明:设简单图 G 有 n 个顶点,对任意顶点 u,由于 G 是简单图,u 至多与其余 $n-1$ 个顶点相邻,即 $d(u)\leqslant n-1$,而

$$\Delta(G)=\max\{d(u) \mid u \in P(G)\}$$

所以由 u 的任意性,有 $\Delta(G)\leqslant n-1$。

29. 在一个旅行团中共有 14 人,在山上休息时,他们想打桥牌,而每个人都曾参与其中的 5 个人合作过,现规定只有 4 个人中任两个人都未合作过,才能在一起打一局牌,这样,打了三

局就没法再打下去了。这时,来了另一位旅游者,他当然没有与该旅行团中的任何人合作过。如果他也参加打牌,证明一定可以再打一局桥牌。

证明:画一个具有 14 个顶点的简单图,如果每个顶点代表旅行团中的一个人,如果相应于 u,v 的两个人未合作过,则连接一条边,这样,对于每个顶点,其度数皆为 8。

每打过一局牌,就要去掉两条边,三局牌共要去掉 6 条边,即使这 6 条边关联不同的 12 个顶点,那么至少还有 2 个顶点的度数仍为 8,设这两个顶点之一为 u_0,那么与 u_0 相邻的 8 个顶点中至少有一个顶点的度数不小于 7,否则,如果这 8 个顶点的度数均$\leqslant 6$,则由于每个顶点至少去掉 2 条边,故至少失去掉$\frac{8\times 2}{2}=8$条边,这与仅去掉 6 条边矛盾。

设 v_0 是与 u_0 相邻且 $d(v_0)\geqslant 7$ 的顶点,那么 v_0 必至少与上述 8 个顶点中的其余 7 个顶点之一相邻,否则 $d(v_0)\leqslant 13-7=6$ 矛盾。

设 w_0 是与 v_0 相邻的顶点,则 u_0,v_0,w_0 构成一个三角形,这表示相应的三个人是两两未合作过的,这三个人与新来的旅游者一定可以再打一局牌。

30. 考察 $2n$ 所电话局,如果每一所电话局至少可以与另外 n 所电话局通话,那么,在这 $2n$ 所电话局中的任何两所电话局之间都可以通话(也可能要通过另外的电话局)。

证明:设 $2n$ 所电话局为 $2n$ 个顶点,能通话的电话局之间连一条边,这样就得到一个简单图 G,由题意可知,每个顶点的度数$\geqslant n$,那么,就要证明每两个顶点之间必有一条路存在,即 G 是连通的。

假设不是连通的,则至少有 2 个连通分支,G 共有 $2n$ 个顶点,故必存在一个最多有 n 个顶点的连通分支,又由于是简单图,故该连通分支中每个顶点的度数$\leqslant n-1$,与题设矛盾。因此 G 是连通的。

31. 如果在 n 个电话局中的任何两个电话局总是可以通话的,则至少存在 $n-1$ 条直通线路。

证明:设 n 个电话局为 n 个顶点,如果两个电话局可以直通电话,则在对应的两个顶点间连一条边。因为任何两个电话局可以通话,因此就构成一个简单连通图。

用数学归纳法证明:n 个顶点的简单连通图 G,至少存在 $n-1$ 条边。

当 $n=1$ 时,$m=0$,结论成立。

设 $n=k$ 时,G 至少有 $k-1$ 条边。

当增加一个顶点 u 时,由于是连通图,u 至少与 G 中的某个顶点相邻,即当 $n=k+1$ 时,结论成立。

32. 设 $G=<P,L>$是图,对图中的每个顶点指定一种颜色,使得没有两个相邻的顶点用同一种颜色,证明按上述方法对图 G 进行着色且只用了两种颜色,当且仅当它不包含长度为奇数的回路。

证明:充分性,设 G 中不包含长度为奇数的回路,对任意的 $u\in P$,令

$$P_1=\{v\mid \text{从 } u \text{ 到 } v \text{ 存在一条长度为偶数的简单路}\}$$

$$P_2=\{v\mid \text{从 } u \text{ 到 } v \text{ 存在一条长度为奇数的简单路}\}$$

显然，$P=P_1\cup P_2$，且 $P_1\cap P_2=\varnothing$。如若不然，设 $v\in P_1\cap P_2$，则从 u 到 v 既有一条长度为偶数的简单路，又有一条长度为奇数的简单路，这两条路合起来就是一条长度为奇数的回路，与题设矛盾。

对于 $P_i(i=1,2)$ 中任何两个顶点不相邻。如若不然，存在 $v,w\in P_i$，v 与 w 是相邻的，则 u 到 v 长度为偶(奇)数的简单路，u 到 w 长度为偶(奇)数的简单路，与边 vw 合起来构成一条长度为奇数的回路，与题设矛盾。这样图 G 中的每一条边，它所关联的两个顶点，一个在 P_1 中，另一个在 P_2 中。现将 P_1 中所有顶点着上 C_1 色，P_2 中所有顶点着上 C_2 色，则满足要求。

必要性，设图 G 能用两种颜色 C_1 和 C_2，令

$$P_1=\{u\mid u\in P,u \text{ 着上 } C_1 \text{ 色}\}$$

$$P_2=\{u\mid u\in P,u \text{ 着上 } C_2 \text{ 色}\}$$

对于图 G 的任一条回路 $v_1v_2\cdots v_{n-1}v_n$，其中 $v_1=v_n$，长度为 $n-1$。

由于相邻的顶点颜色不同，不妨设 $v_1\in P_1$，$v_2\in P_2$，$v_3\in P_1$，…，$v_{n-1}\in P_2$，$v_n=v_1\in P_1$，故 $n-1$ 为偶数，即 G 中任一条回路的长度皆是偶数，不存在长度为奇数的回路。

33. 若无向图中恰有两个奇数度的顶点，则这两个顶点之间必有一条路。

证明：设 u 和 v 是图 G 中两个奇数度顶点。

从 u 开始构造一条迹，从 u 出发经关联于 u 的边 e_1 到达顶点 u_1，若 $d(u_1)$ 为奇数，则证完；若 $d(u_1)$ 为偶数，则必可由 u_1 再经关联于 u_1 的边 e_2 到达顶点 u_2，如此下去，每边只取一次，直到另一个奇数度顶点停止，由于图 G 中只有两个奇数度顶点，故该顶点或是 u 或是 v。如果是 v，则证完；如果仍是 u，此路是闭迹，闭迹上每个顶点都关联偶数条边，而 $d(u)$ 为奇数，所以至少还有一条关联 u 的边不在此闭迹上。继续从 u 出发，沿着该边到达另一顶点 u_1'，依次下去直到另一个奇数度顶点停止。这样经有限次后必可到达顶点 v，这就是一条从 u 到 v 的路。

34. 若图 G 是不连通的，则 G 的补图 $\overline{G}$ 是连通的。

证明：由于图 $G=\langle P,L\rangle$ 是不连通的，设 G 的连通分支为 $G(P_1)$，$G(P_2)$，…，$G(P_k)$ $(k\geqslant 2)$。对于任意的 $u,v\in P$，有以下两种情况：

(1)　u,v 同属于一个连通分支 $G(P_i)$ 中，在另一个连通分支 $G(P_j)(i\neq j)$ 中任取一个顶点 w，则 u 与 w，v 与 w 在 G 中皆不相邻，于是 u 与 w，v 与 w 在 $\overline{G}$ 中相邻，所以 u 与 v 在 $\overline{G}$ 中是连通的。

(2)　u,v 不属于同一个连通分支，则 u 与 v 在 G 中必不相邻，可是 u 与 v 在 $\overline{G}$ 中相邻，所以 u 与 v 在 $\overline{G}$ 中是连通的。

35. 每个顶点的度数至少为 2 的图必包含一个回路。

证明：设 L 是图 G 中最长路中的一条，端点为 u，则与 u 相邻的顶点必在 L 上，否则，将

这个顶点加进 L 中就可得到一条更长的路。

如果 u 在 L 中重复出现，则回路找到；如果 u 在 L 中只出现一次，而 G 中每个顶点度数至少是 2，则 u 关联的一条边 e 不在 L 上，且 e 关联的另一个顶点 v 在 L 上，于是 L 中从 u 到 v 的子路与边 e 就形成一个回路。

36. 设 $G=\langle P,L\rangle$ 为简单图，$|P|=n$，$|L|>\frac{1}{2}(n-1)(n-2)$，则 G 是连通的。

证明：假设 G 不连通，不妨设 G 有两个连通分支 G_1 和 G_2，其顶点数分别为 n_1 和 n_2，则 $n_1+n_2=n$，又 $n_1,n_2\geqslant 1$，所以 $n_1,n_2\leqslant n-1$，则

$$\begin{aligned}|L|&\leqslant\frac{1}{2}n_1(n_1-1)+\frac{1}{2}n_2(n_2-1)\\&\leqslant\frac{1}{2}(n-1)(n_1+n_2-2)\\&=\frac{1}{2}(n-1)(n-2)\end{aligned}$$

与题设矛盾，因此，G 是连通的。

37. 当且仅当 G 的一条边 e 不包含在 G 的回路中时，e 才是 G 的割边。

证明：设 $e=(u,v)$。

必要性，假设 e 包含在 G 的一个回路中，那么除边 e 外，还有一条以 u 和 v 为端点的路，所以删除边 e 后，G 仍是连通的，这与 e 是割边矛盾。

充分性，如果边 e 不包含在 G 的任一回路中，那么连接顶点 u 和 v 只有边 e，而不会有其他连接 u 和 v 的任何路。因为如果连接 u 和 v 还有不同于边 e 的路，此路与边 e 就组成一条包含边 e 的回路，矛盾。所以删去边 e 后，u 和 v 就不连通，故边 e 是割边。

38. 若 $G=\langle P,L\rangle$ 是一个简单图，且 $\delta(G)\geqslant|P|-2$，则 $k(G)=\delta(G)$。

证明：因为 G 是简单图，所以每个顶点的度数 $\leqslant|P|-1$，又 $\delta(G)\geqslant|P|-2$，故只要讨论以下两种情况即可。

(1)　$\delta(G)=|P|-1$，则 G 是完全图，因此 $k(G)=\delta(G)=|P|-1$。

(2)　$\delta(G)=|P|-2$，则必有两个顶点不相邻，设为 v_1,v_2，于是对任意的 $v\in P$，都有 $vv_1,vv_2\in L$。因此，对于 G 中任意的 $|P|-3$ 个顶点的集合 P_1，$G-P_1$ 必是连通的，故有 $k(G)\geqslant|P|-2=\delta(G)$，又 $k(G)\leqslant\delta(G)$，所以 $k(G)=\delta(G)$。

39. 设无向图 $G=\langle P,L\rangle$，$|P|\geqslant 3$，G 是连通的简单图但不是完全图，则 G 中存在三个不同的顶点 u,v,w，使得 $uv\in L$，$vw\in L$，而 $vw\notin L$。

证明：因为 G 不是完全图，故存在顶点 $v_i,v_j\in P$，而 $v_iv_j\notin L$，由 G 的连通性可知，v_i 到 v_j 存在路，且此路不经过重复的顶点（若有重复顶点，可将重复的一段路删除），设此路为

$$v_iv_{i_1}v_{i_2}\cdots v_{i_k}v_j$$

若 $k=1$，则 v_i，v_{i_1}，v_j 三点为所求。

若 $k\geqslant 2$，如果存在 $2\leqslant r\leqslant k$，使 $v_iv_{i_r}\notin L$，而对一切 $s(1\leqslant s\leqslant r-1)$，有 $v_iv_{i_s}\in L$，则 v_i，$v_{i_{r-1}}$，v_{i_r} 三点为所求；如果对于一切 $s(1\leqslant s\leqslant k)$，有 $v_iv_{i_s}\in L$，则 v_i，v_{i_k}，v_j 三点为所求。

40.(1)　一个完全图 K_6 的边涂上红色或蓝色。证明对于任何一种涂边的方法，总有一个完全图 K_3 的所有边被涂上红色，或者一个 K_3 的所有边被涂上蓝色。

(2)　证明六个人的人群中，或者有三个人相互认识或者有三个人彼此陌生。

(3)　对于 n 个顶点的完全图 K_n 的边，随意涂上红色或蓝色，证明如果有 6 条或更多条红色的边关联于一个顶点，则存在一个各边都是红色的 K_4 或者一个蓝色的 K_3；如果有 4 条或更多条蓝色的边关联于一个顶点，则存在一个红色的 K_4 或者一个蓝色的 K_3。

证明：(1)　任取 K_6 中的一个顶点 u，与 u 关联的边有 5 条，这 5 条边被涂上红色或蓝色，由鸽巢原理，其中必有 3 条边被涂上同一色，不妨设这 3 条边涂上红色，设这 3 条边的另一端点为 v_1，v_2，v_3，这 3 个顶点也是两两相连，如果有一条边被涂上红色，例如边 v_1v_2 涂上红色，则顶点 u，v_1，v_2 就组成一个红色的 K_3，如果边 v_1v_2，v_2v_3，v_3v_1 都涂上蓝色，那么顶点 v_1，v_2，v_3 便组成一个蓝色的 K_3。因此在 K_6 中必有一个红色的 K_3 或蓝色的 K_3。

(2)　设 6 个人用 6 个顶点表示，若顶点 u，v 代表的人彼此认识，则边 uv 上涂上红色；若顶点 u，v 代表的人彼此不认识，则边 uv 涂上蓝色。由(1)可知，或者有一个红色的 K_3 或者有一个蓝色的 K_3，即或者有 3 个人彼此认识，或者有 3 个人彼此不认识。

(3)　设在图 K_n 中，有 6 条或更多边关联于同一个顶点 u 且涂上红色，取其中任意 6 条边，这 6 条边除 u 以外的另一端点构成一个 K_6。由(1)可知，K_6 中有一个蓝色的 K_3，或一个红色的 K_3。如果有一个蓝色的 K_3，则此 K_n 中就有一个蓝色的 K_3；如果有一个红色的 K_3，则此 K_3 与顶点 u 及其 u 所关联的边就组成一个红色的 K_4，则 K_n 中就有一个红色的 K_4。

在 K_n 中，如果有 4 条或更多条边关联于同一顶点 u 且涂上蓝色，取其中任意 4 条边，这 4 条边除 u 以外的另一端点构成一个 K_4。如果 K_4 中有一条边涂上蓝色，则这条边与顶点 u 及其所关联的边就组成一个蓝色的 K_3，此时 K_n 中就有一个蓝色的 K_3。如果 K_4 的各条边都涂上红色，此时 K_n 中就有一个红色的 K_4。

41. 证明在一个连通无向图中，任何两条最长的简单路必有公共点。

证明：设 L_1，L_2 是连通图 G 中两条最长的简单路，假设 L_1 与 L_2 无公共点，由于 G 是连通的，则 L_1 中顶点与 L_2 中的顶点必是连通的，因此在 G 中总可以找到一条路 L，L 中除两个端点外既无 L_1 中顶点也无 L_2 中顶点，且 L 将 L_1 与 L_2 连接起来，如图所示。

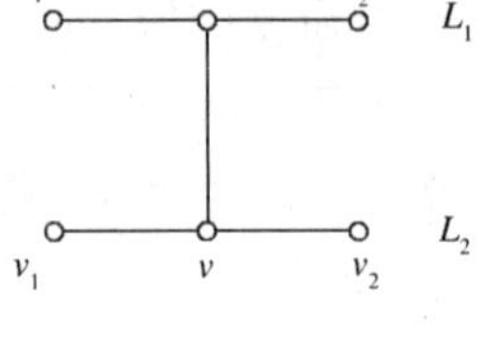

设 L_1,L_2 的长度为 m,L 的长度为 m',在 L_1,L_2 中分别选取长度 $\geqslant\frac{m}{2}$ 的一段路,不妨设为 $u_1\cdots u$ 与 $v\cdots v_1$,则路 $u_1\cdots u\cdots v\cdots v_1$ 的长度 $\geqslant\frac{m}{2}+m'+\frac{m}{2}=m+m'>m$,与 L_1,L_2 是最长的简单路矛盾,故 L_1 与 L_2 必有公共点。

42. 设 $G=\langle P,L\rangle$ 是简单图,$|P|=n$,证明:

(1) 如果对任意的 $u,v\in P$,都有 $d(u)+d(v)\geqslant n-1$,则 G 中存在一条汉密尔顿路;

(2) 如果对任意的 $u,v\in P$,都有 $d(u)+d(v)\geqslant n$,则 G 中存在一条汉密尔顿回路。

证明:(1) 首先证明 G 是连通图。假设 G 有 k 个连通分支,$k\geqslant 2$。设一个连通分支中有 n_1 个顶点,任取一个顶点 v_1。设另一个连通分支中有 n_2 个顶点 ,任取一个顶点 v_2。

因为 G 是简单图,则 $d(v_1)\leqslant n_1-1$,$d(v_2)\leqslant n_2-1$,故 $d(v_1)+d(v_2)\leqslant n_1+n_2-2\leqslant n-2<n-1$,与题设矛盾。所以 G 是连通图。

其次证明 G 中存在汉密尔顿路。

设 $v_1v_2\cdots v_p$ 是 G 中的一条简单路,且与 v_1,v_p 相邻的顶点都在此路上。如若不然,如果有与 v_1 或 v_p 相邻的顶点不在此路上,则可扩展这条路,使它包含这一个顶点。

设 $p<n$,则存在一条回路包含顶点 $v_1,v_2,\cdots,v_p$。设与 v_1 相邻的 k 个顶点为:$v_l,v_m,\cdots,v_t$,其中 $2\leqslant l,m,\cdots,t\leqslant p$,则 v_p 必与 $v_{l-1},v_{m-1},\cdots,v_{t-1}$ 中之一相邻。如若不然,假设 v_p 与 $v_{l-1},v_{m-1}\cdots,v_{t-1}$ 皆不相邻,则 v_p 至多与 $p-1-k$ 个顶点相邻,即 $d(v_p)\leqslant p-1-k$,$d(v_1)=k$,所以 $d(v_1)+d(v_p)\leqslant p-1<n-1$,与题设矛盾。

不妨设 v_p 与 v_{m-1} 相邻,则 $v_1v_2\cdots v_{m-1}v_pv_{p-1}\cdots v_{m-1}v_mv_1$ 是所求的包含顶点 $v_1,v_2,\cdots,v_p$ 的回路。

由 $p<n$,则存在不在上述回路中的顶点 u,因为 G 是连通的,则 u 必与 $v_1,v_2,\cdots,v_p$ 中的某一个顶点 v_i 相邻,则得到包含顶点 $u,v_1,v_2,\cdots,v_p$ 的路,为

$$uv_iv_{i+1}\cdots v_{m-1}v_pv_{p-1}\cdots v_{m-1}v_mv_1v_2\cdots v_{i-1}$$

重复上述过程,直到得到经过 G 中所有顶点的路,即汉密尔顿路。

(2) 由(1)可知,G 中存在一条汉密尔顿路,设为 $v_1v_2\cdots v_n$。

设与 v_1 相邻的 k 个顶点为 $v_1,v_m,\cdots,v_t$,其中 $2\leqslant l,m,\cdots,t\leqslant n$,则 v_n 必与 $v_{l-1},v_{m-1}\cdots,v_{t-1}$ 其中之一相邻。如若不然,假设 v_n 与 $v_{l-1},v_{m-1},\cdots,v_{t-1}$ 皆不相邻,则 v_n 至多与 $n-1-k$ 个顶点相邻,即 $d(v_n)\leqslant n-1-k$,$d(v_1)=k$,所以 $d(v_1)+d(v_n)\leqslant n-1<n$,与题设矛盾。

不妨设 v_1 与 v_{m-1} 相邻,则得到汉密尔顿回路:

$$v_1v_2\cdots v_{m-1}v_nv_{n-1}\cdots v_{m-1}v_1$$

43. 设简单图 $G=\langle P,L\rangle$,且 $|P|=n$,$|L|=m$,若 $m\geqslant C_{n-1}^2+2$,则 G 是汉密尔顿图。

证明:假设 G 不是汉密尔顿图,由 42 题知,存在 $u,v\in P$,使 $d(u)+d(v)\leqslant n-1$,在 G

$-\{u,v\}$ 中，顶点数为 $n-2$，故它的边数 $\leqslant \frac{1}{2}(n-2)(n-3)$，$G$ 中边数 $\leqslant \frac{1}{2}(n-2)(n-3)+n-1<\frac{1}{2}(n-2)(n-3)+n=C_{n-1}^{2}+2$；与题设矛盾，所以 G 是汉密尔顿图。

44. 证明有限图 $G=<P,L>$ 的闭包 $C(G)$ 是唯一确定的。

证明：设 G_1,G_2 是 G 的两个闭包，$\{l_1,l_2,\cdots,l_m\}$，$\{f_1,f_2,\cdots,f_n\}$ 分别是加入 G 中得到 G_1，G_2 的边序列，往证 $l_i\in L(G_2)(i=1,2,\cdots,m)$，$f_j\in L(G_1)(j=1,2,\cdots,n)$。假设 $l_{k+1}=uv$ 是第一条（从左向右看）属于 $\{l_1,l_2,\cdots,l_m\}$ 而不属于 $L(G_2)$ 的边，令 $H=G\cup\{l_1,l_2,\cdots,l_k\}$，因为

$$d_H(u)+d_H(v)\geqslant|P|$$

而 H 是 G_2 的子图，所以有

$$d_{G_2}(u)+d_{G_2}(v)\geqslant|P|$$

而 u,v 在 G_2 中不相邻，则与 G_2 的定义矛盾，故所有的 $l_i(i=1,2,\cdots,m)$ 都在 $L(G_2)$ 中。

同理可证，所有 $f_j(j=1,2,\cdots,n)$ 都在 $L(G_1)$ 中。

因此，$G_1=G_2$。

45. 设 $G=<P,L>$ 是简单图，$|P|=n$，u,v 是 G 中不相邻的两点，并且满足：$d(u)+d(v)\geqslant n$，则 G 是汉密尔顿图的充要条件是 $G\cup\{uv\}$ 是汉密尔顿图。

证明：必要性是显然的。

充分性，因为 $G\cup\{uv\}$ 是汉密尔顿图，故在 $G\cup\{uv\}$ 中存在一条汉密尔顿回路，在此回路中删除边 uv，得到 G 中一条汉密尔顿路，设此路为 $v_1v_2\cdots v_n$，，其中 $v_1=u$，$v_n=v$。

设与 u 相邻的所有顶点为 $v_i,v_j,\cdots,v_k$，则 v 必与 $v_{i-1},v_{j-1},\cdots,v_{k-1}$ 其中之一相邻，如若不然，v 与 $v_{i-1},v_{j-1},\cdots,v_{k-1}$，皆不相邻，则

$$d(v)\leqslant n-1-d(u)$$

即 $d(u)+d(v)\leqslant n-1<n$，与 $d(u)+d(v)\geqslant n$ 矛盾。

不妨设 v 与 v_{i-1} 相邻，于是得到 G 中的一条汉密尔顿回路 $v_1v_2\cdots v_{i-1}v_nv_{n-1}\cdots v_{i+1}v_iv_1$，所以 G 是汉密尔顿图。

46. 有限图 G 是汉密尔顿图的充要条件是其闭包 $C(G)$ 是汉密尔顿图。

证明：设图 G 加入边序列 $\{l_1,l_2,\cdots,l_k\}$ 后，得到闭包 $C(G)$，由 45 题知，

G 是汉密尔顿图 $\Leftrightarrow G\cup\{l_1\}$ 是汉密尔顿图

$\Leftrightarrow G\cup\{l_1\}\cup\{l_2\}$ 是汉密尔顿图

$\Leftrightarrow\cdots\cdots$

$\Leftrightarrow G\cup\{l_1,l_2,\cdots,l_m\}$ 是汉密尔顿图

因此，G 是汉密尔顿图当且仅当 $C(G)$ 是汉密尔顿图。

47. 设 $G=<P,L>$ 是图，$X,Y\subseteq P$，且满足：

(1) $X\cup Y=P$；

(2) $X \cap Y = \varnothing$;

(3) 只允许 X 中的顶点与 Y 中的顶点相邻;

(4) $|X| \neq |Y|$。

则 G 一定不是汉密尔顿图。

证明:因为 $|X| \neq |Y|$,所以不妨设 $|X| < |Y|$,由已知条件,则有

$$W(G-X)=|Y|>|X|$$

由定理 4.4.2 可知,G 不是汉密尔顿图。

48. 设图 G 是具有 n 个顶点的简单无向图,$n \geqslant 3$,设 G 的顶点表示 n 个人,若两个顶点被一条边连接,当且仅当对应的人是朋友。

(1) 顶点的度数能作怎样的解释?

(2) G 是连通图能作怎样的解释?

(3) 假定任意两个人合起来认识留下的 $n-2$ 个人,证明 n 个人能站成一排,使得中间每个人两旁站着自己的朋友,而两端的两个人,他们每个人旁边站着他的一个朋友;

(4) 证明对于 $n \geqslant 4$,(3)中的条件保证 n 个人能站成一圈,使每一个人的两旁站着自己的朋友。

证明:(1) 顶点的度数表示顶点对应的人所认识的朋友的数目。

(2) 任何两个人可以通过朋友的一次或多次介绍而相互认识。

(3) 由题设,对任意的两个顶点 u,v,有

$$d(u)+d(v) \geqslant n-2$$

往证 $d(u)+d(v) \geqslant n-1$。

① 若 u 与 v 相邻,则 $d(u)+d(v) \geqslant 2+(n-2)=n>n-1$。

② 若 u 与 v 不相邻,假设 $d(u)+d(v)=n-2$,而 $G-\{u,v\}$ 中恰有 $n-2$ 个顶点($n \geqslant 3$,故 $G-\{u,v\} \neq \varnothing$,其中每一个顶点只能与 u,v 中的一个顶点相邻,设 w 与 u 相邻,w 与 v 不相邻,此时对于顶点 u,w 来说,都不与 v 相邻,与题设矛盾。

所以对于任意的 u,v,必有 $d(u)+d(v)>n-2$,即 $d(u)+d(v) \geqslant n-1$,由 42 题知,图 G 存在一条汉密尔顿路,于是 n 个人能站成一排,使中间的每个人两边都是朋友,而两端的两个人一边站着的也是自己的朋友。

(4) 由(3)可知任一对顶点 u,v,有 $d(u)+d(v) \geqslant n-1$,往证 $d(u)+d(v) \geqslant n$。

① 若 u 与 v 相邻,则 $d(u)+d(v) \geqslant 2+n-2=n$。

② 若 u 与 v 不相邻,假设 $d(u)+d(v)=n-1$,因为 $n \geqslant 4$,则在 $G-\{u,v\}$ 中至少有两个顶点,设为 w 和 z,其中 w 与 u,v 都相邻,而 z 只与 u,v 中一个,譬如与 u 相邻,此时 u,z 与 v 都不相邻,与题设矛盾,所以 $d(u)+d(v) \geqslant n$,由 42 题知,图 G 存在一条汉密尔顿回路,于是 n 个人能站成一圈,使每个人的两旁站着自己的朋友。

49. 若 G 是每一个面至少由 $k(k\geqslant 3)$ 条边围成的连通平面图，则 $m\leqslant\frac{k(n-2)}{k-2}$，其中 n,m 分别是图 G 的顶点和边数。

证明：因为 $2m=\sum_{i=1}^{r}d(r_i)$，而 $d(r_i)\geqslant k(1\leqslant i\leqslant r)$，故 $2m\geqslant kr$，即 $r\leqslant\frac{2m}{k}$，而 $n-m+r=2$，故 $n-m+\frac{2m}{k}\geqslant 2$，即 $m\leqslant\frac{k(n-2)}{k-2}$。

50. 小于 30 条边的连通简单平面图有一个顶点的度数小于等于 4。

证明：假设每个顶点的度数 >4，即 $d(v_i)\geqslant 5$，因为 $2m=\sum_{i=1}^{n}d(v_i)$，故 $2m\geqslant 5n$，即 $n\leqslant\frac{2}{5}m$，由 $m\leqslant 3n-6$，得 $m\leqslant\frac{6}{5}m-6$，有 $m\geqslant 30$，与题设 $m<30$ 矛盾。

51. 在 6 个顶点 12 条边的连通简单平面图中，每个面用 3 条边围成。

证明：$n=6,m=12$，由 Euler 公式

$$r=2+m-n=8$$

因为 $\sum_{i=1}^{8}d(r_i)=2m=24$，而 $d(r_i)\geqslant 3(1\leqslant i\leqslant 8)$，故必有 $d(r_i)=3$，即每个面用 3 条边围成。

52. 设 G 是有 11 个或更多顶点的图，证明 G 或 $\overline{G}$ 是非平面图。

证明：假设 G 和 $\overline{G}$ 都是平面图，设 G 的顶点数为 n，边数为 m，$\overline{G}$ 的顶点数为 n'，边数为 m'，则有

$$n=n',m+m'=\frac{1}{2}n(n-1)$$

由 $m\leqslant 3n-6,m'\leqslant 3n'-6$，两不等式相加得

$$\frac{1}{2}n(n-1)\leqslant 6n-12$$

$$n^2-13n+24\leqslant 0$$

得 $n<11$，与题设 $n\geqslant 11$ 矛盾。

53. 当且仅当连通图的每条边均为割边时，该连通图才是一棵树。

证明：必要性，如果图 G 是树，则删去任一边后，就成为不连通图，故任一边都是 G 的割边。

充分性，任取两个顶点 u 和 v，因为图 G 是连通的，所以 u 和 v 之间有路。假设 u 和 v 之间有两条路，该两条路就组成一个回路，删去此回路上任一条边，图仍是连通的，与图中每条边皆是割边矛盾，因此，任两个顶点之间有且只有一条路，故图 G 是树。

54. 一棵树有两个度数为 2 的顶点，一个度数为 3 的顶点，三个度数为 4 的顶点，问它有

几片树叶？

解：设有 x 片树叶，则有：

$2m=2(x+2+1+3-1)$

$\quad=x+2\cdot 2+1\cdot 3+3\cdot 4$，

得 $x=9$。

55. 一棵树有 n_2 个顶点度数为 2，n_3 个顶点度数为 3，……，n_k 个顶点度数为 k，问它有几片树叶？

解：设有 x 片树叶，

$2m=2(x+n_2+n_3+\cdots+n_k-1)$

$\quad=x+2\cdot n_2+3\cdot n_3+\cdots+k\cdot n_k$，

得 $x=n_3+2n_4+\cdots+(k-2)n_k+2$。

56. 设 $G=\langle P,L\rangle$ 是连通图，$e\in L$，证明当且仅当 e 是 G 的割边时，e 才在 G 的每棵支撑树中。

证明：充分性，假设 G 的某棵支撑树不包含边 e，这说明删除 e 后，G 仍是连通的，与 e 是割边矛盾。

必要性，假设 e 不是割边，则删除 e 后，G 仍是连通的，则必存在一棵支撑树，而该支撑树不包含 e，与题设矛盾。

57. 证明在完全二叉树中，边的总数等于 $2(n_t-1)$，其中 n_t 是树叶数。

证明：由于是完全二叉树，所以分支点数 $=n_t-1$，顶点数 $=n_t-1+n_t=2n_t-1$，故边数 $=2n_t-1-1=2(n_t-1)$。

58. 设树 T 的最大度为 $\Delta(T)$，证明：T 中至少有 $\Delta(T)$ 片树叶。

证明：设树 T 有 n 个分支点，x 片树叶，则有

$2(n+x-1)=\sum\limits_{v\in T}d(v)$

$\quad\geqslant x+\Delta(T)+2(n-1)$，

从而得到 $x\geqslant(T)$，即 T 中至少有 $\Delta(T)$ 片树叶。

59. 设 $G=\langle P,L\rangle$，$|P|=n$，$|L|=m$，且 $m=n-1$，证明：下列三个命题是等价的：

(1) G 是连通的；

(2) G 中无回路；

(3) G 是树。

证明：

要证下列三个命题是等价的，可证(1)⇒(2)，(2)⇒(3)，(3)⇒(1)⇒(2)

对顶点数 n 作数学归纳法。

当 $n=1$ 时，$m=n-1=0$，则无回路。

设 $n=k$ 时，G 中无回路。

当 $n=k+1$ 时，由 $m=n-1$，G 中至少有一个 1 度顶点。如若不然，设对任意的 $u\in P$，$d(u)\geqslant 2$，则

$$2m=\sum_{u\in P}d(u)\geqslant 2n$$

即 $m\geqslant n$，由 $m=n-1$，有 $n-1\geqslant n$，矛盾。

设其中的一个 1 度顶点为 u_0，现将 u_0 删除，所得到的图为 G'，G'是连通的且 G'中有 k 个顶点，由归纳假设，G'中无回路。再将 u_0 及所关联的一条边添加到 G'中，得到 G，则 G 中无回路。

(2)⇒(3)

要证 G 是树，关键是证明 G 是连通的。

对顶点数 n 作数学归纳法。

当 $n=1$ 时，$m=n-1=0$，G 中无回路且是连通的。

设 $n=k$ 时，无回路的图 G 是连通的。

当 $n=k+1$ 时，由 $m=n-1$，可知 G 中至少存在一个 1 度顶点，设其中之一为 u_0。在 G 中，将 u_0 删除，所得到的图记为 G'，则 G'中有 k 个顶点，由归纳假设，G'是连通的。再将 u_0 及所关联的一条边添加到 G'中，得到 G，且 G 中无回路。G'是连通的，加入 1 度顶点 u_0 后，由连通的传递性可知，G 也是连通的。

(3)⇒(1)，由树的定义，显然 G 是连通的。

60. 设 T 是一棵完全 m 叉树，E 表示 T 中所有树叶的路长之和，I 表示 T 中所有分支点的路长之和，则

$$E=(m-1)I+mk$$

其中 k 为分支点数。

证明：对分支点数 k 作数学归纳法。

当 $k=1$ 时，$E=m$，$I=0$ 等式成立。

设 $k=n-1$ 时，等式成立，即

$$E'=(m-1)I'+m(n-1)$$

当 $k=n$ 时，设 v 是分支点，v 的儿子为树叶。现将 T 中 v 的 m 个儿子删除，得树 T'，在 T'中 v 是树叶，故在 T'中有 $n-1$ 个分支点，由归纳假设，有

$$E'=(m-1)I'+m(n-1)$$

设 v 的路长为 t，则有

$$E'=E-m(t+1)+t,\quad I'=I-t$$

代入上式中，得到

$$E-m(t+1)+t=(m-1)(I-t)+m(n-1)$$

整理，得

$$E=(m-1)I+mn$$

61. 设 $G=\langle P,L\rangle$ 是一个图，将 G 中的一条边 e 去掉，并且把 e 的两端点合并成一个顶点，而把原来关联于这两个端点的边变成关联于新顶点的边，这样所得的图记为 $G\circ e$。用 $G-e$ 表示在 G 中除掉边 e 所得的图，用 $t(G)$ 表示图 G 上树的个数。证明：若 $e\in L$，则 $t(G)=t(G-e)+t(G\circ e)$。

证明：因为 G 的每一棵不含 e 的树，也是 $G-e$ 的树，反之，$G-e$ 的每棵树，也是 G 中不含 e 的树，所以 $t(G-e)$ 是 G 中不含 e 的树的棵数。

又因 G 上包含 e 的树与 $G\circ e$ 上的树一一对应，所以，$t(G\circ e)$ 是 G 中含 e 的树的个数，因此

$$t(G)=t(G-e)+t(G\circ e)$$

自测题及答案(第二篇)

自测题一

（一） 填空题。(14 分)

1. 设 G 是一个具有 m 个顶点的无向完全图，则 G 有边数_____条，顶点度数之和_____度，每一个顶点的度数_____度。

2. 设图 G 的邻接矩阵为 $\begin{bmatrix}0&1&0&1\\1&0&1&0\\0&1&0&0\\1&0&0&0\end{bmatrix}$，

则 G 的顶点数为_____，边数为_____。

3. 任何一个无向图 G 可一笔画出的充要条件是_____。

*4. 设 G 是完全二叉树，G 有 15 个顶点，其中 8 个叶点，则 G 有_____条边，G 的总度数是_____，G 的分支点数是_____，G 中度数为 3 的顶点数是_____。

5. 若 G 是汉密尔顿图，且 G 有 n 个顶点，则 G 的汉密尔顿路有_____条边，G 的汉密尔顿回路有_____条边。

6. G 为任意图，则 G 中奇数度顶点个数为_____。

（二） 判断题。判断下列说法是否正确，如不正确加以改正，如果正确说明理由。(36 分)

1. 由 m 个顶点组成的完全图 K_m，删去 $\dfrac{(m-1)(m-2)}{2}$ 条边后即可得到树。

2. $K_{3\times 3}$ 是欧拉图。

3. 设 G 是有 6 个顶点，12 条边的连通简单平面图，则它的面数为 8。

4. 已知图 G 的关联矩阵

$$\boldsymbol{M}(G)=\begin{bmatrix}1&1&1&0&1&0&0&0\\1&0&0&1&0&0&0&0\\0&0&1&1&0&0&1&1\\0&0&0&0&1&1&0&1\\0&1&0&0&0&1&1&0\end{bmatrix}$$

则 G 的边数为 5,顶点数为 8。

（三） 计算题。(50 分)

* 1. 求如图所示权图中从 u 到 v 的最短路径。

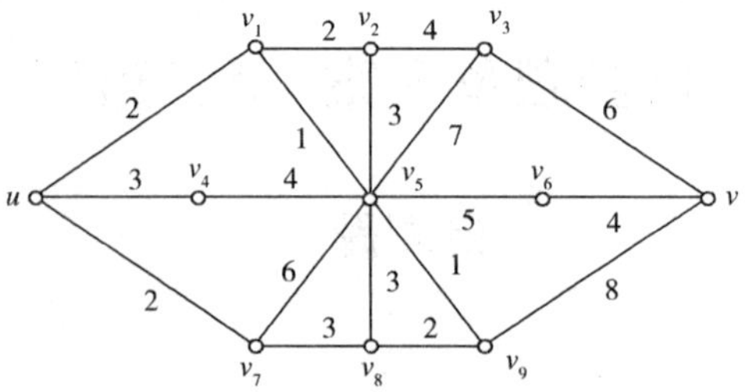

2. 求上图所示的最小支撑树。

3. 国内六个城市间的铁路距离表如下(单位:100 km),求连接这六个城市的最短距离的铁路网。

	北京	秦皇岛	太原	烟台	济南	天津
北京	—	2	3	7	5	1
秦皇岛	2	—	6	∞	8	2
太原	3	6	—	8	3	4
烟台	7	∞	8	—	3	6
济南	5	8	3	3	—	5
天津	1	2	4	6	5	—

注:该试卷中标有 * 号的试题仅供选学该内容的学员参考。

自测题二

（一） 填空题。(14 分)

1. 设 G 是一棵树,顶点度数的和为 12,则这棵树的边数为_____。

2. 设图 G 的关联矩阵为

$$\begin{bmatrix} 1 & 0 & 1 & 1 & 0 & 1 \\ 0 & 1 & 0 & 1 & 0 & 1 \\ 1 & 0 & 1 & 0 & 1 & 0 \\ 0 & 1 & 0 & 0 & 1 & 0 \\ 0 & 0 & 0 & 0 & 0 & 0 \end{bmatrix}$$

则 G 的顶点数为_____，边数为_____，顶点最小度 $\delta(G)=$_____，最大度 $\Delta(G)=$_____。

3. 判断一个图是否是平面图的充要条件是_____。

4. 设 G 是一棵树，有 n 个顶点，则 G 的边数为_____。

5. 设 G 中无回路，且 G 可一笔画出，则 G 中奇数度顶点的个数是_____。

6. 设 G 是平面图，G 的顶点数为 υ，面数为 ϕ，则边 $\varepsilon=$_____。

（二） 多项选择题。（36 分）

1. 设 G 是具有 n 个顶点的完全图，则下列说法正确的是_____。

A. G 的边数为 $\dfrac{n(n-1)}{2}$

B. G 的顶点度数之和为 $\dfrac{n(n-1)}{2}$

C. 每一个顶点的度数为 $n(n-1)$

D. 删去 $\dfrac{(n-1)(n-2)}{2}$ 条边得到树

2. 对于 K_5，$K_{3,3}$，下列说法正确的是_____。

A. K_5，$K_{3,3}$ 不是平面图　　B. K_5 不是欧拉图

C. K_5 是汉密尔顿图　　D. K_5 去掉一边是平面图

3. 设 G 是连通简单平面图，每个面至少由 k 条边围成，边数为 ε，顶点数为 υ，则下面说法正确的是 _____。

A. $\varepsilon \leqslant 3\upsilon-6$　　B. $\phi=\upsilon-\varepsilon-2$

C. 面数 $\phi \geqslant \dfrac{2}{k}\varepsilon$　　D. $\upsilon-\varepsilon=2-\phi$

4. 已知图 G 的邻接矩阵为

$$\begin{bmatrix} 0 & 0 & 1 & 1 & 1 \\ 0 & 0 & 1 & 0 & 1 \\ 1 & 1 & 0 & 0 & 1 \\ 1 & 0 & 0 & 0 & 0 \\ 1 & 1 & 1 & 0 & 0 \end{bmatrix}$$

则下列结果正确的有_____。

A. $\varepsilon=6$ B. $\upsilon=5$ C. 度数之和为 12 D. $\delta=1$

（三） 计算题。(30 分)

1. 求如图所示权图的最小支撑树。

2. 求如图所示权图中从 u 到 v 的最短路径。

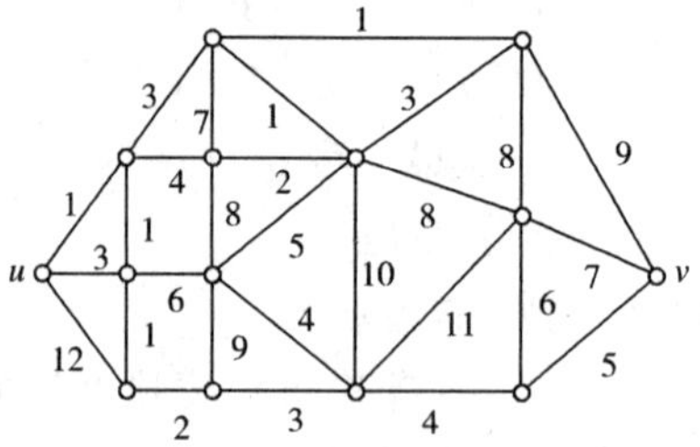

（四） 证明题。(20 分)

1. 试证明如图所示之图不是汉密尔顿图。

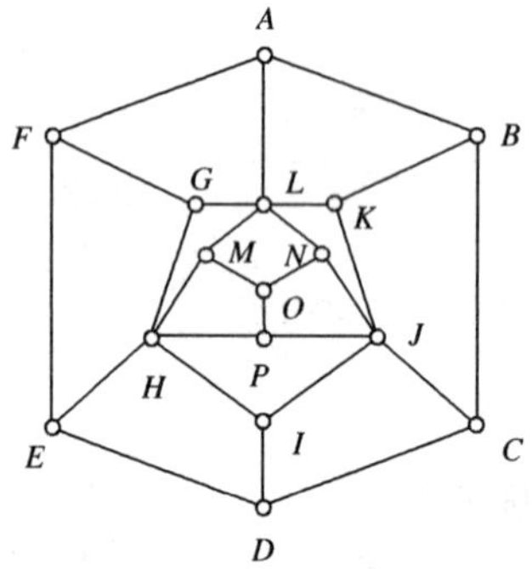

2. 若 G 是简单平面图，则顶点最小度<6。

【自测题一答案】

（一） 填空题

1. $m(m-1)/2, m(m-1), m-1$

2. 4,3

3. 恰有 0 个或 2 个奇数度顶点

4. 14,28,7,6

5. $n-1, n$

6. 偶数

（二） 判断题

1. 正确。因为 m 个顶点的完全图 K_m，共有 $\frac{m(m-1)}{2}$ 条边，而 m 个顶点的树 $m-1$ 有条边，故 $\frac{m(m-1)}{2}-(m-1)=\frac{(m-1)(m-2)}{2}$ 为需删除的边数。

2. $K_{3,3}$ 不是欧拉图，因为欧拉图没有奇数度顶点，而 $K_{3,3}$ 的每一个顶点的度都是 3。

3. 正确。由欧拉公式：$\upsilon-\varepsilon+\phi=2$，得 $6-12+\phi=2$，因此 $\phi=8$（υ 为顶点数，ε 为边数）。

4. 不正确。关联矩阵指出顶点数为 5，边数为 8。

（三） 计算题

*1. 从 u 到 v 的最短路为：

$$u\to v_1\to v_5\to v_9\to v \text{ 或 } u\to v_1\to v_5\to v_6\to v$$

2. 最小支撑树如图所示。

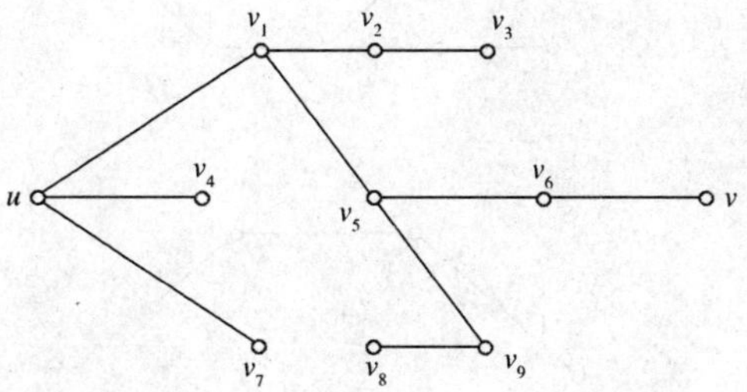

3. 最短距离铁路网如图所示。

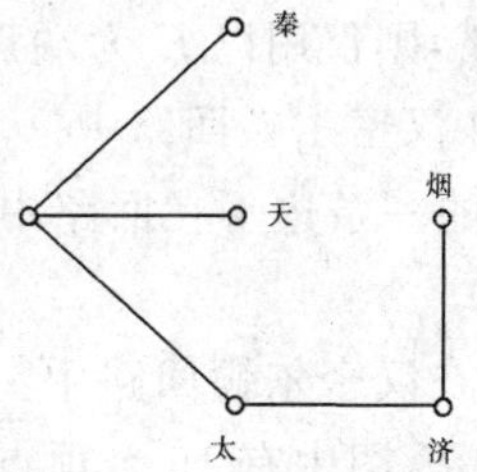

【自测题二答案】

（一） 填空题

1. 6

2. 5,6,0,4

3. 它不包含与 K_5 和 $K_{3,3}$ 的同胚的子图

4. $n-1$

5. 2

6. $\upsilon+\phi-2$

（二） 多项选择题

1. A、D　　2. A、C、D

3. D　　4. A、B、C、D

（三） 计算题

1.

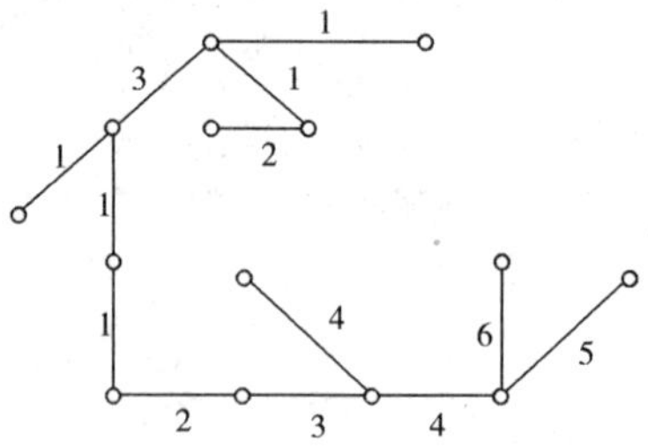

2.

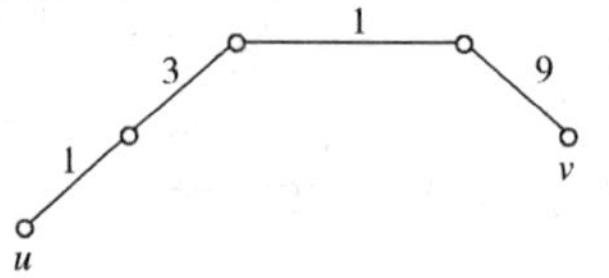

（四） 证明题

1. 证明：假设存在汉密尔顿回路，则仅用以 L 为端点的两边，其余 3 边不要，对点 H 和 J 也有类似的情况，则共有 9 条边不在汉密尔顿回路中。

点 F 的度是 3，则以 F 为端点的一条边不在回路中，对点 B，O，D 也有类似的情况，则共有 4 条边不在汉密尔顿回路中。

综上所述，图中共有 13 条边不在汉密尔顿回路中。而图中有 27 条边，因此，汉密尔顿回路中最多包含 27－13＝14 条边，但是，图中有 16 个顶点，汉密尔顿回路应该有 16 条边，矛盾，所以图中无汉密尔顿回路。

2. 证明：设图 G 共有 n 个顶点，当 $1\leqslant n\leqslant 6$ 时，由于 G 是简单图，故 $\delta(G)\leqslant\Delta(G)\leqslant n-1\leqslant 5<6$。

设 $n>6$，且 G 中所有顶点度数都大于等于 6，则

$$2m=\sum_{u\in P}d(u)\geqslant 6n$$

即 $m\geqslant 3n$，而由推论 4.5.1，$m\leqslant 3n-6$，矛盾，所以 G 中顶点的最小度<6。

第三篇　代数系统

第五章　代数结构

一、内容提要

1. 运算

n 元运算：设 A 是集合，一个从 A^n 到 A 的映射，称作 A 上的 n 元运算。

可结合性：设 $*$ 是定义在集合 A 上的二元运算，如果对任意的 $x,y,z\in A$，有 $(x*y)*z=x*(y*z)$，则称 $*$ 是可结合的。

可交换性：设 $*$ 是定义在集合 A 上的二元运算，如果对任意的 $x,y\in A$，有 $x*y=y*x$，则称 $*$ 是可交换的。

可分配性：设 $*$，Δ 是定义在集合 A 上的两个二元运算，如果对任意的 $x,y,z\in A$，有

$$x*(y\Delta z)=(x*y)\Delta(x*z)$$
$$(y\Delta z)*x=(y*x)\Delta(z*x)$$

则称 $*$ 对 Δ 是可分配的。

吸收律：设 $*$，Δ 是定义在集合 A 上的两个可交换的二元运算，如果对任意的 $x,y\in A$，都有

$$x*(x\Delta y)=x$$
$$x\Delta(x*y)=x$$

则称 $*$ 和 Δ 满足吸收律。

等幂律：设 $*$ 是定义在集合 A 上的二元运算，如果对任意的 $x\in A$，有 $x*x=x$，则称 $*$ 是等幂的。

幺元：设 $*$ 是定义在集合 A 上的二元运算，如果存在 $e_l\in A$，使得对任意的 $x\in A$，都有 $e_l*x=x$，则称 e_l 为 A 中关于运算 $*$ 的左幺元；如果存在 $e_r\in A$，使得对任意的 $x\in A$，都有 $x*e_r=x$，则称 e_r 为 A 中关于运算 $*$ 的右幺元；如果存在 $e\in A$，e 既是左幺元又是右幺元，则称 e 为 A 中关于运算 $*$ 的幺元。

零元：设 $*$ 是定义在集合 A 上的二元运算，如果存在 $\theta_l\in A$，使得对任意的 $x\in A$，有 $\theta_l*x=\theta_l$，则称 θ_l 为 A 中关于运算 $*$ 的左零元；如果存在 $\theta_r\in A$，使得对任意的 $x\in A$，有

$x*\theta_r=\theta_r$，则称 θ_r 为 A 中关于运算 $*$ 的右零元；如果存在 $\theta\in A$，θ 既是左零元又是右零元，则称 θ 为 A 中关于运算 $*$ 的零元。

定理 5.1.1：设 $*$ 是定义在集合 A 上的二元运算，如果在 A 中关于运算 $*$ 既存在左幺元 e_l 又存在右幺元 e_r，则 $e_l=e_r=e$，且 A 中的幺元是唯一的。

定理 5.1.2：设 $*$ 是定义在集合 A 上的二元运算，如果在 A 中关于运算 $*$ 既存在左零元 θ_l 又存在右零元 θ_r，则 $\theta_l=\theta_r=\theta$，且 A 中的零元是唯一的。

2. **代数系统的概念及性质**

代数系统：一个非空集合 A 连同若干个定义在该集合上的运算 $f_1,f_2,\cdots,f_k$ 所组成的系统就称为一个代数系统，记作 $<A,f_1,f_2,\cdots,f_k>$。

逆元：设 $*$ 是定义在集合 A 上的二元运算，e 是 A 中关于运算 $*$ 的幺元，如果对于 $a\in A$，存在 $a_l\in A$，使得 $a_l*a=e$，则称 a_l 为 a 的左逆元；如果存在 $a_r\in A$，使得 $a*a_r=e$，则称 a_r 为 a 右逆元；如果存在 $b\in A$，b 既是左逆元又是右逆元，则称 b 是 a 的逆元，将 a 的逆元记为 a^{-1}。

定理 5.2.1：设 $<A,*>$ 是一个代数系统，且 A 中至少有两个元素，如果 A 中存在幺元 e 和零元 θ，则 $\theta\neq e$。

定理 5.2.2：设 $<A,*>$ 是一个代数系统，A 中存在幺元 e，且每一个元素都存在左逆元。如果运算 $*$ 是可结合的，则 A 中任何一元素的左逆元也是右逆元，且每个元素的逆元是唯一的。

3. **半群和独异点**

广群：设 $*$ 是定义在集合 A 上的二元运算，如果运算 $*$ 是封闭的，则称代数系统 $<A,*>$ 是广群。

半群：若 $<A,*>$ 是广群，且运算 $*$ 是可结合的，则称 $<A,*>$ 是半群。

子半群：设 $<A,*>$ 是半群，$B\subseteq A$，如果运算 $*$ 在 B 上是封闭的，则称 $<B,*>$ 是 $<A,*>$ 的子半群。

独异点：含有幺元的半群称为独异点。

定理 5.3.1：设 $<A,*>$ 是半群，如果 A 是有限集，则存在 $a\in A$，有 $a*a=a$。

定理 5.3.2：设 $<A,*>$ 是独异点，则在关于运算 $*$ 的运算表中任何两行或两列都是不相同的。

定理 5.3.3：设 $<A,*>$ 是独异点，对任意的 $a,b\in A$，如果 a,b 都存在逆元，则

(1) $(a^{-1})^{-1}=a$；

(2) $(a*b)^{-1}=b^{-1}*a^{-1}$。

4. **群与子群**

群：设 $<G,*>$ 是一个代数系统，其中 G 是非空集合，$*$ 是定义在 G 上的二元运算，如果

(1) 运算 $*$ 是封闭的；

(2) 运算 $*$ 是可结合的；

(3) 存在幺元 e；

(4) 对于任意的 $x \in G$，存在 $x^{-1} \in G$。

则称 $<G, *>$ 是一个群。

交换群：如果群 $<G, *>$ 的运算 $*$ 是可交换的，则称 $<G, *>$ 是交换群或阿贝尔(Abel)群。

置换：设 S 是非空有限集合，从 S' 到 S 的一个双射，称为 S 的一个置换。

有限群和无限群：设 $<G, *>$ 是一个群，如果 G 是有限集，则称 $<G, *>$ 为有限群，称 $|G|$ 为 G 的阶；如果 G 是无限集合，则称 $<G, *>$ 是无限群。

等幂元：设 $<A, *>$ 是一个代数系统，$a \in A$，如果 $a * a = a$，则称 a 为等幂元。

子群：设 $<G, *>$ 是群，S 是 G 的非空子集，如果 $<S, *>$ 也构成群，则称 $<S, *>$ 是 $<G, *>$ 的子群。

平凡子群：称 $<\{e\}, *>$ 和 $<G, *>$ 是群 $<G, *>$ 的平凡子群。

循环群：设 $<G, *>$ 是群，如果存在 $a \in A$，使得对任意的 $x \in G$，有 $x = a^n$，$n \in \mathbf{Z}$，则称 $<G, *>$ 为循环群，称 a 为循环群的生成元，记为 $G = (a)$。

定理 5.4.1：群中不可能存在零元。

定理 5.4.2：设 $<G, *>$ 是群，对任意的 $a, b \in G$，

(1) 存在唯一的 $x \in G$，使得 $a * x = b$；

(2) 存在唯一的 $y \in G$，使得 $y * a = b$。

定理 5.4.3：设 $<G, *>$ 是群，对任意的 $a, b, c \in G$，

(1) 如果 $a * b = a * c$，则 $b = c$；

(2) 如果 $b * a = c * a$，则 $b = c$。

定理 5.4.4：群 $<G, *>$ 的运算表中的每一行或每一列都是 G 的元素的一个置换。

定理 5.4.5：在群 $<G, *>$ 中，除幺元 e 外，不可能有任何别的等幂元。

定理 5.4.6：设 $<G, *>$ 是群，S 是 G 的非空子集，如果对任意的 $a, b \in S$，有 $a * b^{-1} \in S$，则 $<S, *>$ 是 $<G, *>$ 的子群。

定理 5.4.7：循环群必是交换群。

定理 5.4.8：设 $<G, *>$ 是由元素 $a \in G$ 生成的有限循环群，$|G| = n$，则 $a^n = e$，且

$$G = \{a, a^2, \cdots, a^{n-1}, a^n = e\}$$

其中，e 是 $<G, *>$ 中的幺元，n 是使 $a^n = e$ 的最小正整数(称 n 为元素 a 的阶)。

5. 陪集与拉格朗日定理

右陪集(左陪集)：设 $<H, *>$ 是群 $<G, *>$ 的子群，$a \in G$，称

$$aH = \{a * h \mid h \in G\} (Ha = \{h * a \mid h \in H\})$$

为由 a 所确定的 H 在 G 中的右陪集(左陪集)，称元素 a 为陪集 $aH(Ha)$ 的代表元素。

正规子群：设 $<H, *>$ 是群 $<G, *>$ 的子群，如果对任意的 $g \in G$，都有 $gH = Hg$，则称 H 为正规子群。

定理 5.5.1：设$<H,*>$是群$<G,*>$的有限子群，则$|H|=|aH|$，其中$a\in G$。

定理 5.5.2（**拉格朗日定理**）：设$<H,*>$是群$<G,*>$的子群，则

(1)　$R=\{(a,b)|a,b\in G,且\ a^{-1}*b\in H\}$是$G$上的等价关系。对于$a\in G$，令$[a]_R=\{x|x\in G,且(a,x)\in R\}$，则$[a]_R=aH$。

(2)　如果G是有限群，$|G|=n$，$|H|=m$，则$m|n$。

推论 5.5.1：任何质数阶的群不可能有非平凡子群。

6.**同态与同构**

同态：设$<A,☆>$和$<B,*>$是两个代数系统，☆和$*$是分别定义在A和B上的二元运算，f是从A到B的映射，如果对任意的$a,b\in A$，有

$$f(a☆b)=f(a)*f(b)$$

则称f为由$<A,☆>$到$<B,*>$的同态映射，$<A,☆>$同态于$<B,*>$，记作$A\sim B$，称$<f(A),*>$为$<A,☆>$的同态象，其中

$$f(A)=\{y\mid y=f(x),x\in A\}$$

同构：设f是由$<A,☆>$到$<B,*>$的同态，如果f是满射，则称f为满同态；如果f是单射，则称f为单一同态；如果f是双射，则称f为同构映射，称$<A,☆>$和$<B,*>$是同构的，记作$A\cong B$。

同态核：设f是从群$<G_1,☆>$到$<G_2,*>$的同态映射，e_2是G_2中的幺元，记

$$\mathrm{Ker}(f)=\{x\mid x\in G_1,且\ f(x)=e_2\}$$

称$\mathrm{Ker}(f)$是同态映射f的核，简称f的同态核。

同余关系与同余类：设$<A,*>$是代数系统，R是A上的等价关系，如果当$(a_1,a_2),(b_1,b_2)\in R$时，就有$(a_1*a_2,b_1*b_2)\in R$，则称R为A上关于$*$的同余关系。由这个同余关系将A划分成的等价类称为同余类。

自同态与自同构：设$<A,*>$是代数系统，如果f是从$<A,*>$到$<A,*>$的同态，则称f为自同态；如果f是从$<A,*>$到$<A,*>$的同构，则称f为自同构。

定理 5.6.1：设G是代数系统的集合，则G中代数系统之间的同构关系是等价关系。

定理 5.6.2：设f是从代数系统$<A,☆>$到代数系统$<B,*>$的同态映射，如果$<A,☆>$是半群（或独异点，或群），则在f的作用下，同态象$<f(A),*>$也是半群（或独异点，或群）。

定理 5.6.3：设f是从群$<G,☆>$到$<G',*>$的同态映射，则f的同态核$\mathrm{Ker}(f)$是G的子群。

定理 5.6.4：设$<A,☆>$是代数系统，R是A上的同余关系，$B=\{A_1,A_2,\cdots,A_r\}$是由R诱导的A的一个划分，则必存在新的代数系统$<B,*>$，它是$<A,☆>$的同态象。

定理 5.6.5：设f是从$<A,☆>$到$<B,*>$的同态映射，在A上定义二元关系R如下：

$$(a,b)\in R\ 当且仅当\ f(a)=f(b)$$

则R是A上的同余关系。

7. **环**

环：设$<A,☆,*>$是代数系统，如果满足：

(1) $<A,☆>$是交换群；

(2) $<A,*>$是半群；

(3) 运算$*$对运算☆是可分配的。

则称$<A,☆,*>$是环。

交换环：设$<A,☆,*>$是环，如果运算$*$是可交换的，则称$<A,☆,*>$是交换环。

含幺环：设$<A,☆,*>$是环，如果$<A,*>$含有幺元，则称$<A,☆,*>$是含幺环。

子环：设$<A,☆,*>$是环，S是A的非空子集，如果$<S,☆,*>$也构成环，则$<S,☆,*>$是$<A,☆,*>$的子环。

无零因子环：设$<A,☆,*>$是环，如果对任意的$a,b\in A,a\neq 0,b\neq 0$，但$ab\neq 0$，则称$<A,☆,*>$是无零因子环。

整环：无零因子的含幺交换环称作整环。

体：设$<A,☆,*>$是环，如果$<A-\{0\},*>$构成群，则称$<A,☆,*>$是体。

域：设$<A,☆,*>$是环，如果$<A-\{0\},*>$构成交换群，则称$<A,☆,*>$是域。

二、习题与解

1. 对于实数集合$\mathbf{R}$，下表所列的二元运算是否具有左边一列中的那些性质，请在相应的位置上填写"是"或"否"。

	$+$	$-$	$\cdot$	max	min	$\|x-y\|$
可结合性						
可交换性						
存在玄元						
存在零元						

解：

	$+$	$-$	$\cdot$	max	min	$\|x-y\|$
可结合性	是	否	是	是	是	否
可交换性	是	否	是	是	是	是
存在玄元	是	否	是	否	否	否
存在零元	否	否	是	否	否	否

2. 设$A=\{a,b,c\}$，$*$是A上的一个二元运算。对于以下几个表所确定的运算，试分别讨论它们的交换性、等幂性以及在A中关于$*$是否有幺元。

(a)

*	a	b	c
a	a	b	c
b	b	c	a
c	c	a	b

(b)

*	a	b	c
a	a	b	c
b	b	a	c
c	c	c	c

(c)

*	a	b	c
a	a	b	c
b	a	b	c
c	a	b	c

(d)

*	a	b	c
a	a	b	c
b	b	b	c
c	c	c	b

解：(a)具有交换性，存在幺元 a。

(b)具有交换性，存在幺元 a，零元 c。

(c)具有等幂性，a,b,c 既是左幺元又是右零元。

(d)具有交换性，存在幺元 a。

3. 定义 $\mathbf{Z}^+$ 上的两个二元运算为：

$$a*b=a^b$$

$$a\Delta b=a\cdot b\quad a,b\in\mathbf{Z}^+$$

试证明 $*$ 对 Δ 是不可分配的。

证明：对于 $a,b,c\in\mathbf{Z}^+$，有

$$\begin{aligned}a*(b\Delta c)&=a*(b\cdot c)\\&=a^{bc}\end{aligned}$$

$$\begin{aligned}(a*b)\Delta(a*c)&=a^b\Delta a^c\\&=a^{b+c}\end{aligned}$$

而一般地，$a^{bc}\neq a^{b+c}$，所以 $*$ 对 Δ 是不可分配的。

4. 在下列 $\mathbf{N}$ 的子集中，哪些在加法下是封闭的？证明你的回答。

(1) $\{n|n$ 的某一次幂可被 16 整除$\}$；

(2) $\{n|n$ 与 5 互素$\}$；

(3) $\{n|6$ 整除 n，而 24 整除 $n^2\}$；

(4) $\{n|9$ 整除 $21n\}$。

解：(1) 封闭 (2) 不封闭 (3) 封闭 (4) 封闭

5. 证明在减法下封闭的整数的集合在加法下一定也是封闭的。

证明：设 A 为在减法下封闭的整数的集合，对任意的 $a\in A$，有 $a-a\in A$，即 $0\in A$，于是 $0-a\in A$，即 $-a\in A$，则对任意的 $a,b\in A$，有 $a+b=a-(-b)\in A$，所以 A 在加法下也是封

闭的。

6. 判断如下说法的正误并说明原因：

(1) 加法是自然数集合中的运算。

(2) 自然数集合在减法下构成一个代数系统。

(3) 除法是有理数集合中的运算。

(4) 取倒数是实数集合中的运算。

(5) 取倒数是正有理数集合中的运算。

(6) 在自然数集合中，取两个数的最大公约数是一种二元运算。

(7) 设 S 是所有偶数构成的集合，规定一元运算 $*x=5x$，则 $(S,*)$ 构成一个代数系统。

(8) 有理数集合在除法下构成一个代数系统。

(9) 非零有理数集合在除法下构成一个代数系统。

(10) 有理数集合在取绝对值运算下是一个代数系统。

解：(1) 正确。 (2) 错误，运算不封闭。

(3) 错误，0 不能作分母。 (4) 错误，原因同(3)。

(5) 正确。 (6) 正确。

(7) 正确。 (8) 错误，原因同(3)。

(9) 正确。 (10) 正确。

7. 下面是实数集合 **R** 上的二元运算 $*$ 的不同定义。在每一情况下，判定 $*$ 是否可交换的，是否可结合的。**R** 对于 $*$ 是否有幺元？如果有幺元的话，**R** 中的每一元素对于 $*$ 是否都是可逆的？

(1) $r_1*r_2=|r_1-r_2|$；

(2) $r_1*r_2=\sqrt{r_1^2+r_2^2}$；

(3) $r_1*r_2=r_1+2r_2$；

(4) $r_1*r_2=\frac{1}{2}(r_1+r_2)$。

解：(1) 是可交换的。 (2) 是可交换的，可结合的。

(3) 无任何性质。 (4) 是可交换的。

8. $<A,*>$ 是一个代数系统，这里 $*$ 是可结合的二元运算，并且对于所有的 $a_i,a_j\in A$，由 $a_i*a_j=a_j*a_i$，可推得 $a_i=a_j$。试证明对于任意的 $a\in A$，$a*a=a$。

证明：对任意的 $a\in A$，由于运算 $*$ 是可结合的，则有 $(a*a)*a=a*(a*a)$，根据题设，于是 $a*a=a$。

9. 设二元运算 $*$ 是可交换的和可结合的。试证明，对于任何正整数 $n\in\mathbf{Z}^+$，都有

$$(x_1*x_2)^n=x_1{}^n*x_2{}^n$$

证明：反复利用运算 * 的结合性和交换性，有

$(x_1 * x_2)^n = (x_1 * x_2)^{n-1} * (x_1 * x_2)$

$= (x_1 * x_2)^{n-2} * (x_1 * x_2) * (x_1 * x_2)$

$= (x_1 * x_2) * (x_1 * x_2) * \cdots * (x_1 * x_2)$

$= (x_1 * x_1 * \cdots * x_1) * (x_2 * x_2 * \cdots * x_2)$

$= x_1{}^n * x_2{}^n$。

10. 对于正整数 k，$N_k = \{0,1,2,\cdots,k-1\}$，设 $*_k$ 是 N_k 上的一个二元运算，使得 $a * b =$ 用 k 除 $a \cdot b$ 所得的余数，这里 $a,b \in N_k$。

(1) 当 $k=4$ 时，试造出 $*_k$ 的运算表。

(2) 对于任意正整数 k，证明 $<N_k;*_k>$ 是一个半群。

解：(1)

$*_4$	0	1	2	3
0	0	0	0	0
1	0	1	2	3
2	0	2	0	2
3	0	3	2	1

(2) 对任意的 $x,y,z \in N_k$，有

$x *_k (y *_k z) = x *_k (y \cdot z (\mathrm{mod}\, k))$

$= x \cdot (y \cdot z)(\mathrm{mod}\, k)$

$= x \cdot y \cdot z (\mathrm{mod}\, k)$。

又 $(x *_k y) *_k z = (x \cdot y(\mathrm{mod}\, k)) *_k z$

$= (x \cdot y) \cdot z (\mathrm{mod}\, k)$

$= x \cdot y \cdot z (\mathrm{mod}\, k)$，

于是 $((x *_k y) *_k z = x *_k (y *_k z)$，

即 $*_k$ 是可结合的，所以 $<N_k,*_k>$ 是半群。

11. 设 $<S;*>$ 是一个半群，$a \in S$，在 S 上定义一个二元运算□，使得对于 S 中的任意元素 x 和 y，都有 $x \square y = x * a * y$，证明二元运算□是可结合的。

证明：对任意的 $x,y,z \in S$，

$(x \square y) \square z = (x \square y) * a * z$

$= (x * a * y) * a * z$

$= (x * a) * (y * a * z)$

$= x * a * (y \square z)$

$= x \square (y \square z)$，

所以运算□是可结合的。

12. 设$<\mathbf{R};*>$是一个代数系统，$*$是 $\mathbf{R}$ 上的一个二元运算，使得对于 $\mathbf{R}$ 中的任意元素 a,b 都有

$$a*b=a+b+a\cdot b$$

证明 0 是幺元且$<R;*>$是独异点。

证明：由$*$的定义可知，$*$是封闭的。

对任意的 $a,b,c\in R$，有

$$\begin{aligned} a*(b*c)&=a*(b+c+bc)\\ &=a+b+c+b\cdot c+a\cdot b+a\cdot c+a\cdot b\cdot c, \\ (a*b)*c&=(a+b+a\cdot b)*c\\ &=a+b+a\cdot b+c+a\cdot c+b\cdot c+a\cdot b\cdot c, \end{aligned}$$

所以$(a*b)*c=a*(b*c)$，即运算$*$是结合的。

对任意的 $a\in A$，有

$$a*0=a+0+a\cdot 0=a$$

$$0*a=0+a+0\cdot a=a$$

所以 0 是幺元。

综上可得，$<R;*>$是独异点。

13. 设 $X\neq\varnothing$，令 $S=t(X)=\bigcup\limits_{n=0}^{\infty}X_n$，在 S 上定义二元运算 Δ，对任意 $\alpha=(x_1,x_2,\cdots,x_p)\in X^p$，$\beta=(y_1,y_2,\cdots,y_q)\in X^q$，有

$$\alpha\Delta\beta=(x_1,x_2,\cdots,x_p,y_1,y_2,\cdots,y_q)\in X^{p+q}$$

证明$<S;\Delta>$是一个独异点。

证明：由运算 Δ 的定义可知，Δ 是封闭的。

对任意的 $\alpha,\beta,\gamma\in S$，令

$$\alpha=(x_1,x_2,\cdots,x_p)$$

$$\beta=(y_1,y_2,\cdots,y_q)$$

$$\gamma=(z_1,z_2,\cdots,z_t)$$

于是$(\alpha\Delta\beta)\Delta\gamma=(x_1,x_2,\cdots,x_p,y_1,y_2,\cdots,y_q)\Delta\gamma$

$$=(x_1,x_2,\cdots,x_p,y_1,y_2,\cdots,y_q,z_1,z_2,\cdots,z_t),$$

$$\begin{aligned}\alpha\Delta(\beta\Delta\gamma)&=\alpha\Delta(y_1,y_2,\cdots,y_q,z_1,z_2,\cdots,z_t)\\ &=(x_1,x_2,\cdots,x_p,y_1,y_2,\cdots,y_q,z_1,z_2,\cdots,z_t),\end{aligned}$$

即$(\alpha\Delta\beta)\Delta\gamma=\alpha\Delta(\beta\Delta\gamma)$，所以运算 Δ 是可结合的。

对任意的 $\alpha\in S$，空集$\varnothing$是幺元，因为有 $\alpha\Delta\varnothing=\varnothing\Delta\alpha=\alpha$。

综上可得，$<S,\Delta>$是独异点。

14. 设$<A;*>$是一个半群，而且对于 A 中的元素 a 和 b，如果 $a\neq b$ 必有 $a*b\neq b*a$，

试证：

(1) 对于 A 中每个元素 a，有 $a*a=a$；

(2) 对于 A 中任何元素 a 和 b，有 $a*b*a=a$；

(3) 对于 A 中任何元素 a,b 和 c，有 $a*b*c=a*c$。

证明：由已知得，对任意的 $a,b\in A$，若 $a*b=b*a$，必有 $a=b$。

(1) 对任意的 $a\in A$，由结合性，有 $a*(a*a)=(a*a)*a$，所以 $a*a=a$。

(2) 利用(1)，$(a*b*a)*a=a*b*a*a$

$$=a*b*a,$$

$$a*(a*b*a)=a*a*b*a=a*b*a,$$

于是有

$$(a*b*a)*a=a*(a*b*a)$$

所以 $a*b*a=a$。

(3) 利用(2)，$(a*b*c)*(a*c)=a*b*c*a*c$

$$=a*b*c,$$

$$(a*c)*(a*b*c)=a*c*a*b*c=a*b*c,$$

于是有

$$(a*b*c)*(a*c)=(a*c)*(a*b*c)$$

所以 $a*b*c=a*c$。

15. 如果 $<S;*>$ 是半群，且 $*$ 是可交换的，称 $<S;*>$ 是可交换半群。证明：如果 S 中所有元素 a,b，使得 $a*a=a$ 和 $b*b=b$，则

$$(a*b)*(a*b)=a*b$$

证明：由运算 $*$ 是可交换的和可结合的，有

$$\begin{aligned}(a*b)*(a*b)&=a*b*a*b\\&=a*a*b*b\\&=a*b。\end{aligned}$$

16. 设 $<G;*>$ 是一个独异点，并且对于 G 中的每一个元素 x 都有 $x*x=e$，其中 e 是幺元，证明 $<G;*>$ 是一个阿贝尔群。

证明：由题设，对任意的 $x\in G$，有 $x*x=e$，所以 G 中每个元素都以自身为逆元，故 G 是群。

对任意的 $x,y\in G$，有 $x*y=(x*y)^{-1}=y^{-1}*x^{-1}=y*x$，所以 G 是交换群。

17. 设 $X=\mathbf{R}-\{0,1\}$，在 X 上定义 6 个函数如下：对任意 $x\in X$，

$f_1(x)=x$；$f_2(x)=x^{-1}$；$f_3(x)=1-x$；$f_4(x)=(1-x)^{-1}$；

$f_5(x)=(x-1)x^{-1}$；$f_6(x)=x(x-1)^{-1}$。

试证明$<F;\cdot>$是一个群。其中$F=\{f_1,f_2,f_3,f_4,f_5,f_6\}$，$\cdot$是函数的复合运算。

证明：

$\cdot$	f_1	f_2	f_3	f_4	f_5	f_6
f_1	f_1	f_2	f_3	f_4	f_5	f_6
f_2	f_2	f_1	f_4	f_3	f_6	f_5
f_3	f_3	f_5	f_1	f_6	f_2	f_4
f_4	f_4	f_6	f_2	f_5	f_1	f_3
f_5	f_5	f_3	f_6	f_1	f_4	f_2
f_6	f_6	f_4	f_5	f_2	f_3	f_1

由运算表知，运算是封闭的，又函数的复合运算是可结合的。

f_1是幺元，$f_2^{-1}=f_2$，$f_3^{-1}=f_3$，$f_4^{-1}=f_5$，$f_5^{-1}=f_4$，$f_6^{-1}=f_6$，所以$<F;\cdot>$是群。

18. 设$<A;*>$是半群，e是左幺元且对每一个$x\in A$，存在$\hat{x}\in A$，使得$\hat{x}*x=e$。

(1) 证明：对任意的$a,b,c\in A$，如果$a*b=a*c$，则$b=c$；

(2) 通过证明e是A中的幺元，证明$<A;*>$是群。

证明：(1) 对任意的$a,b,c\in A$，存在$\hat{a}\in A$，使得$\hat{a}*a=e$，若$a*b=a*c$，则$\hat{a}*(a*b)=\hat{a}*(a*c)$，于是$(\hat{a}*a)*b=(\hat{a}*a)*c$，$e*b=e*c$，$b=c$。

(2) 对任意的$a\in A$，有$\hat{a}*a*e=e*e=e=\hat{a}*a$，由(1)，有$a*e=a$，所以$e$是幺元。

对任意的$a\in A$，存在$\hat{a}\in A$，使得$\hat{a}*a=e$，有$\hat{a}*a*\hat{a}=e*\hat{a}=\hat{a}*e$，由(1)，有$a*\hat{a}=e$，所以$\hat{a}$是$a$的逆元。

综上，$<A,*>$是群。

19. 设$<G;*>$是群，对任一$a\in G$，令

$$H=\{y\mid y*a=a*y,y\in G\}$$

试证明$<H;*>$是$<G;*>$的子群。

证明：对任意的$x,y\in H$，有

$$x*a=a*x,y*a=a*y$$

则$y^{-1}*y*a*y^{-1}=y^{-1}*a*y*y^{-1}$，$a*y^{-1}=y^{-1}*a$，

于是$(x*y^{-1})*a=x*(y^{-1}*a)$

$=x*(a*y^{-1})$

$=(x*a)*y^{-1}$

$=a*(x*y^{-1})$，

所以$x*y^{-1}\in H$，故H是G的子群。

20. 设$<H;\cdot>$和$<K;\cdot>$都是群$<G;\cdot>$的子群，令

$$HK=\{h\cdot k\mid h\in H,k\in K\}$$

证明$<HK;\cdot>$是$<G;\cdot>$的子群的充要条件是 $HK=KH$。

证明：必要性，对任意的 $h\cdot k\in HK$，因为 HK 是子群，所以$(h\cdot k)^{-1}\in HK$，令$(h\cdot k)^{-1}=h_1\cdot k_1$，则 $h\cdot k=((h\cdot k)^{-1})^{-1}=(h_1\cdot k_1)^{-1}=k_1{}^{-1}\cdot h_1{}^{-1}\in KH$，故 $HK\subseteq KH$。

对任意的 $k\cdot h\in KH$，因为 H,K,HK 是子群，有 $h^{-1}\in H,k^{-1}\in K,h^{-1}\cdot k^{-1}\in HK$，$(h^{-1}\cdot k^{-1})^{-1}\in HK$，所以 $k\cdot h=(k^{-1})^{-1}\cdot(h^{-1})^{-1}=(h^{-1}\cdot k^{-1})^{-1}\in HK$，故 $KH\subseteq HK$，所以 $HK=KH$。

充分性，对任意的 $h_1\cdot k_1,h_2\cdot k_2\in HK$，$(h_1\cdot k_1)\cdot(h_2\cdot k_2)^{-1}=h_1\cdot k_1\cdot k_2{}^{-1}\cdot h_2{}^{-1}$，由 H,K 是子群，所以 $k_1\cdot k_2{}^{-1}\cdot h_2{}^{-1}\in KH$，而 $KH=HK$，令 $k_1\cdot k_2{}^{-1}\cdot h_2{}^{-1}=h_3\cdot k_3$，即$(h_1\cdot k_1)\cdot(h_2\cdot k_2)^{-1}=h_1\cdot h_3\cdot k_3\in HK$，故 HK 是子群。

21. 设$<A;*>$是群，且$|A|=2n,n\in\mathbf{Z}^+$。证明：在 A 中至少存在 $a\neq e$，使得 $a*a=e$。其中 e 是幺元。

证明：在 A 中，除了幺元 e 之外，还有 $2n-1$ 个元素，这 $2n-1$ 个元素中的每个元素与其逆元是成双成对出现的，故必存在 $a\in A,a\neq e$，有 $a*a=e$。

22. 设 S 为非负整数做成的集合，在 S 中定义运算"$*$"如下：任意 $a,b\in S$，

$$a*b=\max(a,b)$$

判断$<S;*>$是否是群。

证明：$<S,*>$是独异点，不是群。

由$*$的定义可知，$*$满足封闭性。对任意的 $a,b,c\in S$，有

$$\begin{aligned}(a*b)*c&=\max(a,b)*c\\&=\max((a,b),c)\\&=\max(a,b,c)\end{aligned}$$

$$\begin{aligned}a*(b*c)&=\max(b,c)\\&=\max(a,(b,c))\\&=\max(a,b,c)\end{aligned}$$

于是$(a*b)*c=a*(b*c)$，即$*$满足结合性。

对任意的 $a\in A$，有 $a*0=0*a=\max(0,a)=a$，所以 0 是幺元。

例如，对于 $1\in A$，对任意的 $x\in A$，都不可能有 $1*x=x*1=0$。

综上，$<S,*>$是独异点，不是群。

23. 设 $\mathbf{R}$ 是实数集合，$S=\{(a,b)|a\neq 0,a,b\in\mathbf{R}\}$，利用通常的加法和乘法在相定义运算"$*$"如下：对 S 中任意元素(a,b)，(c,d)，

$$(a,b)*(c,d)=(ac,ad+b),$$

证明 S 对"$*$"运算构成群。

证明：对任意的(a,b)，$(c,d)\in S$，则 $a\neq 0,c\neq 0,(a,b)*(c,d)=(ac,ad+b)$，故 $ac\neq 0$，因此$(a,b)*(c,d)\in S$，即运算$*$是封闭的。

对任意的$(a,b),(c,d),(e,f)\in S$,有

$(a,b)*((c,d)*(e,f))$

$=(a,b)*(ce,cf+d)$

$=(ace,acf+ad+b),((a,b)*(c,d))*(e,f)$

$=(ac,ad+b)*(e,f)$

$=(ace,acf+ad+b)$,

故运算$*$是可结合的。

对任意的$(a,b)\in S$,存在$(1,0)\in S$,有

$$(a,b)*(1,0)=(1,0)*(a,b)=(a,b),$$

所以$(1,0)$是幺元。

对任意的$(a,b)\in S$,存在$\left(\frac{1}{a},-\frac{b}{a}\right)\in S$,有

$$(a,b)*\left(\frac{1}{a},-\frac{b}{a}\right)=\left(\frac{1}{a},-\frac{b}{a}\right)*(a,b)=(1,0),$$

即$\left(\frac{1}{a},-\frac{b}{a}\right)$是$(a,b)$的逆元。

综上,$<S,*>$是群。

24. 如果对群G中任意的两个元素a,b都有$(ab)^2=a^2b^2$,试证G是交换群。

证明:对任意的$a,b\in G$,由$(ab)^2=a^2b^2$,有$abab=a^2b^2$,由消去律,有$ba=ab$,所以G是交换群。

25. 设G是由3个元素构成的群,证明G是交换群。

证明:不妨设$G=\{e,a,b\}$,由消去律,有$a*b\neq a$,$a*b\neq b$,所以$a*b=e$,同理$b*a=e$,因此G是交换群。

26. 设$G=\{\varphi|\varphi:x\to ax+b$,其中$a,b\in\mathbf{R}$且$a\neq0,x\in\mathbf{R}\}$。二元运算·是映射的复合。

(1) 证明$<G;\cdot>$是一个群;

(2) 若S和T分别是由G中$a=1$和$b=0$的所有映射构成的集合,证明$<S;\cdot>$和$<T;\cdot>$都是子群;

(3) 写出S和T在G中所有的左陪集。

证明:(1) 对任意的$f,g\in G$,设$f(x)=ax+b,g(x)=cx+d,a\neq0,c\neq0$,则$g\cdot f(x)=g(f(x))=g(ax+b)=acx+cb+d$,而$ac\neq0$,所以$g\cdot f\in G$,即运算·在$G$上是封闭的。

映射的复合是可结合的。

对任意的$f\in G$,令$f(x)=ax+b$,存在$I\in G,I(x)=x$,使得$f\cdot I(x)=f(x)=I\cdot f(x)$,

即 $f\cdot I=I\cdot f=f$，I 是幺元。

对任意的 $f\in G$，设 $f(x)=ax+b, a\neq 0$，存在 $g\in G, g(x)=\dfrac{1}{a}-\dfrac{b}{a}$，有 $f\cdot g(x)=g\cdot f(x)=I(x)$，即 $f\cdot g=g\cdot f=I$，g 是 f 的逆元。

综上可得，$<G,\cdot>$是群。

(2) 对任意的 $f,g\in S$，设 $f(x)=x+b_1, g(x)=x+b_2$，则 $g^{-1}(x)=x-b_2$，$f\cdot g^{-1}(x)=f(x-b_2)=x+b_1-b_2$，所以 $f\cdot g^{-1}\in S$，因此 S 是子群。

对任意的 $f,g\in T$，设 $f(x)=a_1x, g(x)=a_2x$，则 $g^{-1}(x)=\dfrac{1}{a_2}x$，$f\cdot g^{-1}(x)=f\left(\dfrac{1}{a_2}x\right)=\dfrac{a_1}{a_2}x$，所以 $f\cdot g^{-1}\in T$，因此 T 是子群。

(3) S 的所有左陪集：$\{Sf\mid f(x)=ax+b, a\neq 0, a,b\in\mathbf{R}, x\in\mathbf{R}\}$。

T 的所有左陪集：$\{Tf\mid f(x)=ax+b, a\neq 0, a,b\in\mathbf{R}, x\in\mathbf{R}\}$。

27. 设$<Z_6;+_6>$是一个群，这里$+_6$ 是模 6 加法，$Z_6=\{[0],[1],[2],[3],[4],[5]\}$，试写出$<Z_6;+_6>$中每个子群及其相应的左陪集。

解：子群分别是：$H_1=\{[0]\}$，$H_2=\{[0],[3]\}$，$H_3=\{[0],[2],[4]\}$，Z_6。

$H_1[0]=\{[0]\}$，$H_1[1]=\{[1]\}$，$H_1[2]=\{[2]\}$，$H_1[3]=\{[3]\}$，$H_1[4]=\{[4]\}$，$H_1[5]=\{[5]\}$。

$H_2[1]=H_2[4]=\{[1],[4]\}$，$H_2[0]=H_2[3]=H_2$，$H_2[2]=H_2[5]=\{[2],[5]\}$。

$H_3[0]=H_3[2]=H_3[4]=H_3$，$H_3[1]=H_3[3]=H_3[5]=\{[1],[3],[5]\}$。

Z_6 的左陪集只有一个就是其自身，即对任意的 $a\in Z_6$ 有 $Z_6a=Z_6$。

28. 设$<G;*>$是任一群，定义 $R\subseteq G\times G$ 为

$$R=\{<\sigma,\varphi>\mid \text{存在 } \theta\in G \text{ 使得 } \varphi=\theta*\sigma*\theta^{-1}\}$$

验证 R 是 G 上的等价关系。

证明：对任意的 $x\in G$，存在幺元 $e\in G$，使 $e*x*e^{-1}=x$，所以$(x,x)\in R$，R 是自反的。

对任意的$(x,y)\in R$，则存在 $\theta\in G$，使 $y=\theta*x*\theta^{-1}$，于是有

$$\begin{aligned}x&=\theta^{-1}*y*\theta\\&=\theta^{-1}*y*(\theta^{-1})^{-1}\end{aligned}$$

所以$(x,y)\in R$，R 是对称的。

对任意的$(x,y),(y,z)\in R$，则存在 $\theta,\tau\in G$，使 $y=\theta*x*\theta^{-1}$，$z=\tau*y*\tau^{-1}$，于是有 $z=\tau*\theta*x*\theta^{-1}*\tau^{-1}=(\tau*\theta)*x*(\tau*\theta)^{-1}$，所以$(x,z)\in R$，$R$ 是传递的。

综上可得，R 是一个等价关系。

29. 设$<H;*>$是群$<G;*>$的子群，如果

$$A=\{x\mid x\in G, x*H*x^{-1}=H\}$$

证明 $\langle A;*\rangle$ 是 $\langle G;*\rangle$ 的一个子群。

证明：对任意的 $x,y\in A$，有 $x*H*x^{-1}=H$，$y*H*y^{-1}=H$，则 $y^{-1}*y*H*y^{-1}*y=y^{-1}*H*y$，即 $y^{-1}*H*y=H$，于是有

$$\begin{aligned}(x*y^{-1})*H*(x*y^{-1})^{-1}&=x*y^{-1}*H*y*x^{-1}\\&=x*H*x^{-1}=H,\end{aligned}$$

所以 $x*y^{-1}\in A$，故 A 是子群。

30. 设 S_n 是一个对称群，G 是保持某一元素不变的置换群，求出 G 在 S_n 中所有左陪集。

证明：设 G 是使第 i 个元素不变的置换群，因为 $|S_n|=n!$，$|G|=(n-1)!$，所以由拉格朗日定理可知，G 在 S_n 中的左陪集共有 n 个，即为 G 以及

$\pi_k G=\{\begin{pmatrix}1 & 2 & \cdots & i & \cdots & n\\ k_1 & k_2 & \cdots & k & \cdots & k_n\end{pmatrix}|k_1,k_2,\cdots,k_{i-1},k_{i+1},\cdots,k_n$ 是 $1,2,\cdots,k-1,k+1,\cdots,n$ 的任一置换排列，$(k=1,2,\cdots,i-1,i+1,\cdots,n)\}$

31. 证明在由群 $\langle G;*\rangle$ 的一个子群 $\langle S;*\rangle$ 所确定的陪集中，只有一个陪集是子群。

证明：子群 S 本身也是一个陪集，现设陪集 aS 也是 G 的子群，则幺元 $e\in aS$，于是有 $S=eS=aS$，所以 S 的陪集中只有一个是子群，即 S 本身。

32. 设 aH 和 bH 是 H 在 G 中的两个右陪集，证明：要么 $aH\cap bH=\varnothing$，要么 $aH=bH$。

证明：对于 aH 和 bH，只有以下两种情况：

(1) $aH\cap bH\neq\varnothing$，则必存在 $c\in aH\cap bH$，于是 $c\in aH$ 且 $c\in bH$，有 $cH=aH$ 且 $cH=bH$，所以 $aH=bH$。

(2) $aH\cap bH=\varnothing$。

33. 证明：如果 f 是由 $\langle A;☆\rangle$ 到 $\langle B;*\rangle$ 的同态映射，g 是由 $\langle B;*\rangle$ 到 $\langle C;\Delta\rangle$ 的同态映射，那么，$g\cdot f$ 是由 $\langle A;☆\rangle$ 到 $\langle C;\Delta\rangle$ 的同态映射。

证明：对任意的 $x,y\in A$

$$\begin{aligned}g\cdot f(x☆y)&=g(f(x☆y))\\&=g(f(x)*f(y))\\&=g(f(x))\Delta g(f(y))\\&=g\cdot f(x)\Delta g\circ f(y),\end{aligned}$$

所以 $g\cdot f$ 是从 A 到 C 的同态映射。

34. 设 $\langle G;*\rangle$ 是一个群，而 $a\in G$，如果 f 是从 G 到 G 的映射，使得对于每一个 $x\in G$，都有

$$f(x)=a*x*a^{-1}$$

试证明 f 是一个从 G 到 G 上的自同构。

证明：对任意的 $x\in G$，存在 $a^{-1}*x*a\in G$，使 $f(a^{-1}*x*a)=a*a^{-1}*x*a*a^{-1}=x$，所以 f 是满射。

对任意的 $x,y\in G$，若 $f(x)=f(y)$，即 $a*x*a^{-1}=a*y*a^{-1}$，由消去律，有 $x=y$，所以 f 是单射，因此 f 是双射。

对任意的 $x,y\in G$，$f(x*y)=a*x*y*a^{-1}=a*x*a^{-1}*a*y*a^{-1}=f(x)*f(y)$，所以 f 是同态映射。

综上可得，f 是 G 上的自同构。

35. 试证由表所给出的两个群＜G；☆＞和＜S；$*$＞是同构的。

☆	p_1	p_2	p_3	p_4
p_1	p_1	p_2	p_3	p_4
p_2	p_2	p_1	p_4	p_3
p_3	p_3	p_4	p_1	p_2
p_4	p_4	p_3	p_2	p_1

＜G；☆＞

☆	q_1	q_2	q_3	q_4
q_1	q_3	q_4	q_1	q_2
q_2	q_4	q_3	q_2	q_1
q_3	q_1	q_2	q_3	q_4
q_4	q_2	q_1	q_4	q_3

＜S；$*$＞

证明：设 $f:G\to S$，令 $f(p_1)=q_3$，$f(p_2)=q_2$，$f(p_3)=q_1$，$f(p_4)=q_4$，显然 f 是双射。

容易验证：$f(p_1☆p_1)=f(p_1)=q_3=q_3*q_3=f(p_1)*f(p_1)$，

$f(p_1☆p_2)=f(p_2)=q_2=q_3*q_2=f(p_1)*f(p_2)$，

$f(p_3☆p_2)=f(p_4)=q_4=q_1*q_2=f(p_3)*f(p_2)$等等，其余可类似验证，所以＜$G$；☆＞$\cong$＜$S$；$*$＞。

36. 设 f_1,f_2 都是从代数系统＜A；☆＞到代数系统＜B；$*$＞的同态。设 g 是从 A 到 B 的一个映射，使得对 $a\in A$，都有

$$g(a)=f_1(a)*f_2(a)$$

证明：如果＜B；$*$＞是一个可交换半群，那么 g 是一个由＜A；☆＞到＜B；$*$＞的同态。

证明：对任意的 $x,y\in A$，有

$$\begin{aligned}g(x☆y)&=f_1(x☆y)*f_2(x☆y)\\&=f_1(x)*f_1(y)*f_2(x)*f_2(y)\\&=f_1(x)*f_2(x)*f_1(y)*f_2(y)\\&=g(x)*g(y),\end{aligned}$$

所以 g 是同态映射。

37. ＜$\mathbf{R}$；$+$＞是实数集上的加法群，设

$$f:x\to x^{2\pi ix},x\in\mathbf{R}$$

f 是否同态？如果是，请写出同态象和同态核。

解：对任意 $x,y\in\mathbf{R}$，有

$$f(x+y)=e^{2\pi i x(x+y)}$$
$$=e^{2\pi i x}\cdot e^{2\pi i y}$$
$$=f(x)\cdot f(y)$$

所以 f 是从 $<\mathbf{R};+>$ 到 $<\mathbf{C};\cdot>$ 的同态映射，其中，$<\mathbf{C};\cdot>$ 是复数集上的乘法群。

因为 $e^{2\pi i x}=\cos 2\pi x+i\sin 3\pi x$，所以 f 的同态象为：

$$\{\cos 2\pi x+i\sin 2\pi x \mid x\in\mathbf{R}\}$$

$$\mathrm{Ker}(f)=\{x\in\mathbf{R}\mid f(x)=e^{2\pi i}=\cos 2\pi x+i\sin 2\pi x=1\}$$
$$=\{x\in\mathbf{R}\mid \cos 2\pi x=1,\sin 2\pi x=0\}=\mathbf{Z}。$$

38.证明：循环群的同态象必定是循环群。

证明：设循环群 $<G;*>$ 的生成元为 a，f 为同态映射，$<f(G);☆>$ 为同态象，则 $<f(G);☆>$ 也是群，往证 $f(a)$ 是 $f(G)$ 的生成元。

对任意的 $f(x)\in f(G)$，其中 $x\in G$，设 $x=a^n$，则 $f(x)=f(a^n)=f(a^{a-1}*a)=f(a^{n-1})☆f(a)=\cdots=f(a)^n$，故 $f(a)$ 是生成元，所以同态象 $<f(G);☆>$ 是循环群。

39.$<\mathbf{R}-\{0\};\times>$ 与 $<\mathbf{R};+>$ 同构吗？

解：不同构。

假设 f 是从 $<\mathbf{R};+>$ 到 $<\mathbf{R}-\{0\};\times>$ 的同构映射，则有 $f(0)=1$。

对于 $-1\in\mathbf{R}-\{0\}$，存在 $a\in\mathbf{R}$，使得 $f(a)=-1$，有 $f(0)=1=-1\cdot -1=f(a)\cdot f(a)=f(a+a)$，因为是双射，所以 $a+a=0$，即 $a=0$，则有 $f(0)=1=-1$，矛盾。

因此 $<\mathbf{R};+>$ 与 $<\mathbf{R}-\{0\};\times>$ 不可能同构。

40.证明：一个集合上任意两个同余关系的交也是同余关系。

证明：设 R_1,R_2 是 $<A;*>$ 上的两个同余关系，故 $R_1\cap R_2$ 是 A 上的等价关系。

对于任意的 $(a,b),(c,d)\in R_1\cap R_2$，则 $(a,b),(c,d)\in R_1$ 且 $(a,b),(c,d)\in R_2$，由 R_1，R_2 是同余关系，有 $(a*c,b*d)\in R_1$ 且 $(a*c,b*d)\in R_2$，所以 $(a*c,b*d)\in R_1\cap R_2$，因此，$R_1\cap R_2$ 仍是同余关系。

41.考察代数系统 $<\mathbf{Z};+>$，以下定义在 $\mathbf{Z}$ 上的二元关系 R 是同余关系吗？

(1) $<x,y>\in R$ 当且仅当 $(x<0\wedge y<0)\vee(x\geqslant 0\wedge y\geqslant 0)$；

(2) $<x,y>\in R$ 当且仅当 $|x-y|<10$；

(3) $<x,y>\in R$ 当且仅当 $(x=y=0)\vee(x\neq 0\wedge y\neq 0)$；

(4) $<x,y>\in R$ 当且仅当 $x\geqslant y$。

解：(1) 可以证明 R 是等价关系，但对于 $(-2,-4),(1,5)\in R$，有 $(-2+1,-4+5)=(-1,1)\notin R$，所以 R 不是同余关系。

(2) 对于 $(2,5)\in R$，$(5,13)\in R$，而 $(2,13)\notin R$，所以 R 不是等价关系，当然不是同余

关系。

(3) 可以证明 R 是等价关系，但对于 $(-4,6),(6,-6)\in R$，有 $(-4+6,6+-6)=(2,0)\notin R$，所以 R 不是同余关系。

(4) 对于 $(2,1)\in R$，而 $(1,2)\notin R$，所以 R 不是等价关系，当然不是同余关系。

42. 设 f 和 g 都是从群 $\langle G_1;☆\rangle$ 到群 $\langle G_2;*\rangle$ 的同态，证明 $\langle C;☆\rangle$ 是 $\langle G_1;☆\rangle$ 的一个子群，其中

$$C=\{x \mid x\in G_1 \text{ 且 } f(x)=g(x)\}$$

证明：对任意的 $x,y\in C$，有 $f(x)=g(x)$，$f(y)=g(y)$，

$$\begin{aligned}f(x☆y^{-1})&=f(x)*f(y^{-1})\\&=f(x)*f(y)^{-1}\\&=g(x)*g(y)^{-1}\\&=g(x)*g(y^{-1})\\&=g(x☆y^{-1}),\end{aligned}$$

所以 $x☆y^{-1}\in C$，故 C 是 G_1 的子群。

43. 设 f 是从群 $\langle G_1;*\rangle$ 到 $\langle G_2;\Delta\rangle$ 的同态映射，则 f 为入射当仅当 $\mathrm{Ker}(f)=\{e\}$。其中 e 是 G_1 中的幺元。

证明：必要性，因为 $f(e)=e'$，所以 $e\in\mathrm{Ker}(f)$，若存在 $a\in\mathrm{Ker}(f)$，则有 $f(a)=e'$，即 $f(a)=f(e)$，因为 f 是入射，所以 $a=e$，因此 $\mathrm{Ker}(f)=\{e\}$，

充分性，对任意的 $x,y\in G_1$，若 $f(x)=f(y)$，则有

$$\begin{aligned}e'&=f(x)\Delta f(y)^{-1}\\&=f(x)\Delta f(y^{-1})\\&=f(x*y^{-1})\end{aligned}$$

故 $x*y^{-1}\in\mathrm{Ker}(f)$，而 $\mathrm{Ker}(f)=\{e\}$，所以 $x*y^{-1}=e$，即 $x=y$，所以 f 是入射。

44. 设 $\mathbf{Z}(\sqrt{2})=\{m+\sqrt{2}\mid m,n\in\mathbf{Z}\}$，其中 $\mathbf{Z}$ 是整数集合。试证：$\mathbf{Z}(\sqrt{2})$ 对数的通常加法和乘法构成一个环。

证明：对任意的 $m+n\sqrt{2},p+q\sqrt{2}\in\mathbf{Z}(\sqrt{2})$，有 $m+n\sqrt{2}+p+q\sqrt{2}=m+p+(n+q)\sqrt{2}\in\mathbf{Z}(\sqrt{2})$，$(m+n\sqrt{2})(p+q\sqrt{2})=mp+2nq+(mp+np)\sqrt{2}\in\mathbf{Z}(\sqrt{2})$，所以运算 $+$ 和 $\cdot$ 在 $\mathbf{Z}(\sqrt{2})$ 上是封闭的。

又加法幺元 $0=0+0\cdot\sqrt{2}\in\mathbf{Z}(\sqrt{2})$。

对任意的 $m+n\sqrt{2}\in\mathbf{Z}(\sqrt{2})$，其加法逆元 $-m-n\sqrt{2}\in\mathbf{Z}(\sqrt{2})$，而加法、乘法的结合律以及乘法对加法的分配律在整数集上成立，因此在其子集 $\mathbf{Z}(\sqrt{2})$ 上也是成立的。

综上可得，$\mathbf{Z}(\sqrt{2})$ 对数的通常加法和乘法构成一个环。

45. 设 $\mathbf{Z}(\mathrm{i})=\{m+n\mathrm{i} \mid m, n \in \mathbf{Z}, \mathrm{i}^2=-1\}$，试证 $\mathbf{Z}(\mathrm{i})$ 对数的加法和乘法构成一个环。

证明：对任意的 $m+n\mathrm{i}, p+q\mathrm{i} \in \mathbf{Z}(\mathrm{i})$，有 $m+n\mathrm{i}+p+q\mathrm{i}=m+p+(n+q)\mathrm{i} \in \mathbf{Z}(\mathrm{i})$，$(m+n\mathrm{i})(p+q\mathrm{i})=mp-np+(mq+np)\mathrm{i} \in \mathbf{Z}(\mathrm{i})$，所以加法和乘法在 $\mathbf{Z}(\mathrm{i})$ 上是封闭的。

加法幺元 $0=0+0\mathrm{i} \in \mathbf{Z}(\mathrm{i})$。

对任意的 $m+n\mathrm{i} \in \mathbf{Z}(\mathrm{i})$，其加法逆元 $-m-n\mathrm{i} \in \mathbf{Z}(\mathrm{i})$。

而加法、乘法的结合律以及乘法对加法的分配律在复数集上成立，因此在其子集 $\mathbf{Z}(\mathrm{i})$ 上也成立。

综上可得，$\mathbf{Z}(\mathrm{i})$ 对数的加法和乘法构成一个环。

46. 若对所有 $a \in$ 环 R，$ea=a$，则 e 叫作 R 的一个左壹；若对所有 $a \in R$，$ae'=a$，则 e' 叫作 R 一个右壹。求证：若 R 有左壹也有右壹，则所有左壹右壹都相等，因而 R 有一个唯一确定的壹。

证明：设 e_l, e_r 分别是环 R 的左壹和右壹，则由定义，有 $e_l \cdot e_r=e_l=e_r$，即左壹和右壹是相等的，是环 R 的壹。

设 e_1, e_2 都是环 R 的壹，则 $e_1 \cdot e_2=e_1=e_2$，即环 R 的壹是唯一的。

47. 设环 R 有壹，若 $ab=1$，则 a 叫作 b 的左逆，b 叫作 a 的右逆。求证：若 a 有左逆又有右逆，则所有左逆右逆都相等，因而 a 有一个唯一确定的逆。

证明：设 b_1, b_2 分别是 a 的左逆和右逆，则有 $b_1=b_1 \cdot 1=b_1 \cdot (a \cdot b_2)=(b_1 \cdot a) \cdot b_2=1 \cdot b_2=b_2$，即左逆和右逆是相等的，是 a 的逆元，且逆元是唯一确定的。

48. 设环中不止一个元素，求证任意无零因子的有限环必是一个体。

证明：关键是证明环 R 中有壹，且任一非零元素皆存在逆元。

不妨设 $R=\{a_1, a_2, \cdots, a_n\}$，对任意的 $r \in R, r \neq 0$，令

$$Rr=\{a_1 r, a_2 r, \cdots, a_n r\}$$

则 $Rr \subseteq R$，要证 $Rr=R$，只需验证 Rr 中任意两个元素皆不相同，如若不然，存在 $a_i r, a_j r \in Rr(1 \leqslant i<j \leqslant n)$，有 $a_i r=a_j r$，由于 R 是无零因子环，所以乘法消去律成立，又 $r \neq 0$，故 $a_i=a_j$（矛盾），因此 $Rr=R$，则存在 $a_i \in R$，使 $a_i r=r$，那么，a_i 是 R 的左壹。

对任意的 $a \in R$，同理可证 $rR=R$，则存在 $a_j \in R$，使 $a=ra_j$，于是 $a=ra_j=a_i ra_j=a_i a$，即 a_i 为左壹。

同理可证，R 中亦有右壹，由习题 46 知，R 中有壹，设为 e。

对任意的 $r \in R$，由 $Rr=R$，存在 $r' \in R$，使 $r'r=e$，则 r' 是 r 的左逆，同理，r 亦有右逆，由习题 47 知，r 有逆。

综上可得，R 是一个体。

49. 设 $\langle A, ☆, * \rangle$ 是一个关于运算☆和 $*$ 分别具有幺元 e_1 和 e_2 的代数系统，并且运算☆和 $*$ 彼此之间是可分配的，证明：对任意的 $x \in A$，有 $x ☆ x=x * x=x$。

证明：因为 $e_2=e_1 ☆ e_2$

$=(e_1 * e_2)☆e_2$

$=(e_1☆e_2) * (e_2☆e_2)$

$=e_2 * (e_2☆e_2)$

$=e_2☆e_2$,

且 $e_1=e_2 * e_1$

$=(e_2☆e_1) * e_1$

$=(e_2 * e_1)☆(e_1 * e_1)$

$=e_1☆(e_1 * e_1)$

$=e_1 * e_1$,

于是对任意的 $x\in A$,有

$x☆x=(x * e_2)☆(x * e_2)$

$=x * (e_2☆e_2)$

$=x * e_2=x$,

$x * x=(x☆e_1) * (x☆e_1)$

$=x☆(e_1 * e_1)$

$=x☆e_1$

$=x$。

50. 设$<A,☆,x>$是代数系统,对任意的 $a\in A$,有 $a☆b=a$,证明:运算 * 对于☆是可分配的。

证明:对任意的 $a,b,c\in A$,有 $a * (b☆c)=a * b=(a * b)☆(a * c)$,$(a☆b) * c=a * c=(a * c)☆(b * c)$,所以,运算 * 对于☆是可分配的。

51. 设$<S,*>$是有限的可交换独异点,且对任意的 $a,b,c\in S$,若 $a * b=a * c$,则 $b=c$,证明$<S,*>$是 Abel 群。

证明:关键是证明 S 中每个元素都存在逆元。

对任意的 $a\in S$,令 $S_a=\{a,a^2,a^3,\cdots,a^m,\cdots\}$,由运算的封闭性可知 $S_a\subseteq S$,又由 S 的有限性,可知 S_a 也是有限集。故必存在 $n,k>0$,使得 $a^n=a^{n+k}$,即 $a^n * e=a^n * a^k$,由题设,有 $a^k=e$,即有 $a^{k-1} * a=a * a^{k-1}=a^k=e$,可见,$a$ 的逆元 $a^{-1}=a^{k-1}$,因此,$<S,*>$是 Abel 群。

52. 设$<G,*>$是群,如果对任意的 $a,b\in G$,有 $a^3 * b^3=(a * b)^3$,$a^4 * b^4=(a * b)^4$,$a^5 * b^5=(a * b)^5$,则$<G,*>$是 Abel 群。

证明:对任意的 $a,b\in G$,由 $a^3 * b^3=(a * b)^3$ 及消去律得 $a^3 * b^3=a * b * a * b * a * b$,即 $a^2 * b^2=(b * a)^2$。

同理,由 $a^4 * b^4=(a * b)^4$,得 $a^3 * b^3=(b * a)^3$,由 $a^5 * b^5=(a * b)^5$,得 $a^4 * b^4=(b * a)^4$。

由此可得，$a^4*b^4=(b*a)^4=(b*a)^3*b*a=a^3*b^3*b*a$，即 $a*b^4=b^4*a$，同理由 $a^3*b^3=(b*a)^3$，得 $a*b^3=b^3*a$，于是有 $b^4*a=a*b^4=a*b^3*b=b^3*a*b$，即 $b*a=a*b$，所以 G 是 Abel 群。

53. 设 $<G,*>$ 是群，$H\subseteq G$，$H\neq\varnothing$，且 H 中的元素都是有限阶的，运算在 H 中封闭，则 H 是 G 的子群。

证明：封闭性已知，结合律自然成立。

对任意的 $x\in H$，由题设，必存在正整数 n，使得 $x^n=e$，而 $x^n\in H$，故 $e\in H$。

对任意的 $x\in H$，$x\neq e$，必存在正整数 $n>1$，使得 $x^n=e$，则有 $x*x^{n-1}=x^{n-1}*x=e$，所以 $x^{-1}=x^{n-1}\in H$。

因此 H 是 G 的子群。

54. 设 $<H,*>$ 是群 $<G,*>$ 的有限子群，如果运算 $*$ 在 H 上封闭，则 H 是 G 的子群。

证明：要证 H 是 G 的子群，只需证明幺元 $e\in H$ 和 H 中任一元素的逆元也在 H 中。

对任意的 $a\in H$，由运算的封闭性，有 $a,a^2,\cdots,a^n,\cdots\in H$，而 H 是有限集，故必存在正整数 i,j，$i<j$，使得 $a^i=a^j$，故有 $a^{j-i}=e\in H$。

若 $j-i=1$，则 $a^{-1}=a^{j-i}\in H$；

若 $j-i>1$，则 $a^{-1}=a^{j-i-1}\in H$。

综上可得，H 是 G 的子群。

55. 证明：任意群都不等于它的两个真子群的并。

证明：设 H_1,H_2 是群 G 的两个真子群，则存在 $a,b\in G$，使得 $a\notin H_1$，$b\notin H_2$，假设 $G=H_1\cup H_2$，可分以下三种情况讨论：

(1) $a\notin H_2$，则 $a\notin H_1\cup H_2=G$，矛盾。

(2) $b\notin H_1$，则 $b\notin H_1\cup H_2=G$，矛盾。

(3) $a\in H_2$，$b\in H_1$，对于 $ab\in G$，

若 $ab\in H_1$，则可令 $ab=h_1\in H_1$，于是 $a=h_1b^{-1}\in H_1$，与 $a\notin H_1$ 矛盾；

若 $ab\in H_2$，则可令 $ab=h_2\in H_2$，于是 $b=a^{-1}h_2\in H_2$，与 $b\notin H_2$ 矛盾；

所以 $ab\notin H_1\cup H_2=G$，矛盾。

综上所述，G 不可能等于它的两个真子群的并。

56. 设 $<G,*>$ 是群，$a\in G$ 且 a 的阶是 n，证明：$a^k=e$ 当且仅当 $n|k$。

证明：充分性，若 $n|k$，设 $k=mn$，则 $a^k=a^{mn}=(a^n)^m=e^m=e$。

必要性，设 $k=mn+r$，其中 $0\leqslant r<n$，则有 $a^k=a^{mn+r}=a^{mn}*a^r=e*a^r=a^r=e$，由于 n 是 a 的阶，故必有 $r=0$，即 $n|k$。

57. 设 $<G,*>$ 是一个 n 阶循环群，生成元为 a，则对于 n 的任一因子 d，存在唯一的一个 d 阶子群。

证明：设 H 为 G 的任一 d 阶子群。

若 $d=1$，则有唯一的平凡子群 $<\{e\},*>$。

若 $d>1$，则 H 中必有 a^s，其中 s 是 H 中元素的最小幂次，即

$$s=\min\{k \mid k\in \mathbf{Z}^+,a^k\in H\}$$

且 $s\neq 1$，因此，H 中的元素 a^n 都是由 a^s 所生成的。

设 $n=st+r,0\leqslant r<s$ 有 $a^r=a^n*a^{-st}=a^n*(a^5)^{-t}\in H$，由 s 的定义，有 $r=0$，即 $s\mid n$。因为 H 为 d 阶子群，故 a^s 的阶为 $d=\dfrac{n}{s}$，即 $d\mid n$。因此，H 就是以 a^s 为生成元的 d 阶子群，且 $d\mid n$。

58. 设 a 的阶为 n，则 a^r 的阶为 $\dfrac{n}{d}$，其中 $d=(r,n)$。

证明：设 a^r 的阶为 k，由 $(a^r)^{\frac{n}{d}}=(a^n)^{\frac{r}{d}}=e^{\frac{r}{d}}=e$，故 $k\mid\dfrac{n}{d}$。

又 $a^{rk}=e$，有 $n\mid rk$，设 $n=dn_1,r=dr_1$，则 $(n_1,r_1)=1$，故 $dn_1\mid dr_1h$，即 $n_1\mid r_1k$，有 $n_1\mid k$，即 $\dfrac{n}{d}\mid k$，所以 $k=\dfrac{n}{d}$。

59. 设 a 的阶为 m，b 的阶为 n，且 $(m,n)=1$，$a*b=b*a$，则 $a*b$ 的阶为 mn。

证明：设 $a*b$ 的阶为 k，由 $a*b=b*a$，则 $(a*b)^{mn}=a^{mn}*b^{mn}=(a^m)^n*(b^n)^m=e^n*e^m=e$，则 $k\mid mn$。

$(a*b)^{kn}=((a*b)^k)^n=e^n=e=a^{kn}*b^{kn}=a^{kn}*(b^n)^k=a^{kn}$，而 a 的阶为 m，故 $m\mid kn$，又 $(m,n)=1$，有 $m\mid k$。

同理 $(a*b)^{kn}=e=b^{kn}$，得 $n\mid k$，又 $(m,n)=1$，有 $mn\mid k$，所以 $k=mn$，即 $a*b$ 的阶为 mn。

60. 设 a 是 n 阶循环群 $<G;*>$ 的生成元，证明：a^r 是 G 的生成元当且仅当 $(r,n)=1$。

证明：必要性，设 $d=(r,n)$，因为 a^r 是 G 的生成元，则存在 $k\in\mathbf{Z}$，使 $a=a^{rk}$，有 $a^{rk-1}=e=a^n$，故 $n\mid rk-1$，又 $d\mid n,d\mid r$，所以 $d\mid 1$，即 $(r,n)=1$。

充分性，令 $H=(a^r)=\{(a^r)^i\mid i\in\mathbf{Z}\}$，则 H 是由 a^r 生成的 G 的循环子群，且 H 的阶等于 a^r 的阶。

设 a^r 的阶为 k，则 $a^{rk}=e$，故 $n\mid rk$，又 $(r,n)=1$，有 $n\mid k$。

又 $(a^r)^n=(a^n)^r=e$，有 $k\mid n$，故 $k=n$，即 H 的阶也是 n，所以 $H=G$，故 a^r 也是 G 的生成元。

61. 证明：循环群的任何子群必定也是循环群。

证明：设 $<G,*>$ 是循环群，生成元是 a，设 H 是 G 的子群，且 $H\neq\{e\}$，H 中的元素都可以表成 a 的整数幂，令

$$m=\min\{k\mid k\in\mathbf{Z}^+,\text{且 } a^k\in H\}$$

对于任意的 $a^n\in H$，设 $n=mq+r$，其中 $0\leqslant r<m$，则 $a^r=a^{n=mq}=a^n*a^{-mq}=a^n*$

$(a^m)^{-q}\in H$，由 m 的定义，有 $r=0$，即得 $a^n=(a^m)^q$，这说明 a^m 是子群 H 的生成元，所以 H 是循环群。

62. 设$<G,\cdot>$是群，对于 $a,b\in G$，$ab=ba$，a 的阶为 r，b 的阶为 s，且$(a)\cap(b)=\{e\}$，证明：ab 的阶等于 r 和 s 的最小公倍数。

证明：设 p 是 r 和 s 的最小公倍数，d 是 r 和 s 的最大公因数，不妨设 $r=\alpha d$，$s=\beta d$，则 α 与 β 是互质的，故 $p=\alpha\beta d$，设 ab 的阶为 k。

由 $(ab)^p=a^pb^p=(a^{\alpha d})^\beta(b^{\beta d})^\alpha=e$，所以 $k\mid p$。

设 $k=mr+r_1$，$0\leqslant r_1<r$，$k=ns+s_1$，$0\leqslant s_1<s$，则 $e=(ab)^k=a^kb^k=(a^r)^m\cdot a^{r_1}\cdot(b^s)^n\cdot b^{s_1}=a^{r_1}b^{s_1}$，所以 b^{s_1} 是 a^{r_1} 的逆元，故 $b^{s_1}\in(a)$，又 $b^{s_1}\in(b)$，所以 $b^{s_1}\in(a)\cap(b)=\{e\}$，而 b 的阶为 s，则有 $s_1=0$。

同理可证，$r_1=0$。则 $k=mr=ns$，所以 $r\mid k$ 和 $s\mid k$，即 $\alpha d\mid k$，$\beta d\mid k$，因为 α 与 β 互质，必有 $\alpha\beta d\mid k$，即 $p\mid k$。因此 $k=p$。

63. 设 H，K 是群 G 的子群，$|H|=m$，$|K|=n$，且 $(m,n)=1$，则 $H\cap K=\{e\}$。

证明：由于 H，K 都是有限的，则 $H\cap K$ 也是有限的，设 $|H\cap K|=t$，因为 H，K 都是 G 的子群，同时既是 H 的子群，也是 K 的子群，由拉格朗日定理，有 $t\mid m$，$t\mid n$，而 $(m,n)=1$，故 $t=1$，由于 $H\cap K$ 是子群，故 $H\cap K=\{e\}$。

64. 设 p 是质数，证明：p^m 阶群中一定包含着一个 p 阶子群。

证明：设$<G,*>$为 p^m 阶群。

对于任意的 $a\in G$，$a\neq e$，设 a 的阶为 n，则由所 a 生成的循环子群的阶也是 n，由拉格朗日定理，有 $n\mid p^m$，因为 p 为质数，所以可设 $n=p^t$，其中 $t\geqslant 1$ 且 t 为正整数。

若 $t=1$，即 a 的阶为 p，于是由 a 所生成的循环子群就是 G 的一个 p 阶子群。

若 $t>1$，令 $b=a^{p^{t-1}}$，则 b 的阶为 p，于是由 b 所生成的循环子群就是 G 的一个 p 阶子群。

65. 设$<G,*>$是有限群，若 G 除了自身和$\{e\}$之外没有别的子群，证明：G 是循环群且阶为素数。

证明：对任意的 $a\in G$，$a\neq e$，设 $H=\{a,a^2,\cdots\}$ 为由 a 所生成的循环子群，因为 G 是有限的，故 H 也是有限的，且由拉格朗日定理，有 $|H|\,|\,|G|$，由题设，有 $H=C=(a)$，所以 G 是循环群。

假设 $|G|=n$ 不是素数，令 $n=n_1n_2$，$1<n_1$，$n_2<n$，由上面论述知 $G=H=(a)$，a 的阶也是 n，对于 $a^{n_1}\in G$，则 a^{n_1} 的阶为 n_2，设 a^{n_1} 所生成的循环子群为 H'，有 $H'\neq\{e\}$，$H'\neq G$，与题设条件矛盾，所以群 G 的阶为素数。

66. 设 G 是 mn 阶循环群，m 与 n 互质，H_1，H_2 分别是 G 的 m 阶、n 阶子群，证明：$G=H_1H_2$。

证明：因为 G 是循环群，则 G 必是交换群，于是 $H_1H_2=H_2H_1$，由习题 20 知，H_1H_2 是

G 的子群，设 $|H_1H_2|=k$，则由拉格朗日定理，有 $k|mn$。

易证 H_1，H_2 也是 H_1H_2 的子群，由拉格朗日定理，有 $m|k$，$n|k$，而 m 与 n 是互质的，有 $mn|k$，所以 $k=mn$，而 $H_1H_2\subseteq G$，$|G|=mn$，所以 $G=H_1H_2$。

67. 设 G 是 6 阶群，则 G 一定有 3 阶子群。

证明：分以下几种情况讨论：

(1) 若 $g=(a)$ 是 6 阶循环群，则 a^2 的阶是 3，故 (a^2) 是 G 的一个 3 阶子群。

(2) 若 G 不是循环群，由拉格朗日定理，对任意的 $x\in G$，$x\neq e$，x 的阶是 2 或 3。

①若 G 中存在一个 3 阶元素 x，则 (x) 是 G 的一个 3 阶子群。

②若 G 中每个非幺元的元素的阶都是 2，则对任意的 $x,y\in G$，$x\neq e$，$y\neq e$，有

$$x^2=y^2=(xy)^2=e$$

显然，$x^{-1}=x$，$y^{-1}=y$，$(xy)^{-1}=xy$，令

$$H=\{e,x,y,xy\}$$

因为 $xy=(xy)^{-1}=y^{-1}x^{-1}=yx$，所以 H 是 G 的子群，由 $x\neq e$，$y\neq e$，有 $xy\neq e$，$xy\neq x$，$xy\neq y$，故有 $|H|=4$，而 4 不能整除 6，矛盾。

68. 设 $<G,*>$ 是一个有限群，$|G|=mk$，$<H,*>$ 是 $<G,*>$ 的子群，且 $|H|=m$，证明：对于任意的 $a\in G$，必存在正整数 n，$1\leqslant n\leqslant k$，使得 $a^n\in H$。

证明：考察 H 的右陪集集合 $\{H,aH,a^2H,\cdots,a^kH\}$。

由拉格朗日定理可知，在 G 中有且只有 k 个 H 的右陪集，而上述集合中却有 $k+1$ 个 H 的右陪集，故必存在正整数 i,j，$0\leqslant i<j\leqslant k$，使得 $a^iH=a^jH$，则存在 $b\in H$，使 $a^i*b=a^j$，故有 $b=a^{j-i}$，令 $n=j-i$，就有 $1\leqslant n\leqslant k$，且有 $a^n\in H$。

69. 证明：阶为素数的群必是循环群。

证明：设 $<G,*>$ 是群，其阶是素数 p，对任意的 $a\in G$，$a\neq e$，令 H 是由 a 所生成的循环子群，由 $a\neq e$，有 $H\neq\{e\}$，由拉格朗日定理，有 $|H|\,|\,p$，而 p 是素数，只能有 $|H|=p$，又 $H\subseteq G$，所以 $H=G=(a)$，因此 G 是循环群。

70. 设 $p<q$，q 是质数，则在 pq 阶的群中，q 阶子群一定是正规子群。

证明：设 $<G,\cdot>$ 是 pq 阶群，$<H,\cdot>$ 是 $<G,\cdot>$ 的 q 阶子群。

首先证明，对任意的 $g\in G$，gHg^{-1} 也是 G 的 q 阶子群。

对任意的 gh_1g^{-1}，$gh_2g^{-}1\in gHg^{-1}$，有

$$\begin{aligned}(gh_1g^{-1})\cdot(gh_2g^{-1})^{-1}&=gh_1g^{-1}\cdot gh_2g^{-1}\\&=gh_1h_2{}^{-1}g^{-1}\in gHg^{-1},\end{aligned}$$

所以，gHg^{-1} 是 G 的子群。

设 $f:H\to gHg^{-1}$，对任意的 $h\in H$，令

$$f(h)=ghg^{-1}$$

易证 f 是双射，则 $|H|=|gHg^{-1}|$，所以 gHg^{-1} 也是 G 的 q 阶子群。

其次证明，G 的 q 阶子群只有一个。

假设 H_1 和 H_2 是 G 的两个不同的 q 阶子群，由习题 69 知，H_1 和 H_2 都是循环群。设 $H_1=(a)$，$H_2=(b)$，则 $H_1=\{e,a,a^2,\cdots,a^{q-1}\}$，$H_2=\{e,a,a^2,\cdots,a^{q-1}\}$，令

$$H_3=H_1\cdot H_2=\{a^ib^j \mid i,j=0,1,2,\cdots,q-1\}$$

显然，$H_3\subseteq G$，且 $|H_3|=q^2$，而 $q^2>pq$，所以 H_3 中必有两个元素相同，不妨设 $a^ib^j=a^sb^t$，且 $i\neq s,j\neq t$ 即有 $a^{i-s}=b^{t-j}\neq e$，因此 $H_1\cap H_2\neq\{e\}$，且 $H_1\cap H_2$ 是 H_1 的子群，由拉格朗日定理，有 $|H_1\cap H_2|\,|\,|H_1|=q$，所以 $|H_1\cap H_2|=q$，故 $H_1\cap H_2=H_1$，同理可证 $H_1\cap H_2=H_2$，因此 $H_1=H_2$，与假设 H_1 和 H_2 不同矛盾，所以 G 的 q 阶子群只有一个。

综上所述，有 $H=gHg^{-1}$，所以 H 是正规子群。

71. 设 H 是群 G 的子群，若 H 在 G 中的右陪集的个数有限，证明：H 在 G 中的左陪集的个数也有限而且和右陪集的个数相等。

证明：设 H 在 G 中所有不同的右陪集是

$$a_1H,a_2H,\cdots,a_nH$$

往证 $Ha_1^{-1},Ha_2^{-1},\cdots,Ha_n^{-1}$ 是 H 在 G 中所有不同的左陪集。

首先证明 $G=Ha_1^{-1}\cup Ha_2^{-1}\cup\cdots\cup Ha_n^{-1}$

对任意的 $g\in G$，$g^{-1}\in G$ 则必存在 a_iH，使 $g^{-1}\in a_iH$，令 $g^{-1}=a_ih$，故 $g=(a_ih)^{-1}=h^{-1}a_i^{-1}\in Ha_i^{-1}\subseteq Ha_1^{-1}\cup Ha_2^{-1}\cup\cdots\cup Ha_n^{-1}$，所以 $G\subseteq Ha_1^{-1}\cup Ha_2^{-1}\cdots\cup Ha_n^{-1}$，显然有 $Ha_1^{-1}\cup Ha_2^{-1}\cup\cdots\cup Ha_n^{-1}\subseteq G$，故有

$$G=Ha_1^{-1}\cup Ha_2^{-1}\cup\cdots\cup Ha_n^{-1}$$

其次证明，对任意 a_i,a_j，$1\leqslant i<j\leqslant n$，有 $Ha_i^{-1}\neq Ha_j^{-1}$。

假设 $Ha_i^{-1}=Ha_j^{-1}$，则 $a_i^{-1}\in Ha_j^{-1}$，令 $a_i^{-1}=ha_j^{-1}$，即 $a_i=a_jh^{-1}\in a^jH$，故 $a_iH=a_jH$，矛盾。

72. 设 H 是群 G 的子群，如果 H 在 G 中的右陪集只有两个，则 H 是正规子群。

证明：设 H 的两个右陪集为 H,aH，要证 H 为正规子群，只需证 $aH=Ha$。

因为 $H\neq aH$，所以 $a\notin H$，易证 $aH=a^{-1}H$，$Ha=Ha^{-1}$。

对任意的 $x\in aH$，必有 $x^{-1}\in aH=a^{-1}H$，令 $x^{-1}=a^{-1}h$，故 $x=(x^{-1})^{-1}=(a^{-1}h)^{-1}=h^{-1}a\in Ha$，所以 $aH\subseteq Ha$。

对任意 $ha\in Ha\subseteq G$，而 $G=H\cup aH$，必有 $ha\in aH$。如若不然，设 $ha\in H$，可令 $ha=h_1$，故 $a=h^{-1}h_1\in H$，矛盾，所以 $Ha\in aH$。

综上所述，有 $aH=Ha$，所以 H 是正规子群。

73. 设 H 是群 G 的子群，证明：H 是 G 的正规子群的充分必要条件是 H 的任意两个右陪集的乘积还是 H 的一个右陪集。

证明：必要性，设 H 是正规子群，对任意的 aH,bH，往证 $aH\cdot bH=abH$。

对任意的 $ah_1bh_2\in aH\cdot bH$，有 $h_1b\in Hb=bH$，令 $h_1b=bh_3$，则 $ah_1bh_2=abh_3h_2\in abH$，所以 $aH\cdot bH\subseteq abH$。

对任意的 $abh\in abH$，有 $abh=aebh\in aH\cdot bH$，所以 $abH\subseteq aH\cdot bH$，因此 $aH\cdot bH=abH$。

充分性，对任意的 aH,bH，由题设，可令 $aH\cdot bH=cH$，往证 $aH\cdot bH=abH$。

因为 $ab=ae\cdot be\in aH\cdot bH=cH$，故 $abH=cH$，即 $aH\cdot bH=abH$。

因为对任意的 aH,bH 都有 $aH\cdot bH=abH$，则对于 $aH,a^{-1}H$，亦有 $aH\cdot a^{-1}H=aa^{-1}H=H$。

对任意的 $ah\in aH$，因为 $aha^{-1}h\in aH\cdot a^{-1}H=H$，令 $aha^{-1}h=h_1$，则 $ah=h_1h^{-1}a\in Ha$，所以 $aH\subseteq Ha$。

对任意的 $ha\in Ha$，因为 $ha=ehae\in H\cdot aH=aH$，所以 $Ha\subseteq aH$，于是 $aH=Ha$，因此 H 是正规子群。

74. 设 $<G,*>$ 是群，$\Phi:G\to G$，对任意的 $x\in G$，有 $\Phi(x)=x^{-1}$，证明：Φ 是 G 的自同构的充要条件是 G 为交换群。

证明：必要性，对任意的 $x,y\in G$，由 Φ 是 G 的自同构，有

$$\begin{aligned}x*y&=((x*y)^{-1})^{-1}\\&=(\Phi(x*y))^{-1}\\&=(\Phi(x)*\Phi(y))^{-1}\\&=\Phi(y)^{-1}*\Phi(x)^{-1}\\&=\Phi(y^{-1})*\Phi(x^{-1})\\&=(y^{-1})^{-1}*(x^{-1})^{-1}\\&=y*x,\end{aligned}$$

所以 G 是交换群。

充分性，对任意的 $x,y\in G$，若 $\Phi(x)=\Phi(y)$，即 $x^{-1}=y^{-1}$，有 $x=y$，所以 Φ 是入射。

对任意的 $x\in G$，存在 $x^{-1}\in G$，有 $\Phi(x^{-1})=(x^{-1})^{-1}=x$，所以 Φ 是满射。

对任意的 $x,y\in G$，$\Phi(x*y)=\Phi(y*x)=(y*x)^{-1}=x^{-1}*y^{-1}=\Phi(x)*\Phi(y)$。

综上，Φ 是从 G 到 G 的同构映射，即 Φ 是 G 上的自同构。

75. 设 $<G,*>$ 是群，且 G 只有有限个子群，Φ 是 G 的满自同态，证明：Φ 是 G 的自同构。

证明：设 G 共有 k 个子群 $H_1,H_2,\cdots,H_k$，其中 $H_1=\{e\}$，$H_k=G$，因为 Φ 是 G 的满自同态，有 $\Phi(G)=G$，则 $\Phi(G)$ 的全部子群也是 $H_1,H_2,\cdots,H_k$，令

$$T_i=\{x\mid x\in G,\Phi(x)\in H_i\}(i=1,2,\cdots,k)$$

显然 $e\in T_i$，故 T_i 是非空集合，且对任意的 $x,y\in T_i$，有 $\Phi(x),\Phi(y)\in H_i$，于是 $\Phi(x*y^{-1})=\Phi(x)*\Phi(y^{-1})\in H_i$，所以 $x*y^{-1}\in T_i$，因此 T_i 是 G 的子群，由于 G 只有 k 个子群，则子群集 $\{T_1,T_2,\cdots,T_k\}=\{H_1,H_2,\cdots,H_k\}$。

因为 $T_1=\{x|x\in G,\Phi(x)\in H_1=\{e\}\}$，有 $T_1=\mathrm{Ker}(\Phi)$，显然，T_1 是 $T_1,T_2,\cdots,T_k$ 的子群，于是 T_1 是 $H_1,H_2,\cdots,H_k$ 的子群，故 $T_1=\mathrm{Ker}(\Phi)=\{e\}$，所以 Φ 是入射，因此 Φ 是 G 的自同构。

76. 设 $G=(a)$ 是 n 阶循环群，k 是正整数，规定 $\sigma:G\to G$，对任意的 $a^i\in G$，$\sigma(a^i)=a^{ik}$，证明：

(1) σ 是 G 的自同态；

(2) σ 是自同构的充分必要条件是 $(n,k)=1$。

证明：(1) 对任意的 $a^i,a^j\in G$，则

$$
\begin{aligned}
\sigma(a^i\cdot a^j)&=\sigma(a^{i+j})\\
&=a^{(i+j)k}\\
&=a^{ik+jk}\\
&=a^{ik}\cdot a^{jk}\\
&=\sigma(a^i)\cdot\sigma(a^j)
\end{aligned}
$$

所以 σ 是 G 的自同态。

(2) 必要性，设 $d=(n,k)$。由 σ 是自同构，则 $\sigma(a)$ 也是生成元，又由于 σ 是双射，G 的生成元只有 a 和 a^{-1}，所以 $\sigma(a)=a^k=a$ 或 a^{-1}，即 $a^{k\pm1}=e$，a 的阶为 n，故 $n|k\pm1$，所以有 $d|\pm1$，即 n 与 k 是互质的，$(n,k)=1$。

充分性，只需证 σ 是双射。

因为 $(n,k)=1$，a 的阶为 n，故 a^k 的阶也是 n，由习题 38 知，$\sigma(G)$ 是由 $\sigma(a)=a^k$ 生成的循环群，$\sigma(G)\subseteq G$，又 $|\sigma(G)|=|G|=n$，所以 $\sigma(G)=G$，故 σ 是满射，又 G 是有限集，则 σ 必是单射，从而 σ 是双射。

77. 试证 $<\mathbf{Z},☆,*>$ 是含幺交换环，其中 $\mathbf{Z}$ 是整数集，对任意的 $a,b\in\mathbf{Z}$，$a☆b=a+b-1$，$a*b=a+b-ab$。

证明：首先证明 $<\mathbf{Z},☆>$ 是交换群。

(1) 对任意的 $a,b\in\mathbf{Z}$，$a☆b=a+b-1\in\mathbf{Z}$，故运算☆在 $\mathbf{Z}$ 上是封闭的。

(2) 对任意的 $a,b\in\mathbf{Z}$，$a☆b=a+b-1=b+a-1=b☆a$，故运算☆是可交换的。

(3) 对任意的 $a,b,c\in\mathbf{Z}$，有

$$
\begin{aligned}
a☆(b☆c)&=a☆(b+c-1)\\
&=a+b+c-1-1\\
&=a+b-1+c-1\\
&=(a☆b)+c-1\\
&=(a☆b)☆c,
\end{aligned}
$$

故运算☆是可结合的。

(4) 存在 $1\in\mathbf{Z}$，对任意的 $a\in\mathbf{Z}$，有 $1☆a=a☆1=a+1-1=a$，故 1 是 $\mathbf{Z}$ 中关于运算☆

的幺元。

(5) 对任意的 $a\in\mathbf{Z}$,存在 $2-a\in\mathbf{Z}$,有 $a☆(2-a)=(2-a)☆a=a+2-a-1=1$,故 $2-a$ 是 a 在 $\mathbf{Z}$ 中关于运算☆的逆元。

因此,<$\mathbf{Z}$,☆>是交换群。

其次证明<$\mathbf{Z}$,∗>是可交换独异点。

(1) 对任意的 $a,b\in\mathbf{Z}$,$a*b=a+b-ab\in\mathbf{Z}$,故运算∗在 $\mathbf{Z}$ 上是封闭的。

(2) 对任意的 $a,b\in\mathbf{Z}$,$a*b=a+b-ab=b+a-ba=b*a$,故运算∗是可交换的。

(3) 对任意的 $a,b,c\in\mathbf{Z}$,有

$$\begin{aligned}a*(b*c)&=a*(b+c-bc)\\&=a+b+c-bc-ab-ac+abc,\end{aligned}$$

$$\begin{aligned}(a*b)*c&=(a+b-ab)*c\\&=a+b-ab+c-ac-bc+abc,\end{aligned}$$

即 $a*(b*c)=(a*b)*c$,故运算∗是可结合的。

(4) 存在 $0\in\mathbf{Z}$,对任意的 $a\in\mathbf{Z}$,使 $a*0=0*a=a+0-a\cdot 0=a$,故 0 是 $\mathbf{Z}$ 中关于运算∗的幺元。

因此,<$\mathbf{Z}$,∗>是可交换独异点。

最后证明运算∗对☆是可分配的。

对任意的 $a,b,c\in\mathbf{Z}$,有

$$\begin{aligned}a*(b☆c)&=a*(b+c-1)\\&=a+b+c-1-ab-ac+a\\&=2a+b+c-1-ab-ac,\end{aligned}$$

$$\begin{aligned}(a*b)☆(a*c)&=(a+b-ab)☆(a+c-ac)\\&=a+b-ab+a+c-ac-1\\&=2a+b+c-ab-ac-1,\end{aligned}$$

即 $a*(b☆c)=(a*b)☆(a*c)$,故运算∗对☆是可分配的。

综上可知,<$\mathbf{Z}$,☆,∗>是含幺交换环。

78. 设<$\mathbf{R}$,+,·>是环,并且对于任意的 $a\in\mathbf{R}$,有 $a\cdot a=a$,证明:

(1) 对于任意的 $a\in\mathbf{R}$,都有 $a+a=0$,其中 0 是加法幺元;

(2) <$\mathbf{R}$,+,·>是交换环。

证明:(1) 对任意的 $a\in\mathbf{R}$,有 $a+a\in\mathbf{R}$,故 $(a+a)\cdot(a+a)=a+a$,于是 $a\cdot a+a\cdot a+a\cdot a+a\cdot a=a+a$,由 $a\cdot a=a$,有 $a+a+a+a=a+a$,得 $a+a=0$。

(2) 对任意的 $a,b\in\mathbf{R}$,有 $a+b\in\mathbf{R}$,故 $(a+b)\cdot(a+b)=a+b$,于是 $a\cdot a+a\cdot b+b\cdot a+b\cdot b=a+b$,即 $a+a\cdot b+b\cdot a+b=a+b$,所以 $a\cdot b+b\cdot a=0$,由(1),$a\cdot b+a\cdot b=0$,有 $a\cdot b+b\cdot a=a\cdot b+a\cdot b$,所以 $a\cdot b=b\cdot a$,因此<$\mathbf{R}$,+,·>是交换环。

79.设$<\mathbf{R},+,\cdot>$是含幺元,对任意的$a\in\mathbf{R}$,都有$a\cdot a=a$。试证:若环$\mathbf{R}$中有三个以上的元素,则$\mathbf{R}$不可能是整环。

证明:假设$\mathbf{R}$是整环,由于$\mathbf{R}$中存在三个以上的元素,则存在$a\in\mathbf{R},a\neq0,a\neq1$,且$a\cdot a=a$,即$a\cdot a=a\cdot1$,有$a\cdot(a-1)=0$,由$\mathbf{R}$是整环,于是$a=0$或者$a=1$,与$a\neq0,a\neq1$矛盾,因此$\mathbf{R}$不能是整环。

80.设$<\mathbf{R},+,\cdot>$是环,e是$\mathbf{R}$中的乘法左幺元,如果$\mathbf{R}$中无零因子,那么e为乘法幺元。

证明:对任意的$x\in\mathbf{R}$,若$x=0$,则$e\cdot0=0\cdot e=0$;若$x\neq0$,由于e是乘法左幺元,有$e\cdot x=x$,于是有$x\cdot e\cdot x=x\cdot x$,即$(x\cdot e-x)\cdot x=0$,因为R中无零因子且$x\neq0$,有$x\cdot e-x=0$,即$x\cdot e=x$,因此e为乘法幺元。

81.设$<\mathbf{R},+,\cdot>$是环,如果$<\mathbf{R},+>$是循环群,证明:$\mathbf{R}$是交换环。

证明:由$<\mathbf{R},+>$是循环群,设a是生成元,对任意的$x,y\in\mathbf{R}$,令$x=na,y=ma,m,n\in\mathbf{Z}$,于是$x\cdot y=na\cdot ma=nma^2=mna^2=ma\cdot na=y\cdot x$,所以$\mathbf{R}$是交换环。

82.设$<G,+>$是Abel群,在G中定义一个乘法:对任意的$a,b\in G,a\cdot b=0$,其中0为$<G,+>$中的幺元,证明:$<G,+,\cdot>$是一个交换环。

证明:对任意的$a,b\in G,a\cdot b=0\in G$,即乘法是封闭的,且$a\cdot b=b\cdot a=0$,所以乘法是可交换的。

对任意的$a,b,c\in G,a\cdot(b\cdot c)=a\cdot0=0,(a\cdot b)\cdot c=0\cdot c=0$,故$a\cdot(b\cdot c)=(a\cdot b)\cdot c$,所以乘法是可结合的。

对任意的$a,b,c\in G,a\cdot(b+c)=0,(a\cdot b)+(a\cdot c)=0+0=0$,故$a\cdot(b+c)=(a\cdot b)+(a\cdot c)$,由于乘法是可交换的,有$(b+c)\cdot a=(b\cdot a)+(c\cdot a)$,所以乘法对运算+是可分配的。

综上可得,$<G,+,\cdot>$是一个交换环。

83.设$<\mathbf{R},+,\cdot>$是无零因子环,若$x^2=x$在$\mathbf{R}$中有非零解,则$<\mathbf{R},+,\cdot>$是含幺环。

证明:由$x^2=x$在$\mathbf{R}$中有非零解,存在$e\in\mathbf{R},e\neq0$,使$e^2=e$,往证e是乘法幺元。

对任意的$a\in\mathbf{R}$,由$e^2=e$,有$a\cdot e^2=a\cdot e,(a\cdot e-a)\cdot e=0$,因为$\mathbf{R}$是无零因子环及$e\neq0$,得$a\cdot e-a=0$,即$a\cdot e=a$,同理可证$e\cdot a=a$,于是$e$是$\mathbf{R}$中的乘法幺元,所以$\mathbf{R}$是含幺环。

84.含幺环不可能与不含幺元的环同构。

证明:设$<A,+,\cdot>$是含幺环,$<B,+,\cdot>$是不含幺元的环,$<A,+,\cdot>$中的幺元为e,假设A与B是同构的,设$\Phi:A\to B$是同构映射,于是,对任意的$y\in B$,因为Φ是双射,存在唯一的$x\in A$,使$y=\Phi(x)$,则$y\cdot\Phi(e)=\Phi(x)\cdot\Phi(e)=\Phi(x\cdot e)=\Phi(x)=y$,同理$\Phi(e)\cdot y=y$,即$\Phi(e)$是$B$中的幺元,矛盾。

85.试证整数加法群与偶数加法群同构,但是整数环不可能与偶数环同构。

证明：设 I_E 表示偶数集合，$f:\mathbf{Z}\to I_E$，对任意的 $x\in\mathbf{Z}$，$f(x)=2x$，易证 f 是双射，且对任意的 $x,y\in\mathbf{Z}$，有

$$f(x+y)=2(x+y)=2x+2y=f(x)+f(y)$$

所以 f 是同构映射，故 $<\mathbf{Z},+>\cong<I_E,+>$。

假设 g 是 $<\mathbf{Z},+,\cdot>$ 与 $<I_E,+,\cdot>$ 之间的同构映射，则对任意的 $x,y\in\mathbf{Z}$，有

$$g(x+y)=g(x)+g(y)$$
$$g(x\cdot y)=g(x)\cdot g(y)$$

设 n 是正整数，则

$$\begin{aligned}g(nx)&=g(x+x+\cdots+x)\\&=g(x)+g(x)+\cdots+g(x)\\&=ng(x)\\&=g(n)\cdot g(x)\text{。}\end{aligned}$$

对于 $x\neq0$，由上式有 $g(n)=n$，对于 $2n+1$，也应有 $g(2n+1)=2n+1\notin I_E$，矛盾。所以整数环与偶数环不可能是同构的。

第六章　格与布尔代数

一、内容提要

1. 格的概念

半序格：设$<L,\leqslant>$是半序集，如果对任意的$a,b\in L$，子集$\{a,b\}$在L中都有最小上界和最大下界，则称$<L,\leqslant>$是半序格。

代数格：设$<L,\oplus,\times>$是代数系统，如果对任意$a,b,c\in L$，有

(1)　$a\times b=b\times a, a\oplus b=b\oplus a$；

(2)　$a\times(b\times c)=(a\times b)\times c$，

$(a\oplus b)\oplus c=a\oplus(b\oplus c)$；

(3)　$a\times(a\oplus b)=a, a\oplus(a\times b)=a$。

则称$<L,\oplus,\times>$是代数格。

子格：设$<L,\oplus,\times>$是格，S是L的非空子集，如果运算$\oplus$和$\times$在S上是封闭的，则称$<S,\oplus,\times>$是$<L,\oplus,\times>$的子格。

定理 6.1.1：一个半序格必然是一个代数格，反之亦然。

2. 有余格与分配格

有界格：设$<L,\leqslant>$是格，如果L中存在最大元和最小元，则称$<L,\leqslant>$是有界格。

余元素：设$<L,\leqslant>$是有界格，对于$a\in L$，如果存在$b\in L$，使得

$$a\times b=0, a\oplus b=1$$

则称b为元素a的余元素(或补元)。

有余格：设$<L,\leqslant>$是有界格，如果L中每个元素都至少有一个余元素，则称$<L,\leqslant>$为有余格(或有补格)。

模格：设$<L,\leqslant>$是格，对任意的$a,b,c\in L$，当$a\leqslant b$时，有

$$b\times(a\oplus c)=a\oplus(b\times c)$$

则称$<L,\leqslant>$是模格。

分配格：设$<L,\oplus,\times>$是格，如果对任意的$a,b,c\in L$，恒有

$$a\times(b\oplus c)=(a\times b)\oplus(a\times c)$$

$$a\oplus(b\times c)=(a\oplus b)\times(a\oplus c)$$

则称$<L,\oplus,\times>$是分配格。

定理 6.2.1：设$<L,\leqslant>$是格，对任意的$a,b\in L$，则下列诸式等价：

$$a\leqslant b\Leftrightarrow a\times b=a\Leftrightarrow a\oplus b=b$$

定理 6.2.2：设$<L,\leqslant>$是格，对任意的$a,b,c\in L$，如果$b\leqslant c$，则有

$$a\times b\leqslant a\times c, a\oplus b\leqslant a\oplus c$$

定理 6.2.3：设$<L,\leqslant>$是格，对任意的$a,b,c\in L$，恒有

$$a\oplus(b\times c)\leqslant(a\oplus b)\times(a\oplus c)$$

$$(a\times b)\oplus(a\times c)\leqslant a\times(b\oplus c)$$

定理 6.2.4：在有界格中，1 是 0 唯一的余元素，反之亦然。

定理 6.2.5：任意一个链都是分配格。

定理 6.2.6：设$<L,\oplus,\times>$是分配格，对任意的$a,b,c\in L$，如果

$$a\times c=b\times c, a\oplus c=b\oplus c$$

则有$b=c$。

定理 6.2.7：在有余分配格中，每个元素的余元素是唯一的。

定理 6.2.8：设$<L,\oplus,\times>$是有界分配格，对任意的$a,b\in L$，如果a,b有余元素a'，b'，则

$$(a\times b)'=a'\oplus b'$$

$$(a\oplus b)'=a'\times b'$$

3. **布尔代数**

布尔代数：一个有余分配格称作布尔代数。

定理 6.3.1(**亨廷顿公理**)：设集合B中至少有两个元素，$\cdot$，$+$是定义在B上的两种运算，如果对任意的$a,b,c\in B$，满足：

H_1 $a\cdot b=b\cdot a, a+b=b+a$；

H_2 $a\cdot(b+c)=(a\cdot b)+(a\cdot c)$，

$a+(b\cdot c)=(a+b)\cdot(a+c)$；

H_3：存在$0,1\in B$，有

$$a\cdot 1=a, a+0=a$$

H_4：对任意的$a\in B$存在$\bar{a}\in B$，使得

$$a\cdot\bar{a}=0, a+\bar{a}=1$$

则$(B,+,\cdot,\overline{},0,1)$是一个布尔代数。

二、习题与解

1. 下图所示半序集是否为格？

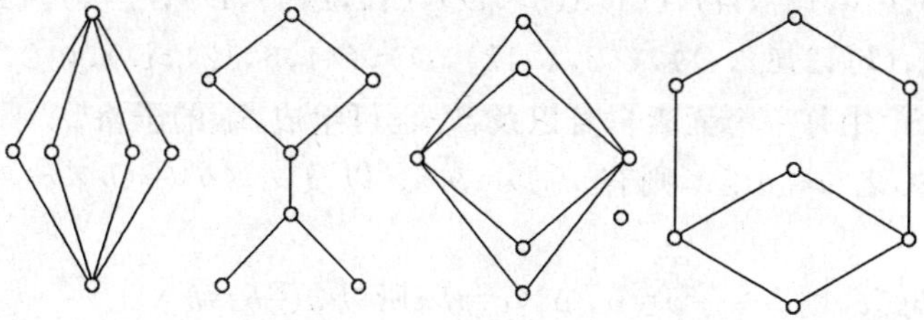

(a)　　　　(b)　　　　(c)　　　　(d)

解：(1)　是　　(2)　不是　　(3)　不是　　(4)　不是

2. 设 S 是所有命题做成的集合，说明 S 在什么运算下构成代数格，在什么半序集上构成半序格。

解：在命题的析取运算、合取运算下构成代数格；在半序集 $\langle S, \leqslant \rangle$ 上构成半序格，其中半序关系 $\leqslant$ 是蕴涵关系。

3. 设 $\langle L, \oplus, \times \rangle$ 是一个格，$a, b \in L$。令

$$S = \{x \mid x \in L, \text{且 } a \leqslant x \leqslant b\}$$

其中 $\leqslant$ 是格中的半序关系，证明：$(S, \oplus, \times)$ 是 L 的子格。

证明：对任意的 $x, y \in S$，有 $a \leqslant x \leqslant b, a \leqslant y \leqslant b$，因为 $x \leqslant x \oplus y$，又 $a \leqslant x$，所以 $a \leqslant x \oplus y$，由 $x \leqslant b, y \leqslant b$，得 b 是 x 与 y 的一个上界，故 $x \oplus y \leqslant b$，即 $a \leqslant x \oplus y \leqslant b$。

同理可证 $a \leqslant x \times y \leqslant b$，即运算 $\times, \oplus$ 在 S 上是封闭的，所以 S 是 L 的子格。

4. 证明：在格 $\langle L, \leqslant \rangle$ 中，若 $a, b, c \in L$，且 $a \geqslant b, a \geqslant c$，则有 $a \times (b \oplus c) = (a \times b) \oplus (a \times c)$。

证明：若 $a \geqslant b, a \geqslant c$，有 $a \geqslant b \oplus c$，所以 $a \times (b \oplus c) = b \oplus c$，$a \times b = b$，$a \times c = c$，故 $a \times (b \oplus c) = (a \times b) \oplus (a \times c)$。

5. 求出 $n = 12$ 时，格 (S_n, D) 的所有子格。

解：(S_{12}, D) 的哈斯图如图所示

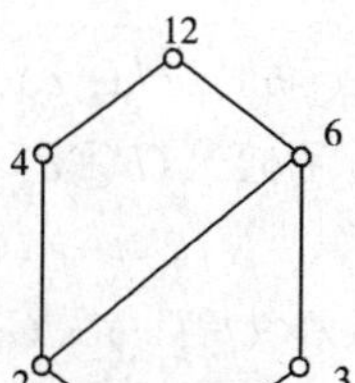

其子格分别为

$(\{1,2,3,6\},D)$，$(\{2,4,6,12\},D)$，$(\{1,2,4,12\},D)$，$(\{1,3,6,12\},D)$，$(\{1,3,4,12\},D)$，$(\{1,2,6,12\},D)$，$(\{1,2,3,6,12\},D)$，$(\{1,2,4,6,12\},D)$，$(\{1,2\},D)$，$(\{1,4\},D)$，$(\{1,6\},D)$，$(\{1,3\},D)$，$(\{1,12\},D)$，$(\{2,4\},D)$，$(\{2,6\},D)$，$(\{2,12\},D)$，$(\{3,6\},D)$($\{3,$

12},D),(4,12),D,({6,12},D),({1,3,6},D),({1,2,4},D),({1,4,12},D),({1,3,12},D),({1,2,12},D),({1,2,6},D),({2,4,12},D),({1,6,12},D),({2,6,12},D),({3,6,12},D)，另外，由 S_n 中每一个元素自身以及 S_n 也可组成 S_n 的子格。

6. 证明：在格中，若 $a \leqslant b \leqslant c$，则有 $a \oplus b = b \times c$ 以及 $(a \times b) \oplus (b \times c) = b = (a \oplus b) \times (a \oplus c)$。

证明：若 $a \leqslant b \leqslant c$，则有 $a \oplus b = b$，$b \times c = b$，所以 $a \oplus b = b \times c$。

又 $a \times b = a$，$b \times c = b$，所以 $(a \times b) \oplus (b \times c) = a \oplus b = b$，$a \oplus b = b$，$a \oplus c = c$，所以 $(a \oplus b) \times (a \oplus c) = b \times c = b$，故有 $(a \times b) \oplus (b \times c) = b = (a \oplus b) \times (a \oplus c)$。

7. 证明：在格中，若 $a \leqslant b$，且 $c \leqslant d$，则有

$$a \times c \leqslant b \times d, a \oplus c \leqslant b \oplus d$$

证明：因为 $a \times c \leqslant a$，$a \times c \leqslant c$，又由 $a \leqslant b$，$c \leqslant d$，有 $a \times c \leqslant b$，$a \times c \leqslant d$，即 $a \times c$ 是 b 和 d 的下界，故 $a \times c \leqslant b \times d$。

同理可证 $a \oplus c \leqslant b \oplus d$。

8. 证明：在格中，对任意元素 a, b, c，有

$$(a \times b) \oplus (c \times d) \leqslant (a \oplus c) \times (b \oplus d)$$

$$(a \times b) \oplus (b \times c) \oplus (c \times a) \leqslant (a \oplus b) \times (b \oplus c) \times (c \oplus a)$$

证明：因为 $a \times b \leqslant a \leqslant a \oplus c$，$a \times b \leqslant b \leqslant b \oplus d$，即 $a \times b$ 是 $a \oplus c$ 与 $b \oplus d$ 的一个下界，故 $a \times b \leqslant (a \oplus c) \times (b \oplus d)$，同理 $c \times d \leqslant (a \oplus c) \times (b \oplus d)$，说明 $(a \oplus c) \times (b \oplus d)$ 是 $a \times b$ 与 $c \times d$ 的上界，于是有

$$(a \times b) \oplus (c \times d) \leqslant (a \oplus c) \times (b \oplus d)$$

因为 $a \times b \leqslant a \leqslant a \oplus b$，$a \times b \leqslant b \leqslant b \oplus c$，于是有 $a \times b \leqslant (a \oplus b) \times (b \oplus c)$，又 $a \times b \leqslant a \leqslant c \oplus a$ 故有

$$a \times b \leqslant (a \oplus b) \times (b \oplus c) \times (c \oplus a)$$

同理可证，

$$b \times c \leqslant (a \oplus b) \times (b \oplus c) \times (c \oplus a)$$

$$c \times a \leqslant (a \oplus b) \times (b \oplus c) \times (c \oplus a)$$

于是有

$(a \times b) \oplus (b \times c) \oplus (c \times a) \leqslant (a \oplus b) \times (b \oplus c) \times (c \oplus a)$。

9. 设格为 (S_n, D)，当 $n = 75$ 时，求每个元素的余元素。

解：(S_{75}, D) 的哈斯图如右图所示，1 与 75 互为余元素，3 与 25 互为余元素，而 5,15 没有余元素。

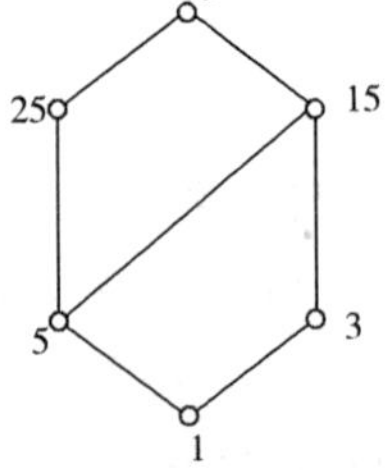

10. 说明当 $n = 30$ 与 $n = 45$ 时，两个格 (S_{30}, D) 和 (S_{45}, D) 哪个是有余的，哪个是分配的。

解：(S_{30},D)与(S_{45},D)的哈斯图分别如下：

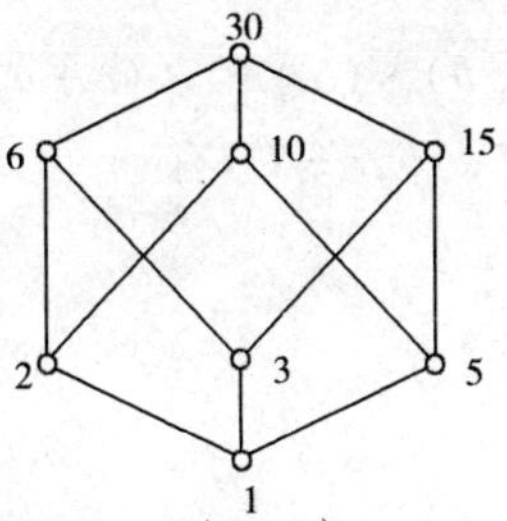

(S_{30},D)

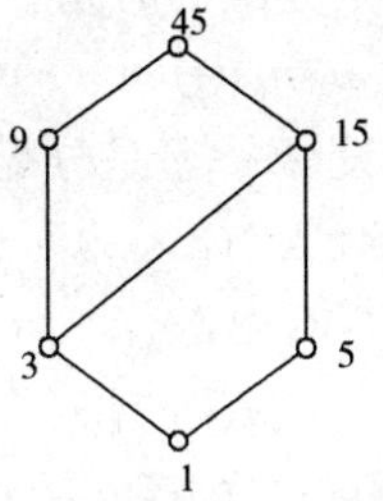

(S_{45},D)

皆不是有余格，但皆是分配格。

11. 证明：在有余分配格$(L,\oplus,\times)$中，对任意$a,b\in L$，有

$$a\leqslant b\Leftrightarrow a\times b'=0$$
$$b'\leqslant a'\Leftrightarrow a'\oplus b=1$$
$$a\leqslant b\Leftrightarrow b'\leqslant a'$$

证明：(1) $\Rightarrow$ 由$a\leqslant b$，有$a\times b=a$，则

$$\begin{aligned}a\times b'&=(a\times b)\times b'\\&=a\times(b\times b')\\&=a\times 0=0\end{aligned}$$

$\Leftarrow$ 由$a\times b'=0$及分配律，有

$$\begin{aligned}b&=b\oplus 0\\&=b\oplus(a\times b')\\&=(b\oplus a)\times(b\oplus b')\\&=(b\oplus a)\times 1\\&=b\oplus a\end{aligned}$$

则$a\leqslant b$。

(2) $\Rightarrow$ 由$b'\leqslant a'$及(1)，有$b'\times(a')'=0$，于是$(b'\times a)'=b\oplus a'=0'=1$，即$b\oplus a'=1$。

$\Leftarrow$ 由$a'\oplus b=1$，有$(b\oplus a')'=1'$，即$b'\times a=0$，$b'\times(a')'=0$，由(1)，有$b'\leqslant a'$。

(3) $\Rightarrow$ 若$a\leqslant b$，则$a\times b=a$，故$(a\times b)'=a'$，即$a'\oplus b'=a'$，所以$b'\leqslant a'$。

$\Leftarrow$ 若$b'\leqslant a'$，则$b'\times a'=b'$，故$(b'\times a')'=(b')'=b$，即$b\oplus a=b$，所以$a\leqslant b$。

12. 证明三个元素以上的链不是有余格。

证明：设$(L,\leqslant)$是一个链，且$|L|\geqslant 3$。

对任意的$x\in L$，$x\neq 1$，$x\neq 0$，如果x有余元，设y是x的余元，又因为L是链，故有$x\leqslant y$或$y\leqslant x$。

若$x\leqslant y$，则$x\times y=x$，与$x\times y=0\neq x$矛盾。

若$y\leqslant x$，则$x\oplus y=x$，与$x\oplus y=1\neq x$矛盾。

因此元素 x 不存在余元，故$(L,\leqslant)$不是有余格。

13.证明一个格是分配格的充要条件是：

$$(a\times b)\oplus(b\times c)\oplus(c\times a)=(a\oplus b)\times(b\oplus c)\times(c\oplus a)$$

证明：必要性，设$(L,\leqslant)$是分配格，则对任意的 $a,b,c\in L$，有

$(a\times b)\oplus(b\times c)\oplus(c\times a)$

$=(b\times(a\oplus c))\oplus(c\times a)$

$=(b\oplus(c\times a))\times((a\oplus c)\oplus(c\times a))$

$=(b\oplus c)\times(b\oplus a)\times(a\oplus c\oplus(c\times a))$

$=(a\oplus b)\times(b\oplus c)\times(c\oplus a)$。

充分性，对任意的 $a,b,c\in L$，令

$a'=(a\oplus b)\times(a\oplus c),b'=b\oplus c,c'=a$，

则有　$(a'\oplus b')\oplus(b'\times c')\oplus(c'\times a')$

$=((a\oplus b)\times(a\oplus c)\times(b\oplus c))\oplus((b\oplus c)\times a)\oplus(a\times(a\oplus b)\times(a\oplus c))$

$=(a\times b)\oplus(b\times c)\oplus(c\times a)\oplus((b\oplus c)\times a)\oplus a$

$=(a\times b)\oplus(b\times c)\oplus(c\times a)\oplus a$

$=a\oplus(b\times c)$，

$(a'\oplus b')\times(b'\oplus c')\times(c'\oplus a')$

$=(((a\oplus b)\times(a\oplus c))\oplus b\oplus c)\times(b\oplus c\oplus a)\times(a\oplus((a\oplus b)\times(a\oplus c)))$

$=(((a\oplus b)\times(a\oplus c))\oplus b\oplus c)\times(a\oplus b\oplus c)\times(a\oplus b)\times(a\oplus c)))$

$=(((a\oplus b)\times(a\oplus c))\oplus(b\oplus c))\times((a\oplus b)\times(a\oplus c))$

$=(a\oplus b)\times(a\oplus c)$，

所以 $a\oplus(b\times c)=(a\oplus b)\times(a\oplus c)$，因此$(L,\leqslant)$是分配格。

14.在有界分配格中，证明所有有余元素的那些元素组成的集合形成一个子格。

证明：设在有界分配格中具有余元的元素所组成的集合为 S，对任意的 $a,b\in S$，有：

$(a\oplus b)\oplus(a'\times b')$

$=(a\oplus b\oplus a')\times(b\oplus a\oplus b')$

$=(b\oplus 1)\times(a\oplus 1)$

$=1\times 1=1$，

$(a\oplus b)\times(a'\times b')$

$=(a\times a'\times b')\oplus(b\times a'\times b')$

$=(0\times b')\oplus(0\times a')$

$=0\oplus 0=0$，

即 $a'\times b'$是 $a\oplus b$ 的余元，故 $a\oplus b\in S$。

同理可证，$a'\oplus b'$是 $a\times b$ 的余元，故 $a\times b\in S$，因此，S 是子格。

15. 证明下列布尔恒等式：

(1) $a+(\bar{a}\cdot b)=a+b$；

(2) $a\cdot(\bar{a}+b)=a\cdot b$；

(3) $(a\cdot b)+(a\cdot\bar{b})=a$；

(4) $(a\cdot b\cdot c)+(a\cdot b)=a\cdot b$。

证明：(1) $a+(\bar{a}\cdot b)=(a+\bar{a})\cdot(a+b)=1\cdot(a+b)=a+b$；

(2) $a\cdot(\bar{a}+b)=(a\cdot\bar{a})+(a\cdot b)=0+(a\cdot b)=a\cdot b$；

(3) $(a\cdot b)+(a\cdot\bar{b})=a\cdot(b+\bar{b})=a\cdot 1=a$；

(4) 由吸收律$(a\cdot b\cdot c)+(a\cdot b)=a\cdot b$。

16. 设$(B,+,\cdot,\bar{\ },0,1)$是布尔代数，$a,b,c\in B$，证明：

(1) $a=b\Leftrightarrow a\cdot\bar{b}+\bar{a}\cdot b=0$；

(2) $a=0\Leftrightarrow a\cdot\bar{b}+\bar{a}\cdot b=b$；

(3) $(a+\bar{b})\cdot(b+\bar{c})\cdot(c+\bar{a})=(\bar{a}+b)\cdot(\bar{b}+c)\cdot(\bar{c}+a)$；

(4) $(a+b)\cdot(\bar{a}+c)=a\cdot c+\bar{a}\cdot b+b\cdot c$；

(5) $a\leqslant b\Rightarrow a+b\cdot c=b(a+c)$。

证明：(1) $\Rightarrow$ 若$a=b$，则$a\cdot\bar{b}+\bar{a}\cdot b=a\cdot\bar{a}+\bar{a}\cdot a=0+0=0$。

$\Leftarrow$ $a=a+0=a+a\cdot\bar{b}+\bar{a}\cdot b=a+\bar{a}\cdot b=a+b$，

$b=b+0=b+a\cdot\bar{b}+\bar{a}\cdot b=b+\bar{a}\cdot b+a\cdot\bar{b}=b+a\cdot\bar{b}=a+b$，所以$a=b$。

(2) $\Rightarrow$ 若$a=0$，则$a\cdot\bar{b}+\bar{a}\cdot b=0\cdot\bar{b}+\bar{0}\cdot b=0+b=b$。

$\Leftarrow$ 若$a\cdot\bar{b}+\bar{a}\cdot b=b$，则

$b\bar{b}=0=(a\cdot\bar{b}+\bar{a}\cdot b)\bar{b}$

$=a\cdot\bar{b}+\bar{a}\cdot b\cdot\bar{b}$

$=a\cdot\bar{b}$，

$ab=a\cdot(a\cdot\bar{b}+\bar{a}\cdot b)$

$=a\cdot\bar{b}+a\cdot\bar{a}\cdot\bar{b}$

$=a\cdot\bar{b}$。

又$0=0+0=a\cdot\bar{b}+a\cdot b=a(b+\bar{b})=a\cdot 1=a$，即$a=0$。

(3) $(a+\bar{b})\cdot(b+\bar{c})\cdot(c+\bar{a})$

$=((a+\bar{b})\cdot b+(a+\bar{b})\cdot\bar{c})\cdot(c+\bar{a})$

$=(a\cdot b+\bar{b}\cdot b+a\cdot\bar{c}+\bar{b}\cdot\bar{c})\cdot(c+\bar{a})$

$=a\cdot b\cdot c+a\cdot\bar{c}\cdot c+\bar{b}\cdot\bar{c}\cdot c+a\cdot b\cdot\bar{a}+a\cdot\bar{c}\cdot\bar{a}+\bar{b}\cdot\bar{c}\cdot\bar{a}$

$=a\cdot b\cdot c+\bar{a}\cdot\bar{b}\cdot\bar{c}$，

$(\bar{a}+b)\cdot(\bar{b}+c)\cdot(\bar{c}+a)$

$=((\bar{a}+b)\cdot\bar{b}+(\bar{a}+b)\cdot c)\cdot(\bar{c}+a)$

$=(\bar{a}\cdot\bar{b}+b\cdot\bar{b}+\bar{a}\cdot c+b\cdot c)\cdot(\bar{c}+a)$

$=\bar{a}\cdot\bar{b}\cdot\bar{c}+\bar{a}\cdot c\cdot\bar{c}+b\cdot c\cdot\bar{c}+\bar{a}\cdot b\cdot a+\bar{a}\cdot c\cdot a+b\cdot c\cdot a$

$=a\cdot b\cdot c+\bar{a}\cdot\bar{b}\cdot\bar{c}$,

故有$(a+\bar{b})\cdot(b+\bar{c})\cdot(c+\bar{a})=(\bar{a}+b)\cdot(\bar{b}+c)\cdot(\bar{c}+a)$。

(4) $(a+b)\cdot(\bar{a}+c)=(a+b)\cdot\bar{a}+(a+b)\cdot c$

$$=a\cdot\bar{a}+b\cdot\bar{a}+a\cdot c+b\cdot c$$

$$=b\cdot\bar{a}+a\cdot c+b\cdot c。$$

(5) 若 $a\leqslant b$,则 $a+b=b$,于是有

$$a+b\cdot c=(a+b)\cdot(a+c)=b\cdot(a+c)$$

17. 证明:设$<L,\leqslant>$是格,对任意的 $a,b,c\in L$,有$((a\times b)\oplus(a\times c))\times((a\times b)\oplus(b\times c))=a\times b$。

证明:对任意的 $a,b,c\in L$,有 $a\times b\leqslant(a\times b)\oplus(a\times c)$,$a\times b\leqslant(a\times b)\oplus(b\times c)$,所以 $a\times b\leqslant((a\times b)\oplus(a\times c))\times((a\times b)\oplus(b\times c))$。

$a\times b\leqslant a$,$a\times c\leqslant a$,故$(a\times b)\oplus(a\times c)\leqslant a$,同理可得$(a\times b)\oplus(b\times c)\leqslant b$,所以$((a\times b)\oplus(a\times c))\times((a\times b)\oplus(b\times c))\leqslant a\times b$,因此 $a\times b=((a\times b)\oplus(a\times c))\times((a\times b)\oplus(b\times c))$。

18. 设$\oplus$,$\times$是定义在集合 A 上的二元运算,若运算$\oplus$,$\times$满足吸收性,则$\oplus$,$\times$满足幂等性。

证明:对任意的 $a,b\in A$,由吸收性,有

$$a\oplus(a\times b)=a$$

$$a\times(a\oplus b)=a$$

于是有

$$a\oplus a=a\oplus(a\times(a\oplus b))=a$$

$$a\times a=a\times(a\oplus(a\times b))=a$$

19. 设$<L,\oplus,\times>$是有限格,$g:L\rightarrow L$ 且 g 为满射,若对任意的 $a,b\in L$,有 $g(a\oplus b)=g(a)\oplus g(b)$,则存在 $e\in L$,使得 $g(e)=e$。

证明:假设对任意的 $a\in L$,有 $g(a)\neq a$,由 L 是有限集和 g 为满射,则 g 为双射,不妨设 $L=\{a_1,a_2,\cdots,a_n\}$,且 $g(a_1)=a_2$,$g(a_2)=a_3$,$\cdots$,$g(a_{n-1})=g(a_n)$,$g(a_n)=a_1$,于是

$$\begin{aligned}g(a_1\oplus a_2\oplus\cdots\oplus a_n)&=g(a_1\oplus a_2\oplus\cdots\oplus a_{n-1})\oplus g(a_n)\\&=\cdots\\&=g(a_1)\oplus g(a_2)\oplus\cdots\oplus g(a_n)\\&=a_2\oplus a_3\oplus\cdots\oplus a_n\oplus a_1\\&=a_1\oplus a_2\oplus\cdots\oplus a_n\end{aligned}$$

故存在 $a=a_1\oplus a_2\oplus\cdots\oplus a_n\in L$,有 $g(a)=a$,与假设矛盾,所以必存在 $e\in L$,使 $g(e)$

$=e$。

20. 设 f 是从 A 到 B 的入射，令 $S=\{y \mid y=f(x), x\in\rho(A)\}$，证明：$<S,\subseteq>$ 是 $<\rho(B),\subseteq>$ 的子格。

证明：对任意的 $A_1,A_2\in\rho(A)$，有 $f(A_1\cup A_2)=f(A_1)\cup f(A_2)$，又由于 f 是入射，故 $f(A_1\cap A_2)=f(A_1)\cap f(A_2)$。

对任意的 $S_1,S_2\in S$，存在 $A_1,A_2\in\rho(A)$，使得 $S_1=f(A_1)$，$S_2=f(A_2)$ 故有

$$S_1\cup S_2=f(A_1)\cup f(A_2)=f(A_1\cup A_2)$$
$$S_1\cap S_2=f(A_1)\cap f(A_2)=f(A_1\cap A_2)$$

则 $S_1\cap S_2, S_1\cup S_2\in S$，因此 $<S,\subseteq>$ 是 $<\rho(B),\subseteq>$ 的子格。

21. 证明：有限格必是有界格。

证明：设 $<L,\oplus,\times>$ 是有限格，不妨设

$$L=\{a_1,a_2,\cdots,a_n\}$$

则对任意的 $a_i\in L(i=1,2,\cdots,n)$，有

$$a_i\leqslant a_1\oplus a_2\oplus\cdots\oplus a_n$$
$$a_1\times a_2\times\cdots\times a_n\leqslant a_i$$

所以最大元为 $a_1\oplus a_2\oplus\cdots\oplus a_n$，最小元为 $a_1\times a_2\times\cdots\times a_n$，故 $<L,\oplus,\times>$ 是有界格。

22. 证明：一个格 $<L,\leqslant>$ 是分配格当且仅当对任意的 $a,b,c\in L$，有 $(a\oplus b)\times c\leqslant a\oplus(b\times c)$。

证明：必要性，若 $<L,\leqslant>$ 是分配格，对任意的 $a,b,c\in L$，由 $a\times c\leqslant a$，有 $(a\oplus b)\times c=(a\times c)\oplus(b\times c)\leqslant a\oplus(b\times c)$。

充分性，对任意的 $a,b,c\in L$，有

$$\begin{aligned}(a\oplus b)\times c &=((b\oplus a)\times c)\times c\\ &\leqslant(b\oplus(a\times c))\times c\\ &=((a\times c)\oplus b)\times c\\ &\leqslant(a\times c)\oplus(b\times c)。\end{aligned}$$

又 $a\leqslant a\oplus b$，$b\leqslant a\oplus b$，所以 $a\times c\leqslant(a\oplus b)\times c$，$b\times c\leqslant(a\oplus b)\times c$，于是 $(a\oplus b)\times c=(a\times c)\oplus(b\times c)$，由对偶原理，得 $(a\times c)\oplus(b\times c)\leqslant(a\oplus b)\times c$，故 $(a\oplus b)\times c=(a\times c)\oplus(b\times c)$，所以 $<L,\leqslant>$ 是分配格。

23. 证明：格 $<\mathbf{Z},\max,\min>$ 是分配格。

证明：对任意的 $a,b,c\in\mathbf{Z}$，

$$\max(a,\min(b,c))=\begin{cases}\max(a,b)=\begin{cases}a, b\leqslant c, b\leqslant a\\ b, b\leqslant c, a\leqslant b\end{cases}\\ \max(a,c)=\begin{cases}a, c\leqslant b, c\leqslant a\\ c, c\leqslant b, a\leqslant c\end{cases}\end{cases}$$

$$\min(\max(a,b),\max(a,c))=\begin{cases}\min(a,c)=a, & b\leqslant a, a\leqslant c\\ \min(a,a)=a, & b\leqslant a, c\leqslant a\\ \min(b,c)=\begin{cases}b, & a\leqslant b, a\leqslant c, b\leqslant c\\ c, & a\leqslant b, a\leqslant c, c\leqslant b\end{cases}\\ \min(b,a)=a, & a\leqslant b, c\leqslant a\end{cases}$$

所以 $\max(a,\min(b,c))=\min(\max(a,b),\max(a,c))$。

用对偶原理，有 $\min(a,\max(b,c))=\max(\min(a,b),\min(a,c))$。

24. 设$<L,\leqslant>$是格，则$<L,\leqslant>$是模格的充要条件是对任意的 $a,b,c\in L$，有 $a\oplus(b\times(a\oplus c))=(a\oplus b)\times(a\oplus c)$。

证明：必要性，对任意的 $a,b,c\in L$，若 $a\leqslant c$，则有

$$\begin{aligned}a\oplus(b\times(a\oplus c))&=a\oplus(b\times c)\\&=(a\oplus b)\times(a\oplus c)\\&=c\times(a\oplus b),\end{aligned}$$

即 $a\oplus(b\times c)=c\times(a\oplus b)$，所以$<L,\leqslant>$是模格。

充分性，若$<L,\leqslant>$是模格，则对任意的 $a,b,c\in L$，因为 $a\leqslant a\oplus c$，所以 $a\oplus(b\times(a\oplus c))=(a\oplus c)\times(a\oplus b)$。

25. 设$<L,\leqslant>$是模格，当且仅当 L 中不存在适合下述条件的元素 u,v,w

$$v<u, u\oplus w=v\oplus w, u\times w=v\times w$$

证明：必要性，假设 L 中存在满足上述条件的三个元素 u,v,w，因为 $v<u$，且

$$u\times(w\oplus v)=u\times(w\oplus u)=u$$

$$v\oplus(w\times u)=v\oplus(w\times v)=v$$

故有 $v\oplus(w\times u)<u\times(w\oplus v)$。

由 $v<u$ 及 L 是模格，应有

$$v\oplus(w\times u)=u\times(w\oplus v)$$

产生矛盾，假设不成立。

充分性，假设$<L,\leqslant>$不是模格，则存在 $a,b\in L$，满足 $a\leqslant b$，且 $a\oplus(b\times c)\neq b\times(a\oplus c)$

而由定理 6.2.3，有 $a\oplus(b\times c)\leqslant(a\oplus b)\times(a\oplus c)$

$$=b\times(a\oplus c),$$

即 $a\oplus(b\times c)<b\times(a\oplus c)$。

令 $v=a\oplus(b\times c), u=b\times(a\oplus c), w=c$，

有
$$\begin{aligned}u\times w&=(b\times(a\oplus c))\times c\\&=b\times((a\oplus c)\times c)\\&=b\times c=(b\times c)\times c\\&\leqslant((b\times c)\oplus a)\times c\end{aligned}$$

$=v\times w$,

即 $u\times w\leqslant v\times w$。

由 $v<u$,故有 $v\times w\leqslant u\times w$,所以 $u\times w=v\times w$。

同理可证,$u\oplus w=v\oplus w$。

即存在 $u,v,w\in L$,满足

$$v<u, u\times w=v\times w, u\oplus w=v\oplus w$$

与题设矛盾。所以 $\langle L,\leqslant\rangle$ 是模格。

26. 分配格一定是模格。

证明:设 $\langle L,\leqslant\rangle$ 是分配格,对任意的 $a,b,c\in L$,如果 $a\leqslant b$,则 $a\oplus b=b$,可是

$$\begin{aligned}a\oplus(b\times c)&=(a\oplus b)\times(a\oplus c)\\&=b\times(a\oplus c)\end{aligned}$$

所以 $\langle L,\leqslant\rangle$ 是模格。

27. 证明:具有两个或两个以上元素的格中不存在以自身为余元的元素。

证明:设 $\langle L,\oplus,\times\rangle$ 是有界格,且 L 中至少有两个元素。

若 $|L|=2$,即 $L=\{0,1\}$,而 $0'=1,1'=0$,所以 L 中不存在以自身为余元的元素。

若 L 中至少有三个元素,假设存在元素 $a\in L,a\neq 0,a\neq 1$,使得 $a\oplus a=1,a\times a=0$。

而 $a=a\oplus a=a\times a$,则 $a=0=1$,矛盾。

所以 L 中不存在以自身为余元的元素。

28. 设 $\langle L,\leqslant\rangle$ 是分配格,$a,b\in L,a<b,B=\{x\mid x\in L,a\leqslant x\leqslant b\}$,$f:L\to B$,对任意的 $x\in L$,$f(x)=(x\oplus a)\times b$,证明:f 是从 L 到 B 的同态映射。

证明:对任意的 $x,y\in L$,

$$\begin{aligned}f(x\oplus y)&=((x\oplus y)\oplus a)\times b\\&=(x\oplus y\oplus a)\times b\\&=(x\times b)\oplus(y\times b)\oplus(a\times b)。\end{aligned}$$

又 $$\begin{aligned}f(x)\oplus f(y)&=((x\oplus a)\times b)\oplus((y\oplus a)\times b)\\&=(x\times b)\oplus(a\times b)\oplus(y\times b)\oplus(a\times b)\\&=(x\times b)\oplus(y\times b)\oplus(a\times b),\end{aligned}$$

所以 $f(x\oplus y)=f(x)\oplus f(y)$。

同理可证,$f(x\times y)=f(x)\times f(y)$,因此,$f$ 是从 L 到 B 同态映射。

29. 设 $\langle L,\leqslant\rangle$ 是模格,$a,b\in L$,令 $X=\{x\mid x\in L$,且 $a\times b\leqslant x\leqslant a\}$,$Y=\{y\mid y\in L$,且 $b\leqslant y\leqslant a\oplus b\}$,则下面的两个映射:$x\to x\oplus b(x\in X)$,$y\to y\times a(y\in Y)$,是 X 和 Y 之间的同构。

证明:设 $f:x\to x\oplus b(x\in X)$,$g:y\to y\times a(y\in Y)$,由于 $a\times b\leqslant x\leqslant a$,所以 $(a\times b)\oplus b\leqslant x\oplus b\leqslant a\oplus b$,即 $b\leqslant f(x)\leqslant a\oplus b$,则 $f(x)\in Y$,故 f 是从 X 到 Y 的映射,同理可证,g 是从 Y 到 X 的映射。

对任意的 $x\in X$，有

$$
\begin{aligned}
g\cdot f(x)&=g(f(x))\\
&=g(x\oplus b)\\
&=(x\oplus b)\times a\\
&=x\oplus(a\times b)\\
&=x=I_x(x),
\end{aligned}
$$

即 $g\cdot f=I_x$，所以 g 是 f 的左逆。

对任意的 $y\in Y$，则有

$$
\begin{aligned}
f\cdot g(y)&=f(g(y))\\
&=f(y\times a)\\
&=(y\times a)\oplus b\\
&=y\times(a\oplus b)\\
&=y=I_Y(y),
\end{aligned}
$$

即 $f\cdot g=I_Y$，所以 g 是 f 的右逆，因此，f，g 都是双射，且 $f^{-1}=g$，$g^{-1}=f$。

对任意的 $x_1,x_2\in X$，

$$
\begin{aligned}
f(x_1\oplus x_2)&=x_1\oplus x_2\oplus b\\
&=x_1\oplus b\oplus x_2\oplus b\\
&=f(x_1)\oplus f(x_2)。
\end{aligned}
$$

对任意的 $x_1,x_2\in X$，因为 g 是双射，则存在唯一的 $y_1,y_2\in Y$，有 $x_1=g(y_1)$，$x_2=g(y_2)$，于是 $y_1=f(x_1)$，$y_2=f(x_2)$，有

$$
\begin{aligned}
f(x_1\times x_2)&=f(g(y_1)\times g(y_2))\\
&=f(y_1\times a\times y_2\times a)\\
&=f(y_1\times y_2\times a)\\
&=f(g(y_1\times y_2))\\
&=f\circ g(y_1\times y_2)\\
&=I_Y(y_1\times y_2)\\
&=y_1\times y_2\\
&=f(x_1)\times f(x_2)。
\end{aligned}
$$

因此 f 是 X 到 Y 的同构映射，则 f 的逆映射 g 就是从 Y 到 X 的同构映射。

30. 设 f 是格 $<\rho(S),\cup,\cap>$ 上的一个格自同态，任取 $a\in\rho(S)$，令

$$R(a)=\{b\mid f(b)=a,b\in\rho(S)\}$$

证明 $<R(a),\cup,\cap>$ 是 $<\rho(S),\cup,\cap>$ 的子格。

证明：对任意的 $x,y\in R(a)$，有

$$f(x)=a,f(y)=a$$

则

$$f(x\cup y)=f(x)\cup f(y)=a\cup a=a$$
$$f(x\cap y)=f(x)\cap f(y)=a\cap a=a$$

于是 $x\cup y,x\cap y\in R(a)$，所以 $<R(a),\cup,\cap>$ 是 $<\rho(S),\cup,\cap>$ 的子格。

31. 设 $<L,\oplus,\times>$ 和 $<K,\vee,\wedge>$ 是两个格，g 是从 L 到 K 的映射，若对任意的 $x,y\in L$，当 $x\leqslant_L y$ 时，就有 $g(x)\leqslant_K g(y)$，则称 g 是保序映射。如果 g 是双射，证明 g 是同构映射的充要条件是 g 与 g^{-1} 是保序映射。

证明：必要性，对任意的 $x_1,x_2\in L$，若 $x_1\leqslant_L x_2$，则 $x_1\times x_2=x_1$，于是有

$$g(x_1)=g(x_1\times x_2)=g(x_1)\wedge g(x_2)$$

故 $g(x_1)\leqslant_K g(x_2)$，所以 g 是保序映射。

对任意的 $y_1,y_2\in K$，因为 g 是双射，则存在 $x_1,x_2\in L$，使得 $g(x_1)=y_1,g(x_2)=y_2$，于是有 $x_1=g^{-1}(y_1),x_2=g^{-1}(y_2)$，则

$$\begin{aligned}g^{-1}(y_1\wedge y_2)&=g^{-1}(g(x_1)\wedge g(x_2))\\&=g^{-1}(g(x_1\times x_2))\\&=g^{-1}g(x_1\times x_2)=x_1\times x_2\\&=g^{-1}(y_1)\times g^{-1}(y_2),\end{aligned}$$

$$\begin{aligned}g^{-1}(y_1\vee y_2)&=g^{-1}(g(x_1)\vee g(x_2))\\&=g^{-1}(g(x_1\oplus x_2))\\&=g^{-1}g(x_1\oplus x_2)\\&=x_1\oplus x_2\\&=g^{-1}(y_1)\oplus g^{-1}(y_2)。\end{aligned}$$

当 g 是双射时，g^{-1} 也是双射，所以 g^{-1} 是从 $<K,\vee,\wedge>$ 到 $<L,\oplus,\times>$ 的同构映射。

对任意的 $y_1,y_2\in K$，若 $y_1\leqslant_K y_2$，则 $y_1\wedge y_2=y_1$，于是有

$$g^{-1}(y_1)=g^{-1}(y_1\wedge y_2)=g^{-1}(y_1)\times g^{-1}(y_2)$$

故 $g^{-1}(y_1)\leqslant_L g^{-1}(y_2)$，所以 g^{-1} 是保序映射。

充分性，对任意的 $x_1,x_2\in L$，有 $x_1\leqslant_L x_1\oplus x_2,x_2\leqslant_L x_1\oplus x_2$，因为 g 是保序映射，故有

$$g(x_1)\leqslant_K g(x_1\oplus x_2),g(x_2)\leqslant_K g(x_1\oplus x_2)$$

所以 $g(x_1)\vee g(x_2)\leqslant_K g(x_1\oplus x_2)$。因为 $g(x_1)\vee g(x_2)\in K$，而 g 是双射，则存在 $x\in L$，使得

$$g(x_1)\vee g(x_2)=g(x)。$$

由上式，有 $g(x_1)\leqslant_K g(x),g(x_2)\leqslant_K g(x)$，而 g^{-1} 是保序映射，故有

$$g^{-1}(g(x_1))\leqslant_L g^{-1}(g(x)),g^{-1}(g(x_2))\leqslant_L g^{-1}(g(x))$$

即 $x_1\leqslant_L x,x_2\leqslant_L x$，

所以 $x_1 \oplus x_2 \leqslant_L x$，由 g 是保序映射，有

$$g(x_1 \oplus x_2) \leqslant_K g(x) = g(x_1) \vee g(x_2)。$$

则 $g(x_1 \oplus x_2) = g(x_1) \vee g(x_2)$。

同理可证：$g(x_1 \times x_2) = g(x_1) \wedge g(x_2)$。所以 g 是同构映射。

32. 设 $<B, +, \cdot, \overline{}, 0, 1>$ 是布尔代数，如果在 B 上定义二元算 $*$ 为：$a * b = (a \cdot \bar{b}) + (\bar{a} \cdot b)$，证明：$<B, *>$ 是 Abel 群。

证明：(1) 由于 $\cdot$，$+$，$\overline{}$ 这三个运算在 B 上都是封闭的，所以运算 $*$ 在 B 上也是封闭的。

(2) 对任意的 $a, b, c \in B$，

$(a * b) * c$

$= ((a \cdot \bar{b}) + (\bar{a} \cdot b)) * c$

$= (((a \cdot \bar{b}) + (\bar{a} \cdot b)) \cdot \bar{c} + ((\overline{(a \cdot \bar{b}) + (\bar{a})} \cdot b \cdot c)$

$= (a \cdot \bar{b} \cdot \bar{c}) + (\bar{a} \cdot b \cdot \bar{c}) + ((\bar{a} + b) \cdot (a + \bar{b}) \cdot c)$

$= (a \cdot \bar{b} \cdot \bar{c}) + (\bar{a} \cdot b \cdot \bar{c}) + (\bar{a} \cdot \bar{b} \cdot c) + (a \cdot b \cdot c)$，

同理可得 $a * (b * c) = (a \cdot \bar{b} \cdot \bar{c}) + (\bar{a} \cdot b \cdot \bar{c}) + (a \cdot b \cdot c) + (\bar{a} \cdot \bar{b} \cdot c)$，所以 $(a * b) * c = a * (b * c)$，即运算 $*$ 是可结合的。

(3) 对任意的 $a, b \in B$，$a * b = (a \cdot \bar{b}) + (\bar{a} \cdot b) = (b \cdot \bar{a}) + (\bar{b} \cdot a) = b * a$，所以运算 $*$ 是可交换的。

(4) 对任意的 $a \in B$，有 $a * 0 = 0 * a = (a \cdot \bar{0}) + (\bar{a} \cdot 0) = a \cdot 1 + 0 = a$，故 0 是 B 中关于运算 $*$ 的幺元。

(5) 对任意的 $a \in B$，有 $a * a = (a \cdot \bar{a}) + (\bar{a} \cdot a) = 0 + 0 = 0$，即关于运算 $*$，a 的逆元是 a。

因此，$<B, *>$ 是 Abel 群。

33. 设 $<B, +, \cdot, \overline{}, 0, 1>$ 是布尔代数，如果在 B 上定义二元运算 $*$ 为：$a * b = (a \cdot \bar{b}) + (\bar{a} \cdot b)$，证明：$<B, *, \cdot>$ 是含幺交换环。

证明：由习题 32 知，$<B, *>$ 是 Abel 群，而运算 $\cdot$ 是封闭的、可交换的和可结合的。

对任意的 $a, b, c \in B$，有

$a \cdot (b * c) = a \cdot ((b \cdot \bar{c}) + (\bar{b} \cdot c))$

$= (a \cdot b \cdot \bar{c}) + (a \cdot \bar{b} \cdot c)$，$(a \cdot b) * (a \cdot c)$

$= ((a \cdot c) \cdot \overline{(a \cdot c)}) + (\overline{(a \cdot b)} \cdot (a \cdot c))$

$= (a \cdot b \cdot (\bar{a} + \bar{c})) + ((\bar{a} + \bar{b}) \cdot a \cdot c)$

$= (a \cdot b \cdot \bar{c}) + (a \cdot \bar{b} \cdot c)$，

所以 $a \cdot (b * c) = (a \cdot b) * (a \cdot c)$，同理可证，$(b * c) \cdot a = (b \cdot a) * (c \cdot a)$，即运算 $\cdot$

对 * 是可分配的。

对任意的 $a\in B$，有 $1\cdot a=a\cdot 1=a$，即 1 是关于运算 · 的幺元。

因此，$\langle B,*,\cdot\rangle$ 是含幺交换环。

34. 设 $\langle B,\oplus,*\rangle$ 是含幺环，且 * 满足等幂律，在 B 中定义 ·，+，$\overline{}$ 如下：$a\cdot b=a*b$，$a+b=a\oplus b\oplus(a*b)$，$\bar{a}=a\oplus 1$，证明：$\langle B,+,\cdot,\overline{},0,1\rangle$ 是布尔代数。

证明：(1) 对任意的 $a\in B$，由 $a*a=a$，有

$$
\begin{aligned}
(a\oplus a)*(a\oplus a)&=a\oplus a\\
&=(a*a)\oplus(a*a)\oplus(a*a)\oplus(a*a)\\
&=a\oplus a\oplus a\oplus a,
\end{aligned}
$$

故 $a\oplus a=0$。

对任意的 $a,b\in B$，有

$$
\begin{aligned}
a\oplus b&=(a\oplus b)*(a\oplus b)\\
&=(a*a)\oplus(a*b)\oplus(b*a)\oplus(b*b)\\
&=a\oplus(a*b)\oplus(b*a)\oplus b,
\end{aligned}
$$

故 $(a*b)\oplus(b*a)=0$，由 $a\oplus a=0$，又有 $(a*b)\oplus(a*b)=0$，即

$$(a*b)\oplus(b*a)=(a*b)\oplus(a*b)$$

所以 $a*b=b*a$，即运算 * 是可交换的。

对任意的 $a,b\in B$，

$$
\begin{aligned}
a+b&=a\oplus b\oplus(a*b)\\
&=b\oplus a\oplus(b*a)\\
&=b+a,
\end{aligned}
$$

即运算 + 是可交换的。

(2) 对任意的 $a,b,c\in B$，

$$
\begin{aligned}
a\cdot(b+c)&=a*(b\oplus c\oplus(b*c))\\
&=(a*b)\oplus(a*c)\oplus(a*b*c),(a\cdot b)+(a\cdot c)\\
&=(a*b)\oplus(a*c)\oplus(a*b*a*c)\\
&=(a*b)\oplus(a*c)\oplus(a*b*c),
\end{aligned}
$$

所以 $a\cdot(b+c)=(a\cdot b)+(a\cdot c)$。

$a+(b\cdot c)=a\oplus(b*c)\oplus(a*b*c)$，

$$
\begin{aligned}
(a+b)\cdot(a+c)&=(a\oplus b\oplus(a*b))*(a\oplus c\oplus(a*c))\\
&=(a*a)\oplus(a*c)\oplus(a*a*c)\oplus(a*b)\oplus(b*c)\oplus(a*b*c)\oplus(a\\
&\quad *b*a)\oplus(a*b*c)\oplus(a*b*a*c)\\
&=a\oplus(b*c)\oplus(a*b*c),
\end{aligned}
$$

所以 $a+(b\cdot c)=(a+b)\cdot(a+c)$。

(3) 对任意的 $a\in B$，$a\cdot 1=a*1=a$，$a+0=a\oplus 0\oplus(a*0)=a\oplus 0=a$。

(4) 对任意的 $a\in B$，有 $\bar{a}=a\oplus 1\in B$，有

$$
\begin{aligned}
a\cdot\bar{a} &= a*(a\oplus 1)\\
&=(a*a)\oplus(a*1)\\
&=a\oplus a=0,\\
a+\bar{a} &= a\oplus(a\oplus 1)\oplus(a*(a\oplus 1))\\
&=a\oplus a\oplus 1\oplus(a*a)\oplus(a*1)\\
&=1\oplus a\oplus a=1。
\end{aligned}
$$

由亨廷顿公理，$<B,+,\cdot,\bar{\ },0,1>$是布尔代数。

35. 设 f 是从布尔代数 $<A,+,\cdot,\bar{\ }>$ 到另一布尔代数 $<B,\cup,\cap,\sim>$ 的映射，如果对任意的 $a,b\in A$，有 $f(a\cdot b)=f(a)\cap f(b)$（或 $f(a+b)=f(a)\cup f(b)$）和 $f(\bar{a})=\widetilde{f(a)}$，则 $f(a+b)=f(a)\cup f(b)$（或 $f(a\cdot b)=f(a)\cap f(b)$）。

证明：因为对任意的 $a,b\in A$，有 $f(a\cdot b)=f(a)\cap f(b)$，$f(\bar{a})=f(a)$，所以

$$
\begin{aligned}
f(a+b)&=f(\overline{\overline{a+b}})=\widetilde{f(\overline{a+b})}\\
&=\widetilde{f(\bar{a}\cdot\bar{b})}=\widetilde{f(\bar{a})\cap f(\bar{b})}\\
&=\widetilde{f(\bar{a})}\cup\widetilde{f(\bar{b})}=f(\bar{\bar{a}})\cup f(\bar{\bar{b}})\\
&=f(a)\cup f(b)。
\end{aligned}
$$

36. 设 $S=\{a,b,c\}$，$<\rho(S),\cup,\cap,\sim>$ 是一个布尔代数，$B=<\{0,1\},\vee,\wedge,\bar{\ }>$ 是一个两元素布尔代数，设 f 是从 $\rho(S)$ 到 B 的映射，使得对任意的 $A\in\rho(S)$，定义

$$
f(A)=\begin{cases}1, & \text{若 } b\in A\\ 0, & \text{若 } b\notin A\end{cases}
$$

证明 f 是一个同态映射。

证明：由习题 35 知，只要证明：对任意的 $A,B\in\rho(S)$，

$$
f(A\cap B)=f(A)\wedge f(B)
$$

$$
f(\widetilde{A})=\overline{f(A)}
$$

那么 f 就是一个同态映射了。

对任意的 $A,B\in\rho(S)$，若 $f(A\cap B)=1$，则 $b\in A$ 且 $b\in B$，于是 $f(A)=f(B)=1$，所以 $f(A)\wedge f(B)=1$，则有 $f(A\cap B)=f(A)\wedge f(B)$。

若 $f(A\cap B)=0$，则 $b\notin A\cap B$，有 $b\notin A$ 或 $b\notin B$，于是 $f(A)=0$ 或 $f(B)=0$，所以 $f(A)\wedge f(B)=0$，则有 $f(A\cap B)=f(A)\wedge f(B)$。

总之，有 $f(A\cap B)=f(A)\wedge f(B)$。

对任意的 $A\in\rho(S)$，若 $f(\widetilde{A})=1$ 则 $b\in\widetilde{A}$，即 $b\notin A$，于是 $f(A)=0$，故 $\overline{f(A)}=1$，所以 f

$(\widetilde{A})=\overline{f(A)}$。

若 $f(\widetilde{A})=0$ 则 $b\notin\widetilde{A}$，即 $b\in A$，于是 $f(A)=1$，故 $\overline{f(A)}=0$，所以 $f(\widetilde{A})=\overline{f(A)}$。

总之，有 $f(\widetilde{A})=\overline{f(A)}$。

综上所述，f 是同态映射。

37. 设 $\langle K,\wedge,\vee,'\rangle\langle L,\cup,\cap,\overline{\ }\rangle$ 是两个布尔代数，f 是从 K 到 L 的满同态，即对于任意的 $x,y\in K$，有

$$f(x\vee y)=f(x)\cup f(y)$$
$$f(x\wedge y)=f(x)\cap f(y)$$
$$f(x')=\overline{f(x)}$$

证明：$f(0_K)=0_L$，$f(1_K)=1_L$，其中 $0_K,0_L$ 和 $1_K,1_L$ 分别是相应的布尔代数中的最小元和最大元。

证明：对任意的 $y\in L$，因为 f 是从 K 到 L 的满射，则必存在 $x\in K$，使得 $f(x)=y$，于是有

$$\begin{aligned} y\cup f(0_K)&=f(x)\cup f(0_K)=f(x\vee 0_K)\\ &=f(x)=y, \end{aligned}$$
$$\begin{aligned} y\cap f(1_K)&=f(x)\cap f(1_K)=f(x\wedge 1_K)\\ &=f(x)=y, \end{aligned}$$

故有 $f(0_K)\leqslant y$ 和 $y\leqslant f(1_K)$。

由 y 的任意性，$f(0_K)$ 和 $f(1_K)$ 分别是 L 中的最小元和最大元。而布尔代数中的最小元和最大元是唯一的，因此，必有

$$f(0_K)=0_L,f(1_K)=1_L$$

自测题及答案(第三篇)

自测题一

(一) 判断题：每小题 2 分，共 20 分(判断下列各题是否正确，正确的在题后面的括号内画"√"号，错误的画"×"号)。

1. 设 S 是奇数的集合，则 S 关于数的乘法构成半群。 ( )

2. 设 S 是 4 的所有整数倍数集合，则 S 关于数的乘法是交换半群。 ( )

3. 设 G 是实数域 $\mathbf{R}$ 上的所有 n 阶对角阵做成的集合，则 G 关于矩阵的乘法是群。（　　）

4. 有理数集合 $\mathbf{Q}$，关于数的乘法构成群。（　　）

5. 设 S 是群 G 的非空子集，如果对任意 $x,y\in S$，都有 $xy\in S$，并且 $x^{-1}\in S$，则 S 是 G 是子群。（　　）

6. 设 G 是非交换群，则对任意 $a,b\in G$，都有 $(ab)^3=a^3b^3$。（　　）

7. 全体正有理数集合 $\mathbf{Q}^+$ 关于乘法是群。（　　）

8. 设 G 是群，$a\in G$，则 a 的逆元的唯一的。（　　）

9. 以 4 为模的剩余类加群 $(Z_4;+)$ 不是循环群。（　　）

10. 设 a 是群 G 中的任一元素，a 的阶为 n，则 a 生成循环群为 H 为

$$H=\{a^0=e,a,a^2,\cdots,a^{n-1}\}$$（　　）

（二）　单项选择题：每小题 2 分，共 12 分（从每小题给出的四个备选答案中，选出一个正确答案，并将正确答案的号码写在题后面的括号内）。

1. 设 G 是群，$a\in G$，a 的阶为无穷，k,l 是两个整数、当 $k\neq l$ 时，则（　　）。

A. $a^k\neq a^l$

B. 当 k 是 l 的倍数时，有 $a^k=a^l$

C. 仅当 k 与 l 不互质时，有 $a^k\neq a^l$

D. 上述情况均不一定

2. 设 H_1,H_2 都是 G 的子群，e_1,e_2,e 分别是 H_1,H_2,G 的单位元，则（　　）。

A. $e_1=e_2=e$　　B. $e_1\neq e_2$

C. $e_1=e_2\neq e$　　D. e_1,e_2,e 互不相同

3. 设 S 是齐次线性方程组

$$\mathbf{A}\begin{bmatrix}x_1\\ \vdots\\ x_n\end{bmatrix}=\begin{bmatrix}0\\ \vdots\\ 0\end{bmatrix}$$

的解向量的集合，关于 n 元向量的加法，则 S（　　）。

A. 不是群　　B. 是交换群

C. 是循环群　　D. 是非交换群

4. 设 S 是用 4 除余数是 1 的所有整数的集合，即

$$S=\{m\in\mathbf{Z}\mid m=4q+1,q\in\mathbf{Z}\}$$

关于数的乘法，则 S 是（　　）。

A. 群　　B. 无单位元的半群

C. 单位元的半群　　D. 既不是群，也不是半群

5. 在剩余类加群 $(Z_6;+)$ 中，3 的阶是（　　）。

A. 2　　　B. 3　　　C. 4　　　D. 6

6. 剩余类加群$(Z_8;+)$的如下的 4 个子集，关于剩余类加法是$(Z_8;+)$的子群的有（　）。

A. $\{\bar{0},\bar{4}\}$　　B. $\{\bar{1},\bar{3},\bar{5},\bar{7}\}$　　C. $\{\bar{0},\bar{3},\bar{5}\}$　　D. $\{\bar{2},\bar{4},\bar{6},\bar{5}\}$

（三）　求出以 6 为模的剩余类加群$(Z_6;+)$中每个元素的阶，并找出它的一个 2 阶子群。（10 分）

（四）　设 n 为任一自然数，$n\mathbf{Z}$ 表示 n 的一切整数倍组成的集合，即

$$n\mathbf{Z}=\{nl \mid l=0,\pm 1,\pm 2,\cdots\}$$

证明：$(n\mathbf{Z};+)$是整数加群的子群。（10 分）

（五）　设 $G=\left\{\begin{bmatrix}1 & \\ & 1\end{bmatrix},\begin{bmatrix} & 1\\ 1 & \end{bmatrix}\right\}$，

证明：G 关于矩阵乘法是循环群。（10 分）

（六）　设 $G=\{1,-1,\mathrm{i},-\mathrm{i}\}$，则 G 关于数的乘法是群。（8 分）

（七）　设 $S=\left\{\begin{bmatrix}1 & \\ a & 1\end{bmatrix} \mid a\in\mathbf{R}\right\}$，

证明：S 关于矩阵乘法是 $\boldsymbol{M}_2(\mathbf{R})$的子群。（10 分）

（八）　指出置换群$(S_3;\cdot)$的各元素的阶，并且找出 S_3 的所有 2 阶子群。（10 分）

（九）　设 G 是群，$a\in G$，证明 a 与 a^{-1} 有相同的阶。（10 分）

自测题二

（一）　判断题：每小题 2 分，共 20 分（判断下列各题是否正确，正确的在题后面的括号内画"√"号，错误的画"×"号）。

1. 设 S 是 3 的所有整数倍数的集合，则 S 关于数的加法是交换半群。（　）

2. 设 $G=\{1,-1\}$，则 G 关于数的乘法是群。（　）

3. 设 e 是群 G 的单位元，$a\in G$，若 $a^m=e$，则 m 是 a 的阶。（　）

4. 设 G 是群，则 G 中的消去律成立，即对任意 $a,b,c\in G$，若 $ab=ac$，则 $b=c$，若 $ba=ca$，则 $b=c$。（　）

5. 设 G 是半群，如果 G 有单位元，则 G 一定是群。（　）

6. 设 R 表示非零实数组成的集合，则 R 关于数的乘法运算是群。（　）

7. 设 e 是群 G 的单位元，则 e 必在 G 的任一子群中，并且 e 也是 G 的任一子群的单位元群。（　）

8. 整数加群不是循环群。（　）

9. 用 $\mathbf{N}$ 表示自然数的全体构成的集合，则 $\mathbf{N}$ 关于数的乘法不是半群。（　）

10. 设 H 是群 G 的子群，$a\in H$，则 a 在 H 中的逆元就是 a 在 G 中的逆元。　　(　　)

(二)　单项选择题：每题 2 分，共 12 分(从每小题给出的四个备选答案中，选出一个正确答案，并将正确答案的号码写在题后面的括号内)。

1. 设 S 是非负整数集，则 S 关于数的乘法(　　)。

A. 是群　　B. 是有单位元的半群

C. 是无单位元的半群　　D. 不是群，也不是半群

2. 剩余类加群$(Z_8;+)$的生成元是(　　)。

A. $\overline{2}$　　B. $\overline{4}$　　C. $\overline{1}$　　D. 没有生成元

3. 设 $\mathbf{R}$ 为实数域，$S=\left\{\begin{bmatrix}a & \\ & a\end{bmatrix} \middle| a\in\mathbf{R}\right\}$，则 S 关于矩阵乘法是(　　)。

A. 是群　　B. 是交换群

C. 非可换半群　　D. 有单位元的可换半群

4. 在置换群 S_3 中，元素 $\boldsymbol{a}=\begin{bmatrix}1 & 2 & 3\\ 2 & 3 & 1\end{bmatrix}$的阶是(　　)。

A. 1　　B. 2　　C. 3　　D. 4

5. 设 $S=\{(a_1,a_2,\cdots,a_n)\mid a_i\in\mathbf{R}\}$，则 S 关于 n 元向量的加法(　　)。

A. 是非交换群　　B. 是交换群

C. 是循环群　　D. 是非可换半群

6. $\boldsymbol{M}_2(\mathbf{R})$表示实数域 $\mathbf{R}$ 上的全体二阶方阵构成的集合，则 $\boldsymbol{M}_2(\mathbf{R})$关于矩阵的乘法是(　　)。

A. 无单位元的半群　　B. 有单位元的半群

C. 群　　D. 可交换半群

(三)　在剩余类加群$(Z_8;+)$中，指出每个元素的逆元。(10 分)

(四)　设 $SL_2(\mathbf{R})=\{\boldsymbol{A}\in\boldsymbol{M}_2(\mathbf{R})\mid\det\boldsymbol{A}=1\}$($\det\boldsymbol{A}$ 表示 $\boldsymbol{A}$ 的行列式)，则 $SL_2(\mathbf{R})$关于矩阵的乘法是$(\boldsymbol{M}_2(\mathbf{R});\cdot)$的子群。(10 分)

(五)　设 G 是群，$a,b\in G$，(1)若 $aa=ab$，则 $a=b$；　(2)若 $aa=a$ 则 $a=e$。(10 分)

(六)　设 G 是交换群，令

$$H=\{a\in G\mid a^5=e\}$$

证明：H 是 G 的子群。(10 分)

(七)　设 $A_3=\left\{\begin{bmatrix}1 & 2 & 3\\ 1 & 2 & 3\end{bmatrix},\begin{bmatrix}1 & 2 & 3\\ 3 & 1 & 2\end{bmatrix},\begin{bmatrix}1 & 2 & 3\\ 2 & 3 & 1\end{bmatrix}\right\}$，

证明：A_3 关于置换乘法是 S_3 的子群，并且是循环群。(10 分)

(八)　设 $S=\{\boldsymbol{A}\in\boldsymbol{M}_2(\mathbf{R})\mid\boldsymbol{A}^{\mathrm{T}}=\boldsymbol{A}\}$，这里 $\boldsymbol{A}^{\mathrm{T}}$ 表示 $\boldsymbol{A}$ 的转置，则 S 关于矩阵的加法是$(\boldsymbol{M}_2(\mathbf{R});+)$的子群。(10 分)

（九） 设 e 是群 G 的单位元，$a\in G$，a 的阶为 k，若 $a^m=e$，则 k 整除 m。（8 分）

【自测题一答案】

（一） 判断题

1. √ 2. √ 3. × 4. × 5. √ 6. × 7. √ 8. √ 9. × 10. √

（二） 选择题

1. A 2. A 3. B 4. C 5. A 6. A

（三） $\bar{0}$ 的阶为 1； $\bar{1}$ 的阶为 6； $\bar{2}$ 的阶为 3；

$\bar{3}$ 的阶为 2； $\bar{4}$ 的阶为 3； $\bar{5}$ 的阶为 6。

$H=\{\bar{0},\bar{3}\}$ 是 $(Z_6;+)$ 的一个 2 阶子群。

（四） 因为 $n=n\cdot 1\in n\mathbf{Z}$，故 $n\mathbf{Z}\neq\varnothing$，对任意 $nt_1,nt_2\in n\mathbf{Z}$，这里 $t_1,t_2\in\mathbf{Z}$，则有

$$nt_1+nt_2=n(t_1+t_2)\in n\mathbf{Z}$$

并且 nt_1 的逆元：$-nt_1=n(-t_1)\in n\mathbf{Z}$。由子群的充要条件知 $(n\mathbf{Z};+)$ 是 $(\mathbf{Z};+)$ 的子群。

（五） 设 $\boldsymbol{\sigma}=\begin{bmatrix} & 1\\ 1 & \end{bmatrix}$，$\boldsymbol{I}=\begin{bmatrix}1 & \\ & 1\end{bmatrix}$，$G$ 的运算表如下

$\cdot$	$\boldsymbol{I}$	$\boldsymbol{\sigma}$
$\boldsymbol{I}$	$\boldsymbol{I}$	$\boldsymbol{\sigma}$
$\boldsymbol{\sigma}$	$\boldsymbol{\sigma}$	$\boldsymbol{I}$

由表中知 G 关于矩阵乘法运算封闭，$\boldsymbol{I}$ 是单位元，$\boldsymbol{\sigma}$ 以自身为逆元，结合律成立，因此，G 关于矩阵乘法是群，并且是循环群，$\boldsymbol{\sigma}$ 是 G 的生成元，即 $(\boldsymbol{\sigma})=G=\{\boldsymbol{I},\boldsymbol{\sigma}\}$。

（六） G 的运算表如下

$\cdot$	1	-1	i	$-$i
1	1	-1	i	$-$i
-1	-1	1	$-$i	i
i	i	$-$i	-1	1
$-$i	$-$i	i	1	-1

由运算表知 G 关于乘法运算封闭，1 是它的单位元，-1 的逆元是 -1，i 的逆元是 $-$i，$-$i 的逆元是 i，数的乘法适合结合律，故 G 是群，因为

$$\mathrm{i}^2=-1,\mathrm{i}^3=-\mathrm{i},\mathrm{i}^4=1$$

因此 $G=(\mathrm{i})=\{\mathrm{i}^0=1,\mathrm{i},\mathrm{i}^2,\mathrm{i}^3\}$ 是循环群。

（七） 对任意 $\begin{bmatrix}1 & \\ a & 1\end{bmatrix},\begin{bmatrix}1 & \\ b & 1\end{bmatrix}\in S$，

$$\begin{bmatrix}1 & \\ a & 1\end{bmatrix}\begin{bmatrix}1 & \\ b & 1\end{bmatrix}=\begin{bmatrix}1 & \\ a+b & 1\end{bmatrix}\in S$$

$\begin{bmatrix}1 & \\ a & 1\end{bmatrix}$的逆元$\begin{bmatrix}1 & \\ -a & 1\end{bmatrix}\in S$，故 S 是 $\boldsymbol{M}_2(\mathbf{R})$的子群。

（八） $\begin{bmatrix}1 & 2 & 3\\ 1 & 2 & 3\end{bmatrix}$的阶为 1；$\begin{bmatrix}1 & 2 & 3\\ 1 & 3 & 2\end{bmatrix}$的阶为 2；

$\begin{bmatrix}1 & 2 & 3\\ 3 & 2 & 1\end{bmatrix}$的阶为 2；$\begin{bmatrix}1 & 2 & 3\\ 2 & 1 & 3\end{bmatrix}$的阶为 2；

$\begin{bmatrix}1 & 2 & 3\\ 3 & 1 & 2\end{bmatrix}$的阶为 3；$\begin{bmatrix}1 & 2 & 3\\ 2 & 3 & 1\end{bmatrix}$的阶为 3。

2 阶子群有：

$$H_1\left\{\begin{bmatrix}1 & 2 & 3\\ 1 & 2 & 3\end{bmatrix},\begin{bmatrix}1 & 2 & 3\\ 1 & 3 & 2\end{bmatrix}\right\},$$

$$H_2\left\{\begin{bmatrix}1 & 2 & 3\\ 1 & 2 & 3\end{bmatrix},\begin{bmatrix}1 & 2 & 3\\ 3 & 2 & 1\end{bmatrix}\right\},$$

$$H_3\left\{\begin{bmatrix}1 & 2 & 3\\ 1 & 2 & 3\end{bmatrix},\begin{bmatrix}1 & 2 & 3\\ 2 & 1 & 3\end{bmatrix}\right\}。$$

（九） 设 a 的阶为 k，

$$(a^{-1})^k=(a^{-1})^k a^k=(a^{-1}a)^k=e$$

假设有正整数 $t<k$，使$(a^{-1})^t=e$，那么

$$a^t=a^t\cdot(a^{-1})^t=(a\cdot a^{-1})^t=e$$

与 k 的最小性矛盾，因此 a^{-1} 的阶为 k。

【自测题二答案】

（一） 判断题

1. √　2. √　3. ×　4. √　5. ×　6. √　7. √　8. ×　9. ×　10. √

（二） 单项选择题

1. B　2. C　3. D　4. C　5. B　6. B

（三） $\overline{0}$ 的逆元是 $\overline{0}$；　$\overline{1}$ 的逆元是 $\overline{7}$；

$\overline{2}$ 的逆元是 $\overline{6}$；　$\overline{3}$ 的逆元是 $\overline{5}$；

$\overline{4}$ 的负元是 $\overline{4}$；　$\overline{5}$ 的逆元是 $\overline{3}$；

$\overline{6}$ 的逆元是 $\overline{2}$；　$\overline{7}$ 的逆元是 $\overline{1}$；

（四） 因为$\begin{bmatrix}1 & \\ & 1\end{bmatrix}\in SL_2(\mathbf{R})$，故$SL_2(\mathbf{R})\neq\varnothing$，对任意的$\boldsymbol{A},\boldsymbol{B}\in SL_2(\mathbf{R})$，由$\det(\boldsymbol{AB})=\det\boldsymbol{A}\cdot\det\boldsymbol{B}=1$，故$\boldsymbol{AB}\in SL_2(\mathbf{R})$，再由$\det\boldsymbol{A}^{-1}=\frac{1}{\det|\boldsymbol{A}|}=1$，故$\boldsymbol{A}^{-1}\in SL_2(\mathbf{R})$，因此$SL_2(\mathbf{R})$是$\boldsymbol{M}_2(\mathbf{R})$的子群。

（五） (1) 因为$aa=ab$，故$a^{-1}aa=a^{-1}ab$得$a=b$；

(2) 由$aa=a=ae$及消去律知$a=e$。

（六） 因为$e^5=e$，所以$e\in H\neq\varnothing$。对任意$a,b\in H$，由$(ab)^5=a^5\cdot b^5=e$知$ab\in H$，再由

$$e=(a^{-1}a)^5=(a^{-1})^5\cdot(a^5)=(a^{-1})^5$$

知$a^{-1}\in H$，因此H是G的子群。

（七） 设$\boldsymbol{\sigma}_0=\begin{bmatrix}1 & 2 & 3\\1 & 2 & 3\end{bmatrix}$，$\boldsymbol{\sigma}_1=\begin{bmatrix}1 & 2 & 3\\3 & 1 & 2\end{bmatrix}$，$\boldsymbol{\sigma}_2=\begin{bmatrix}1 & 2 & 3\\2 & 3 & 1\end{bmatrix}$，列出它们的运算表如下：

	$\boldsymbol{\sigma}_0$	$\boldsymbol{\sigma}_1$	$\boldsymbol{\sigma}_2$
$\boldsymbol{\sigma}_0$	$\boldsymbol{\sigma}_0$	$\boldsymbol{\sigma}_1$	$\boldsymbol{\sigma}_2$
$\boldsymbol{\sigma}_1$	$\boldsymbol{\sigma}_1$	$\boldsymbol{\sigma}_2$	$\boldsymbol{\sigma}_0$
$\boldsymbol{\sigma}_2$	$\boldsymbol{\sigma}_2$	$\boldsymbol{\sigma}_0$	$\boldsymbol{\sigma}_1$

由运算表知A_3中任意两个元素乘积还在A_3中，σ_0是单位元，$\boldsymbol{\sigma}_1$的逆元是$\boldsymbol{\sigma}_2$，$\boldsymbol{\sigma}_2$的逆元是$\boldsymbol{\sigma}_1$，因此A_3是S_3的子群。由$\boldsymbol{\sigma}_1^2=\boldsymbol{\sigma}_2$，$\boldsymbol{\sigma}_1^3=\boldsymbol{\sigma}_0$知$A_3=(\boldsymbol{\sigma}_1)=\{\boldsymbol{\sigma}_1^0=\boldsymbol{\sigma}_0,\boldsymbol{\sigma}_1,\boldsymbol{\sigma}_1^2\}$，即$A_3$是循环群。

（八） 零阵$\begin{bmatrix}0 & 0\\0 & 0\end{bmatrix}\in S\neq\varnothing$，对任意$\boldsymbol{A},\boldsymbol{B}\in S$，由$(\boldsymbol{A}+\boldsymbol{B})^{\mathrm{T}}=\boldsymbol{A}^{\mathrm{T}}+\boldsymbol{B}^{\mathrm{T}}=\boldsymbol{A}+\boldsymbol{B}$，知$\boldsymbol{A}+\boldsymbol{B}\in S$，又由$(-\boldsymbol{A})^{\mathrm{T}}=-\boldsymbol{A}$，故$-\boldsymbol{A}\in S$，因此$S$关于矩阵加法是$\boldsymbol{M}_2(\mathbf{R})$的子群。

（九） 用k除m得：$m=kq+r$，$0\leqslant r<k$，$q\in\mathbf{Z}$，因此$a^m=(a^k)^q\cdot a^r=a^r=e$，由$k$的最小性知$r=0$，即$k$整除$m$。

第四篇　数理逻辑

第七章　命题逻辑

一、内容提要

1. **命题及其表示法**

命题：具有确定真值的陈述句，称作命题。

真值：一个命题总具有一个“值”，称为真值，真值只有真和假两种，分别记为 T 和 F。

原子命题：不能分解为更简单命题的命题，称作原子命题。

复合命题：由原子命题、标点符号和联结词复合构成的命题，称作复合命题。

命题标识符：表示命题的符号。

命题常量：一个命题标识符表示确定的命题，该标识符称作命题常量。

命题变元：命题标识符如果仅是表示任意命题的位置标志，则称该标识符为命题变元。

原子变元：当命题变元表示原子命题时，该变元称作原子变元。

2. **联结词**

否定：设 P 为一个命题，P 的否定也是命题，记作$\neg P$。若 P 为 T，$\neg P$ 为 F；若 P 为 F，$\neg P$ 为 T。

合取：给定两个命题 P 和 Q，P 和 Q 的合取是一个复合命题，记作 $P \wedge Q$。$P \wedge Q$ 为 T 当且仅当 P 和 Q 同时为 T，在其他情况下，$P \wedge Q$ 为 F。

析取：给定两个命题 P 和 Q，P 和 Q 的析取是一个复合命题，记作 $P \vee Q$。$P \vee Q$ 为 F 当且仅当 P 和 Q 同时为 F，在其他情况下，$P \vee Q$ 为 T。

条件：给定两个命题 P 和 Q，其条件命题是一个复合命题，记作 $P \rightarrow Q$。$P \rightarrow Q$ 为 F 当且仅当 P 为 T，Q 为 F，在其他情况下，$P \rightarrow Q$ 为 T。

双条件：给定两个命题 P 和 Q，其双条件命题是一个复合命题，记作 $P \leftrightarrows Q$。$P \leftrightarrows Q$ 为 T 当且仅当 P 和 Q 的真值相同，在其他情况下，$P \leftrightarrows Q$ 为 F。

3. **命题公式**

命题公式（合式公式）：命题演算的合式公式规定为：

（1）　单个命题变元本身是一个合式公式；

(2) 如果 A 是合式公式，则 $\neg A$ 是合式公式；

(3) 如果 A 和 B 是合式公式，则 $(A \wedge B)$，$(A \vee B)$，$(A \rightarrow B)$ 和 $(A \leftrightarrows B)$ 都是合式公式；

(4) 经过有限次使用规则(1)，(2)和(3)，所得到的由命题变元、联结词和圆括号所组成的字符串，是合式公式。

真值表：在命题公式中，对于分量指派真值的各种可能组合，就确定了这个命题公式的各种真值情况，把它汇列成表，就是命题公式的真值表。

优先次序：规定联结词运算的优先次序为 $\neg$，$\wedge$，$\vee$，$\rightarrow$，$\leftrightarrows$。

重言式：给定一个命题公式，如果无论对分量作怎样的指派，其对应的真值永为 T，则称该命题公式为重言式或永真式。

矛盾式：给定一个命题公式，如果无论对分量作怎样的指派，其对应的真值永为 F，则称该命题公式为矛盾式或永假式。

4.命题演算的等价式和蕴涵式

逻辑相等：给定两个命题公式 A 和 B，设 $P_1, P_2, \cdots, P_n$ 为所有出现于 A 和 B 中的原子变元，若给 $P_1, P_2, \cdots, P_n$ 任一组真值指派，A 和 B 的真值都相同，则称 A 和 B 是等价的或逻辑相等的，记作 $A \Leftrightarrow B$。

子公式：设 X 是合式公式 A 的一部分，且 X 本身也是一个合式公式，则称 X 为公式 A 的子公式。

蕴涵式：设 P，Q 是合式公式，如果 $P \rightarrow Q$ 是一个重言式，则称 P 蕴涵 Q，记作 $P \Rightarrow Q$。

定理 7.4.1：设 X 是合式公式 A 的子公式，若 $X \Leftrightarrow Y$，将 A 中的 X 用 Y 来置换，所得到公式设为 B，则 $A \Leftrightarrow B$。

定理 7.4.2：设 A，B 是两个命题公式，$A \Leftrightarrow B$ 当且仅当 $A \leftrightarrows B$ 为重言式。

定理 7.4.3：设 A，B 是两个命题公式，$A \Leftrightarrow B$ 当且仅当 $A \Rightarrow B$ 且 $B \Rightarrow A$。

5.范式

文字：原子或原子的否定称为文字。

子句：有限个文字的析取式称为子句。

短语：有限个文字的合取式称为短语。

析取范式：有限个短语的析取式称为析取范式。

合取范式：有限个子句的合取式称为合取范式。

极小项：设 $P_1, P_2, \cdots, P_n$ 是 n 个原子，一个短语如果恰好包含所有这 n 个原子或其否定，且排列顺序与 $P_1, P_2, \cdots, P_n$ 的顺序一致，则称此短语为关于 $P_1, P_2, \cdots, P_n$ 的一个极小项。

极小项的性质：

(1) 每个极小项当其真值指派与编码相同时，其真值为 T，在其余 $2n-1$ 种指派下均为 F；

(2) 任意两个不同极小项的合取式永为 F；

(3) 全体极小项的析取式永为 T。

主析取范式：设公式 G 中所有不同原子为 $P_1,P_2,\cdots,P_n$，如果 G 的析取范式 G' 中的每个短语，都是关于 $P_1,P_2,\cdots,P_n$ 的一个极小项，则称 G' 为 G 的主析取范式。

定理 7.5.1：对于任意公式，都存在与之等价的析取范式和合取范式。

定理 7.5.2：对于任意公式 G，都存在与之等价的主析取范式。

定理 7.5.3：设公式 G,H 是关于原子 $P_1,P_2,\cdots,P_n$ 的两个主析取范式，如果 G,H 不完全相同，则 G 与 H 不等价。

定理 7.5.4：对于任意公式，都存在唯一一个与之等价的主析取范式。

6. 推理理论

有效结论：设 A,B 是两个命题公式，如果 $A\Rightarrow B$，则称 B 是 A 的有效结论，或称 B 可由 A 逻辑推出。

P 规则：前提在推导过程中的任何时候都可以引入使用。

T 规则：在推导中，如果有一个或多个公式，重言蕴涵着公式 A，则公式 A 可以引入推导之中。

相容：设公式 $H_1,H_2,\cdots,H_n$ 中的命题变元为：$P_1,P_2,\cdots,P_n$，对于 $P_1,P_2,\cdots,P_n$ 的一些真值指派，如果能使 $H_1\wedge H_2\wedge\cdots\wedge H_n$ 的真值为 T，则称公式 $H_1,H_2,\cdots,H_n$ 是相容的。

不相容：设公式 $H_1,H_2,\cdots,H_n$ 中的命题变元为：$P_1,P_2,\cdots,P_n$，如果对于 $P_1,P_2,\cdots,P_n$ 的每一组真值指派，使得 $H_1\wedge H_2\wedge\cdots\wedge H_n$ 的真值均为 F，则称公式 $H_1,H_2,\cdots,H_n$ 是不相容的。

直接证法：由一组前提，利用一些公认的推理规则，根据已知的等价式或蕴涵式，推演得到有效的结论。

间接证法：

(1) 要证明 $H_1\wedge H_2\wedge\cdots\wedge H_n\Rightarrow C$，只要证明 $H_1,H_2,\cdots,H_n$ 与 $\neg C$ 不相容。

(2) 要证明 $H_1\wedge H_2\wedge\cdots\wedge H_n\Rightarrow(A\rightarrow B)$，如能证明 $H_1\wedge H_2\wedge\cdots\wedge H_n\wedge A\Rightarrow B$，即证得 $H_1\wedge H_2\wedge\cdots\wedge H_n\Rightarrow(A\rightarrow B)$ 称为 CP 规则。

二、习题与解

1. 判断下列语句哪些是命题，哪些不是命题，如果是命题，指出它的真值。

(1) 广东是中国的一个省。

(2) 秦皇岛是渤海湾的一个岛屿。

(3) 今天上午十点我到校上课，或去影院看电影。

(4) 我正在说谎。

(5) 我来上课,可你来干什么?

(6) 如果我掌握了英语、法语,那么学习其他欧洲语言就容易得多。

(7) $3+5\geqslant 9$。

(8) 她长得既不漂亮又不文雅。

(9) 天黑了,外面有狼,你还是在这里住一宿吧。

解:(1) 是,真值为 T。 (2) 是,真值为 T。

(3) 是,真值由具体情况唯一确定。 (4) 不是。

(5) 不是。 (6) 是,真值为 T。

(7) 是,真值为 F。 (8) 是,真值由具体情况唯一确定。

(9) 不是。

2. 举例说明复合命题和原子命题。

解:上题中的(1),(2)是原子命题,(3)(6)是复合命题。

3. 将下列复合命题分成若干原子命题。

(1) 天气炎热且正在下雨。

(2) 天气炎热但温度较低。

(3) 天正在下雨或温度较高。

(4) 老王或小李是革新者。

(5) 如果你不看电影,那么我也不看电影。

(6) 我既不看电视,也不外出,我在睡觉。

解:(1) P:天气炎热,Q:正在下雨,$P\wedge Q$。

(2) A:天气炎热,B:温度较低,$A\wedge B$。

(3) S:天正在下雨,T:温度较高,$S\vee T$。

(4) R:老王是革新者,L:小李是革新者,$R\vee L$。

(5) E:你看电影,F:我看电影,$\neg E\rightarrow\neg F$。

(6) A:我不看电视,B:我不外出,C:我在睡觉,$A\wedge B\wedge C$。

4. 设命题 P,Q 的真值为 T,命题 R,S 的真值为 F,试确定下面命题的真值。

(1) $(P\wedge Q\wedge R)\vee\neg((P\vee Q)\wedge(R\vee S))$;

(2) $(\neg(P\wedge Q)\vee\neg R)\vee(((\neg R\wedge Q)\vee\neg R)\wedge S)$;

(3) $(\neg(P\wedge Q\vee\neg R))\vee((Q\leftrightarrows\neg R)\rightarrow(R\vee\neg S)$;

(4) $(P\vee(Q\rightarrow(R\wedge\neg P)))\leftrightarrows(Q\vee\neg S)$。

解:(1) T (2) T (3) T (4) T

5. 设命题 P:天下雪;Q:我将去镇上;R:我有时间。以符号形式写出下列命题:

(1) 天不下雪;

(2) 天不下雪且我有时间;

（3） 如果天不下雪且我有时间，那么我将去镇上。

解：（1） $\neg P$ （2） $\neg P \wedge Q$ （3） $\neg P \wedge R \rightarrow Q$

6.将下列命题符号化：

（1） 李白一边看书，一边听音乐；

（2） 王强长得很高且很帅；

（3） 如果你不去北京，那么我就去；

（4） 四边形 $ABCD$ 是平行四边形，当且仅当它的对边平行；

（5） 张明和赵红是同学；

（6） 他可能是三好学生或优秀学生干部；

（7） 黄河不是世界上最长的河流；

（8） 他既是教师又是学生；

（9） 如果天不下雨，那么我就去钓鱼；

（10） 如果骗子讲真理，那么太阳就从西边出来。

解：（1） P：李白看书，Q：李白听音乐，$P \wedge Q$。

（2） A：王强长得很高，B：王强长得很帅，$A \wedge B$。

（3） P：你去北京，Q：我去北京，$\neg P \rightarrow Q$。

（4） R：四边形 $ABCD$ 是平行四边形，S：四边形 $ABCD$ 的对边平行，$R \leftrightarrows S$。

（5） P：张明是同学，Q：赵红是同学，$P \wedge Q$。

（6） U：他是三好学生，W：他是优秀学生干部，$U \vee W$。

（7） E：黄河是世界上最长的河流，$\neg E$。

（8） G：他是教师，H：他是学生，$G \wedge H$ 。

（9） I：天下雨，J：我去钓鱼，$\neg I \rightarrow J$ 。

（10） K：骗子讲真理，L：太阳从西边出来，$K \rightarrow L$。

7.判断下列公式哪些是合式公式，哪些不是。

（1） $Q \rightarrow R \wedge S$；

（2） $P \leftrightarrows (R \rightarrow S)$；

（3） $(\neg P \rightarrow Q) \rightarrow (Q \rightarrow P)$；

（4） $RS \rightarrow T$；

（5） $(P \rightarrow (Q \rightarrow R)) \rightarrow ((P \rightarrow Q) \rightarrow (P \rightarrow R)$。

解：（1） 是 （2） 是 （3） 是 （4） 不是 （5） 不是

8.求下列各命题公式的真值表，并说明哪些是永真式，哪些是永假式。

（1） $P \rightarrow (Q \vee R)$；

（2） $(P \vee R) \wedge (P \rightarrow Q)$；

（3） $(P \vee Q) \leftrightarrows (Q \vee P)$；

(4) $(P \vee Q) \wedge \neg(P \vee Q)$；

(5) $(P \vee \neg Q) \wedge R$；

(6) $(P \to (Q \to R)) \to ((P \to Q) \to (P \to R))$。

解：(1)

P	Q	R	$P \to (Q \vee R)$
T	T	T	T
T	T	F	T
T	F	T	T
T	F	F	F
F	T	T	T
F	T	F	T
F	F	T	T
F	F	F	T

(2)

P	Q	R	$(P \vee R) \wedge (P \to Q)$
T	T	T	T
T	T	F	T
T	F	T	F
T	F	F	F
F	T	T	T
F	T	F	F
F	F	T	T
F	F	F	F

(3) 是永真式

P	Q	$(P \vee Q) \leftrightarrows (Q \vee P)$
T	T	T
T	F	T
F	T	T
F	F	T

(4) 是永真式

P	Q	$(P \vee Q) \wedge \neg(P \vee Q)$
T	T	F
T	F	F
F	T	F
F	F	F

(5)

P	Q	R	$(P\vee\neg Q)\wedge R)$
T	T	T	T
T	T	F	F
T	F	T	T
T	F	F	F
F	T	T	F
F	T	F	F
F	F	T	T
F	F	F	F

(6) 是永真式

P	Q	R	$(P\to(Q\to R))\to((P\to Q)\to(P\to R))$
T	T	T	T
T	T	F	T
T	F	T	T
T	F	F	T
F	T	T	T
F	T	F	T
F	F	T	T
F	F	F	T

9.试求下列各命题公式的真值表并解释其结果。

(1) $(P\to Q)\wedge(Q\to P)$;

(2) $(P\wedge Q)\to P$;

(3) $Q\to(P\vee Q)$;

(4) $(P\to Q)\leftrightarrows(\neg P\vee Q)$;

(5) $(\neg P\vee Q)\wedge(\neg(P\wedge\neg Q))$。

解:(1) $(P\to Q)\wedge(Q\to P)\Leftrightarrow P\leftrightarrows Q$

P	Q	$(P\to Q)\wedge(Q\to P)$
T	T	T
T	F	F
F	T	F
F	F	T

(2) $(P\wedge Q)\to P$ 是永真式

P	Q	$(P\wedge Q)\to P$
T	T	T
T	F	T
F	T	T
F	F	T

(3) $Q \to (P \vee Q)$是永真式

P	Q	$Q \to (P \vee Q)$
T	T	T
T	F	T
F	T	T
F	F	T

(4) $(P \to Q) \leftrightarrows (\neg P \vee Q)$是永真式

P	Q	$(P \to Q) \leftrightarrows (\neg P \vee Q)$
T	T	T
T	F	T
F	T	T
F	F	T

(5) $(\neg P \vee Q) \wedge (\neg (P \wedge \neg Q)) \Leftrightarrow P \to Q$

P	Q	$(\neg P \vee Q) \wedge (\neg (P \wedge \neg Q))$
T	T	T
T	F	F
F	T	T
F	F	T

10. 将下述语句翻译成命题公式。

(1) 没有共产党就没有新中国；

(2) 明天晴转多云西北风 4 级有时 5 级；

(3) 齐齐哈尔到北京的 40 次特快列车是早 8 点或 8 点 10 分开车；

(4) 天冷了要加衣服，否则会生病，生病了就不能去上课，不能去上课就会影响学习。今天天冷但我没加衣服，则我的学习会受到影响。

解：(1) P：有共产党，Q：有新中国，$\neg P \to \neg Q$。

(2) A：晴转多云，B：西北风 4 级，C：西北风 5 级，$A \wedge \neg (B \leftrightarrows C)$。

(3) R：齐齐哈尔到北京的 40 次特快列车是早 8 点开，S：齐齐哈尔到北京的 40 次特快列车是早 8 点 10 分开，$\neg (R \leftrightarrows S)$。

(4) A：天冷了加衣服，B：生病，C：上课，D：影响学习。

前提：$(\neg A \to B) \wedge (B \to \neg C) \wedge (\neg C \to D)$，结论：$\neg A \to D$。

11. 不构造真值表证明下列各蕴涵式。

(1) $(P \to Q) \Rightarrow P \to (P \wedge Q)$；

(2) $(P \to Q) \to Q \Rightarrow P \vee Q$；

(3) $P \Rightarrow (\neg P \to Q)$；

(4) $\neg A \wedge B \wedge A \Rightarrow C$；

(5) $C \Rightarrow A \vee B \vee \neg B$；

(6) $\neg(A \wedge B) \Rightarrow \neg A \vee \neg B$。

证明：(1) 设 $P \to (P \wedge Q)$ 为 F，则 P 为 T，$P \wedge Q$ 为 F，于是 Q 为 F，故 $P \to Q$ 为 F，因此 $P \to Q \Rightarrow P \to (P \wedge Q)$。

(2) 设 $P \vee Q$ 为 F，则 P 为 F 且 Q 为 F，有 $P \to Q$ 为 T，$(P \to Q) \to Q$ 为 F，因此 $(P \to Q) \to Q \Rightarrow P \vee Q$。

(3) 设 P 为 T，则 $\neg P$ 为 F，于是 $\neg P \to Q$ 为 T，因此 $P \Rightarrow (\neg P \to Q)$。

(4) $\neg A \wedge B \wedge A \to C \Leftrightarrow \neg(\neg A \wedge B \wedge A) \vee C \Leftrightarrow A \vee \neg B \vee \neg A \vee C \Leftrightarrow A \vee \neg A \vee \neg B \vee C \Leftrightarrow T \vee \neg B \vee C \Leftrightarrow T$，因此 $\neg A \wedge B \wedge A \Rightarrow C$。

(5) $C \to (A \vee B \vee \neg B) \Leftrightarrow \neg C \vee A \vee B \vee \neg B \Leftrightarrow \neg C \vee A \vee T \Leftrightarrow T$，因此 $C \Rightarrow A \vee B \vee B$。

(6) 设 $\neg A \vee \neg B$ 为 F，则 $\neg A$ 为 F 且 $\neg B$ 为 F，于是 A 为 T 且 B 为 T，$A \wedge B$ 为 T，$\neg(A \wedge B)$ 为 F，因此，$\neg(A \wedge B) \Rightarrow \neg A \vee \neg B$。

12. 检验下列论证的有效性：

如果 6 是偶数，则 7 被 2 除不尽。

或 5 不是素数，或 7 被 2 除尽。

但 5 是素数，

所以 6 是奇数。

解：设 P：6 是偶数，Q：7 被 2 除整，R：5 是素数，则本题可表示为：$(P \to \neg Q) \wedge (\neg R \vee Q) \wedge R \Rightarrow \neg P$。

验证：设 $(P \to \neg Q) \wedge (\neg R \vee Q) \wedge R$ 为 T，则 $P \to \neg Q$ 为 T，$\neg R \vee Q$ 为 T，R 为 T，故 Q 为 T，再由 $P \to \neg Q$ 为 T，有 P 为 F，得到 $\neg P$ 为 T，故论证有效。

注意：结论"6 是奇数"与实际意义不符，因其前提中"或 5 不是素数，或 7 被 2 除尽"也不符合实际意义。

13. 证明下列等价式：

(1) $A \to (B \to A) \Leftrightarrow \neg A \to (A \to \neg B)$；

(2) $\neg(A \leftrightarrows B) \Leftrightarrow (A \vee B) \wedge \neg(A \wedge B)$；

(3) $\neg(A \to B) \Leftrightarrow A \wedge \neg B$；

(4) $\neg(A \leftrightarrows B) \Leftrightarrow (A \wedge \neg B) \vee (\neg A \wedge B)$；

(5) $A \to B \Leftrightarrow \neg B \to \neg A$。

证明：(1)
$$
\begin{aligned}
A \to (B \to A) &\Leftrightarrow \neg A \vee (\neg B \vee A) \\
&\Leftrightarrow A \vee (\neg A \vee \neg B) \\
&\Leftrightarrow \neg\neg A \vee (A \to \neg B) \\
&\Leftrightarrow \neg A \to (A \to \neg B)。
\end{aligned}
$$

(2)
$$
\begin{aligned}
\neg(A \leftrightarrows B) &\Leftrightarrow \neg((A \to B) \wedge (B \to A)) \\
&\Leftrightarrow \neg(\neg(A \vee B) \vee \neg(\neg B \vee A)
\end{aligned}
$$

$$\Leftrightarrow (A \wedge \neg B) \vee (B \wedge \neg A),$$

$$\begin{aligned}(A \vee B) \wedge \neg(A \wedge B) &\Leftrightarrow (A \vee B) \wedge (\neg A \vee \neg B) \\ &\Leftrightarrow ((A \vee B) \wedge \neg A) \vee ((A \vee B) \wedge \neg B) \\ &\Leftrightarrow (A \wedge \neg A) \vee (B \wedge \neg A) \vee (A \wedge \neg B) \vee (B \wedge \neg B) \\ &\Leftrightarrow (B \wedge \neg A) \vee (A \wedge \neg B),\end{aligned}$$

所以$\neg(A \leftrightarrows B) \Leftrightarrow (A \vee B) \wedge \neg(A \wedge B)$。

(3) $\neg(A \rightarrow B) \Leftrightarrow \neg(\neg A \vee B) \Leftrightarrow A \wedge \neg B$。

(4) $$\begin{aligned}\neg(A \leftrightarrows B) &\Leftrightarrow \neg((A \rightarrow B) \wedge (B \rightarrow A)) \\ &\Leftrightarrow \neg(\neg A \vee B) \vee \neg(\neg B \vee A) \\ &\Leftrightarrow (A \wedge \neg B) \vee (B \wedge \neg A)\text{。}\end{aligned}$$

(5) $A \rightarrow B \Leftrightarrow \neg A \vee B \Leftrightarrow \neg\neg B \vee \neg A \Leftrightarrow \neg B \rightarrow \neg A$。

14. 化简下列各式：

(1) $((A \rightarrow B) \leftrightarrows (\neg B \rightarrow \neg A)) \wedge C$；

(2) $A \vee (\neg A \vee (B \wedge \neg B))$；

(3) $(A \wedge B \wedge C) \vee (\neg A \wedge B \wedge C)$。

解：(1) $$\begin{aligned}&((A \rightarrow B) \leftrightarrows (\neg B \rightarrow \neg A)) \wedge C \\ &\Leftrightarrow ((A \rightarrow B) \leftrightarrows (A \rightarrow B)) \wedge C \\ &\Leftrightarrow T \wedge C \\ &\Leftrightarrow C\text{。}\end{aligned}$$

(2) $$\begin{aligned}A \vee (\neg A \vee (B \wedge \neg B)) &\Leftrightarrow (A \vee \neg A) \vee (B \wedge \neg B) \\ &\Leftrightarrow T \vee F \Leftrightarrow T\text{。}\end{aligned}$$

(3) $$\begin{aligned}(A \wedge B \wedge C) \vee (\neg A \wedge B \wedge C) &\Leftrightarrow (B \wedge C) \wedge (A \vee \neg A) \\ &\Leftrightarrow (B \wedge C) \wedge T \\ &\Leftrightarrow B \wedge C\text{。}\end{aligned}$$

15. 如果 $A \vee C \Leftrightarrow B \vee C$，是否有 $A \Leftrightarrow B$？如果 $A \wedge C \Leftrightarrow B \wedge C$，是否有 $A \Leftrightarrow B$？如果$\neg A \Leftrightarrow \neg B$，是否有 $A \Leftrightarrow B$？

解：如果 $A \vee C \Leftrightarrow B \vee C$，未必有 $A \Leftrightarrow B$，例如 $A \Leftrightarrow T$，$B \Leftrightarrow F$，$C \Leftrightarrow T$，有 $A \vee C \Leftrightarrow B \vee C$，但 $A \Leftrightarrow B$。

如果 $A \wedge C \Leftrightarrow B \wedge C$，未必有 $A \Leftrightarrow B$，例如 $A \Leftrightarrow T$，$B \Leftrightarrow F$，$C \Leftrightarrow F$，有 $A \wedge C \Leftrightarrow B \wedge C$，但 $A \Leftrightarrow B$。

如果$\neg A \Leftrightarrow \neg B$，必有 $A \Leftrightarrow B$。

16. 模仿主析取范式概念，引进主合取范式概念，并证明：对任意公式，存在唯一一个与其等价的主合取范式。

解：首先给出极大项的概念。

设 $P_1,P_2,\cdots,P_n$ 是 n 个原子，一个子句如果恰好包含所有这 n 个原子或其否定，且排列顺序与 $P_1,P_2,\cdots,P_n$ 的顺序一致，则称此子句为关于 $P_1,P_2,\cdots,P_n$ 的一个极大项。

其次给出主合取范式的概念。

设公式 G 中所有不同原子为 $P_1,P_2,\cdots,P_n$，如果 G 的合取范式 G' 中的每个子句，都是关于 $P_1,P_2,\cdots,P_n$ 的一个极大项，则称 G'' 为 G 的主合取范式。

最后证明：对任意公式 G，存在唯一一个与其等价的主合取范式。

对任意公式 G，都存在合取范式 G'，使得 $G\Leftrightarrow G'$，设 G 中所有不同原子为 $P_1,P_2,\cdots,P_n$。对于 G' 中每一个子句 G'_i 进行检查，如果 G'_i 不是关于 $P_1,P_2,\cdots,P_n$ 的极大项，则 G'_i 中必然缺少某些原子 $P_{j1},\cdots,P_{jk}$，而 $G'_i\Leftrightarrow G'_i\vee(P_{j1}\wedge\neg P_{j1})\vee\cdots\vee(P_{jk}\wedge\neg P_{jk})\Leftrightarrow M_{i1}\wedge\cdots\wedge M_{ik}$，于是 G' 中非极大项 G'_i 化成了一些极大项之合取。

对 G' 中其他非极大项也作如上处理，最后得等价于 G 的主合取范式。

设 G_1,G_2 都是 G 的主合取范式，则 $G\Leftrightarrow G_1,G\Leftrightarrow G_2$。

不妨设 G_1 中有一个极大项 M 不在 G_2 中，根据极大项的性质，设 I 是使 M 的真值为 F 的真值指派，则在 I 下除 M 外，其他极大项的真值皆为 T，故在 I 下，G_1 为 F，G_2 为 T，与 $G_1\Leftrightarrow G_2$ 矛盾，所以 G 的主合取范式是唯一的。

17. 试将下列公式化为析取范式和合取范式：

(1) $P\wedge(P\to Q)$；

(2) $\neg(P\vee Q)\to(P\wedge Q)$。

解：(1) $P\wedge(P\to Q)\Leftrightarrow P\wedge(\neg P\vee Q)$ （合取范式）

$\Leftrightarrow(P\wedge\neg P)\vee(P\wedge Q)$ （析取范式）

(2) $\neg(P\vee Q)\to(P\wedge Q)\Leftrightarrow(P\vee Q)\vee(P\wedge Q)$

$\Leftrightarrow P\vee Q\vee(P\wedge Q)$ （析取范式）

$\Leftrightarrow(P\vee Q\vee P)\wedge(P\vee Q\vee Q)\Leftrightarrow P\vee Q$ （合取范式）

18. 试将下列公式化为主析取范式和主合取范式：

(1) $P\to((P\to Q)\wedge\neg(\neg Q\vee\neg P))$；

(2) $P\vee(\neg P\to(Q\vee(\neg Q\to R)))$。

解：(1) $P\to((P\to Q)\wedge\neg(\neg Q\vee\neg P))$

$\Leftrightarrow\neg P\vee((\neg P\vee Q)\wedge Q\wedge P))$

$\Leftrightarrow\neg P\vee(P\wedge Q)$

$\Leftrightarrow(\neg P\wedge(Q\vee\neg Q))\vee(P\wedge Q)$

$\Leftrightarrow(\neg P\wedge Q)\vee(\neg P\wedge\neg Q)\vee(P\wedge Q)$ （主析取范式）

原式 $\Leftrightarrow\neg P\vee(P\wedge Q)\Leftrightarrow(\neg P\vee P)\wedge(\neg P\vee Q)$

$\Leftrightarrow\neg P\vee Q$ （主合取范式）

(2) $P\vee(\neg P\to(Q\vee(\neg Q\to R)))$

$\Leftrightarrow P\vee(P\vee(Q\vee Q\vee R))$

$\Leftrightarrow P\vee Q\vee R$ （主合取范式）

$\Leftrightarrow(P\wedge(Q\vee\neg Q)\wedge(R\vee\neg R))\vee(Q\wedge(P\vee\neg P)\wedge(R\vee\neg R))\vee(R\wedge(P\vee\neg P)\wedge(Q\vee\neg Q))$

$\Leftrightarrow(P\wedge Q\wedge R)\vee(P\wedge Q\wedge\neg R)\vee(P\wedge\neg Q\wedge R)\vee(P\wedge\neg Q\wedge\neg R)\vee(\neg P\wedge Q\wedge R)\vee(\neg P\wedge Q\wedge\neg R)\vee(\neg P\wedge\neg Q\wedge R)$ （主析取范式）

19. A,B,C,D 四个人中要派两个人出差，按下述三个条件有几种派法？

(1) 若 A 去则 C 和 B 要去一人；

(2) B 和 C 不能都去；

(3) C 去则 D 留下。

解：设 A:A 去出差，B:B 去出差，C:C 去出差，D:D 去出差，

按题意，$A\rightarrow\neg(C\leftrightarrows D)$，$\neg(B\wedge C)$，$C\rightarrow\neg D$ 必须同时成立。

$(A\rightarrow\neg(C\leftrightarrows D))\wedge\neg(B\wedge C)\wedge(C\rightarrow\neg D)\Leftrightarrow(\neg A\vee(\neg C\wedge D)\vee(\neg D\wedge C))\wedge(\neg B\vee\neg C)\wedge(\neg C\vee\neg D)\Leftrightarrow\underline{(\neg A\wedge\neg B\wedge\neg C)}\vee\underline{(\neg A\wedge\neg B\wedge\neg D)}\vee\underline{(\neg A\wedge\neg C\wedge\neg D)}\vee(\neg A\wedge\neg C)\vee(\neg B\wedge\neg C\wedge D)\vee\underline{(\neg A\wedge D\wedge\neg B\wedge\neg D)}\vee\underline{(\neg C\wedge D\wedge\neg C\wedge\neg D)}\vee(\neg C\wedge D\wedge\neg C)\vee\underline{(\neg D\wedge C\wedge\neg B\wedge\neg C)}\vee(\neg D\wedge C\wedge\neg B\wedge\neg D)\vee\underline{(\neg D\wedge C\wedge\neg C\wedge\neg D)}\vee\underline{(\neg D\wedge C\wedge\neg C)}$

在上式中，有些项不合题意，如$(\neg A\wedge\neg B\wedge\neg C)$表示三人都不出差，这不合理，又如$(\neg C\wedge D\wedge\neg C\wedge\neg D)$属矛盾式，应舍去，故原式应为：$(\neg A\wedge\neg C)\vee(\neg B\wedge\neg C\wedge D)\vee(\neg C\wedge D)\vee(\neg D\wedge C\wedge\neg B)$，故派法为：$B$ 和 D 去，或 A 和 D 去，或 A 和 C 去。

20. 三人估计比赛结果，甲说："A 第一，B 第二"，乙说："C 第二，D 第四"，丙说："A 第二，D 第四"。结果三人估计得都不全对，但都对了一个，问 A,B,C,D 的名次。

解：设 P:A 是第一，Q:B 是第二，R:C 是第二，S:D 是第四，E:A 是第二，根据题意，有

$$\neg(P\leftrightarrows Q)\wedge\neg(R\leftrightarrows S)\wedge\neg(E\leftrightarrows S)$$

原式$\Leftrightarrow((P\wedge\neg Q)\vee(\neg P\wedge Q))\wedge((R\wedge\neg S)\vee(\neg R\wedge S))\wedge((E\wedge\neg S)\vee(\neg E\wedge S))\Leftrightarrow((\neg P\wedge Q\wedge R\wedge\neg S)\vee(P\wedge\neg Q\wedge\neg R\wedge S)\vee(\neg P\wedge Q\wedge\neg R\wedge S)\vee(P\wedge\neg Q\wedge R\wedge\neg S)\wedge(E\wedge\neg S)\vee(\neg E\wedge S))$

因为$(P\wedge\neg Q\wedge\neg R\wedge S)$与$(\neg P\wedge Q\wedge R\wedge\neg S)$不符题意，原式即为$(P\wedge\neg Q\wedge R\wedge\neg S\wedge E)\vee(\neg P\wedge Q\wedge\neg R\wedge S\wedge\neg E)$，因 R 与 S 矛盾，故$\neg P\wedge Q\wedge\neg R\wedge S\wedge\neg E$ 为真，于是得到 C 第一，B 第二，A 第三，D 第四。

21. 用推理规则证明以下各式。

(1) $\neg(P\wedge\neg Q),\neg Q\vee R,\neg R\Rightarrow\neg P$

(2) $J\rightarrow(M\vee N),(H\vee G)\rightarrow J,H\vee G\Rightarrow M\vee N$

(3) $B\wedge C,(B\leftrightarrows C)\rightarrow(H\vee G)\Rightarrow G\vee H$

(4) $P\rightarrow Q,(\neg Q\vee R)\wedge\neg R,\neg(\neg P\wedge S)\Rightarrow\neg S$。

证明：(1)

1)	$\neg R$	P
2)	$\neg Q \vee R$	P
3)	$\neg Q$	$T(1)(2)I$
4)	$\neg(P \wedge \neg Q)$	P
5)	$\neg P \vee Q$	$T(4)E$
6)	$\neg P$	$T(3)(5)I$

(2)

1)	$H \vee G$	P
2)	$H \vee G \rightarrow J$	P
3)	J	$T(1)(2)I$
4)	$J \rightarrow M \vee N$	P
5)	$M \vee N$	$T(3)(4)I$

(3)

1)	$B \wedge C$	P
2)	$(B \wedge C) \vee (\neg B \wedge \neg G)$	$T(1)I$
3)	$B \leftrightarrows C$	$T(2)E$
4)	$(B \leftrightarrows C) \rightarrow (H \vee G)$	P
5)	$G \vee H$	$T(3)(4)I$

(4)

1)	$(\neg Q \vee R) \wedge \neg R$	P
2)	$\neg R$	$T(1)I$
3)	$\neg Q \vee R$	$T(1)I$
4)	$\neg Q$	$T(2)(3)I$
5)	$P \rightarrow Q$	P
6)	$\neg P$	$T(4)(5)I$
7)	$\neg(\neg P \wedge S)$	P
8)	$P \vee \neg S$	$T(7)E$
9)	$\neg S$	$T(6)(8)I$

22. 仅用规则 P 和 T，推证以下公式。

(1) $\neg A \vee B, C \rightarrow \neg B \Rightarrow A \rightarrow \neg C$；

(2) $A \rightarrow (B \rightarrow C), (C \wedge D) \rightarrow E, \neg F \rightarrow (D \wedge \neg E) \Rightarrow A \rightarrow (B \rightarrow F)$；

(3) $A \vee B \rightarrow C \wedge D, D \vee E \rightarrow F \Rightarrow A \rightarrow F$；

(4) $A \rightarrow (B \wedge C), \neg B \vee D, (E \rightarrow \neg F) \rightarrow \neg D, B \rightarrow (A \wedge \neg E) \Rightarrow B \rightarrow E$；

(5) $(A \rightarrow B) \wedge (C \rightarrow D), (B \rightarrow E) \wedge (D \rightarrow F), \neg(E \wedge F), A \rightarrow C \Rightarrow \neg A$。

证明：(1)

1)	$\neg A \vee B$	P
2)	$A \rightarrow B$	$T(1)E$
3)	$C \rightarrow \neg B$	P

	4)	$B\to\neg C$	$T(3)E$
	5)	$A\to\neg C$	$T(2)(4)I$
(2)	1)	$A\to(B\to C)$	P
	2)	$(A\wedge B)\to C$	$T(1)E$
	3)	$(C\wedge D)\to E$	P
	4)	$C\to(D\to E)$	$T(3)E$
	5)	$(A\wedge B)\to(D\to E)$	$T(2)(4)I$
	6)	$\neg F\to(D\wedge\neg E)$	P
	7)	$\neg(D\wedge\neg E)\to F$	$T(6)E$
	8)	$(D\to E)\to F$	$T(7)E$
	9)	$(A\wedge B)\to F$	$T(5)(8)I$
	10)	$A\to(B\to F)$	$T(9)E$
(3)	1)	$(A\vee B)\to(C\wedge D)$	P
	2)	$(\neg A\vee C)\wedge(\neg A\vee D)\wedge(\neg B\vee C)\wedge(\neg B\vee D)$	$T(1)E$
	3)	$\neg A\vee D$	$T(2)I$
	4)	$A\to D$	$T(3)E$
	5)	$D\vee E\to F$	P
	6)	$(\neg D\vee F)\wedge(E\to F)$	$T(5)F$
	7)	$\neg D\vee F$	$T(6)I$
	8)	$D\to F$	$T(7)E$
	9)	$A\to F$	$T(4)(8)I$
(4)	1)	$\neg B\vee D$	P
	2)	$(E\to\neg F)\to\neg D$	P
	3)	$D\to\neg(E\to\neg F)$	$T(2)E$
	4)	$B\to D$	$T(1)E$
	5)	$B\to\neg(E\to\neg F)$	$T(3)(4)I$
	6)	$\neg B\vee(E\wedge F)$	$T(5)E$
	7)	$(\neg B\vee E)\wedge(\neg B\vee F)$	$T(6)E$
	8)	$\neg B\vee E$	$T(7)I$
	9)	$B\to E$	$T(8)E$
(5)	1)	$(A\to B)\wedge(C\to D)$	P
	2)	$A\to B$	$T(1)I$
	3)	$(B\to E)\wedge(D\to F)$	P
	4)	$B\to E$	$T(3)I$

5)	$A \to E$	$T(2)(4)I$
6)	$\neg(E \wedge F)$	P
7)	$E \to \neg F$	$T(6)E$
8)	$A \to \neg F$	$T(5)(7)I$
9)	$C \to D$	$T(1)I$
10)	$D \to F$	$T(3)I$
11)	$C \to F$	$T(9)(10)I$
12)	$A \to C$	P
13)	$A \to F$	$T(11)(12)I$
14)	$\neg F \to \neg A$	$T(13)E$
15)	$A \to \neg A$	$T(8)(14)I$
16)	$\neg A \vee \neg A$	$T(15)E$
17)	$\neg A$	$T(16)E$

23. 用 CP 规则推证上题中的(1)、(2)、(3)、(4)各式。

证明：(1)

1)	A	P(附加前提)
2)	$\neg A \vee B$	P
3)	$A \to B$	$T(2)E$
4)	B	$T(1)(3)I$
5)	$C \to \neg B$	P
6)	$B \to \neg C$	$T(5)E$
7)	$\neg C$	$T(4)(6)I$
8)	$A \to \neg C$	CP

(2)

1)	A	P(附加前提)
2)	$A \to (B \to C)$	P
3)	$B \to C$	$T(1)(2)I$
4)	$(C \wedge D) \to E$	P
5)	$C \to (D \to E)$	$T(4)E$
6)	$B \to (D \to E)$	$T(3)(5)I$
7)	$\neg F \to (D \wedge \neg E)$	P
8)	$\neg(D \wedge \neg E) \to F$	$T(7)E$
9)	$(D \to E) \to F$	$T(8)E$
10)	$B \to F$	$T(6)(9)I$
11)	$A \to (B \to F)$	CP

(3)

1)	A	P(附加前提)

2) $A \vee B$ $T(1)I$

3) $A \vee B \to C \wedge D$ P

4) $C \wedge D$ $T(2)(3)I$

5) D $T(4)I$

6) $D \vee E$ $T(5)I$

7) $D \vee E \to F$ P

8) F $T(6)(7)I$

9) $A \to F$ CP

(4) 1) B P（附加前提）

2) $\neg B \vee D$ P

3) $B \to D$ $T(2)E$

4) D $T(1)(3)I$

5) $(E \to \neg F) \to \neg D$ P

6) $D \to \neg(E \to \neg F)$ $T(5)E$

7) $\neg(E \to \neg F)$ $T(4)(6)I$

8) $E \vee F$ $T(7)E$

9) E $T(8)I$

10) $B \to E$ CP

24. 证明下列各式。（如果必要，可用间接证法）

(1) $R \to \neg Q, R \vee S, S \to \neg Q, P \to Q \Rightarrow \neg P$；

(2) $S \to \neg Q, S \vee R, \neg R, \neg P \leftrightarrows Q \Rightarrow P$；

(3) $\neg(P \to Q) \to \neg(R \vee S), ((Q \to P) \vee \neg R), R \Rightarrow P \leftrightarrows Q$。

证明：(1) 1) P P（附加前提）

2) $P \to Q$ P

3) Q $T(2)(3)I$

4) $R \to \neg Q$ P

5) $Q \to \neg R$ $T(4)E$

6) $\neg R$ $T(3)(5)I$

7) $R \vee S$ P

8) S $T(6)(7)I$

9) $S \to \neg Q$ P

10) $\neg Q$ $T(8)(9)I$

11) $Q \wedge \neg Q$（矛盾） $T(3)(10)I$

(2) 1) $\neg P$ P（附加前提）

	2) $\neg R$	P
	3) $S \vee R$	P
	4) S	$T(2)(3)I$
	5) $S \rightarrow \neg Q$	P
	6) $\neg Q$	$T(4)(5)I$
	7) $\neg P \rightleftharpoons Q$	P
	8) $(\neg P \rightarrow Q) \wedge (Q \rightarrow \neg P)$	$T(7)E$
	9) $\neg P \rightarrow Q$	$T(8)I$
	10) Q	$T(1)(9)I$
	11) $\neg Q \wedge Q$(矛盾)	$T(6)(10)I$
(3)	1) R	P
	2) $(Q \rightarrow P) \vee \neg R$	P
	3) $Q \rightarrow P$	$T(1)(2)I$
	4) $R \vee S$	$T(1)I$
	5) $\neg(P \rightarrow Q) \rightarrow \neg(R \vee S)$	P
	6) $(R \vee S) \rightarrow (P \rightarrow Q)$	$T(5)E$
	7) $P \rightarrow Q$	$T(4)(6)I$
	8) $(P \rightarrow Q) \wedge (Q \rightarrow P)$	$T(3)(7)I$
	9) $P \rightleftharpoons Q$	$T(8)E$

25. 对下面的每一组前提,写出可能导出的结论以及所应用的推理规则。

(1) 如果我跑步,那么,我很疲劳。
我没有疲劳。

(2) 如果他犯了错误,那么,他神色慌张。
他神色慌张。

(3) 如果我的程序通过,那么,我很快乐。
如果我快乐,那么,阳光很好。
现在是晚上十一点,天很暖。

解:(1) 设 P:我跑步,Q:我很疲劳,前提为:$P \rightarrow Q$,$\neg Q$

1) $P \rightarrow Q$	P
2) $\neg Q$	P
3) $\neg P$	$T(1)(2)I$

结论为:$\neg P$,我没有跑步

(2) 设 P:他犯了错误,Q:他神色慌张,前提为:$P \rightarrow Q$,Q

因为$(P \rightarrow Q) \wedge Q \Leftrightarrow (\neg P \vee Q) \wedge Q \Leftrightarrow Q$,故本题没有确定的结论。

(3) 设 P:我的程序通过,Q:我很快乐,R:阳光很好,

前提为:$P\to Q, Q\to R, \neg R$

1)	$\neg R$	P
2)	$Q\to R$	P
3)	$\neg Q$	$T(1)(2)I$
4)	$P\to Q$	P
5)	$\neg P$	$T(3)(4)I$

结论为:$\neg P$,我的程序没有通过。

26.求下列各式的析取范式。

(1) $(\neg P\wedge Q)\to R$;

(2) $P\to((Q\wedge R)\to S)$;

(3) $(P\to Q)\to R$;

(4) $\neg(P\vee\neg Q)\wedge(S\to T)$。

解:(1) $(\neg P\wedge Q)\to R\Leftrightarrow\neg(\neg P\wedge Q)\vee R\Leftrightarrow P\vee\neg Q\vee R$。

(2) $P\to((Q\wedge R)\to S)\Leftrightarrow\neg P\vee(\neg(Q\wedge R)\vee S)\Leftrightarrow\neg P\vee\neg Q\vee\neg R\vee S$。

(3) $(P\to Q)\to R\Leftrightarrow\neg(\neg P\vee Q)\vee R\Leftrightarrow(P\wedge\neg Q)\vee R$。

(4) $\neg(P\vee\neg Q)\wedge(S\to T)$

$\Leftrightarrow(\neg P\wedge Q)\wedge(\neg S\vee T)$

$\Leftrightarrow(\neg P\wedge Q\wedge\neg S)\vee(\neg P\wedge Q\wedge T)$。

27.求下列各式的合取范式。

(1) $P\vee(\neg P\wedge Q\wedge R)$;

(2) $(P\to Q)\to R$;

(3) $\neg(P\to Q)\vee(P\vee Q)$;

(4) $(\neg P\wedge Q)\vee(P\wedge\neg Q)$。

解:(1) $P\vee(\neg P\wedge Q\wedge R)$

$\Leftrightarrow(P\vee\neg P)\wedge(P\vee Q)\wedge(P\vee R)$

$\Leftrightarrow(P\vee Q)\wedge(P\vee R)$。

(2) $(P\to Q)\to R\Leftrightarrow\neg(\neg P\vee Q)\vee R$

$\Leftrightarrow(P\wedge\neg Q)\vee R$

$\Leftrightarrow(P\vee R)\wedge(\neg Q\vee R)$。

(3) $\neg(P\to Q)\vee(P\vee Q)\Leftrightarrow\neg(\neg P\vee Q)\vee(P\vee Q)$

$\Leftrightarrow(P\wedge\neg Q)\vee(P\vee Q)$

$\Leftrightarrow(P\vee P\vee Q)\wedge(\neg Q\vee P\vee Q)\Leftrightarrow P\vee Q$。

(4) $(\neg P\wedge Q)\vee(P\wedge\neg Q)$

$\Leftrightarrow(\neg P\vee P)\wedge(\neg P\vee\neg Q)\wedge(Q\vee P)\wedge(Q\vee\neg Q)$

$\Leftrightarrow(\neg P\vee\neg Q)\wedge(P\vee Q)$。

28. 求$(A\to B\wedge C)\wedge(\neg A\leftrightarrows(\neg B\wedge\neg C))$的主析取范式与主合取范式。

解：对于给定的命题公式，通常采用以下两种方法求主合取范式与主析取范式。

(1) 列表法

列出给定公式的真值表，其真值为 T 的指派所对应的极小项析取，即为此公式的主析取范式。同理，其真值为 F 的指派所对应的极大项的合取，即为此公式的主合取范式。

(2) 公式推导法

首先将公式中的条件和双条件联结词化去，进一步求出析取范式，删去其中所有的永假析取式，将析取式中重复出现的合取项和相同的变元合并，最后对合取项添加没有出现的命题变元，即合取 $P\vee\neg P$，经过化简整理，即可得到主析取范式。

对于求主合取范式的方法，基本与上述相同。只是在开始时，将公式化为合取范式，在添加项时，要析取矛盾式 $(P\wedge\neg P)$。

此外，利用主范式的编码方法，在求出主析取范式的编码后，可立即写出主合取范式的编码。

给定公式的真值表如下：

ABC	$B\wedge C$	$A\to(B\wedge C)$	$\neg A$	$\neg B\wedge\neg C$	$\neg A\leftrightarrows(\neg B\wedge\neg C)$	原式
TTT	T	T	F	F	T	T
TTF	F	F	F	F	T	F
TFT	F	F	F	F	T	F
TFF	F	F	F	T	F	F
FTT	T	T	T	F	F	F
FTF	F	T	T	F	F	F
FFT	F	T	T	F	F	F
FFF	F	T	T	T	T	T

所以

原式 $\Leftrightarrow(\neg A\vee\neg B\vee C)\wedge(\neg A\vee B\vee\neg C)\wedge(\neg A\vee B\vee C)\wedge(A\vee\neg B\vee\neg C)\wedge(A\vee\neg B\vee C)\wedge(A\vee B\vee\neg C)$

$\Leftrightarrow(A\wedge B\wedge C)\vee(\neg A\wedge\neg B\wedge\neg C)$。

原式 $\Leftrightarrow(\neg A\vee(B\wedge C))\wedge(\neg A\to(\neg B\wedge\neg C))\wedge((\neg B\wedge\neg C)\to\wedge\neg A)$

$\Leftrightarrow(\neg A\vee(B\wedge C))\wedge(A\vee(\neg B\wedge\neg C))\wedge(B\vee C\vee\neg A)$

$\Leftrightarrow((\neg A\wedge A)\vee(\neg A\wedge\neg B\wedge\neg C)\vee(A\wedge B\wedge C)\vee(B\wedge C\wedge\neg B\wedge\neg C))\wedge(\neg A\vee B\vee C)$

$\Leftrightarrow((\neg A\wedge\neg B\wedge\neg C)\vee(A\wedge B\wedge C))\wedge(\neg A\vee B\vee C)$

$\Leftrightarrow((\neg A\wedge\neg B\wedge\neg C)\wedge(\neg A\vee B\vee C))\vee((A\wedge B\wedge C)\wedge(\neg A\vee B\vee C))$

$\Leftrightarrow(\neg A\wedge\neg B\wedge\neg C)\vee(A\wedge B\wedge C)$。

原式$\Leftrightarrow(\neg A \vee(B \wedge C)) \wedge(A \vee(\neg B \wedge \neg C)) \wedge((B \vee C) \wedge \neg A)$

$\Leftrightarrow(\neg A \vee B) \wedge(\neg A \vee C) \wedge(A \vee \neg B) \wedge(A \vee \neg C) \wedge(\neg A \vee B \vee C$

$\Leftrightarrow(\neg A \vee B \vee C) \wedge(\neg A \vee B \vee \neg C) \wedge(\neg A \vee B \vee C) \wedge(\neg A \vee \neg B \vee C) \wedge(A \vee \neg B \vee C) \wedge(A \vee \neg B \vee \neg C) \wedge(A \vee B \vee \neg C) \wedge(A \vee \neg B \vee \neg C) \wedge(\neg A \vee B \vee C)$

$\Leftrightarrow(\neg A \vee B \vee C) \wedge(\neg A \vee B \vee C) \wedge(\neg A \vee \neg B \vee C) \wedge(A \vee \neg B \vee C) \wedge(A \vee \neg B \vee \neg C) \wedge(A \vee B \vee \neg C)$。

29.求下列各式的主析取范式及主合取范式,并指出哪些是重言式。

(1) $(\neg P \vee \neg Q) \rightarrow(P \rightleftharpoons \neg Q)$;

(2) $Q \wedge(P \vee \neg Q)$;

(3) $P \vee(\neg P \rightarrow(Q \vee(\neg Q \rightarrow R)))$;

(4) $(P \rightarrow(Q \wedge R)) \wedge(\neg P \rightarrow(\neg Q \wedge \neg R))$。

解:(1) $(\neg P \vee \neg Q) \rightarrow(P \rightleftharpoons \neg Q)$

$\Leftrightarrow \neg(\neg P \vee \neg Q) \vee(P \wedge \neg Q) \vee(\neg P \wedge Q)$

$\Leftrightarrow(P \wedge Q) \vee(P \wedge \neg Q) \vee(\neg P \wedge Q)$

$\Leftrightarrow P \vee Q$。

(2) $Q \wedge(P \vee \neg Q)$

$\Leftrightarrow(P \wedge Q) \vee(Q \wedge \neg Q)$

$\Leftrightarrow P \wedge Q$

$\Leftrightarrow(P \vee Q) \wedge(P \vee \neg Q) \wedge(\neg P \vee Q)$。

(3) $P \vee(\neg P \rightarrow(Q \vee(\neg Q \rightarrow R)))$

$\Leftrightarrow P \vee(P \vee Q \vee Q \vee R)$

$\Leftrightarrow P \vee Q \vee R$

$\Leftrightarrow(\neg P \wedge \neg Q \wedge R) \vee(\neg P \wedge Q \wedge \neg R) \vee(\neg P \wedge Q \wedge R) \vee(P \wedge \neg Q \wedge R) \vee(P \wedge Q \wedge \neg R) \vee(P \wedge Q \wedge R) \vee(P \wedge \neg Q \wedge \neg R)$。

(4) $(P \rightarrow(Q \wedge R)) \wedge(\neg P \rightarrow(\neg Q \wedge \neg R))$

$\Leftrightarrow(\neg P \vee(Q \wedge R)) \wedge(P \vee(\neg Q \wedge \neg R))$

$\Leftrightarrow(\neg P \vee Q) \wedge(\neg P \vee R) \wedge(P \vee \neg Q) \wedge(P \vee \neg R)$

$\Leftrightarrow(\neg P \vee Q \vee R) \wedge(\neg P \vee Q \vee \neg R) \wedge(\neg P \vee Q \vee R) \wedge(\neg P \vee \neg Q \vee R) \wedge(P \vee \neg Q \vee R) \wedge(P \vee \neg Q \vee \neg R) \wedge(P \vee Q \vee \neg R) \wedge(P \vee \neg Q \vee \neg R)$

$\Leftrightarrow(\neg P \vee Q \vee R) \wedge(\neg P \vee Q \vee \neg R) \wedge(\neg P \vee \neg Q \vee R) \wedge(P \vee \neg Q \vee R) \wedge(P \vee \neg Q \vee \neg R) \wedge(P \vee Q \vee \neg R)$

$\Leftrightarrow(P \wedge Q \wedge R) \vee(\neg P \wedge \neg Q \wedge \neg R)$。

30.用将公式化为范式的方法证明下列各题中两式是等价的。

(1) $(A \to B) \wedge (A \to C), A \to (B \wedge C)$；

(2) $(A \to B) \to (A \wedge B), (\neg A \to B) \wedge (B \to A)$；

(3) $A \wedge B \wedge (\neg A \vee \neg B), \neg A \wedge \neg B \wedge (A \vee B)$；

(4) $A \vee (A \to (A \wedge B)), \neg A \vee \neg B \vee (A \wedge B)$。

证明：(1) $(A \to B) \wedge (A \to C) \Leftrightarrow (\neg A \vee B) \wedge (\neg A \vee C)$

$\Leftrightarrow \neg A \vee (B \wedge C)$，

$A \to (B \wedge C) \Leftrightarrow \neg A \vee (B \wedge C)$。

(2) $(A \to B) \to (A \wedge B) \Leftrightarrow \neg(\neg A \vee B) \vee (A \wedge B)$

$\Leftrightarrow (A \wedge \neg B) \vee (A \wedge B)$

$\Leftrightarrow A \wedge (B \vee \neg B) \Leftrightarrow A \wedge T \Leftrightarrow A$，

$(\neg A \to B) \wedge (B \to A) \Leftrightarrow (A \vee B) \wedge (\neg B \vee A)$

$\Leftrightarrow A \vee (B \wedge \neg B)$

$\Leftrightarrow A \vee F \Leftrightarrow A$。

(3) $A \wedge B \wedge (\neg A \vee \neg B) \Leftrightarrow (A \wedge B \wedge \neg A) \vee (A \wedge B \wedge \neg B)$

$\Leftrightarrow F \vee F \Leftrightarrow F$，

$\neg A \wedge \neg B \wedge (A \vee B) \Leftrightarrow \neg(A \vee B) \wedge (A \vee B) \Leftrightarrow F$。

(4) $A \vee (A \to (A \wedge B)) \Leftrightarrow A \vee \neg A \vee (A \wedge B) \Leftrightarrow T$，

$\neg A \vee \neg B \vee (A \wedge B) \Leftrightarrow \neg(A \wedge B) \vee (A \wedge B) \Leftrightarrow T$。

31. 证明：若 $A \vee B \Leftrightarrow A \vee C$，$\neg A \vee B \Leftrightarrow \neg A \vee C$，则 $B \Leftrightarrow C$。

证明：$B \Leftrightarrow B \vee (A \wedge \neg A)$

$\Leftrightarrow (B \vee A) \wedge (B \vee \neg A)$

$\Leftrightarrow (A \vee B) \wedge (\neg A \vee B)$

$\Leftrightarrow (A \vee C) \wedge (\neg A \vee C)$

$\Leftrightarrow (A \wedge \neg A) \vee C$

$\Leftrightarrow F \vee C \Leftrightarrow C$。

32. 证明下列等价式

(1) $((A \wedge B \wedge C) \to D) \wedge (C \to A \vee B \vee D) \Leftrightarrow (C \wedge (A \rightleftharpoons B)) \to D$；

(2) $A \to (B \vee C) \Leftrightarrow (A \wedge \neg B) \to C$；

(3) $(A \to D) \wedge (B \to D) \Leftrightarrow (A \vee B) \to D$；

(4) $((A \wedge B) \to C) \wedge (B \to (D \vee C)) \Leftrightarrow (B \wedge (D \to A)) \to C$。

证明：(1) $((A \wedge B \wedge C) \to D) \wedge (C \to (A \vee B \vee D))$

$\Leftrightarrow (\neg(A \wedge B \wedge C) \vee D) \wedge (\neg C \vee A \vee B \vee D)$

$\Leftrightarrow (\neg A \vee \neg B \vee \neg C \vee D) \wedge (\neg C \vee A \vee B \vee D$

$\Leftrightarrow (\neg C \vee D) \vee ((\neg A \vee \neg B) \wedge (A \vee B))$

$\Leftrightarrow(\neg C\vee D)\vee(\neg A\wedge B)\vee(A\wedge\neg B)$

$\Leftrightarrow(\neg C\vee\neg(A\vee\neg B)\vee\neg(\neg A\vee B))\vee D$

$\Leftrightarrow\neg(C\wedge(A\to B)\wedge(B\to A))\vee D$

$\Leftrightarrow(C\wedge(A\rightleftharpoons B))\to D$。

(2) $A\to(B\vee C)\Leftrightarrow\neg A\vee B\vee C$

$\Leftrightarrow\neg(A\wedge\neg B)\vee C$

$\Leftrightarrow(A\wedge\neg B)\to C$。

(3) $(A\to D)\wedge(B\to D)$

$\Leftrightarrow(\neg A\vee D)\wedge(\neg B\vee D)$

$\Leftrightarrow(\neg A\wedge\neg B)\vee D$

$\Leftrightarrow\neg(A\vee B)\vee D$

$\Leftrightarrow(A\vee B)\to D$。

(4) $((A\wedge B)\to C)\wedge(B\to(D\vee C))$

$\Leftrightarrow(\neg(A\wedge B)\vee C)\wedge(\neg B\vee D\vee C)$

$\Leftrightarrow(\neg A\vee\neg B\vee C)\wedge(\neg B\vee C\vee D)$

$\Leftrightarrow\neg B\vee C\vee(\neg A\wedge D)$

$\Leftrightarrow\neg B\vee\neg(A\vee\neg D))\vee C$

$\Leftrightarrow\neg(B\vee(A\vee\neg D))\vee C$

$\Leftrightarrow(B\wedge(D\to A))\to C$。

33. 张三说李四在说谎，李四说王五在说谎，王五说张三、李四都在说谎，问张三、李四、王五三人，到底谁说真话，谁说假话？

解：设 A：张三说真话，B：李四说真话，C：王五说真话

依题意有 $A\Leftrightarrow\neg B, B\Leftrightarrow\neg C, C\Leftrightarrow\neg A\wedge\neg B$ 为真。

由定理 7.4.2，$A\Leftrightarrow\neg B$ 当且仅当 $(A\rightleftharpoons\neg B)\Leftrightarrow(A\to\neg B)\wedge(\neg B\to A)$ 为 T。

同理，$B\Leftrightarrow\neg C$ 成立，有 $(B\to\neg C)\wedge(\neg C\to B)$ 为 T，$C\Leftrightarrow\neg A\wedge\neg B$ 成立，有 $(C\to(\neg A\wedge\neg B))\wedge((\neg A\wedge\neg B)\to C)$ 为 T。则有

$T\Leftrightarrow(A\to\neg B)\wedge(\neg B\to A)\wedge(B\to\neg C)\wedge(\neg C\to B)\wedge(C\to(\neg A\wedge\neg B))\wedge((\neg A\wedge\neg B)\to C)$

$\Leftrightarrow(\neg A\vee\neg B)\wedge(B\vee A)\wedge(\neg B\vee\neg C)\wedge(C\vee B)\wedge(\neg C\vee(\neg A\wedge\neg B))\wedge(A\vee B\vee C)$

$\Leftrightarrow((\neg A\wedge B)\vee(A\wedge\neg B))\wedge((\neg B\wedge C)\vee(B\wedge\neg C))\wedge((A\wedge\neg C)\vee(B\wedge\neg C)\vee(\neg A\wedge\neg B\wedge C))$

$\Leftrightarrow((\neg A\wedge B\wedge\neg C)\vee(A\wedge\neg B\wedge C))\wedge((A\wedge\neg C)\vee(B\wedge\neg C)\vee(\neg A\wedge\neg B\wedge C))$

$\Leftrightarrow(\neg\wedge B\wedge\neg C)$，

即：张三说假话，王五说假话，而李四说真话。

34. 甲、乙、丙、丁四个人有且只有两人参加围棋优胜比赛，关于谁参加竞赛，下列四种判断都是正确的：

(1) 甲和乙只有一人参加；

(2) 丙参加，丁必参加；

(3) 乙或丁至多参加一人；

(4) 丁不参加，甲也不会参加。

请推出哪两个人参加了围棋优胜比赛。

解：设 A：甲参加竞赛，B：乙参加竞赛，C：丙参加竞赛，D：丁参加竞赛，依题意，有

$T \Leftrightarrow \neg(A \rightleftharpoons \neg B) \wedge (C \rightarrow D) \wedge (\neg B \vee \neg D) \wedge (\neg D \rightarrow \neg A)$

$\Leftrightarrow ((A \wedge \neg B) \vee (\neg A \wedge B)) \wedge (\neg C \vee D) \wedge (\neg B \vee \neg D) \wedge (D \vee \neg A)$

$\Leftrightarrow ((A \wedge \neg B \wedge \neg C) \vee (A \wedge \neg B \wedge D) \vee (\neg A \wedge B \wedge \neg C) \vee (\neg A \wedge B \wedge D)) \wedge ((\neg B \wedge D) \vee (\neg B \wedge \neg A) \vee (\neg D \wedge \neg A))$

$\Leftrightarrow (A \wedge \neg B \wedge \neg C \wedge D) \vee (A \wedge \neg B \wedge D) \vee (\neg A \wedge B \wedge \neg C \wedge \neg D)$。

根据题设，只能去两个人，所以$\neg A \wedge B \wedge \neg C \wedge D$ 为 F。

所以只有

$$(A \wedge \neg B \wedge \neg C \wedge D) \vee (A \wedge \neg B \wedge D) \Leftrightarrow T$$

即甲、丁参加围棋比赛。

35. 证明：$P \rightarrow (Q \rightarrow R) \Rightarrow (P \rightarrow Q) \rightarrow (P \rightarrow R)$。

证明：对于蕴涵式的证明，可以采用多种方法。首先是直接证法，就是在假设前提为真时推证结论为真。其次是反证法，就是假设结论为假，推证前提为假。还可以根据蕴涵式的定义，要证 $S \Rightarrow C$，即需要证明 $S \rightarrow C$ 为重言式。

下面给出本题的各种证明。

(Ⅰ) 直接证法。

设 $P \rightarrow (Q \rightarrow R)$为 T，则

(1) P 为 T，$Q \rightarrow R$ 为 T，有三种情况：

① P 为 T，Q 为 T，R 为 T，则$(P \rightarrow Q) \rightarrow (P \rightarrow R)$为 T。

② P 为 T，Q 为 F，R 为 T，则$(P \rightarrow Q) \rightarrow (P \rightarrow R)$为 T。

③ P 为 T，Q 为 F，R 为 F，则$(P \rightarrow Q) \rightarrow (P \rightarrow R)$为 T。

(2) P 为 F，$Q \rightarrow R$ 为 F，则 P 为 F，Q 为 T，R 为 F，所以 $P \rightarrow Q$ 为 T，$P \rightarrow R$ 为 T，则$(P \rightarrow Q) \rightarrow (P \rightarrow R)$为 T。

(3) P 为 F，$Q \rightarrow R$ 为 T，则

① P 为 F，Q 为 T，R 为 T，则$(P \rightarrow Q) \rightarrow (P \rightarrow R)$为 T。

② P 为 F，Q 为 F，R 为 F，则$(P \rightarrow Q) \rightarrow (P \rightarrow R)$为 T。

③ P 为 F，Q 为 F，R 为 T，则$(P \rightarrow Q) \rightarrow (P \rightarrow R)$为 T。

（Ⅱ） 间接证法。

设$(P\to Q)\to(P\to R)$为F，则必有$P\to Q$为T，$P\to R$为F，故得P为T，R为F，Q为T，所以$P\to(Q\to R)$为F。

（Ⅲ） 等价变换。

$(P\to(Q\to R))\to((P\to Q)\to(P\to R))$

$\Leftrightarrow\neg(\neg P\vee\neg Q\vee R)\vee(\neg(\neg P\vee Q)\vee(\neg P\vee R))$

$\Leftrightarrow(P\wedge Q\wedge\neg R)\vee((P\wedge\neg Q)\vee(\neg P\vee R))$。

$\Leftrightarrow(P\wedge Q\wedge\neg R)\vee((P\vee\neg P\vee R)\wedge(\neg Q\vee\neg P\vee R))$

$\Leftrightarrow(P\wedge Q\wedge\neg R)\vee(\neg P\vee\neg Q\vee R)$

$\Leftrightarrow(P\wedge Q\wedge\neg R)\vee\neg)(P\wedge Q\wedge\neg R)$

$\Leftrightarrow T$。

此外，还可以列真值表进行验证。

36.用推理规则论证下述问题。

或者是天晴，或者是下雨，如果是天晴，我去看电影。如果我去看电影，我就不看书，所以，如果我在看书，则天下雨。

解：设A：今天天晴，B：我去看书，R：今天下雨，E：我去看电影，

命题符号化为：

$$\neg(A\rightleftharpoons R),A\to E,E\to\neg B\Rightarrow B\to R$$

(1)	$\neg(A\rightleftharpoons R)$	P
(2)	$A\rightleftharpoons\neg R$	$T(1)E$
(3)	$(A\to\neg R)\wedge(\neg R\to A)$	$T(2)E$
(4)	$\neg R\to A$	$T(3)I$
(5)	$A\to E$	P
(6)	$\neg R\to E$	$T(4)(5)I$
(7)	$E\to\neg B$	P
(8)	$\neg R\to\neg B$	$T(6)(7)I$
(9)	$B\to R$	$T(8)E$

37.证明：$(\neg A\to(B_1\vee B_2\vee\cdots\vee B_n))\wedge(\neg B_1\wedge\neg B_2\wedge\cdots\wedge\neg B_n)\Rightarrow A$是一个正确的推理形式。

证明：要证本题为正确推理形式，即证：$(\neg A\to(B_1\vee B_2\vee\cdots\vee B_n))\wedge(\neg B_1\wedge\neg B_2\wedge\cdots\wedge\neg B_n)\to A$是永真式。

令$B\Leftrightarrow B_1\vee B_2\vee\cdots\vee B_n$，$\neg B\Leftrightarrow\neg B_1\wedge\neg B_2\wedge\cdots\wedge\neg B_n$，

故原式$\Leftrightarrow((\neg A\to B)\wedge\neg B)\to A$

$\Leftrightarrow\neg((A\vee B)\wedge\neg B)\vee A$

$\Leftrightarrow\neg((A\wedge\neg B)\vee(B\wedge\neg B))\vee A$

$\Leftrightarrow\neg((A\wedge\neg B)\vee F)\vee A$

$\Leftrightarrow\neg(A\wedge\neg B)\vee A$

$\Leftrightarrow\neg A\vee B\vee A\Leftrightarrow T$。

38.证明：$(A_1\rightarrow B)\wedge(A_2\rightarrow B)\wedge\cdots\wedge(A_n\rightarrow B)\wedge(A_1\vee A_2\vee\cdots\vee A_n)\Rightarrow B$ 是一个正确的推理形式。

证明：要证本题是一个正确推理形式，即证：$(A_1\rightarrow B)\wedge(A_2\rightarrow B)\wedge\cdots\wedge(A_n\rightarrow B)\wedge(A_1\vee A_2\vee\cdots\vee A_n)\rightarrow B$ 是一个永真式。

原式 $\Leftrightarrow(\neg A_1\vee B)\wedge(\neg A_2\vee B)\wedge\cdots\wedge(\neg A_n\vee B)\wedge(A_1\vee A_2\vee\cdots\vee A_n)\rightarrow B$

$\Leftrightarrow((\neg A_1\wedge\neg A_2\wedge\cdots\wedge\neg A_n\vee B)\wedge(A_1\vee A_2\vee\cdots\vee A_n)\rightarrow B$

$\Leftrightarrow(\neg(A_1\vee A_2\vee\cdots\vee A_n)\vee B\wedge(A_1\vee A_2\vee\cdots\vee A_n)\rightarrow B$

$\Leftrightarrow(\neg(A_1\vee A_2\vee\cdots\vee A_n)\wedge(A_1\vee A_2\vee\cdots\vee A_n))\vee(B\wedge A_1\vee A_2\vee\cdots\vee A_n))\rightarrow B$

$\Leftrightarrow\neg(B\wedge(A_1\vee A_2\vee\cdots\vee A_n))\vee B$

$\Leftrightarrow\neg B\vee\neg(A_1\vee A_2\vee\cdots\vee A_n)\vee B\Leftrightarrow T$。

39.设 $A_1,A_2,\cdots,A_n,B_1,B_2,\cdots,B_n$ 为命题公式，有一真值指派 I，使得 $A\rightarrow B$ 的真值为 $T(i=1,2,\cdots,n)$，$B_i\wedge B_j$ 为 $F(i,j=1,2,\cdots,n,i\neq j)$，$A_1\vee A_2\vee\cdots\vee A_n$ 为 T，证明：$B_i\rightarrow A_j$ 的真值为 $T(i=1,2,\cdots,n)$。

证明：假设存在 $i(1\leqslant i\leqslant n)$，使 $B_i\rightarrow A_i$ 的真值为 F，不妨设 $B_1\rightarrow A_1$ 为 F，则 B_1 为 T，A_1 为 F。

由 $B_i\wedge B_j$ 为 $F(i,j=1,2,\cdots,n,i,\neq j)$，则 B_j 为 $F(j=2,3,\cdots,n)$。再由 $A_j\rightarrow B_j$ 为 $T(j=2,3,\cdots,n)$，则 A_j 为 $F(j=2,3,\cdots,n)$，故 A_i 皆为 $F(i=1,2,\cdots,n)$，则 $A_1\vee A_2\vee\cdots\vee A_n$ 为 F，与 $A_1\vee A_2\vee\cdots\vee A_n$ 为 T 矛盾，因此，$B_i\rightarrow A_i$ 的真值为 $T(i=1,2,\cdots,n)$。

40.试判断 n 为何值时，公式$(\cdots((A\rightarrow A)\rightarrow)\cdots)\rightarrow A$ 为重言式，并证明之（n 为公式中$\rightarrow$出现的数目）。

证明：为 n 为奇数时，公式$(\cdots((A\rightarrow A)\rightarrow A)\cdots)\rightarrow A$ 为重言式。

当 $n=1$ 时，有 $A\rightarrow A\Leftrightarrow\neg A\vee A\Leftrightarrow T$，结论成立。

设 $n=2k+1$ 时，结论成立，当 $n=2k+3$ 时，原公式$\Leftrightarrow(T\rightarrow A)\rightarrow A\Leftrightarrow\neg(F\vee A)\vee A\Leftrightarrow(T\wedge\neg A)\vee A\Leftrightarrow\neg A\vee A\Leftrightarrow T$。

41.设 A 是命题公式，试求 A 的所有逻辑结果。

解：设 B 是重言式，有 $A\Rightarrow B$；

设 $A_1\wedge A_2\wedge\cdots\wedge A_n$ 为公式 A 的主合取范式，则对任意的 $i(i=1,2,\cdots,n)$，有 $A\Rightarrow A_i$，对任意的 $i,j(i,j=1,2,\cdots,n,i\neq j)$，有 $A\Rightarrow A_i\wedge A_j$，$\cdots A\Rightarrow A_1\wedge A_2\wedge\cdots A_n$。

因此从等价的意义上，A 共有 $C_n^0+C_n^1+\cdots+C_n^n=2^n$ 个逻辑结果。

第八章　谓词逻辑

一、内容提要

1. 谓词与量词

谓词：在反映判断的句子中，用以刻画客体的性质或关系的即是谓词。

谓词填式：单独一个谓词不是完整的命题，把谓词字母后填以客体所得的式子称为谓词填式。

n 元谓词：由 n 个客体插入到固定位置上的谓词填式。

命题函数：由一个谓词、一些客体变元组成的表达式称为简单命题函数。

个体域：命题变元(客体变元)的论述范围称作个体域(论域)。

全称量词：符号"$\forall$"称为全称量词，用来表达"对所有的""每一个""对任一个""凡"等词。

存在量词：符号"$\exists$"称为存在量词，用来表达"某个""存在一些""至少有一个"等词。

2. 谓词公式与翻译

原子公式：将 $A(x_1, x_2, \cdots, x_n)$ 称作谓词演算的原子公式，其中 $x_1, x_2, \cdots, x_n$ 是客体变元。

合式公式：谓词演算的合式公式规定为：

(1)　原子谓词公式是合式公式。

(2)　若 A 是合式公式，则$\neg A$ 是一个合式公式。

(3)　若 A 和 B 是合式公式，则$(A \vee B)$，$(A \wedge B)$，$(A \rightarrow B)$和$(A \leftrightarrows B)$都是合式公式。

(4)　A 是合式公式，x 是 A 中出现的任意变元，则 $\forall xA$ 和 $\exists xA$ 都是合式公式。

(5)　只有经过有限次地使用规则(1)，(2)，(3)和(4)所得到的公式是合式公式。

3. 自由变元和约束变元

辖域：给定谓词公式中，形式为 $\forall xP(x)$，$\exists xP(x)$中的 $P(x)$称为相应量词的作用域，或辖域。

约束变元：在作用域中，x 的一切出现，称为 x 在公式中的约束出现，所有约束出现的变元，称作约束变元。

自由变元：在谓词公式中，除去约束变元以外出现的变元，称作自由变元。

换名：对公式中的约束变元，遵照一定规则更改名称符号，称为约束变元的换名。

指导变元：给定一个谓词公式，其中有一部分公式形式为 $\forall xP(x)$，或 $\exists xP(x)$，这里的 $\forall$，$\exists$ 后面所限的 x，称为相应量词的指导变元。

换名规则：

(1) 只对约束变元换名；

(2) 更改变元名称的范围是量词中的指导变元，以及该量词作用域中所出现的该变元，在公式的其余部分不变；

(3) 换名时一定要用作用域中没有出现的变元名称。

4. 谓词演算的等价式与蕴涵式

赋值：在谓词公式中常包含命题变元和客体变元，当客体变元由确定的客体所取代，命题变元用确定的命题所取代时，则称作对谓词公式的一个赋值。一个谓词公式经过赋值后，就成为具有确定真值的命题。

等价：给定任何两个谓词公式 A 和 B，设 A 和 B 有共同的个体域 D，若对 A 和 B 的任一组变元进行赋值所得命题的真值相同，则称谓词公式 A 和 B 在 D 上是等价的，记作 $A \Leftrightarrow B$。

有效：给定谓词公式 A，其个体域为 D，对于 A 的所有赋值，A 的真值皆为 T，则称 A 在 D 上是有效的。

不可满足：给定谓词公式 A，其个体域为 D，对于 A 的所有赋值，A 的真值皆为 F，则称 A 是不可满足的。

可满足：给定谓词公式 A，如果至少在一种赋值下，A 的真值为 T，则称 A 是可满足的。

5. 谓词演算的推理理论

全称指定规则：如果对论域中所有客体 x，$P(x)$ 成立，则对论域中某个任意客体 a，$P(a)$ 成立。这个规则可表示为：$\dfrac{\forall x P(x)}{P(a)}$，简记为 US。

全称推广规则：如果能够证明对论域中每一个客体 a，$P(a)$ 都成立，则 $\forall x P(x)$ 成立。这个规则可表示为：$\dfrac{P(x)}{\forall x P(x)}$，简记为 UG。

存在指定规则：如果对论域中某些客体 $P(x)$ 成立，则必有某个特定客体 a，使 $P(a)$ 成立。这个规则可表示为：$\dfrac{\exists x P(x)}{P(a)}$，简记为 ES。

存在推广规则：如果对论域中某个特定客体 a，有 $P(a)$ 成立，则在论域中，必存在 x，使得 $P(x)$ 成立，即 $\exists P(x)$ 成立。这个规则可表示为 $\dfrac{P(a)}{\exists x P(x)}$，简记为 EG。

二、习题与解

1. 设下面所有谓词的个体域都是 $\{a, b, c\}$，试将下面表达式中的量词消除，写成与之等价的命题公式。

(1) $\forall xR(x) \land \exists xS(x)$；

(2) $\forall x(P(x) \to Q(x))$；

(3) $\forall x \neg P(x) \lor \forall xP(x)$。

解：(1) $\forall xR(x) \land \exists xS(x) \Leftrightarrow R(a) \land R(b) \land R(c) \land (S(a) \lor S(b) \lor S(c))$。

(2) $\forall x(P(x) \to Q(x)) \Leftrightarrow (P(a) \to Q(a)) \land (P(b) \to Q(b)) \land (P(c) \to Q(c))$。

(3) $\forall x \neg P(x) \lor \forall xP(x) \Leftrightarrow (\neg P(a) \land \neg P(b) \land \neg P(c)) \lor (P(a) \land P(b) \land P(c))$。

2. 指出下列命题的真值：

(1) $\forall x(P \to Q(x)) \lor R(e)$

其中 P："$3>2$"，$Q(x)$："$x \leqslant 3$"，$R(x)$："$x>5$"，e：5；个体域 $D=\{-2,3,6\}$。

(2) $\exists x(P(x) \to Q(x))$

其中：$P(x)$："$x>3$"，$Q(x)$："$x=4$"，定义域 $D=\{2\}$。

解：(1) F (2) T

3. 用谓词表达式写出下列命题：

(1) 小张不是工人；

(2) 他是田径或球类运动员；

(3) 小莉是非常聪明和美丽的；

(4) 若 m 是奇数，则 $2m$ 不是奇数；

(5) 每一个有理数是实数。

解：(1) 设 a：小张，$P(x)$：x 是工人，则有

$$\neg P(a)$$

(2) 设 a：他，$P(x)$：x 是田径运动员，$Q(x)$：x 是球类运动员，则有

$$P(a) \lor Q(a)$$

(3) 设 b：小莉，$R(x)$：x 是非常聪明的，$S(x)$：x 是美丽的，则有

$$R(b) \land S(b)$$

(4) 设 $J(x)$：x 是奇数，则有

$$J(m) \to \neg J(2m)$$

(5) 设 $Q(x)$：x 是有理数，$R(x)$：x 是实数，则有

$$\forall x(Q(x) \to R(x))$$

4. 找出以下句子所对应的谓词表达式：

(1) 所有教练员是运动员。($J(x)$，$L(x)$)

(2) 不是所有运动员都是教练。

(3) 某些运动员都是大学生。($S(x)$)

(4) 某些教练是年老的，但是是健壮的。($O(x)$，$V(x)$)

(5) 金教练既不老但也不是健壮的。(j)

解：(1)设 $J(x)$:x 是教练员，$L(x)$:x 是运动员，则有

$$\forall xJ(x) \rightarrow L(x)$$

(2) 设 $J(x)$:x 是教练员，$L(x)$:x 是运动员，则有

$$\neg \forall x(L(x) \rightarrow J(x))$$

(3) 设 $L(x)$:x 是运动员，$S(x)$:x 是大学生，则有

$$\exists x(L(x) \land S(x))$$

(4) 设 $J(x)$:x 是教练，$O(x)$:x 是年老的，$V(x)$:x 是健壮的，则有

$$\exists x(J(x) \land O(x) \land V(x))$$

(5) 设 j:金教练，$O(x)$:x 是年老的，$V(x)$:x 是健壮的，则有

$$\neg O(j) \land \neg V(j)$$

5. 用谓词公式写出下式：

若 $x<y$ 和 $z<0$，则 $xz>yz$。

解：$P(x,y)$:$x<y$，则 $P(x,y) \land P(z,0) \rightarrow P(yz,xz)$。

6. 用谓词公式刻画下述命题：

那位戴眼镜的用功的大学生在看这本大而厚的巨著。

解：设 $S(x)$:x 是大学生，$E(x)$:x 是戴眼镜的，$F(x)$:x 是用功的，$R(x,y)$:x 在看 y，$G(y)$:y 是大的，$K(y)$:y 是厚的，$J(y)$:y 是巨著，a:这本，b:那位，则有：

$$E(b) \land F(b) \land S(b) \land R(b,a) \land G(a) \land K(a) \land J(a)$$

7. 对下面每个公式指出约束变元和自由变元：

(1) $(\forall x)P(x) \rightarrow P(y)$；

(2) $(\forall x)(P(x) \land Q(x)) \land (\exists x)S(x)$；

(3) $(\exists x)(\forall y)(P(x) \land Q(y)) \rightarrow (\forall x)R(x)$；

(4) $(\exists x)(\exists y)(P(x,y) \land Q(z))$。

解：(1) x 是约束变元，y 是自由变元：

(2) x 是约束变元。

(3) x 与 y 都是约束变元。

(4) x 与 y 都是约束变元，z 是自由变元。

8. 如果论域是集合$\{a,b,c\}$，试消去下面公式中的量词：

(1) $(\forall x)P(x)$；

(2) $(\forall x)R(x) \land (\forall x)S(x)$；

(3) $(\forall x)(P(x) \rightarrow Q(x))$；

(4) $(\forall x)\neg P(x) \lor (\forall x)P(x)$。

解：(1) $\forall xP(x) \Leftrightarrow P(a) \land P(b) \land P(c)$。

(2) $(\forall x)R(x) \land \forall xS(x) \Leftrightarrow R(a) \land R(b) \land R(c) \land S(a) \land S(b) \land S(c)$。

(3) $(\forall x)(P(x)\to Q(x))\Leftrightarrow(P(a)\to Q(a))\wedge(P(b)\to Q(b))\wedge(P(c)\to Q(c))$。

(4) $\forall x\neg P(x)\vee\forall xP(x)\Leftrightarrow(\neg P(a)\wedge\neg P(b)\wedge\neg P(c))\vee(P(a)\wedge P(b)\wedge P(c))$。

9.寻求下列各式的真假值。

(1) $(\forall x)(P(x)\wedge Q(x))$,其中 $P(x):x=1,Q(x):x=2$,而且论域是$\{1,2\}$;

(2) $(\forall x)(P\to Q(x))\vee R(a)$其中 $P:2>1,Q(x):x\leqslant 3,R(x):x>5$ 而 $a:5$,论域是$\{-2,3,6\}$。

解:(1) T　　　　(2) F

10. 对下列谓词公式中的约束变元进行换名:

(1) $\forall x\exists y(P(x,z)\to Q(y))\leftrightarrows S(x,y)$;

(2) $(\forall x(P(x)\to R(x)\vee Q(x))\wedge\exists xR(x))\to\exists zS(x,z)$。

解:(1) $\forall u\exists v(P(u,z)\to Q(v))\leftrightarrows S(x,y)$。

(2) $(\forall x(P(u)\to R(u)\vee Q(u))\wedge\exists vR(v))\to\exists wS(x,w)$。

11.对下列谓词公式中的自由变元进行代入:

(1) $(\exists yA(x,y)\to\forall xB(x,z))\wedge\exists x\forall zC(x,y,z)$;

(2) $(\forall yP(x,y)\wedge\exists zQ(x,z))\vee\forall xR(x,y)$。

解:(1) $(\exists yA(u,y)\to\forall xB(x,v)\wedge\exists x\forall zC(x,w,z)$。

(2) $(\forall y(P(u,y)\wedge\exists zQ(v,z))\vee\forall xR(x,w)$。

12.试证明等价式 E_{31} 至 E_{35} 和蕴涵式 I_{15}。

证明:(1) $\forall xA(x)\to B\Leftrightarrow\exists x(A(x)\to B)$,

$$
\begin{aligned}
\forall xA(x)\to B &\Leftrightarrow\neg\forall xA(x)\vee B\\
&\Leftrightarrow\exists x\neg A(x)\vee B\\
&\Leftrightarrow\exists x(\neg A(x)\vee B)\\
&\Leftrightarrow\exists x(A(x)\to B)。
\end{aligned}
$$

(2) $\exists x(A(x)\to B(x))\Leftrightarrow\forall xA(x)\to\exists xB(x)$,

$$
\begin{aligned}
\exists x(A(x)\to B(x)) &\Leftrightarrow\exists x(\neg A(x)\vee B(x))\\
&\Leftrightarrow\exists x\neg A(x)\vee\exists xB(x)\\
&\Leftrightarrow\neg\forall xA(x)\vee\exists xB(x)\\
&\Leftrightarrow\forall xA(x)\to\exists xB(x)。
\end{aligned}
$$

(3) $\exists xA(x)\to\forall xB(x)\Rightarrow\forall x(A(x)\to B(x))$。

设$\forall x(A(x)\to B(x))$为 F,则存在 $x_0\in D$,使 $A(x_0)\to B(x_0)$为 F,故存在 $x_0\in D$,使 $A(x_0)$为 T,$B(x_0)$为 F,于是有$\exists xA(x)$为 T,$\forall xB(x)$为 F,所以$\exists xA(x)\to\forall xB(x)$为 F,因此有$\exists xA(x)\to\forall xB(x)\Rightarrow\forall x(A(x)\to B(x))$。

13. 试证明$(\exists x)P(x)\wedge(\forall x)Q(x)\Rightarrow(\exists x)(P(x)\wedge Q(x))$。

证明:设$\exists xP(x)\wedge\forall xQ(x)$为 T,则$\exists xP(x)$为 T 且$\forall xQ(x)$为 T,可是存在 $x_0\in$

D，使 $P(x_0)$ 为 T 且对任意的 $x\in D$，使 $Q(x)$ 为 T，则存在 $x_0\in D$，使 $P(x_0)$ 为 T 且 $Q(x_0)$ 为 T，即存在 $x_0\in D$，使 $P(x_0)\wedge Q(x_0)$ 为 T，故 $\exists x(P(x)\wedge Q(x))$ 为 T，因此 $\exists xP(x)\wedge\forall xQ(x)\Rightarrow\exists x(P(x)\wedge Q(x))$。

14. 证明下列各式：

(1) $(\forall x)(\neg A(x)\rightarrow B(x)),(\forall x)\neg B(x)\Rightarrow(\exists x)A(x)$；

(2) $(\exists x)A(x)\rightarrow(\forall x)B(x)\Rightarrow(\forall x)(A(x)\rightarrow B(x))$；

(3) $(\forall x)(A(x)\rightarrow B(x)),(\forall x)(C(x)\rightarrow\neg B(x))\Rightarrow(\forall x)(C(x)\rightarrow\neg A(x))$；

(4) $(\forall x)(A(x)\vee B(x)),(\forall x)(B(x)\rightarrow\neg C(x)),(\forall x)C(x)\Rightarrow(\forall x)A(x)$。

证明：

(1) 1) $\forall x\neg B(x)$ $\quad P$

2) $\neg B(a)$ $\quad US(1)$

3) $(\forall x)(\neg A(x)\rightarrow B(x))$ $\quad P$

4) $\neg A(a)\rightarrow B(a)$ $\quad US(3)$

5) $A(a)$ $\quad T(2)(4)I$

6) $\exists xA(x)$ $\quad EG(5)$

(2) 1) $\neg(\forall x)(A(x)\rightarrow B(x))$ $\quad P$(附加前提)

2) $\exists x\neg(A(x)\rightarrow B(x))$ $\quad T(1)E$

3) $\neg(A(c)\rightarrow B(c))$ $\quad ES(2)$

4) $A(c)\wedge\neg B(c)$ $\quad T(3)E$

5) $A(c)$ $\quad T(4)I$

6) $\neg B(c)$ $\quad T(4)I$

7) $\exists xA(x)$ $\quad EG(5)$

8) $\exists xA(x)\rightarrow\forall xB(x)$ $\quad P$

9) $\forall xB(x)$ $\quad T(7)(8)I$

10) $B(c)$ $\quad US(9)$

11) $\neg B(c)\wedge B(c)$(矛盾) $\quad T(6)(10)I$

(3) 1) $\forall x(A(x)\rightarrow B(x))$ $\quad P$

2) $A(b)\rightarrow B(b)$ $\quad US(1)$

3) $\neg B(b)\rightarrow\neg A(b)$ $\quad T(2)E$

4) $\forall x(C(x)\rightarrow\neg B(x))$ $\quad P$

5) $C(b)\rightarrow\neg B(b)$ $\quad US(4)$

6) $C(b)\rightarrow\neg A(b)$ $\quad T(3)(5)I$

7) $\forall x(C(x)\rightarrow\neg A(x))$ $\quad UG(6)$

(4) 1) $\forall xC(x)$ $\quad P$

2) $C(u)$ $\quad$ $US(1)$

3) $\forall x(B(x)\to\neg C(x))$ $\quad$ P

4) $B(u)\to\neg C(u)$ $\quad$ $US(3)$

5) $\neg B(u)$ $\quad$ $T(2)(4)I$

6) $\forall x(A(x)\vee B(x))$ $\quad$ P

7) $A(u)\vee B(u)$ $\quad$ $US(6)$

8) $A(u)$ $\quad$ $T(5)(7)I$

9) $\forall xA(x)$ $\quad$ $UG(8)$

15. 用 CP 规则证明

(1) $(\forall x)(P(x)\to Q(x))\Rightarrow(\forall x)P(x)\to(\forall x)Q(x)$；

(2) $\forall x(P(x)\vee Q(x))\Rightarrow\forall xP(x)\vee\exists xQ(x)$。

解：

(1) 1) $\forall xP(x)$ $\quad$ P(附加前提)

2) $P(a)$ $\quad$ $US(1)$

3) $\forall x(P(x)\to Q(x))$ $\quad$ P

4) $P(a)\to Q(a)$ $\quad$ $US(3)$

5) $Q(a)$ $\quad$ $T(2)(4)I$

6) $\forall xQ(x)$ $\quad$ $UG(5)$

7) $\forall xP(x)\to\forall xQ(x)$ $\quad$ CP

(2) 原题为 $\forall x(P(x)\vee Q(x))\Rightarrow\neg\forall xP(x)\to\exists xQ(x)$

1) $\neg\forall xP(x)$ $\quad$ P(附加前提)

2) $\exists x\neg P(x)$ $\quad$ $T(1)E$

3) $\neg P(a)$ $\quad$ $ES(2)$

4) $\forall x(P(x)\vee Q(x))$ $\quad$ P

5) $P(a)\vee Q(a)$ $\quad$ $US(4)$

6) $Q(a)$ $\quad$ $T(3)(5)I$

7) $\exists xQ(x)$ $\quad$ $EG(6)$

8) $\neg\forall xP(x)\to\exists xQ(x)$ $\quad$ CP

16. 将下列命题符号化

(1) 每一个人都爱自己的孩子；

(2) 科学家都教育自己的孩子成为科学家，有一个为教育他的孩子去做官，证明：这个人一定不是科学家；

(3) 假设有一个人被每一个喜欢某些人的人喜欢，又假设没有不喜欢人的人，证明：有一个人被所有的人喜欢；

(4) 每一个人的外祖父都是他母亲的父亲；

(5) 不管黑猫白猫，抓住老鼠就是好猫；

(6) 有些病人相信所有的医生，但是病人都不相信一个骗子，证明：医生都不是骗子。

(7) 每一个有理数都是实数；

(8) 某些实数是有理数；

(9) 不是每一个实数都是有理数；

(10) 对平面上任意两点，有且只有一条直线通过这两点；

(11) 在实数集中，任给一正实数，都存在大于该实数的实数。

解：(1) $P(x)$：x 是人，$G(x)$：x 是孩子，$I(x,y)$：x 属于 y，$L(x,y)$：x 爱 y，则有：

$$\forall x \forall y(P(y) \wedge G(x) \wedge I(x,y) \rightarrow L(y,x))$$

(2) $S(x)$：x 是科学家，$E(x)$：x 教育他的孩子成为科学家，则有：

$$\forall x(S(x) \rightarrow E(x)) \wedge \exists x \neg E(x) \Rightarrow \exists x \neg S(x)$$

(3) $L(x,y)$：x 喜欢 y，则有：

$$\exists y \forall x(\exists z L(x,z) \rightarrow L(x,y)) \wedge \neg \exists x \forall y \neg L(x,y) \Rightarrow \exists x \forall y L(y,x)$$

(4) $P(x)$：x 是人，$O(x,y)$：x 是 y 的外祖父，$F(x,y)$：x 是 y 的父亲，$M(x,y)$：x 是 y 的母亲，则有：

$$\forall x \forall y \forall z(P(x) \wedge P(y) \wedge P(z) \wedge O(x,y) \wedge M(z,y) \rightarrow F(x,z))$$

(5) $C(x)$：x 是猫，$B(x)$：x 是黑的，$W(x)$：x 是白的，$G(x)$：x 是好的，$M(x)$：x 是老鼠，$K(x,y)$：x 抓住 y，则有：

$$\forall x \forall y(C(x) \wedge M(y) \wedge (B(x) \vee W(x)) \wedge K(x,y) \rightarrow G(x))$$

(6) $P(x)$：x 是病人，$D(x)$：x 是医生，$Q(x)$：x 是骗子，$L(x,y)$：x 相信 y，则有：

$\exists x(P(x) \wedge \forall y(D(y) \rightarrow L(x,y)) \wedge \forall x \forall y(P(x) \wedge Q(y) \rightarrow \neg L(x,y)) \Rightarrow \neg \forall x(D(x) \rightarrow Q(x))$。

(7) 设 $Q(x)$：x 是有理数，$R(x)$：x 是实数，则有：$\forall x(Q(x) \rightarrow R(x))$。

(8) 设 $Q(x)$：x 是有理数，$R(x)$：x 是实数，则有：$\exists x(R(x) \wedge Q(x))$。

(9) 设 $Q(x)$：x 是有理数，$R(x)$：x 是实数，则有：$\neg \forall x(R(x) \rightarrow Q(x))$。

(10) $P(x)$：x 是一个点，$L(x)$：x 是一条直线，$R(x,y,z)$：z 通过 x,y，$E(x,y)$：x 等于 y，则有：

$\forall x \forall y(P(x) \wedge P(y) \rightarrow \exists z(L(z) \wedge R(x,y,z) \wedge \forall u(L(u) \wedge R(x,y,u) \rightarrow E(u,z))))$。

(11) $R(x)$：x 是实数，$G(x,y)$：x 大于 y，则有：

$\forall x(R(x) \wedge G(x,0) \rightarrow \exists y(R(y) \wedge G(y,x)))$。

17. 利用谓词公式翻译下列命题：

(1) 如果有限个数的乘积为零，那么至少有一个因子等于零；

(2) 对于每一个实数 x,存在一个更大的实数 y;

(3) 存在 x,y 和 z;使得 x 与 y 之和大于 x 与 z 之积;

(4) 每个数都有唯一的个数是它的后继数;

(5) 设有一个数,使数 1 是它的后继数;

(6) 每个不等于 1 的数,都有唯一的一个数是它的直接先行者。

解:(1) 设 $N(x)$:x 是有限个数的乘积,$E(y)$:y 为 0,$P(x)$:x 的乘积为零,$F(y)$:y 是乘积中的一个因子,则有:

$$\forall x(N(x)\wedge P(x)\rightarrow\exists y(F(y)\wedge E(y)))$$

(2) 设 $R(x)$:x 是实数,$Q(x,y)$:y 大于 x,则有:

$$\forall x(R(x)\rightarrow\exists y(Q(x,y)\wedge R(y)))$$

(3) 设 $R(x)$:x 是实数,$G(x,y)$:x 大于 y,则有:

$$x\exists y\exists z(R(x)\wedge R(y)\wedge R(z)\wedge G(x+y,x\cdot z))$$

设 $N(x)$:x 是一个数,$S(x,y)$:y 是 x 的后继数(即 x 是 y 的直接先行者,这里 2 的直接先行者是 1),则有:

(4) $\forall x(N(x)\rightarrow\exists!\ y(N(y)\wedge S(x,y)))$。

(5) $\neg\exists x(N(x)\wedge S(x,1))$。

(6) $\forall x(N(x)\wedge\neg S(x,2)\rightarrow\exists!\ y(N(y)\wedge S(y,x)))$。

18. 若 $\exists x(P(x)\wedge Q(x))$,$\exists y(P(y)\wedge R(y)$ 在某解释 I 下取 T 值,则 $\exists z(Q(z)\wedge R(z))$ 是否在 I 下取 T 值?其中 P,Q,R 的论域中有两个元素,若将存在量词都换成全称量词,结果怎样?

解:不妨设论域 $D=\{a,b\}$,则

$\exists x(P(x)\wedge Q(x))\Leftrightarrow(P(a)\wedge Q(a))\vee(P(b)\wedge Q(b))$,

$\exists y(P(y)\wedge R(y))\Leftrightarrow(P(a)\wedge R(a))\vee(P(b)\wedge R(b))$,

$\forall x(P(x)\wedge Q(x))\Leftrightarrow P(a)\wedge Q(a)\wedge P(b)\wedge Q(b)$,

$\forall y(P(y)\wedge R(y))\Leftrightarrow P(a)\wedge R(a)\wedge P(b)\wedge R(b)$。

由上述四个等价式可知,在 I 下,$\exists z(Q(z)\wedge R(z))$ 未必取 T 值,$\forall z(Q(z)\wedge R(z))$ 必取 T 值。

19. 改正下题证明中的错误:

$\forall x(\exists y(S(x,y)\wedge M(y))\rightarrow\exists z(P(z)\wedge R(x,z)))\Rightarrow\neg\exists zP(z)\rightarrow\forall x\forall y(S(x,y)\rightarrow\neg M(y))$

(1)	$\forall x(\exists y(S(x,y)\wedge M(y))\rightarrow\exists z(P(z)\wedge R(x,z)))$	P
(2)	$\exists y(S(b,y)\wedge M(y))\rightarrow\exists z(P(z)\wedge R(b,z))$	$US(1)$
(3)	$\neg\exists zP(z)$	P(附加前提)
(4)	$\forall z\neg P(z)$	$T(3)E$

(5)	$\neg P(a)$	$US(4)$
(6)	$\neg P(a) \vee \neg R(b,a)$	$T(5)I$
(7)	$\forall z(\neg P(z) \vee \neg R(b,z))$	$UG(6)$
(8)	$\neg \exists z(P(z) \wedge R(b,z))$	$T(7)E$
(9)	$\neg \exists y(S(b,y) \wedge M(y))$	$T(2)(8)I$
(10)	$\forall y(\neg S(b,y) \vee \neg M(y))$	$T(9)E$
(11)	$\forall y\ (S(b,y) \rightarrow \neg M(y))$	$T(10)E$
(12)	$\forall x \forall y(S(x,y) \rightarrow \neg M(y))$	$UT(11)$
(13)	$\neg \exists z P(z) \rightarrow \forall x \forall y(S(x,y) \rightarrow \neg M(y))$	CP

解：带量词的谓词公式，在进行逻辑推证时，一般不能在量词后面的辖域内进行蕴涵推证或等价变换，如 $\forall z(\neg P(z) \vee \neg R(b,z)) \Leftrightarrow \forall z \neg(P(z) \wedge \neg R(b,z))$，但在推理中不能作为公式引用，本题的正确证明如下：

(1)	$\forall x(\exists y(S(x,y) \wedge M(y)) \rightarrow \exists z(P(z) \wedge R(x,z)))$	P
(2)	$\exists y(S(b,y) \wedge M(y)) \rightarrow \exists z(P(z) \wedge R(b,z))$	$US(1)$
(3)	$\neg \exists z P(z)$	P（附加前提）
(4)	$\forall z \neg P(z)$	$T(3)E$
(5)	$\neg P(a)$	$US(4)$
(6)	$\neg P(a) \vee \neg R(b,a)$	$T(5)I$
(7)	$\neg(P(a) \wedge R(b,a))$	$T(6)E$
(8)	$\forall z\ (\neg P(z) \vee \neg R(b,z)$	$UG(7)$
(9)	$\neg \exists z(P(z) \wedge R(b,z))$	$T(8)E$
(10)	$\neg \exists y(S(b,y) \wedge M(y))$	$T(2)(9)I$
(11)	$\forall y \neg(S(b,y) \wedge M(y))$	$T(10)I$
(12)	$\neg(S(b,c) \wedge M(c))$	$US(11)$
(13)	$\neg S(b,c) \rightarrow \neg M(c)$	$T(12)E$
(14)	$S(b,c) \rightarrow \neg M(c)$	$T(13)E$
(15)	$\forall y(S(b,y) \rightarrow \neg M(y))$	$UG(14)$
(16)	$\forall x \forall y(S(x,y) \rightarrow \neg M(y))$	$UG(15)$
(17)	$\neg \exists z P(z) \rightarrow \forall x \forall y(S(x,y) \rightarrow \neg M(y))$	CP

20. 用推理规则证明：$\exists x P(x) \rightarrow \forall x((P(x) \vee Q(x)) \rightarrow R(x)) \wedge \exists x P(x) \wedge \exists x Q(x) \Rightarrow \exists x \exists y(R(x) \wedge R(y))$。

证明：

(1)	$\exists x P(x) \rightarrow \forall x((P(x) \vee Q(x)) \rightarrow R(x))$	P
(2)	$\exists x P(x)$	P

(3) $\forall x((P(x) \vee Q(x)) \to R(x))$ $T(1)(2)I$

(4) $P(a)$ $ES(2)$

(5) $(P(a) \vee Q(a)) \to R(a)$ $US(3)$

(6) $P(a) \vee Q(a)$ $T(4)I$

(7) $R(a)$ $T(5)(6)I$

(8) $\exists x Q(x)$ P

(9) $Q(b)$ $ES(8)$

(10) $(P(b) \vee Q(b)) \to R(b)$ $US(3)$

(11) $Q(b) \vee P(b)$ $T(9)I$

(12) $R(b)$ $T(10)(11)I$

(13) $R(a) \wedge R(b)$ $T(7)(12)I$

(14) $\exists y(R(a) \wedge R(y))$ $EG(13)$

(15) $\exists x \exists y(R(x) \wedge R(y))$ $EG(14)$

21.用推理规则证明下式：

前提：$\exists x(F(x) \wedge S(x)) \to \forall y(M(y) \to W(y))$，

$\exists y(M(y) \wedge \neg W(y))$，

结论：$\forall (xF(x) \to \neg S(x))$。

证明：

(1) $\exists y(M(y) \wedge \neg W(y))$ P

(2) $M(c) \wedge \neg W(c)$ $ES(1)$

(3) $\neg M(c) \to W(c))$ $T(2)E$

(4) $\exists y \neg(M(y) \to W(y))$ $EG(3)$

(5) $\neg \forall y(M(y) \to W(y))$ $T(4)E$

(6) $\exists x(F(x) \wedge S(x)) \to \forall y(M(y) \to W(y))$ P

(7) $\neg \exists x(F(x) \wedge S(x))$ $T(5)(6)I$

(8) $\forall x \neg(F(x) \wedge S(x))$ $T(7)E$

(9) $\neg(F(a) \wedge S(a))$ $US(8)$

(10) $\neg F(a) \vee \neg S(a)$ $T(9)E$

(11) $F(a) \to \neg S(a)$ $T(10)E$

(12) $\forall x(F(x) \to \neg S(x))$ $UG(11)$

22.符号化下列命题，并推证其结论：

(1) 所有有理数是实数，某些有理数是整数，因此，某些实数是整数。

(2) 任何人如果他喜欢步行，他就不喜欢乘汽车，每一个人或者喜欢乘汽车，或者喜欢骑自行车。有的人不爱骑自行车，因而有的人不爱步行。

(3) 每个大学生，不是文科学生，就是理科学生，有的大学生是优等生，小张是理工科学生，但他是优等生，因而如果小张是大学生，他就是文科生。

解：(1) 设 $R(x)$：x 是实数，$Q(x)$：x 是有理数，$I(x)$：x 是整数，
本题符号化为：

$\forall x(Q(x)\to R(x))\land\exists x(Q(x)\land I(x))\Rightarrow\exists x(R(x)\land I(x))$

①	$\exists x(Q(x)\land I(x))$	P
②	$Q(a)\land I(a)$	ES①
③	$\forall x\ (Q(x)\to R(x))$	P
④	$Q(a)\to R(a)$	US③
⑤	$Q(a)$	T②I
⑥	$R(a)$	T④⑤I
⑦	$I(a)$	T②I
⑧	$R(a)\land I(a)$	T⑥⑦I
⑨	$\exists x(R(x)\land I(x))$	EG⑧

(2) 设 $P(x)$：x 喜欢步行，$Q(x)$：x 喜欢乘汽车，$R(x)$：x 喜欢乘自行车，
本题符号化为：

$\forall x(P(x)\to\neg Q(x))\land\forall x(Q(x)\lor R(x))\land\exists x\neg R(x)\Rightarrow\exists x\neg P(x)$

①	$\exists x\neg R(x)$	P
②	$\neg R(a)$	ES①
③	$\forall x(Q(x)\lor R(x))$	P
④	$Q(a)\lor R(a)$	US③
⑤	$Q(a)$	T②④I
⑥	$\forall x(P(x)\to\neg Q(x))$	P
⑦	$P(a)\to\neg Q(a)$	US⑥
⑧	$\neg P(a)$	T ⑤⑦I
⑨	$\exists x\neg P(x)$	EG ⑧

(3) 设 $G(x)$：x 是大学生，$L(x)$：x 是文科学生，$P(x)$：x 是理工科学生，$S(x)$：x 是优秀生，a：小张，
本题符号化为：

$\forall x(G(x)\to L(x)\lor P(x))\land\exists x(G(x)\land S(x))\land\neg P(a)\land S(a)\Rightarrow G(a)\to L(a)$

①	$G(a)$	P(附加前提)
②	$\forall x(G(x)\to L(x)\lor P(x))$	P
③	$G(a)\to L(a)\lor P(a)$	US②
④	$L(a)\lor P(a)$	T①③I

⑤ $\neg P(a)$ P

⑥ $L(a)$ T④⑤I

⑦ $G(a)\rightarrow L(a)$ CP

注意:本题在推证过程中未用到前提$\exists x(G(x)\wedge S(x))$以及$S(a)$,主要是$S(x)$:$x$是优秀生,这个条件与其他前提的联系对证明结论没有影响,因$S(x)$与其他前提不矛盾,故本题推证仍是有效的。

23. 设$\exists x\forall yM(x,y)$是公式G的前束范式,其中$M(x,y)$是仅仅包含变量x,y的母式,设f是不出现在$M(x,y)$中的函数符号,证明:G是恒真的当且仅当$\exists xM(x,f(x))$是恒真的。

证明:充分性,要证G是恒真的,即证$\neg\exists x\forall yM(x,y)$是恒假的,假设$\neg\exists x\forall yM(x,y)\Leftrightarrow\forall x\exists y\neg(x,y)$不是恒假的,则存在某个解释$I$,使$\forall x\exists y\neg M(x,y)$的真值为$T$,则对每个$x_0\in D$,$\exists y\neg M(x_0,y)$为$T$,则对每个$x_0\in D$,存在$y_0\in D$,使$\neg M(x_0,y_0)$为$T$,由此可定义一个函数$f$:对每个$x_0\in D$,存在$y_0\in D$,使$\neg M(x_0,y_0)$为$T$,令$y_0=f(x_0)$,于是,对每个$x_0\in D$,$M(x_0,f(x_0))$为$F$,则$\exists xM(x,f(x))$为$F$,与$\exists xM(x,f(x))$为恒真的矛盾。

必要性,设I为任一解释,则在I下,$\exists x\forall yM(x,y)$为T,即存在$x_0\in D$,$\forall yM(x_0,y)$为T,故对每一个$y\in D$,$M(x_0,y)$为T,特别地,对于$y_0=f(x_0)\in D$,亦有$M(x_0,f(x_0))$为T,所以$\exists xM(x,f(x))$为T,由I的任意性,有$\exists xM(x,f(x))$为恒真的。

自测题及答案(第四篇)

(一) 填空题。(36分)

1. 我们规定逻辑连接符$\neg$、$\wedge$、$\vee$、$\rightarrow$、$\leftrightarrows$的运算次序依次是_____,_____,_____。

2. 设G是公式,$P_1,P_2,\cdots,P_n$是G中的所有变量,给$P_1,P_2,\cdots,P_n$任意指定一组真值,则称作的G一个_____,G在它的所有_____下的真值所成的表格称为_____。

3. 设G是恒假的当且仅且当G在其所有解释下均为_____,当且仅当G主析取范式为_____,主合取范式包含所有的_____。

4. 合取范式是恒真的当且仅当构成它的每一个_____都至少包含一个_____。析取范式是恒假的当且仅当构成它的每一个_____都至少包含一个_____。

5. 任意命题公式都存在与之等价的_____,都有唯一的与之等价的_____。

6. 设$A_1,A_2,\cdots,A_n,B$是公式,$A_1\wedge A_2\wedge\cdots\wedge A_n\rightarrow B$恒真,则称$A_1,A_2,\cdots,A_n$_____$B$,$B$是$A_1,A_2,\cdots,A_n$的_____,也称从$A_1,A_2,\cdots,A_n$_____$B$,记为_____。

(二) 判断题。(36分)

1. 使用真值表判断下列公式是否是恒真式、恒假式或可满足式:

(1) $(P \leftrightarrows Q) \wedge (\neg Q \rightarrow R)$；

(2) $Q \vee \neg((\neg P \vee Q) \wedge P)$；

(3) $\neg(P \rightarrow (Q \rightarrow P)) \leftrightarrows (\neg P \rightarrow (P \rightarrow \neg Q))$。

2. 使用真值表判断下列每组公式中前一个公式与后一个(或二个)公式是否是等价的，为什么？

(1) $P \rightarrow (Q \rightarrow R)$，$Q \rightarrow (P \rightarrow R)$，$\neg R \rightarrow (Q \rightarrow \neg P)$；

(2) $\neg(P \leftrightarrows Q)$，$(P \vee Q) \wedge \neg(P \wedge Q)$，$(P \wedge \neg Q) \vee (\neg P \wedge Q)$；

(3) $P \rightarrow (Q \vee R)$，$(P \wedge \neg Q) \rightarrow R$。

3. 使用真值表判断下列每组公式中前一个公式是否可以推出后一个公式？为什么？

(1) $(P \rightarrow Q) \rightarrow (Q \rightarrow R)$，$(P \rightarrow R)$；

(2) $P \wedge Q \vee R$，$(P \wedge Q) \vee (P \wedge R)$；

(3) $Q \rightarrow R$，$(P \vee Q) \rightarrow (P \vee R)$。

4. 判断下列公式哪些是子句、短语、析取范式、合取范式、主析取范式、主合取范式？

① $P \vee \neg Q$；　　② $\neg P \vee Q \vee \neg R$；

③ $\neg P \wedge \neg Q$；　　④ $P \wedge \neg P \wedge \neg Q \wedge \neg R$；

⑤ $(P \vee \neg Q) \wedge (\neg P \vee Q \vee \neg R)$；

⑥ $(P \vee \neg P \vee \neg Q \vee \neg R) \wedge (Q \vee R \vee \neg R)$；

⑦ $(P \wedge \neg Q \wedge \neg R) \vee (\neg Q \wedge \neg P) \vee (Q \wedge \neg R)$；

⑧ $((\neg P \wedge \neg Q) \wedge \neg R \wedge Q) \vee (R \wedge \neg R)$；

⑨ $(\neg P \vee Q) \wedge (\neg Q \vee P)$；

⑩ $(\neg P \wedge \neg Q \wedge R) \vee (\neg P \wedge Q \wedge R) \vee (P \wedge Q \wedge \neg R) \vee (P \wedge Q \wedge R)$。

5. 求$(\neg P \rightarrow R) \wedge (P \leftrightarrows Q)$的主合取范式和主析取范式。

6. 求范式判断公式$(P \rightarrow Q) \rightarrow P$是否是恒真式、恒假式或可满足式？

(三) 计算与证明题。(28 分)

1. 写出下列各式的真值表。

(1) $\neg P \wedge Q$；　　(2) $(P \rightarrow Q) \rightarrow (P \wedge Q)$。

2. 证明：命题$P \vee \neg(P \wedge Q)$是恒真式。

3. 证明：德·摩根规则：

$$\neg(P \wedge Q) \Leftrightarrow \neg P \vee \neg Q$$

4. 证明：$Q \rightarrow (P \vee (P \wedge Q)) \Leftrightarrow Q \rightarrow P$。

【自测题答案】

（一） 填空题

1. $\neg$；$\wedge$、$\vee$；$\rightarrow$、$\leftrightarrows$

2. 解释；解释；真值表

3. 假；F；极大项

4. 子句；互补对；短语；互补对

5. 析取范式和合取范式；主析取范式和主合取范式

6. 蕴涵；逻辑结果；可以推出；$A_1, A_2, \cdots, A_n \Leftrightarrow B$

（二） 判断题

1.（1）

P	Q	R	$(P\leftrightarrows Q)\wedge(\neg Q\rightarrow R)$
T	T	T	T
T	T	F	T
T	F	T	F
T	F	F	F
F	T	T	F
F	T	F	F
F	F	T	T
F	F	F	F

是可满足的

（2）

P	Q	$Q\vee\neg((\neg P\vee Q)\wedge P)$
T	T	T
T	F	T
F	T	T
F	T	T
F	F	T

是恒真的

（3）

P	Q	$\neg(P\rightarrow(Q\rightarrow P))\leftrightarrows(\neg P\rightarrow(P\rightarrow\neg Q))$
T	T	F
T	F	F
F	T	F
F	F	F

是恒假的

2.(1)

P	Q	R	$\neg R\to(Q\to\neg P)$	$P\to(Q\to P)$	$Q\to(P\to R)$
T	T	T	T	T	T
T	T	F	F	F	F
T	F	T	T	T	T
T	F	F	T	T	T
F	T	T	T	T	T
F	T	F	T	T	T
F	F	T	T	T	T
F	F	F	T	T	T

是等价的

(2)

P	Q	$\neg(P\leftrightarrows Q)$	$(P\wedge Q)\wedge\neg(P\wedge Q)$	$(P\wedge\neg Q)\vee(\neg P\wedge Q)$
T	T	F	F	F
T	F	T	T	T
F	T	T	T	T
F	F	F	F	F

是等价的

(3)

P	Q	R	$P\to(Q\vee R)$	$(P\wedge\neg Q)\to R$
T	T	T	T	T
T	T	F	T	T
T	F	T	T	T
T	F	F	F	F
F	T	T	T	T
F	T	F	T	T
F	F	T	T	T
F	F	F	T	T

是等价的

3.(1)

P	Q	R	$(P\to Q)\wedge(Q\to R)$	$P\to R$
T	T	T	T	T
T	T	F	F	F
T	F	T	F	T
T	F	F	F	F
F	T	T	T	T
F	T	F	F	T
F	F	T	T	T
F	F	F	T	T

可以

(2)

P	Q	R	$P\wedge Q\vee R$	$(P\wedge Q)\vee(P\wedge R)$
T	T	T	T	T
T	T	F	T	T
T	F	T	T	T
T	F	F	F	F
F	T	T	T	F
F	F	T	T	F
F	T	F	F	F
F	F	F	F	F

不可以

P	Q	R	$Q\rightarrow R$	$(P\vee Q)\rightarrow(P\vee R)$
T	T	T	T	T
T	T	F	F	T
T	F	T	T	T
T	F	F	T	T
F	T	T	T	T
F	T	F	F	F
F	F	T	T	T
F	F	F	T	T

可以

4.①②是子句，③④是短语，①②③④⑦⑧⑩是析取范式，①②③④⑤⑥⑨是合取范式，①②⑨是主合取范式，③⑩是主析取范式。

5.

P	Q	R	$(\neg P\rightarrow R)\wedge(P\leftrightarrows Q)$
T	T	T	T
T	T	F	T
T	F	T	F
T	F	F	F
F	T	T	F
F	T	F	F
F	F	T	T
F	F	F	F

主析取范式为：$(P\wedge Q\wedge R)\vee(P\wedge Q\wedge\neg R)\vee(\neg P\wedge\neg Q\wedge R)$。

主合取范式为：$(\neg P\vee Q\vee\neg R)\wedge(\neg P\vee Q\vee R)\wedge(P\vee\neg Q\vee\neg R)\wedge(P\vee\neg Q\vee R)\wedge(P\vee Q\vee R)$。

6. $(P\rightarrow Q)\rightarrow P\Leftrightarrow\neg(\neg P\vee Q)\vee P\Leftrightarrow(P\wedge\neg Q)\vee P\Leftrightarrow P$，是可满足的。

（三） 计算与证明题

1.（1）

P	Q	$\neg P$	$\neg P \wedge Q$
T	T	F	F
T	F	F	F
F	T	T	T
F	F	T	F

（2）

P	Q	$P \rightarrow Q$	$P \wedge Q$	$(P \rightarrow Q) \rightarrow (P \wedge Q)$
T	T	T	T	T
T	F	F	F	T
F	T	T	F	F
F	F	T	F	F

2. 构造 $P \vee \neg(P \wedge Q)$的真值表

P	Q	$P \wedge Q$	$\neg(P \wedge Q)$	$P \vee \neg(P \wedge Q)$
T	T	T	F	T
T	F	F	T	T
F	T	F	T	T
F	F	F	T	T

3. 构造真值表：

P	Q	$P \wedge Q$	$\neg(P \wedge Q)$	$\neg P$	$\neg Q$	$\neg P \vee \neg Q$
T	T	T	F	F	F	F
T	F	F	T	F	T	T
F	T	F	T	T	F	T
F	F	F	T	T	T	T

4. 构造真值表：

P	Q	$Q \rightarrow (P \vee (P \wedge Q))$	$Q \rightarrow P$	$Q \rightarrow (P \vee (P \wedge Q)) \leftrightarrows (Q \rightarrow P)$
T	T	T	T	T
T	F	T	T	T
F	T	F	F	T
F	F	T	T	T

参考文献

[1] 赵树春. 离散数学[M]. 长春:吉林科学技术出版社,1992.

[2] 左孝凌. 离散数学[M]. 上海:上海科学技术文献出版社,1982.

[3] F 哈拉里. 图论[M]. 李慰萱,译. 上海:上海科学技术出版社,1980.

[4] R Z Norman, D Cartwright. Structural Model: an introduction to the theory of directed graphs[M]. New York: Wiley, 1965.